Horst H. Raab

Handbuch Industrieroboter

Horst H. Raab

Handbuch Industrieroboter

Bauweise · Programmierung
Anwendung · Wirtschaftlichkeit

2., neubearbeitete und erweiterte Auflage

mit 328 Bildern und 293 maßstabsgerechten Arbeitsräumen

V

Friedr. Vieweg & Sohn Braunschweig / Wiesbaden

Professor Dipl.-Ing. *Horst H. Raab* lehrt an der Fachhochschule Wiesbaden (Fachbereich Maschinenbau) in Rüsselsheim.

Das Umschlagbild zeigt den Einsatz von sechs Industrierobotern vom Typ VW R 30 beim Punktschweißen hängend an einer Station der Rohkarosserieschweißstraße für den Audi 100 in Ingolstadt.

Zeichnung: Rudolf Singer

1. Auflage 1981
2., neubearbeitete und erweiterte Auflage 1986

Satz: Vieweg, Braunschweig
Druck: Lengericher Handelsdruckerei, Lengerich
Buchbinderische Verarbeitung: W. Langluddecke, Braunschweig

ISBN-13:978-3-528-18481-0 e-ISBN-13:978-3-322-83600-7
DOI: 10.1007/978-3-322-83600-7

Vorwort zur 2. Auflage

Die vorliegende 2. Auflage des Handbuches Industrieroboter wurde in allen Kapiteln sorgfältig überarbeitet. Das gilt besonders für die inzwischen durch die VDI-Richtlinien einsetzende Normung, für den Steuerungsaufbau, die im Anhang in einem einheitlichen Maßstab dargestellten Industrieroboter-Arbeitsräume und die Literaturhinweise.

Prinzipiell wurde an dem Aufbau des Buches nichts geändert, weil es sich in dieser Form bewährt hat. Nicht mehr gebaute Geräte wurden aus den Tabellen nicht entfernt, weil sie nach wie vor in der Industrie im Einsatz sind. Ebenso wurden Untersuchungen vergangener Jahre nicht herausgenommen, sondern weitergeführt, um die Entwicklung von Einflußparametern aufzuzeigen. Speziell für Antrieb, Programmierung, Genauigkeit und andere Baugrößen zeichnet das Handbuch Trends auf, die eine Extrapolation für die Zukunft zulassen.

Großes Gewicht wurde auf die Anwendungsbeschreibung von Industrierobotern gelegt. Eine Vielzahl von Applikationen zeigt die Einsatzmöglichkeiten von Industrierobotern und Sensoren.

Nicht behandelt wurde der soziale Aspekt des Handhabungssystems „Industrieroboter", weil das nicht die Aufgabe eines technischen Fachbuches sein kann.

Bedingt durch ihre Greifeinrichtungen, ihre Programmierung, ihren Arbeitsraum und andere Parameter sind Industrieroboter Großserienmaschinen, d. h. sie erlauben augenblicklich nur ein flexibles Automatisieren von großen Stückzahlen.

In diesem Sinne will das Handbuch aufklären und exemplarisch die Möglichkeiten und Grenzen des Fertigungs- und Bewegungssystems „Industrieroboter" aufzeigen.

An dieser Stelle danke ich besonders herzlich Herrn Langfeld vom Vieweg Verlag für seine Mühe um das Zustandekommen der 2. Auflage.

Bischofsheim, Dezember 1985 Horst H. Raab

Inhaltsverzeichnis

1 Definitionen

1.1 Handhaben

Nach den VDI-Richtlinien 2411 und 2860 ist das Handhaben eine Teilfunktion des Materialflusses (Bild 1.1).
Handhaben ist das Schaffen, definierte Verändern oder vorübergehende Aufrechterhalten einer vorgegebenen räumlichen Anordnung (z. B. Vorzugslage eines Werkstückes) von geometrisch bestimmten Körpern in einem Bezugskoordinatensystem.
Eine Gliederung der *Handhabungseinrichtungen* zeigt Bild 1.2. Die VDI-Richtlinie 2860 spricht im einzelnen von Einrichtungen zum

Speichern
Mengenverändern
Bewegen
Halten
Prüfen

Manipulatoren, Teleoperatoren, Einlegegeräte und Industrieroboter gehören danach zu den *Bewegungseinrichtungen.*

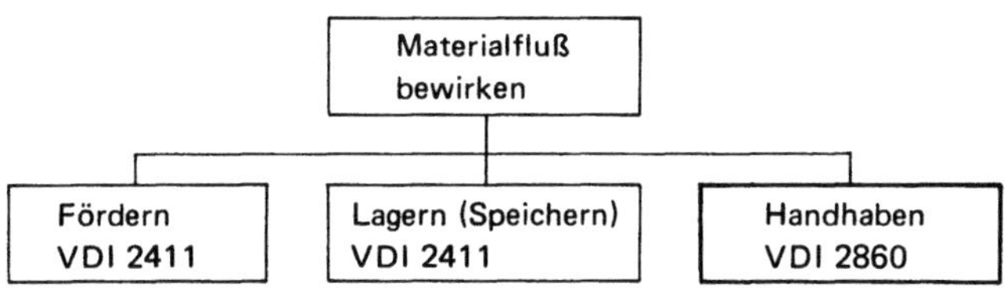

Bild 1.1 Handhaben als Teilfunktion des Materialflusses

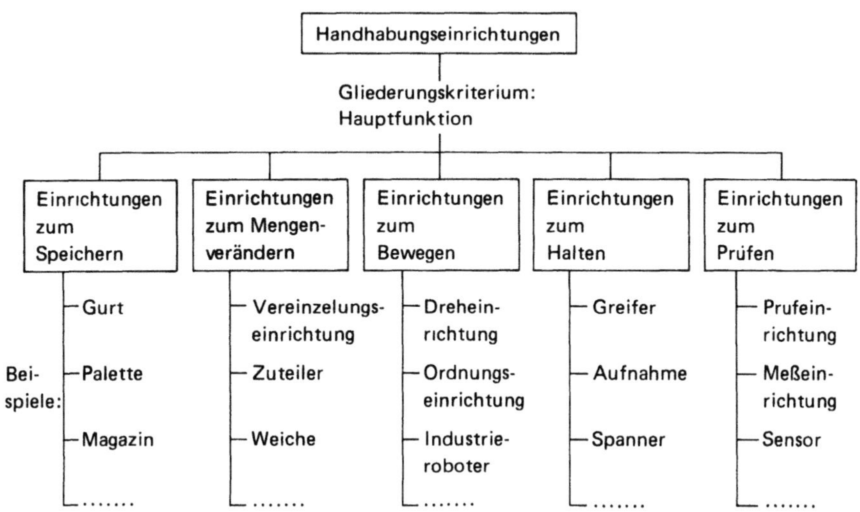

Bild 1.2 Gliederung von Handhabungseinrichtungen in Gruppen nach Hauptfunktion

Die Bewegungseinrichtungen werden von der VDI-2860 nach Bild 1.3 eingeteilt. Im einzelnen erläutert die Richtlinie weiter:

Bewegungseinrichtungen mit fester Hauptfunktion erfüllen nur eine definierte Funktion (z. B. Speichern).

Bewegungseinrichtungen mit variabler Hauptfunktion können mehrere definierte Teilfunktionen (z. B. Speichern, Bewegen) ohne Umrüsten ausführen. Diese Einrichtungen lassen sich weiter unterscheiden nach Art der Bewegungsvorgabe in:

Programmgesteuerte Bewegungseinrichtungen werden in ihren Bewegungen durch ein mechanisch oder elektronisch gesteuertes Programm verändert.

Manuell gesteuerte Bewegungseinrichtungen lassen sich durch den Menschen direkt bewegen.

Je nach Möglichkeit der Programmänderung lassen sich programmgesteuerte Bewegungseinrichtungen unterscheiden in:

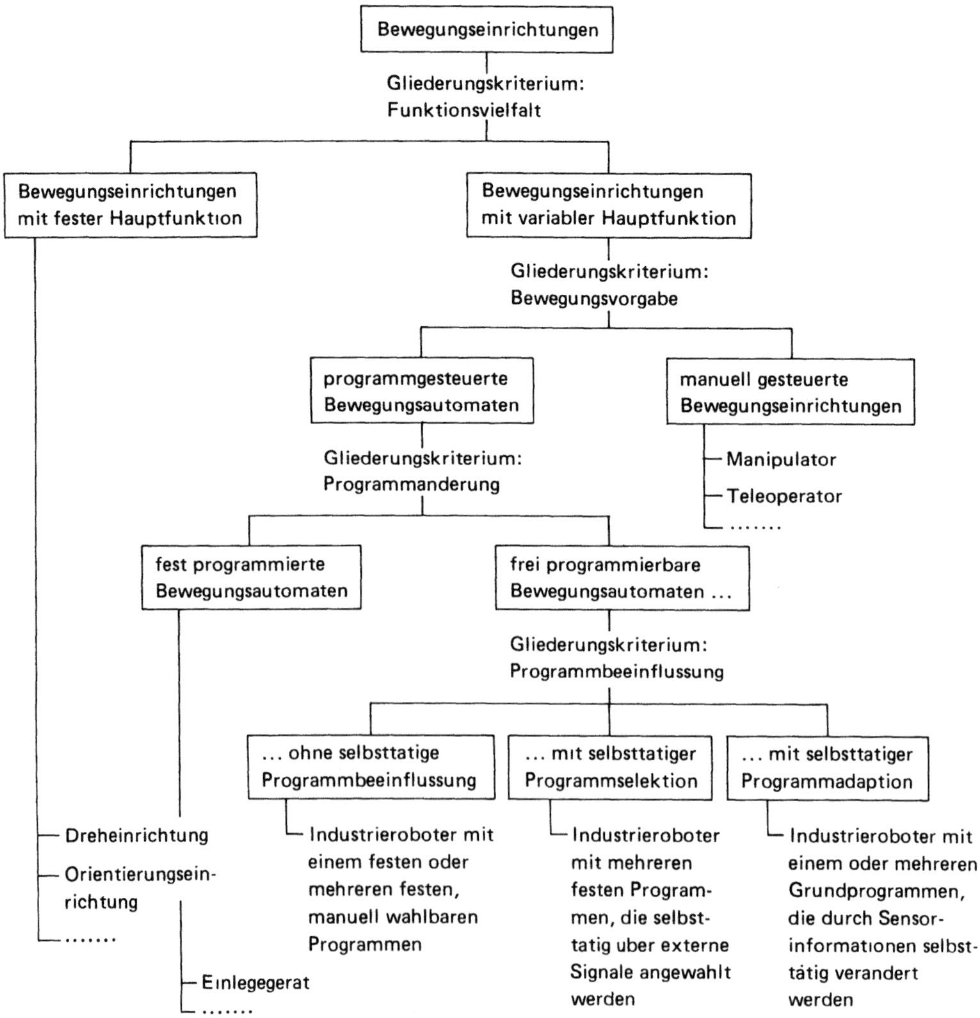

Bild 1.3 Gliederung von Bewegungseinrichtungen

Festprogrammierte Bewegungsautomaten lassen sich hinsichtlich ihrer Bewegungsfolge nur durch mechanischen Eingriff verändern (Kurvenscheiben, Verstellen von Anschlägen ...).
Frei programmierbare Bewegungseinrichtungen lassen sich hinsichtlich Bewegungsfolge und Wegen ohne mechanische Eingriffe in einfacher Weise programmieren. Ihren Möglichkeiten zur Programmbeeinflussung lassen sich diese freiprogrammierbaren Bewegungseinrichtungen noch einmal unterteilen in:

Freiprogrammierbare Bewegungseinrichtungen ohne selbsttätige Programmbeeinflussung führen hinsichtlich Bewegungsfolge und Wegen nur die durch das jeweilige Programm vorgesehenen Bewegungen aus.

Freiprogrammierbare Bewegungseinrichtungen mit selbsttätiger Programmselektion haben die Möglichkeit der selbsttätigen Wahl zwischen unterschiedlichen Programmen bei sich verändernden Umgebungsbedingungen.

Freiprogrammierbiere Bewegungseinrichtungen mit selbsttätiger Programmadaption passen ihre Bewegungen zum Beispiel hinsichtlich der Bewegungsfolge sich verändernden Umgebungsbedingungen selbsttätig an.
Damit ist ein *Manipulator* eine manuell gesteuerte Bewegungseinrichtung, die vornehmlich für Handhabungsaufgaben eingesetzt wird. Ein *Teleoperator* ist ein ferngesteuerter Manipulator. *Einlegegeräte* sind Bewegungsautomaten, deren Programm ohne mechanischen Eingriff nicht geändert werden kann.
Industrieroboter sind universell einsetzbare Bewegungsautomaten mit mehreren Achsen, deren Bewegungen hinsichtlich Bewegungsfolge und Wegen bzw. Winkeln freiprogrammierbar und gegebenenfalls sensorgeführt sind. Sie sind mit Greifern, Werkzeugen oder anderen Fertigungsmitteln ausrüstbar und können Handhabungs- und Fertigungsaufgaben ausführen.

1.2 Manipulatoren

Teleoperatoren sind fernsteuerbare Greifeinrichtungen. Manipulatoren dieser Art werden heute zur Handhabung

- schwerer Lasten,
- in der Meeresforschung,
- in der Weltraumforschung und
- in der Kernenergietechnik

eingesetzt.
Bild 1.4 zeigt einen Manipulator bei der Werkzeughandhabung in einer Gießerei. Der Bedienungsmann sitzt geschützt in einem Bedienungsstand, von wo aus er synchron die Bewegungen des Werkzeuges beim Gußputzen betätigen kann. Diese Bewegungen werden dabei nicht nur synchron sondern auch kraftverstärkend weitergeleitet.
Ebenso können schwere Lasten gehandhabt werden, und wer kennt nicht das Bild aus einer Schmiede, wo in einer menschenleeren Halle eine Torgestellpresse in Viersäulenausführung steht und vollautomatisch ein rotglühendes Schmiedeteil bearbeitet, das von einem fahrbaren Manipulator gehalten und von Zeit zu Zeit der Schmiedepresse zugeführt wird. Diese Anlagen arbeiten zum Teil heute bereits computergesteuert, wobei der Prozeßrechner alle von Presse und Manipulator getätigten Bewegungen in einem bestimmten Zeitraum registriert und sie im Bedarfsfalle reproduzieren kann.

Bild 1.4
Der Manipulator „Andromat" der Firma AST mit einer Schleifeinrichtung beim Verputzen

In der Meeresforschung und für Kriegsmarinezwecke sind Unterwasserfahrzeuge mit Manipulatoren ausgerüstet, die zum Teil in großen Meerestiefen bis 10 000 m Tiefe arbeitsfähig sind. Beim Verlust der US-amerikanischen Atomunterseeboote „Thresher" 1963 und „Scorpion" 1968 wurden Wrackteile aus über 2 000 m Tiefe mit dem von Professor Piccard entwickelten Bathyscaph „Trieste" zur Identifizierung und Feststellung der Schadensursache geborgen. Inzwischen besitzt die USA sogar atomgetriebene Tiefseefahrzeuge, zum Beispiel das „NR-1" mit einer Tragfähigkeit von 400 t und einer Länge von 42 m, das über außergewöhnliche Möglichkeiten verfügt, Arbeiten am Meeresboden auszuführen, die von Bord aus steuerbar sind [1/24].
Bis zu 100 m Tiefe kann das Unterwasser-Arbeitsgerät „Uwag 1" Kabel und Rohre in den Meeresgrund einbetten. Die ausgehobenen Gräben verfüllt es während des Verlegens wieder automatisch. Die Gräben sind bis zu 3 m breit und 1,7 m tief. Das ca. 88 t schwere Unterwassergerät wird mit dem Schiff, Ponton oder auch selbstschwimmend zum Arbeitsort gebracht und dort auf den Meeresboden abgesenkt. Mit Hilfe von Auftriebskörpern kann das Gewicht unter Wasser zwischen 5 und 50 t eingestellt werden. Die Fortbewegung auf dem Meeresgrund erfolgt mit vier Paar Ketten. Die Arbeitsgeschwindigkeit des „Uwag 1" liegt bei 5000 m je Arbeitstag. Anstoß für die Entwicklung dieses Manipulators, der vom BMFT gefördert wurde, war die Prognose, daß bis 1990 noch 8000 km Pipelines in der Nordsee verlegt werden müssen. Der Boden wird mit einer hydraulisch betriebenen Fräse aufgebrochen. Dabei wird die Fräse, je nach Bodenbeschaffenheit, mit Schneidmessern und Transportstegen ausgerüstet. Durch Druckwasserzugabe wird das von den Schneidmessern herausgebrochene Bodenmaterial weiter mit Wasser vermengt, so daß es ohne Schwierigkeiten über einen Saugmund hydraulisch gefördert werden kann. Das Boden-Wasser-Gemisch wird anschließend am Ende des Grabenverhaus oder der Fluidierungseinrichtung wieder ausgespült, um das Kabel zu bedecken. Das von dem Ingenieurbüro de la Motte konstruierte und in Cuxhaven bei Empting Maschinenbau GmbH gebaute mobile Arbeitsgerät muß von einem Begleitschiff aus mit Elektroenergie (3000 V), Druckluft sowie Fernseh- und Steuerkabel versorgt werden [1/30].
Schließlich zeigt Bild 1.5 eine Zusammenstellung der Aktivitäten der UdSSR und der USA zwischen 1967 und 1976 auf dem Gebiet der Weltraumforschung, hier speziell in Zusammenhang mit Manipulatoren an Bord gelandeter künstlicher Satelliten auf den Himmelskörpern

Sonde / Staat	Landung	Auftrag	Gerät, Ausrüstung
Surveyor 3 / USA	19.4.1967 / Mond	Untersuchung der Mondoberfläche	elektromotorisch betriebener Scherenarm von 1,63 m Reichweite mit Analysiergerät
Surveyor 5 / USA	11.9.1967 / Mond	chemische Analyse des Mondbodens nach Beschuß mit Alpha-strahlung	
Surveyor 7 / USA	7.1.1968 / Mond	chemische Analyse des Mondgesteines	
Luna 16 / UdSSR	12.9.1970 / Mond	mit 100 g Mondgestein zur Erde zurück	Bohrausleger mit elektrischem Antrieb
Luna 17 / UdSSR	17.11.1970 / Mond	Bodenuntersuchungen	Mondfahrzeug „Lunochod 1" (neunrädrig), 11 Monate in Betrieb, 10 km Fahrstrecke
Luna 21 / UdSSR	16.1.1973 / Mond	Bodenuntersuchungen	„Lunochod 2" 840 kg schwer, 5 Monate in Betrieb, 37 km Fahrstrecke
Viking 1 / USA	20.7.1976 / Mars	Bodenuntersuchungen	Greifarm 2,9 m Reichweite, 2 Freiheitsgrade, mit Magnet und Schaufelgreifer ausgerüstet
Viking 2 / USA	4.9.1976 / Mars	Bodenuntersuchungen	
Luna 24 / UdSSR	18.8.1976 / Mond	Bodenuntersuchungen	Bohrausleger, 2 m Reichweite, damit Entnahme von Bodenproben und Rückkehr zur Erde

Bild 1.5 Von der Erde gesteuerte Teleoperatoren auf fremden Himmelskörpern im Zeitraum von 1967 bis 1976. [1/22, 1/23].

Mond und Mars. Besonders interessant waren dabei die Arbeiten von Surveyor 3" im Jahre 1967 auf dem Mond, wobei damals bereits mit einem elektromotorisch betriebenem Scherenarm von 1,63 m Reichweite Bodenproben entnommen wurden, deren Untersuchungsergebnisse zur Erde gefunkt wurden.

Die UdSSR startete 1973 das Raumschiff „Luna 21" mit dem Mondfahrzeug „Lunochod 2" an Bord zum Mond. Bei „Lunochod 2" handelte es sich um einen fahrbaren, von der Erde aus steuerbaren Manipulator, der ebenfalls für Bodenuntersuchungen mit Greifeinrichtungen ausgerüstet war.

1976 landete die automatische Sonde „Viking 1" der USA auf dem Mars. Sie war mit einem Greifarm von 2,9 m Reichweite und mehreren Freiheitsgraden ausgerüstet, der einen Schaufelgreifer besaß.

Die ab 1983 gestarteten Raumfähren vom Typ „Challenger" sind mit einem Manipulator mit dem Namen „Canada-Arm" ausgerüstet (Bild 1.6). Der Arm wurde mit einem Kostenaufwand von über 100 Millionen Dollar entwickelt. Das ist vor allem darauf zurückzuführen, daß die Forderungen im erdnahen Bereich nach sicherer Auslegung der Bauteile sehr hoch sind. Außerhalb der Lufthülle sind schließlich noch Umweltbedingungen zu berücksichtigen, mit denen in der Lufthülle so nicht gerechnet werden muß (hohe Temperaturunterschiede und Vakuum). Der Manipulatorarm hat eine Länge von 15,2 m bei einem Rundquerschnittsdurchmesser von 0,38 m. Er ist in seinen fünf Drehgelenken mit FAG-Wälzlagern bestückt und kann beim Weltraumflug Nutzlasten bis zu einem Gewicht von 30 t manöverieren.

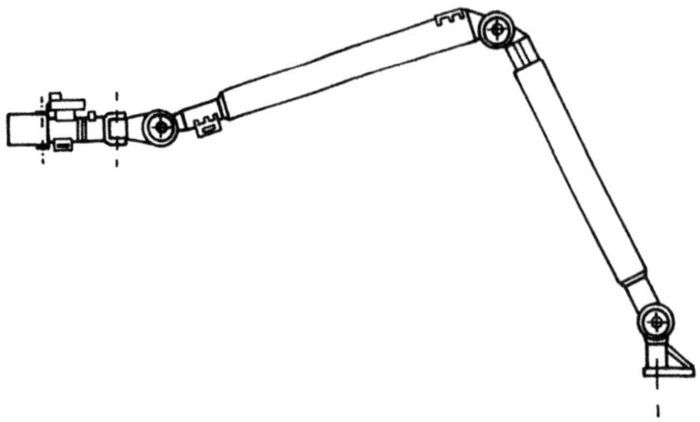

Bild 1.6
Manipulatorarm der Weltraumfähre [1/27]

Die besonderen Probleme bei diesen Manipulatoren, die alle mehr oder weniger nur einfache Funktionen zu erfüllen hatten, lagen in den besonderen Verhältnissen ihres Einsatzes im fast luftleeren Raum auf Mond und Mars sowie bei außergewöhnlich tiefen Temperaturen. Insofern unterscheiden sie sich von den Manipulatoren, die in der Kernenergietechnik Anwendung finden. Manipulatoren sind, was ihre Bauelemente sowie die Steuerung betrifft, mit Sicherheit als Vorläufer der heutigen Industrierobotergeneration anzusehen. Bild 1.7 zeigt eine Einheit des Manipulators „EMSM I" mit ihren Bewegungsmöglichkeiten. Der „EMSM I" (Bild 1.8) besteht aus vier dieser Einheiten, von denen je zwei zur Bewegungssimulation im Bedienungsraum und zwei zur Bewegungsausführung in der heißen Zelle, also bei der Manipulation von Nuklearbrennstoffen, dienen.
Die ausgeführte Bewegung kann auch auf Bedarf kräftemäßig bis maximal 1:6 verstärkt werden. Mit der Arbeitsgreifzange lassen sich Massen bis 25 kg manipulieren. Neun verschiedene

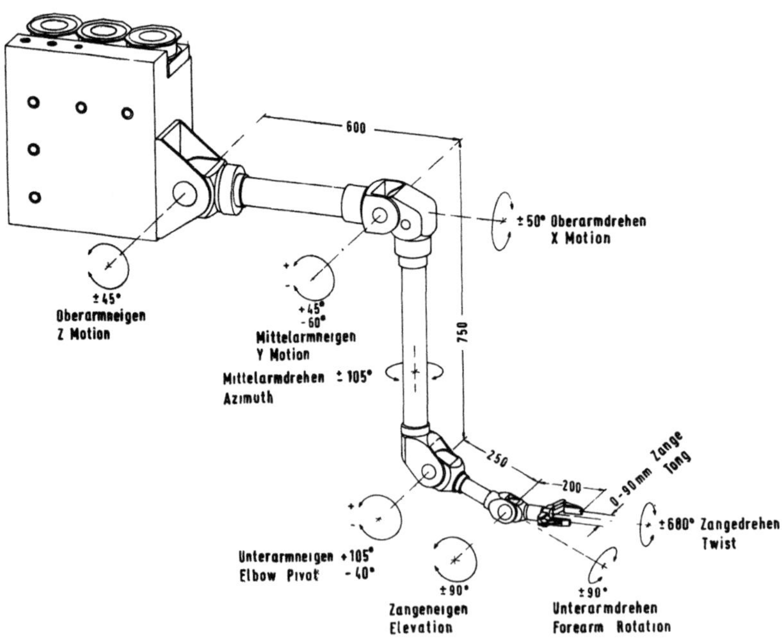

Bild 1.7 Bewegungsmöglichkeiten einer Einheit des EMSM I [1/14]

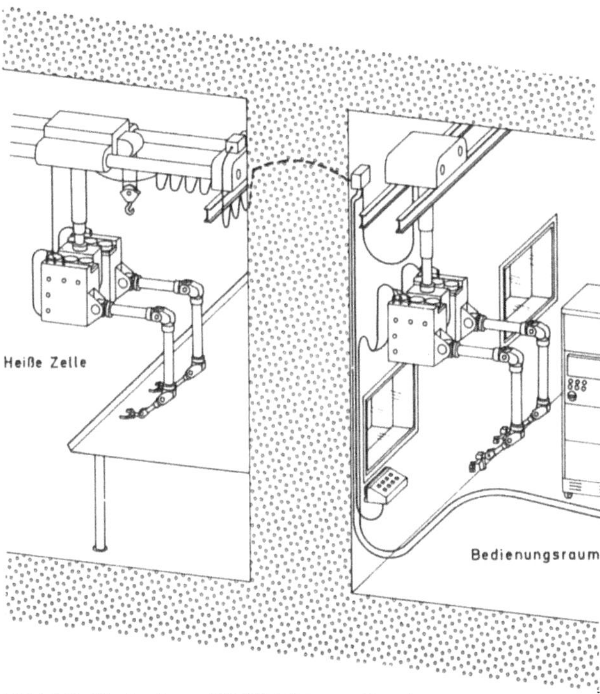

Bild 1.8 Manipulator EMSM I (Master Slave) für Kernenergieanlagen [1/14]

Bewegungen können von den Greifarmen ausgeführt werden. Der Antrieb ist über Dreiphasen-Asynchronmotoren sowie nachgeschaltete Getriebe realisiert. Die Positionsgeber sitzen auf zu den Antriebswellen parallelen Wellen und sind mit Zahnspielausgleichsfedern versehen. Damit wird die Positonsungenauigkeit möglichst klein gehalten. Der Arbeitsraum dieser Geräte ist theoretisch eine Halbkugel mit etwa 1,8 m Durchmesser [1/14].
Für den Bedarf in Kernkraftwerken, Kernforschungsstätten und Entsorgungsanlagen eignet sich das in Bild 1.9 abgebildete Manipulatorfahrzeug „MF 2". Das Manipulatorfahrzeug ist mit einem dreigelenkigen universellen Manipulator ausgerüstet. Der Manipulator selbst kann mit einer ganzen Serie von speziellen Greifern und Werkzeugen versehen werden. Es ist auf einem drehbaren Turm installiert und kann insgesamt sechs verschiedene Bewegungsmöglichkeiten ausführen. Das Fahrzeug wiegt 3,4 t, weil es ein Kettenfahrwerk hat und damit geländegängig ist. Es kann Gegenstände bis zu 200 kg manipulieren. Das Manipulatorfahrzeug wird über Funk gesteuert und ist mit mehreren Fernsehkameras ausgerüstet. Es wurde von dem Karlsruher Kernforschungszentrum entwickelt und besitzt die für einen Manipulator seltene Eigenschaft der eigenen Fortbewegung. Damit wird sein Arbeitsraum unbegrenzt groß und ist nur in der Höhe beschränkt und von den mitgeführten Treibstoffreserven abhängig. Zu diesem Manipulator gehört eine ebenfalls fahrbare Steuerzentrale [1/12].
Bild 1.10 zeigt das Manipulatorfahrzeug „MF 3", das mit EMSM II-Master-Slave Manipulatoreinheiten ausgerüstet ist. Das Fahrzeug wiegt nur 500 kg. Es kann Teile mit einer Masse von 35 kg, bei besonderer Ausrüstung bis 100 kg, manipulieren. Da es über zweimal zwei Raupenketten verfügt, die außerdem noch um die Antriebsachsen geschwenkt und da in einer beliebigen Lage fixiert bleiben können, ist es mit dieser Einrichtung extrem geländegängig und sogar in der Lage, Treppen zu überwinden, Steuerung und Versorgung erfolgen über Kabel mit einer Länge von 50 m [1/13].

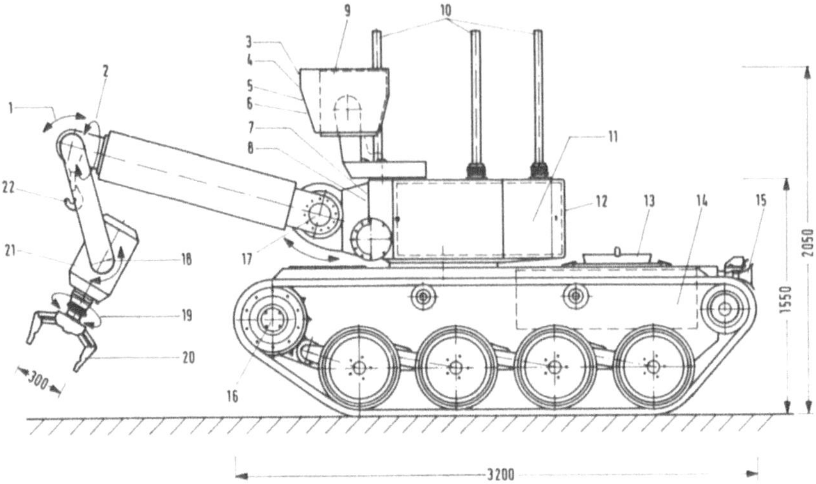

Bild 1.9 Manipulatorfahrzeug MF 2:

1 Ellenbogengelenk, 2 Armdrehen, 3 Mono-Fernsehkamera, 4 Scheinwerfer, 5 Stereo-Mikrophone, 6 Stereo-Fernsehkamera, 7 Gamma-Dosisleistungsmesser, 8 Temperaturfühler, 9 Schwenk- und Neigekopf, 10 Antennen, 11 Sender und Empfänger, 12 schwenkbarer Turm, 13 Probensammelbehälter, 14 Blei-Akkumulatoren, 15 automatische Anhängerkupplung, 16 Antriebsrad, 17 Schultergelenk, 18 Handgelenk, 19 Zangedrehen, 20 große Parallelbackenzange, 21 Kraft-Manipulator SM5-D, 22 Lasthaken [1/12]

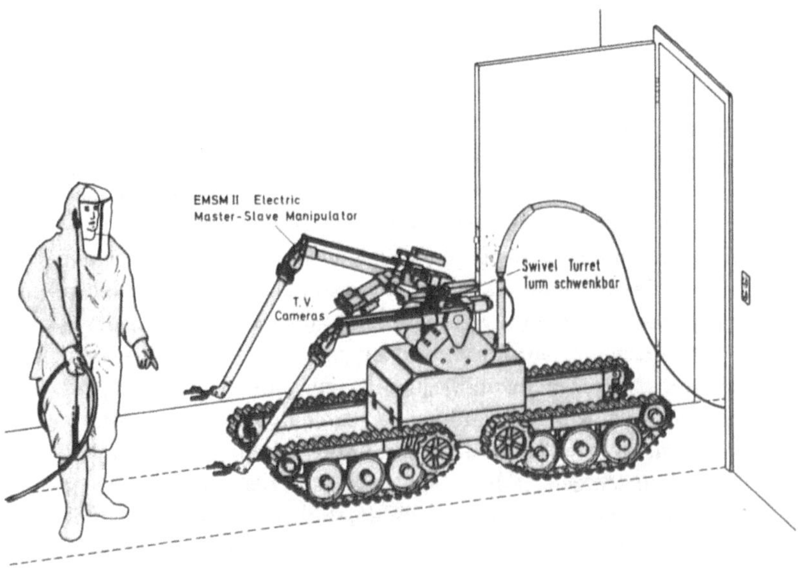

Bild 1.10 Manipulatorfahrzeug MF 3 mit Manipulatoreinheiten EMSM II [1/13]

1.3 Einlegegeräte

Teleoperatoren sind vom Menschen direkt oder über Funk gesteuerte Greifeinrichtungen. Im Gegensatz dazu gibt es seit längerer Zeit bereits Greifeinrichtungen, die zur Beschickung von Werkzeugmaschinen mit Werkstücken dienen. Diese Handhabungsgeräte bezeichnet man als festprogrammierte Bewegungsautomaten. In der Form werden sie auch kurz Einlegegeräte genannt. Einlegegeräte handhaben größte Stückzahlen von Werkstücken und sind dabei meist nur schwer auf andere Teile umrüstbar. Schwierig umrüstbar sind Einlegegeräte wegen ihrer relativ einfachen Steuerung, die über Festanschläge oder verstellbare Nocken erfolgt. Die Ausführung der Bewegungen geschieht über Hydraulik oder Pneumatik. Bewegungsabläufe sind einfach und oft von Werkzeugmaschine zu Werkzeugmaschine unterschiedlich. Sie sind also nicht dafür gebaut, von einer Preßmaschine, an der sie festinstalliert sind, auf eine Drehmaschine umgerüstet zu werden. In Bild 1.11 sieht man einen festprogrammierten Bewegungsautomaten an einem Mehrspindeldrehautomaten. Das nächste Bild 1.12 zeigt ein pneumatisch betriebenes Einlegegerät, das über versetzbare Nocken umrüstbar ist. Das Einlegegerät hat eine geringe Reichweite und damit nur einen kleinen Arbeitsraum. Es ist zur Handhabung leichter Werkstücke bis maximal 1 kg und zur Ausführung einfachster Bewegungen geeignet. Das Anwendungsgebiet der Einlegegeräte ist begrenzt und erschöpft sich im Be- und Entladen sowie im Erfassen von Werkstücken. Handhabungsgeräte, die kompliziertere Bewegungen ausführen können, sind teuerer und müssen freiprogrammierbar sein.

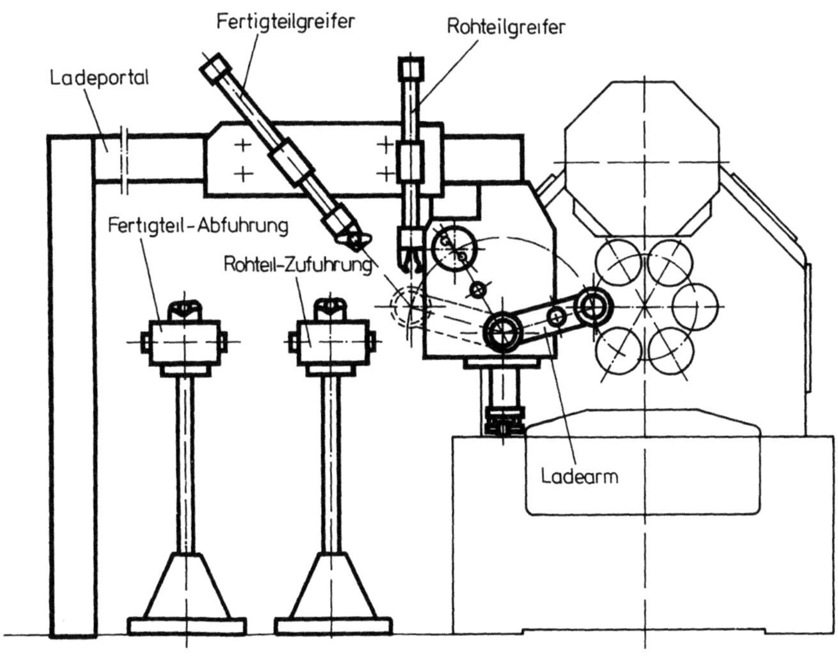

Bild 1.11 Ladeeinrichtung an einem Mehrspindeldrehautomaten der Firma Gildemeister [1/16]

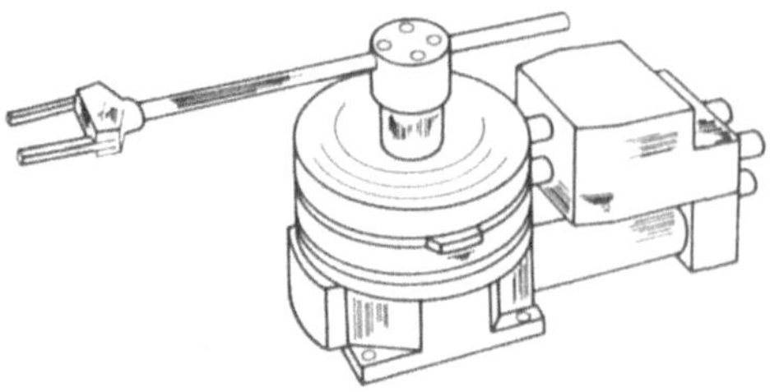

Bild 1.12
Pneumatisch betätigtes Einlegegerät der Firma Felss

1.4 Industrieroboter

Industrieroboter sind auch programmgesteuerte Bewegungsautomaten, die aber in mehreren Freiheitsgraden oder Raumachsen freiprogrammierbar sind. Ihre Anwendungsgebiete erweitern sich laufend. Diese Tatsache wird vor allem durch die Entwicklung auf Seiten der Elektronik und der Antriebstechnik unterstützt. Damit werden heute Arbeitsplätze automatisiert, die vor noch nicht allzu langer Zeit ausschließlich menschlichen Arbeitskräften vorbehalten waren. Augenblicklich werden noch vorwiegend Arbeitsplätze ersetzt, die durch ihre Bedingungen, wie zum Beispiel Funkenflug, Ozonbildung, Wärmeentwicklung, Konzentrationsanforderungen in der Schweißtechnik oder kurze Taktzeiten, große Haltegewichte in der Handhabungstechnik die physiologische Arbeitsbereitschaft des Menschen grenzbelasten. Trotz dieser Humanisierung der Arbeitsplätze ist bei den meisten Anwendungsfällen die Wirtschaftlichkeit gegeben. Nicht selten sind Produktivitätssteigerungen sowie eine erhöhte Flexibilität der Fertigung die Folge des Einsatzes von Industrierobotern.
Bild 1.13 zeigt einen pneumatisch angetriebenen, elektronisch steuerbaren Industrieroboter. Die Entwicklung von Industrierobotern begann etwa Mitte der 50er Jahre in den USA. Der Bau der ersten Geräte erfolgte 1962 durch die amerikanische Firma Unimation. Im Henry Ford Museum in Dearborn, Michigan, USA, ist der erste 1962 gebaute Unimate, noch voll betriebsfähig, zu besichtigen.

Bild 1.13
Pneumatisch angetriebener, elektronisch gesteuerter Industrieroboter der Firma Pietsch

2 Gründe für den Einsatz von Industrierobotern

Industrieroboter sind ein Mittel zur Automatisierung in der Fertigung. Ihre möglichen Tätigkeiten in der Fertigung, eingeteilt nach DIN 85 80, könnten sich nach Bild 2.1 ergeben. Da Industrieroboter sehr universell einsetzbar sind, eignen sie sich zur Automatisierung sowohl kleiner und mittlerer vor allem aber großer Serien.

Urformung	Sinterpressen Glasbearbeitungsmaschinen
Warmumformung	Schmiedepressen Schmiedehämmer Ringwalzwerke
Kaltumformung	Ziehpressen Stanzpressen Biegemaschinen
Spanende Fertigung	Drehmaschinen Schleifmaschinen Bearbeitungszentren
Warmbehandlung	Härteanlagen Glühöfen Induktionsmaschinen
Fügen	Montieren Schrauben Löten Schweißen

Bild 2.1 Für Industrieroboter in der Fertigung mögliche Tätigkeiten, eingeteilt nach DIN 85 80

Gründe für die Automatisierung eines Fertigungsvorganges oder einer Tätigkeit in der Fertigung sind sehr vielschichtig. Etwa 80 % der Gründe lassen sich nach Bild 2.2 zusammenfassen: 41 % als Hauptgrund für eine Automatisierung in der Fertigung sind Probleme personeller Art. Dazu gehören:

- Mangel an qualifiziertem Personal,
- hohe Abwesenheit vom Arbeitsplatz sowie vor allem
- mangelnde Arbeitsmoral, also Mangel an Personal, das willens ist, die vorhandene Arbeit willig auszuführen.

Je 11 % entfallen auf mangelnde Flexibilität und schlechte Kapazitätsauslastung. 9 % der Gründe für eine Automatisierung werden durch eine Neuanschaffung begründet. Je 7 % werden durch mangelnde Qualität und Produktivität verantwortet. Nicht immer liegen die Gründe für den Einsatz von Automatisierungsmitteln im Bereich wirtschaftlicher Notwendigkeit.

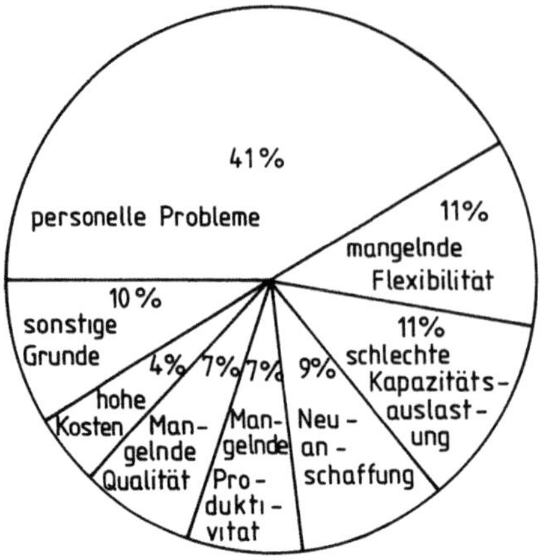

Bild 2.2
Gründe für die Automatisierung in der Fertigung durch Industrieroboter

Interessant sind Zahlen aus Japan. [2/15] gibt an, daß wesentliche Gründe für den Robotereinsatz sich folgendermaßen aufschlüsseln:

34 % Senkung der Personalkosten,
13 % Stabile Produktionsqualität,
12 % Verbesserung der Anlagennutzung,
11 % Verbesserung der Arbeitsumwelt,
11 % Sinnvoller Einsatz des Personals für anspruchsvollere Aufgaben.

In Bild 2.3 sieht man in einer Fertigung die Einflüsse auf den Menschen am Arbeitsplatz.

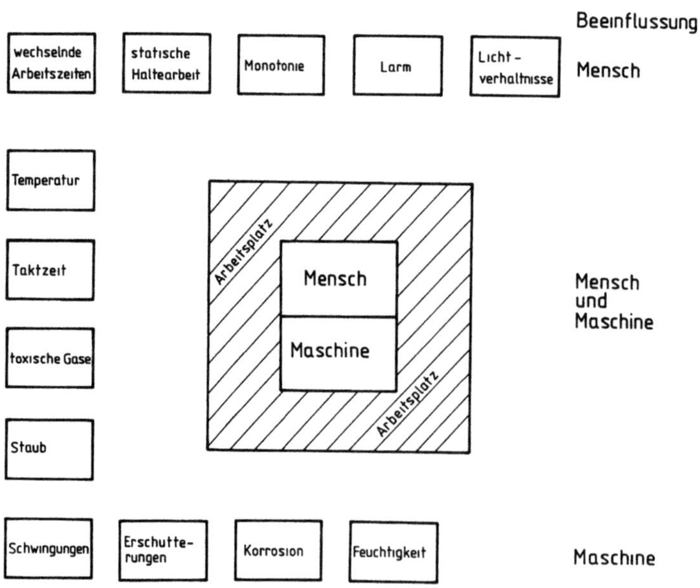

Bild 2.3 Einflüsse auf Mensch und Maschine am Arbeitsplatz:
Beeinflussung
des Menschen,
von Mensch und Maschine und der Maschine.

Physiologische und psychologische Einflüsse behindern den Menschen allein durch:

- wechselnde Schichten,
- eintönige Arbeit,
- hohe Belastungen,
- starken Dauerlärm,
- ungünstige Lichtverhältnisse.

Auf die Maschine wirken sich technische Einflüsse wie

- Schwingungen und Erschütterungen,
- Korrosion und Feuchtigkeit

am Arbeitsplatz ungünstig aus.

Mensch und Maschine werden durch:

- Temperaturschwankungen,
- hohe Arbeitsgeschwindigkeiten sowie
- Staub und Gasentwicklungen

stark negativ beeinflußt.

Zusammenfassend kann man sagen, daß

- technische
- soziologische und
- wirtschaftliche Gründe für die Einführung von Industrierobotern sprechen.[2/6]

2.1 Technische Gründe

Wirtschaftlich eingesetzte Industrieroboter erreichen oft die heute überall dringend notwenigen Produktivitätssteigerungen. Nach einer Analyse von VW liegt die gegenwärtige *Produktivität* menschlicher Arbeitskräfte in den Ländern:

Japan	bei 96 %
USA	bei 90 %
Bundesrepublik Deutschland	bei 80 %,

wobei in Japan und den USA noch geringere Lohnnebenkosten anfallen als in der Bundesrepublik Deutschland.
Ebenso stehen die USA bis 1985 wegen der neuen Regierungsverordnungen hinsichtlich der Automobilproduktion vor einer gigantischen Erneuerung ihrer diesbezüglichen Fertigungseinrichtungen. In Japan sind 60 % aller Werkzeugmaschinen jünger als 10 Jahre. In der Bundesrepublik Deutschland sind nur 37 % aller Werkzeugmaschinen jünger als 10 Jahre. [3/33]
Vor dem Hintergrund dieser Tatsachen ist ein weiterer jährlicher Anstieg der Lohnkosten zu erwarten. Industrieroboter bieten dagegen:

- entsprechend der Markttendenz zu größerer Produktvielfalt und abnehmender Losgröße eine erhöhte Flexibilität in der Fertigung,
- Mehrfachnutzungen von Fertigungsanlagen (z.B. bei Schweißstraßen im Automobilbau),
- Verminderung von Nebenzeiten (bei der Beschickung von Werkzeugmaschinen),

- größere Tragfähigkeit und Ausdauer und damit gleichbleibende Taktzeiten,
- erhöhte Arbeitsgenauigkeit und damit größere Gleichmäßigkeit der Teile (weniger Ausschuß bei der Produktion und höhere Qualität der Einzelteile),
- Erhöhung der Werkzeugstandzeiten durch genaueres Einlegen von Gesenkschmiedeteilen und gleichzeitig auch gleichmäßigere Temperaturen,
- schnellen Austausch der Fertigungsanlagen bei Stillstandszeiten durch ein bereitstehendes Gerät gleicher Bauart.

2.2 Soziologische Gründe

Durch den Einsatz von freiprogrammierbaren Handhabungsgeräten wird der in vielen Industriezweigen deutliche Arbeitskräftemangel (in Gießereien bis zu 70 % Fremdarbeiter) vermindert.
Wo Arbeitskräfte noch vorhanden sind, werden sie von monotoner Arbeit befreit und können kreativen Tätigkeiten zugeführt werden. Damit wird der durch diesen Einfluß verursachte Qualitätsverlust beseitigt, und die Bindung des Menschen an den Arbeitsplatz kann wieder enger werden. Das könnte wieder eine größere Konditionierung des Menschen gegenüber seiner Tätigkeit bedeuten. Vor allem aber tritt der humanitäre Aspekt bei fast unzumutbaren Arbeitsbedingungen heute sehr stark in den Vordergrund. Diese Arbeitsplätze sind in Gießereien, Gesenkschmieden, Preßwerken, an spanenden Fertigungsanlagen, an Montagebändern beim Montieren, Schweißen oder Spritzlackieren, sowie beim Handhaben von Glas, Stahl oder Kunststoff zu finden.
Hitze von 30 ... 300 °C, Graphit- oder Molybdänwassernebel, Lärm von über 100 dBA oder Lacknebel bei mitunter schwerer körperlicher Haltearbeit, kurze Taktzeiten und geringe Erholzeiten kennzeichnen diese Tätigkeiten.
Bild 2.4 zeigt die hauptsächlichen Einsatzgebiete von Industrierobotern bei der Werkzeug- und Werkstückhandhabung in der Bundesrepublik Deutschland. Dabei fällt auf, daß Tätigkeitsfelder wie:

- Schweißen
- Beschichten und
- Handhabung von Werkzeugmaschinen der Umformtechnik

allein fast schon 3/4 des Einsatzes von Industrierobotern abdecken. Hier sind also Arbeitsbedingungen anzutreffen, die es vom humanitären Standpunkt zu verändern gilt. Denn Arbeitsplätze mit schwierigen Bedingungen führen zu Nervosität und verstärkter Unfallgefahr. In dem Unfallverhütungsbericht der Bundesrepublik Deutschland von 1973 wurde bereits nachgewiesen, daß über 40 % aller Unfälle an Armen und Beinen auftreten. Wahrscheinlich wurde das auch in den USA erkannt, wo seit 1974 ein Gesetz das Arbeiten an Maschinen mit schließenden Werkzeugen verbietet. In diesem Fall erfolgte also eine zwangsweise Einführung der Handhabungstechnik.
Aus der Statistik Bild 2.4, in der die einzelnen Einsatzgebiete von Industrierobotern aufgeschlüsselt sind, sieht man, daß die Einsatzzahlen von Industrierobotern in der

- Werkzeughandhabung und
- Werkstückhandhabung

fast gleich geblieben sind, mit leicht fallender Tendenz.

Einsatzart	Einsatzgebiet	Anzahl von Industrierobotern in den Jahren 1977	1981	1982	1983	1984
Werkzeug-handhabung	Beschichten	90	231	397	586	727
	Punktschweißen	74	771	1331	1560	1894
	Bahnschweißen	12	227	585	856	1334
	Entgraten	10	10	20	22	22
	Montieren	2	101	122	248	452
	Sonstiges	2	59	32	100	271
	Σ	190	1399	2487	3372	4700
Werkstück-handhabung	Preßmaschinen	50	25	70	121	135
	Schmiedehämmer	30	29	52	73	75
	Druckgießmaschinen	60	113	120	132	147
	Werkzeugmaschinen	60	374	200	370	466
	allgemein	115	339	513	652	920
	Σ	315	880	955	1348	1743
	Forschungszwecke	16	22		80	157
	Σ	521	2301	3442	4800	6600

Bild 2.4 Einsatzgebiete von Industrierobotern bei der Werkzeug- und Werkstückhandhabung [1/2]

Während die Werkzeughandhabung eine Abnahme der Einsatzzahlen verzeichnet, ergibt sich bei der Werkstückhandhabung eine leichte Zunahme. Die Einsatzgebiete bei der Werkzeughandhabung sind heterogen. Hier konkurrieren

- Punktschweißen,
- Bahnschweißen,
- Beschichten und
- Montieren

miteinander.

Auf den Gebieten der Beschichtung und des Punktschweißens, Einsatzgebiete des Industrieroboters in der Automobilindustrie, ergibt sich eine leichte Sättigung. Während der Industrieroboter beim Punktschweißen als Großserienmaschine Einsatz findet, ist seine Applikation beim Beschichten von Fall zu Fall zu entscheiden. Beim Bahnschweißen findet der Industrieroboter Eingang auch bei kleinen Stückzahlen. Im Unterschied zum Punktschweißroboter, der mit einer Schweißzange nur bestimmte Formen schweißen kann, ist der Bahnschweißroboter mit dem Brenner in der Lage, beliebige Werkstücke zu verbinden. Das Bahnschweißen und das Montieren mit Industrierobotern hatte in den vergangenen drei Jahren die höchsten Zuwachsraten. Das ist in diesen Fällen auf einen gelungenen Einsatz von Sensoren in diesen Bereichen zurückzuführen. Nicht bekannt ist die Anzahl der mit Industrierobotern im Einsatz gekoppelten Sensoren. Beim Bahnschweißen, wie auch beim Montieren mit Industrierobotern entstehen Genauigkeitsprobleme, die den Sensoreinsatz notwendig machen. Während aber beim Lichtbogenschweißen der Lichtbogen mit seinen elektrischen Parametern selbst den „Sensor" darstellt, muß im Falle des Montierens mit Industrierobotern der Sensor der Applikation von Fall zu Fall angepaßt werden. Hier bereiten weniger die Fühler des Sensors Schwierigkeiten, vielmehr sind Probleme der Software und der Programmierung von entscheidender Bedeutung, die einen Sensoreinsatz kostenmäßig verbieten. Hinzu kommen ungelöste Probleme der internen Datenverarbeitungsgeschwindigkeit.

Diese Schwierigkeiten stehen bei der Werkstückhandhabung ganz besonders im Vordergrund. Hier sind die Probleme des Einsatzes und wirtschaftlichen Einsatzes von optischen und taktilen Sensoren noch nicht gelöst. Auch hier findet der Industrieroboter als Großserienmaschine mit 100 000 und mehr Teilen gleicher Art seine Verwendung. Es gibt nur wenige Schlüsselindustrien, die diese Stückzahlen heute aufbringen. Die Automobilindustrie gehört dazu. Deshalb findet man den Industrieroboter immer wieder dort eingesetzt. Die Schwierigkeit bei der Werkstückhandhabung liegt in der geringen Flexibilität der Greifeinrichtung. Die menschliche Hand verfügt über 27 Freiheitsgrade [3/77]. In der Industrieroboter-Greifeinrichtung liegen drei Freiheitsgrade ausschließlich der Zugreifmöglichkeit der Backen. Das ist nur ein Problem beim Teilehandling. Meist werden die Teile unsortiert angeliefert. Periphere Einrichtungen müssen dann mühsam dafür sorgen, daß die Werkstücke dem Industrieroboter definiert zugeführt werden, damit er auf diese Stelle programmiert werden kann. Mit Änderung der Form und Größe der zu handhabenden Werkstücke müssen aber diese Einrichtungen ebenfalls veränderbar sein.
Die andere Möglichkeit ist, die Teile unsortiert anzuliefern und den Industrieroboter mittels Sensoren die chaotisch angelieferten Teile zu sortieren. Eine Programmierung des Gerätes ist allenfalls im Rahmen der Sensoreinrichtung möglich. Dieser „Griff in die Kiste" ist noch nicht allgemein gelöst. Natürlich gibt es Fälle, für die einfache Sensoreinrichtungen ausreichen, so daß Werkstücke, in einer Kiste unsortiert angeliefert, mit einem Handhabungsautomaten und einem gekoppelten Sensor erkannt und vereinzelt werden können. Für beliebige Teile mit beliebiger Form und unterschiedlicher Größe ist diese Aufgabenstellung aber noch ungelöst.

Aus diesen Gründen werden mit Sicherheit die Einsatzgebiete

- Montieren,
- Bearbeiten (Entgraten, Fräsen, Schleifen usw.) und
- Handhaben

mit zunehmender Verbesserung der Sensoreinrichtungen hohe Zuwachsraten in Zukunft verzeichnen.
Diese Tendenz zeigt sich auch bereits im Bild 2.5. Hier sieht man, daß der Industrieroboter als Großserienmaschine für schwere Arbeiten, wie Punktschweißen als Einsatzgebiet in der Fahrzeugindustrie zunehmend eine Ablösung findet in der Elektroindustrie und im Maschinenbau. Die Geräte werden verfeinert und zunehmend flexibler. In der Elektroindustrie finden sie Anwendung beim Handling von kleineren Teilen, und im Maschinenbau werden sie bei immer kleineren Teileserien eingesetzt.

	1980	1985
Fahrzeugindustrie	60 %	40 %
Elektroindustrie	11 %	20 %
Maschinenbau	8 %	15 %

Bild 2.5 Prozentuale Einsatzzahlen von Industrierobotern in einzelnen Industriezweigen in Deutschland [2/10]

Weltweit steht Deutschland beim Einsatz von Industrierobotern, wie Bild 2.6 darstellt, nicht ungünstig dar. Dabei ist anzumerken, daß die Zählung allein schon aufgrund der unterschiedlichen Definitionen, was ein Industrieroboter ist, problematisch ist.

	1980	1981	1982	1983	1984
Japan	6000	9500	13000	16500	
USA	3500	4500	6250	8000	
Deutschland	1200	2300	3500	4800	6600
England	371	713	1152		
Frankreich	580	790	950		

Bild 2.6 Einsatzzahlen von Industrierobotern in den Hauptindustrieländern [2/11, 2/12]

Die Einführung flexibler Handhabungseinrichtungen aus technischen und soziologischen Gründen läßt sich aber nur auf der Basis exakter wirtschaftlicher Berechnungen realisieren.

2.3 Wirtschaftliche Gründe

Steigende Lohnkosten, die Forderung höherer Flexibilität aufgrund kleiner werdender Serien, Erniedrigung von Haupt-, Neben- und Verteilzeiten in der Fertigung verlangen Maßnahmen, die zur Einführung wirtschaftlicher Handhabungsgeräte führen. Da diese Anlagen sehr kapitalintensiv sind, erzwingen sie einen Einsatz im Mehrschichtbetrieb. Sicherlich ist hier eines der Probleme zu suchen, die die zögernde Einführung dieser neuen Technologie erklären könnten. Nur wenn genaue Arbeitsplatz- und Planungsanalysen durchgeführt werden, die zu handhabenden oder zu fertigenden Stückzahlen einen Mehrschichtbetrieb zulassen, Ersatzteillager und Bedienungskräfte (Instandhalter, Programmierer) möglichst knapp gehalten werden, der Arbeitsplatz beim Übergang von manueller zu automatischer Fertigung möglichst unverändert bleibt und das Handhabungsgerät so beschaffen ist, daß es die gestellten Anforderungen bei minimalen Anschaffungskosten erfüllt, wird sich eine wirtschaftliche Lösung ergeben.
An Stelle von Gerätekauf haben vor allem die Japaner sehr früh Industrieroboter per Leasing eingesetzt [2/14]. In Japan wurde dazu von einer Vereinigung japanischer Industrieroboter-Hersteller die „Jarol" (Japan Robot Leasing Company) gegründet. Das Leasing bietet sich vor allem bei Unternehmen mittlerer und kleiner Größe an, die Schwierigkeiten mit der Finanzierung eines Industrieroboter-Arbeitsplatzes haben. Leasing ist bilanzneutral, spart Steuern und erhöht die Liquidität eines Unternehmens.

2.4 Industrial Relations im Zeichen des Einsatzes von Industrierobotern

Mit *„industrial relations"* bezeichnet man in den angelsächsischen Ländern das Verhältnis zwischen Arbeitgebern und Arbeitnehmern. Dieses Verhältnis ist zumindest dort Prüfungen unterworfen, wo die neue Handhabungstechnologie in den Bereich der positiven Wirtschaftlichkeit gerät und keine Hilfestellung von humanitären Aspekten am Arbeitsplatz bei mangelnder Wirtschaftlichkeit für ihre Einführung benötigt. Damit kommt sie zwangsläufig in Kollision mit Arbeitnehmerinteressen, die zwar eine Erhöhung der Lebensqualität, Arbeitszeitverkürzung, Steigerung des Lebensstandarts durch Einsatz von freiprogrammierbaren Handhabungsgeräten zulassen, aber einer Verringerung der Personalstruktur sofort mit berechtigten Mißtrauen begegnen.

Wenn einer der Hauptgründe für das Einführen von Industrierobotern im Mangel an Arbeitskräften liegt, kann andererseits diese Technologie nicht mit dem Argument blockiert werden, sie fördere Arbeitslosigkeit. Auf lange Sicht dürfte tatsächlich auch ein Abwandern bei minderwertigen Arbeiten wie Handhabungstätigkeiten und ein Hinwenden zu höherwertigen Betätigungen wie dem Herstellen, Programmieren und Instandsetzen von Handhabungsgeräten erfolgen.
Dem Staat kommt hier die wichtige Funktion zu, diese Tendenz rechtzeitig zu erkennen und durch Bildungsprogramme zu unterstützen, um eine Arbeitslosigkeit zu verhindern, die nicht ohne nachteilige Folgen für die Entwicklung der Handhabungstechnik wäre.

3 Aufbau von Industrierobotern

Wie man bereits aus Bild 1.1 (Einteilung der Handhabungsgeräte) gesehen hat, sind Industrieroboter freiprogrammierbare Bewegungseinrichtungen.
Einlegegeräte und Manipulatoren waren mit Sicherheit hinsichtlich Aufbau und Einsatz sowie der Ähnlichkeit der Baugruppen richtungweisend für die Entwicklung der Industrieroboter.
Marktanalysen und Arbeitsplatzanalysen, die die Bedürfnisse und Anforderungen geklärt haben, trugen zur jetzigen Form der Industrieroboter bei. Abgesehen von Varianten hat der heutige Industrieroboter im allgemeinen folgende sichtbaren Baugruppen:

- Steuerung und
- Handhabungsgerät.

Innerhalb dieser Baugruppen sind folgende Teilsysteme vorhanden:
Die Steuerung umfaßt, wie man im Bild 3.1 sieht:

- Informationseingabe,
- Vergleichereinheiten,
- Speichereinheiten,
- Verstärkereinheiten.

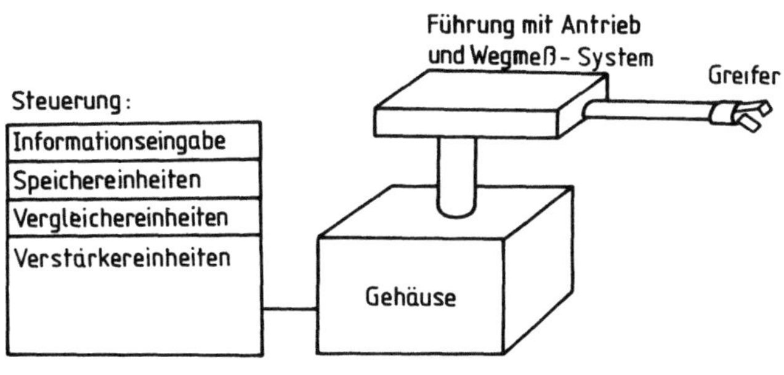

Bild 3.1
Die Hauptbaugruppen eines Industrieroboters

Das Handhabunsgerät besteht aus:

- dem Gehäuse, an dem
- die Führungen befestigt sind mit
- den Antrieben sowie Wegmeß-Systemen und
- dem Greifer.

Hierzu sieht man im Bild 3.2 eine Übersicht der Lösungsmöglichkeiten der hauptsächlichen Baugruppen eines Industrieroboters. Aus der Vielzahl der möglichen Lösungen haben sich heute meistens aus technologischen Gründen oder aus Marktanforderungen bestimmte spezifische Gruppierungen herausgebildet. Bestünde z.B. ein Industrieroboter aus:

- Zangengreifer als Greifeinrichtung,
- Scheibenläufermotor als Antrieb,
- Rundprofil als Führung,
- Drehgelenk, fester Sockel oder Flansch als Verbindungselement,
- elektrische PTP-Steuerung mit „Teach-in"-Programmierung,

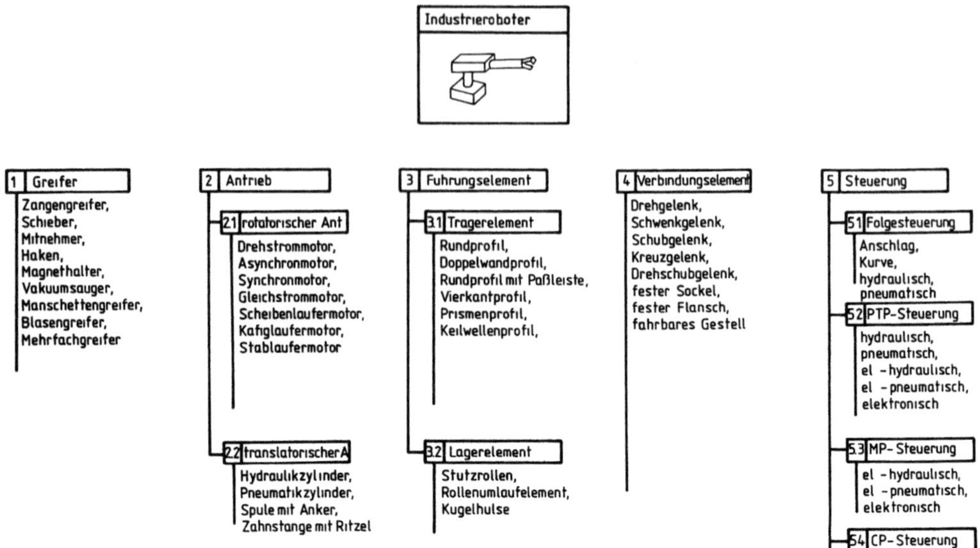

Bild 3.2 Übersicht der Lösungsmöglichkeiten der Hauptbaugruppen eines Industrieroboters [6/14]

so wäre dies heute ein durchaus gebräuchliches und preiswertes Gerät. Für die Steuerung sind die einzelnen Baugruppen in Bild 3.3 dargestellt. Auch hier könnte sich aufgrund von Markterfordernissen und aus wirtschaftlichen Gründen die folgende Zusammenstellung einer Steuerung aus den Lösungsmöglichkeiten ergeben:

- Schalter und Potentiometer zur „Teach-in"-Programmierung,
- Magnetbank in der Form einer Kassette für die Wiederholprogrammierung,
- Kernspeicher oder Magnetband als Speicherelement,
- Winkeldecoder als analog-absolute Wegmeß-Systeme,
- Endschalter als Sensoren.

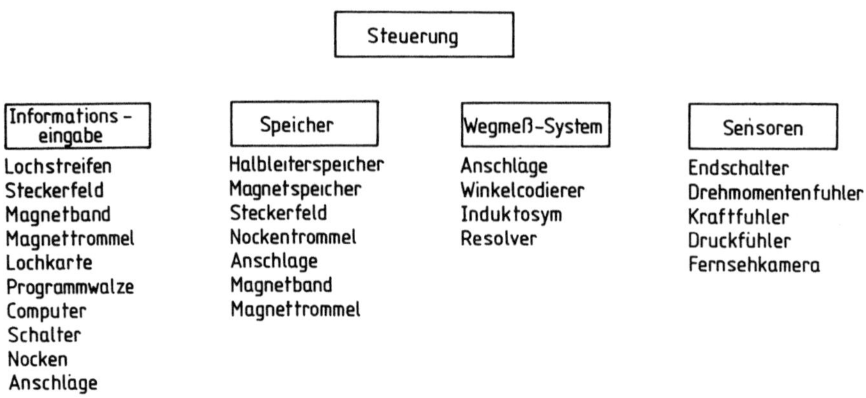

Bild 3.3 Übersicht der Lösungsmöglichkeiten der einzelnen Baugruppen einer Industrierobotersteuerung

Bei Industrierobotern vor allem im Bereich der Greifeinrichtungen und der Achsen 4, 5 und 6 sind die Raumverhältnisse sehr eng. Geringe Gewichte und kleine Querschnitte dieser Baugruppen sind notwendig. Hier helfen speziell konstruierte Lager der Firma FAG. Diese sogenannten Dünnringlager lassen Außendurchmesser kleiner und Durchlässe größer werden. Die Lager haben bis zu 80 % kleinere Querschnitte und wiegen bis zu 95 % weniger als normale Wälzlager. FAG Dünnringlager gibt es derzeit als Vierpunktlager, Rillenkugellager oder Schrägkugellager mit Bohrdurchmessern im Bereich von 25 bis 1000 mm und im Breitenbereich von 5 bis 25 mm [3/78]. Die Lebenserwartungen dieser Lagerungen sind z. T. ganz erheblich, trotz der Belastungs- und Schmierverhältnisse, weil die einzelnen Achsen nicht laufend im Eingriff sind und wenn, dann meist nur in einem kleinen Winkelbereich. Wie die Abbildungen der Greifachsen zeigen, ist ein geschlossenes Gehäuse oft nicht möglich. Damit entfällt auch eine Naßschmierung. Vielmehr erfolgt die Schmierung durch eine einmalige Fettfüllung. Dasselbe gilt auch für die in diesem Bereich befindlichen Verzahnungen. Bild 3.4 zeigt die sehr stabile Vierpunktlagerung des Drehgestelles eines Industrieroboters. Gleichzeitig sind die Lagerabdichtungen zu erkennen.
In der Folge werden die einzelnen Baugruppen an Beispielen näher erläutert und der Einsatz ganz bestimmter Lösungen begründet.
Modernste Geräte sind neben Endschaltern oft noch mit

- Sichtsensoren ausgerüstet

die sie neben dem Bewegungsregelkreis als Wahrnehmungsregelkreis mit der Durchführung besonderer Aufgaben befähigt.
In Bild 3.5 ist ein Handhabungsgerät skizziert. Koordinaten, Koordinatenbezeichnungen sowie translative und rotatorische Bewegungsmöglichkeiten sind dargestellt.

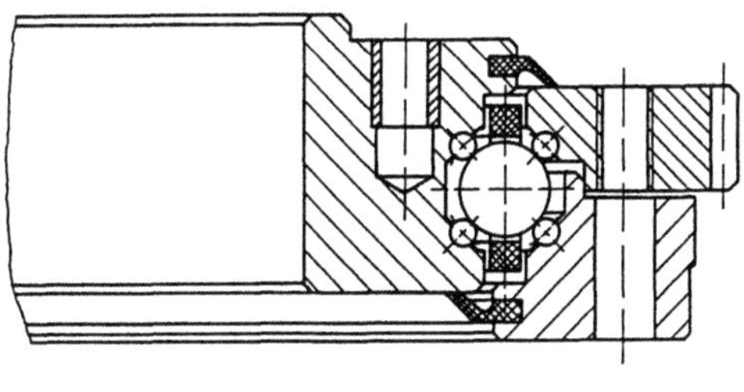

Bild 3.4

Vierpunktlagerung einer Drehgestellachse (System Jungheinrich)

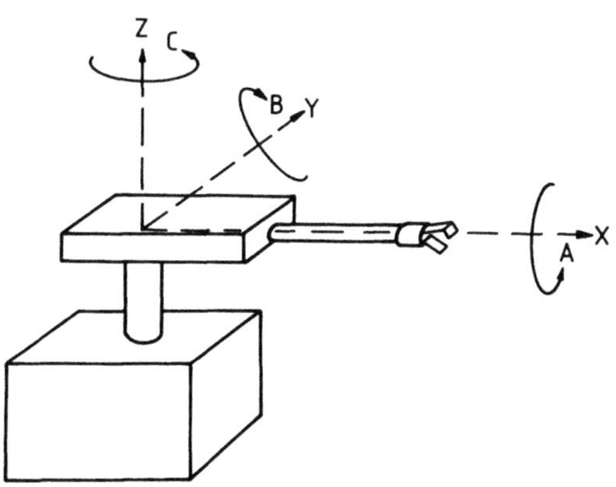

Bild 3.5

Handhabungsgerät, Koordinaten und Bewegungsmöglichkeiten [6/9]

3.1 Aufbau des Handhabungsgerätes

Ausgehend von der reinen Handhabungstechnik erfüllt der freiprogrammierbare Bewegungsautomat im allgemeinen *Zubringefunktionen*. Bild 3.1.1 zeigt, welche Zubringefunktionen ein Industrieroboter ausführen kann, welche von seiner Ausführung, also Bauart, abhängen und welche er nur mit Einschränkung bewerkstelligen kann. Während er nicht eingeschränkt Teile stapeln, lagern, bunkern, sie positionieren, eingeben, ausgeben, weitergeben kann, sind nur bestimmte Industrierobotertypen in der Lage Teile zu drehen, zu wenden, zu schwenken

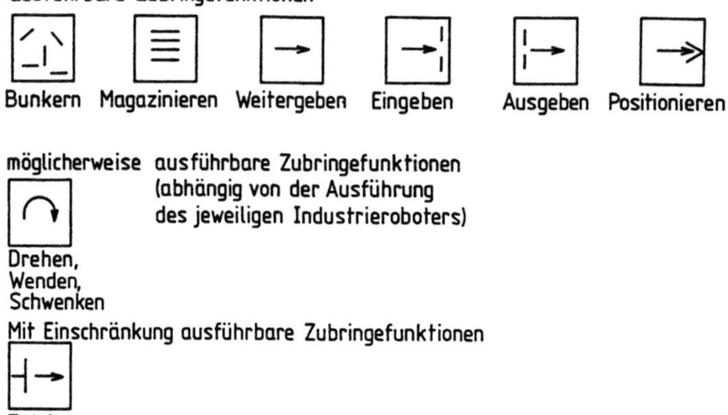

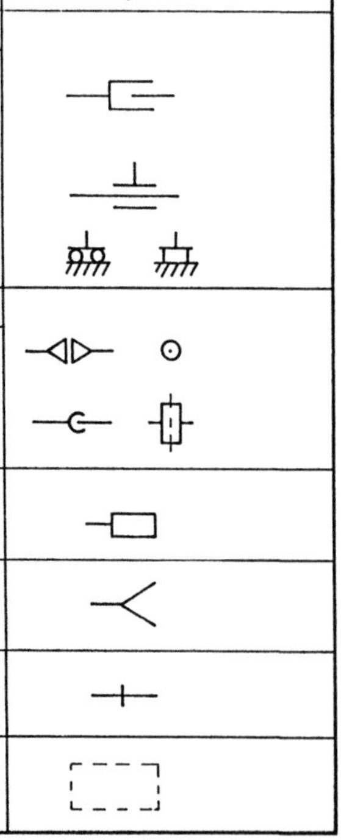

Bezeichnungen	Symbol
Translationsachse	
Translation fluchtend (Teleskop)	
Translat nicht fluchtend	
Verfahrachse	
Rotationsachse	
Rotation fluchtend	
Rotation nicht fluchtend	
Werkzeuge	
Greifer	
Kennzeichnung von Systemgrenzen	
Trennung zwischen Haupt-und Nebenachsen	

Bild 3.1.1

Für Industrieroboter interessante Symbole für:

- Zubringefunktionen (VDI 3239 [6/8]) und
- Darstellung des kinematischen Aufbaus (VDI 2861 [3/105])

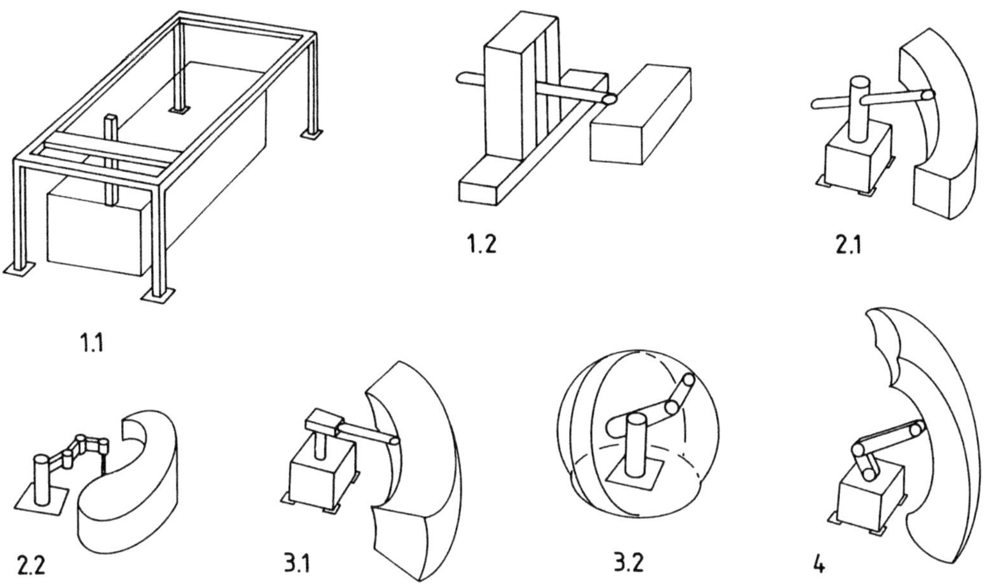

Bild 3.1.2 Bauarten von Industrierobotern und ihre Arbeitsraume:

1.1 Portalversion mit quaderförmigem Arbeitsraum (3 Translationen)
1.2 Standgerät mit quaderförmigem Arbeitsraum (3 Translationen)
2.1 Standgerät mit zylinderförmigem Arbeitsraum (1 Rotation, 2 Translationen)
2.2 Standgerät mit halbkreisförmigem Arbeitsraum nach dem Scara-Prinzip fur Montagezwecke (2 Rotationen, 1 Translation)
3.1 Standgerät mit teilsphärischem Arbeitsraum (2 Rotationen, 1 Translation)
3.2 Standgerät mit sphärischem Arbeitsraum (3 Rotationen)
4 Standgerät mit torusförmigem Arbeitsraum (3 Rotationen)

und nur bedingt können Industrieroboter heute zuteilen, also z. B. beim Montieren eingesetzt werden. Stark entscheidend für ihre Funktion ist die Bauart eines Industrieroboters. Im Bild 3.1.2 sind die hauptsächlichen Bautypen mit ihren Variationen zu sehen. Zunächst ist als Hauptmerkmal hervorzuheben, daß weit über 90 % aller Industrieroboter nur mit einem Arm ausgerüstet sind. Einmal, weil er damit alle ihm aufgetragenen Zubringefunktionen entscheidend ausführen kann, zum anderen wegen der beträchtlichen Kollisionsgefahr bei zweiarmiger Bauart. Von Bedeutung für Flexibilität und Einsatzmöglichkeit des Industrieroboters sind seine Bewegungsmöglichkeiten und sein Arbeitsraum.

38 % der Geräte bewegen den Manipulatorarm in zwei Translations- und eine Rotationsbewegung. Weitere 19 % haben eine Translations- und zwei Rotationsbewegungen. Dagegen haben die Geräte mit drei Rotationsbewegungen mit 25 % aller Industrieroboter einen erheblichen Zuwachs in neuerer Zeit erreicht.

Die sich daraus ergebenden Arbeitsräume sind teilweise Sektoren eines Hohlzylinders bzw. einer Hohlkugel. Um in einem umschriebenen Arbeitsraum, der durch die Freiheitsgrade der Achsen gegeben ist, alle Punkte mühelos und schnell erreichen zu können, muß auch der Greifer Bewegungen ausführen können. Hier ist ebenfalls aus Bild 3.1.3 zu erkennen, daß zwei translative Bewegungen in X und Z Richtung bis 1 000 m bzw. 100 mm sowie eine rotatorische Bewegung um die Z-Achse von mindestens 180° gebräuchlich sind.

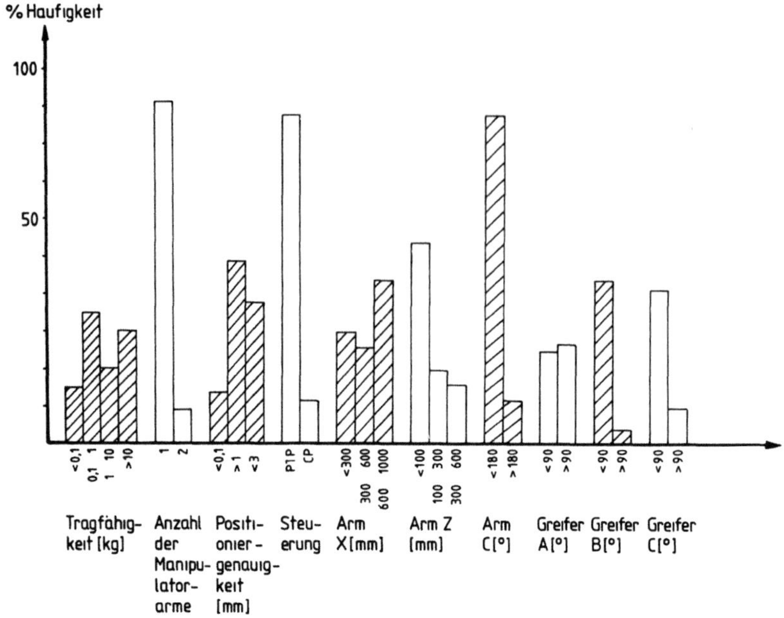

Bild 3.1.3 Haufigkeit von Merkmalen an Industrierobotern [6/8]

Die dazugehörigen Greiferbewegungen sind jeweils eine Drehung um A, B und C mit einem Winkel von 90° oder mehr. Die Anzahl der Freiheitsgrade oder Bewegungsmöglichkeiten eines Industrieroboters liegt damit dann bei sechs. Untersuchungen zeigen, daß in der Regel die Mehrzahl der eingesetzten Industrieroboter mit weniger als sechs Freiheitsgraden auskommt.

Bild 3.1.4 zeigt in einem Vergleich Untersuchungen aus den Jahren 1973, 1980 und 1985. Dabei ergibt sich eine leichte Verschiebung in 1980 zu den Geräten mit mehr Achsen. 1973 waren 37 % aller Geräte vierachsig. 1980 waren nur 19 % der Geräte vierachsig, dafür hatten insgesamt über 50 % der Bewegungseinrichtungen fünf und mehr Achsen. Dieser Trend zu fünf- und sechsachsigen Geräten hält in 1985 an. Mehr als zwei Drittel aller Industrieroboter haben jetz mehr als fünf Achsen.

3.1.1 Bauarten

Das Gerät der einfachen *Bauart* hat einen waagerechten Arm (Bild 3.1.2) Typ 1.2, der parallel zur Aufstellfläche gehoben und gesenkt werden kann. Er kann auch parallel zu dieser Fläche Schwenkbewegungen ausführen. Diese speziellen Industrieroboter eignen sich sehr gut zum Be- und Entladen von Werkzeugmaschinen aller Art (CNC-Drehautomaten, Bearbeitungszentren, Preßmaschinen, usw.). Von dieser Bauart ausgehend hat der Typ 2.1 die Möglichkeit, den Arm um diese zur Aufstellfläche parallelen Fläche auch zu schwenken (Achse B). Die Bauart 3 und 4 sind Gelenkkombinationen für drei Rotationen im Hauptarbeitsraum. Für die Handhabung schwerster Werkstückgewichte dient die Portalausführung wie hier Typ 1.

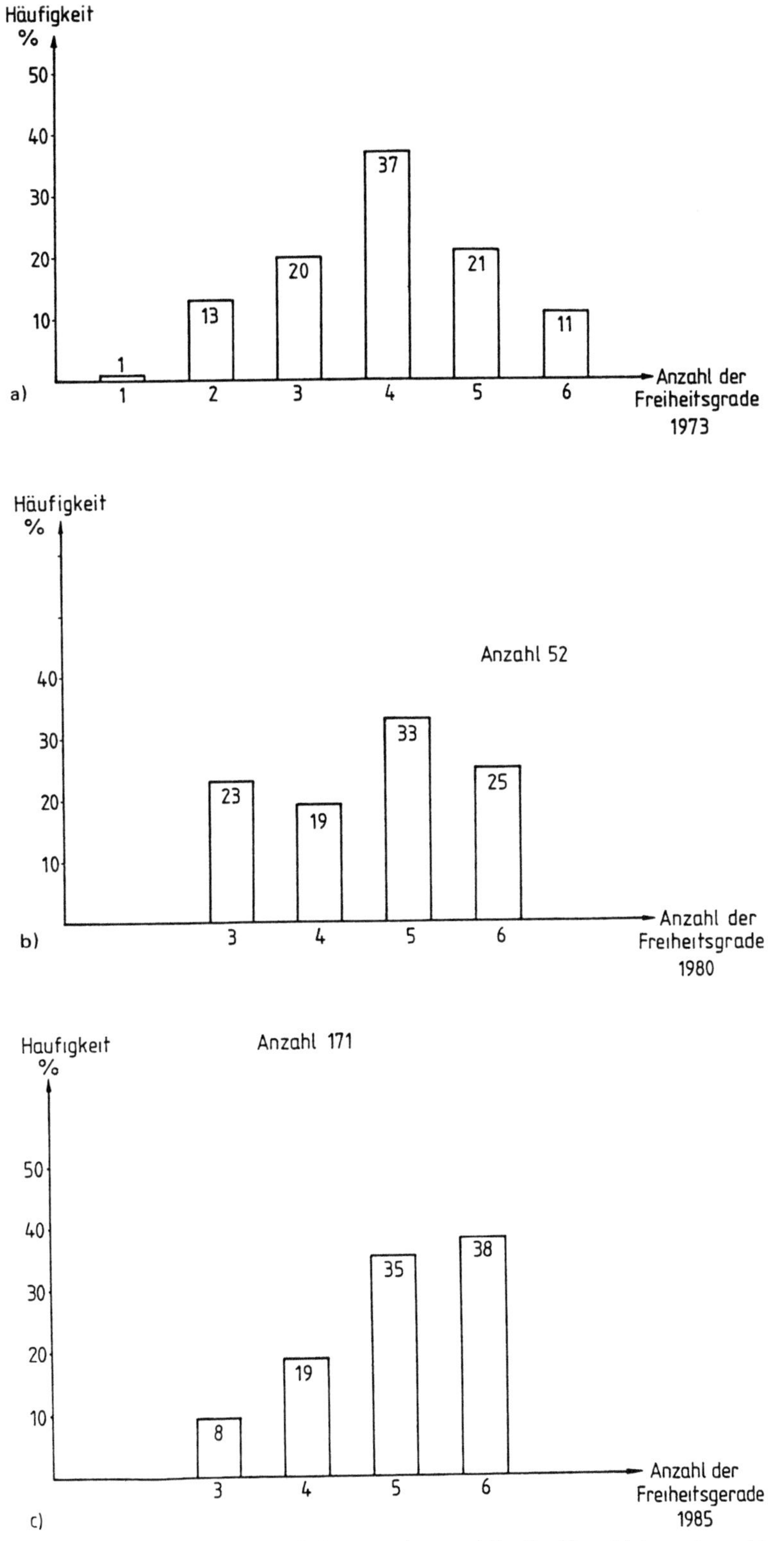

Bild 3.1.4 Bewegungsmoglichkeiten von Arm und Greifer (Anzahl der untersuchten Gerat: 1973: 115, ...0 52 [6/10], 1985: 171 Stück)

Eine generelle Übersicht über die Häufigkeit von bestimmten Merkmalen bei Industrierobotern sieht man im Bild 3.1.3. Diese Häufung entspricht einer Analyse der auf dem Markt gebräuchlichen Geräte. Am häufigsten findet man bei einem bestimmten Prozentanteil der Geräte folgende Eigenheiten:

Prozentanteil	Merkmal
90	einarmige Bauart
88	PTP-Steuerung
75	keine Rumpfbewegung erforderlich
48	ca. 1 mm Positioniergenauigkeit
36	ca. 1 kg Werkstückmasse

Die Bewegungskombinationen ergeben sich besser aus dem Bild 3.1.5. Das Gros der Bewegungsmöglichkeiten schränkt die Kinematik auf zwei Translations- und eine Rotationsbewegung ein. 38 % aller Industrieroboter sind von dieser Bauart.

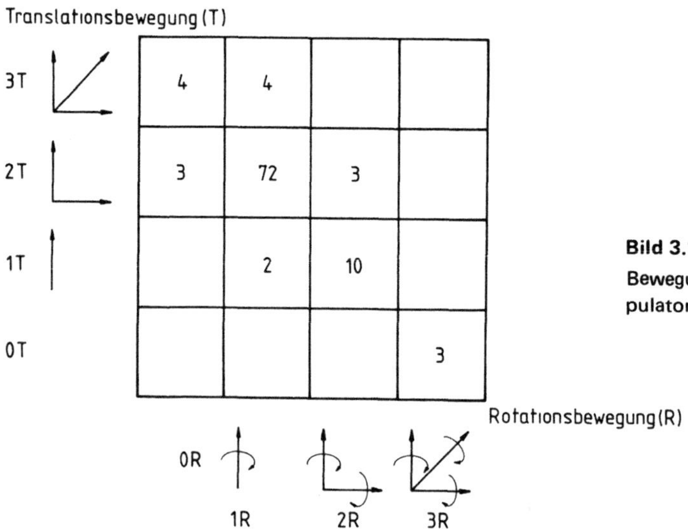

Bild 3.1.5
Bewegungskombinationen eines Manipulatorarmes [6/9]

3.1.2 Führungen und Verbindungen

In Bild 3.2 wurden die einzelnen Baugruppen eines Industrieroboters variiert.
Bei den *Führungen* wurde zwischen Träger- und Lagerelementen unterschieden. Meist sitzen auf einem massiven aber leichtgewichtigen Drehgestell (Bild 3.1.6) die Verbindungen und Führungen eines Manipulatorarmes. Für sie gelten folgende Forderungen:

- gute Nachstellmöglichkeiten,
- hohe statische und dynamische Steifigkeiten,
- geringe Masse,
- definierte geringe Reibungsverhältnisse.

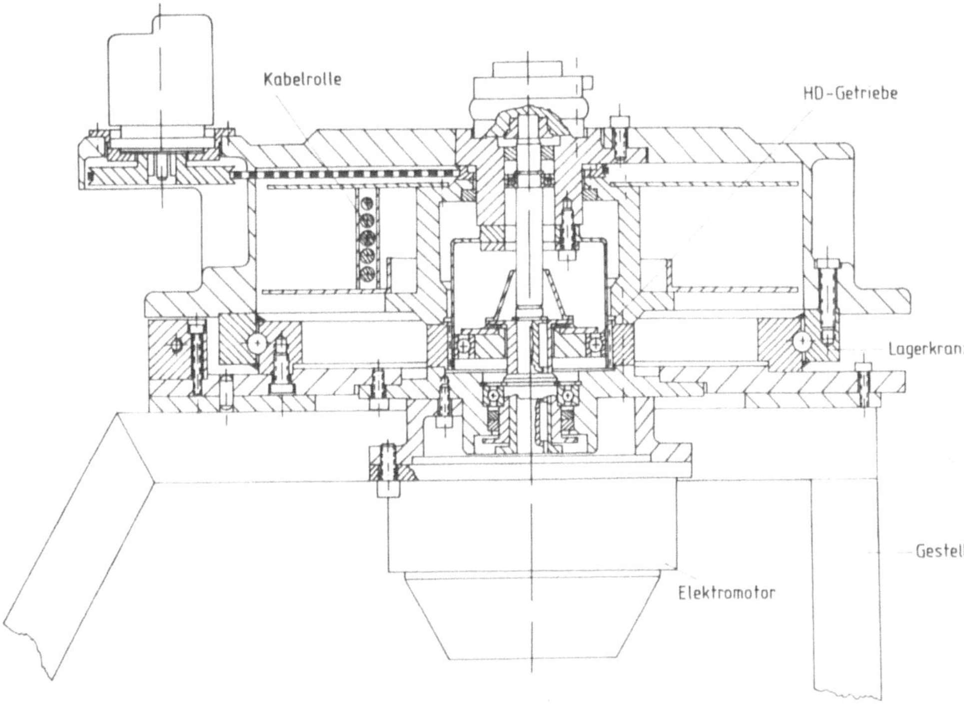

Bild 3.1.6 Drehgestell (C-Achse) eines Industrieroboters mit elektromotorischem Antrieb und HD-Getriebe (System VW)

Definierte und geringe Reibungsverhältnisse werden meistens durch Wälzlagerelemente gelöst (Bild 3.1.6).

Im Gegensatz zu der Drehgestellachse in Bild 3.1.6 sieht man in Bild 3.1.7 die Lagerungen im wesentlichen als Kegelrollenlagerungen ausgebildet. Das Getriebe zur Wandlung der Drehzahlen und der Drehmomente ist nicht mehr als HD-Getriebe (Planetentrieb) sondern in zwei Stirnradstufen aufgelöst ausgebildet worden. Dabei erfolgt die Spielnachstellung an den Getriebestufen durch eine Exzenterbüchse am unteren Ende der mittleren Welle. Das rotatorische Wegmeß-System ist am oberen Ende der linken Welle angebracht. Darunter befindet sich die Bremskupplung, die eingreift, so daß bei Stromausfall der Manipulatorarm seine augenblickliche Stellung beibehält. Die Stirnradstufen sind fettgeschmiert.

Das Problem geringer Steifigkeit wird oft durch Klemmung wichtiger Baugruppen realisiert. Nachstellmöglichkeiten erhöhen zwar den Wartungsaufwand, sind aber für hohe Positioniergenauigkeiten unabdingbare Forderung. Eine geringe Masse und eine hohe Steifigkeit, sowohl statisch als auch dynamisch, widersprechen sich. Eine geringe Masse an bewegten Manipulationseinrichtungen ist wegen der hohen Manipulationsgeschwindigkeiten, die kurze Taktzeiten und damit eine gute Wirtschaftlichkeit ermöglichen, notwendig. Geringe Massen verursachen in der Regel aber schlechte statische und dynamische Steifigkeiten. Bild 3.1.8 zeigt einen einseitig fest eingespannten Balken, als stark vereinfachte

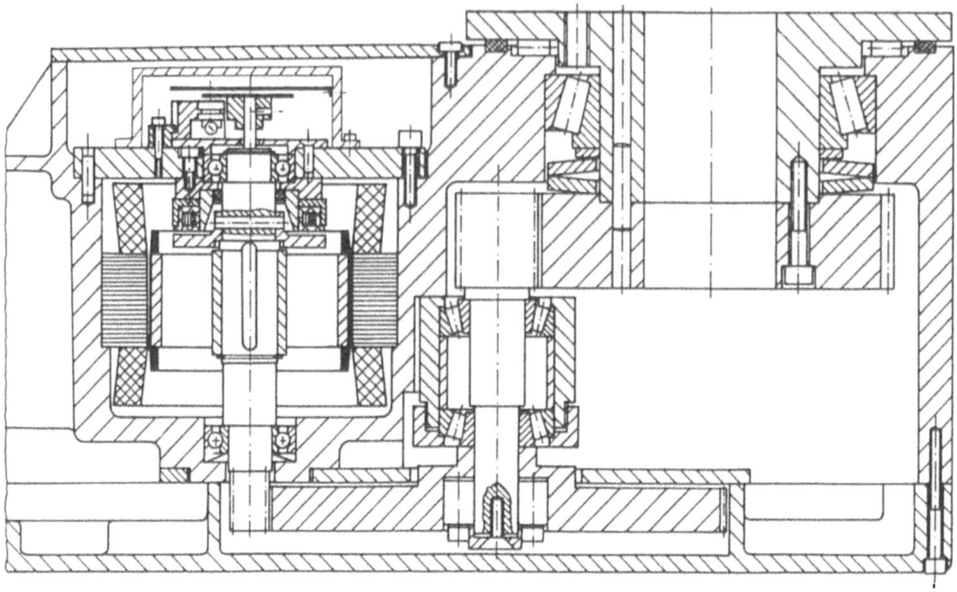

Bild 3.1.7 Manipulatorarmachse (System Manutec) eines Industrieroboters mit einfachen Stirnradgetriebestufen

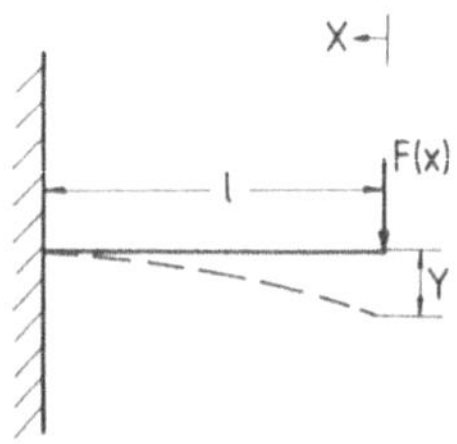

Bild 3.1.8

Modellvorstellung für die statische Steifigkeit eines Industrieroboters (stark vereinfacht als einseitig festeingespannter Balken mit Punktlast am freien Kragende)

Modellvorstellung für einen Manipulatorarm eines Industrieroboters. Ausgehend von der Differentialgleichung:

$$\frac{d^2y}{dx^2} EI = M_b(x) \tag{1}$$

mit

- y Durchbiegung
- E Elastizitätsmodul
- I Trägheitsmoment
- M_b Biegemoment

erhält man als Lösung

$$y = \frac{F\ell^3}{3EI} \tag{2}$$

mit

- F Punktlast am auskragenden Balkenende
- ℓ Länge des Manipulatorarmes

An einem kleinen praktischen Beispiel soll jetzt gezeigt werden, welche Durchbiegungen zu erwarten sind. Es wird angenommen, daß es sich bei dem vorliegenden Fall um einen Industrieroboter vom Typ 1.2 (Bild 3.1.2) handelt. Der Manipulatorarm hat eine Länge von 1,3 m und wird am Ende mit einer Last von 20 daN beaufschlagt. Dieser Ausleger soll zwei Führungen mit rundem Querschnitt besitzen, zu deren besonderer Steifigkeit noch zusätzlich Kraftübertragungselemente in diesen Rundführungen verlaufen. Außerdem sorgt ein Hydraulikzylinder für eine weitere Steifigkeitserhöhung. In (2) eingesetzt ergibt sich eine Durchbiegung von etwas weniger als 2 mm in dieser Lage des Manipulatorarmes. Wird der Arm weiter ausgefahren, ergeben sich erhebliche Verschlechterungen. Die Durchbiegung ist ein reproduzierbarer Fehler, das heißt, sie ist für die Positioniergenauigkeit nur von zweitrangiger Bedeutung. Trotzdem ist vor allem bei Handhabungsautomaten mit Werkzeughandhabung (Punktschweißen, Schleifen, Entgraten) eine noch so geringe Durchbiegung des Manipulatorarmes sehr ungünstig.
Definiert man die *statische Steifigkeit* c als:

$$c = \frac{F}{y}\left(\frac{N}{\mu m}\right), \tag{3}$$

dann dient sie als eine wichtige Größe zur Beurteilung der *dynamischen Steifigkeit*.
Beim Positionieren, vor allem mit hohen Geschwindigkeiten, entstehen freie Biegeschwingungen, für die die Gleichung:

$$m\ddot{x} + k\dot{x} + cx = 0 \tag{4}$$

gilt. Dabei ist:

m	Masse des Schwingers (kg)
k	Dämpfungskonstante (kg/s)
c	statische Steifigkeit, siehe (3)
$\ddot{x} = \frac{d^2x}{dt^2}$	Massenbeschleunigung (m/s^2)
$\dot{x} = \frac{dx}{dt}$	Massengeschwindigkeit (m/s).

Bei dieser Betrachtung, darauf sei hingewiesen, handelt es sich um eine starke Vereinfachung des Manipulatorarmes, reduziert auf eine Masse mit einer bestimmten Dämpfung und einer definierten Steifigkeit. Normalerweise wäre das mathematische Ersatzmodell eines Industrieroboters mit elastischen Substrukturen ein „hybrides Mehrkörpermodell". Dabei werden die starren und deformierbaren Körper durch Starrkörperkoordinaten und elastische Koordinaten (also zeitabhängig bzw. zeit- und ortabhängig) beschrieben. Die entsprechenden Gleichungen werden nach dem Hamilton-Prinzip bestimmt. Daraus ergeben sich dann gekoppelte Integro-Differentialgleichungssysteme. Zur Abschätzung der Eigenfrequenz sei daher die Vereinfachung durch (4) erlaubt.
Eine Lösung dieser linearen homogenen Differentialgleichung 2. Ordnung stellen abklingende Schwingungen der Form:

$$x = e^{-\delta t} A(\cos \omega_d t - \varphi) \quad \text{dar.} \tag{5}$$

Einen Lösungsteil stellt das Eigenschwingungsverhalten einer definierten Masse dar:

$$\omega_0 = \sqrt{\frac{c}{m}}. \tag{6}$$

Was eingangs bereits erwähnt wurde, wird hier formelmäßig erfaßt: Je statisch steifer eine Masse gestaltet ist, desto steifer verhält sie sich dynamisch. Dabei ist die Masse der Eigenfrequenz umgekehrt proportional.
Unter Anbringung der Manipulatorarmmassen an bestimmten Stellen vereinfacht sich die Gleichung (6) zu:

$$\omega_0 = 31{,}4 \frac{1}{\sqrt{y}}. \qquad (7)$$

Da es sich hier um eine Zahlenwertgleichung handelt, muß y in cm eingesetzt werden. Die Frequenz ergibt sich dann in Hz.
Wird das Ergebnis von oben mit etwa 2 mm Durchbiegung eingesetzt, würde sich eine Frequenz von etwa 70 Hz für das Eigenschwingungsverhalten eines Manipulatorarmes errechnen. Mit genauen Messungen ist hier eine gute Übereinstimmung erreicht.
Mit Sicherheit kann man sagen, daß zum Beispiel ein hydraulischer oder pneumatischer Translationsantrieb dieses Eigenschwingungsverhalten dämpfen kann. Wie Versuche am Forschungslabor KLERA nachgewiesen haben, kann auch ein elektrischer Antrieb als aktiver Schwingungsdämpfer eingesetzt werden.
Freie Schwingungen verzögern Bewegungsabläufe und vermindern die Positioniergenauigkeit. Sie sind daher bei Industrierobotern, die vorwiegend beim Stapeln, Bearbeiten (Schweißen, Schleifen, Entgraten) und Montieren eingesetzt sind unverwünscht.
Aufgrund des Arbeitsraumes neigen Geräte der Typen 3 und 4 eher zu statischer und dynamischer Nachgiebigkeit als die Geräte der Typen 1 und 2 (Bild 3.1.2).

3.1.3 Baukastensysteme

Die Frage, ob sich der *Universalroboter* oder der Trend zu einem Spezialroboter durchsetzen wird, ist noch nicht ganz geklärt. Trotzdem zeigt das stärker werdende Angebot von Baukastensystemen und Handhabungsmoduln, aus denen sich der Anwender sein für spezielle Forderungen zugeschnittenes Spezialgerät zu minimalen Kosten zusammenstellen kann, daß sicherlich auch in Zukunft der Trend zur Spezialisierung anhalten wird.
Verstärkt wird dies zumindest durch eine ältere Untersuchung des Institutes für Produktionstechnik und Automatisierung der Universität Stuttgart (IPA), das die Marktanforderungen mit dem Marktangebot an Geräten verglichen hat und dabei zu dem Ergebnis kam, daß die Übereinstimmung bei den vergleichbaren Industrierobotern in den einzelnen Punkten groß war. Sobald nur 10 Merkmale eines Gerätes zur Beurteilung herangezogen werden, so daß in jedem individuellen Merkmal die Anforderungen von 90% der Arbeitsplätze erfüllt wurden, fiel der Anteil der mit diesem Industrieroboter automatisierbaren Arbeitsplätze auf 35% ab. Wenn die einzeln betrachteten Merkmale die Anforderungen an nur 80% (70%) der Arbeitsplätze erfüllen, reduziert sich der Anteil der Anwendbarkeit der Geräte auf 11% bzw. 3%. In Bild 3.1.9 sieht man diesen Vergleich von Marktangebot- und Forderung der Anwender mit einem Auszug von gewissen Merkmalen z. B.

- Positionierfehler,
- Tragfähigkeit,
- Arbeitsraum und
- Greiferfreiheitsgrade.

Kriterium			Arbeitsplatz-analyse %	Markt-analyse %
Positionierfehler f [mm]		f ⩽ 0,1	16	2
		0,1 ⩽ f ⩽ 1	48	68
		1 ⩽ f ⩽ 3	36	30
Tragfähigkeit F [kg]		F ⩽ 0,1	15	0
		0,1 ⩽ F ⩽ 1	35	9
		1 ⩽ F ⩽ 5	20	14
		F > 5	30	17
Arbeitsraum [mm]	X	⩽ 300	30	17
		301 – 600	25	23
		> 600	45	61
	Positionen	2	33	38
		3 – 6	50	15
		> 6	17	47
	Z	⩽ 100	53	12
		101 – 300	22	31
		> 300	17	57
	Positionen	2	55	38
		3 – 6	32	15
		> 6	13	47
	C	⩽ 180°	84	36
		> 180°	10	65
	Positionen	2	42	38
		3 – 6	49	15
		> 6	9	47
Greifer	A	ja	41	76
		nein	59	24
	Positionen	2	88	66
		> 2	12	34
	B	ja	27	30
		nein	73	70
	Positionen	2	74	41
		> 2	26	59
	C	ja	22	15
		nein	78	85
	Positionen	2	59	31
		> 2	41	69

Bild 3.1.9 Anforderungen und Merkmale von Industrierobotern festgestellt durch eine Markt- und Arbeitsplatzanalyse. [3/22]

Daraus ist zu schließen, daß man nur mit Baukastensystemen, die spezielle Lösungen für Anwender bieten, die überwiegende Mehrzahl von Anwendungsfällen sowohl wirtschaftlich als auch technisch optimal lösen kann. Dagegen wird der Universalroboter in vielen Fällen die technischen Forderungen weit übertreffen, dabei aber auch eine unwirtschaftliche Lösung darstellen.

Daneben dürfte sich als technische wie wirtschaftliche Lösung gleichermaßen günstig anbieten, Industrieroboter für spezielle Anforderung direkt zu entwickeln, z. B. zum

- Schweißen,
- Spritzlackieren,
- Handhaben von Werkzeugmaschinen usw.

Dagegen ist zu beobachten, daß die Spezialisierung zwei verschiedene Wege einschlägt, die sich aus dem unterschiedlichen Steuerungsaufbau der Industrieroboter ergeben. Da sind zunächst einmal die Industrieroboter für einfachere Aufgaben, ausgerüstet mit einer Folgesteuerung und einer begrenzten Anzahl von Punkten, die je Achse angefahren werden können. Hiervon werden umfangreiche Baukastensysteme mit einzelnen Schwenk- und Hubmoduln in pneumatischer bzw. hydraulischer Antriebsart angeboten. Daneben gibt es Industrierobotersysteme, bei denen eine Reihe von Geräten, für verschiedene Anwendungszwecke direkt zugeschnitten, aus einem Wiederholteilebaukasten zusammengesetzt sind.
Zur ersten Art der Geräte mit der einfacheren *Folgesteuerung* (Bild 3.1.10) gehören vor allem

- Bosch,
- Kaufeld,
- Felss,
- Siemens,
- Fibro Manta.

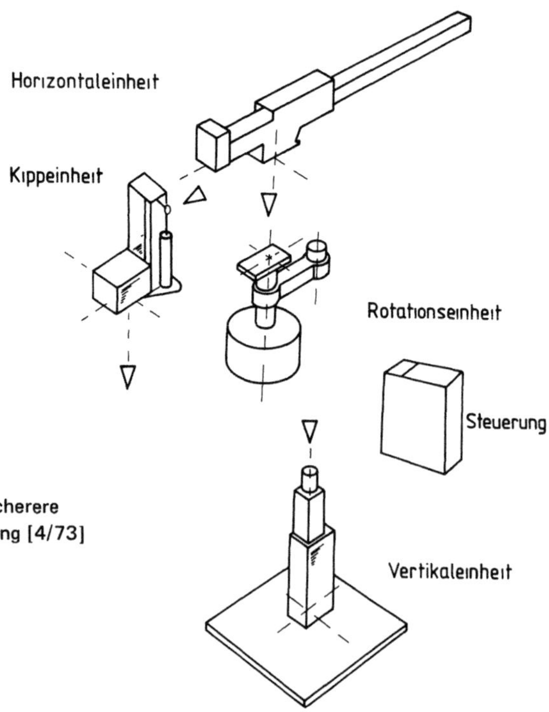

Bild 3.1.10
Beispiel eines Baukastensystemes für einfacherere Handhabungsgeräte mit einer Folgesteuerung [4/73]

Bei dem Industrieroboter in Bild 3.1.11 handelt es sich um einen modular aufgebauten Handhabungsautomaten. Dabei können die einzelnen Achsmoduln sowohl mechanisch als auch elektrisch modular miteinander kombiniert werden. Zu jeder Achse gehört auch ein elektrischer Achsregelkreis, der in einer Mehrprozessorsteuerung eingefügt werden kann. Diese Mehrprozessorsteuerung ist in der Regel beliebig erweiterbar.
Zu den Industrierobotersystemen auf der Basis von Wiederholteilen zählen neben

- VW (Bild 3.1.12) auch die Serie der
- KUKA-Roboter von IWKA.

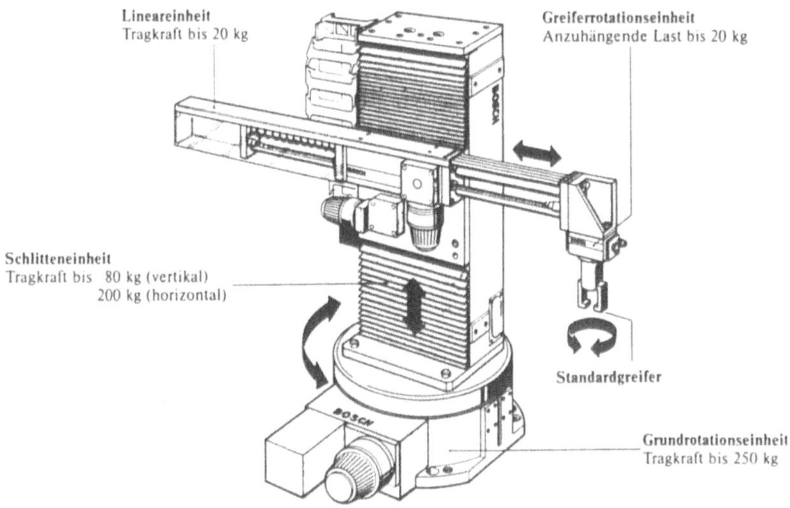

Bild 3.1.11 Bosch-Industrieroboter. Modular zusammengesetztes Handhabungsgerät

Bei diesen Geräten handelt es sich nicht mehr um einfachere Handhabungsgeräte mit einzelnen Positionen pro Achse und einer Folgesteuerung, sondern um völlig freiprogrammierbare Bewegungseinrichtungen mit beliebig vielen Anfahrpositionen je Freiheitsgrad.
Bei dem Industrieroboter-Baukastensystem des Volkswagenwerkes handelt es sich sowohl um eine mechanische als auch elektrische Modulbauweise. Alle Geräte werden von einer modular aufgebauten Steuerung angesteuert. Beim mechanischen Teil wurde die modulare Bauweise inzwischen unterbrochen. Ursprünglich wurde eine allen Typen gemeinsame Dreh- und Schwenkeinheit mit einem Gestell oder einer verfahrbaren Linearachse mit einem Knickarm, einer Lineareinheit oder einer Röhreneinheit kombiniert (Bild 3.1.12). Dabei wurde die Lineareinheit im wesentlichen an Preßmaschinen, die Knickeinheit beim Palletieren oder Lichtbogenschweißen und die Röhreneinheit beim Punktschweißen eingesetzt. Für schwere Punktschweißzangen, also bei weitausladenden Teilen, mußte eine große Röhreneinheit gebaut werden. Inzwischen werden spezielle Gelenkeinheiten mit einem sphärischen Arbeitsraum für Punkt- und Bahnschweißen, für Handlingsaufgaben und bei der Werkzeughandhabung eingesetzt, weil die alten Moduleinheiten mit ihren begrenzten Arbeitsräumen sehr schnell an die Grenzen ihrer Möglichkeiten gekommen sind.
Interessant sind dabei die Einsatzzahlen der einzelnen Industrieroboter-Typen (Bild 3.1.13) und die Einsatzzahlen der Industrieroboter bei den jeweiligen Anwendungsgebieten (Bild 3.1.14) zum Stand 1.1.1985.
Innerhalb der Geräte ist der Steuerungsaufbau, genau wie bei der KUKA-Serie der IWKA, derselbe. Es werden dieselben Speichereinheiten verwandt. Die Verstärkereinheiten sind den einzelnen Antrieben angepaßt. Durch diese Art der Wiederholteilbaugruppen können durchaus individuell angepaßte Industrieroboter preislich optimal hergestellt werden.
Daneben gibt es Industrieroboter, bei denen die Möglichkeit besteht, bei gleicher Bauweise unterschiedliche Arbeitsräume (siehe hierzu Anhang 9) zu bestellen.

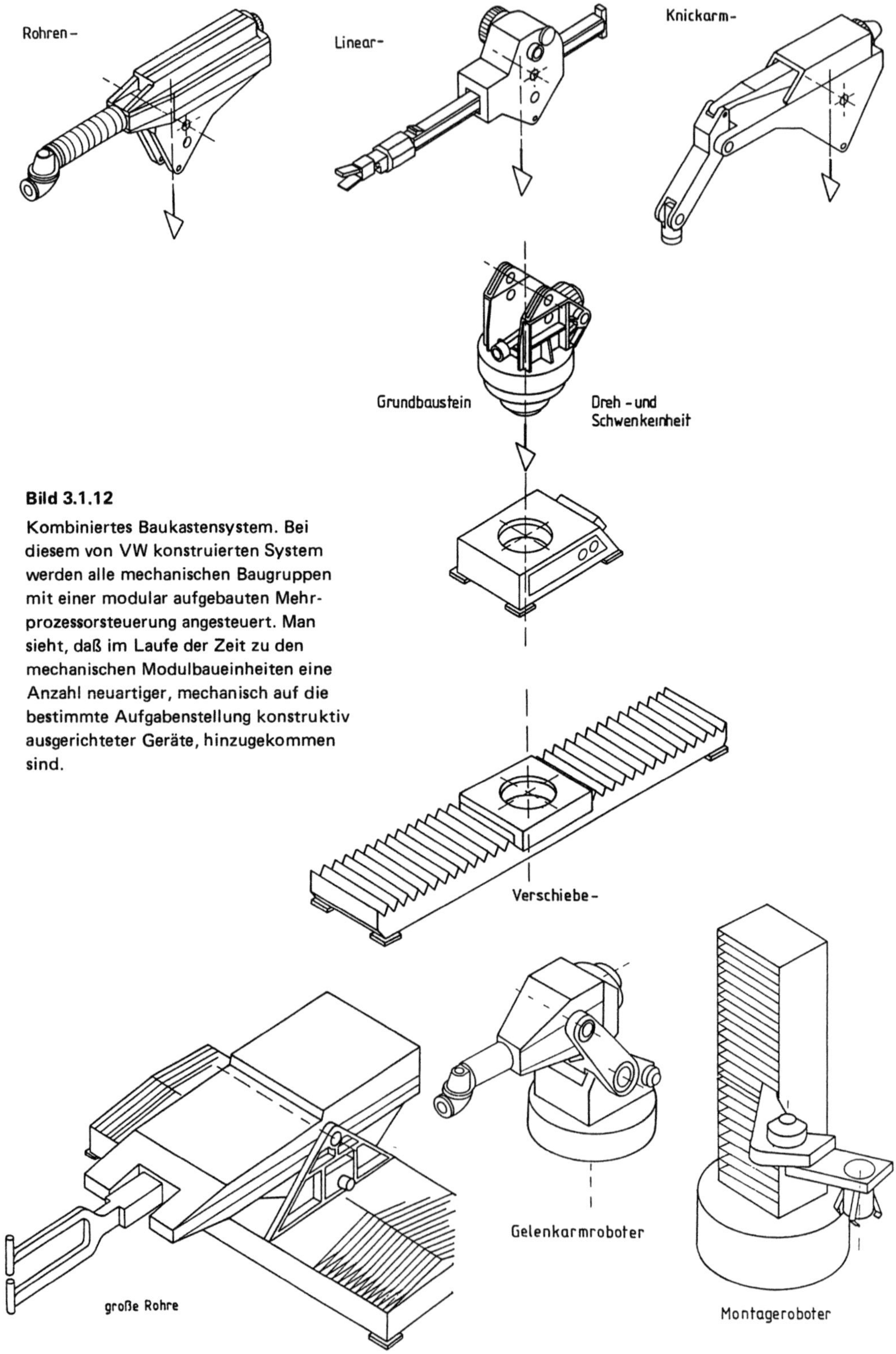

Bild 3.1.12

Kombiniertes Baukastensystem. Bei diesem von VW konstruierten System werden alle mechanischen Baugruppen mit einer modular aufgebauten Mehrprozessorsteuerung angesteuert. Man sieht, daß im Laufe der Zeit zu den mechanischen Modulbaueinheiten eine Anzahl neuartiger, mechanisch auf die bestimmte Aufgabenstellung konstruktiv ausgerichteter Geräte, hinzugekommen sind.

Industrieroboter-Typ	Anzahl	%-Satz
Röhrengerät R 30/6	615	48
Knickarmgerät K15/5	159	12
Lineargerät L15/3	36	3
Großes Röhrengerät R 100	15	1
Gelenkarmgerät G60/6	329	26
Gelenkarmgerät G10/6	126	10
Montageroboter M1/M2	5	

Bild 3.1.13 Einsatzzahlen der verschiedenen Bauformen von Industrierobotern bei der Volkswagenwerk AG

Applikation	Anzahl der Industrieroboter	%-Satz
Punktschweißen	683	57
Handhaben	188	16
Beschichten	144	12
Montieren	56	5
Bahnschweißen	33	3
Sonstiges	98	8

Bild 3.1.14 Anwendungsgebiete der verschiedenen Bauformen von Industrierobotern bei VW

3.1.4 Sicherheitseinrichtungen

Hierunter fallen *Sicherheitssysteme* zur Unfallverhütung bei

- Einrichtearbeiten,
- manueller und
- maschineller Beschickung von Industrierobotern.

Am kritischsten sind hierbei sicherlich die Einrichte-, Programmier- und Wartungsarbeiten an Industrierobotern. Einrichte-, Programmier- und Wartungspersonal wird in unvermeidlichen Fällen trotz laufenden Programmes innerhalb der Schutzräume arbeiten müssen. Hier gibt es keinen Ersatz für gute Kenntnisse der Industrierobotertechnologie auf seiten des Bedienungspersonals. In der Folge ist darauf zu achten, daß durch die zunehmende Routine keine leichtsinnigen Unfälle hervorgerufen werden. Das Sicherheitsbewußtsein des Personals an diesen automatisch arbeitenden Geräten muß besonders geweckt und geschult werden. Bewährt haben sich in regelmäßigen Abständen abgehaltene zwangslose Besprechungen, die auf dieses Problem immer wieder hinweisen.

Bei manueller Beschickung haben sich Schwenktische durchgesetzt (Bild 3.8.5), in die die Teile eingelegt werden und die zur Bearbeitung oder Manipulation der Werkstücke durch den Industrieroboter in einen abgegrenzten Sicherheitsbereich einschwenken.
Die rein maschinelle Beschickung des Industrieroboters erfolgt ebenfalls in einem Sicherheitsbereich, der durch geeignete Schaltungen gesichert ist. Bei Betreten des Sicherheitsraumes werden sämtliche Bewegungen darin abgeschaltet.
Die Sicherheitsmaßnahmen umfassen:

- Sicherung des Umfeldes,
- Sicherheit des Prozesses und
- konstruktive Absicherung des Gerätes selbst.

Die Sicherung des Umfeldes erfolgt in der Regel durch eine Absperrung, die über eine Sicherheitsschaltung zugänglich ist. Da diese Sperrgitter oft sehr viel Raum beanspruchen und darüberhinaus für das Wartungspersonal selbst keinen Schutz gewährleisten, bieten sich als Ersatz für feste Schranken:

- Ultraschallbarrieren,
- Laserstrahlabsicherungen oder
- eine automatische Fernsehüberwachung an.

Den Arbeitsraum selbst kann man außerdem optisch hervorheben, indem die Beleuchtungsintensität in diesem Bereich verstärkt wird. Bewegte Teile im Sicherheitsbereich sollten in Signalfarben gehalten werden (z.B. gelb). Eventuell ertönt eine automatische Aufforderung zum Verlassen des Sicherheitsraumes, wenn man ihn betritt.
Die Sicherheit des Prozesses wird beispielsweise durch besonderes Augenmerk auf die Greiferbewegung gewährleistet. Die räumliche Bewegung von Massen, die von den Greiferbacken gefaßt sind, beinhaltet die Gefahr des Davonschleuderns infolge von Trägheits- oder Fliehkräften, wenn die Haftung nicht ausreichend ausgelegt ist. Nicht nur durch geeignete Ausbildung der formschlüssigen Greiferbacken, sondern noch durch entsprechende Führung, läßt sich diese Gefahrenquelle beherrschen. Es sollte außerdem darauf geachtet werden, daß der Industrieroboter im unbewegten Zustand gebremst ist. Erst nach Betätigen des Einschalters darf die Bremse gelöst werden und die Energie für den Bewegungsprozeß freigegeben werden.
Bei Anschaffung des Gerätes, spätestens aber während der Garantiezeit, ist darauf zu achten, daß das Fabrikat von der Konstruktion her nach sicherheitstechnischen Gesichtspunkten konzipiert und gebaut wurde. Die durch falsche Konstruktion nachträglich erforderlichen Schutz- und Umbaumaßnahmen erhöhen die Kosten erheblich. Schläuche und Leitungen sowie bewegliche Teile jeder Art gehören, da sie eine stete Quelle der Gefahr darstellen, unter Schutze und Abdeckungen.
Die preiswerten elektronischen Bausteine ermöglichen nahezu ohne erhöhten Kostenaufwand beim Hersteller die nötigen Verriegelungen und Selbsthaltungen in die elektrische Steuerung einzubauen.
Mit Mikroprozessoren und Sensoren ausgerüstete Industrieroboter sind teilweise mit Plausibilitätsprogrammen ausrüstbar. In diesen Fällen sollte davon unbedingt Gebrauch gemacht werden. Plausibilitätsprogramme überwachen das Hauptprogramm und die Sensoren und stellen fest, ob die getroffenen Feststellungen mit dem für den jeweiligen Programmschritt zulässigen Signalmuster übereinstimmen. Ist dies nicht der Fall, so wird die Steuerung auf Blockade geschaltet.

Zum Teil erscheinen die hier vorgeschlagenen Sicherheitsmaßnahmen weit hergeholt, kostspielig oder können den mit der gewöhnlichen Praxis Vertrauten den Arbeitsplatz eines Industrieroboters so erscheinen lassen, daß durch unzählige Verriegelungen nichts mehr geht. Hier gibt aber die neue Technologie, die zum großen Teil völlig automatisch abläuft, zu denken. [4/3]
Die VDI-Richtlinie 2853 gibt detaillierte Hinweise darauf, wie der Bau, die Ausrüstung und der Betrieb der Sicherheitseinrichtungen bei Industrierobotern aussehen müssen. Hier werden Schutzeinrichtungen für den Gesamtbereich, das Zuführen der Werkstücke, beim Rüsten, Störungsbeseitigung und Instandhalten sowie Not-Aus-Einrichtungen definiert. Außerdem werden Hinweise auf weiterführende DIN-Normen, VDI- und VDE-Richtlinien gegeben.

3.2 Steuerungsaufbau

Die Steuerung umfaßt

- Informationsteil und
- Energieteil.

Im Informationsteil (Bild 3.2.1) sind folgende Abläufe zusammengefaßt:

- Signalerfassung,
- Signalverarbeitung,
- Signalumformung.

Der Energieteil setzt sich zusammen aus

- Energiesteuerung und
- Energieumformung.

Während sich bei unterschiedlichen Steuerungsarten der Informationsteil im wesentlichen nicht unterscheidet, da er aus elektrischen Bauteilen besteht, wird der Antriebsteil oft unterschiedlich durch:

- hydraulische,
- pneumatische,
- elektrische oder
- mechanische Bauteile

gelöst.

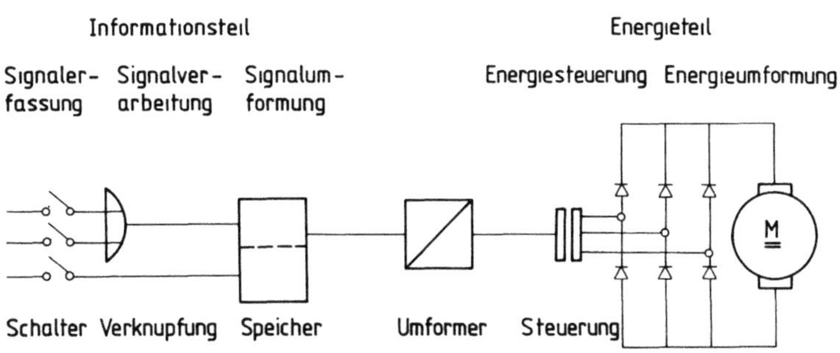

Bild 3.2.1 Informations- und Energiefluß in einer Steuerung

Innerhalb des Informationsteiles der Steuerung unterscheidet man

- Folgesteuerung und
- Regelung.

Bei der Folgesteuerung, die in der Regel im Informationsteil einfacher Handhabungsgeräte vorherrscht, erfolgt der nächste Programmschritt erst, wenn der vorangegangene als abgeschlossen gemeldet wird. Es wird ein rein qualitatives Signal über den Abschluß eines Vorganges gegeben, ohne Aussage darüber (quantitativ), wie dieser Abschluß abgelaufen ist.

Die Lösung einer solchen *Folgesteuerung* wäre durch Anfahren eines Anschlages oder Endschalters möglich. Zur Programmierung gehört dann sowohl die Eingabe des Sollwertes in die Informationseingabe, als auch das Setzen des Anschlags oder des Endschalters als Istwert.

Eine Steuerung erfolgt aufgrund von gleichgroßen Impulsen in bestimmter vorher festgelegter Reihenfolge (Bild 3.2.2).

Die *Regelung* vergleicht Soll- und Istwert. Sie macht das mit einer Steuerungsroutine selbständig. Als Programmeingabe genügt der Sollwert. Die Regelung erfaßt den Istwert automatisch (Bild 3.2.2). Damit ist hier die Programmierung einfacher, aber der Steuerungsaufwand erheblich höher und natürlich kostspieliger. Erfassung und Weiterleitung von Informationen und Signalen zwischen manipuliertem Objekt und Industrieroboter sowie innerhalb des Industrieroboters werden im Blockdiagramm (Bild 3.2.3) veranschaulicht.

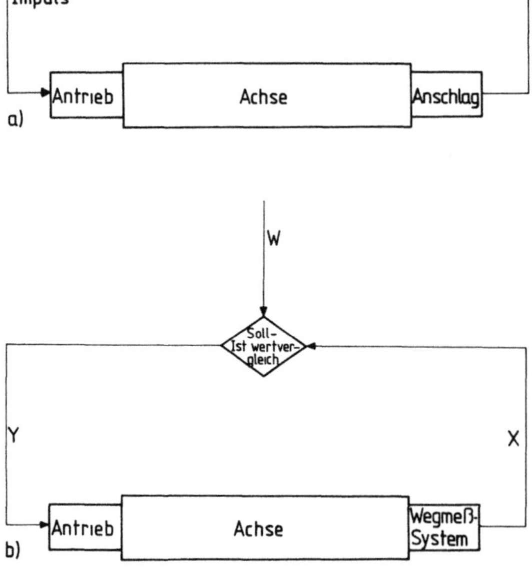

Bild 3.2.2

Blockdiagramm für eine Folgesteuerung (a) und für eine Antriebsregelung (b)

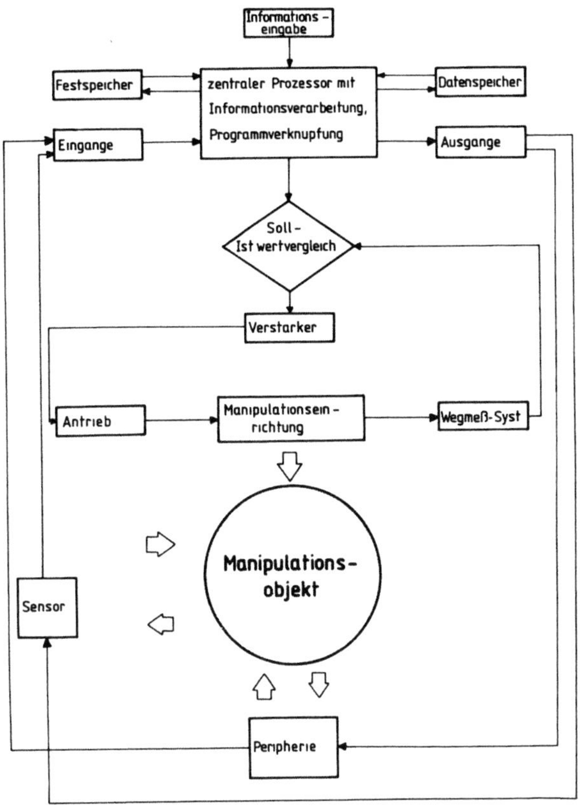

Bild 3.2.3
Informationsfluß innerhalb des Manipulators sowie zwischen Objekt und Industrieroboter

Um einen *zentralen Prozessor*, der für Programmverknüpfung, Informationsverarbeitung und Steuerung des Signalflusses verantwortlich ist, gruppieren sich Informationseingabe, Soll-Istwertvergleich, Informationsspeicher, Verstärker sowie Ein- und Ausgänge. Ausführendes Organ ist die Handhabungseinrichtung. Signalerfassung wird von Sensoren und der Peripherie der Steuerung durch Eingangsfunktionen zugeleitet. Über Ausgangsfunktionen kann der Industrieroboter Sensoren aller Art sowie periphere Geräte steuern. Daher ist die Anzahl der Ein- und Ausgangsfunktionen eine wichtige Beurteilungsgröße für die Anschaffung eines Industrieroboters. Nur höherwertige Geräte verfügen über mehrere Speicher und davon getrennte Informationseingaben. Bei preiswerten Bewegungseinrichtungen sind Datenspeicher und Informationseingabe zusammengefaßt.
Moderne Steuerungen sind heute in Form von Mikroprozessorsteuerungen ausgebildet. Der Informationsteil umfaßt dabei einen oder mehrere Mikroprozessoren. Mikroprozessoren sind VLSI-Bausteine (very large scale integration) mit oft bis zu 100 000 Transistorfunktionen auf wenigen mm^2 Fläche. Ein Mikroprozessor besteht aus Steuerwerk und Rechenwerk sowie den entsprechenden Bussen (Bild 3.2.4). In Zusammenwirken mit Speichereinheiten spricht man von einer Zentraleinheit CPU (central processing unit). Die heute verwendeten Speichertypen sind in Bild 3.2.5 dargestellt. Busse sind Datenverbindungen, die die Daten

- wortweise mit 8, 16 oder 32 bit,
- bidirektional (in beiden Richtungen) und
- mit einer Taktfrequenz von 1 bis 18 MHz weiterleiten.

Man unterscheidet

- Datenbusse,
- Adreßbusse und
- Steuerbusse.

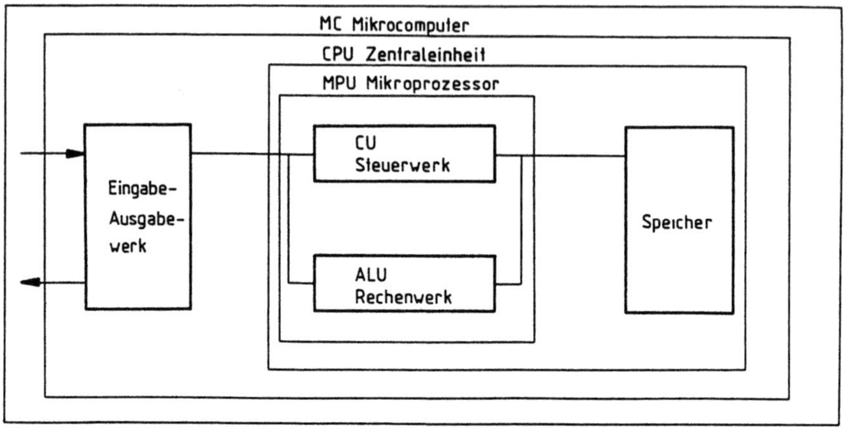

Bild 3.2.4 Zusammensetzung eines Mikrocomputers [3/75]

Speichertyp	Speicherart	Löschen	Programmieren	Speicherinhalt bei Stromabschaltung
RAM	Random Access Memory (Schreib-Lese-Speicher)	elektrisch	elektrisch	flüchtig
ROM	Read Only Memory (Nur-Lese-Speicher)	nicht möglich	durch Masken-bei Herstellung	nicht fluchtig
PROM	Programmable ROM (Programmierbarer Fest-wertspeicher)			
EPROM	Erasable PROM (Löschbarer Festwert-speicher)	UV-Licht	elektrisch	
RPROM	Reprogrammable ROM (Neuprogrammierbarer Festwertspeicher)			
EEPROM	Electrically Erasable ROM (elektrisch löschbarer Festwertspeicher)	elektrisch		
EAPROM	Electrically Alterable ROM (Elektrisch umprogrammierbarer Festwertspeicher)			

Bild 3.2.5 Die verschiedenen Arbeits- und Programmspeicher und ihre Möglichkeiten

Ist die Zentraleinheit mit einer Ein- und Ausgabe versehen, spricht man von einem Mikrocomputer. Bild 3.2.6 zeigt den internen Datenfluß in einem Mikroprozessor. In Bild 3.2.7 sieht man noch einmal eine Zusammenfassung der dargestellten Begriffe unter Berücksichtigung des Daten- und Steuerflusses. Die CPU holt Befehle aus dem Speicher und führt sie

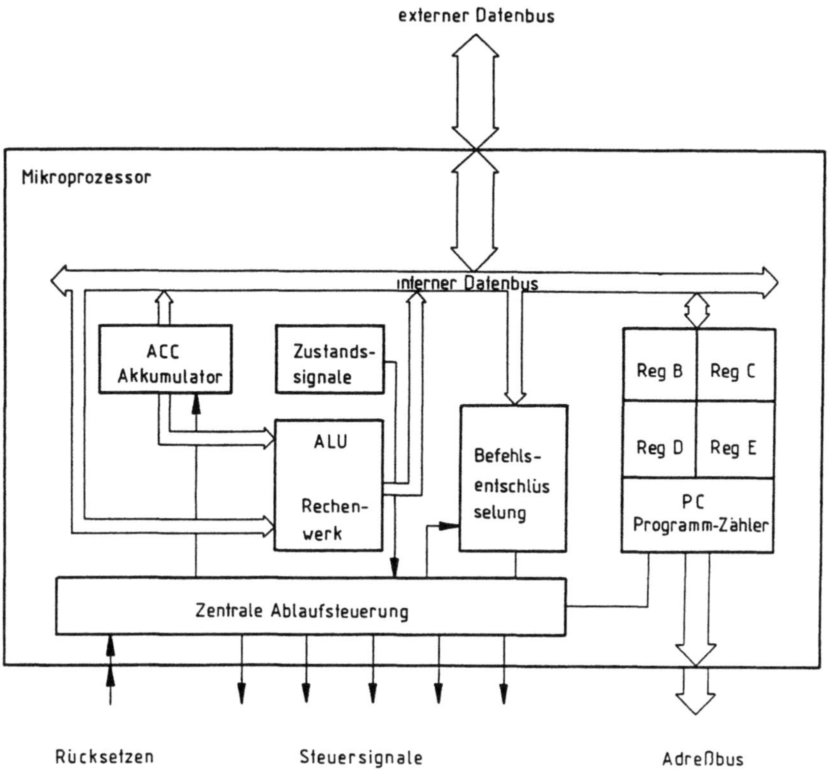

Bild 3.2.6 Informationsfluß innerhalb eines Mikrocomputer-Systems [3/75]

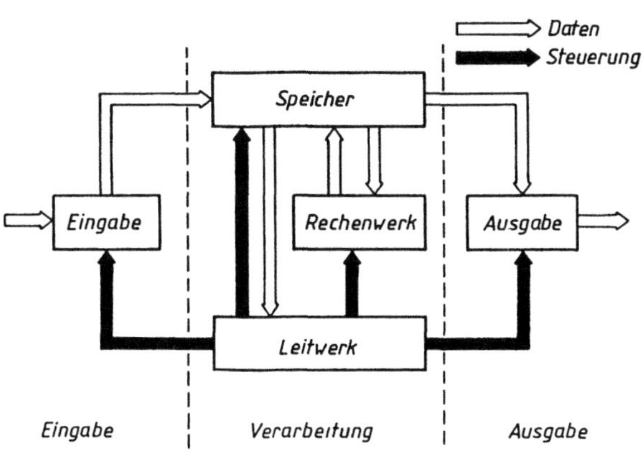

Bild 3.2.7

Funktionsweise eines Mikrocomputers bei der Verarbeitung von Daten zusammen mit Ein- und Ausgabe

aus. Die Zeit, die notwendig ist, einen Befehl abzuarbeiten, heißt Befehlszyklus. Bei den Speichereinheiten unterscheidet man zwischen Programmspeicher und Arbeitsspeicher. Sie dienen zur Aufbewahrung von Bitmustern, die mit Hilfe von Adressen eindeutig einem bestimmten Speicherplatz zugeordnet werden. Die Verarbeitung der Daten innerhalb der CPU erfolgt im Rechenwerk ALU (arithmetic logic unit). Die ALU ist dabei derjenige Teil der Hardware im Mikroprozessor, der mit den Binärdaten arithmetische und logische Operationen durchführt. Die komplizierteren mathematischen Funktionen müssen aus den entsprechenden Grundfunktionen dann aufgebaut werden. Sie können in Form von Unterprogrammen in Speichern abgelegt werden.

Zur Beschleunigung der internen Datenverarbeitung werden heute mehrere Prozessoren zu Mehrprozessorsteuerungen zusammengekoppelt. Diese Koppelung hat erst die simultane Ansteuerung von drei bis zwanzig und mehr Achsen möglich gemacht. Damit sind dann die fließenden Bewegungen der bahngesteuerten Lichtbogenschweißroboter und ihrer peripheren Einrichtungen möglich geworden. Bild 3.2.8 zeigt die Hardware-Struktur der Lageregelung für zwei Achsen.

Eine Lageregelungseinheit kann jeweils zwei Bewegungsachsen steuern. Jede Lageregelungseinheit enthält ein programmierbares 24-bit-Rechenwerk. Mit Hilfe des Eingabe- und Ausgabesteuerwerks korrespondiert die Interfacekarte über den Datenbus mit der Betriebssoftware für die Lageregelung. Die Lageregelungseinheit enthält einen Programmspeicher mit dem residenten Teil des Lageregelungsprogramms und einen Bereich für die Sollwerte und aktuellen Regelungsparameter. Die Wegzähler, die nach dem Einschalten der Steuerung normiert werden, empfangen die von den inkremental arbeitenden Weggebern gesendeten Impulse. Über Digital-Analog-Wandler werden die Geschwindigkeitssollwerte an die unterlagerten Geschwindigkeitsregelkreise ausgegeben.

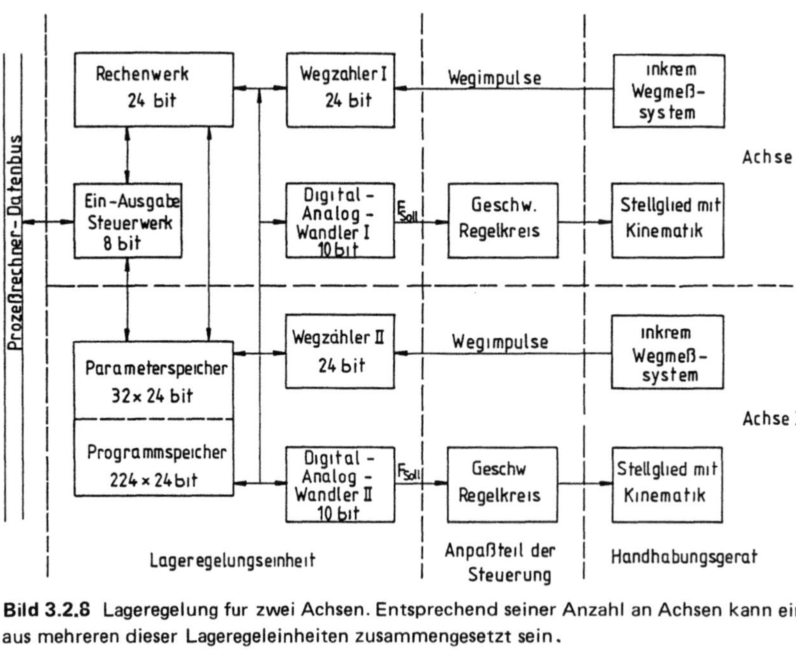

Bild 3.2.8 Lageregelung fur zwei Achsen. Entsprechend seiner Anzahl an Achsen kann ein Industrieroboter aus mehreren dieser Lageregeleinheiten zusammengesetzt sein.

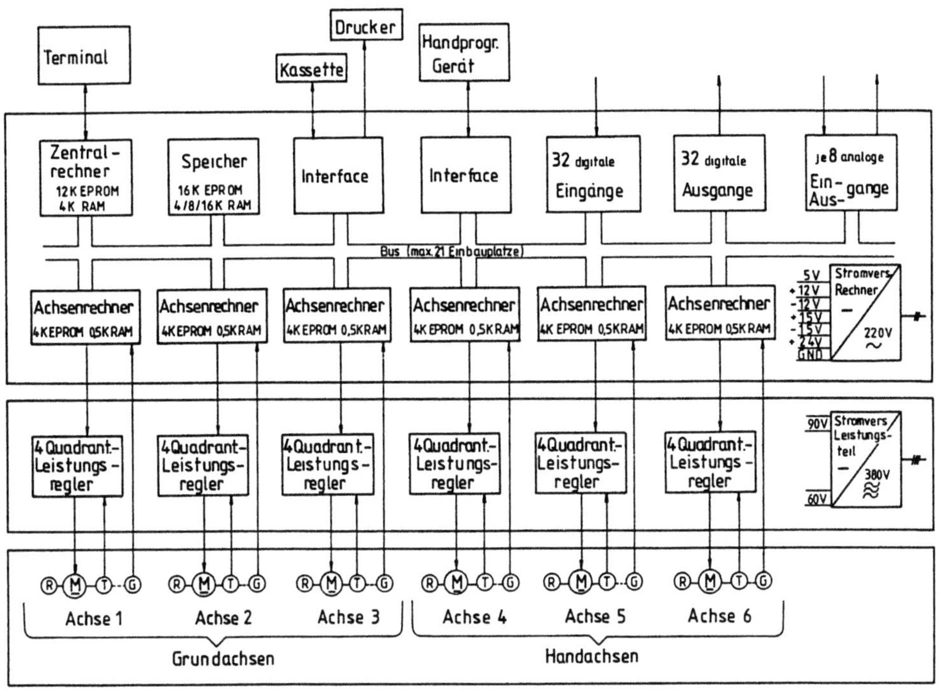

Bild 3.2.9 Blockschaltbild der Steuerung MPS085 (System Jungheinrich)

Ein weiterer Vorteil der Mehrprozessorsteuerung liegt darin, daß auch nachträglich Steuerungsfunktionen nachgerüstet werden können. Voraussetzung dafür ist allerdings, daß das Steuerungskonzept darauf abgestellt war. Diese Möglichkeit ergibt sich aus der Konzeption der Mehrprozessorsteuerung, nämlich z. B. Funktionsgruppen auf bestimmten Prozessoren zusammenzufassen, so daß diese Funktion auch später nachgerüstet werden kann. Eine gängige Mehrprozessorsteuerung ist in Bild 3.2.9 dargestellt. Man sieht dabei die einzelnen Prozessoren am Mehrprozessorsteuerungsbus angeschlossen (oberer Kasten). Zentraleinheit, Speicher, Interface vom Drucker, Terminal, Kassettenspeicher und Handprogrammiergerät, die Ein- und Ausgänge sowie die Achsenrechner sind zu je einer Funktionseinheit zusammengefaßt. Im mittleren Kasten sind die 4-Quadrantenleistungsregler untergebracht und der untere Kasten enthält die Antriebe mit den Meß-Systemen. Man kann hier schon die Rückkopplung der einzelnen Meß-Systeme auf die Achsenrechner und die Leistungsregler erkennen. Bild 3.2.10 stellt noch einmal dar, wie durch Zusammenfassung von mehreren Freiheitsgraden und unter der Regie einer Master-CPU eine Mehrprozessorsteuerung, die simultane Ansteuerung mehrerer Achsen besonders schnell erfolgen kann. Bild 3.2.11 zeigt dann, was sich hinter dem Begriff Simultansteuerung von drei Achsen verbirgt. Die Befehle zwischen Master-CPU und der Slave-CPU der Dreiachsen-Steuerung geht über einen Koppelspeicher, der die Arbeit für die Master-CPU aufbereitet.

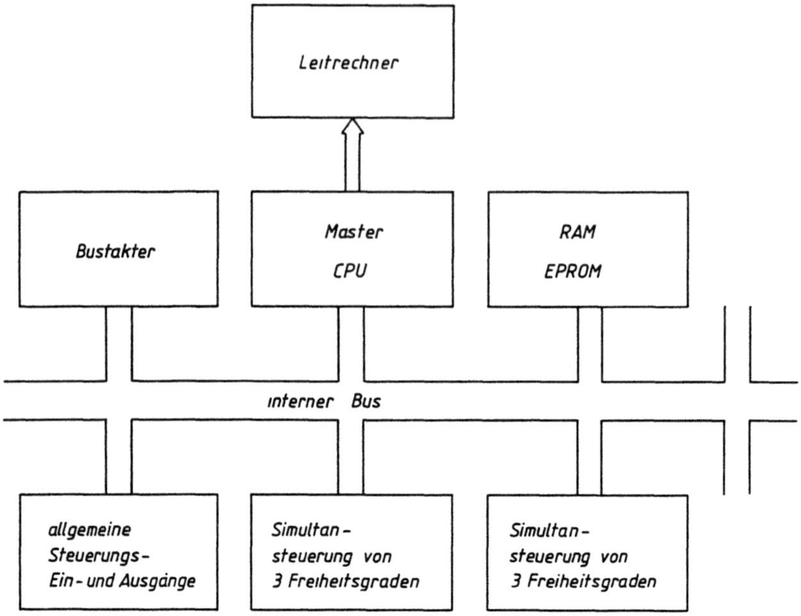

Bild 3.2.10 Blockschaltbild einer modernen Mehrprozessorsteuerung mit Master-CPU und Simultan steuerung von jeweils drei Freiheitsgraden.

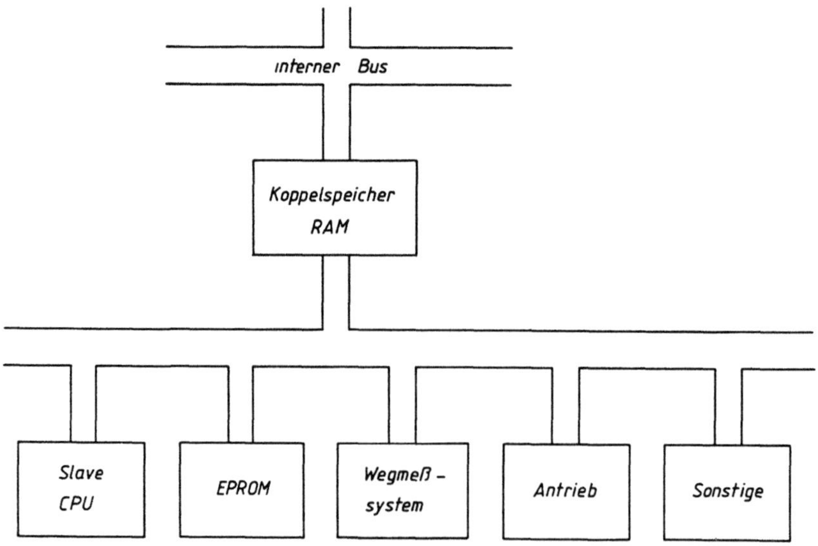

3.2.1 Informationsteil

Frühe Untersuchungen aus dem Jahre 1973 haben bereits gezeigt, daß bei Handhabungsgeräten das Steckerfeld die häufigste Informationseingabe mit 50% darstellt (Bild 3.2.12). Eine spätere Untersuchung (Bild 3.2.13) veranschaulicht Entwicklungstendenzen in zwei Richtungen: Noch immer ist das Steckerfeld die häufigste Informationseingabe. Bei einfachen Handhabungsgeräten wird in zunehmendem Maße diese Informationseingabe gewählt. Dagegen erfolgt bei komplizierten Handhabungseinrichtungen der Übergang zum elektronischen Speicher. Daraus ergibt sich eine Vereinzelung der Informationseingabe in reine Informationseingabe und einen Speicher.
Eine Untersuchung aus dem Jahre 1980 bestätigt, daß zwar das Steckerfeld bei einfachen Handhabungsautomaten vorherrscht (30%), universelle Geräte im zunehmendem Maße mit Kernspeicher, Mikroprozessoren oder Minicomputern (51%) ausgerüstet werden (Bild 3.2.14).
Untersucht man die im Anhang dargestellten Industrieroboter und ihre Steuerungen auf den Speichertyp, dann haben die im Vorspann erwähnten Speichermöglichkeiten eigentlich nur noch historisches Interesse. Moderne Steuerungen sind Mehrprozessorsteuerungen mit Halbleiterspeicher als Arbeits- und Programmspeicher. Lediglich die Kassette und die Diskette verbleiben als Archivierungsmedium.

3.2.1.1 Informationseingabe

Die an eine *Informationseingabe* gestellten steuerungs- und programmtechnischen Anforderungen (Bild 3.2.15) sind:

- Erstprogrammierung möglich,
- Wiederholprogrammierung möglich,

	Erstprogrammierung	Wiederholprogrammierung	Teach-in	maschinelle Programmierung	Programmsprache	Informationseingabe + Speicher	Zusatzspeicher benötigt
Nockentrommel	O	O			O	O	
Lochkarte	O	O				O	
Steckerfeld	O					O	
Magnetband		O				O	O
Magnetplatte		O				O	O
Kompaktkassette		O				O	O
Lochstreifen	O	O		O	O		
Druckknopftasten	O		O				
Sensor	O	O	O		O		

Kostenzunahme (↓)

wachsende Anforderungen (→)

Bild 3.2.15 Anforderungen an verschiedene Informationseingabetypen

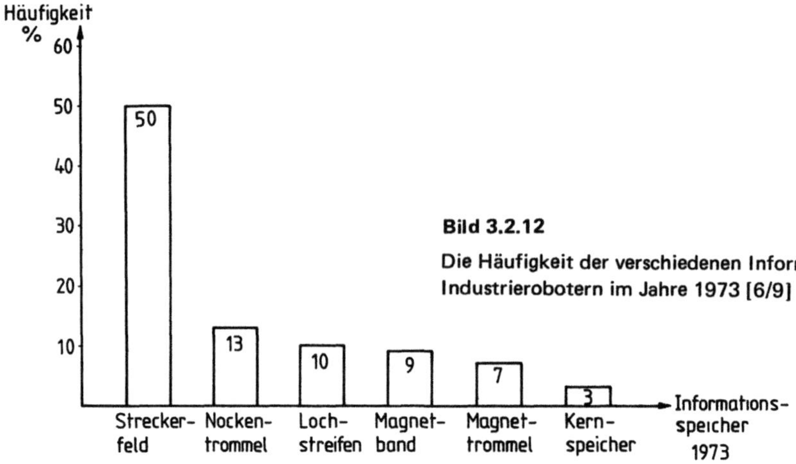

Bild 3.2.12

Die Häufigkeit der verschiedenen Informationsspeicher bei Industrierobotern im Jahre 1973 [6/9]

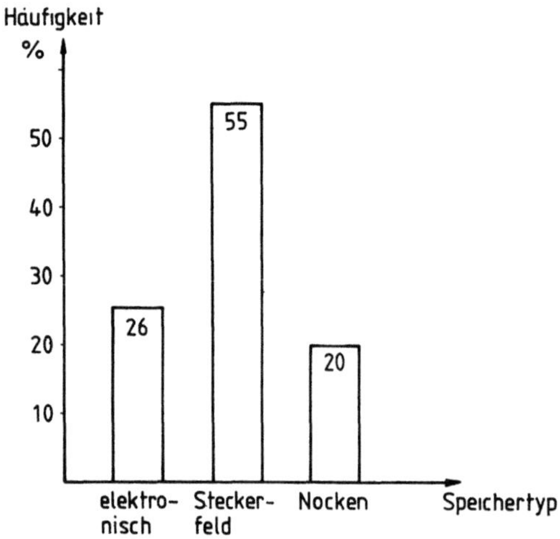

Bild 3.2.13

Die Häufigkeit verschiedener Speichertypen Mitte der 70er Jahre [6/10]

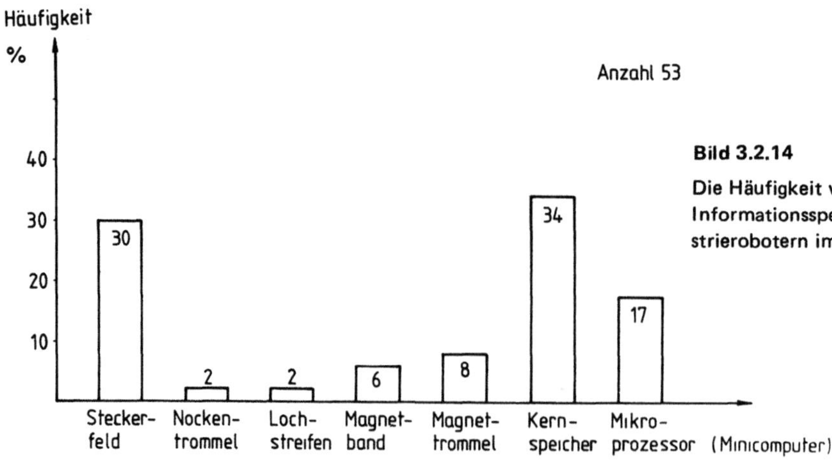

Bild 3.2.14

Die Häufigkeit verschiedener Informationsspeicher bei Industrierobotern im Jahre 1980

- Art der Programmierung
  manuell,
  maschinell oder
  textuell,
- gleichzeitig Speicherfunktion und
- Zusatzspeicher.

Je nach der gestellten Anforderung wachsen die Kosten für den Informationsteil und damit für den Industrieroboter selbst.
Einfache Informationseingaben wie Nockentrommeln erfüllen eine ganze Anzahl von Anforderungen:

- Sie sind mittels einfacher Zeichen zu programmieren,
- für den wiederholten Gebrauch sind sie lagerfähig,
- sie sind gleichzeitig Speicher und Zusatzspeicher.

Bestimmte Informationseingaben funktionieren nur in Verbindung mit anderen Einheiten, z. B.

- Magnetplatte,
- Kassette,

sind als Informationseingaben nur für die Wiederholprogrammierung geeignet. Sie stellen also kostspielige Zusatzanschaffungen dar.
Nachteilig bei vielen Informationseingaben, was damit den Durchbruch der Industrieroboter lange verzögert hat, war die langwierige Programmierung mancher Informationseingaben.

- Nockentrommel,
- Lochkarte,
- Steckerfeld und
- Lochstreifen

benötigen zur Programmierung eine mehr oder weniger komplizierte Programmiersprache.
Durchgesetzt hat sich die Druckknopftasteneingabe, mittels der das Handhabungsgerät eine Position anfährt, die gleichzeitig in einem Zusatzspeicher abgespeichert werden kann. Die Summe aller abgespeicherten Daten stellt das Programm dar. Während sonst komplizierte Berechnungen angestellt werden müssen, um den Ort des manipulierten Objekts in Raumkoordinaten zu verwandeln, reduziert dieses Verfahren die Programmierung auf einen Handhabungsvorgang.
Das Verfahren wird mit „Teach-in" oder „Teach-in-Programmierung" bezeichnet, die Reproduktion mit „Playback".
Mit optischen Sensoren laufen Versuche, einen Industrieroboter mittels Fernsehkamera im „Teach-in"-Verfahren zu programmieren, damit er bestimmte zu handhabende Objekte manipuliert. Dafür sind dann aber komplizierte Anpaßsteuerungen und sehr aufwendige Software (Programm) notwendig.

3.2.1.2 Speicher

Man unterscheidet folgende *Speicherarten*:

- analoge Speicher und
- digitale Speicher.

Analoge Speicher sind in der Form von Kurven, Nockentafeln und Nockentrommeln schon sehr lange bekannt. Die Speicherung der Information erfolgt durch ihre äußere Form. Ihr Speicherinhalt ist nicht groß. Dafür sind Nockentrommeln z.B. einfach zu programmieren und dienen darüberhinaus noch als Informationseingabe und als Lagerspeicher. An Industrierobotern, die nur eine beschränkte Anzahl von Bewegungen durchzuführen haben, realisieren sie noch heute Sollwerteingabe und Speicher (siehe Anhang 9.1).
Bei den *digitalen Speichern* nimmt das Steckerfeld eine Sonderstellung ein, da es bei einfacher Programmierung dieselben Anforderungen wie die Nockentrommel erfüllt. In den digitalen Speichern wird die Information (bit) als einer von zwei (elektrischen) Zuständen dargestellt. Der Zwang zu höheren Speicherkapazitäten führte zunächst zu den Kernspeichern in Form von Ferritkernspeichern oder Solid-State-Speichern. Beide Speicherarten sind kostspielig und zwingen dazu, die Funktionen des Speichers nochmals in Puffer-Arbeits- und Lagerspeicher aufzuteilen.
Je nach Bedarf werden die Informationen bei komplizierten, teueren Industrierobotern zwischen den einzelnen Speicherarten verschoben und führen dadurch dazu, daß

- Informationen auf Magnetbändern, Magnetscheiben oder Kassetten abgespeichert und gelagert,
- über Lese- und Wiedergabeköpfe aus externen Speichern Informationen in interne Speicher (Ferritkern-, Solid-State-Speicher) geschoben und
- komplexe Datenmengen (CP-Steuerung) von preiswerten Langzeitspeichern mit hohen Zugriffszeiten (Magnettrommel, Magnetplatte) in kostspielige Kurzzeitspeicher geschoben werden können.

In Bild 3.2.16 sind Zugriffszeit, Speicherkapazität sowie Kosten einzelner Speicherarten größenordnungsmäßig angegeben. Dabei ist die *Zugriffszeit* diejenige Zeit, die zwischen Anruf und Ende der Schreib- oder Lesezeit vergeht. Die *Speicherkapazität* wird in bit, also Zustandseinheiten ausgedrückt.

	Kernspeicher	Trommelspeicher	Halbleiterspeicher (RAM)	Plattenspeicher	Magnetbandspeicher
Speicherkapazitat	4–16 kB je Modul	0,2–3 MB	1–32 kB je Chip	0,25–300 MB je Einheit	20 MB je Band
Mittlere Zugriffszeit	0,5–1 µs	1–30 ms	50 ns-1 µs	Festkopfplatte 10–20 ms Wechselplatte 30–210 ms	Sekunden bis Minuten je nach Datenorganisation
Speicherkosten (Pfennig/bit)	1–10	10–50	0,05–5	0,01–0,1	0,001

Bild 3.2.16 Vergleich gebräuchlicher Speichertechniken [3/75]

Man sieht an dieser Tabelle, daß der Halbleiterspeicher über die kürzesten Zugriffszeiten verfügt und dabei preismäßig fast im Bereich der Massenspeicher liegt. Das führte schließlich in den letzten fünf Jahren zu einer Revolutionierung in der Datenverarbeitung, der Elektrotechnik und nicht zuletzt des Maschinenbaus. Ihre Auswirkungen sind noch zu spüren und längst noch nicht abgeschlossen. Auf dem Gebiet der Industrieroboter führte der Mikroprozessor in Kombination mit dem Halbleiterspeicher zu höherer Speicherkapazität bei gleichen oder z. T. geringeren Kosten, kürzeren Zugriffszeiten und damit erhöhter CP-Kapazität sowie fortschrittlicheren Programmierverfahren.
Im Blockdiagramm von Bild 3.2.17 sieht man den Aufwand, der für eine moderne Industrierobotersteuerung getrieben werden muß, wenn sie im „Teach-in"-Verfahren programmiert

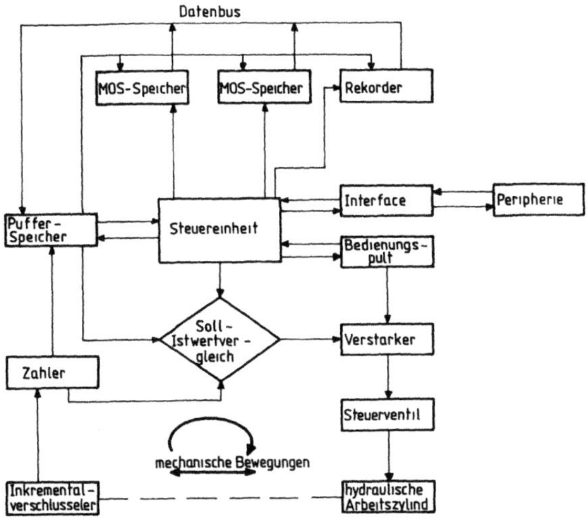

Bild 3.2.17

Blockschaltbild der Industrierobotersteuerung RC-7000 von der Firma Retab [6/5]

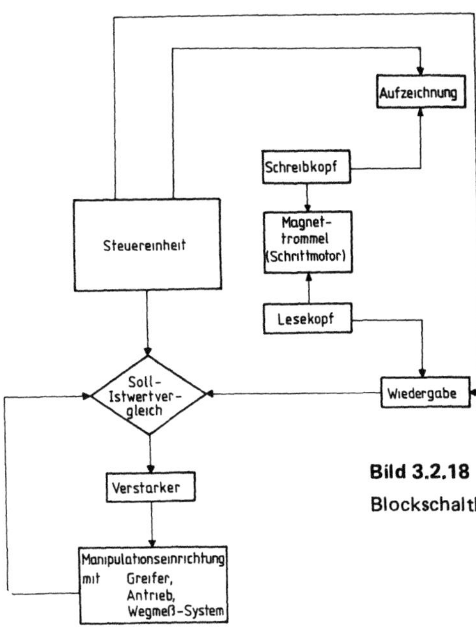

Bild 3.2.18

Blockschaltbild: Aufzeichnung und Wiedergabe von Informationen werden und eine hohe PTP- oder sogar eine CP-Kapazität haben soll. Über eine mehrkanalige Datenverbindung (Datenbus) sind Pufferspeicher (z. B. Ferritkernspeicher), MOS-Speicher (z. B. Solid-State-Speicher) und Kompaktkassette miteinander verbunden. Die Steuereinheit kann je nach Bedarf den Datenfluß auf Wiedergabe oder auf Aufzeichnung durch „Teach-in" leiten (Bild 3.2.18). In der Darstellung 3.2.19 sieht man noch aus einer Untersuchung des Jahres 1974, daß etwa 2/3 aller Industrieroboter eine Speicherkapazität bis 50 Programmschritte haben. Damit wurde ein durchschnittliches Handhabungsprogramm z. B. Pressenbedienung mit Schmieren des Werkzeuges und Ablage des Werkstückes in einer Förderrinne realisiert. Fast ein Viertel der Industrieroboter hatte 200 und mehr Programmschritte. Eine Untersuchung aus dem Jahre 1980 dagegen zeigt in Bild 3.2.20, daß nun bereits zwei Drittel aller Geräte mehr als 200 Programmschritte haben.

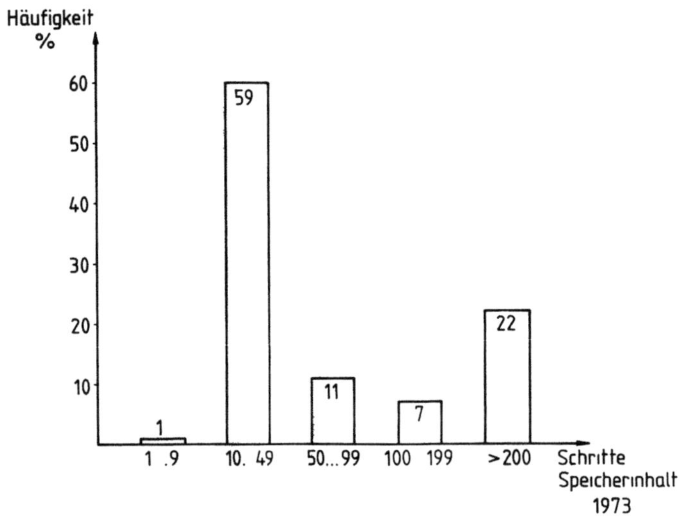

Bild 3.2.19
Die Häufigkeit der Speicherinhaltsgröße (Anzahl der Programmschritte) im Jahre 1973 [6/10]

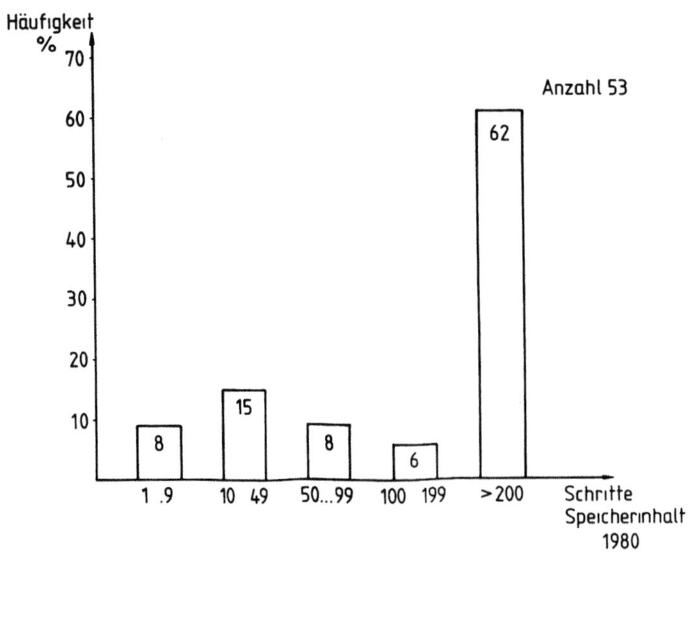

Bild 3.2.20
Die Häufigkeit der Speicherinhaltsgröße im Jahre 1980

Mehrprozessorsteuerungen besitzen durch die modernen, preiswerten VLSI-Bausteine hohe Speicherkapazitäten. In Bild 3.2.9 sieht man, daß der Arbeitsspeicher der Steuerung 16 000 Worte umfaßt. Unter Berücksichtigung, daß ein umfangreiches Programm etwa 2000 bis 4000 Worte enthält, können im batteriegepufferten Arbeitsspeicher einer modernen Mehrprozessorsteuerung mehrere Programme gespeichert bleiben.

3.2.1.3 Wegmeß-Systeme

Bei Industrierobotern mit Antriebsregelung verfügt jede gesteuerte Achse über eine Verstärkereinheit mit Antrieb, ein *Wegmeß-System* und einen Vergleicher, unabhängig davon, ob die Kraftübertragung elektrisch, hydraulisch oder pneumatisch funktioniert (Bild 3.2.21).

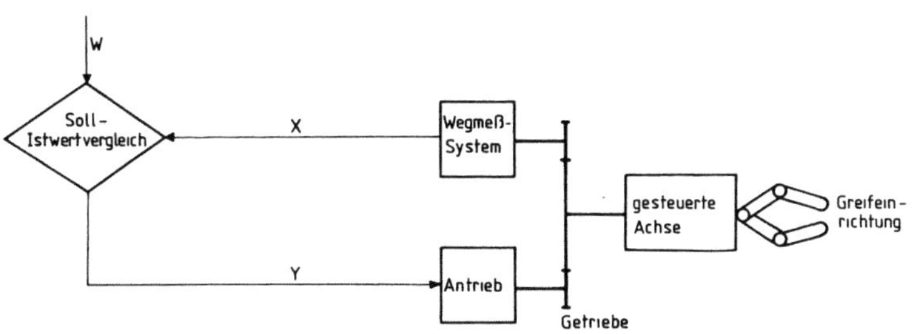

Bild 3.2.21 Blockschaltbild eines Antriebsregelkreises einer Industrieroboterachse

Während über Vergleicher und Verstärker dem Antrieb der Sollwert zugeleitet wird, kontrolliert das Meß-System den jeweiligen Standort und führt dessen Positionswert unter der Bezeichnung Istwert dem Vergleicher zu. Das geschieht solange, bis in diesem Zähler die Differenz zwischen Sollwert und Istwert Null geworden ist. In der Mehrzahl der gebräuchlichen Industrieroboter ist das Wegmeß-System rotatorisch ausgebildet. Translatorische Wegmeß-Systeme sind genauer aber dafür teuerer und schwieriger zu montieren und einzustellen. Nach Art der Meßwerterfassung unterscheidet man *digitale* (impulsförmig arbeitende) und *analoge* (vergleichend arbeitende) Wegmeß-Systeme. Diese beiden Wegmeß-Systeme werden noch einmal hinsichtlich des Meßverfahrens unterteilt in *absolut* (von einem Nullpunkt ausgehend) und *inkremental* (kettenmaßartig).

In Bild 3.2.22 sind dazu die Vor- und Nachteile dieser verschiedenen gebräuchlichen Wegmeß-Systeme dargestellt. Zusammenfassend sind in Bild 3.2.23 einige zum Einsatz gekommene Systeme bei einzelnen Herstellern von Industrierobotern aufgelistet.

Die Ankoppelung der Wegmeß-Systeme geschieht

- bei translatorischen Antrieben über
  ein Zahnstangen-Ritzel-System oder
  einen Kettentrieb mit stabilisierender Stange,
- bei rotatorischen Antrieben über
  ein Stirnradgetriebe,
  ein Kegelradgetriebe,
  einen Schneckentrieb,
  einen Kettentrieb,
  einen Riementrieb oder
  direkte Ankoppelung.

	digital-inkrementale Wegmeß-Systeme	digital-absolute Wegmeß-Systeme	analog-absolute Wegmeß-Systeme
Vorteile	einfache Meßsteuerung einfache Vergleicher einfacher Nullpunkt einfache Istwertanzeige einfache Programmgenauigkeit	einfache Istwertanzeige keine Kettenmaße hohe Genauigkeit	einfache Meß-Systeme einfacher Nullpunkt einfache Vergleicher
Nachteile	Kettenmaßbildung (Fehler) aufwendiger Regelkreisaufbau	teuere Vergleicher aufwendiger Nullpunkt hohe Kosten viele Leitungen Störanfälligkeit	teuere Digital-Analogumsetzer aufwendig bei Koppelung mit Mechanik schwierige Digital-anzeige

Bild 3.2.22 Vor- und Nachteile der gebräuchlichen Wegmeß-Systeme. [1/18]

Wegmeß-System	Arbeitsweise	Einsatz als	Einsatz bei
digital-inkremental (rotatorisch arbeitend)	elektro-mechanisch – Kollektor mit Bürsten photoelektrisch – Strichgitter von Photodiode abgetastet induktiv – Teilscheiben aus Permanent-magnet mit Hallgenerator	Drehmelder	Retab Liebherr
digital-inkremental (translatorisch arbeitend)	photoelektrisch – Glasstab mit Photodiode	Linearmelder	Retab
digital-absolut (rotatorisch arbeitend)	elektro-mechanisch – kodierte Scheibe mit Bürste photoelektrisch – kodierte Glasscheibe mit Photodiode induktiv – Teilscheiben aus Permanent-magnet mit Hallgenerator	optischer Winkelkodierer induktiver Winkelkodierer	VW Schlatter Unimate
analog-absolut (rotatorisch arbeitend)	Drehpotentiometer induktiver Drehmelder	Wendel-potentiometer	VFW Siemens Versatran ASEA KUKA Nachi 1000 ZF IBP Weipert

Bild 3.2.23 Übersicht über einige in der Praxis eingesetzte Wegmeß-Systeme

Am gebräuchlichsten ist heute die Integration im Achsantrieb. In der Praxis und bei stark verschmutzter Fertigung kann es nach längerer Betriebszeit vor allem im Bereich der Wegmeß-Systeme zu Verunreinigungen und damit zu Störungen im Betrieb kommen.
Das Beispiel eines *optischen Winkelschrittgebers* (Resolver) ist in Bild 3.2.24 dargestellt (System Unimation):

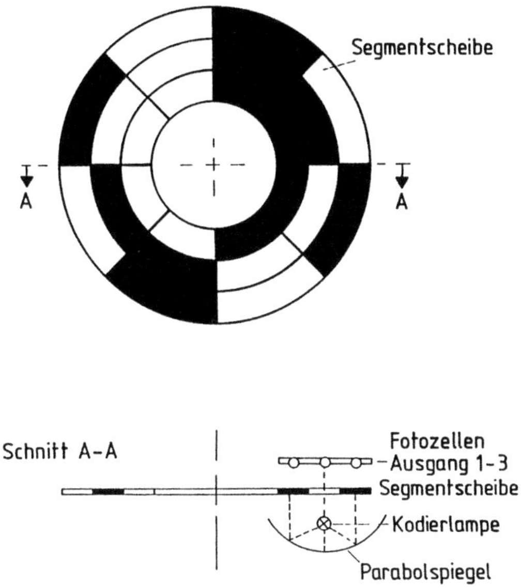

Bild 3.2.24
Prinzipskizze von der Funktionsweise eines Resolvers

Über eine Lichtquelle werden Fotozellen durch eine getönte Kodierscheibe selektiv angesprochen. Da die Segmente verkleinert werden können, ergeben sich hier Möglichkeiten, das Auflösungsvermögen zu verfeinern.
Da vom Antrieb getrennt arbeitende Wegmeß-Systeme verschiedene Nachteile haben (Leistungsverlust, Nachstellzwang, Resonanzerscheinungen), wird sich auf Dauer möglicherweise die Kombination Antrieb – Wegmeß-System in einem Gehäuse und auf einer Welle durchsetzen.
Es werden heute bereits Impulsgeber auf fotoelektrischer Basis (digital-inkrementale Winkelschrittgeber), im Antrieb untergebracht, angeboten. Hier ist eine reflektierende Kodescheibe direkt auf dem Rotor eines Elektromotors aufgeklebt. Fotodiode und Fototransistoren sind dabei im Gehäusedeckel untergebracht.
Neben den mit Wegmeß-Systemen ausgerüsteten Antriebsregelungen arbeiten vor allem einfachere Handhabungseinrichtungen mit Anschlägen und Endschaltern zur Steuerung der Wegachsen.
In einer älteren Untersuchung zeigt Bild 3.2.25 den prozentualen Anteil der einzelnen Antriebsarten in Abhängigkeit vom Wegmeß-System.
Die heute vorherrschende Antriebsart für Industrieroboter ist der elektromechanische Antrieb. Das Wegmeß-System ist in den Antrieb integriert. Das Wegmeß-System ist dann rotarorisch. In den meisten Fällen ist es als optischer Winkelschrittgeber ausgebildet.

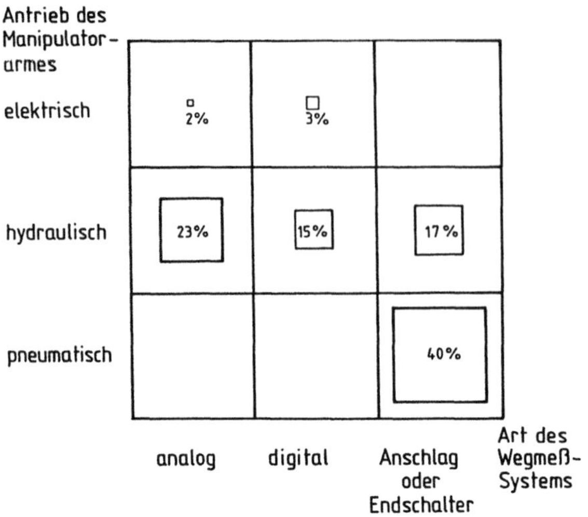

Bild 3.2.25
Ältere Untersuchung über den Zusammenhang und die Häufigkeit von Manipulatorantrieb und Wegmeß-System [6/9]

3.2.2 Energieteil

Der *Energieteil* übernimmt die Spannungsversorgung für den

- Informationsteil und die
- Verstärkereinheiten.

Sowohl der Informationsteil als auch die Antriebsverstärker arbeiten auf der Basis von 24 V Gleichstrom.
Schwierigkeiten ergeben sich möglicherweise durch

- Wärmeentwicklung in der Steuerung und
- Spannungsschwankungen oder Einbrüche im Netz.

Der Informationsteil und die Verstärker bestehen aus Leiterplatten, die mit integrierten Schaltkreisen und Transistoren bestückt sind. Die in der Steuerung zwangsläufig erzeugte Wärmemenge beeinflußt alle Teile einer Leiterplatte, angefangen von den Leiterbahnen über die Lötverbindungen bis hin zu den Bauteilen selbst. Schlechte Lötstellen und das spätere Verhalten der Leiterplatten im Betrieb sind nicht unwesentlich in der Herstellung der Leiterplatten begründet. Prüfroutinen beim Hersteller können diese Schäden auf ein Mindestmaß reduzieren. Der im Schaltschrank gestauten Wärme kann durch verschiedene Maßnahmen begegnet werden:

- Kühlung mit Luft oder Wasser,
- Absaugung.

In der Regel genügt es, bei richtiger Konstruktion der Steuerung (nicht zu eng gesetzte Magazine mit Leiterplatten) durch eine einfache Umluftzirkulation einen Wärmestau zu vermeiden. Die im Schaltschrank befindliche Luft wird nur umgewälzt und keine neue angesaugt. Das ist vor allem bei Fertigungen mit starker Verschmutzung der Luft (Kühlmittel, Gußstaub, Kohlestaub) empfehlenswert. Gegenüber der Außenluft wird ein Überdruck erzeugt, der ein Eindringen von Schmutzteilen in der Steuerung verhindert.
Bei sehr starker Erwärmung der Steuerung genügt diese Methode nicht mehr; es muß mit kühler, frischer Außenluft direkt gekühlt werden. Hier sind vor den Luftein- und -austritts-

öffnungen Filtereinsätze vorzusehen. Eine definierte Zirkulation ist wünschenswert und die Aufstellung des Steuerschrankes muß so erfolgen, daß tatsächlich kühle Luft angesaugt wird. Extreme Erwärmung des Steuerschrankes kann dann noch durch ein Kühlaggregat verhindert werden. Hier ist allerdings die Kondenswasserbildung nicht sehr angenehm.
Sicherlich ist die beste Lösung das Absaugen erwärmter Luft und die Zuführung kalter, reiner Außenluft.
Gegen Spannungseinbrüche im Drehstromnetz, Spannungsschwankungen oder Spannungsinstabilitäten besitzt die Steuerung einen Spannungskonstanthalter. In der Regel steuern Spannungskonstanthalter lediglich relativ schwache und kurzzeitige Spannungseinbrüche aus.
Zu kleine Leistungsquerschnitte, zu lange Kabel zwischen Steuerung und Spannungsquelle, vor allem aber starke Verbraucher in der Nähe der Industrierobotersteuerungen (z. B. Schweißtransformatoren bewirken ein Verschieben des $\cos\varphi$) genügen, um extreme Spannungseinbrüche von mehr als 20 % zu erzeugen.
Sowohl eine zu starke Wärmeentwicklung, als auch zu große Spannungsschwankungen führen zu unkontrollieren Schritten im Informationsteil der Steuerung. Der Manipulatorarm führt dann möglicherweise nicht programmierte Bewegungen aus, die zu Zerstörungen führen können.

3.3 Antriebsarten

Folgende Anforderungen werden an *Servosysteme* gestellt (Bild 3.1.3)

Tragfähigkeiten	1 ... 100 kg
Positioniergenauigkeiten	0,1 ... 3 mm
Stellbereiche Achsen	
	X 600 ... 1000 mm
	Z 50 ... 100 mm
	C 60 ... 180°
Verstellgeschwindigkeiten	
	$\dot{X}$ 100 ... 1000 mm/s
	$\dot{Z}$ 100 ... 1000 mm/s
	$\dot{C}$ 35 ... 220 °/s

Daraus ergeben sich Leistungen bis 5 kW. Da zunächst von elektrischer Seite geeignete Antriebe fehlten, wurden neben einem elektrischen Informationsteil ein hydraulischer bzw. pneumatischer Antriebsteil angebaut.
In Bild 3.3.1 sieht man in einer Untersuchung aus dem Jahre 1973 die prozentuale Aufteilung der einzelnen Energieteile auf die verschiedenen Antriebsarten. Weit mehr als 80 % aller Antriebe entfallen auf eine hydraulische oder pneumatische Auslegung. Wenn man diese Aufteilung hinsichtlich der Tragfähigkeit weiter verfolgt, dann stellt man fest, daß die hydraulischen und pneumatischen Antriebe den gesamten Lastbereich abdecken, während das elektrische Servosystem nur im unteren Bereich bis maximal 200 N zu finden ist.
Die Entwicklung auf dem Gebiet der elektrischen Antriebe rechtfertigt heute diese gemischte Bauweise nur noch in Bereichen von 1000 N und mehr. Eine Überprüfung der im Anhang 9 registrierten Geräte auf einer Basis von 53 Stück ergibt das Bild 3.3.2. Dabei kann man feststellen, daß die rein elektrischen Servosysteme mit 40 % beteiligt sind. Während der hydraulische Antrieb seinen Anteil in etwa halten konnte, zeigen die pneumatischen Systeme eine fallende Tendenz.

Diese Entwicklung hält, wie die Untersuchung der im Anhang aufgelisteten Geräte zeigt, im Jahre 1985 weiter an: fallende Tendenz bei den elektro-hydraulischen und pneumatischen Antrieben, stark steigende Tendenz bei den elektro-motorischen Antrieben (Bild 3.3.3). Schrittmotoren werden bis 5 kW gebaut und Scheibenläufermotoren haben als drehmomentverstärktendes Element das Harmonic-Drive-Getriebe.

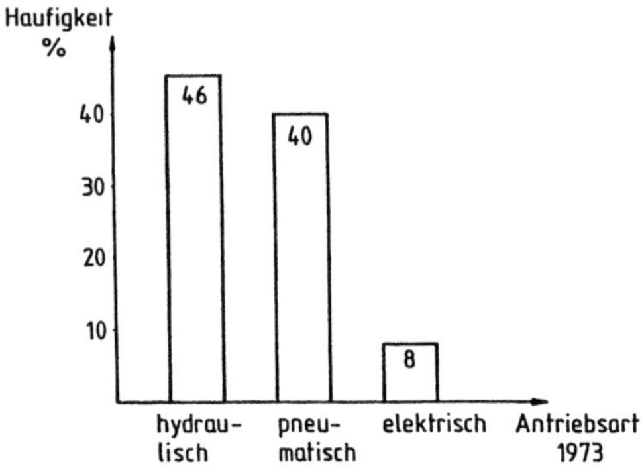

Bild 3.3.1

Die Häufigkeit der verschiedenen Antriebsarten an Industrierobotern im Jahre 1973 [6/10]

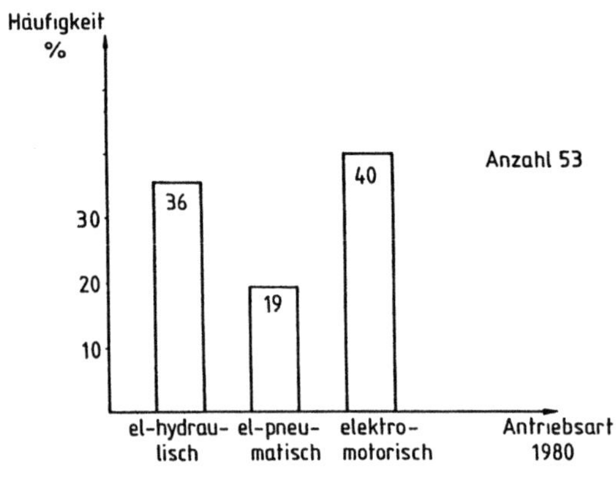

Bild 3.3.2

Die Häufigkeit der verschiedenen Antriebsarten an Industrierobotern im Jahre 1980

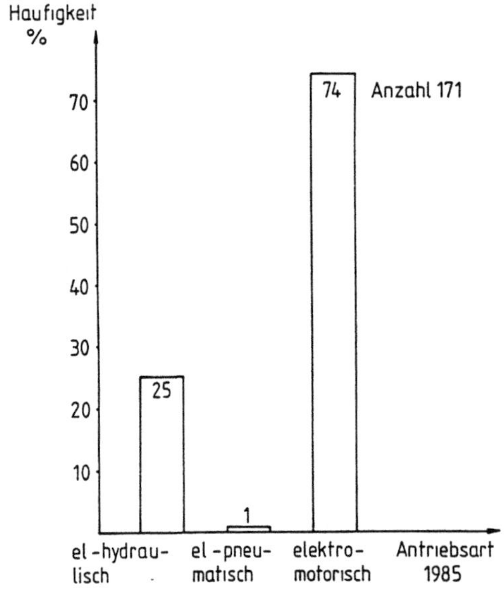

Bild 3.3.3

Die Häufigkeit der verschiedenen Antriebsarten an Industrierobotern im Jahre 1985 (Anhang 9)

Ausbildung des Energieteiles der Steuerung	Vorteile	Nachteile
elektrisch	einheitliche und einfache Bauteilekonzeption, Signalübertragung ohne Verzögerung, Energie ist überall verfügbar	Momente und Kräfte zur Übertragung klein, kostspieliger Explosionsschutz
pneumatisch	Explosionsschutz, hohe Kombinationsmöglichkeiten, geringe Kosten	**Luft inkompressibel (endliche Übertragungsleitungen).** Energieträger geht verloren (Luft), Energieträger muß sehr rein sein, Energieträger muß erzeugt werden, lärmerzeugend
hydraulisch	Momente und Kräfte zur Übertragung groß, geringe Kosten	Wärmeentwicklung, Energieträger ist brennbar, Umweltverschmutzung durch Leckverluste, zusätzlicher Energieträger

Bild 3.3.4 Vor- und Nachteile der gebräuchlichen Antriebssysteme

Auch hier gilt es neben Vor- und Nachteilen, die in Bild 3.3.4 zusammengefaßt sind, die Kostenseite zu betrachten. Trotzdem ist eine Verschiebung zur rein elektrischen Gestaltung von Informations- und Energieteil, bedingt durch die zunehmende Verbilligung elektronischer Bauteile, zu beobachten.

Bei einfacheren Handhabungseinrichtungen läßt sich zeigen, daß nicht beliebig viele Positionen pro Achse angefahren werden können. Im Anhang 9 sind ein Teil dieser Anlagen aufgelistet. Trotzdem haben diese Handhabungssysteme auch ein Antriebssystem pro Achse. In Bild 3.3.5 ist an einem Blockschaltbild das Prinzip aufgezeigt: Als Antrieb dient ein

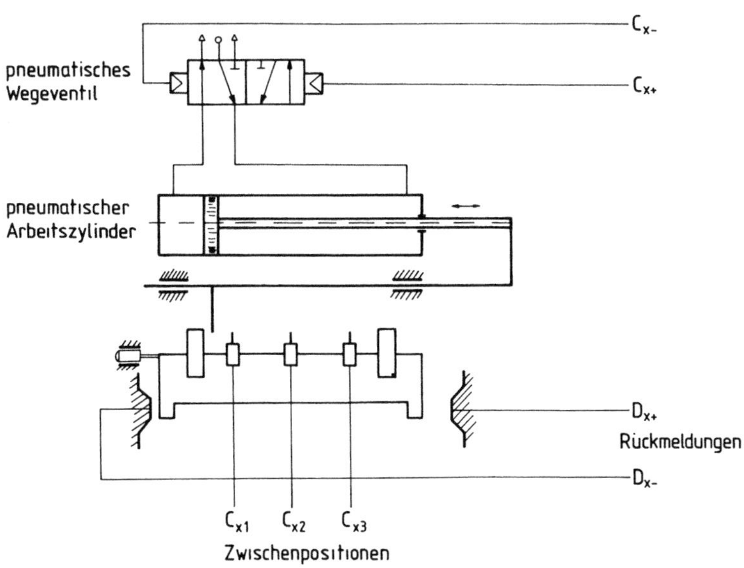

Bild 3.3.5 Blockschaltbild für eine pneumatische Folgesteuerung mit drei Zwischen- und Endlagenabschaltungen [4/77]

4-Wege-Ventil und ein Pneumatikzylinder. Die Kolbenstange des Pneumatikzylinders ist so beschaffen, daß Anschläge für drei Zwischenpositionen gesetzt werden können (C_{x1} bis C_{x3}). Die Endstellungen werden durch Endschalter D_x+, D_x- gesteuert. Diese Endstellungen können aber auch über weiche Anschläge angefahren werden. Dazu ist dann nochmals ein 4-Wege-Ventil nötig (Bild 3.3.6). Die Ansteuerung und Kontrolle dieser Zwischenstellungen geschieht über Informationseingabe und Steuerung.
Erheblich mehr Aufwand als bei diesen Steuerungen muß regelungstechnisch bei dem Informationsteil einer Steuerung betrieben werden, bei der beliebig viele Haltepunkte innerhalb des jeweiligen Freiheitsgrades positioniert werden sollen. Dazu wird ein Regelkreis mit Wegmeß-System und entsprechenden Korrekturen zur Schwingungsunterdrückung benötigt (Bild 3.3.7).

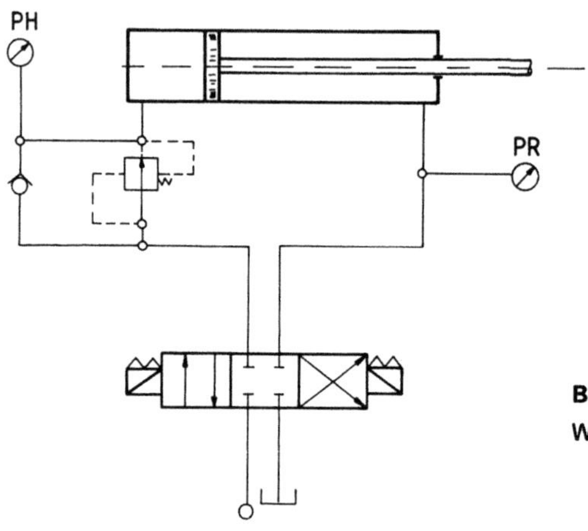

Bild 3.3.6
Weicher Anschlag in Endstellung [4/70]

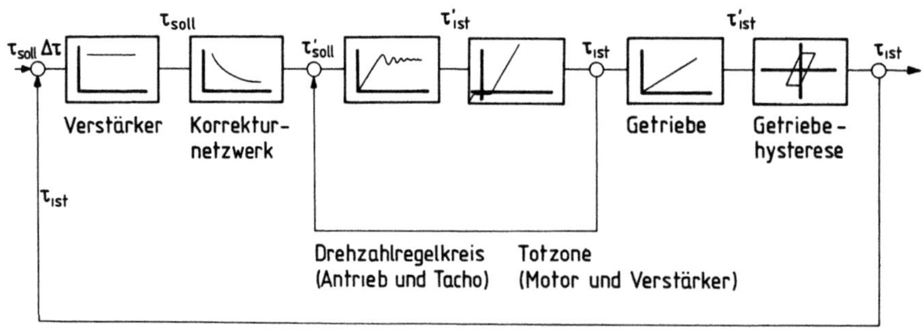

Bild 3.3.7 Blockschaltbild des Lageregelkreises eines Industrieroboters

3.3.1 Hydraulische Antriebe

Dieses Servosystem ist folgendermaßen aufgebaut:
Ein der Steuerung über die Informationseingabe gespeicherter Sollwert wird über einen Soll-Istwertvergleich dem Verstärker zugeleitet. Die Information wird im hydraulischen Energieteil verarbeitet. Ein Mehrwegeventil steuert einen Hydraulikzylinder. Durch Kolbenstellung

des Hydraulikzylinders wird über einem Wegmeß-System der Istwert dem Soll-Istwertvergleich zugeführt, und verarbeitet (Bild 3.3.8). Die Positionierung erfolgt meist über eine mechanische Bremse. Dieser Antrieb eignet sich vor allem für höchste Tragfähigkeiten.

Bild 3.3.9 zeigt den Hydraulikschaltplan für die Drehachse (C-Achse) des Gestells. Der Zahnkranz am Gestell wird durch eine Zahnstange bewegt, die an einem Hydraulikzylinder befestigt ist. Da die Zahnkräfte das Bestreben haben, die mit dem Arbeitskolben verbundene Zahnstange aus der Verzahnung zu drängen, wirkt ein kleinerer Arbeitszylinder in Richtung des Gestellmittelpunktes dieser Zahnkraft entgegen (System Unimation). Wo sich nicht die Möglichkeit ergibt, eine translative Arbeitszylinderbewegung in eine Rotationsbewegung umzusetzen, bilden einfache *Hydraulikmotoren* als Achsantriebe eine brauchbare Lösung (Bild 3.3.10), System Trallfa/DeVilbiss). Dabei ist zu beachten, daß diese Motoren, die die Greifer-/Werkzeugbewegungen realisieren, nur einen maximalen Drehbereich von 270° besitzen.

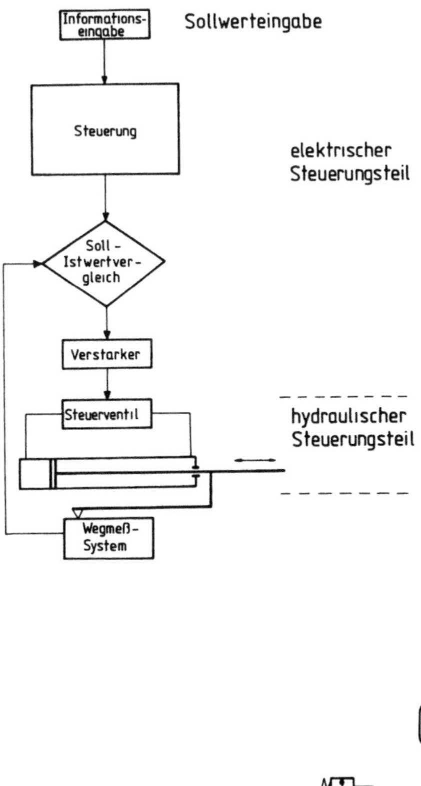

Bild 3.3.8
Blockschaltbild eines Hydraulikantriebes für eine Achse eines Industrieroboters

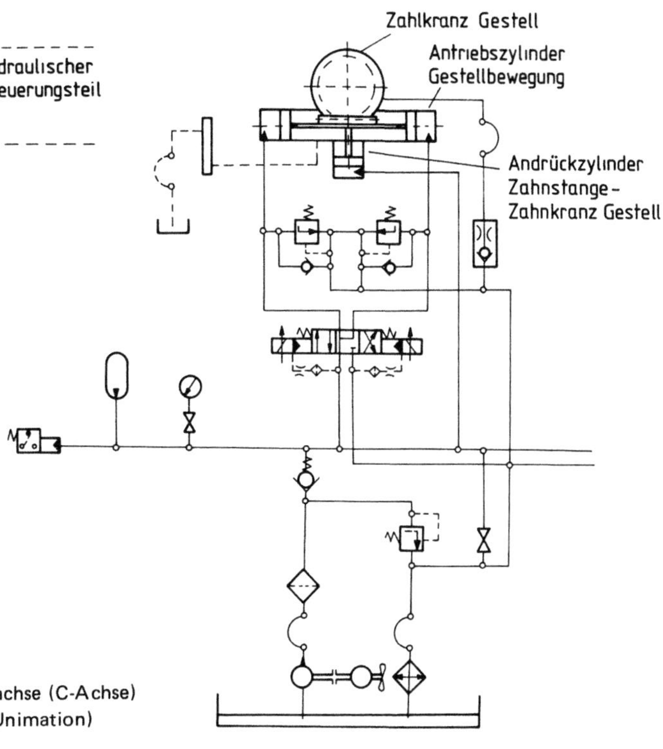

Bild 3.3.9
Hydraulikschaltplan für die Drehachse (C-Achse) eines Industrieroboters (System Unimation)

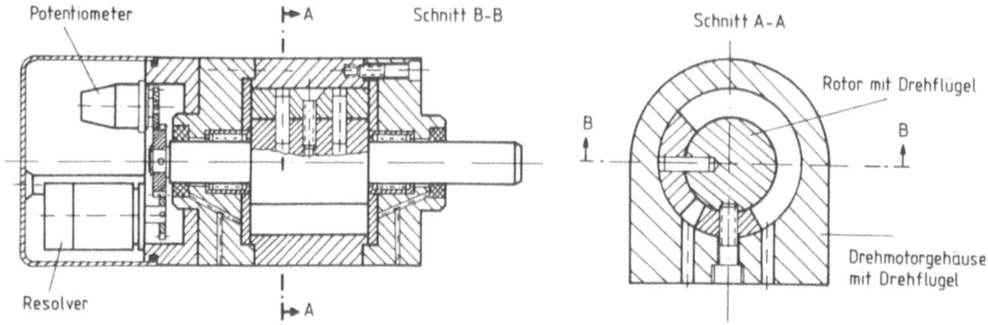

Bild 3.3.10 Hydraulikmotor für eine Greifachsenbewegung (System DeVilbiss)

Nachteilig, systembedingt ist ein zusätzlicher Hydraulikbehälter, der wegen der Rückkühlung des Mediums in der Regel zwischen 100 ... 150 l Hydrauliköl faßt. Trotzdem beeinflußt der hydraulische Antrieb die Positioniergenauigkeit negativ infolge des thermischen Wachstums. Hier bringt eine Einstellung des Gerätes ein bis zwei Stunden vor Arbeitsbeginn schon eine gute Betriebsbereitschaft.
Je nach Standort (starke Staub- und Schmutzbildung) ist eine regelmäßige Instandhaltung (Ölwechsel, Nachstellen der Wegeventile) empfehlenswert.

3.3.2 Pneumatische Antriebe

Das Blockschaltbild 3.3.11 zeigt einen *elektro-pneumatischen Translationsantrieb*. Ein 4-Wege-Ventil steuert einen Arbeitszylinder. Der Kolben des Arbeitszylinders ist mit einer Führung verbunden. Auf der Führung sitzt eine Zahnstange. Diese Zahnstange bewegt ein Ritzel, wenn der Arbeitskolben seine Stellung verändert. Auf der Ritzelwelle arbeiten über ein Getriebe Tachogenerator und Potentiometer. Die Ritzelwelle kann von einer elektromagnetischen Lamellenbremse stillgesetzt werden. Damit wird bei drucklosem Arbeitszylinder die Achse positioniert.
Für eine rotationsförmige Bewegung zeigt Bild 3.3.12 eine Lösung. Das Medium Luft wird einem Druckluftmotor zugeführt. Ein Harmonic-Drive-Getriebe (HD-Getriebe) verstärkt das

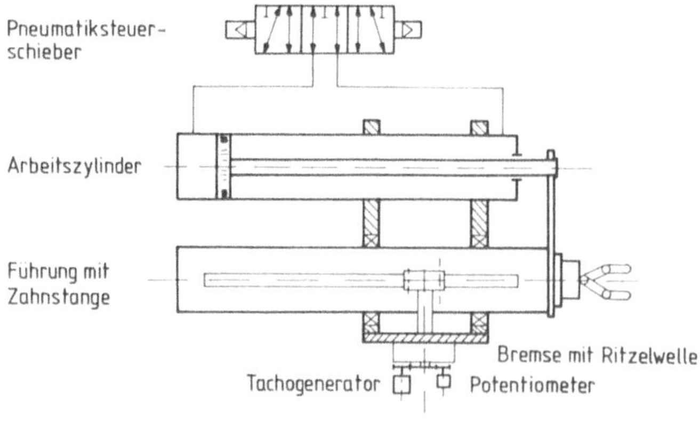

Bild 3.3.11 Blockschaltbild eines elektro-pneumatischen Translationsantriebes für eine Manipulatorarmachse [6/11]

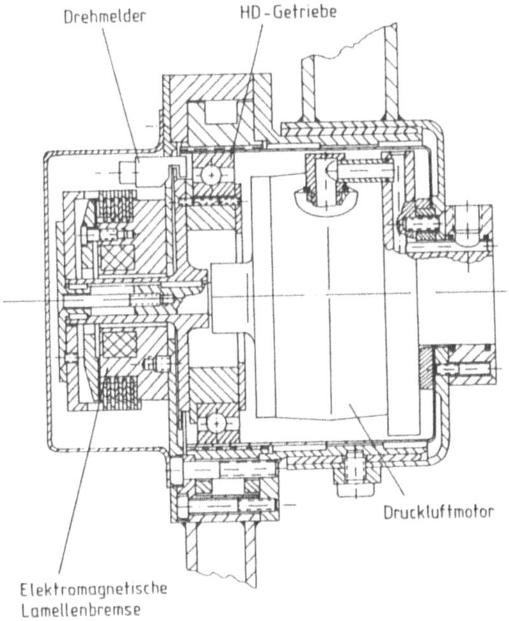

Bild 3.3.12
Elektro-pneumatischer Rotationsantrieb für eine Manipulatorarmachse [3/2]

Drehmoment und untersetzt die Drehzahl des Druckluftmotors. Auch hier sorgt eine Lamellenbremse auf der Motorwelle für Antriebsstillstand und ein Drehmelder für die Positionsanzeige an der Steuerung. Pneumatische Antriebe benötigen oft große Luftmengen. Die Anforderungen von Herstellern pneumatischer Geräte hinsichtlich Trockenheit und Reinheit der Luft sind sehr differenziert. Ein bestimmter Lärmpegel läßt sich bei dieser Art der Antriebe nicht ganz beseitigen. Vorteilhaft sind dagegen ihre schnellen Bewegungen und die Tatsache, daß sie keinerlei Einfluß auf die thermische Steifigkeit eines Gerätes haben.

3.3.3 Elektrische Antriebe

Der elektrische Servoantrieb hat keinen der Nachteile, die bei den anderen Systemen manchmal zu Tage treten. Für *elektrische Servosysteme* werden heute

- Gleichstrommotoren in Form von
  Scheibenläufer-,
  Stabläufer- und
  Korbläufermotoren,
- Schrittmotoren und
- Drehstrommotoren meist in Form von
  Asynchronmotoren mit Kurzschlußläufer benutzt.

Verschiedene Vor- und Nachteile dieser Antriebe sind in Bild 3.3.13 dargestellt.
Die Anforderungen, die an Industrieroboter-Antriebe gestellt werden, sind ein

- großer Regelbereich,
- großes dynamisches Verhalten und
- Erreichen des gewünschten Punktes in möglichst kurzer Zeit.

Antrieb	Vorteil	Nachteil
Gleichstrom-Scheibenläufermotor	Einfache Ansteuerung, hohe Dynamik, großer Regelbereich	Probleme bei Explosionsschutz
Schrittmotor	Einfache Bauart, kein Kollektor, kein Wegmeß-System	Auftreten von Positionsfehlern bei Störimpulsen
Drehstrom-Asynchronmotor mit Kurzschlußläufer	Robuste, einfache Bauart	Aufwendige elektronische Ansteuerung

Bild 3.3.13 Vor- und Nachteile von Elektromotoren der unterschiedlichen Bauarten

Diese Punkte werden von elektrischen Antrieben im wesentlichen erfüllt.
Mit diesen Antrieben wird ein hohes Drehmoment mit niedrigem Läuferträgheitsmoment gepaart. In Verbindung mit Permanent-Magnet-Polen und nutenlosem Läufer werden hohe Drehzahlbereiche und ruckfreie Schleichdrehzahlen erzielt.
Je nach angewandtem Motor ergibt sich eine:

- Positioniersteuerung oder eine
- Nachlaufsteuerung

für das Servosystem (Bild 3.3.14).

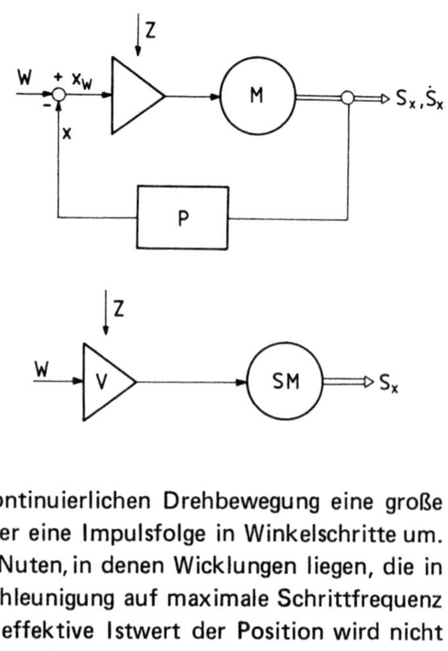

Bild 3.3.14
Nachlaufregelung (oben) und Positionssteuerung (unten) für ein Servosystem [6/7]

Der *elektrische Schrittmotor* führt statt einer kontinuierlichen Drehbewegung eine große Anzahl kleiner Winkelschritte aus. Dabei wandelt er eine Impulsfolge in Winkelschritte um. Dies geschieht zwischen Stator und Rotor durch Nuten, in denen Wicklungen liegen, die in bestimmter Reihenfolge angesteuert werden. Beschleunigung auf maximale Schrittfrequenz und Verzögerung sind sehr schnell möglich. Der effektive Istwert der Position wird nicht gemessen, ein Wegmeß-System wird also nicht benötigt. Kommt der Schrittmotor durch Störimpulse außer Tritt, so entsteht ein bleibender Positionsfehler.
Die Nachlaufregelung in Bild 3.3.14 hat den Vorteil, daß jede Regelabweichung ausgeregelt wird und damit kein bleibender Positionsfehler auftreten kann. Diesem Vorteil steht ein erhöhter Aufwand zur Erfassung der absoluten Position gegenüber. Nachteilig sind die hohe geforderte Meßgenauigkeit und eventuelle Regelkreisschwingungen bei ungünstiger Auslegung der Glieder. In Bild 3.3.15 werden die Nachteile beider Systeme weitgehend ausgeschaltet. Die Regelabweichung wird digital durch Soll-Istwert-Impulse in Vor-Rückwärtszählern gebildet. Sie wird in einem Digital-Analogumsetzer in eine analoge Regelabweichung umge-

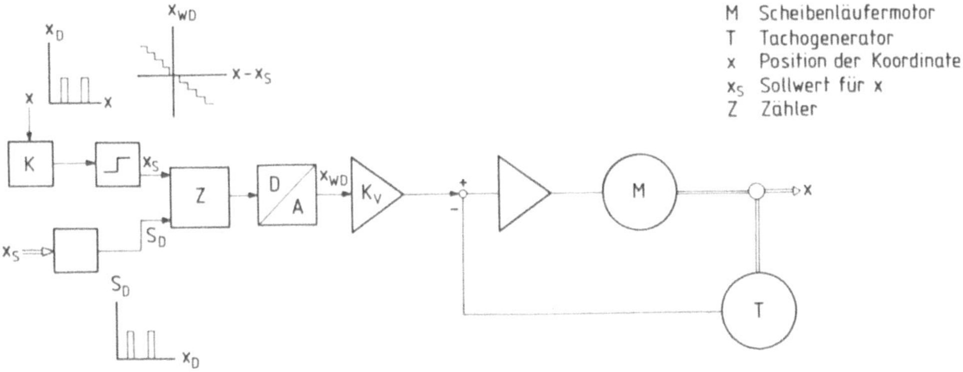

Bild 3.3.15 Inkrementales Servosystem [6/6]

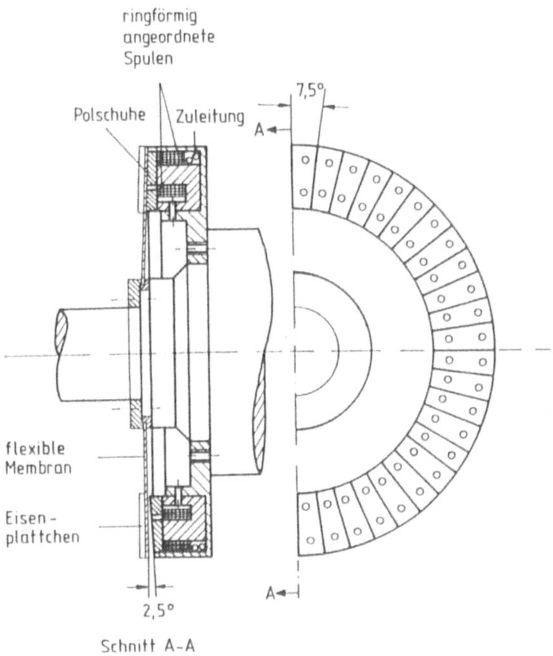

Bild 3.3.16
Elektrischer Schrittmotor DIWA für extrem kleine Winkelschritte [3/6]

setzt und als Führungssignal auf den Drehzahlregelkreis gegeben. Dieser besteht aus Scheibenläufermotor, Tachogenerator und Regelverstärker. Die Anordnung arbeitet wie ein Schrittmotor. Hier tritt allerdings kein bleibender Positionsfehler auf. Bild 3.3.16 zeigt einen *Schrittmotor* für kleinste Winkelschritte, einen sogenannten Diskuswellenmotor (DIWA), der vom Labor Professor Kleinwächter (KLERA) entwickelt wurde. Dieser elektrische Antrieb erzeugt ein hohes Drehmoment bei kleinem Motorgewicht ohne mechanische Zwischengetriebe. Das Drehmoment, das ein Schrittmotor abgeben kann, hängt stark von seiner Drehzahl ab, die wiederum der Ansteuerfrequenz entspricht. Mit steigender Drehzahl fällt das Motordrehmoment von einem Größtwert auf den Wert Null bei Erreichen der maximalen Betriebsfrequenz. Dieses Verhalten ist in etwa mit dem von *Kurzschlußläufermotoren* im Betriebsbereich vergleichbar [3/72]. Der Einsatz von *Asynchron-Drehstrommotoren* mit Regeleigenschaften erfordert sehr viel Elektronik. Bestrebungen dazu sind im Gange, weil diese Motoren einen sehr einfachen und robusten Aufbau besitzen und Energieeinsparungen bringen. Grundsätzlich können Asynchronmaschinen wie bekannt durch statische Frequenzumrichter, untersynchrone Kaskade oder Schlupfsteuerung über Spannungseinspeisung in ihrer Drehfrequenz verändert werden. Diese Lösungen bieten theoretisch unbegrenzten Regelbereich und hohe Dynamik bei niedrigen Drehfrequenzen [3/74]. Das treibende Element eines *Scheibenläufermotors* ist ein eisenloser Läufer im Flachkollektor. Der völlige Verzicht auf Eisen im Scheibenläufer ist der Grund für den schnellen Anlauf und das weiche, ruckfreie Arbeiten in allen Drehzahlbereichen. Für die Felderregung werden meist widerstandsfähige Ferritmagnete verwendet.

Gleichstrom-Scheibenläufermotoren (System Mavilor in Industrierobotern KUKA IR 662/100) sind durch flache Bauform gekennzeichnet und können in jeder Lage betrieben werden. Sie ermöglichen das Regeln der Drehzahl von nahe Null bis zur Nenndrehzahl. Durch ihr geringes Eigenträgheitsmoment besitzen sie hohe dynamische Eigenschaften. Die Stromzufuhr erfolgt über Spezialkohlen direkt auf die Leiterzüge [3/70].

Normalerweise benötigen die vorhandenen elektrischen Antriebe aber mechanische Getriebe, denn die Anschlußspannungen von 10 ... 50 V ergeben Leistungen von 5 ... 400 W bei maximalen Drehzahlen bis zu 15000 min^{-1}. Da hier große Übersetzungsverhältnisse und große Momente bei kleiner Bauweise verlangt werden, kommen nur wenige Lösungen in Betracht. Mit einem *Harmonic-Drive-Getriebe* werden diese Anforderungen erfüllt. Der Harmonic-Drive sieht einem Planetentrieb sehr ähnlich. Es ist ein formschlüssiges Getriebe mit Übersetzungen von i = 60; ... 360 in einer Stufe. Das angetriebene elliptische Wälzlager verformt den elastischen Zahnring so, daß eine Abwälzbewegung auf der starren feststehenden Innenverzahnung entsteht. Voraussetzung für die großen Übersetzungen sind große Zähnezahlen an Außen- und Innenring sowie eine kleine Zähnezahldifferenz zwischen Innen- und Außenverzahnung. Der Antrieb erfolgt über den Flansch, der Abtrieb wird über eine Hohlwelle, die mit der flexiblen Außenverzahnung verbunden ist, realisiert (Bild 3.3.17). Dadurch wird eine extrem kleine Bauweise erzielt. Das HD-Getriebe wird naßgeschmiert. In Bild 3.1.6 für einen Drehgestellantrieb (System VW) sieht man ein HD-Getriebe als zentralen Drehmomentenwandler.

Das Kurvenscheibengetriebe, das in den Gelenkarmrobotern von VW in den einzelnen Gelenken eingebaut ist, ist dem Harmonic-Drive-Getriebe sehr ähnlich. Genau wie das HD-Getriebe verfügt es über einen verzahnten Innenring, in dem ein flexibler verzahnter Außenring so eingreift, daß nur wenige Zähne des Außenringes mit der Verzahnung des Innenringes kämmen. Das HD-Getriebe beeinflußt allerdings den flexiblen Ring mit der Außenverzahnung durch ein elliptisches Rillenkugellager. Dagegen wird bei dem Kurvenscheibengetriebe (Bild 3.3.18) das Einrücken der Verzahnung durch jeweils zwei Exzenterscheiben an ihren hohen Punkten realisiert. Damit vereinfachen sich die zu fertigenden Teile erheblich. Das Kurvenscheibengetriebe hat dieselben Eigenschaften wie das HD-Getriebe, denn es ermöglicht in einer Stufe Übersetzungsverhältnisse von i = 100. 200, wobei allerdings erhebliche Wirkungsgradverluste auftreten.

Bild 3.3.19 zeigt eine Hohlwellenantriebseinheit für ein Industrieroboterdrehgelenk mit elektrischem *Kurzschlußläufermotor, Reibradgetriebe* als Rutschkupplung und einem HD-Getriebe (System KLERA).

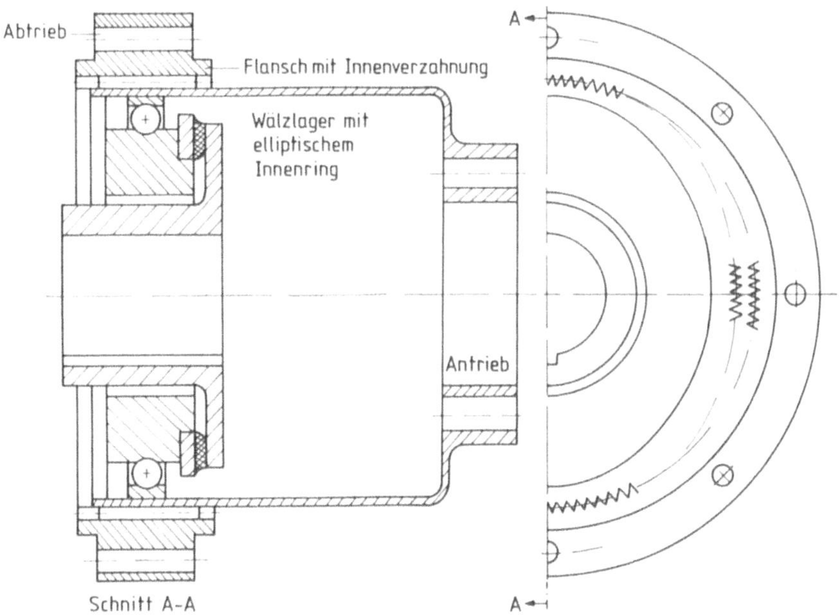

Bild 3.3.17 Harmonic-Drive-Getriebe [1/20]

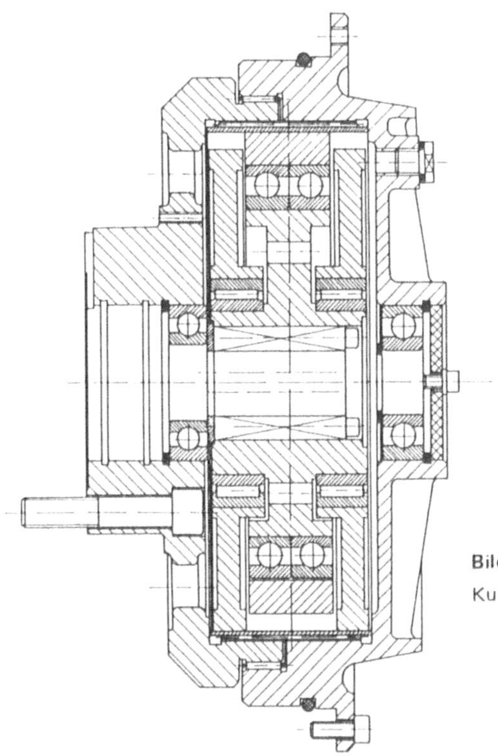

Bild 3.3.18

Kurvenscheibengetriebe (System Volkswagenwerk AG)

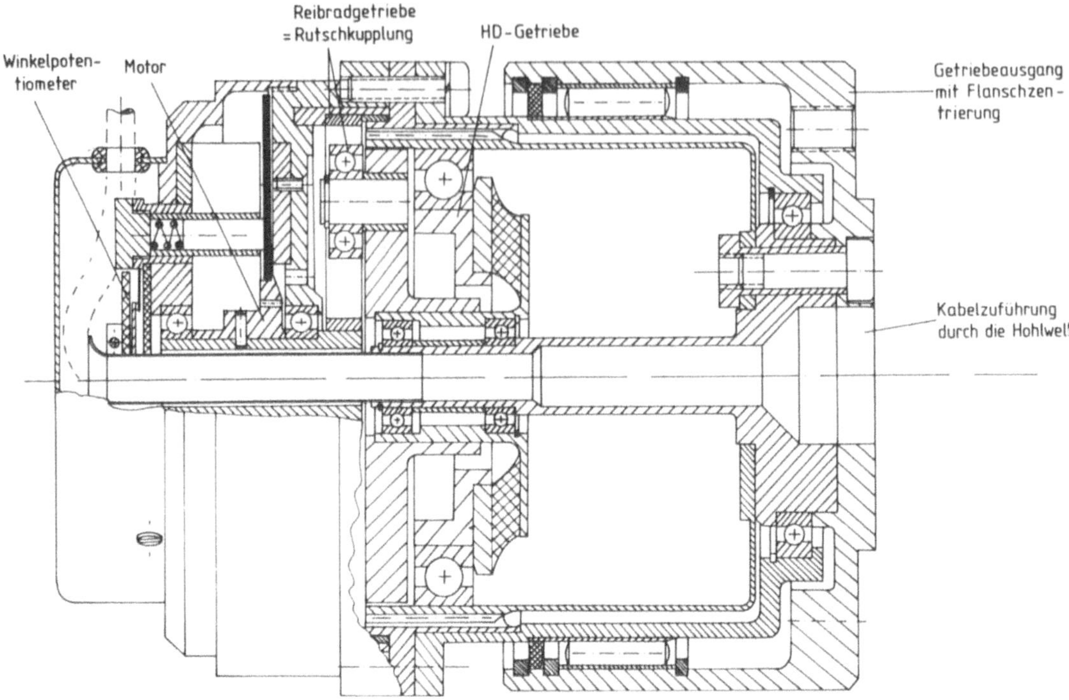

Bild 3.3.19 Hohlwellen-Harmonic-Drive-Antrieb [3/5]

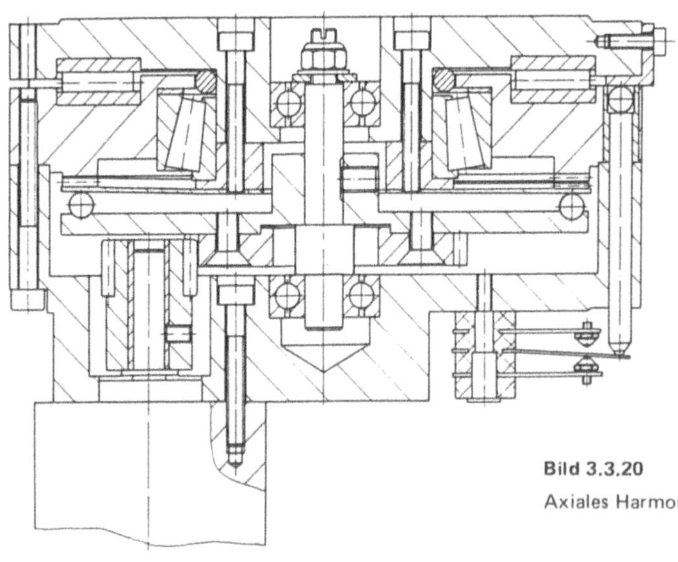

Bild 3.3.20

Axiales Harmonic-Drive-Getriebe (System Aid)

Bild 3.3.20 zeigt einen Gelenkantrieb auf der Basis eines axialen Harmonic-Drive-Getriebes. Motor und Getriebe bilden eine kompakte Einheit, die baumäßig nicht viel Raum einnimmt. Als Antriebsmotor dient ein Gleichstromantrieb. An seiner Welle sitzt ein Ritzel, das auf ein Rad übersetzt. Das Rad ist fest mit einer wellenförmigen Scheibe verbunden. Diese wellenförmige Scheibe drückt punktförmig auf eine Axialverzahnung, die auf einer sehr flexiblen Platte eingearbeitet ist. Der Eingriff erfolgt von dieser flexiblen Platte auf eine darüberbefindliche Verzahnung, die entsprechend der Eingriffszähnezahl ein sehr hohes Übersetzungsverhältnis aufweist. Die letzte Verzahnung ist fest mit dem Getriebeausgang verbunden (System AID).

In Bild 3.3.21 sind zwei Greiferachsen skizziert. Auch hier erfolgt der Antrieb elektromotorisch, das Drehmoment muß aber aus Platzgründen über einen Zahnriemen eingeleitet werden (System VW).

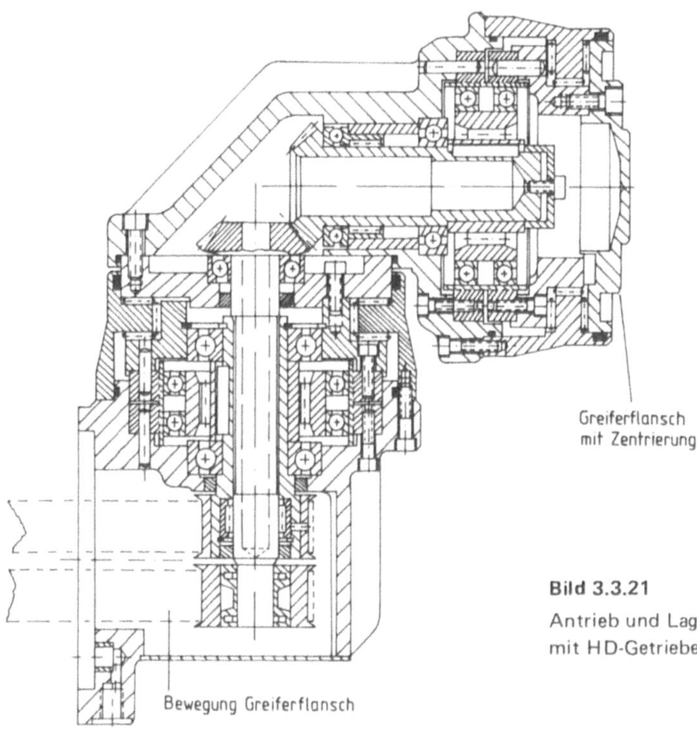

Bild 3.3.21
Antrieb und Lagerung von zwei Greiferachsen mit HD-Getriebe (System VW)

Während Bild 3.3.22 die Verwirklichung einer fünften Achse zeigt, stellt Bild 3.3.23 die Bewegungsmöglichkeiten von Achse 5 und Achse 6 (System Jungheinrich) dar. Die Umlenkung des Bewegungsflusses wird in beiden Fällen durch Kegelradstufen realisiert. Die Schmierung der Lagerstellen und der Getriebestufen erfolgt durch Fett.

Die Bilder 3.3.24 und 3.3.25 zeigen Antriebsgelenk und Handgetriebe für die sechste Achse an einem Industrieroboter mit Hydraulikantrieb. Hier sieht man vergleichweise den getriebetechnischen Aufwand, wenn große Übersetzungen mit reinen Stirnrad-Kegelradpaarungen realisiert werden (System Unimation).

Bild 3.3.26 zeigt links den Zusammenbau des Manipulatorarmes des Industrieroboters der Puma-Serie von Unimation. Deutlich erkennt man die Servoantriebe aus Bild 3.3.27, die

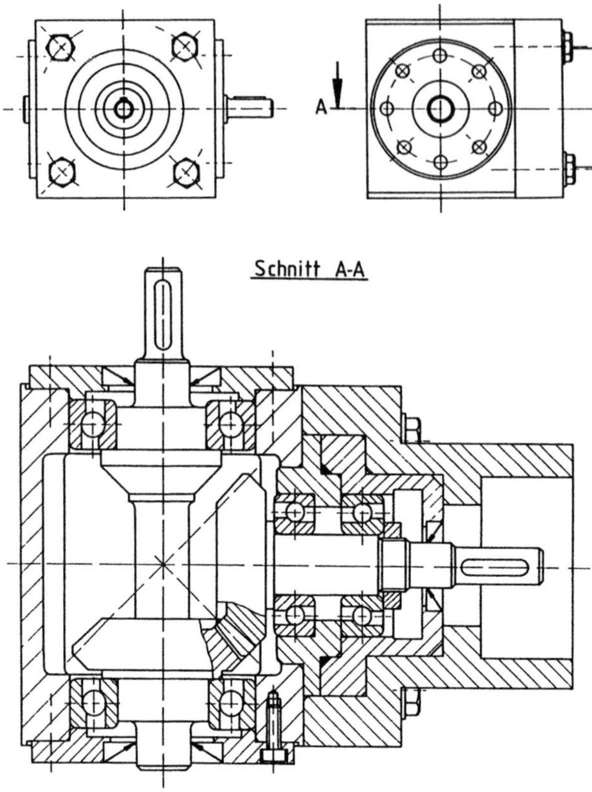

Bild 3.3.22

Greiferachse mit einem Freiheitsgrad (System Jungheinrich) [3/92]

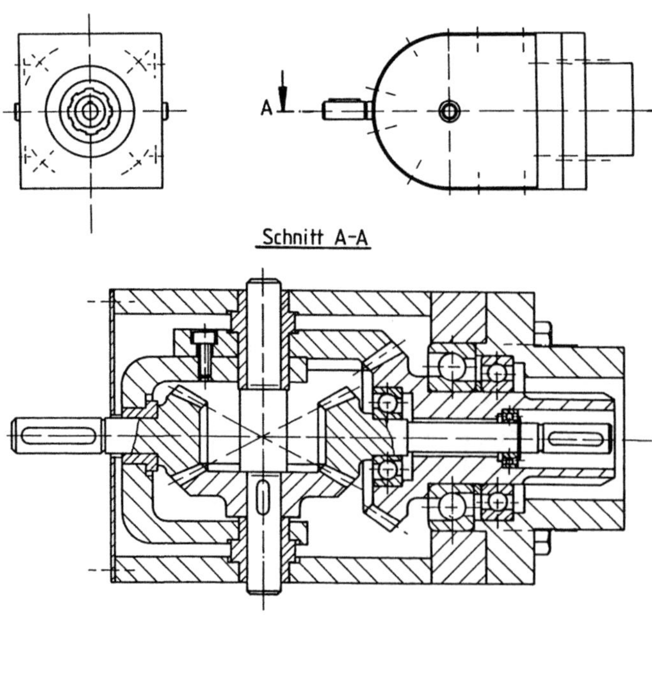

Bild 3.3.23

Greiferachse 5 und 6 (System Jungheinrich) [3/88]

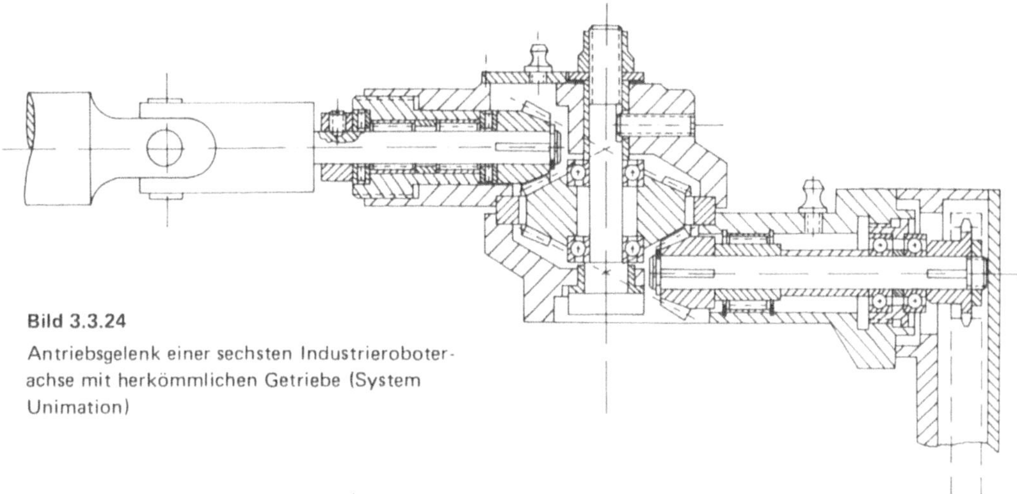

Bild 3.3.24

Antriebsgelenk einer sechsten Industrieroboterachse mit herkömmlichen Getriebe (System Unimation)

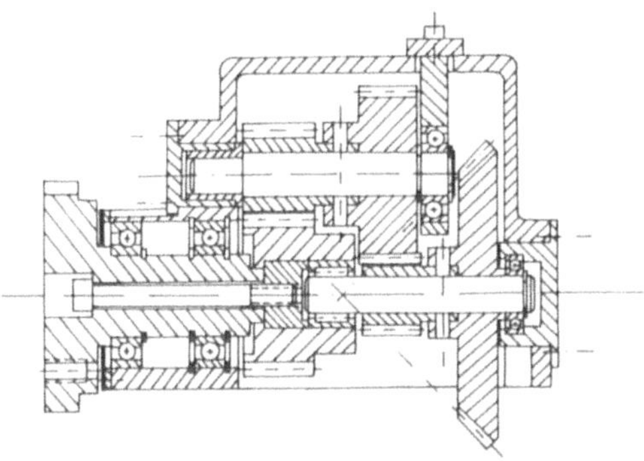

Bild 3.3.25

Handgetriebe einer sechsten Industrieroboterachse mit herkömmlichen Stirnrad-Kegelradstufen (System Unimation)

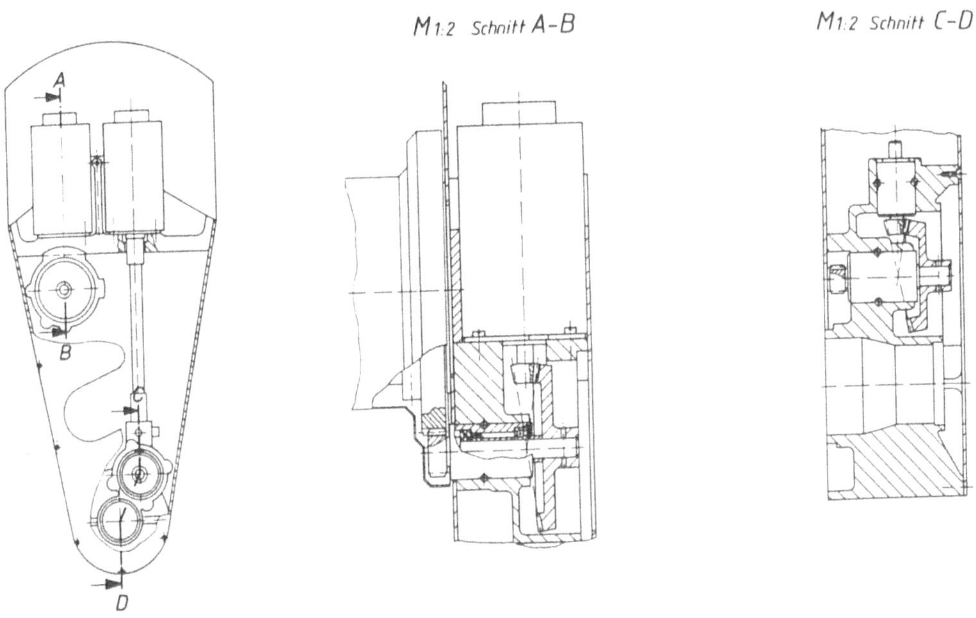

Bild 3.3.26 Manipulatorarm (System PUMA, Unimation) [3/92]

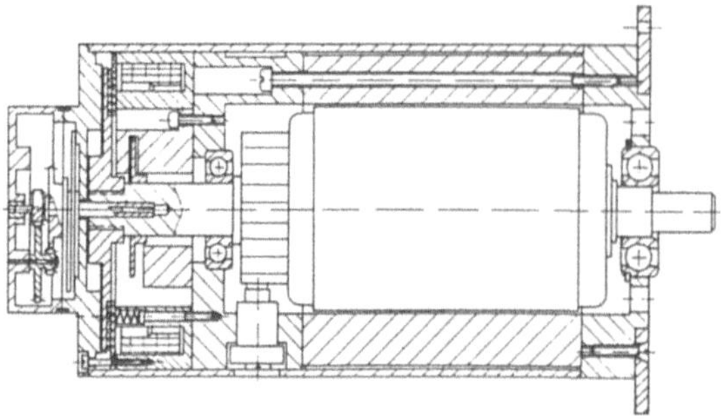

Bild 3.3.27
Gleichstrommotor [3/92]

den Antrieb der Achsen 2 und 3 realisieren. Der linke Servoantrieb treibt (Schnitt A-B) über ein Kegelradpaar ein geradverzahntes Stirnrad an, welches durch Eingriff in einen an der Säule (Achse 1) befindlichen Zahnkranz die Drehbewegung des Manipulatorarmes ermöglicht. Die 3. Achse wird ebenfalls über einen Servoantrieb gleicher Bauart durch eine Hauptwelle auf ein Kegelradgetriebe (Schnitt C-D) übertragen. Der ganze Oberarm ist aus Gewichtsgründen in Leichtbauweise ausgeführt, d.h. an einer dünnen Blechummantelung (Gehäuse) sind die wichtigsten Lager- und Antriebseinheiten durch Verschraubungen angebracht. Die Lagereinheiten sind in Form kompletter gekapselter Lagerpakete ausgeführt, die einen schnellen Austausch und eine kostengünstige Gestaltung der Lagerbohrungen gewähren; sie sind mit Klemmschrauben im Industrieroboter-Armgehäuse befestigt. Im Bild 3.3.27 sieht man einen Gleichstrommotor (System Unimation) mit integrierter Bremse. Diese elektromagnetische Einscheibenbremse dient zur Arretierung des Gelenkes bei Stromausfall. Im Antrieb gleichfalls integriert ist die Weg- und Geschwindigkeitsmessung. Direkt gekoppelt und in einem Gehäuse untergebracht sind die Weg- und Geschwindigkeitsmeßsysteme; beide sind als optische Winkelschrittgeber (Resolver) ausgeführt. Durch den gemeinsamen Einbau im eigentlichen Motorgehäuse und der Befestigung auf der Kollektorenwelle werden im Gegensatz zu getrennt arbeitenden Meßsystemen die dort auftretenden Nachteile (Leistungsverluste, Nachstellzwang, Resonanzerscheinungen) verringert bzw. beseitigt. Bild 3.3.28 zeigt die Achsen 4 und 5 des elektrisch betriebenen Industrieroboters Puma von Unimation.

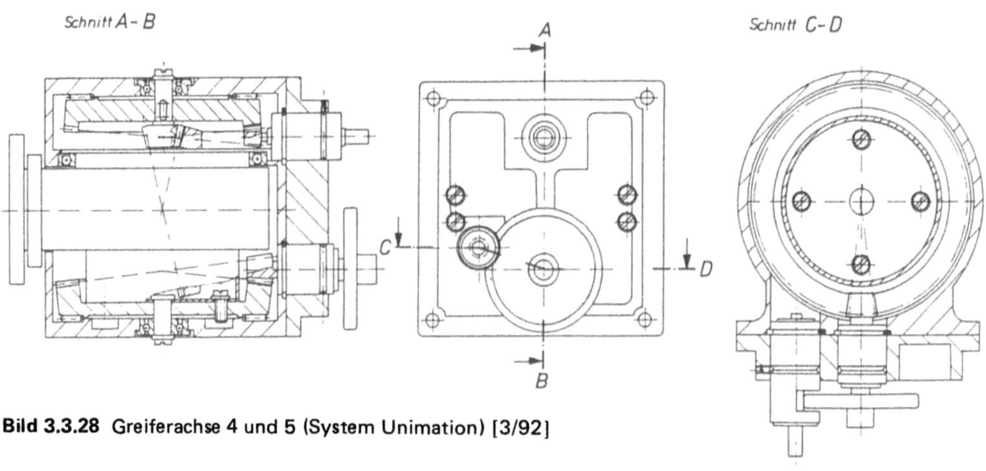

Bild 3.3.28 Greiferachse 4 und 5 (System Unimation) [3/92]

Konstruktiv ist das Handgelenk fest mit dem Unterarm (Achse 3) verbunden. Es stellt ein in sich geschlossenes Getriebe dar. Das Handgelenk besitzt zwei Eingangswellen und eine Ausgangswelle sowie außerdem einen Antrieb für das Wegmeß-System, der über Reibschluß erfolgt (Schnitt C-D). Im Schnitt A-B sieht man, daß die untere Eingangswelle die Achse darstellt, die um 200° dreht, während die obere Eingangswelle die 5. Achse über eine zweifache Kegelradübersetzungsstufe um 532° bewegt. Die Lagerstellen sind aus geschlossenen Lagerpaketen realisiert, so daß sie nach Bedarf schnell und einfach gewechselt werden können.

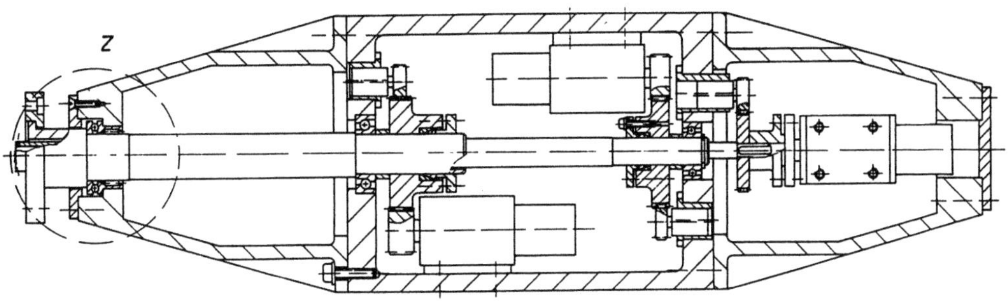

Einzelheit Z
M 1.2

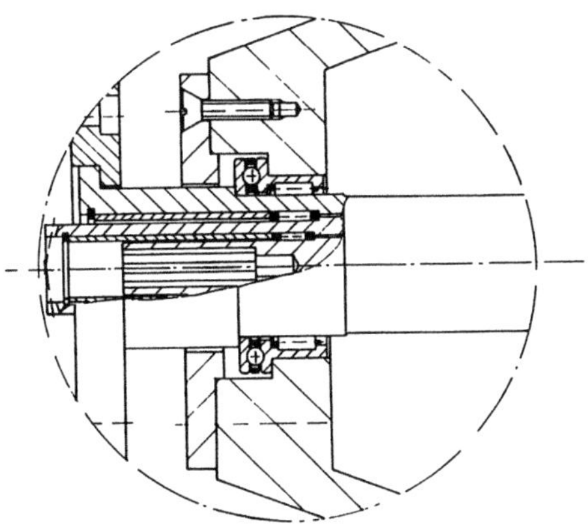

Bild 3.3.29

Manipulatorarm mit den Antriebseinheiten für die Freiheitsgrade 4, 5 und 6 (System Jungheinrich) [3/92]

Bild 3.3.29 stellt den aus drei Gehäuseteilen zusammengesetzen Manipulatorarm des Industrieroboters R 105/106 von Jungheinrich dar. Zu erkennen sind die drei Antriebseinheiten (elektrisch) für die Achsen 4, 5 und 6. Man sieht, daß die einzelnen Leistungsübertragungen durch Hohlwellen realisiert werden (Einzelheit Z). Die Tachogeneratoren werden in Exzenterbüchsen eingepreßt, um im Bedarfsfalle das entstandene Spiel nachstellen zu können.

Die Darstellung in Bild 3.3.30 zeigt einen integrierten Gelenkantrieb. Motor und Getriebe befinden sich als Einheit zusammen im Gelenk. Die Besonderheiten im vorliegenden Fall liegt in dem Getriebe, das als Planetentrieb ausgebildet ist. Je nach der Güte und den Übersetzungsverhältnissen am Planetentrieb ist zur Arretierung des Gelenkes bei Stromausfall eine elektromagnetische Bremse erforderlich.

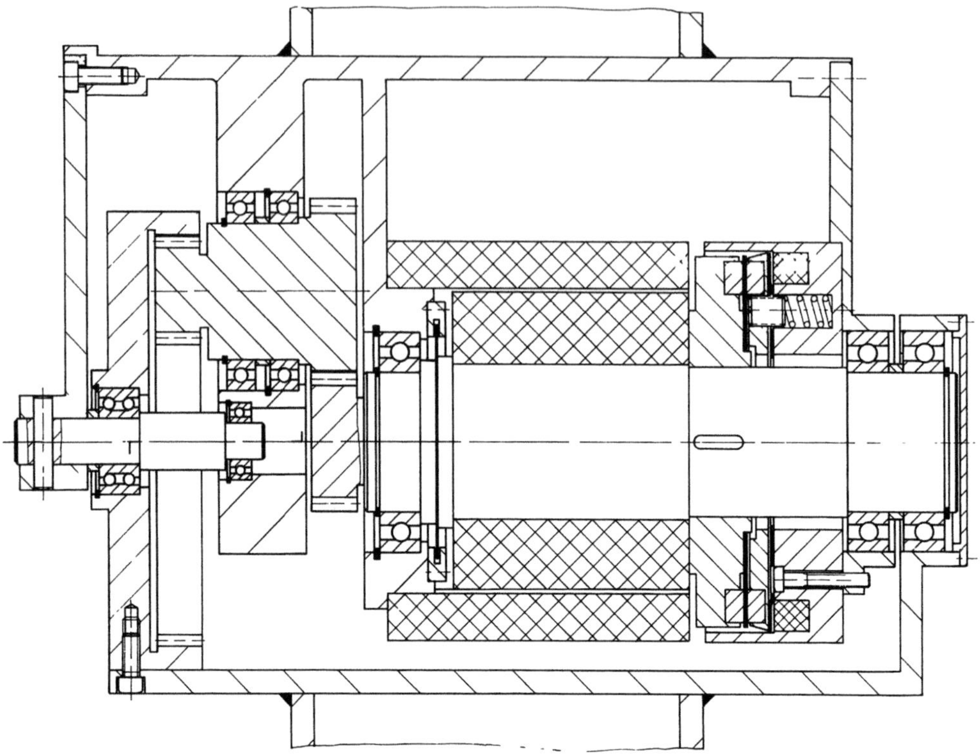

Bild 3.3.30 Integrierter Gelenkantrieb: Planetentrieb mit zusammenhängendem Elektromotor und Bremskupplung

Durch den Planetentrieb erhält man eine Anzahl von Vorteilen, die in

- einer symmetrischen Lastverteilung,
- Verringerung der Schwingungsneigung,
- einem einfachen Verspannen der verschiedenen Getriebeteile und damit einer Verminderung des Getriebespieles,
- geringer Baugröße der Antriebseinheit und
- bei starkem Wirkungsgradverlust am Planetentrieb einem Wegfall der Kupplung

liegt.

Der schematische Antrieb in Bild 3.3.30 hat noch den Nachteil einer geringen Gesamtübersetzung ($i \sim 20$). Dagegen zeigt Bild 3.3.31 die skizzenhafte Darstellung eines zweistufigen Planetentriebes, der durch drei symmetrisch angeordnete Doppelplaneten sowie zwei innenverzahnte Sonnen gekennzeichnet ist. Damit ergibt sich eine Gesamtübersetzung von $i \sim 50$. Obwohl der Getriebewirkungsgrad bei normaler Verzahnungsqualität etwa bei 0,7 liegt und damit eine gewisse Stelbsthemmung im Gelenk erreicht wird, ist es bei hohen Lastmomenten erforderlich, daß eine elektromagnetische Bremse für den Stromausfall eingebaut ist. Man sieht, daß Weg- und Geschwindigkeitsmeß-Systeme auf der Motorwelle integriert sind. Im Falle der skizzierten Getriebe [3/79] handelt es sich beim Antriebsmotor um einen Asynchronmotor, dessen Stator und Rotor je eine Gelenkhälfte des Industrieroboter-Gelenkes bilden und der durch den fehlenden Kommutator eine hohe Wartungsfreiheit und eine

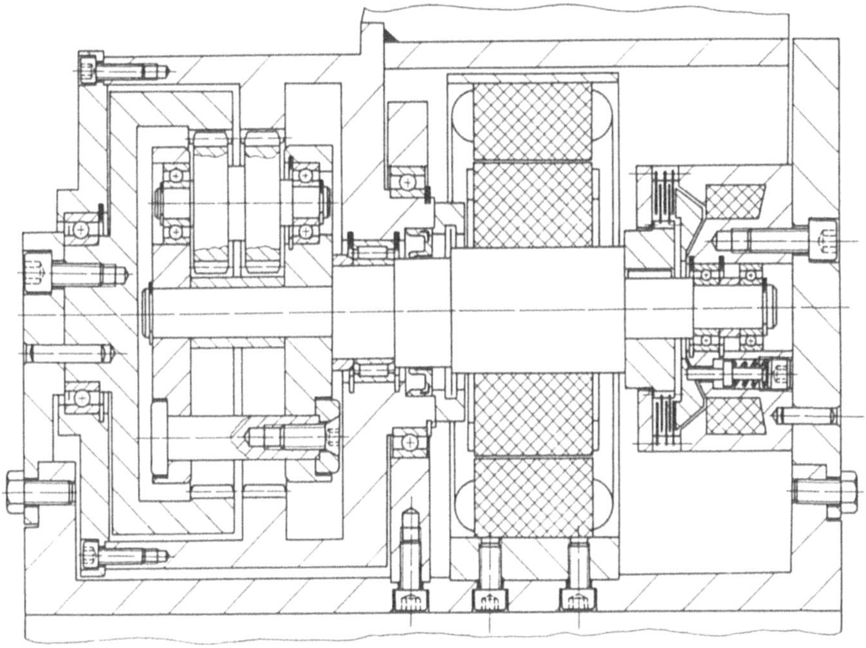

Bild 3.3.31 Integrierter Gelenkantrieb mit zweistufigem Planetentrieb

kleine Baugröße besitzt. In Bild 3.3.32 sieht man zwei Industrieroboter-Achsen in dieser Weise ausgebildet. Es handelt sich um die fünfte und sechste Achse des Industrieroboters Manutec r3. Am Ende der jeweiligen Rotorwellen sitzen die Weg-Geschwindigkeitsmeß-Systeme. Während die fünfte Achse über eine elektromagnetische Bremse verfügt, benötigt die sechste Achse keine mehr, weil der Getriebewirkungsgrad gegenüber dem Lastmoment groß ist. Die Gelenke sind vollständig gekapselt, abgedichtet und die Verzahnungen und Lagerungen sind mit einem Spezialfett geschmiert.

Bild 3.3.33 zeigt die schematische Darstellung eines Parallelogrammgestänges für die Kraftübertragung vom Motorpaket zum Handgelenk (Greifer). Da das Handgelenk möglichst klein sein muß (Bild 3.3.34), um eine gute Zugänglichkeit zum Werkstück zu ermöglichen, muß der Antrieb sehr weit vom Handgelenk entfernt plaziert werden. Hierbei hat sich die Kraftübertragung durch Schub- und Zugstangen (Parallelogrammgestänge) bewährt, da die Kraftübertragung reibungsarm und verspannungsfrei ausgeführt wird. Dadurch ist eine hohe Langzeitgenauigkeit und eine verschleißarme Mechanik gegeben (System ASEA).

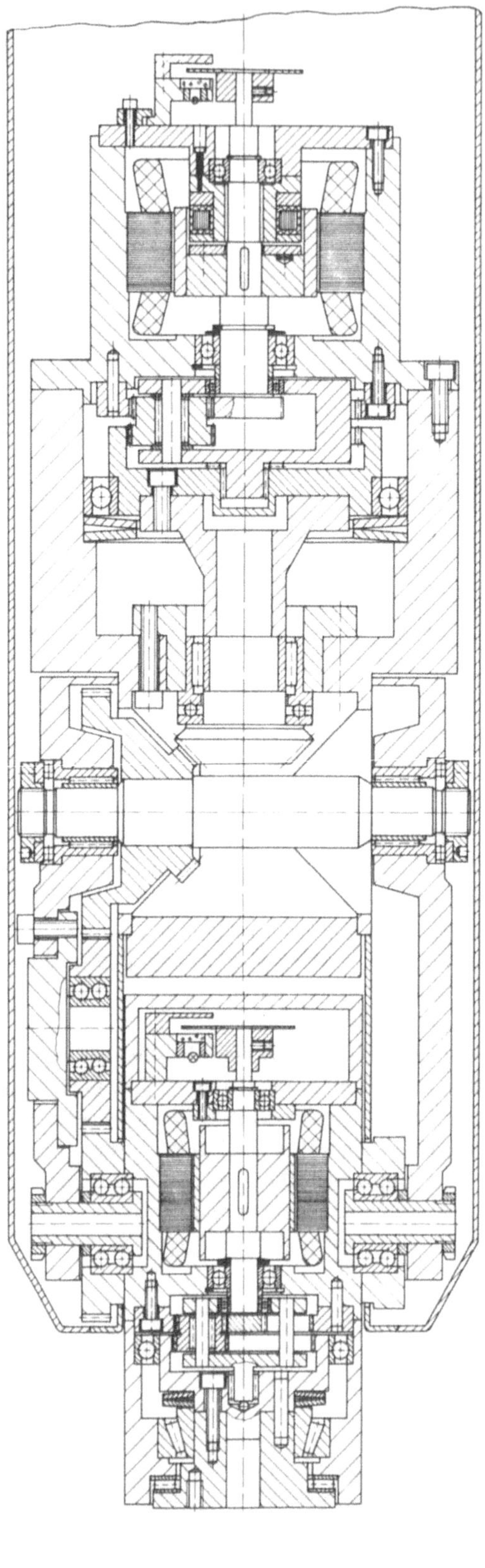

Bild 3.3.32 Greiferachse 5 und 6 (System Manutec)

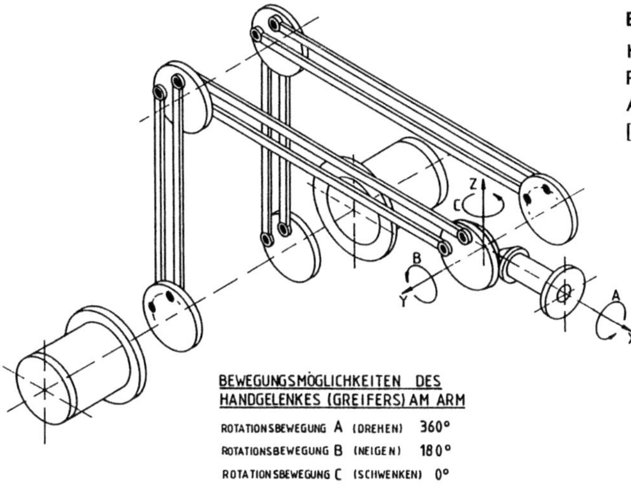

Bild 3.3.33
Kraftübertragung mithilfe eines Parallelogrammgestänges von den Antriebseinheiten aus (System ASEA) [3/88].

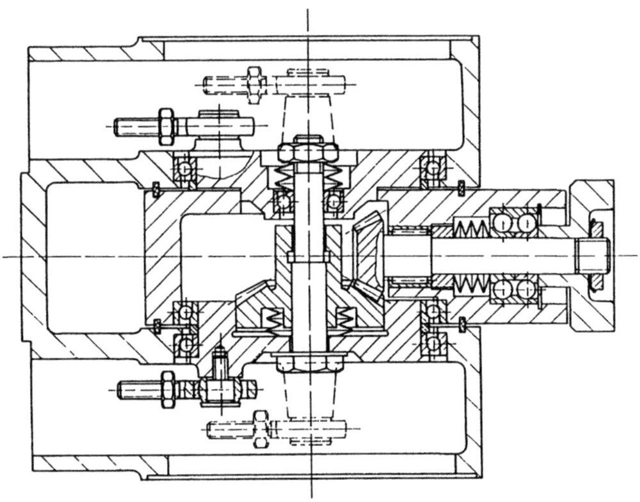

Bild 3.3.34
Schnitt durch ein Greifergelenk mit den Achsen 4 und 5 bei der Übertragung der Kräfte und Momente durch ein Parallelogrammgestänge [3/88].

3.4 Steuerungsarten

Bild 3.4.1 zeigt Anwendungsbeispiele aus der Praxis, die dazugehörigen Steuerungsart sowie die möglichen Programmspeicher.

3.4.1 Folgesteuerung

Für einfache Fälle von Werkzeugmaschinenbeschickung und Umsetzen von Werkstücken genügt eine *Folgesteuerung*. Die Arbeitsweise wurde bereits in Bild 3.2.2 kurz erläutert. Dadurch, daß nur eine beschränkte Anzahl von Programmschritten, zu denen als Lagesollwert die Anschläge oder Potentiometer je Achse eingestellt werden müssen, ausgeführt werden, ist die Programmierung nicht zeitraubend.

Steuerungsart	Anwendungsbeispiel	möglicher Programmspeicher
Folgesteuerung	Beschicken von Werkzeugmaschinen Umsetzen von Teilen	Steckerfeld Nockentrommel
PTP-Steuerung	Beschicken von Werkzeugmaschinen mit komplizierter Programmierung Palettieren Be- und Entladen von Fördereinrichtungen Punktschweißen	Kernspeicher Halbleiterspeicher Potentiometer Magnettrommelspeicher
MP-Steuerung	Spritzlackieren Beschichten Ausschäumen	Magnetband Magnetplatte Mikroprozessor Minicomputer
CP-Steuerung	Lichtbogenschweißen Bearbeiten (Entgraten) Montieren	Kernspeicher Plattenspeicher Mikroprozessor Minicomputer

Bild 3.4.1 **Anwendungsbeispiele verschiedener Steuerungsarten von Industrierobotern.**

Die Industrieroboter sind meist nach Ausführung 1 oder 2 aus Bild 3.1.2 mit einem quader- oder zylinderförmigen Arbeitsraum ausgestattet. Die Mehrzahl der Geräte kann sich aus einem Modularprogramm die gewünschten Bewegungsmöglichkeiten ebenso wie den Steuerungskomfort zusammenstellen.

3.4.2 PTP-Steuerung

PTP-Steuerung bedeutet *point to point,* d. h. die Steuerung fährt von einem definierten Anfangspunkt zu einem definierten Endpunkt. Dabei werden die einzelnen Achsen einzeln verfahren. Diese Steuerungsart wird auch noch heute am meisten eingesetzt. Entsprechend Bild 3.4.2 ist dabei nach einer Untersuchung aus dem Jahre 1973 die Art des Antriebes fast je zur Hälfte pneumatisch und hydraulisch und nur 4 % aller PTP-Steuerungen haben elektrische Antriebe. Eine Untersuchung der im Anhang 9 dokumentierten Handhabungseinrichtungen aus dem Jahre 1980 wird in Bild 3.4.3 dargestellt. Dabei unterstützen sie die Trendbetrachtungen der vorangegangenen Kapitel hinsichtlich der Entwicklung hin zu rein elektrischen Antrieben. Es zeigt sich hier noch einmal, daß die elektrischen Antriebe mit 43 %, also dem 10fachen gegenüber 1973, bei 24 % pneumatischer und 28 % hydraulischer Antriebe stark zugenommen haben. Gleichzeitig kann man eine verstärkte CP-Kapazität beobachten. Der Trend zum elektrischen Antrieb bei PTP-Steuerung hat auch noch im Jahre 1985 angehalten. Untersucht wurden wieder, als Grundlage, die im Anhang aufgeführten Geräte (Bild 3.4.4).

PTP-Steuerungen werden (Bild 3.4.1) bei komplexeren Programmen an Werkzeugmaschinen, beim Palettieren von Teilen oder beim Punktschweißen eingesetzt. Ihr Einsatz erfolgt also überall dort, wo mehrere definierte Punkte im Raum mit einer vorgegebenen Position angefahren werden sollen. Dabei kann es zu Kollisionen des Manipulatorarmes mit Gegenständen

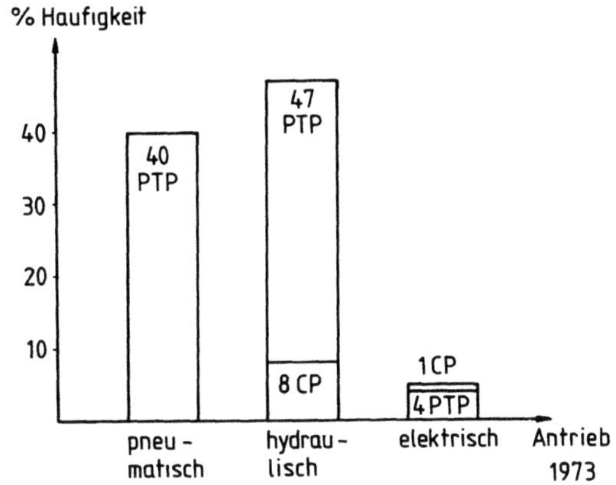

Bild 3.4.2
Die Häufigkeit verschiedener Antriebsarten bei Industrierobotern im Jahre 1973 [6/9]

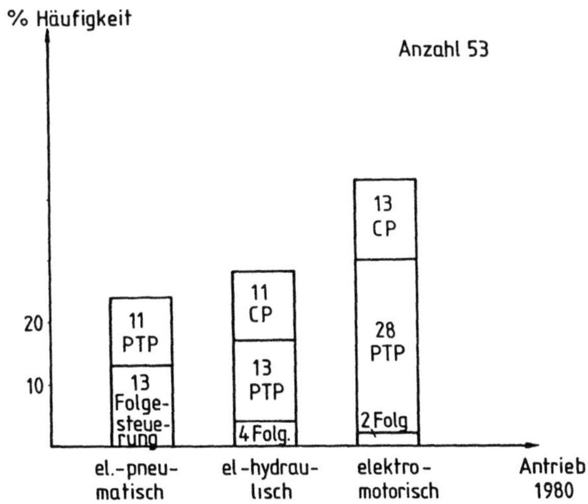

Bild 3.4.3 Die Häufigkeit verschiedener Antriebsarten bei Industrierobotern im Jahre 1980

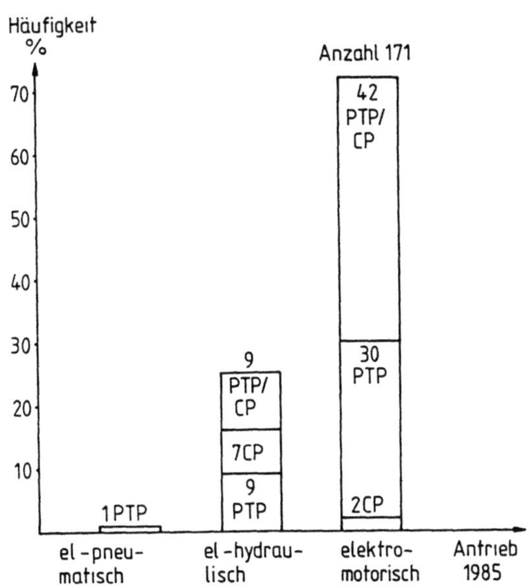

Bild 3.4.4
Die Häufigkeit verschiedener Antriebsarten bei Industrierobotern im Jahre 1985 im Verhältnis zu ihrer Steuerung

kommen, die eigentlich umfahren werden sollten. Denn durch Belastungs- oder Geschwindigkeitsänderungen können sich neue, nicht bestimmte Bahnverläufe ergeben.
Als passende Arbeitsräume kommen alle Typen von 1 bis 3 (Bild 3.1.2) in Frage. Das hängt sicherlich damit zusammen, daß die PTP-Steuerung sehr vielseitigen Einsatz findet.
Bei der PTP-Steuerung werden alle Roboterachsen von Anfang der Bewegung an mit der angegebenen Geschwindigkeit bewegt, bis die entsprechende Winkelstellung in den einzelnen Achsen erreicht ist. Dabei fangen die Achsbewegungen gleichzeitig an, es kommt aber, wegen der unterschiedlichen Winkel, die bewegt werden müssen, zu unterschiedlichen Zeiten, in denen die Bewegung ausgeführt wird. Zwischen den einzelnen Achsen besteht kein Funktionszusammenhang, weshalb die resultierende Bewegung des Greifers undefiniert ist. Dagegen besteht bei der CP-Steuerung ein Funktionszusammenhang zwischen den einzelnen Achsen. Eine CP-Steuerung kann deshalb unter Umständen langsamer reagieren, als eine PTP-Steuerung, denn die schneller fertiggewordenen Achsen müssen sich mit ihrer Bewegung den langsameren anpassen. Es erfolgt eine Achsinterpolation, die eine lineare Interpolation in kartesischen Koordinaten darstellt. Das heißt, die Steuerung berechnet die Bewegung des Greiferpunktes als eine Gerade zwischen Anfangs- und Endpunkt der Bewegung oder approximiert die Bahn mit einer Vielzahl von Geradenstücken entsprechend der Rechen- oder Verfahrgeschwindigkeit des Gerätes.

3.4.3 MP-Steuerung

Multi point Steuerungen sind PTP-ähnliche Steuerungen, die über große Speicherkapazität verfügen. Diese Steuerungsart findet auch beim Spritzlackieren, Beschichten und Ausschäumen Anwendung.

3.4.4 CP-Steuerung

Wenn genau definierte Bahnen gefahren werden müssen, und es auf die exakte Einhaltung des vorgeschriebenen Bewegungsablaufes ankommt, verwendet man *continuous path-Steuerungen*. Sie finden Einsatz beim Bearbeiten von Teilen (Polieren, Entgraten, Schleifen), Lichtbogenschweißen oder Montieren (Bild 3.4.5). Oft erfordern diese Aufgabenstellungen

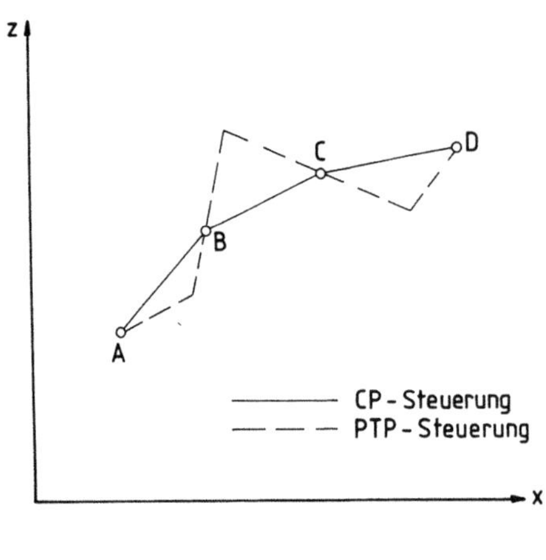

Bild 3.4.5
Bewegungsverlauf bei PTP- und bei CP-Steuerung

zusätzlich Randbedingungen an bestimmten Raumpunkten z. B. eine definierte Brennerstellung (an Ecken), Geschwindigkeitsänderungen, konstante Geschwindigkeit oder konstante Beschleunigung einer oder mehrerer Manipulatorachsen, so daß CP-Steuerungen mit hohen, sofort verfügbaren Speicherplätzen ausgerüstet sein müssen. Programmänderungen können nicht mehr (oder nur unter bestimmten Bedingungen) satzweise durchgeführt werden, vielmehr muß bei Änderung das gesamte Programm nochmals gefahren werden.
Das Befahren einer bestimmten Bahn ist nur möglich, wenn die Servoantriebe mehrerer oder aller Manipulatorachsen zusammen (simultan) angesteuert und koordiniert werden können. Dieser Funktionszusammenhang der Achsen wird durch einen Interpolator innerhalb der Steuerung aufbereitet. Man unterscheidet Linear- und Zirkularinterpolatoren. Dabei werden die Entfernungen zwischen zwei einprogrammierten Punkten jeweils durch Geraden oder Kreisbögen angenähert. Je größer die Speicherkapazität der Industrierobotersteuerung ist, desto besser wird die entsprechende Bahn durch Geraden oder Kreisbögen approximiert werden können. Diesem Verfahren sind durch die Verarbeitungsgeschwindigkeit der Signale innerhalb der elektrischen Steuerung Grenzen gesetzt (siehe Abschnitt 5.2).
Mit CP-Steuerung ausgerüstete Industrieroboter können für reine PTP-Aufgaben mit kleineren Taktzeiten eingesetzt werden, wenn man die Empfindlichkeit der Abgleichskomparatoren vermindert, so daß es an bestimmten Programmpunkten zu einem Überschleifen der Ecken kommt.
Industrieroboter mit CP-Steuerungen haben meist sphärisch oder torusförmige Arbeitsräume vom Typ 3 oder 4 (Bild 3.1.2).

3.4.5 CNC

Meist handelt es sich dabei um Industrieroboter mit einer CP-Steuerung, die über einen zusätzlichen internen Mikroprozessor, Mikrocomputer oder Minicomputer verfügen, also Geräte mit einem internen Computer (computer numerical control). Für unterschiedliche Aufgaben sind z. B. folgende Mikroprozessoren oder Mikrocomputer gebräuchlich (siehe Anhang 9).

INTEL 8080 mit 4kB (System Uni Surrey) zur Programmierung mit einer Programmsprache,
SEPA ULP-12 mit 16 bit (System SEPA Control) für definierte Bahnsteuerung,
PDP-8E mit 16 kB (System Hoogovens) zum Verfolgen und Kontrollieren kaltgewalzter Bänder,
LSI-11 mit 4kB (System BBC) zur 2-d Erkennung.

Man könnte vielleicht grundsätzlich unterscheiden:

- Geräte mit einem Mikroprozessor statt Kernspeicher.
  Dazu gehören z. B.:
  Heute der Großteil aller Industrieroboter.
  Die hohe Speicherkapazität wird dazu benutzt:
  - mehrere Programme direkt im Speicher zu archivieren,
  - den Industrieroboter mittels einer Programmiersprache direkt zu programmieren (Kapital 5),
  - den Industrieroboter mit speicherbaren Unterprogrammen zu versehen (Überführung von kartesischen in Zylinderkoordinaten, Nullpunktprogrammierung usw.),

- Geräte mit einem zusätzlichen Mikrocomputer zu ihrem Kernspeicher.
  Die zusätzliche Speicherkapazität wird hier benötigt, um:
  - Sensoreinrichtungen zu steuern,
  - Koordinatentransformationen auszuführen,
  - Manipulatorarme an Förderbandgeschwindigkeiten anzupassen.
  - CIM (computer integrated manufacturing) bedeutet den Zusammenschluß aller rechnerunterstützten Aktivitäten in Angebot, Konstruktion, Arbeitsvorbereitung, Fertigung und Montage, so daß der einmal erstellte Teiledatensatz immer wieder verwendet werden kann.

3.4.6 DNC

Bei Koppelung von Handhabungseinrichtungen mit NC-Werkzeugmaschinen an einen Prozeßrechner entsteht eine flexible Fertigungszelle. Das ist eine elektronisch gesteuerte Transferstraße für Kleinserien, die leicht umrüstbar sind (Bild 3.4.6).
Diese Zusammenstellung von Prozeßrechner mit mehreren angeschlossenen Maschinen wird mit DNC (direct numerical control) bezeichnet. Bei dieser DNC-Schaltung des Industrieroboters ist es prinzipiell durchaus möglich, daß die Steuerung einen PTP- oder CP-Charakter hat.

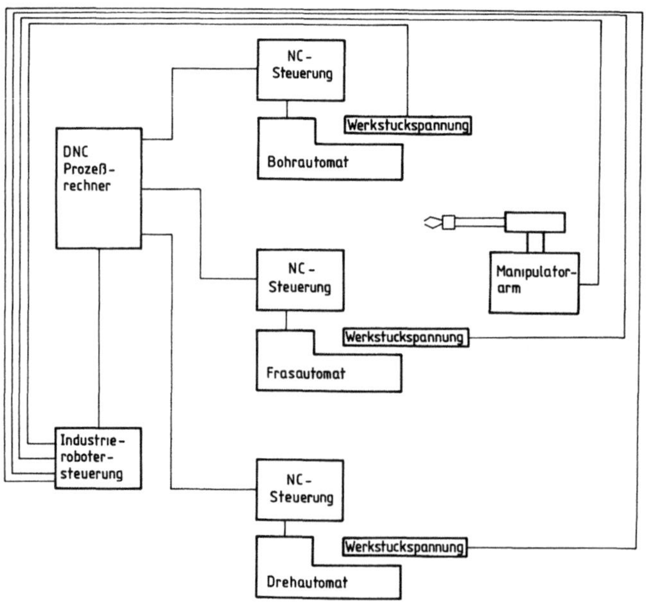

Bild 3.4.6
DNC-Steuerung mehrerer NC-Werkzeugmaschinen in Verbindung mit einem Industrieroboter

3.4.7 CIM

Unter Computer Integrated Manufacturing, kurz CIM, versteht man die Zusammenfassung aller rechnergestützten Aktivitäten eines Unternehmens mit dem Ziel, einmal erstellte Daten aus den Dateien der Rechner sofort abberufen zu können und sie nicht erst wieder erzeugen oder errechnen zu müssen. Die Voraussetzung für die Einbeziehung des Industrieroboters in das CIM-Konzept ist, daß das Gerät über einen leistungsfähigen Mikrocomputer verfügt und über eine Programmiersprache off-line programmierbar ist. Wird so ein Gerät dann zum Entgraten oder zum Montieren eingesetzt, dann vereinfacht sich die Programmierung dadurch, daß der Teiledatensatz bereits über den CIM-Verbund abgerufen werden kann. Dieser Teiledatensatz wurde in der Konstruktion über CAD (computer aided design) erstellt und abgespeichert. Montierte oder entgratete Werkstücke werden über den CIM-Verbund an das PPS-System (Produktionsplanung und -steuerung) fertiggemeldet. Das CIM-Konzept garantiert in der Klein- und Mittelserie

- kurze Durchlaufzeiten,
- hohe Termintreue,
- gute Kapazitätsauslastung und
- niedrige Bestände

in Fertigung, Montage und Lager.

3.5 Leistungsdaten

Als Leistungsdaten eines Industrieroboters sind hier nachfolgend im wesentlichen:

- Freiheitsgrade
- Arbeitsbereich,
- Positioniergenauigkeit,
- Tragfähigkeit,
- Geschwindigkeit des Manipulatorarmes und
- Ausnutzungsgrad aufgeführt.

Gerade diese Daten werden bei einer Wirtschaftlichkeitsbetrachtung herangezogen und bestimmen die Amortisation eines Industrieroboters.

3.5.1 Freiheitsgrade

Die VDI-Richtlinie 2861 Blatt 1 (Entwurf) definiert den *Freiheitsgrad* zum Unterschied von einer Achse als die Anzahl der möglichen unabhängigen Bewegungen (Translationen, Rotationen) eines starren Körpers gegenüber seinem Bezugssystem. Demnach hat ein im Raum frei beweglicher starrer Körper maximal den Freiheitsgrad $f = 6$, der sich aus drei translatorischen und drei rotatorischen Bewegungsmöglichkeiten zusammensetzt. Dagegen sind *Achsen* geführte, unabhängig voneinander angetriebene Glieder. Entsprechend der Führung unterscheidet man rotatorische und translatorische Achsen. Bei Handhabungsgeräten dienen sie zur Erzeugung definierter Bewegungen zum Positionieren und Orientieren von Objekten. Dabei werden Hilfseinrichtungen zum Spannen und Schweißen nicht zu den Achsen gezählt. Man unterscheidet Haupt- und Nebenachsen. Hauptachsen tragen wesentlich zur Bildung des Arbeitsraumes eines Handhabungsgerätes bei. Nebenachsen sind solche Achsen, die im Verhältnis zu den Hauptachsen nur kleine Positionsänderungen des zu handhabenden Objektes ermöglichen.
Bewegungen im Raum werden mathematisch am natürlichsten durch kartesische Koordinaten beschrieben. Am einfachsten ist dabei die dreifache Translationsbewegung im Raum. Sie erzeugt einen Quader.

Wenn Drehbewegungen zur Translation hinzukommen oder ausschließlich Drehungen erfolgen, ist eine Beschreibung durch Zylinder-, Polar- oder Winkelkoordinaten, bei einfacher, zweifacher oder dreifacher Drehbewegung günstiger.
Die Rückführung dieser Beschreibung in kartesische Koordinaten ist in Bild 3.5.1 durchgeführt. Hier kommt man schließlich zu komplizierten Ausdrücken.

Koordinaten-system	Achsen	Anzahl der Translationen/Rotationen	Beschreibung in kartesischen Koordinaten	
kartesische Koordinaten	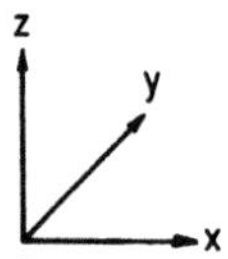	3/0	(x, y, z) rechtsdrehend	
Zylinder-koordinaten	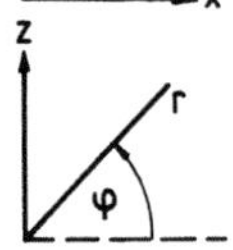	2/1	(r, φ, z) $x = r \cdot \cos\varphi$ $y = r \cdot \sin\varphi$ $z = z$	$r = \sqrt{x^2 + y^2}$
Polar-koordinaten	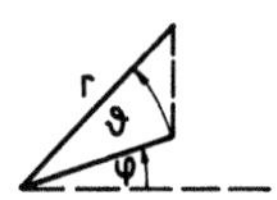	1/2	(r, φ, ϑ) $x = r \cdot \sin\vartheta \cdot \cos\varphi$ $y = r \cdot \sin\vartheta \cdot \sin\varphi$ $z = r \cdot \cos\vartheta$	$r = \sqrt{x^2 + y^2 + z^2}$
Winkel-koordinaten	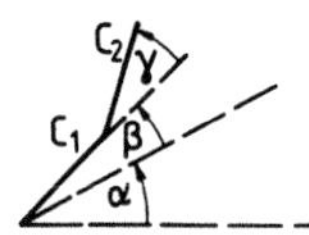	0/3	(α, β, γ) $x = [C_1 \cdot \cos\beta + C_2 \cdot \cos(\beta + \gamma)] \cos\alpha$ $y = [C_1 \cdot \cos\beta + C_2 \cdot \cos(\beta + \gamma)] \sin\alpha$ $z = C_1 \cdot \sin\beta + C_2 \cdot \sin(\beta + \gamma)$	

Bild 3.5.1 Beschreibung von kartesischen-, Zylinder-, Polar- und Winkelkoordinaten

In Bild 3.5.2 sieht man, wie durch einfache Translation und Rotation Linien entstehen. Bei doppelten Bewegungen werden Flächen erzeugt. Drei Freiheitsgrade, also z. B. dreifache Translation, Rotation oder die dreifache Kombination davon sind zur Entstehung von Körpern im Raum notwendig. Der Einfachheit halber sind diese Körper in ein *kartesisches Koordinatensystem* gelegt. Die Bezeichnung der Raumachsen erfolgt in Anlehnung an den EIA Standard-RS 267-A. (Bild 3.4) nach VDI-2864 (Entwurf). Danach werden die translatorischen Bewegungen mit X, Y, Z bezeichnet. Die rotatischen Bewegungen um diese translatorischen Achsen sind mit A, B, C benannt.

Rotation um Achse	Bezeichnung	Vorgang
X	A	rollen
Y	B	nicken
Z	C	gieren

Diesem gerätefesten Koordinatensystem X, Y, Z, A, B, C kann ein raumfestes Koordinatensystem X_R, Y_R, Z_R, A_R, B_R, C_R überlagert werden, das z. B. einen Werkstückstandort beschreibt. Seine Bedeutung liegt im Einsatz von Sensoreinrichtungen, bei denen beide Systeme überlagert werden.

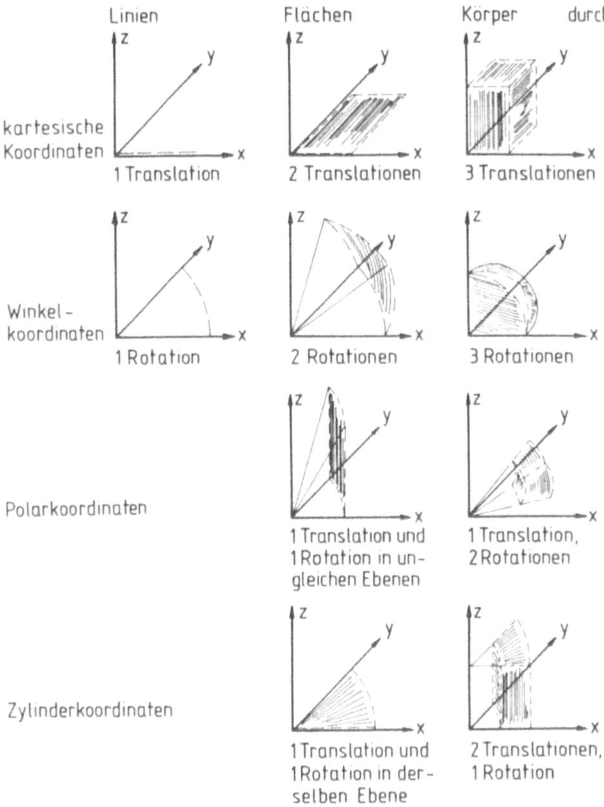

Bild 3.5.2 Entstehung von Linien, Flächen und Körpern durch einfache und mehrfache Bewegungen [1/6]

3.5.2 Arbeitsraum

Nach VDI-2861 Blatt 2 (Entwurf) gliedert sich der Arbeitsraum in den Hauptarbeitsraum (erzeugt durch die drei Manipulatorarmachsen) und den Nebenarbeitsraum (erzeugt durch die drei Greiferachsen). Hinzu kommt nach Bild 9.2.1 der nicht nutzbare Raum, der zusammen mit dem Arbeitsraum sich zum sogenannten Bewegungsraum addiert. Bewegungsraum und Sicherheitsraum ergeben schließlich den Gefahrenraum. Als Arbeitsbereich definiert die VDI-Richtlinie dagegen denjenigen Bewegungsbereich einer Achse, um welchen Größtbetrag ein Element der Einrichtung in der jeweiligen Achse uneingeschränkt verfahren werden kann.

Bild 3.5.3 zeigt eine Studie, die die Häufigkeit bestimmter Bewegungen im Raum untersucht. Man sieht daran, daß 60% aller Bewegungen die definierte horizontale Verbindung zweier Punkte ist. Daher genügen im allgemeinen quader- und zylinderförmige Arbeitsräume den meisten Anforderungen (Bild 3.5.4).

Nach Bild 3.1.2 erfüllen die Bauarten 1.1 und 1.2 von Industrierobotertypen diese Forderung.

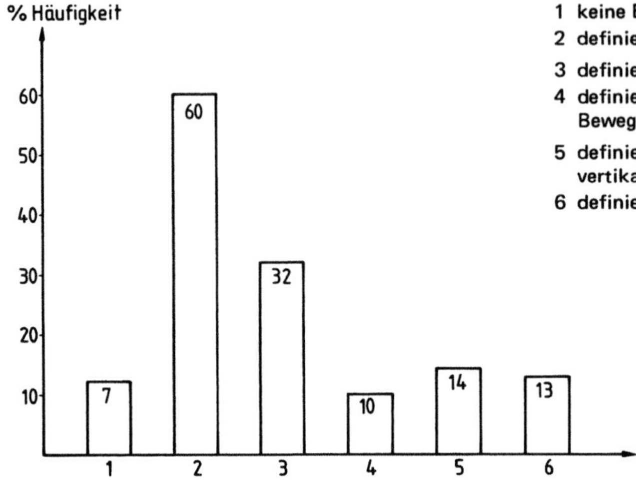

1 keine Einschränkung
2 definierte horizontale Bewegung
3 definierte vertikale Bewegung
4 definierte sonstige geradlinige Bewegung
5 definierte horizontale und vertikale Bewegungen
6 definierter räumlicher Linienzug

Bild 3.5.3 Häufigkeit bestimmter Einschränkungen in der Bewegungsbahn beim Weitergeben (100 % ≙ 915 Arbeitsplätze)

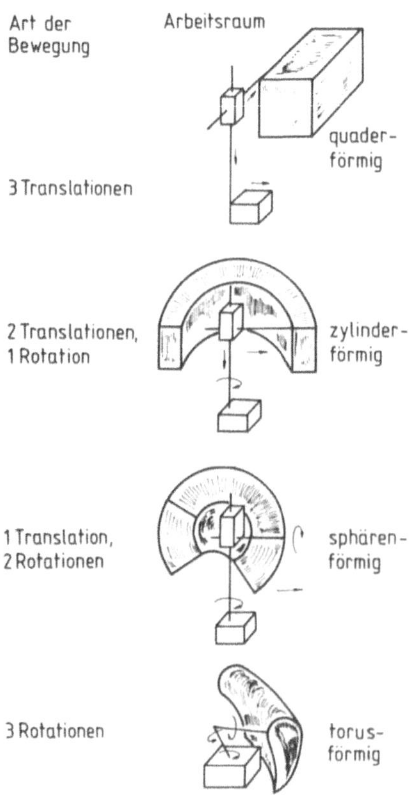

Bild 3.5.4 Formen von Arbeitsräumen bei Industrierobotern

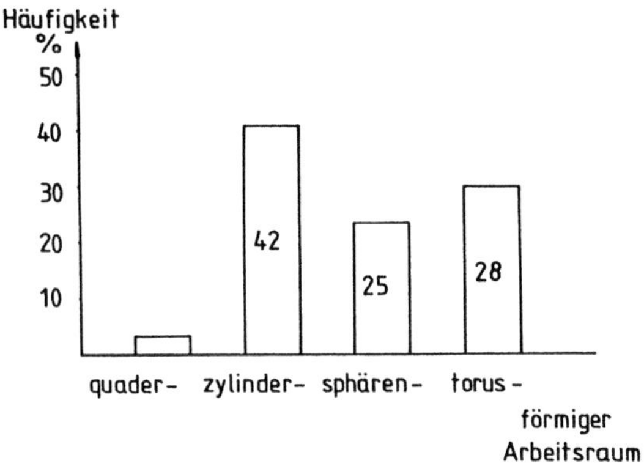

Bild 3.5.5
Die Häufigkeit bestimmter Industrieroboter-Arbeitsräume im Jahre 1980 (Anzahl 57)

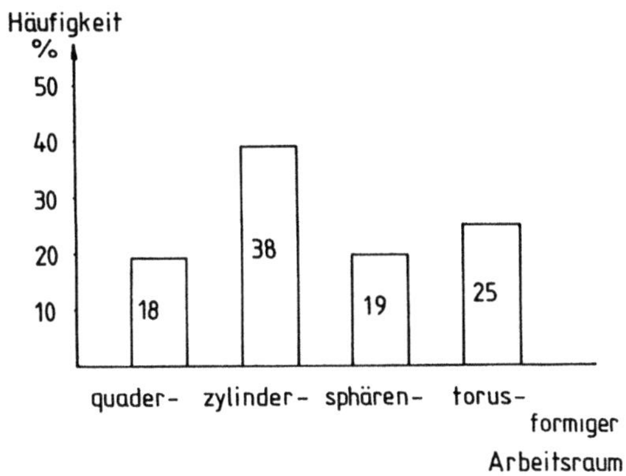

Bild 3.5.6
Die Häufigkeit bestimmter Industrieroboter-Arbeitsräume im Jahre 1985 (Anzahl 287)

In den Bildern 3.5.5 und 3.5.6 sind für die Jahre 1980 und 1985 die Anzahl der am Markt gängigen Roboter hinsichtlich ihrer Arbeitsraumform untersucht worden. Es zeigt sich, daß außer bei einem Anstieg der quaderförmigen Arbeitsräume die übrigen Arbeitsraumformen keine große Veränderung aufweisen. Der Anstieg im Bereich der quaderförmigen Arbeitsräume hängt mit der Vielseitigkeit der Anwendung von Portalgeräten in der Werkstückhandhabung vor allem in den Bereichen Werkzeugmaschinenbeschickung und Lagerkommissionierung zusammen. Diese Portaleinrichtungen sind steifer, aber auch ortsgebundener und mit hohen Investitionskosten verbunden [3/80].
Die Bilder 3.5.7 bis 3.5.9 geben die Größe des Arbeitsplatzes an.
Dabei zeigt sich, daß die Größe des Arbeitsplatzes eines Industrieroboters im Laufe der Jahre eine Wandlung erfährt. Während im Jahre 1980 die meisten Industrieroboter-Arbeitsplätze im Bereich zwischen 1 und 10 m^3 liegen, zeigen die Untersuchungen sowohl davor als auch danach, daß die Tendenz zu kleineren Arbeitsplätzen besteht. Die Gründe dafür können vielschichtig sein. Hier können sich zum Beispiel Tendenzen überlagern, daß zu Beginn der achtziger Jahre Elektroantriebe mit hohen Momenten zum Einsatz kamen, während Mitte der achtziger Jahre ein Trend zu Montagerobotern besteht, die kleinere Arbeitsplätze benötigen.
Es sollen noch einmal die verschiedenen Robotertypen in Bild 3.1.2 betrachtet werden. Hier gibt Bild 3.5.10 eine gute Übersicht über die Eigenschaften der Arbeitsräume (quader-, zylinder-, sphären- oder torusförmig), welche Geräte für schwere Handhabung und welche Geräte sich zur einfacheren Einlegearbeit (Baukastensysteme) eignen.

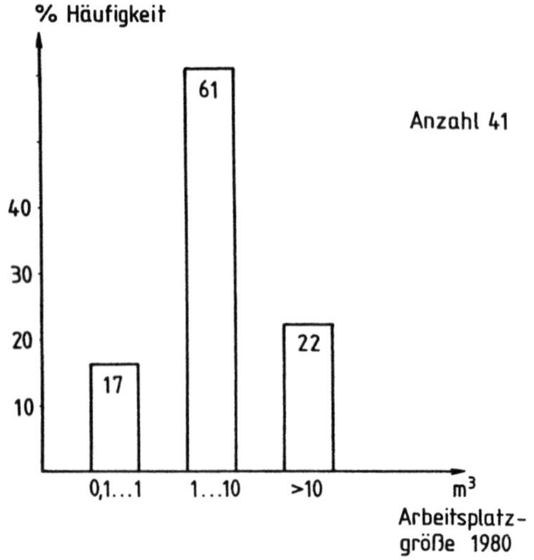

Bild 3.5.7
Größe des Arbeitsplatzes als Funktion der Häufigkeit aufgetragen im Jahre 1973 (100 % ≙ 60 Stück)

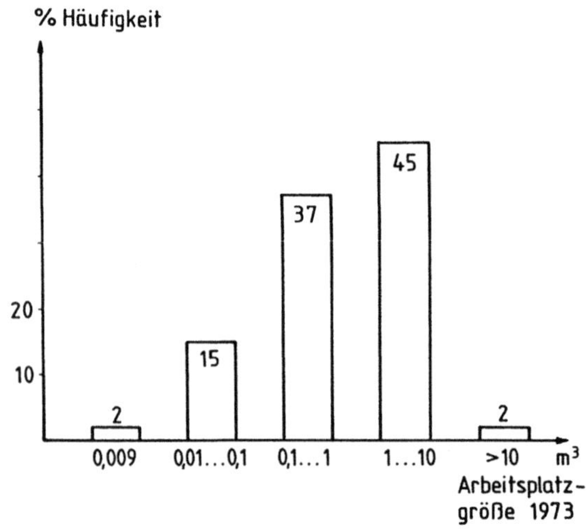

Bild 3.5.8 Größe des Arbeitsplatzes als Funktion der Häufigkeit aufgetragen im Jahre 1980 (Anzahl 41)

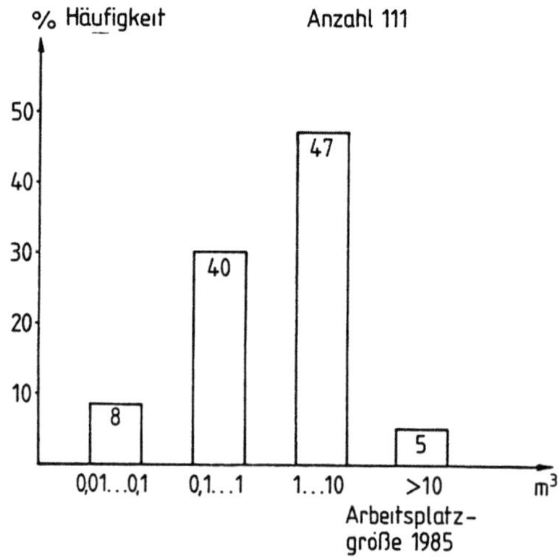

Bild 3.5.9 Größe des Arbeitsplatzes als Funktion der Häufigkeit aufgetragen im Jahre 1985

Industrierobotertyp	1.1	1.2	2.1	2.2	3
schwere Handhabung				O	O
quaderförmiger Arbeitsraum	O				O
zylinderförmiger Arbeitsraum	O	O			
sphären-torusförmiger Arbeitsraum		O	O	O	
einfache Gerate (Baukastensysteme)	O				
komplizierte Kinematik			O	O	

Bild 3.5.10
Form des Arbeitsraumes in Abhängigkeit von der Bauart des Industrieroboters

3.5.3 Genauigkeitskenngrößen

Über die Genauigkeitsangaben macht die VDI-Richtlinie 2861 Blatt 2 ebenfalls genaue Aussagen. Bei der Angabe der Genauigkeitskenngrößen wird ein automatischer Betrieb der Handhabungseinrichtung in betriebswarmem Zustand vorausgesetzt. Positioniergenauigkeit ist als Wiederholgenauigkeit beim Positionieren der Nennlast zu verstehen. Die Positionsstreubreite beschreibt für die jeweilige Achse oder Bewegungsrichtung des Industrieroboters die Auswirkung zufälliger Abweichungen in jeder Position. Dagegen ist die Bahngenauigkeit einer bahngesteuerten Handhabungseinrichtung diejenige Genauigkeit, mit welcher programmierte Bahnkurven bei Nennlast nachgefahren werden können. Charakteristische Größen zur Angabe dieser Bahngenauigkeit sind die mittlere Bahnstreubreite, der mittlere Bahnabstand beim Verfahren einer festen Bahn, der mittlere Abrundungsfehler und der mittlere Überschwingfehler.
Eine Verwirrung kommt daher, daß sich für verschiedene Steuerungsarten (CP, PTP) und verschiedene Antriebsarten (elektrisch, pneumatisch, hydraulisch) unterschiedliche Positonsverhalten ergeben.
Zunächst soll das Positionierverhalten von Industrierobotern mit PTP-Steuerungen (also mit Punkt-zu-Punkt-Steuerungen) in Abhängigkeit der Antriebsart betrachtet werden. Außerdem soll hier nur die reproduzierbare Genauigkeit, also diejenige Genauigkeit eines einzelnen Industrieroboters und nicht die absolute Genauigkeit von Industrierobotern derselben Serie diskutiert werden.
Am besten sieht man die Schwierigkeiten, die sich an den Kurven in Bild 3.5.11 hinsichtlich der Begriffsbezeichnungen ergeben.

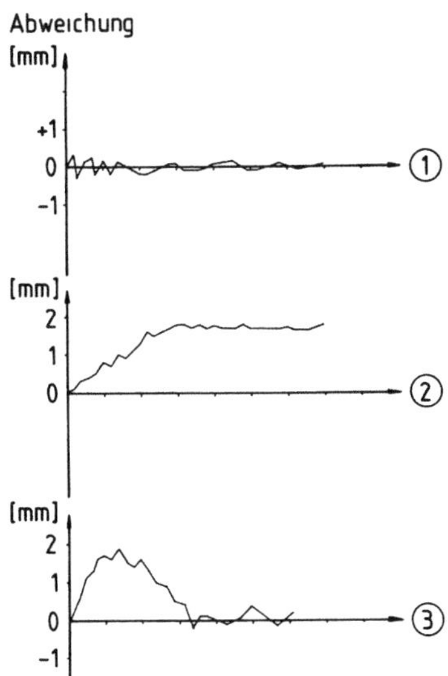

Bild 3.5.11
Prinzipielle Möglichkeiten der Positionsabweichung bei Industrierobotern im Langzeitversuch [6/15]

Kurve 1 zeigt dabei ein Gerät mit elektrischem Antrieb. Die Abweichungen von einer Positionsstreubreite ist über lange Zeiträume konstant.
Die Kurven 2 und 3 stellen über der Zeit ein steigendes bzw. abfallendes Wachstum dar, das auf thermische Einflüsse von Baukomponenten oder Antriebsmedien (Hydraulik, mechanische oder elektromagnetische Lamellenkupplung) zurückzuführen ist. Das heißt, die

Positioniergenauigkeit wird nicht durch einen einzigen Wert bestimmt, sondern ergibt sich aufgrund langwieriger Messungen als:

- statistischer Fehler,
- Langzeitverhalten und
- Überschwingen

bei Industrierobotern mit PTP-Steuerung. Wichtig dabei ist, daß bei diesen Messungen

- Meßmethode und
- Meßparameter (Hub, Belastung, Geschwindigkeit)

vergleichbar sind.

Zur Messung der Positionsabweichung wird der Industrieroboter auf einer Arbeitsplatte über ein Dreidimensionskoordinatenmeßgerät vermessen.
Dabei werden im Arbeitsraum mehrere Meßpunkte festgelegt (Bild 3.5.12), die vom Standort des Industrieroboters eine möglichst unterschiedliche Entfernung haben sollten.

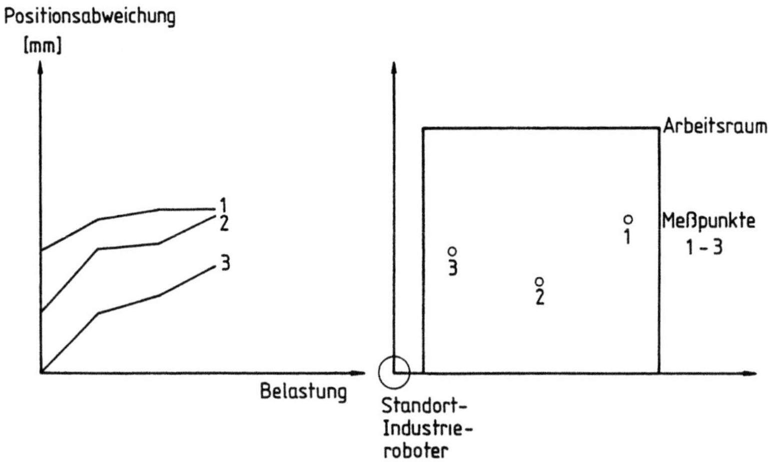

Bild 3.5.12 Positionsabweichung in Abhängigkeit der Ausladung des Manipulators und der Belastung [6/15]

In Abhängigkeit der Belastung auf den Handhabungsautomaten ergibt sich, daß die Positonsabweichung um so größer ist, je größer

- Belastung,
- Ausladung (Meßpunktentfernung vom Standort des Industrieroboters) und
- Anfahrgeschwindigkeit ist [4/85].

Diese Positionsabweichung ist ein systematischer Fehler und wird von einer Vielzahl von Faktoren beeinflußt. Die systematischen Fehlereinflüsse der Positonsabweichung, also diejenigen Parameter, die unter den gleichen Bedingungen immer in der gleichen Weise und Größe auftreten, können steuerungsabhängig eliminiert werden. Die Programmiersprache AML der IBM Deutschland GmbH bietet dazu die programmtechnische und die Steuerung des Industrieroboter die hardwarmäßige Möglichkeit. Durch Anfahren bestimmter Referenzpunkte, Ausmessen des Spieles, das sich innerhalb der Gelenke befindet, und das Eichen

	Steuerung	Manipulator
zufälliger Einfluß	Meßausgangsfehler	Lagerspiel
	Spannungsschwankungen	Führungsbahnspiel (dynamische Steifigkeit)
	Verformungen der Meßausgänge	Reibung (Wärmeausdehnung)
systematischer Einfluß	Altern von Bauelementen	Montagefehler
	Nichtlinearitäten	Fertigungsfehler
	Exzentrizitäten	statische Steifigkeit

Bild 3.5.13 Einflüsse auf die Positionsabweichung

gegenüber diesen Abweichungen sowie das Einspeichern und Abrufen dieser Werte ermöglicht ein völliges Ausschalten aller vorhandener *systematischer* Fehlereinflüsse. Diese Eichung dauert etwa eine Stunde, und mit ihr sind die zufälligen Einflußgrößen noch nicht behoben. Daß bei dem Fehler ein Streubereich auftritt, liegt daran, daß zufällige Fehler darin enthalten sind (Bild 3.5.13). Vorausgesetzt, das Gerät ist so konstruiert, daß sich die Durchbiegung einzelner Bauteile und Baugruppen im Rahmen hält, und es ist sorgfältig gefertigt sowie montiert, dann wird die Positionsabweichung nur noch von den zufälligen Einflußgrößen von Steuerung und Handhabungsgerät also

- Meßausgangsfehler,
- Verformungen an Meßausgängen,
- Spannungsschwankungen,
- Lagerspiel,
- Führungsbahnspiel und
- Reibungsverhältnissen

beeinflußt.
Diese Positionsabweichung bei PTP-Steuerungen muß nun aber unter Einbeziehung der Zeit betrachtet werden. Je nach der Art des Antriebes und nach Art der Führungskonstruktion (Reibungsverhältnisse) entwickelt sich am Gerät Wärme, die zu einer Veränderung der Bauteile führen kann. Bekanntlich rechnet man im Maschinenbau damit, daß 1 m Stahl oder Guß sich bei einer Erwärmung um 1 °C um 10 μm verlängert.
Der Zusammenhang zwischen Positionsabweichung und Temperaturentwicklung wird in diesem Falle als Langzeitverhalten bezeichnet. Dieses Langzeitverhalten wird stark beeinflußt von der Art des Antriebes. Während von einem pneumatischen Antrieb kaum eine Wärmeentwicklung ausgeht, ist eine Aufheizung durch einen elektrischen Antrieb von der Konstruktion innerhalb des Industrieroboters abhängig.
Ein hydraulischer Antrieb erzeugt sehr starke Wärmemengen. Abhilfemaßnahmen gegen einer Langzeitdrift sind u.a.:

- Kühlen (schlecht, da große Wärmemengen vor Ort mit geringem Wirkungsgrad entfernt werden müssen),
- Aufheizen (Einbau einer Heizung oder Warmlaufenlassen des Gerätes vor Betriebsbeginn),

- Stillstandszeiten vermeiden (sie bringen einen Trend in umgekehrter Richtung),
- gezielte Positionskorrekturen durchführen (nur möglich, wenn ein deutlicher Richtungsverlauf der Langzeitdrift vorliegt).

Bei PTP-Steuerungen treten Abweichungen beim Erreichen von Raumpunkten auf. Diese Steuerungsart legt definitionsgemäß keinen Wert auf die Genauigkeit, mit der der Weg eingehalten wird, um einen Punkt zu erreichen, wohl aber mit welcher Genauigkeit ein bestimmter Punkt erreicht wird.

CP-Steuerungen fahren definierte Bahnen ab. Hier interessiert nicht nur die Genauigkeit, mit der ein Endpunkt erreicht wird, sondern auch und vor allem mit welcher Genauigkeit von einer Bahn abgewichen wird. Dabei sind Geräte mit Inneninterpolatoren genauer, als Geräte mit Außeninterpolator und Teach-in-Programmierung.

In Bild 3.5.14 sind in Abhängigkeit von Abweichung und Zeit zwei Kurvenverläufe, mit unterschiedlicher Geschwindigkeit des Manipulatorarmes gefahren, eingezeichnet. Man sieht, daß die Abweichung von einer Nullage bei großer Geschwindigkeit groß ist. Es ergeben sich hier zwei Arten von Fehlern:

- eine Streuung der Abweichungen um eine Sollbahn (Bahnfehler) und
- eine Abweichung der mittleren Istbahn von der Sollbahn (Schleppfehler).

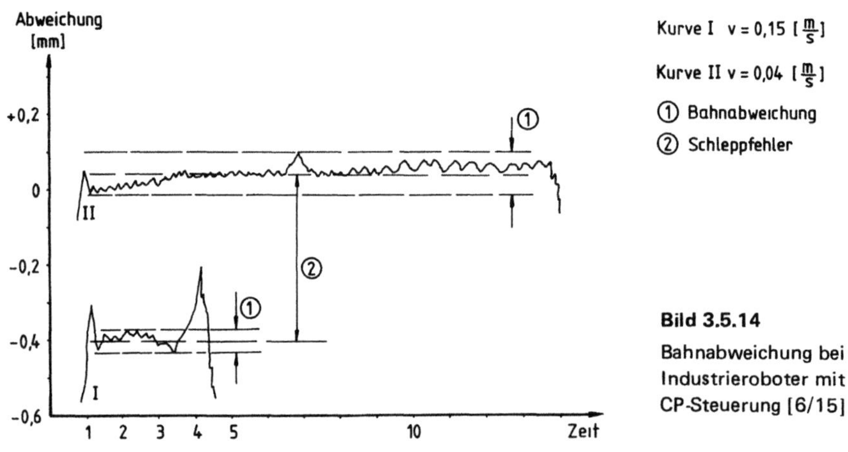

Bild 3.5.14
Bahnabweichung bei einem Industrieroboter mit CP-Steuerung [6/15]

Während der Schleppfehler geschwindigkeitsabhängig ist, wobei er außerdem noch von der Anzahl der Freiheitsgrade abhängt, ergibt sich der Bahnfehler im wesentlichen durch Überschwingen.

In Bild 3.5.15 wird nochmals in einer Übersicht die Abhängigkeit von Einflußfaktoren und Gerätekenngrößen gezeigt. Das heißt, die in den Prospekten gemachte Angabe über Positioniergenauigkeit sollte daraufhin „abgeklopft" werden, unter welchen Bedingungen sie zustande gekommen ist. Dieser Wert ist stark konstruktionsabhängig.

Zusammenfassend kann man sagen, daß, wenn man darüberhinaus zu kleinen Positionsabweichungen kommen will, folgende Einflußgrößen zu beachten sind:

- Gerät warmlaufen lassen (Warmlaufzeit unterschiedlich und abhängig von Umgebung und Gerätetyp),

	Antrieb	Steuerung	Wegmeß-System	Kinematik	Sonstiges
Arbeitsraum		O	O	O	
statisches Verhalten				O	
statistische Fehler	O	O	O	O	
Langzeitverhalten	O	O			Temperaturänderungen
Überschwingen	O	O		O	Gerätebefestigung
Stillstandsverhalten		O			
Bahngenauigkeit	O	O	O	O	Programmierkräfte
Reproduzierbarkeit kleiner Schritte			O		
Verfahrweg nach „Not aus"	O	O	O		
Synchronfahrgenauigkeit		O	O	O	externes Meßsystem

Bild 3.5.15 Zuordnung von Einflußfaktoren und Gerätekenngrößen [6/15]

- kleine Manipulatorarmgeschwindigkeiten programmieren,
- kleine Lasten manipulieren (eventuell größeres Gerät anschaffen und damit kleinere Lasten handhaben),
- kleine Ausladungen des Manipulatorarms einstellen.

Im Bild 3.5.16 wird schließlich in einer älteren Zusammenstellung die quantitative Größenordnung der Positionsabweichung hinsichtlich der eingesetzten Häufigkeit gezeigt. Bei fast 2/3 aller Geräte genügt eine Positionsabweichung von ± 1 mm. Mit dieser Aussage dürfte sicherlich gemeint sein, daß alle auftretenden Fehler, die in diesem Kapitel angesprochen wurden, sich innerhalb dieser Grenzen befinden.
Daran ändert sich auch in der Graphik von Bild 3.5.17 aus dem Jahren 1980 nichts.
Warum wird sofort klar, wenn man bedenkt, daß Geräte mit Festanschlag über eine Folgesteuerung verfügen, wobei das Anfahren von Festanschlägen in jedem Falle genauer ist, wie ein Positionieren in Zwischenstellung mit einer Antriebsregelung. Nur Geräte mit einer sehr stabilen Bauweise werden entscheidend unter eine Positioniergenauigkeit von ± 1 mm kommen (z. B. IWKA KUKA IR 601/60).
Bild 3.5.18 zeigt, daß im Jahre 1985 eine Tendenz zu genaueren Handhabungsgeräten erkennbar ist. Das ist ursächlich einmal sicherlich dem Elektroantrieb zu verdanken. Von der Anforderung her ist dafür der Einsatz der Industrieroboter in der Montage aber mit großer Wahrscheinlichkeit der Grund. Der Trend geht zu noch genaueren Geräten. Zufällige und systematische Fehler werden heute über den internen Mikrocomputer gespeichert, ausgewertet und bei der Programmierung berücksichtigt (Programmiersprache AML von IBM Deutschland GmbH).

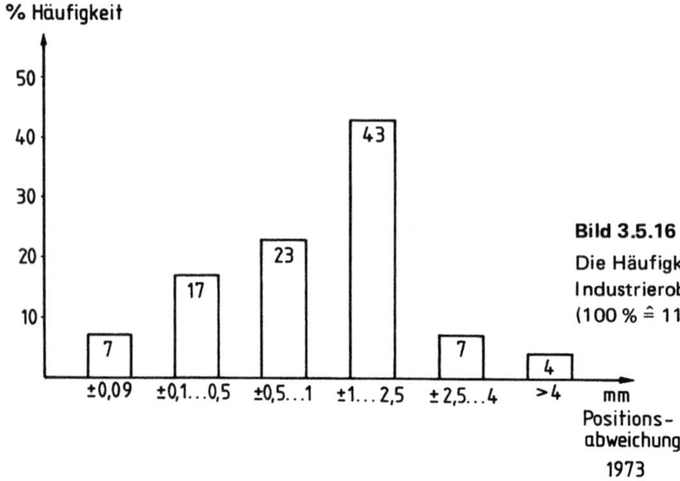

Bild 3.5.16
Die Häufigkeit der Positionsabweichung bei Industrierobotern im Jahre 1973 (100 % ≙ 111 Geräte) [6/10]

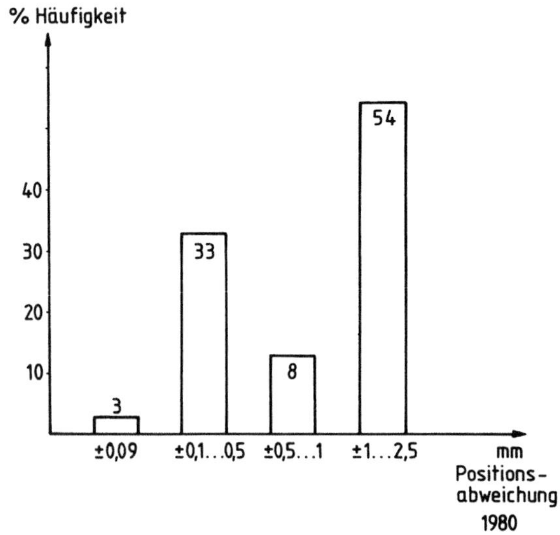

Bild 3.5.17
Die Häufigkeit der Positionsabweichung bei Industrierobotern im Jahre 1980 (100 % ≙ 51 Geräte)

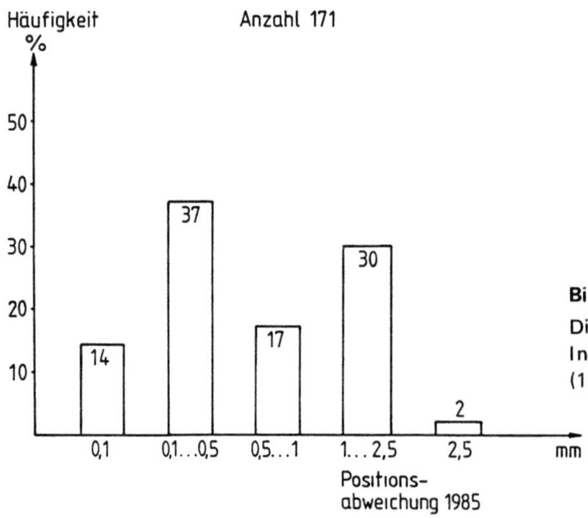

Bild 3.5.18
Die Häufigkeit der Positionsabweichung bei Industrierobotern im Jahre 1985 (100 % = 171 Geräte)

3.5.4 Tragfähigkeit

Die VDI-Richtlinie 2861 Blatt 2 definiert, daß die von einer Handhabungseinrichtung aufzunehmende statische Last einerseits durch die Gewichte von Werkzeugen und Handhabungsobjekten, andererseits durch die von den Gewichtskräften ausgeübten Momente gekennzeichnet ist. Die Nennlast setzt sich also zusammen aus Werkzeuglast und Nutzlast. Die Nutzlast ist dabei diejenige Last, die zusätzlich zur Werkzeuglast ohne Einschränkung der für die Achsen angegebenen Geschwindigkeiten und Verfahrzeiten der Arbeitsbereiche und der Genauigkeit gehandhabt werden kann.
Wie die ältere Untersuchung an ca. 150 Industrierobotern in Bild 3.5.19 darstellt, liegen über zwei Drittel aller Geräte im Bereich von einer *Tragfähigkeit* zwischen 10 kg und 50 kg. Daran ändert sich auch nicht viel, wenn man diese Untersuchung an den im Anhang 9 registrierten Handhabungseinrichtungen durchführt. Sicherlich liegt der Hauptgrund dafür darin, daß die Mehrzahl aller eingesetzten Industrieroboter auf dem Gebiet des Punktschweißens zu finden sind und die Handhabung einer Schweißzange mit Verbundkabeln zum Schweißtransformator oder Schweißzange und Schweißtransformator große Gewichte darstellen, an denen sich im Laufe der Zeit nichts geändert hat. Eine neuere Untersuchung zeigt, daß sich

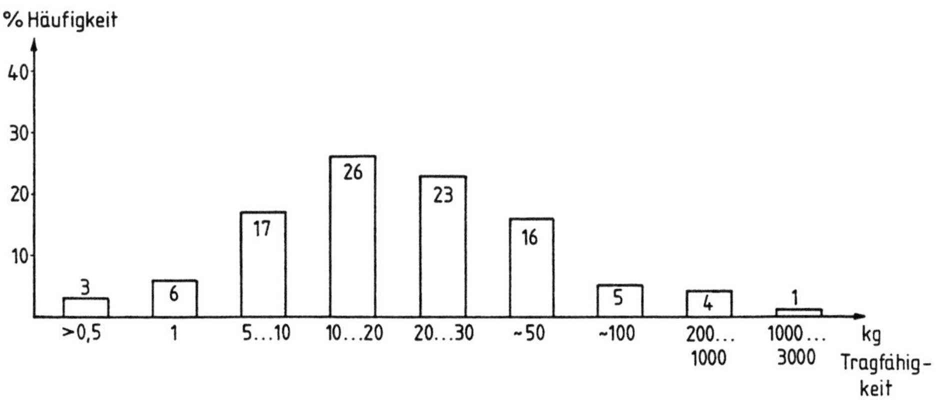

Bild 3.5.19 Die Häufigkeit des Industrierobotermerkmales Tragfähigkeit im Jahre 1973 (100 % ≙ 154 Geräte [6/9]

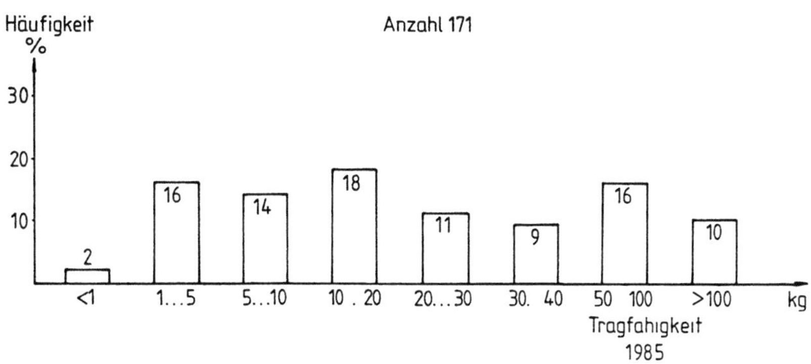

Bild 3.5.20 Die Häufigkeit des Industrierobotermerkmales Tragfähigkeit im Jahre 1985

im Bereich großer Industrieroboter-Tragfähigkeiten nichts geändert hat. Hier hat sich der Markt auch nicht geändert. Im Bereich großer Tragfähigkeiten werden Industrieroboter auch heute noch beim Punktschweißen eingesetzt. Dagegen gibt Bild 3.5.20 an, daß eine leichte Verschiebung hin zu kleinen Tragfähigkeiten stattgefunden hat. Möglicherweise noch ein Hinweis mehr darauf, daß Industrieroboter verstärkt in der Montage und Handhabung mittlerer und kleiner Teilegewichte eingesetzt werden.
Hohe Tragfähigkeiten und ein in der XY-Ebene kleiner Arbeitsraum sind zwangsläufige Kombinationen, die sich aus der Durchbiegung des Manipulatorarmes ergeben.
Aus der Gleichung (1) Kapitel 3.1.2 errechnet sich nach zweifacher Integration und Einsetzen der Nebenbedingungen für den im Bild 3.1.8 gezeigten Fall die Beziehung (2). Die einzelnen Faktoren dieser Beziehung sind gleichzeitig die Einflußparamter auf die Durchbiegung eines Gegenstandes nach dem Prinzip im Bild 3.1.8. Also:

- Belastung F und
- Länge ℓ^3 als proportionale Größen und
- Trägheitsmoment I als umgekehrt proportionale Einflußgrößen.

Hier ergeben sich eher Konstruktionsrichtlinien für die Industrieroboterhersteller, als Anwendungsmöglichkeiten für den Betreiber.

3.5.5 Ausnutzungsgrad

Ausnutzungsgrad ist:

$$\eta = \frac{\text{Gesamtnutzungszeit} - \text{Ausfallzeit}}{\text{Gesamtnutzungszeit}}.$$

Für die elektronischen Systeme zum Beispiel in der Kernenergie-, Raketen-, Flugzeugindustrie werden augenblicklich Berechnungen für die Ausfallsicherheit definiert. Dabei ist

$$v_s = \frac{\text{MTBF}}{\text{MTBF} - \text{MTTR}}$$

mit

v_s Verfügbarkeit,
MTBF *m*ean*t*ime *b*etween *f*ailure,
MTTR *m*ean*t*ime *to* *r*epair.

Damit die Ausfallsicherheit des Systems v_s möglichst groß wird ($v_s = 1$) muß MTBF groß und MTTR klein werden.
MTTR ist dann klein, wenn die Zuverlässigkeitsmaßnahmen des Herstellers ausreichend sind, d.h. wenn die Wahrscheinlichkeit, daß Bauelemente ausfallen und Funktionsänderungen im Steuerungssystem auftreten, sehr klein wird.
MTBF wird groß, wenn alle Maßnahmen vom Anwender getroffen werden, die das Auftreten von unzulässigen Ereignissen verringern z.B. vorbeugende und operative Sicherheitsmaßnahmen.

Nach [3/102] werden folgende Zahlen angegeben.

Verfügbarkeit $v_s = 99\,\%$ Einzelgerät
$v_s = 97\,\%$ ist ein für ein Einzelgerät nicht

mehr zu akzeptierender Wert.

MTBF = 150 bis 200 h NC-Drehautomaten
MTBF = 500 h NC-Automaten, die über das Wochenende

mannlos arbeiten.

MTBF = 500 h Industrieroboter, wobei die

einzelnen Baugruppen folgende MTBF haben:

1800 h Elektrik und Halbleiter
1485 h Mechanik und Hydraulik.

Dabei ist zu berücksichtigen, daß sich der MTBF-Wert mit dem Alter eines Roboters ändert, und man daraus ablesen kann, wann eine Grundüberholung notwendig ist. Generell kann die MTBF durch vorbeugende Instandhaltung verbessert werden. Auch hierfür werden Zahlen genannt. Für einen im Dreischicht-Betrieb eingesetzten Industrieroboter gibt der Präsident der Unimation, USA, Joseph Engelberger, 10 % Instandhaltungskosten bezogen auf den Anschaffungspreis an.
Vom wirtschaftlichen Aspekt ist es wichtig, diese als sehr kapitalintensive Investitionen bekannten Industrieroboter im Mehrschichtbetrieb arbeiten zu lassen. Ausfallzeiten sind Stillstandszeiten des Gerätes aufgrund von Reparaturen oder vorbeugender Instandsetzungsarbeiten.
Natürlich werden in der Einführungsphase hohe personalbedingte und möglicherweise systembedingte Ausfallzeiten anfallen. Dazu gehören:

- Unkenntnis und
- Unwillen des Personals über die neue Technologie sowie
- Störungen vom System her, die von der Einlaufphase aller Einzelteile und Baugruppen herrühren.

Um Ausfallzeiten möglichst klein zu halten, sollte:

- Das Personal gut motiviert und geschult werden,
- der Industrieroboter vorbeugend instandgehalten werden,
- ein Verschleißteilelager beim Anwender vorhanden sein, und
- der Hersteller muß durch eine Einlaufphase seiner Geräte sicherstellen, daß Anfangsschwierigkeiten nicht beim Anwender auftreten (manche Geräte durchlaufen eine Einzelprüfung von 50 bis zu 150 Stunden (IWKA, Cloos, Reis, VW)).

Verschleißteilelager und vorbeugende Instandhaltung werden heute im allgemeinen über EDVA gesteuert [3/10].
Die Angaben über die Zuverlässigkeit eines Industrieroboters liegen heute in der Regel, beim einfachen Gerät ohne Peripherie, bei über 99 % (Angaben Unimation, General Motors, ASEA), wenn eine bestimmte Einlaufphase überschritten ist. Das Störverhalten von Industrierobotern, vorwiegend in der Einlaufphase, wird in den Bildern 3.5.21 und 3.5.22 gezeigt. Dabei kann man vor allem an Bild 3.5.22 die fallende Tendenz erkennen. Im Bild 3.5.21

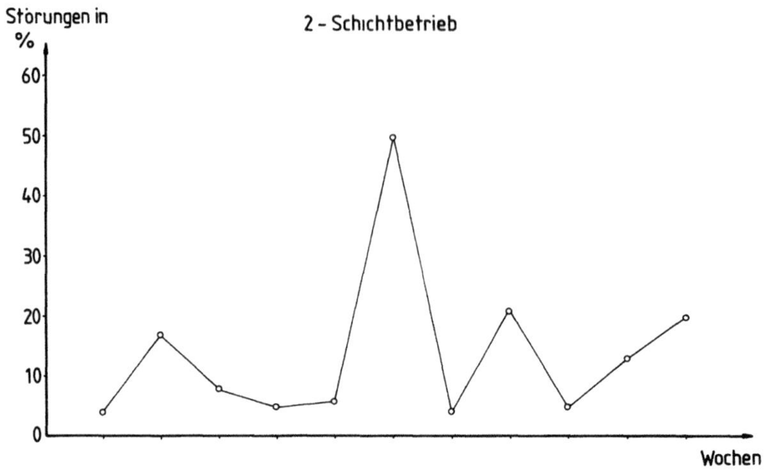

Bild 3.5.21 Störverhalten von sechs Industrierobotern vom Typ Unimate zu Beginn ihrer Einsatzzeit in einer Schweißstraße [4/32]

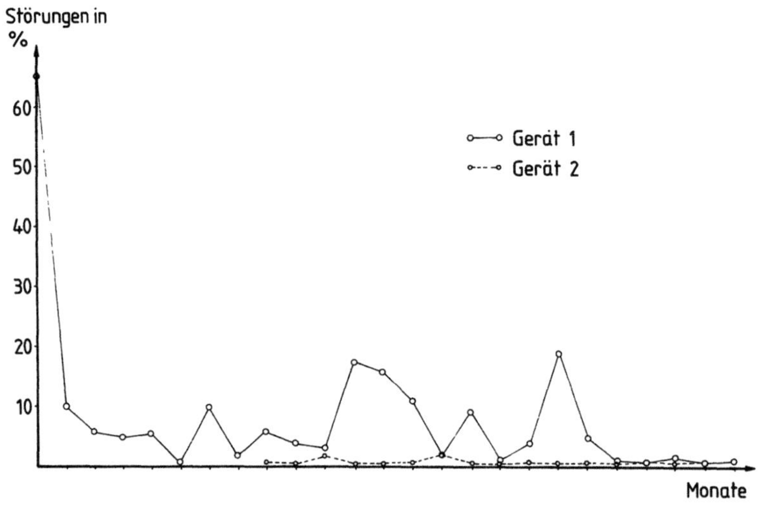

Bild 3.5.22 Ausfallzeiten von zwei Industrierobotern vom Typ 3 (Portalgeräte) während ihrer Inbetriebnahmephase [1/3]

ist dazu die betrachtete Zeit zu kurz. Bei Bild 3.5.23 ist das Störverhalten von Industrierobotern über einen Zeitraum von vier Jahren erfaßt; es zeigt deutlich, daß ein abfallender Trend vorliegt, das Personal ist geschult und auf die Technologie eingestellt, die Geräte zeigen noch keinen Verschleiß, der nach einer bestimmten Zeit die Kurven wieder zum Ansteigen bringen wird.

Empfehlenswert ist, die vorbeugende Instandhaltung auf Programmier- und Rüstzeiten zu verlegen.

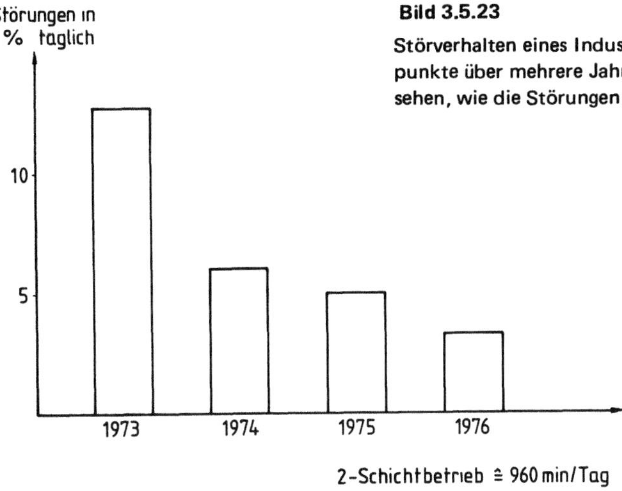

Bild 3.5.23

Störverhalten eines Industrierobotersystems für 10^6 Schweißpunkte über mehrere Jahre hinweg. Man kann sehr deutlich sehen, wie die Störungen jährlich zurückgehen [1/3]

Sicherlich ist es für

- die Personalschulung,
- Das Verschleißteilelager und
- die Peripherieanpassung

am günstigsten, nach eingehender Analyse aller Einflüsse mehrere Geräte desselben Typs (je nach Bedarf) anzuschaffen.
Kleinste Ausfallzeiten lassen sich dann durch

- Übernahme von Programmteilen durch Nachbargeräte (falls vorhanden) sogenannte „hot-stand-by-Geräte" oder durch
- Auswechseln der fehlerhaften Handhabungseinrichtung durch sogenannte „cold-stand-by-Geräte" (Auswechselzeiten liegen dabei etwa zwischen ein bis zwei Stunden).

erreichen.

3.5.6 Geschwindigkeit des Manipulatorarmes

Über die Geschwindigkeitsgrößen trifft die VDI-Richtlinie 2861 folgende Aussage: Die Geschwindigkeit eines entlang einer Achse verfahrenden Bauelementes gibt an, welcher Weg oder Winkel in einer Zeiteinheit konstant zurückgelegt wird.
Über die Hälfte aller Industrieroboter liegen nach Bild 3.5.24 bei einer Hubgeschwindigkeit von 500 ... 1000 mm/s und einer Schwenkgeschwindigkeit von 90 ... 180°/s. Je größer diese Geschwindigkeiten sind, desto besser wird sich das Gerät amortisieren, weil sich die Taktzeiten verringern. Während das Gerät mit normaler Handhabungsgeschwindigkeit programmiert wird, kann diese Geschwindigkeit bei einer Bearbeitung oder Handhabung erhöht werden. Mit größer werdender Handhabungsgeschwindigkeit erhöht sich aber auch der Positionierfehler und die Wiederholgenauigkeit wird kleiner.
Deshalb ändert sich an den Geschwindigkeiten dieser Achsen auch in einer neueren Untersuchung des Jahres 1985 im Prinzip nichts (Bild 3.5.25).

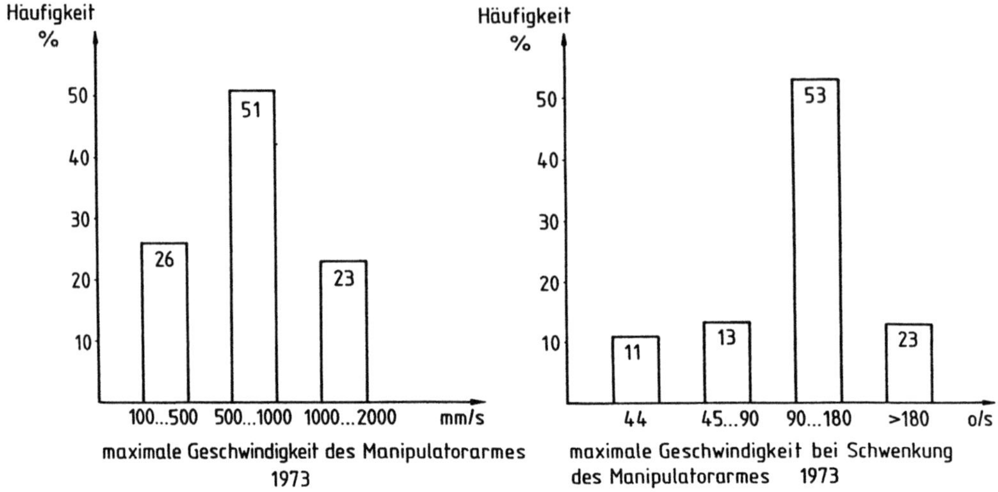

Bild 3.5.24 Die Häufigkeit der Manipulatorarmgeschwindigkeit in der C-Achse (unten) und in der X-Achse (oben) [6/10] im Jahre 1973

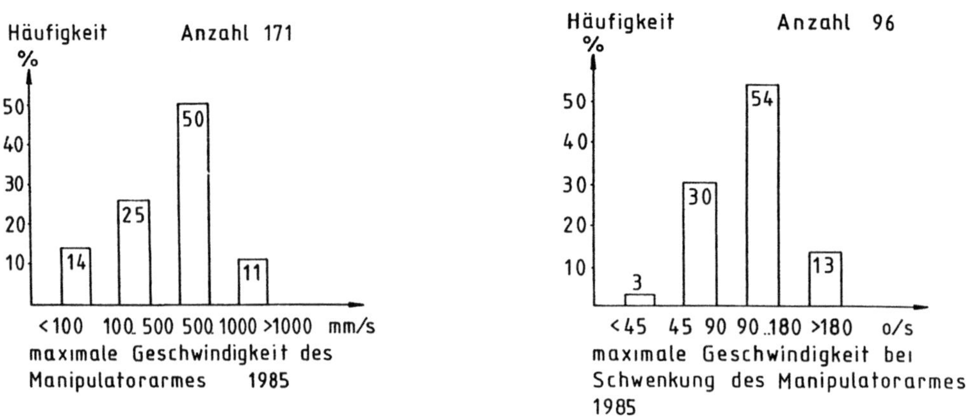

Bild 3.5.25 Die Häufigkeit der Manipulatorarmgeschwindigkeit in der C-Achse (unten) und in der X-Achse (oben) im Jahre 1985

Verschiedene Möglichkeiten zur Abschaltung des Hubvorganges sind in Bild 3.5.26 dargestellt:

Wenn wie in Diagramm I aus voller Geschwindigkeit v_0 abgeschaltet wird, beeinflussen im wesentlichen die Reibungs- und Massenverhältnisse innerhalb eines großen Streubereiches den Abschaltpunkt in dem Diagramm v = f (s). Um den Streubereich zu verkleinern, gibt es nun mehrere Möglichkeiten.

In dem Diagramm II werden mit verschiedenen Geschwindigkeiten verschiedene Abschaltpunkte angefahren. Zunächst liegt bei v_0 der 1. Abschaltpunkt, der die Geschwindigkeit auf $v_0/10$ reduziert. Von kleineren Geschwindigkeiten aus sind die Reibungsverhältnisse definierter und die Massenverhältnisse fallen nicht mehr so schwer ins Gewicht, so daß der

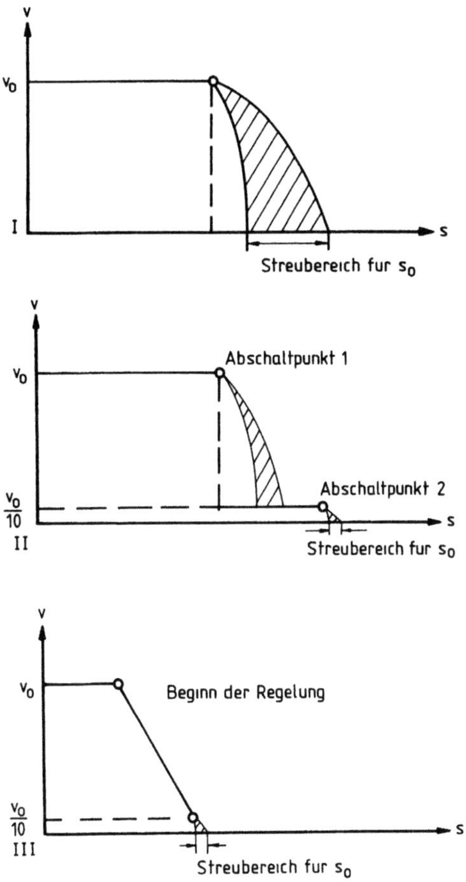

Bild 3.5.26

Verschiedene Abschaltmöglichkeiten bei Industrierobotern

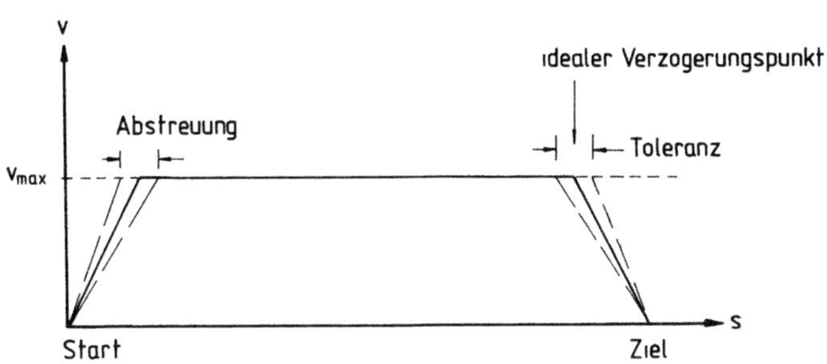

Bild 3.5.27

Beschleunigen und Abbremsen der Fahrbewegung

Streubereich sich erheblich verkleinert. Statt mit zwei Abschaltpunkten, kann man z. B. wie im Falle III mit einer Regelung arbeiten. Damit wird ein analog zu Fall III ebenso kleiner Streubereich erreicht.

Die Möglichkeit II ist programmierbar, während III ausschließlich durch Einbau in der Konzeption der Steuerung vorhanden sein muß.

Wie man im Bild 3.5.27 sieht, kommt zu der Streuung in der Abschaltverzögerung noch eine Streuung in der Beschleunigung hinzu.

3.6 Greifeinrichtungen

Neben den drei Freiheitsgraden des Manipulatorarmes sind Industrieroboter meist mit zwei bis vier Achsen für die Greifeinrichtung ausgestattet. Bild 3.6.1 zeigt das mechanische Getriebe eines hydraulisch betriebenen Industrieroboters für zwei gesteuerte Greiferachsen (System Unimation). Das Bild 3.6.2 stellt eine Prinzipskizze für die drei elektro-mechanisch angetriebenen Greiferachsen eines hydraulisch gesteuerten Industrieroboters (System Renault) dar. Beim System Unimation erfolgt der Antrieb hydraulisch über Wellen und Kegeltriebe, beim System Renault sind die Greiferantriebe Elektromotoren und vom hydraulischen Industrieroboterantrieb unabhängig.

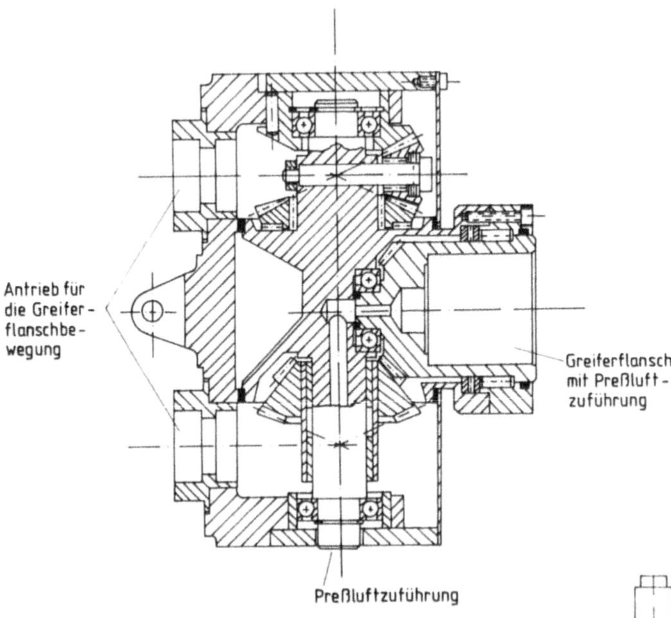

Bild 3.6.1

Getriebe für zwei Greiferachsen

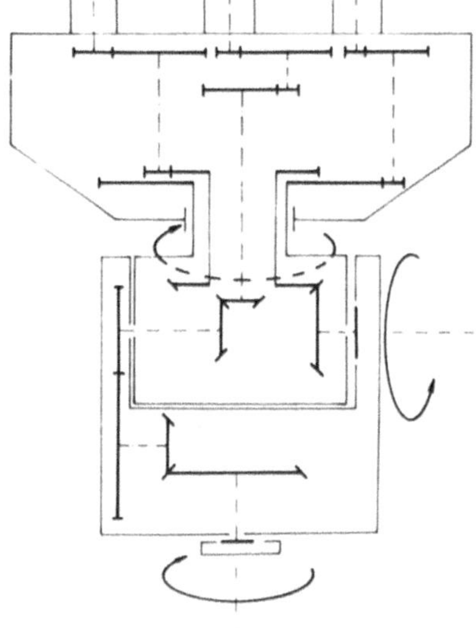

Bild 3.6.2

Prinzipskizze für drei mechanisch betriebene Greiferachsen

Möglicherweise zeigt sich hier der Beginn einer Entwicklung, den Elektroantrieb mit Getriebe direkt an der Wirkstelle, im Gelenk, unterzubringen. Moderne Handhabungsgeräte, die vornehmlich in der Montage eingesetzt werden, weisen diese Bauart auf (siehe auch die Bilder 3.3.20, 3.3.32). Gegenüber einer Leistungsübertragung durch Wellen und der gewichtsparenden Lagerung der Antriebseinheiten im Gestell, weist die Version der in die Gelenke gelegten Antriebe sicherlich eine klobigere und gewichtigere Bauart von Manipulatorarm und Gelenken auf. Als zusätzlicher Vorteil entfällt eine Verwindung der Wellen und Gestänge sowie deren komplizierte Spielnachstellung [3/93].
Greifeinrichtungen von freiprogrammierbaren Bewegungseinrichtungen müssen sowohl für die

- Werkstück- als auch zur
- Werkzeughandhabung

geeignet sein.

Ein Industrieroboter muß hinsichtlich seiner Greifeinrichtungen an die wechselnden Bedürfnisse des Anwenders angepaßt werden. Dabei gilt zu beachten, daß der Greifer am ehesten von den Betriebsbedingungen durch

- Schmutz, Staub,
- Schmiermittel,
- Erschütterungen, Schwingungen,
- Temperatur,
- korrosive Medien u.v.a.m.

beeinflußt wird. Daher ist eine

- Form,
- Oberfläche,
- Abmessung,
- Gewicht,
- Steifigkeit,
- Masse,

den Betriebsbedingungen und den Eigenschaften des zu manipulierenden Werkstückes anzupassen.

3.6.1 Greifeinrichtungen zur Werkstückhandhabung

Die Möglichkeiten, Greifer an das zu greifende Objekt anzupassen, sind vielfältig. Sie werden realisiert durch

- Innengreifeinrichtungen,
- Außengreifeinrichtungen,
- Zangengreifer,
- Formgreifer,
- Spreizdorne,
- Elektromagnetgreifer,
- Sauggreifer,
- Fingergreifer,
- Hakengreifer,
- einstellbare Greifeinrichtungen (Bild 3.6.3).

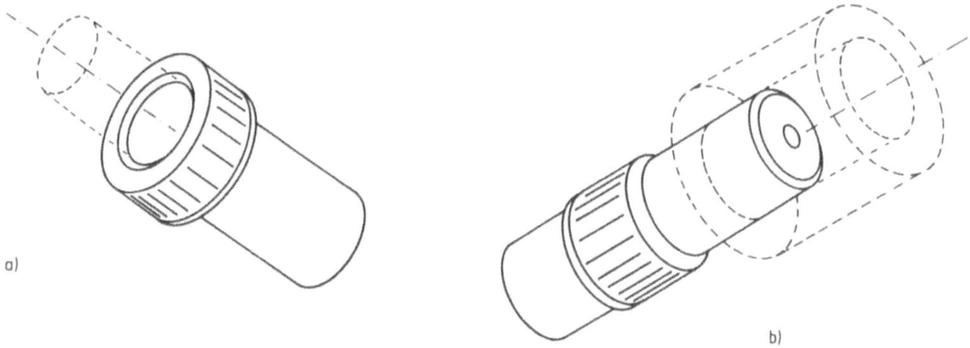

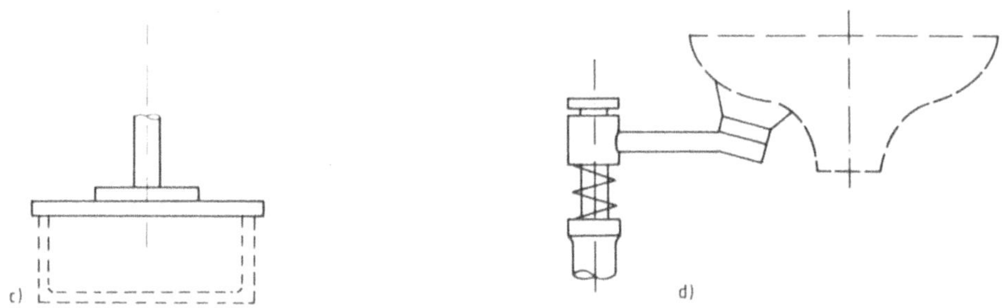

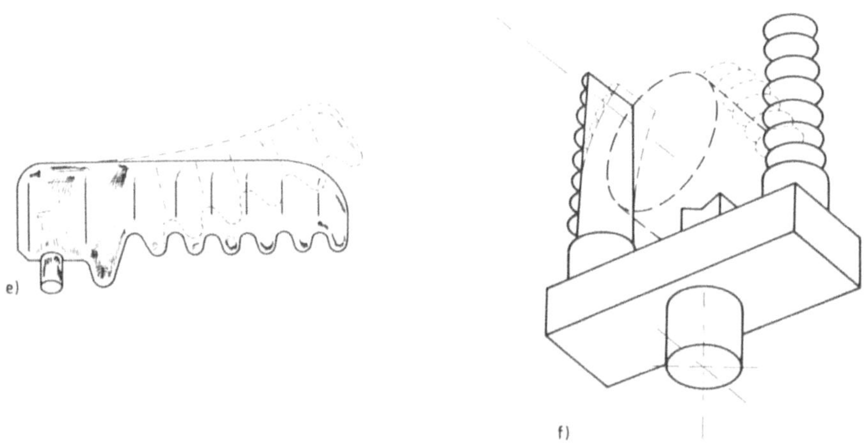

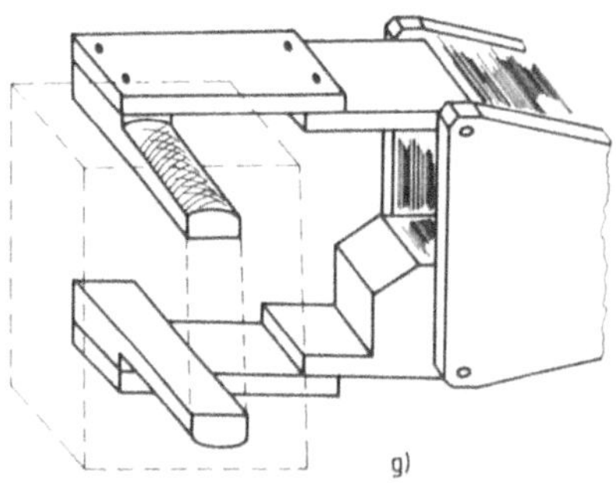

Bild 3.6.3

Einfache Greiferformen

a) Innensauggreifer,
b) Außensauggreifer,
c) Sauggreifer [4/28],
d) Topfsauggreifer [4/28],
e) Fingerelement,
f) Zweifingerhand,
g) mechanischer Innengreifer

Dabei erweist es sich oft als zweckmäßig je nach Form und Größe des manipulierten Teiles die Greifeinrichtung zu variieren, so daß z.B.

- Blechplatinen durch mehrere in Reihen angeordneten Saugnäpfe erfaßt werden,
- ein schwenkbarer Doppelsauggreifer das einzulegende und herauszunehmende Teil gleichzeitig handhabt,
- lange zylindrische Werkstücke zweckmäßig mit einer länglichen Vorrichtung zentriert und gespannt gehandhabt werden,
- ein Karton an Deck und Auflagefläche manipuliert wird (Bild 3.6.4).

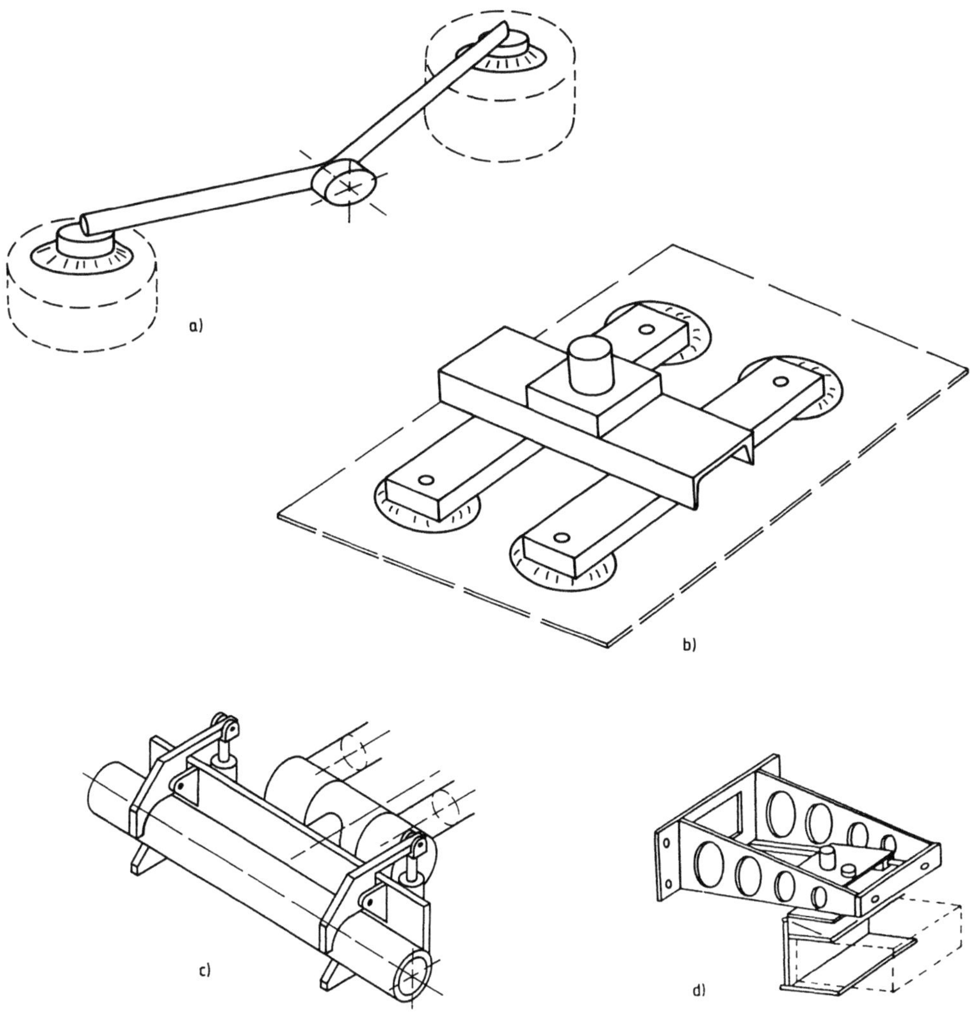

Bild 3.6.4 Komplizierte Greifformen

a) Doppelsauggreifer, b) Mehrfachsauggreifer, c) Greifer für Stangenteile, d) Spezialgreifer für Kartons

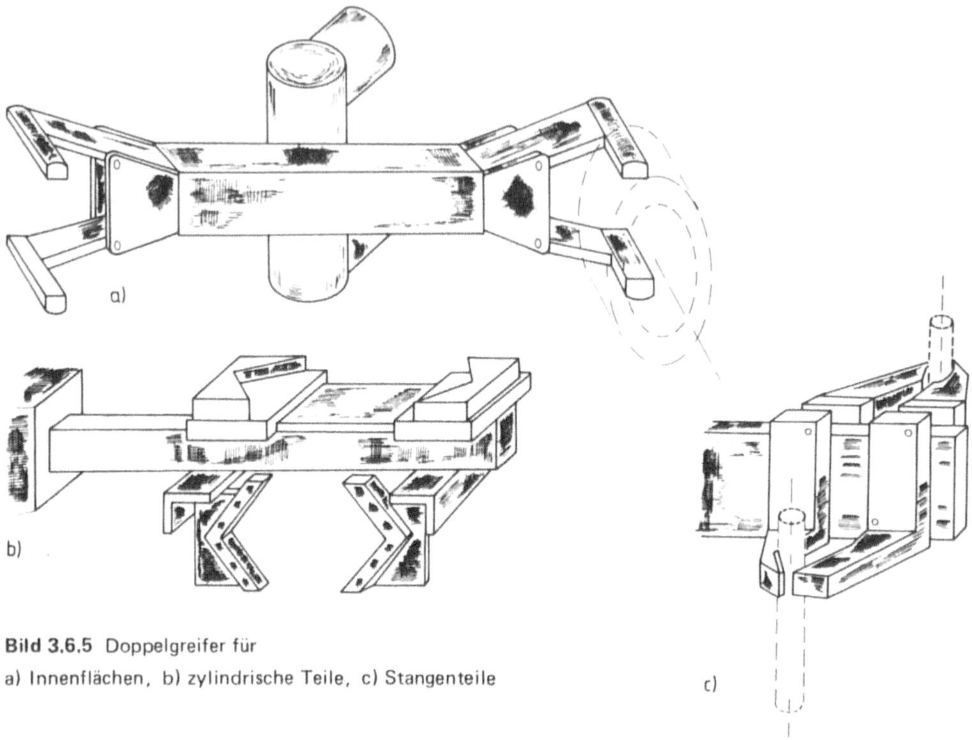

Bild 3.6.5 Doppelgreifer für
a) Innenflächen, b) zylindrische Teile, c) Stangenteile

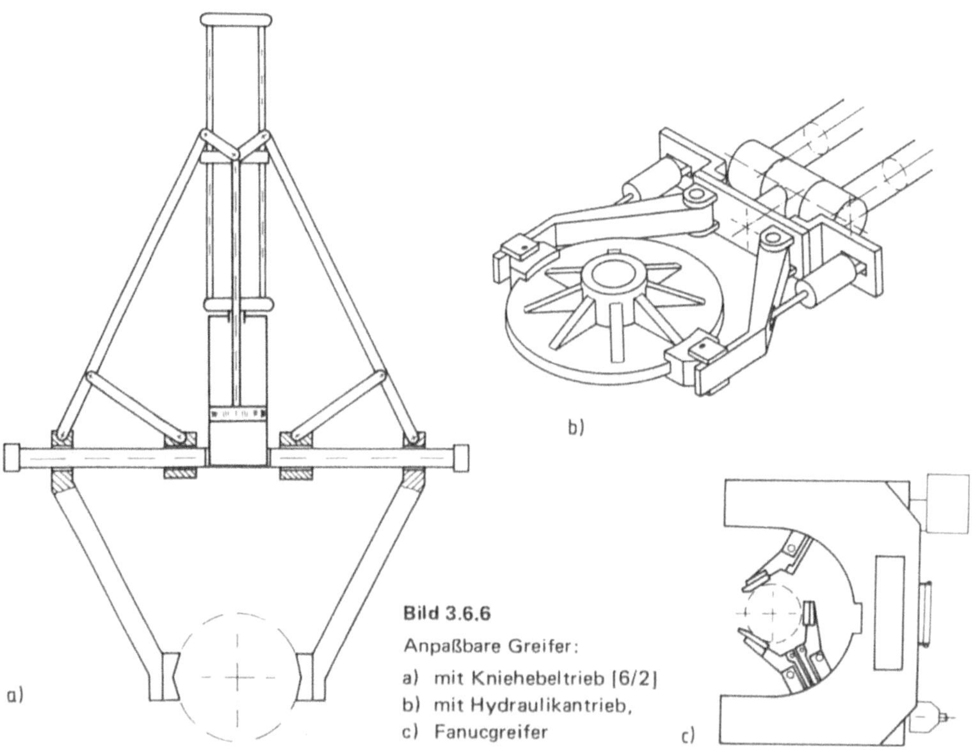

Bild 3.6.6
Anpaßbare Greifer:
a) mit Kniehebeltrieb [6/2]
b) mit Hydraulikantrieb,
c) Fanucgreifer

Doppelgreifersysteme verkürzen die Handhabungszeiten beim Werkstückwechsel erheblich. Sie sind aber teuer und erfordern erheblichen Konstruktionsaufwand. Mit den meisten Doppelgreifereinrichtungen können z.B. Drehteile nicht in zwei Aufspannungen automatisch bearbeitet werden. Kompakte Doppelgreifer erlauben kein Umspannen durch den Greifer. Doppelgreifer in Gabelanordnung können nur umspannen, wenn beide Greifer getrennte Antriebe und Ansteuerungen zum Wenden der Werkstücke besitzen. Verminderte Handhabungszeiten führen also zu einem erhöhten Kostenaufwand und verkleinern die Flexibilität beim Einsatz (Bild 3.6.5). Industrieroboter, die große Teileserien manipulieren, haben damit in der Regel keine so großen Schwierigkeiten. Bei stark wechselnden Serien unterschiedlicher Teile hilft oft schon das Zusammenfassen der Teile zu Formfamilien, die dann über Greifeinrichtungen mit anpaßbaren Greiferbacken manipuliert werden können, wie beispielsweise bei den im Bild 3.6.6 dargestellten Greifern.

Welche möglichen Anpassungen einer Greifeinrichtung und ihren Baugruppen an unterschiedliche Form und Größe des Objektes möglich sind, wird in Bild 3.6.7 gezeigt.

Bei spreizenden Greifern (Bild 3.6.8a) lassen sich drei Spannfinger über einen Kettentrieb gleichzeitig nach außen schwenken. Damit können z.B. Trommeln unterschiedlicher Innendurchmesser gepackt werden. Mit Sondergreifern für Glasrohre (Bild 3.6.8b) werden solche Gegenstände sicher gehalten, auch wenn ihre Länge streut. Die Spannfinger schwenken zunächst ein, bis sie rechtwinklig zur Rohrachse stehen, dann werden sie über einen Schub-

Greiferart	***Anpassung*** an verschiedene Werkstückgeometrien
Einzelgreifer (für bestimmtes Werkstück)	Greiferwechsel { manuell oder maschinell (Magazin)
Einzelgreifer mit Spannbereich	innerhalb des Spannbereiches automatisch
Einzelgreifer mit Austauschbacken für verschiedene Werkstücke	Austausch { manuell oder maschinell (aus Magazin)
Mehrfachgreifer für verschiedene Werkstücke	automatisches Umgreifen
Mehrfachgreifer mit automatischen Spannbacken	automatisches Umgreifen
Greifer mit elastischen Greiferelementen	automatisch
Greifer mit beweglichen mehrgliedrigen Fingern	automatisch
Greifer mit steuerbaren Einzelfingern	Umprogrammierung

Bild 3.6.7 Anpassung von Greifeinrichtungen an Objekte von unterschiedlicher Größe und Form. [6/2]

trieb parallel aufeinandergezogen. Mit der Schubbewegung sind größere Längenunterschiede überbrückbar. Bei selbstausgleichenden Greifbacken (Bild 3.6.8c) legen sich die wippfähigen Backen an ebene Flächen gleichmäßig an und hindern den Gegenstand zu kippen. Werkstücke unterschiedlicher Abmaße können mit Backen unterschiedlicher Aufnahmeformen und -größen ausgestattet werden, die verschieden gestaltete oder nach der Bearbeitung geänderte Werkstücke spannen können. Greifer mit Kulissenführung können sperrige oder schwere Werkstücke sicher spannen. Der Schwerpunkt des Handhabe-Gegenstands liegt nahe dem Gelenk des Arms vom Industrieroboter, so daß er sich kaum neigen kann. Greifer dieser Bauart kosten mehr als einfachere, ihr Spannbereich ist begrenzt. Werden Guß- oder Schmie-

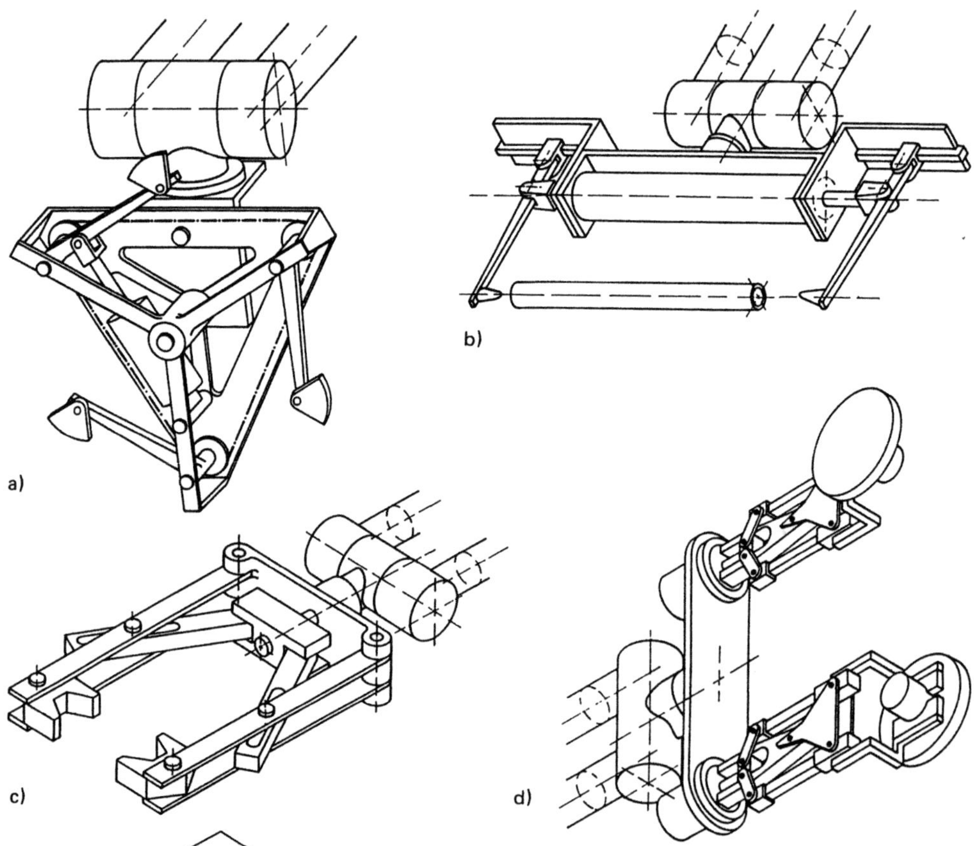

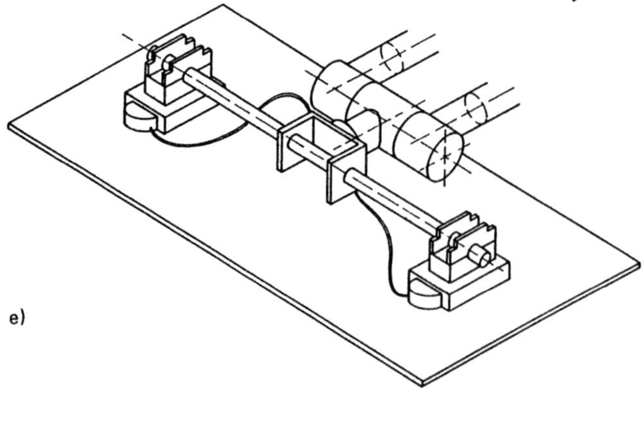

Bild 3.6.8

Sondergreifeinrichtungen (System Unimate):

a) Spreizender Greifer,
b) Greifer für Glasrohre
c) Greifer mit Kulissenführung
d) Wende-Doppelgreifer
e) Wirkorgan mit Elektromagneten

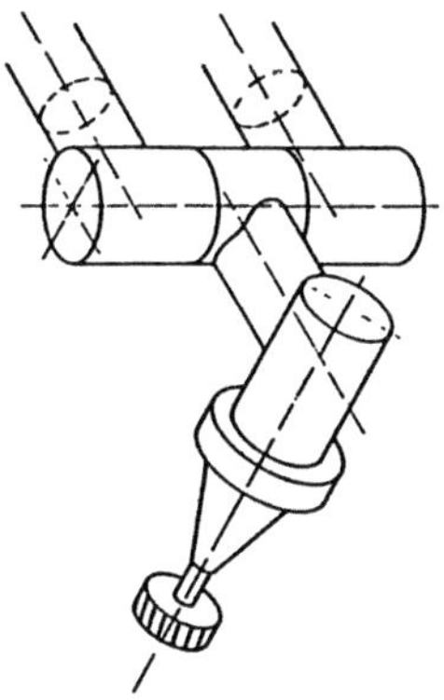

Bild 3.6.9
Fräs- oder Schleifspingel am Gelenk des Industrieroboters

destücke unbearbeitet zugebracht und bearbeitet entnommen, dann sind zwei Greifer an einem Wendearm zweckmäßig (Bild 3.6.8d). Sobald das bearbeitete Werkstück entnommen ist, wird mit dem anderen Greifer ein Rohling zugebracht. Die Ableg- und Aufnehmvorgänge laufen ab, während die Maschine bearbeitet. Diese Greiferart ist auf leichtere Werkstücke beschränkt.

Typisch ist das Aufnehmen von Metallgegenständen mit flacher Oberfläche durch Bügel mit Elektromagneten. Damit lassen sich ferromagnetische Stahlbleche und -platten festhalten. Zu schwere Gegenstände können seitlich wegrutschen. Die zu handhabenden Objekte brauchen nicht in genauer Lage bereit liegen und werden sofort angezogen (Bild 3.6.8e). Mit Druckluftmotoren und spanenden Werkzeugen können Löcher gebohrt und gesenkt werden. Um Lageabweichungen einzuengen, wird das Wirkorgan geführt. Dann läßt sich die Position zudem auch rascher ansteuern. Mit einem Druckluftmotor am Gelenk ist der Industrieroboter sehr geeignet, wenn an Kanten Grate abzufräsen oder Gußnähte bzw. Angüße oder Steiger wegzuschleifen sind (Bild 3.6.9).

Die in Bild 3.6.10 skizzierten verstellbaren Greifer mit elastischen Gliedern und einstellbaren Fingern sind zunächst einmal Gedankenmodelle, die aber bei Realisierung, mit entsprechenden Momenten und Greifkräften ausgestattet, sehr flexibel anwendbar wären. Die einzelnen unterschiedlichen Konstruktionsausführungen für Baugruppen und Wirkungsweise von Greifeinrichtungen sind in Bild 3.6.11 aufgelistet: Greiferbacken können einfingrig, mehrfingrig oder in Sonderausführung z. B. als Saugnäpfe ausgebildet sein.

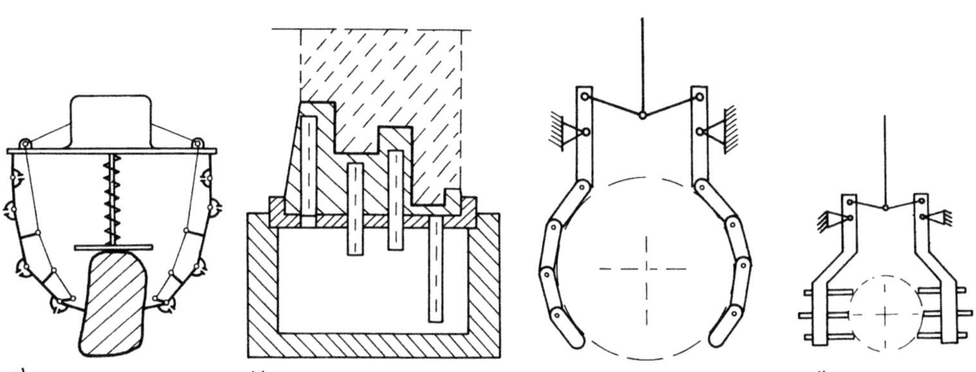

Bild 3.6.10 Einstellbare Greifeinrichtungen [6/2, 6/3]

Baugruppe	konstruktive ***Ausführung***
Greiferbacken	Einfinger, Mehrfinger, Sonderfinger
Greiferwechsel	Bajonett, Gewinde, Prisma, Flansch
Antriebsart	pneumatisch, hydraulisch, mechanisch, elektro-mechanisch, elektro-magnetisch, elektromotorisch
Kraftangriff	punktförmig, konstante Greifkraft über Greifbereich, zunehmende Kraft über Greifbereich, abnehmende Kraft über Greifbereich
Kraftübertragung	ohne Getriebe, Hebelgetriebe, Kurven-getriebe, Rädergetriebe, Zugmittelgetriebe
Greifübertragung	Kraftschluß, Formschluß, teilweiser Formschluß

Bild 3.6.11 Wirkungsweise von Baugruppen an Greifeinrichtungen

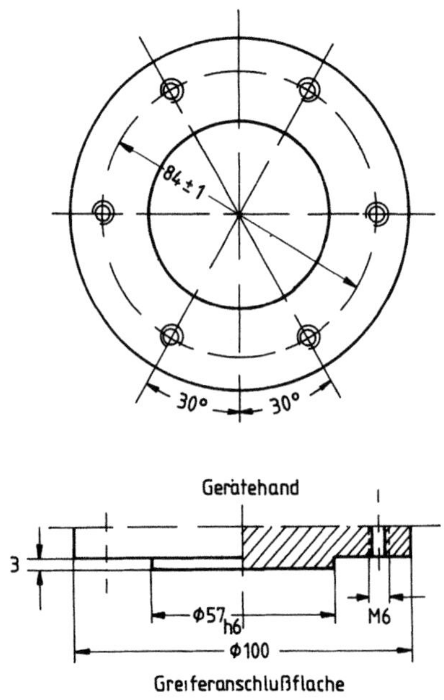

Bild 3.6.12
Flanschplatte als Anschlußmöglichkeit für einen Greifer

Durch Bajonettverschluß läßt sich ein Greiferwechsel sicherlich am schnellsten durchführen. Aber auch Gewindeverschluß, Prismenausführung und Flanschplatte ermöglichen einen Wechsel (Bild 3.6.12).

Hinsichtlich der Antriebsart gilt hier, was über die unterschiedlichen Antriebe der Manipuliereinrichtung des Industrieroboters gesagt wurde. Darüber hinaus sollte stets Beachtung finden, welche Antriebsmöglichkeit primär vom Hersteller konzipiert wurde. Welcher Kraftangriff gewählt wird und an welcher Stelle, hängt sehr stark vom Werkstück ab. Bei pneu-

matischem und hydraulischem Antrieb sowie bei elektromagnetischer Betriebsweise wird in der Regel auf ein Getriebe mit Kraftfluß verzichtet. Dagegen benötigen mechanische, elektromechanische Einheiten Getriebe, die auch an dieser Stelle als Harmonic-Drive-Getriebe ausgebildet sein können. Zur genauen Fixierung des Werkstückes sind formschlüssige Greifersysteme besser geeignet, als Greifer mit reinem Kraftschluß. Mit Rücksicht auf ein breites Teilespektrum sollten zur Bedienung von Werkzeugmaschinen kraftschlüssige Greifer verwendet werden.
Wie bereits im Abschnitt 3.5.1 (Raumachsen) erläutert, genügen drei Freiheitsgrade einer Handhabungseinrichtung, um einen Arbeitsraum zu beschreiben. Die handelsüblichen Industrieroboter verfügen größtenteils über vier bis fünf oft über sechs oder sieben Freiheitsgrade. Das heißt, zu den drei Achsen des Manipulatorarmes kommen noch zwei bis drei Bewegungsmöglichkeiten an der Greifeinrichtung. Diese Bewegungsmöglichkeiten sind notwendig, um z. B. aus dem Arbeitsraum von Werkzeugmaschinen, wo das Teil in einer ganz anderen definierten Lage festgespannt ist, das manipulierbare Objekt ohne Rücksicht auf die Stellung des Industrieroboters entnehmen bzw. einlegen zu können.
Die Werkstückzuführung bei Drehautomaten muß z. B. fluchtend zur Hauptspindelachse erfolgen. Meist läßt der Werkzeugmaschinenarbeitsraum Translationsbewegungen des Handhabungsgerätes in einer Hauptachse nicht zu. Im Bild 3.6.13 werden die Grenzwinkel der Hauptachsen von Industrieroboter zur Spindelachse einer Werkzeugmaschine aufgezeigt.

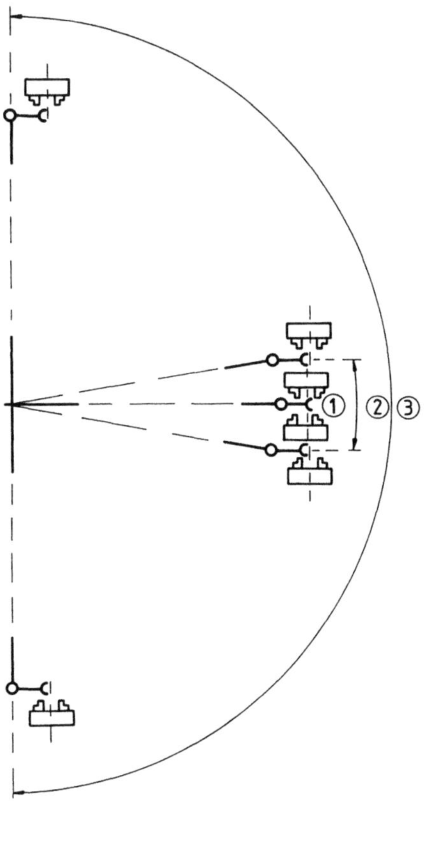

Bild 3.6.13

Grenzwinkel der Hauptachse eines Industrieroboters zur Spindelachse einer Werkzeugmaschine [4/12]

Man unterscheidet verschiedene Winkelbereiche:

1. für elastische Greifer.
   Der Industrieroboter wird zur Werkzeugmaschine ausgerichtet. Fluchtungsfehler werden durch den elastischen Greifer und eine erhöhte Anpreßkraft ins Futter ausgeglichen.
2. für sphärisch gelagerte Werkstückaufnahme im Greifer.
   Mit sphärisch gelagerten Greifern können größere Fluchtungsfehler zur Spindelachse ausgeglichen werden.
3. für Greifer mit zusätzlicher gesteuerter Rotationsbewegung parallel zur Rotationshauptachse.
   Damit ist die Industrieroboteraufstellung zur Lage der Werkzeugmaschine unabhängig [4/12].

Dieses Problem wird bei Mehrmaschinenbedienung so kompliziert, daß z.T. mehrachsige Industrieroboter mit komplizierter Greifergeometrie ab 5-Maschinenbedienung gefordert werden müssen.
Bild 3.6.14 stellt eine Industrieroboter-Greifeinrichtung dar, bei der die Greifkraft durch die Feder erzeugt wird. Damit wird bei Stromausfall ein Ausfallen der Greifeinrichtung verhindert [1/31]. In Bild 3.6.15 wird die konstruktive Ausbildung eines Sauggreifers gezeigt. Durch mechanische Druckbetätigung wird bei dem Greifer in Bild 3.6.16 die Spannzange betätigt. Die Greifeinheit eines Montagegreifers mit drei um 120° versetzten Klauen zeigt Bild 3.6.17. Dabei ist besonders beim Greifen prismatischer Objekte eine Parallelbewegung der Greifbacken von Bedeutung. Die kinematische Kette, die im rechten Teil des Schnittes zu erkennen ist, ermöglicht diese Bewegung [1/31].
Flexible Greifeinrichtungen, die die Flexibilität der Industrieroboter noch erhöhen und aus der typischen Großserienmaschine „Industrieroboter" eine Einheit machen könnten, die in der Mittel- oder Kleinserie einsetzbar ist, sind zur Zeit nicht in Sicht. Statt dessen konzentriert sich die Praxis augenblicklich in zwei Richtungen:

- Mehrfachgreifeinrichtungen und
- Wechselgreifeinrichtungen.

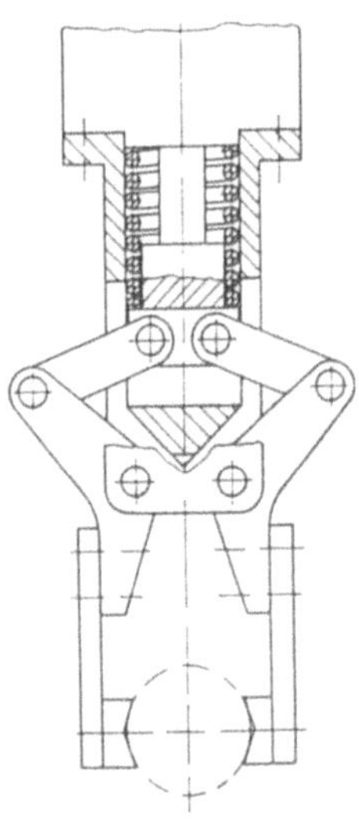

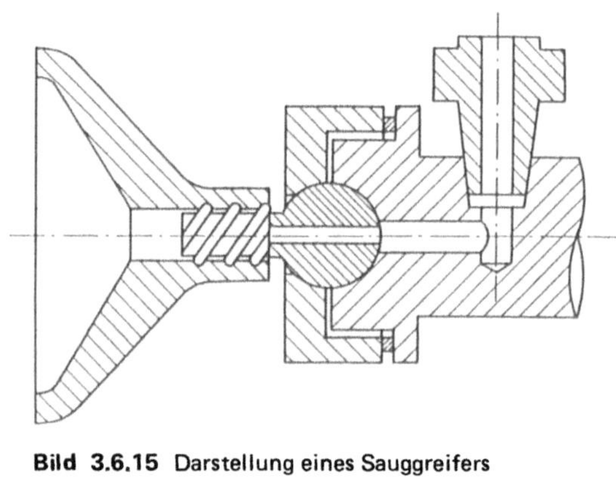

Bild 3.6.15 Darstellung eines Sauggreifers

Bild 3.6.14
Selbsthaltende Greifeinrichtung. Die Selbsthaltung wird durch die Druckfeder erzeugt. Eine Axialkraft bewirkt ein Öffnen der Greiferbacken

Ein typischer Aufnahmeflansch für ein Greiferwechselsystem ist in Bild 3.6.18 dargestellt [1/31]. Diese Greifeinrichtungen sind nicht ganz unproblematisch, da sie neben der Aufnahme und Zentrierung der einzelnen Greifer auch die am Greifer benötigte Energie übertragen müssen.

Bild 3.6.19 stellt noch eine Anzahl konstruktiver Möglichkeiten zur Lösung der Aufnahme und Zentrierung solcher Wechselgreifeinrichtungen dar.

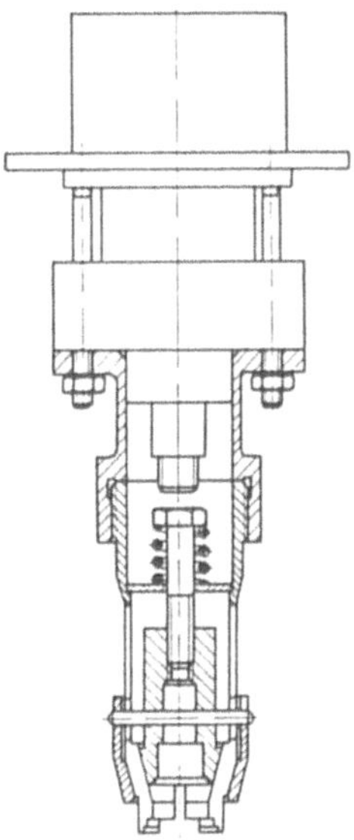

Bild 3.6.16
Spanngreifer, der durch einen Druckkolben betätigt wird

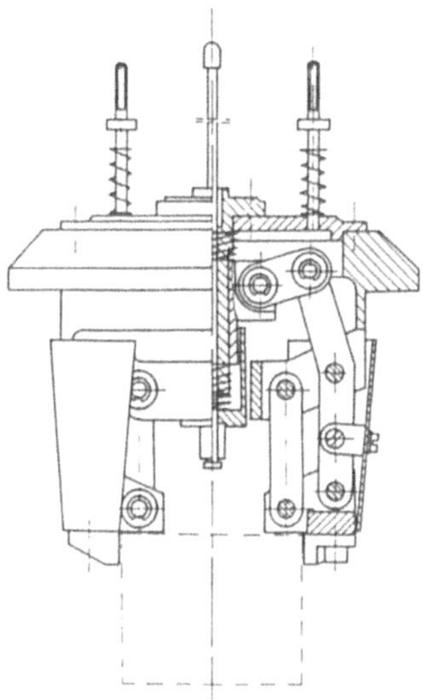

Bild 3.6.17
Montagegreifeinheit mit drei Parallelspannbacken

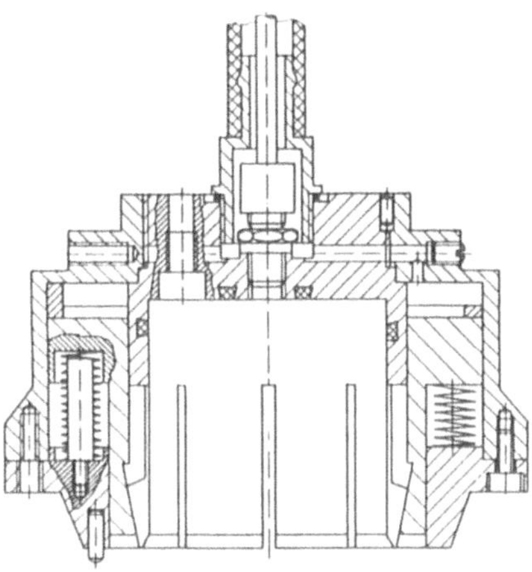

Bild 3.6.18
Wechselgreifeinrichtung zur Aufnahme verschiedener Greifer

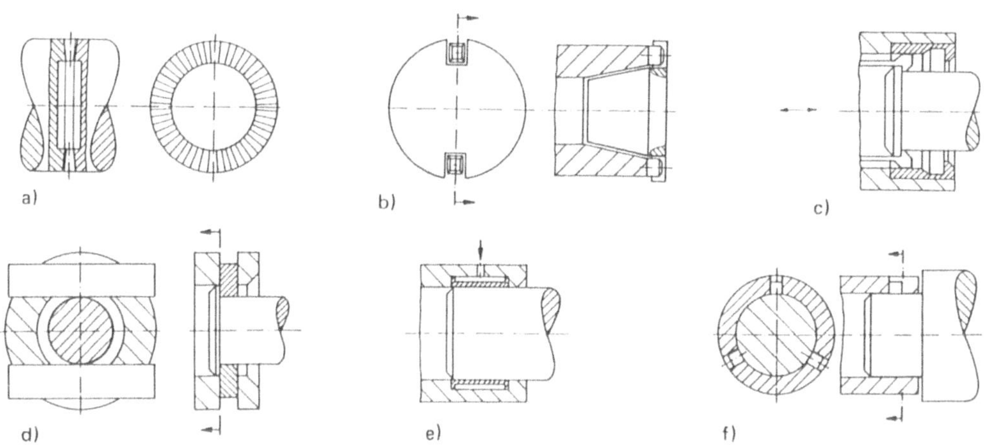

Bild 3.6.19 Verschiedene Möglichkeiten, Aufnahme und Zentrierung konstruktiv zu realisieren durch: a) Axialverzahnung b) Kegel und zwei Zapfen c) Spannzange d) Anschlag gegen Sperre e) Hydraulikverband f) Welle und drei 120° versetzte Zapfen

3.6.2 Werkzeughandhabung durch Greifeinrichtungen

Vor allem bei der *Werkzeughandhabung* ist die Beibehaltung einer genau planparallelen Lage der Werkstückoberfläche zur Werkzeugfläche wichtig, z.B. beim Spritzen, Bahnschweißen, Schleifen, Entgraten, so daß zu einem sphärischen oder torusförmigen Arbeitsraum noch eine mehrachsige Greifergeometrie notwendig ist. Darüber hinaus sind diese Werkzeuge anstelle von Greifeinrichtungen noch mit einfachen Sensoren ausgestattet, die über eine Rückkopplung

- den Schleifscheibenabrieb kompensieren,
- einen definierten Abstand des Werkzeuges zur Werkstückoberfläche gewährleisten (schweissen),
- eine planparallele Werkzeugführung zur Werkstückoberfläche realisieren.

Die Lastaufnahmefähigkeit moderner Industrieroboter ist groß. Ein Drittel aller Geräte hat eine Tragfähigkeit von 5 ... 15 kg. Über die Hälfte aller Manipulatoren dagegen hat eine weit größere Tragfähigkeit von 20 ... 50 kg.
Das kommt mit Sicherheit daher, daß ein Großteil aller Industrieroboter in der Schweißtechnik eingesetzt werden. Hier bewegen sie das Werkzeug. Natürlich sind nicht allein die Schweißzangen so schwer. Dafür müssen aber oft große Reichweiten ausgenützt werden, was zu einer Verminderung der Tragfähigkeit führt. Zum anderen müssen entweder Schweißtransformatoren auf dem Handhabungsgerät untergebracht werden oder der Industrieroboter muß zusätzlich das Gewicht und die Kraft aufwenden, um Leitungen zwischen Zange und Transformator zu handhaben.

3.7 Sensoren

In der Waffentechnik, zum Beispiel bei selbständig arbeitenden Waffensystemen, oder in der Fertigungstechnik bei adaptiven Regelungen von Werkzeugmaschinen werden *Sensoren* bereits eingesetzt. Sie dienen dort dazu

- das System schneller einsatzbereit zu machen,
- den Programmieraufwand zu verkleinern,
- den Prozeß zu optimieren,
- die vorhandenen Möglichkeiten besser auszunutzen.

Immer stärker drängt die Handhabungstechnik mit Industrierobotern zum Einsatz von Sensoren an Handhabungseinrichtungen. Die Gründe dafür sind offensichtlich, denn in der einfachen Handhabungstechnik und der Werkzeughandhabung sind die Einsatzmöglichkeiten freiprogrammierbarer Handhabungsautomaten durch

- ihre begrenzte Flexibilität,
- die minimale Wirtschaftlichkeit,
- den hohen Programmieraufwand, sowie
- ihre geringe Genauigkeit

bereits stark begrenzt.
Bei einigen Abläufen in der Fertigung ergeben sich Schwierigkeiten, die vorhandenen Einrichtungen wirtschaftlich in kleinen Serien zu programmieren. Hier sind Geräte mit hoher

Flexibilität gesucht, die auch auf zufällige Änderungen des Ablaufes reagieren können. Dazu müssen diese Geräte Informationen aus ihrer Umwelt gewinnen, sie auswerten, um damit dann aufgrund geeigneter Schemata darauf zu reagieren. Hier handelt es sich um Aufgaben, die die hochentwickelten Sinnesfähigkeiten des Menschen wie

- Sehen,
- Hören,
- Tasten,
- Schmecken,
- Fühlen

anwenden.
Die Entwicklung an Industrierobotern befaßte sich mit Sensoren, die

- Kontrollfunktionen,
- Tastfunktionen und
- Erkennungsfunktionen

besitzen. Anforderungen, die an komplizierte Sensorsysteme gestellt werden, sind:

- Flexibilität (d.h. Anpaßbarkeit an andere Betriebszustände),
- geringe Systemkosten (durchschnittlich genannte Zahl kleiner 20 TDM),
- einfache Bedienbarkeit (d.h., kein zu hoher Programmieraufwand),
- einfache Wartungs- und Instandhaltungstechnik,
- hohe Verarbeitungsgeschwindigkeit,
- gute Anpassung an vorhandene Betriebsbedingungen (d.h., relative Unempfindlichkeit gegen Zustände in Fertigungsbetrieben),
- Anpassbarkeit an vorhandene informationsverarbeitende Systeme,
- große Meßgenauigkeit,
- Sicherheit im Betriebszustand (Zurückweisung bei Fehlerkennung).

Dabei übernehmen Sensoren ganz allgemein folgende Aufgaben:

- Kontrolle auf Werkstückanwesenheit,
- Überwachung gegen Kollisionen,
- Dosieren ausgeübter Kräfte und Momente,
- Hilfe beim Positionieren,
- Bestimmung von Ort und Lage der Werkstücke,
- Unterscheidung verschiedenartiger Werkstücke,
- Sichtkontrollen bei Werkstückerkennungssystemen,
- Sortieren bewegter Teile,
- Behebung bzw. Ausgleich geringfügiger Mängel.

Da die wichtigste menschliche Wahrnehmungsfähigkeit das Sehen ist, wurde lange Zeit ein großer Entwicklungsaufwand für optische Erkennungssysteme betrieben, die eine beliebige Anzahl, beliebig geformter zum Teil sogar bewegter Gegenstände identifizieren konnten. Sehr bald stellte sich heraus, daß

- der Erkennungsaufwand sehr groß,
- die Erkennungsdauer sehr hoch,
- der Programmieraufwand und die Bedienbarkeit solcher Systeme, die sowohl mit optischen als auch taktilen Sensoren ausgerüstet waren, in einem ungünstigen Verhältnis zum betriebenen Aufwand waren.

Von diesem Zeitpunkt an ist der Trend in der Entwicklung und beim Einsatz von Sensoren für stark begrenzte Teilgebiete und Anforderungen erkennbar.
Allgemein ergeben sich Einsatzmöglichkeiten für Industrieroboter, die mit Sensoren ausgestattet sind, beim:

- Handhaben
  - Magazieren
  - Weitergeben,
  - Ordnen,
  - Eingeben,
  - Positionieren,
  - Sortieren,
- Fügen,
- Justieren,
- Kontrollieren,
  - Messen,
  - Prüfen,
  - Aussortieren
- Sonderaufgaben
  - Markieren,
  - Reinigen,
- Schweißen,
- Entgraten,
- Schleifen.

Durch Lösen von Teilaspekten ist der vermehrte Einsatz von Sensoren, zum Teil wesentlich einfacherer Bauart, zu beobachten. Diese Teilaspekte schränken natürlich den Einsatz, die Flexibilität sowie die Wirtschaftlichkeit der Sensoren ein und erhöhen den Programmieraufwand und den Aufwand, der für die peripheren Anlagen betrieben werden muß.
Einfache Sensoren, wie zum Beispiel Endschalter, induktive Näherungssensoren, Laserstrahlen usw. übernehmen Kontrollfunktionen. Hier werden nur „ja – nein"-Entscheidungen benötigt, Zustände, die in einfachen elektrischen Steuerungen schnell verarbeitet werden können.
Echte taktile Sensoren für Tastaufgaben messen meistens eine physikalische Größe. Dabei sind Kräfte und Temperaturen noch relativ einfach zu erfassen zumal, wenn man auch hier, wie bei den Sensoren mit Kontrollfunktion, das Niveau der Messung auf wenige Zustände vereinfachen kann. Schwieriger bereits erfolgt die Messung von geometrischen Abmessungen oder von Momenten.
Hier bestehen die Sensoren, wie Bild 3.7.1 zeigt, aus mehreren Teilsystemen wie

- Aufnehmer,
- Wandler,
- Verstärker und
- Auswerter

mit unterschiedlichen Eigenschaften dieser Teilsysteme, die größtenteils aus ihrer Bauart her resultieren.
Die Realisierung von Erkennungsaufgaben ist schließlich von größter Schwierigkeit und, was die vorgenannten Anforderungen angeht, noch immer nicht allgemeinbefriedigend gelöst.

Sensor				System
Aufnehmer	Wandler	Verstärker	Auswerter	Teilsystem
berührend, berührungslos	analog-digital, digital-analog, Impulszählung	linear, nicht-linear	Meßergebnis digital, analog, direkt, indirekt	Systemeigenschaften

Bild 3.7.1 **Teilsysteme (Eigenschaften) eines Sensors** [8/4]

Durch

- Vereinzelung der Teile,
- geordnete Werkstücklage (Anschlag, Ebene, stabile Auflageart),
- mustergerechte Konstruktion der Teile,
- gute Szenenausleuchtung

werden Vereinfachungen eingeführt, die es erlauben, das restliche Problem, zum Beispiel das Sortieren von 10 bis 20 unterschiedlichen Werkstücken, die sich an einer Sortierstation vorbeibewegen, zu verwirklichen.
In der Folge soll versucht werden, für die Sensoren mit Kontroll-, Tast- und Erkennungsfunktion der im Anhang 9 skizzierten Sensorverwirklichungen im Beispiel zu beschreiben.

3.7.1 Sensoren mit Kontrollfunktion

Diese Sensoren informieren den Industrieroboter darüber, ob einer von zwei oder auch mehr externen Zuständen eingetreten ist oder nicht. Meist wird ein taktiler Sensor eingesetzt, also ein Sensor, der mit Berührung arbeitet, zum Beispiel ein Endschalter. Aber auch berührungslose Endschalter, Hallgeneratoren oder sogar Laserstrahlen finden Anwendung.
Zur Überprüfung der Höhe eines Blechplatinenstapels, von dem durch einen Sauggreifer die jeweils oberste Platine aufgenommen werden soll, wird ein taktiler Sensor eingesetzt (Bild 3.7.2), der am Manipulatorarm befestigt ist. Der taktile Sensor ist ein Endschalter, der programmtechnisch als Interrupt programmiert ist und bei Betätigung den weiteren Programmablauf einleitet, das heißt also Aufheben und Handhaben der obersten Blechplatine.
Die Firma Retab setzt zur Palettierung einen Industrieroboter vom Typ Retab IRc-30 ein. Palettiert wird eine Hubtischeinrichtung, die, sobald eine Lage bedeckt ist, abgesenkt wird. Die Kontrolle, ob die Hubtischeinrichtung abgesenkt wurde, erfolgt, damit keine Kollision zwischen Industrieroboter und Peripherie stattfindet, durch einen diagonal über die Hubtischeinrichtung gehenden Laserstrahl (Bild 4.28).

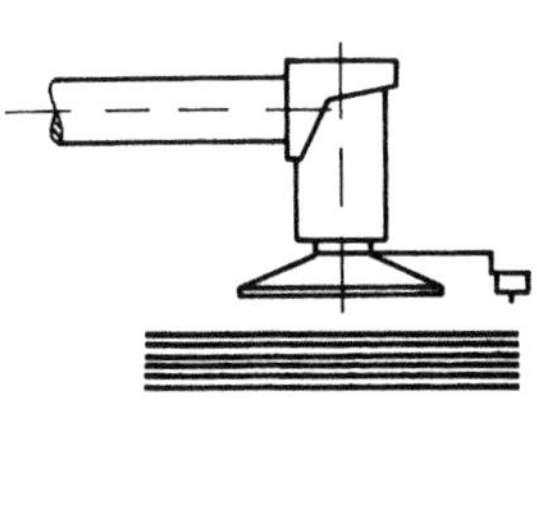

Bild 3.7.2
Sauggreifer mit taktilem Sensor

Kollisionsprobleme können auch beim Lichtbogenschweißen auftreten. Damit nun hierbei nicht die komplizierte und kostspielige Brennereinrichtung zerstört wird, wurde von der Firma IWKA der Brenner an den entsprechenden Industrierobotern der Typen KUKA in einer Kugelkopfhalterung gelenkig angebracht. Bei leichter Berührung drückt ein Stift einen Endschalter, so daß dadurch sofort neben einem Abklappen der Brenneranordnung innerhalb des Gelenkes eine Bewegungsänderung durch die Industrierobotersteuerung eingeleitet werden kann.

Bei der Firma Hitachi werden bei Kehlnähten induktive Näherungssensoren in der Anordnung nach Bild 3.7.3 angebracht, die für eine Zwangssteuerung des Brenners auf eingestellten Minimalabstand sorgen.

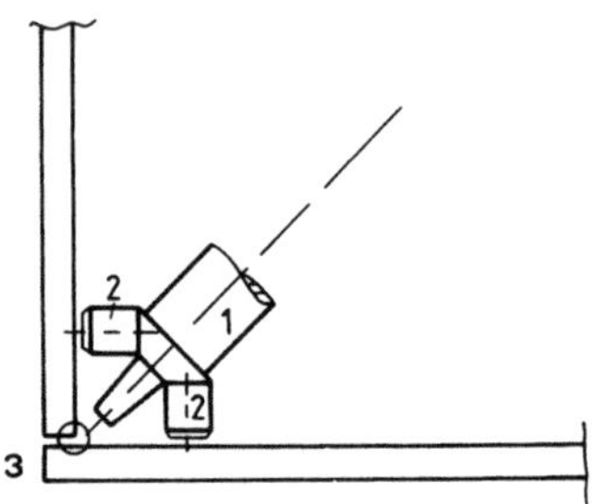

Bild 3.7.3
Schweißbrenner für Kehlnähte mit zwei induktiven Näherungssensoren
1 Schweißdüse, 2 Sensor, 3 Schweißstelle

Diese Art der beschriebenen Sensoren mit Kontrollfunktion in Form von Endschaltern ist weit verbreitet, handelsüblich und wartungsfreundlich. Da nur jeweils selektive Zustände beschrieben werden, eignet sich diese Art von Fühlern dann nicht, wenn in kurzer Zeit ein Spektrum von Messungen übermittelt werden soll.

3.7.2 Sensoren mit Tastfunktion

Tastfunktionen werden weitgehend bei Montagetätigkeiten benötigt oder dort wo „feinfühlig" mit Werkzeugen statt Greifeinrichtungen, also beim Entgraten oder Schleifen, gearbeitet werden muß. Diese Art der Tätigkeiten sind

- eintönig,
- immer wiederkehrend in ihrem Ablauf einerseits sowie
- staubig und
- viel Kraft erfordernd andererseits.

Je länger ein Mensch sie ausführt, desto größer ist seine Geschicklichkeit darin und um so kürzer ist die Zeit, die er zu ihrer Ausführung benötigt. Um so schwieriger wird es aber auch, diese Art von Tätigkeiten mit Industrierobotern zu automatisieren.

Im Gebiete der Großserie mit ihren langen Umrüstzeiten sind hier selten Schwierigkeiten zu erwarten. Mittelserien und Kleinserien sind nur durch Industrieroboter, die mit Sensoren bestückt sind, zu realisieren. Eine Analyse des VDMA zeigt, wie wichtig in der Tat eine Automatisierung auf diesem Gebiete ist. 70% aller Fertigungskosten entfallen auf die Montage von Teilen. Eine Untersuchung dieser Montagevorgänge selbst zeigt Bild 3.7.4. Über zwei Drittel aller Montagevorgänge haben eine Vorzugsrichtung beim Fügen. Sie liegt in der Vertikalen von oben nach unten und wird vermutlich durch die hier gut zur Wirkung kommende Schwerkraft bevorzugt angewandt. Ein Drittel aller Fügeoperationen umfaßt das einfache Fügen eines Bolzens in ein Loch. Aber bereits ein weiteres Drittel aller Fügevorgänge wird durch das Eindrehen, beispielsweise Schrauben, beherrscht. Damit lassen sich bereits Forderungen für das Aussehen einfacher Handhabungseinrichtungen für spezielle Fälle beim Fügen anstellen.

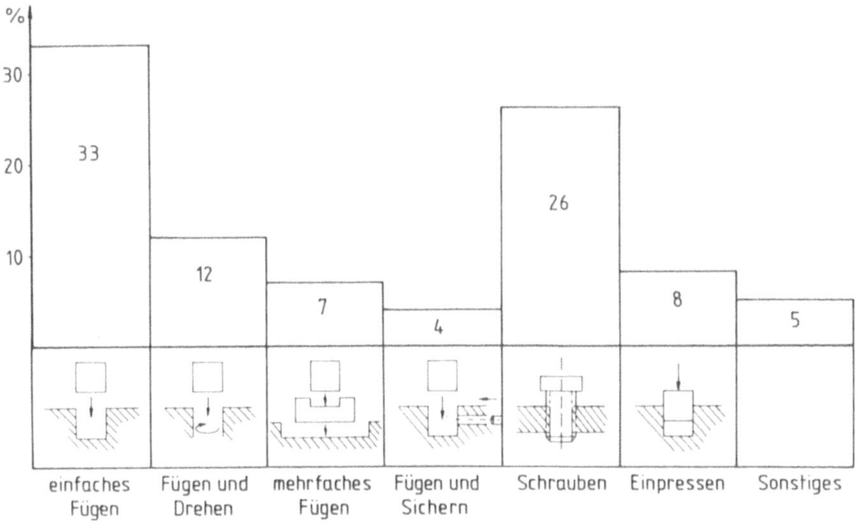

Bild 3.7.4 Untersuchung der Montagevorgänge hinsichtlich Häufigkeit der Einbaurichtung [8/30]

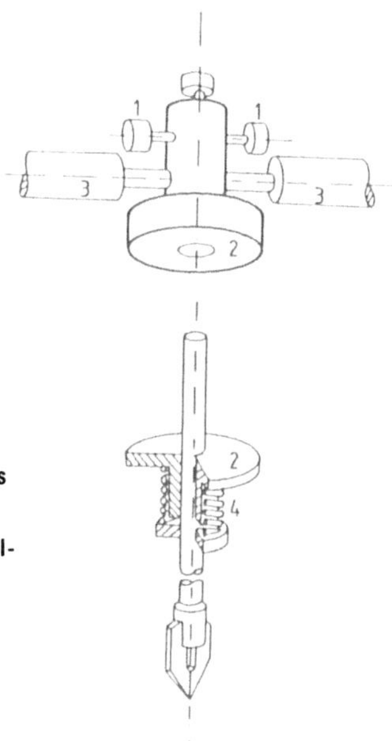

Bild 3.7.5

Aufbau des Greifergelenkes des Montageindustrieroboters SIGMA/MTG von Olivetti

1 Wegaufnehmer, 2 Gleitflächen (xy-Ebene), 3 Rückstellfeder, 4 Feder (z-Achse)

Die Handhabungseinrichtungen lassen sich vereinfachen, wenn Einschränkungen zugelassen sind, wie zum Beispiel beim Fügevorgang, der von der Firma Olivetti auf dem Industrieroboter SIGMA/MTG ausgeführt wird, wo die Teile vereinzelt oder lagerichtig zugeführt werden und der entsprechende Kraftsensor (Bild 3.7.5) nur die Funktion einer Überlastsicherung ausführt. Das heißt, hier liegt der Fall einer geordneten Montage vor. Um diesen Ordnungszustand zu schaffen und ihn aufrecht zu erhalten, ist ein umfangreicher Aufwand von bedienendem Personal und komplizierter Peripherie nötig, so daß sich die Frage der Wirtschaftlichkeit stellt. Wobei hier Montagefälle automatisiert sind, die, wie zum Beispiel die Montage von Integrierten Schaltungen auf Leiterplatten bei der Firma Olivetti, automatisch schneller und leichter erfolgt als durch Menschen.

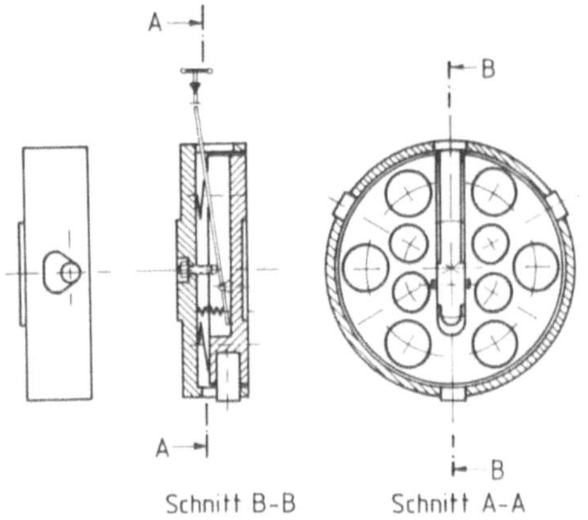

Bild 3.7.6
Federbetätigter Kraftsensor als Überlastschutz gegen Kollision, von VW

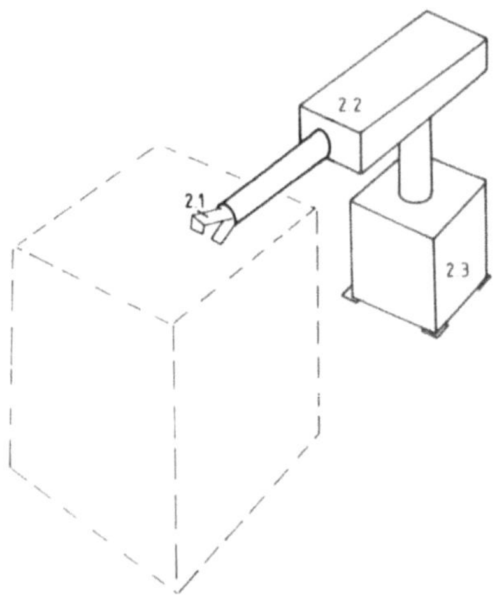

Bild 3.7.7
Anbaumöglichkeiten für taktile Sensoren [8/5]
1 außerhalb der Systemgrenzen und des Arbeitsraumes
2 innerhalb der Systemgrenzen im
  2.1 Greifer
  2.2 Manipulatorarm
  2.3 Antriebssystem

Der andere Fall eines einfachen Kraftsensors, der nur in einer Richtung wirkt, wird bei der Firma VW praktiziert, im Falle der Handhabung von Hinterachsen. Diese Teile sind sehr sperrig und eine Kollision im knapp bemessenem Sicherheitsbereich nie ganz auszuschliessen. Um im Falle eines Zusammenstoßes den Schaden möglichst klein zu halten, ist ein federbetätigter Kraftsensor (Bild 3.7.6) zwischen Greifer und Arm eingebaut, der die Funktion einer Sollbruchstelle hat.
Sensoren mit Tastfunktion sind ausschließlich taktile Sensoren. Ihre Anbaumöglichkeiten sind im Bild 3.7.7 aufgezeigt. Sensoren außerhalb der Systemgrenzen des Industrieroboters (also seines Arbeitsraumes) wurden bereits früher durch die Fühler als Kontrollelemente abgehandelt. Sensoren innerhalb der Systemgrenzen können prinzipiell überall da angebaut werden, wo sie benötigt werden:

- im und am Greifer,
- im und am Manipulatorarm,
- an den Führungen und Gelenken sowie
- in den Antriebssystemen.

Anordnung, Aussehen und Konstruktion der Sensoren ist hauptsächlich von der Installation und dem jeweiligen Einsatzbereich abhängig. Sie werden in der Regel für zwei oder drei Achsen ausgelegt. Als Konstruktionselemente werden z. B. induktive, kapazitive oder pneumatische Geber, Relais oder Endschalter usw. verwendet. Die Anordnung der Sensoren kann beispielsweise an der Roboterhand oder Peripherie an Werkzeugen, Werkstückhaltern, Schweißpistolen usw. vorgesehen werden.

Das Industrierobotersystem mit adaptiver Steuerung stellt eine Weiterentwicklung des Robotersystems der ASEA dar. Das adaptive System umfaßt eine erweiterte Software, die mehrere neue Funktionen beinhaltet. Die adaptive Steuerung läßt sich durch ständige Signale, die von der Geometrie des vorhandenen Werkstücks geprägt werden, beeinflussen. Die von den an das System angeschlossenen Sensoren erzeugten Signale gelangen über eine Sensoranpassung in das adaptive Steuerungssystem.

Die Ausführung des adaptiven Systems ermöglicht, die ursprünglich nicht adaptiven ASEA-Roboter so abzuwandeln und zu komplettieren, daß sie an unterschiedliche Aufgaben anpaßbar werden.

Die adaptiven Funktionen werden in Sensorsteuerungsfunktionen und Korrekturfunktionen aufgeteilt. Das Prinzip der Sensorsteuerung ist, daß die Stellung oder Bewegung des Roboters irgendwo durch die bei den Arbeitszyklen entstehenden Sensorsignale beaufschlagt wird. Die Sensorsteuerung wird ihrerseits in Geschwindigkeitssteuerung, Suchen und Folgen aufgeteilt [3/42].

Durch eine Zeitkorrekturfunktion in einem Programm kann man die Zeiten nachfolgender Linearpunkte und adaptiver Punkte ändern. Der Endpunkt aller Verschiebungen kann abgespeichert und mittels einer Punktkorrigierfunktion automatisch in eine beliebige Verschiebeinstruktion überführt werden. Die automatische Programmjustiermöglichkeit ergibt eine größere Flexibilität, z. B. beim Schweißen (Bild 3.7.8)

Diese Art von Sensoren lösen auch Probleme des adaptiven Greifens (Bild 8.2 Firma MAN) oder das System eines Gewichtssensors (Bild 3.7.9) der Universität Nagoya, bei dem die

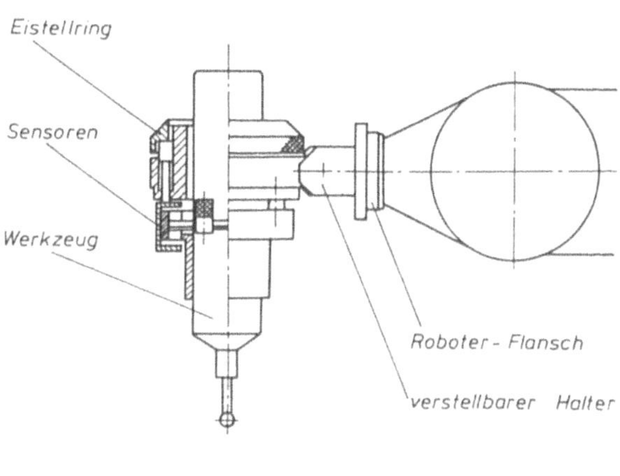

Bild 3.7.8
Im Werkzeug angeordneter Sensor

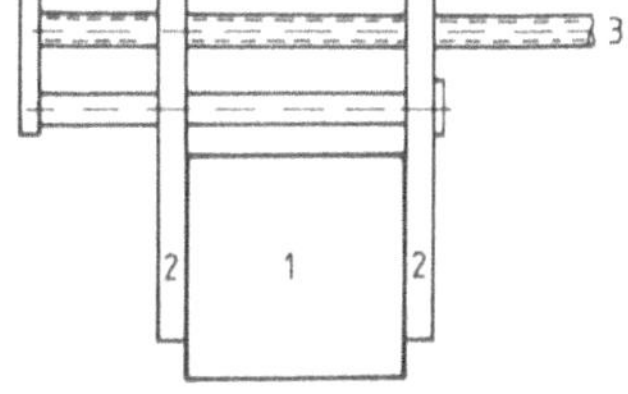

Bild 3.7.9 Gewichtssensor der Universität Nagoya [8/28]

1 Werkstück,
2 Greiferbacken,
3 Kugelumlaufspindel

Greifkraft des Fingermotors in sieben Stufen unterteilt ist. Zunächst faßt der Greifer das Teil mit geringer Kraft. Wenn keine Veränderung am Verbiegungsmesser erfolgt, so nimmt der Motorstrom bis zur nächsten Stufe zu usw. Der in der Industrierobotersteuerung integrierte Rechner zählt die Stufen und kennt damit das Teilegewicht. Die Verbiegungsmessung erfolgt mit Dehnungsmeßstreifen.

Eine Kombination von Kraftsensor im Greifer und Drucksensor im Handgelenk des Manipulatorarmes zeigen die Abbildungen im Bild 3.7.10. Dieses von der Universität Leuben entwickelte System von federbetätigter Rückkopplung und Auswertung von Kräften und Momenten, die bei Montagevorgängen auftreten, wird immerhin von einem 32 kB Arbeitsspeicher umfassenden Microcomputer gesteuert.

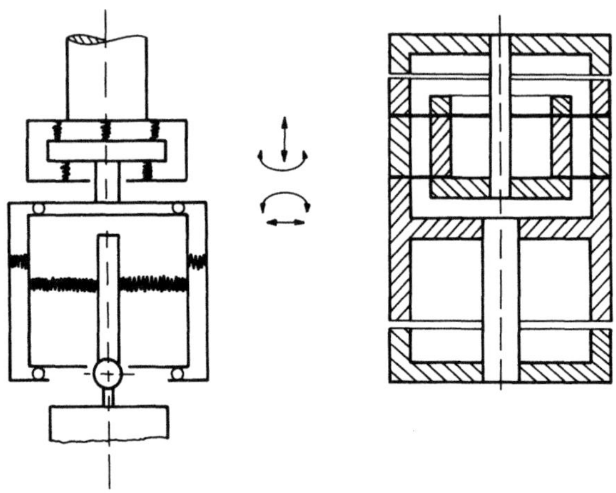

Bild 3.7.10
Kombination von Drucksensor (links) und Kraftsensor (rechts) der Universität Leuven ± 20 N, Ø 80 × 100 mm

Die Automatisierung von Arbeitsprozessen erfordert aufwendige taktile Sensoren mit Kraft- und Momentmeßeinrichtungen, mit deren Hilfe das menschliche Tastempfinden nachvollzogen werden kann. An der Nagoya Universität in Japan wurden 1972 erstmals taktile Sensoren in die Greifflächen integriert. Diese adaptiven Greifkraftregelungen erlaubten die Handhabungen empfindlicher und verformbarer Teile.

Das Automation Research Laboratory der Universität Kyoto in Japan hat einen Dreibackengreifer für stehende zylindrische Teile entwickelt. Der Greifer besitzt an den Spitzen je einen Näherungsfühler, aus dem ein Luftstrahl austritt. Der Greifer stoppt kurz über dem Werkstück, wenn mindestens ein Fühler die Berührung meldet. Die Backen öffnen sich stufenweise, bis keiner der Luftstrahlen mehr das Objekt trifft.

Von der Maschinenfabrik Augsburg Nürnberg wurde ein adaptives Greifsystem entwickelt, bei dem in einem der beiden Greifbacken Potentiometer als Meßgrößenaufnehmer eingebaut sind. Die Meßgrößen sind das Gewicht des Objektes und die ausgeübte Greifkraft. Überhöhte Greifkräfte werden durch einen Rutschsensor in einer Backe vermieden [3/44].

Der Einsatz solcher Greifsensoren ist hauptsächlich bei Industrierobotern für Forschungszwecke und in der Kerntechnik interessant. Für Industrieroboter ist eine Greifkraftsteuerung in vielen Fällen ausreichend, so daß auf die wesentlich teurere Regelung verzichtet werden kann (Bild 3.7.11).

Von der Firma Hitachi wurde ein Greifer (Bild 3.7.12) mit der Bezeichnung HI-T-HAND mit 14 Berührungs-, 4 Druck- und 6 Kraftsensoren, die von einem HITAC 7250 Rechner gesteuert werden, entworfen.

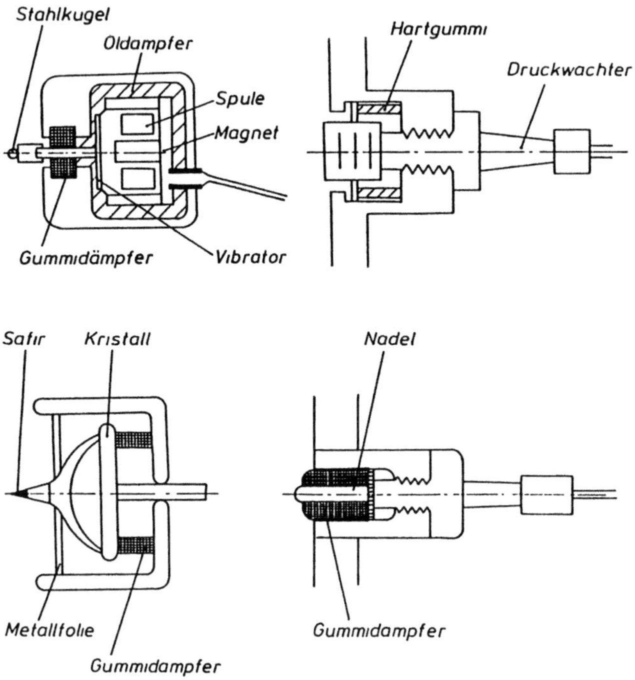

Bild 3.7.11
Verschiedene Rutschsensoren zum Einbau in die Greiferflächen (Waseda Universität)

Bei Montagevorgängen kommt es auf hohe Fügegeschwindigkeiten an. Hohe Geschwindigkeiten und somit kurze Taktzeiten werden durch geringe Massen des Systems erreicht. Durch elektronisch gesteuerte Schrittmotoren werden die Korrekturbewegungen erzeugt. Das System ist in der Lage, Bolzen mit 3/100 mm Toleranz bei 20 mm Durchmesser nach weniger als 0.5 s Suchzeit zu fügen. Während des Fügens kann bei nicht exakt fluchtenden Achsen eine Verklemmung auftreten. Es müssen daher auch kleinste Kippwinkel registriert und verarbeitet werden [3/44]. Die entwickelte Fügehilfseinrichtung ist für den Anbau an einen Industrieroboter konzipiert. Der Roboter übernimmt die Grobpositionierung. Der eigentliche Fügevorgang wird von der Fügehilfseinrichtung selbsttätig ausgeführt. Dabei steht der Industrieroboter still und fährt erst nach erfolgreichem Fügevorgang im Programmablauf weiter (Bild 3.7.13).

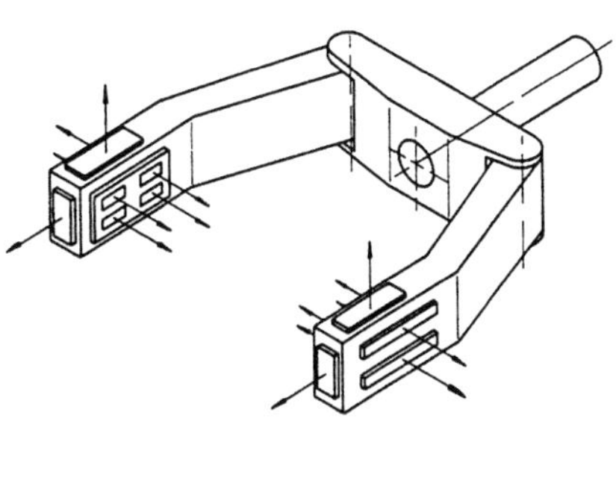

Bild 3.7.12 Hi-T-HAND der Firma Hitachi

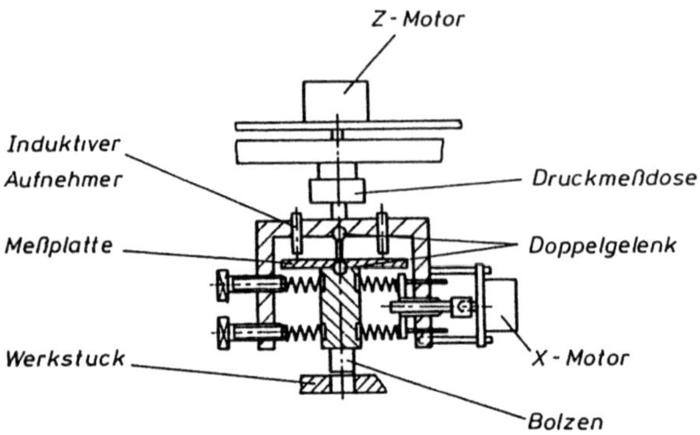

Bild 3.7.13

Schema eines taktilen Sensors zum Fügen (IPA)

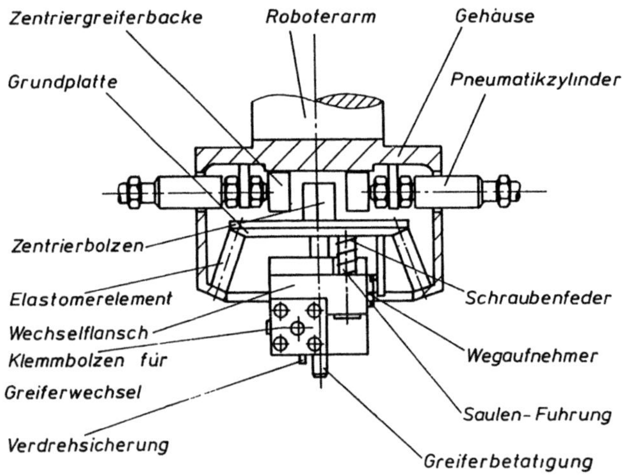

Bild 3.7.14

Aufbau eines taktilen Sensors

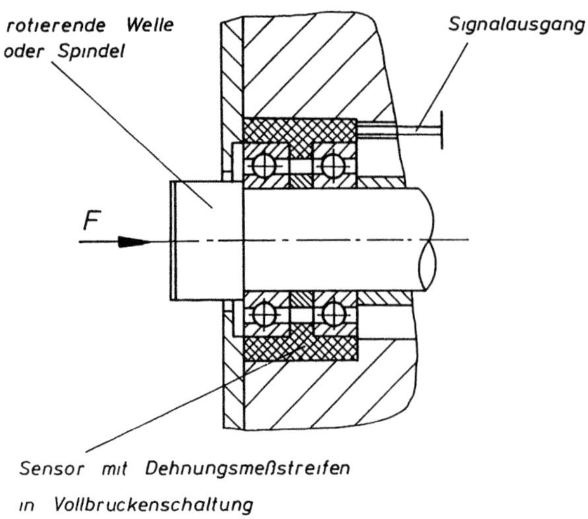

Bild 3.7.15

Kraftsensor zum Axialkraftmessen bei spanender Bearbeitung

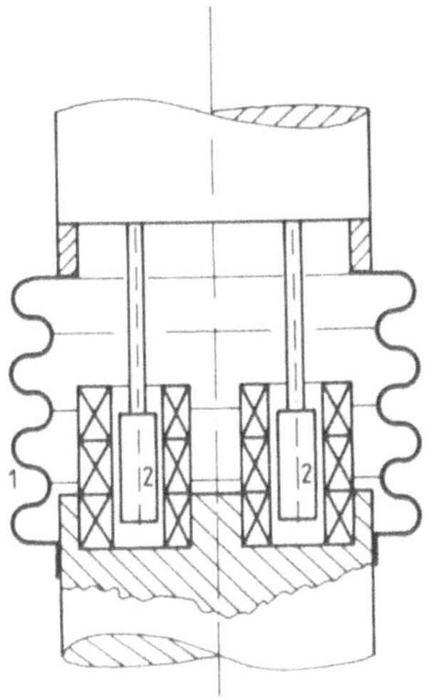

1 Faltenbalg,
2 Differentialpotentiometer

Bild 3.7.16 Kraftsensor der Firma Sumitomo Heavy Ind [1/3]

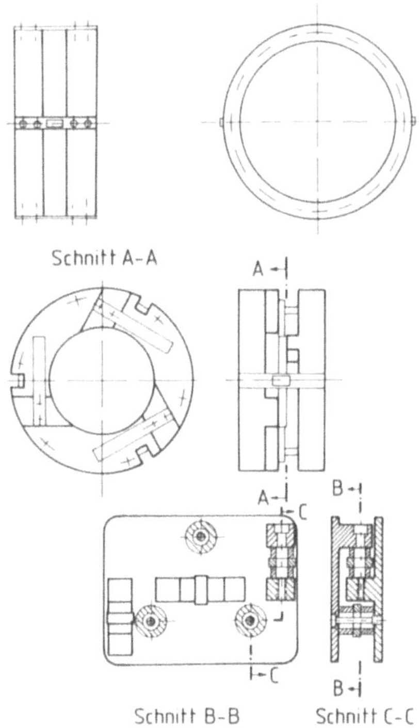

Bild 3.7.17 Kraftsensoren der Universität Stuttgart [8/5]

In Bild 3.7.14 wird der Aufbau des Sensors gezeigt, bei dem der Wechselflansch zur Aufnahme von Greifern und Werkzeugen an einem System aus Elastomer-Elementen und Schraubenfedern aufgehängt ist. Damit kann den auf den Greifer einwirkenden Kräften weich nachgegeben werden. Durch einen am Arm des Industrieroboters fest angebauten Zentriergreifer kann der weich aufgehängte Wechselflansch in eine definierte Nullage gebracht und dort gespannt werden [3/41].

Zum Überwachen der Axialkräfte bei der spanabhebenden Bearbeitung setzt Coromant (Sandvik) einen Sensor entsprechend Bild 3.7.15 ein. Die Entwicklung erfolgte in Zusammenarbeit mit der Otto Wopert GmbH, Ludwigshafen. Die Messung setzt konstante Schnittgeschwindigkeiten und Vorschübe voraus. Sie ermöglicht die Erfassung von Funktions- und Bedienungsfehlern, so daß Korrekturmaßnahmen automatisch eingeleitet werden können [3/41].

Im Bild 3.7.16 ist ein zum Schleifen von komplizierten Flächen eingesetzter Kraftsensor der Firma Sumitomo Heavy Ind. zu sehen. Die Kraftübertragung erfolgt über einen Faltenbalg, die Messung der Kräfte geschieht über die vier Differentialtransformatoren.

Die Vielfalt der Lösungsmöglichkeiten soll auch hier noch durch drei weitere Alternativen im Bild 3.7.17 angedeutet werden. Von oben nach unten sind zunächst zwei Kraft- und Momentsensoren auf der Basis von Dehnungsmeßstreifen skizziert, wobei die mittlere Meßeinrichtung eine erhöhte Torsionssteifigkeit besitzt. Dafür arbeitet der untere Kraftaufnahmer mit Meßringen und Dehnungsschrauben. Die noch größere Steifigkeit wird durch einen erheblichen finanziellen Aufwand erkauft. Die Einrichtungen wurden von der IPA der Universität Stuttgart entwickelt. Der Einsatz der mittleren Kraft- und Momentenmeßeinrichtung erfolgte bei einem Entgratvorgang. Je drei der insgesamt sechs Widerstände der Dehnungsmeßstreifen sind eine Funktion für die je drei Kräfte und Momente im Raume. Diese Sensorsignale werden einem Prozeßrechner zugeführt. Die drei letzten Skizzen zeigen besser als jede Erklärung die Schwierigkeiten, die bei einer Kraft- und Momentenmessung in nur zwei Ebenen auftreten. Die jeweils angesprochenen Dehnungsmeßstreifen werden von einem Rechner ausgewertet, der dann eine Koordinatentransformation für die Steuerung des Manipulatorarmes des Industrieroboters einleiten muß. Das heißt, die Signale der Dehnungsmeßstreifen-Halbrücken werden Trägerfrequenzmeßverstärkern zugeführt, die sie demodulieren und verstärken. Über ein Interface werden diese Werte einem Prozeßrechner zum Beispiel vom Typ PDP 11/03 zugeleitet. Hier werden jetzt die erforderlichen Weg- und Geschwindigkeitssollwerte errechnet und über ein weiteres Interface der Industrierobotersteuerung übergeben. Der Prozeßrechner ermittelt also aus allen Informationen (Sensor-Kräfte, Momente, Industrierobotersteuerung — Soll-/Istwertvergleich) die neuen Sollwerte für die Industrierobotersteuerung. Die logischen Verknüpfungen hängen jeweils von der entsprechenden Arbeitsaufgabe ab. Es müssen also genauso viele Unterprogramme mit sehr kurzen Zugriffszeiten gespeichert werden. Diese Unterprogramme sind im Assembler (Maschinensprache eines Digitalrechners) gehalten, um sie möglichst kompakt zu gestalten. Hier zeigt sich bereits, daß für relativ einfache Arbeitsvorgänge, wie Entgraten und Schleifen, starke Unterschiede der Grate vorausgesetzt, eine umfangreiche Hardware aber auch eine umfangreiche Software vorliegen muß.

Diese Systeme befinden sich alle noch im Stadium des Versuches. Einfachere Systeme, wie zum Beispiel eines von der Firma ASEA, arbeiten auf der Basis eines flexiblen Handgelenkes, das ähnlich wie bei einer fixierten Lage des Industrieroboters bei der Teileingabe an Werkzeugmaschinen geringe Fluchtungsfehler auszugleichen vermag, wenngleich hier gesagt werden muß, daß größere Fluchtungsfehler zum Beispiel bei der Werkzeughandhabung (entgraten, schleifen) sich negativ auf die Werkzeugstandzeiten auswirken.

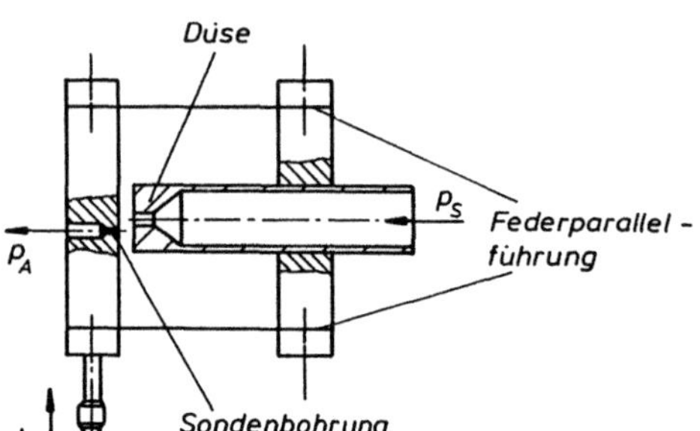

Bild 3.7.18 Mechanisch-fluidischer Sensor zur Längenmessung

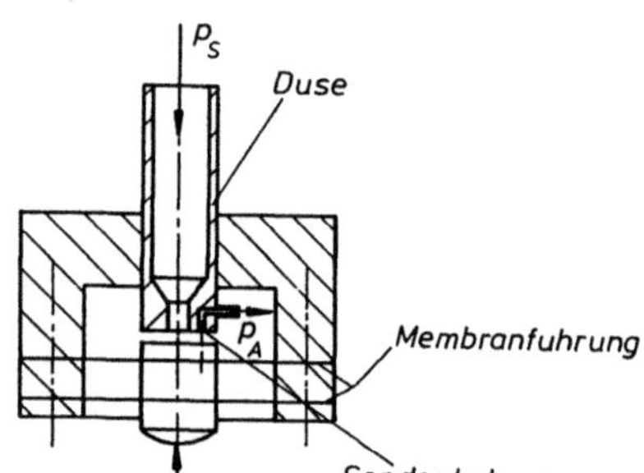

Bild 3.7.19 Mechanisch-fluidischer Sensor zur Kraftmessung

Taktile Sensorfunktionen können nicht nur über elektrisch oder mechanisch arbeitende, sondern zum Beispiel auch über pneumatisch betätigte Sensoren erreicht werden [4/46]. Bild 3.7.18 zeigt einen mechanisch-fluidischen Sensor zur Längenmessung. Hier ist eine Kombination zwischen ebener, translatorischer Führung und fluidischem Sensor dargestellt. Die Abtastung des Druckprofils, das sich zwischen Düsenstirnfläche und Prallplatte aufbaut, geschieht mit einer Sondenbohrung in der Prallplatte. Die genaue Führung der Prallplatte wird mit einer Federparallelführung erreicht.

Bild 3.7.19 stellt einen mechanisch-fluidischen Sensor zur Kraftmessung dar. Um eine Vielzahl von Feder-Sensor-Kombinationen zu erhalten, ist man bestrebt, das elastische Glied, das die Kraft in eine Längenänderung umformt, nur kleinen Längenänderungen auszusetzen. Möglicherweise finden sich für diese Geräte unter Berücksichtigung des absoluten Explosionsschutzes Anwendungsfälle. Ansonsten sei auch hier auf die Schwierigkeiten der Luftreinhaltung bei der Arbeit mit Fluidikelementen und auf das Verzögerungsverhalten gegenüber Elektronikbauteilen hingewiesen.

3.7.3 Sensoren mit Erkennungsfunktion

Bei Montage-, Sortier- und Kontrollvorgängen an Werkstücken, die automatisiert werden müssen, treten *Erkennungsprobleme* auf.
Das wohl bekannteste automatische Montagesystem ist das der Firma Hitachi mit zwei Manipulatorarmen, drei Fernsehkameras zur Lageorientierung der Teile, vier Fernsehkameras zur Überwachung des Fügeprozesses und zwei Fernsehkameras in jedem der Manipulatorarme sowie 30 Meßwertaufnehmern in den Greifern. Gesteuert wird der Montagevorgang von Staubsaugerteilen durch zwei Computer, wobei der eine die optischen, der andere die taktilen Sensoren zu überwachen und zu steuern hat. Die Teile werden unsortiert an einer bestimmten Stelle angeliefert. Die Montage von Motoren und Staubsaugergehäuse sowie der Filtereinheit dauert dann ca. zwei Minuten.
Die Probleme, die so ein automatischer Montagevorgang aufwirft,sind offenkundig:

- Kollisionsprobleme der beiden Manipulatorarme,
- Koordinierung der taktilen und optischen Sensoren,
- Koordinierung der Manipulatorarme,
- Systemprogrammierung,
- nicht zu lange Erkennungs- und Handhabungszeiten sowie
- keine große Flexibilität.

Man bedenke, selbst bei befriedigender Lösung aller Probleme, den Aufwand zur Montage von nur wenigen Teilen, wobei noch zu berücksichtigen ist, daß hier keine allzu hohen Genauigkeiten gefordert werden.
Auch im Falle der Mustererkennung von Teilen gilt, daß die Lösung von Teilproblemen bereits Ergebnisse gezeigt hat. Bevor hier aber einige vielversprechende Pilotprojekte, die sicher zur Anwendung kommen, behandelt werden, sei auf einige Aspekte aus den Tabellen Anhang 9, Sensoren mit Erkennungsfunktion, hingewiesen.
Beim menschlichen Sehen empfängt das Gehirn Form und Farbe eines Objektes durch Lichtstrahlen, welche von der Objektoberfläche reflektiert werden und das Auge passieren. Die empfangene Objektinformation wandert durch verschiedene Bereiche des Auges bis sie auf der Netzhaut projiziert wird. Um ein klares Bild des Objektes auf der Netzhaut zu erhalten, muß die Menge des in das Auge einfallenden Lichtes kontrolliert werden. Zuviel Licht verursacht einen Blendeffekt, während zu wenig Licht ein undeutliches Abbild erzeugt. Außerdem besteht die Notwendigkeit der Scharfeinstellung der Abbildung auf der Netzhaut dadurch, daß Licht durch die Iris in das Auge eintritt. Die Iris funktioniert wie eine Membrane und besitzt eine Öffnung, die Pupille. Die Iris reguliert die Lichtintensität durch Veränderung des Pupillendurchmessers. Dabei hat die Linse die Aufgabe, die Scharfeinstellung der Lichtstrahlen vorzunehmen, sowohl für Objekte in kurzer als auch weiter Entfernung. Signale vom Gehirn sorgen dafür, daß die Linsenoberfläche bei verschieden ent-

fernten Objekten einen entsprechenden Krümmungsradius annimmt, um ein scharfes Bild auf der Netzhaut zu erhalten. Die auf die Netzhaut wirkende Lichtenergie wird durch die elektrochemische Reaktion des Auges in elektrische Signale umgewandelt. Diese Signale definieren das Abbild nach hell und dunkel sowie nach farblichen Gesichtspunkten, also nach Parametern, die allen Abbildern gemeinsam sind. Die Sehnerven übermitteln dann die elektrischen Signale an das Gehirn, das die Verarbeitung der erhaltenen Informationen vornimmt.

Beim maschinellen Sehen ist das Auge ersetzt durch eine Kamera, welche Linse und Bildsensor enthält. Die Kameralinse muß scharf eingestellt und die Blende festgesetzt sein, gerade so, wie das Gehirn das Auge scharf einstellt und den Durchmesser der Iris bestimmt, damit die korrekte Lichtmenge einfällt. Die Netzhaut wird ersetzt durch ein Photodiodennetz, den Bildsensor. Dieser Sensor erzeugt elektrische Signale, die dem projezierten Abbild entsprechen. Die Bildsensor-Signale werden der Steuereinheit zugeführt, bestehend aus Mikroprozessor, Dateneingang und Datenanzeige. Die Steuereinheit produziert ein Signal, falls das inspizierte Objekt nicht erkannt wurde. Der Algorithmus für das Annahmekriterium befindet sich im Speicher der Steuereinheit. Die Lichtquelle liefert die korrekte Lichtmenge und Farbe. An teuren automatischen Fertigungseinrichtungen mit geringer Taktzeit kann eine kleine Zeitverzögerung bereits sehr kostspielig werden. Ein wichtiger Faktor beim Aufbau eines optischen Erkennungssystems ist die Beleuchtung des Objektes. Verschiedene Faktoren sind bei der Bestimmung dieser Objektbeleuchtung zu beachten:

- Lichtintensität,
- Objektoberfläche,
- Lichtdurchlässigkeit,
- Lichtverteilung,
- Wellenlänge,
- räumliche Einschränkungen,
- Abstand Beleuchtungsquelle – Objekt,
- Abstand Objekt – Kamera,
- Objektgröße,
- Objektform ...

Als Beleuchtungsquellen sind vielfach im Gebrauch

- Weißlicht (Wolfram oder Quarz-Halogen),
- Leuchtstofflampen,
- Laser ...

Erwähnenswert ist, daß gewöhnliches Umgebungslicht, aufgrund seiner durch verschiedene Einflüsse hervorgerufenen Schwankungen, bei dem heutigen Stand der Sensortechnik nicht verwendbar ist.

Die vier hauptsächlich gebräuchlichen Beleuchtungsmethoden sind:

- Hinterlicht (Durchlicht),
- Auflicht,
- strukturelle Licht,
- Stroboskoplicht (Blitzlicht).

Im Bild 3.7.20 sind die Vor- und Nachteile dieser verschiedenen Beleuchtungsmethoden dargestellt.

Die auf den Bildsensor wirkende, variierende Lichtintensität erzeugt unterschiedliche Spannungswerte. Es gibt Möglichkeiten, diese Signale zu verarbeiten. Die angewandte Methode ist abhängig von den benötigten Informationen. In der Sensortechnik wird nach dem einfachsten Weg gesucht, die zur Erkennung erforderlichen Daten zu verarbeiten. Der Grund dafür ist die Geschwindigkeit. Je komplizierter die Datenverarbeitung, umso mehr Zeit wird benötigt.

Beim automatischen Schweißen benötigt der Schweißroboter ausreichend schnelle Rückkopplung, um in Echtzeit auf Abweichungen des Nahtverlaufes sowie der veränderlichen

Beleuchtungsmethode	Vorteil	Nachteil
Hinterlicht	Scharfes Abbild bei lichtundurchlässigen Objekten	Erlaubt nur Umrißdarstellung. Nicht bei Förderung auf Förderbändern verwendbar.
Auflicht	Gesamte Teilefläche kann beurteilt werden. Einfachste Beleuchtungsmethode	Streulicht stört Abbildung
Strukturelles Licht	Ermöglicht dreidimensionales Messen von Entfernungen	Streulicht stört Messung
Stroboskop Licht	Messung bewegter Flächen mit 80 Hz möglich	Beleuchtung von bewegten Teilen

Bild 3.7.20 Verschiedene Beleuchtungsmöglichkeiten

Spaltbreiten zu reagieren. Dem zu verarbeitenden Abbild wird deshalb nur die Information entzogen, die zur schnellen Entscheidungsfindung notwendig ist. Dieser Vorgang wird als Merkmal-Extraktion bezeichnet. Der einfachste Fall der Anwendung eines optischen Erkennungssystems liegt vor, wenn zwischen offensichtlichen visuellen Unterschieden zu entscheiden ist. Durch einfaches Vergleichen der innerhalb der Objektoberfläche vorhandenen Anzahl von Pixels (picture elements) können unakzeptable Teile erkannt oder verschiedenartige Teile aussortiert werden. Grundsätzlich kann man sagen, daß es folgende unterschiedliche Erkennungsmöglichkeiten gibt:

- Fenster-Technik,
- Ecken- oder Kantenauffindungstechnik und
- Grauwert-Analyse.

Zur Bestimmung der Größe und Lokalisierung von Objektcharakteristiken wird die Fenster-Technik benutzt. Bei der Fenster-Technik werden nur bestimmte Ausschnitte (Fenster) des Kamerabeobachtungsfeldes ausgesucht, um Flächenvergleiche durchzuführen. Beispielsweise kann auf diese Art ein gestanztes Loch erkannt werden. Weiterhin können Breiten-, Höhen- und Durchmesser- sowie Abstandsmessungen vorgenommen werden. Die prinzipielle Grenze der Fenster-Technik liegt in der Notwendigkeit der konstant gehaltenen Positionierung des Objektes während des Meßvorganges. Während bei der Fenster-Technik die konstante Positionierung des Objektes verlangt wird, ist die Ecken- oder Kantenauffindungstechnik speziell bei beliebig positionierten Objekten anwendbar. Diese Methode liefert Informationen über den Umfang des Objektes, so daß die Form und Lokalisierung bestimmt werden kann. Das Abbild wird für alle Kantenlokalisierungen in Echtzeit analyisert, wobei die Erzeugung einer Liste für das gesamte Abbild erfolgt. Bei vielen Anwendungsfällen reicht der definierte Umriß oder die Flächengröße eines Objektabbildes nicht aus, eine zur Entscheidungsfindung führende Abbildanalyse vorzunehmen. Wenn z. B. Oberflächenmerkmale wie Farbe, Strukturwölbungen usw. zu analysieren sind, wird eine kompliziertere Bildauswertungsmethode, die Grauwertanalyse, benötigt. Bei der hierbei angewandten Rahmenmethode (frame grabbing), wird die gesamte Bildinformation gespeichert und mit Gutmustern verglichen. Statt der binären Möglichkeit schwarz oder weiß, wird die individuelle Diodeninformation (Spannungswert) jedes Pixels berücksichtigt, so daß je nach Kapazität der Digitalisiereinheit bis zu 256 unterschiedliche Grauwerte pro Pixel möglich sind.

Firma/Typ	Bild-verarbeitung	Bildpunkte	Kamera/ Anzahl	Rechner	Programm-sprache	Verarbeitungs-zeit	Preis TDM
AEG/IBS	Grauwert	512 x 256	Rohre/2	Z8020		20 ms . 2 s	
ASEA/ ASEA-Robot-Vision-System	Grauwert	256 x 240	CCD-Kamera	MC68000		1 s	
Automatix/ AUTOVISION 4	binar/Grauwert	244 x 248	Rohre, HL/8	68000	SRI/RAIL	170 ms	80
BBC/OMS	binar/Grauwert	256 x 416	Rohre, HL/4	LSI11/2		50 ... 450 ms	30
Bosch/SAM	binar	306 x 512	Röhre/5	Z80, 16 kB		500 ms	35
DST/ Sensotronik	binar/Grauwert			32 kB		1 s	30
Electronic 2000/ VIP100		program-mierbar	NTSC	IEE796 Multibus 16 bit			19
Fairchild VIP 100	binär	488 x 380	Matrix-kamera	F9445 24 kB ... 1 MB		42 ns	28
FGaB/BOS	binär/Grauwert	512 x 512	CCD-Kamera 1 ... 8	TMS 9900 1024 kbit		75 ns	19
GPT/OPS4	binär	512 x 512	1 Kamera	MC 68000		100 ns	56
General Electric/ OPTIMATION	binär/Grauwert	244 x 248	TN2500 /4	PN2304	VPL	70 ms	120
Heimann/ PIXEL	Grauwert	512 x 512	Röhre, HL/1	8086, 64 kB	FORTRAN	500 ms	90
Icos/Icos1000	Grauwert	2048 x 2048	CCD-Kamera	MV68000 124 kB		25 ns	60
Kontron/IPS	Grauwert	2048 x 2048	TV, slow-scan	Z80, PDP, VAX 16 MB		100 ns	140
MIC/VS100	binär	256 x 256	Röhre, HL/4	LSI11/23	SRI	70 ms	100
ORS/IBOT	Grauwert	280 x 350	HL	Intel8086	PASCAL/ VAL	2 s	65
PCS/INCOS	Grauwert	512 x 512		1MB		10 ms	50
Robotechnik/ Zeilenmeß-kamera	binar	256 x 4048	Zeilen-kamera	LSI 11/23 512 kB		1 ms	30
Roth/ ZK-K-MD	analog/ digital	1024 x 1728		PC 10 MB		70 ns	100
Signum Computer/Signum 4/5/11	Grauwerte	512 x 512	TV-Kamera 1 ... 4	LSI 11 512 kB		150 ns	40
Solem/Videm Systems		650 x 512	TV-Kamera 1 ... 4	8085/8086 480 kbit		200 ns	46
Siemens/ VIDEOMAT	binär	256 x 256	Rohre, HL	Intel 8085		300 ms	20
Unimation/ UNIVISION	binar	256 x 256	Rohre, HL	LSI11/23	SRI/VAL	70 ms	100
Zeiss/MICRO VIDEOMAT	binar	1024 x 512	Röhre/2	HP9826, 9 kB	BASIC	1 s	60

Bild 3.7.21 Verschiedene Erkennungssysteme mit Systemparametern und Preis [3/76, 3/97]

Während anfangs an der 3d-Erkennung bewegter Teile gearbeitet wurde, zeichnen sich neuerdings Lösungen auf dem Gebiete der 2d-Erkennung vorher vereinzelter Teile auf. Kennzeichnend für diese Art der Sensoren ist auch der hohe benötigte Kernspeicherplatz, der sich im Bereich von 4 kB ... 1 MB bewegt. Mit Sicherheit ergeben sich durch die preiswerten Angebote von Mikroprozessoren hier bald reale Lösungen.
Die in Bild 3.7.21 zusammengefaßten Bilderkennungssysteme sind sicherlich im Augenblick nur ein Teil dessen, was möglich ist. Zu beachten dabei ist folgendes. Die in der Tabelle aufgeführten Erkennungssysteme beinhalten nur den Hardware-Teil. Softwareseitig ist noch nichts ausgesagt darüber, an welche Industrieroboter diese Systeme sich als optische Sensoren anschließen lassen und welche Möglichkeiten diese Sensoren dem potentiellen Anwender dann auch bieten. Denn zunächst muß ein Anschluß an den Industrieroboter gemacht sein, dann wird eine Programmroutine benötigt (Algorithmus), die es ermöglicht, ein Teil zu erkennen, wiederzuerkennen und daraufhin etwas zu tun. Das ist Aufgabe der Programmerstellung und in der Regel nicht billig.
Der ursprüngliche Einsatz von Fernsehkameras bei Pilotprojekten dürfte darauf zurückzuführen sein, daß diese Geräte zunächst preiswert direkt auf dem Markt angeboten werden. Vermutlich wird die zukünftige Entwicklung aber mehr in Richtung der Fotodiodenanordnung gehen, die auch in diesen Fällen eine bedarfsgerechtere Lösung darstellt.
Die *Erkennungsdauer* von anfangs bis zu 120 s ist heute auf etwa 100 ms abgesunken, so daß auch bereits wieder Projekte mit sich bewegenden Teilen bearbeitet werden. Sicherlich wird selbst bei der Lösung aller Punkte die Programmierung dieser Systeme auf absehbare Zeit noch Schwierigkeiten bereiten.
Vor der umfassenden Lösung der Firma Hitachi (Greifen ungeordneter Teile und Montage derselben) ist man zunächst wieder zu Teilproblemen gekommen:

- Erkennen von Werkstücken,
  Werkstücke zum Teil bereits vereinzelt,
  Werkstücke lagegerecht.
- Ermittlung des Ortszustandes eines Teiles,
- Ermittlung der Muster aus einer Reihe von Beispielen.

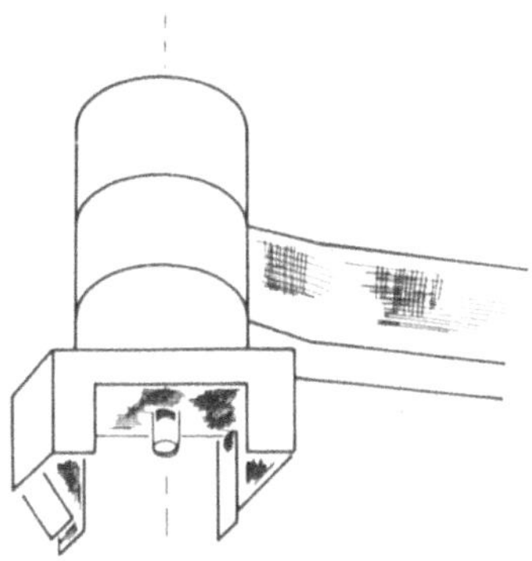

Bild 3.7.22
Greifer mit eingebauter Fernsehkamera von der Firma Mitsubishi [8/37]

Bei weitem sind die Beispiele für optische Sensoren im Anhang 9 nicht vollständig. Das zeigt wieder die Schwierigkeit der Aufgabenstellung. Sie besteht darin, in kurzer Zeit aus einer bestimmten Anzahl von Werkstücken, die möglicherweise sogar ungeordnet angeliefert werden, bestimmte Teile zu erkennen, zu erfassen und zu handhaben. Dabei darf die Erkennungsdauer nur Bruchteile von einer Zeiteinheit umfassen, und das System muß wirtschaftlich sein.
Bild 3.7.22 zeigt einen Greifer mit eingebauter Fernsehkamera. Das System wurde bereits 1971 von Mitsubishi (Japan) zur 3d-Erkennung entwickelt. Es ist mit zwei Fernsehkameras ausgestattet, von denen eine zur Szenenanalyse und Groberkennung dient, während die zweite Fernsehkamera in der Greifermittelachse zur Feinpositionierung benutzt wird. Die erste Fernsehkamera ermittelt somit die Anzahl und ungefähre Lage der Objekte auf einem

bestimmten Gebiet und die Greiferkamera bringt den Manipulatorarm durch visuelle Rückkopplung in eine solche Lage, daß der Greifer über dem gewünschten Objekt steht. Dabei erfolgt die Objekterkennung durch Längen- und Flächeninhaltsänderung der Werkstücke. Mit der bestehenden Konfiguration PDP 8/1 Rechner mit 8 kB und zwei Fernsehkameras können 20 verschiedene Werkstücke unterschieden werden. Die Erkennungsdauer liegt bei etwa 40 ms.

Um die Lage und Form eines einfachen Werkstückes zu erfassen, genügt es in vielen Fällen, einzelne Punkte des Werkstückes abzufragen. Die Abfragestellen sind hierbei werkstückspezifisch festzulegen. Soll z.B. ein Teil auf richtige Lage und auf Vollständigkeit überprüft werden, so lassen sich an den charakteristischen Stellen Photoelemente in Abfragemasken einbauen. So ein punktueller Aufnehmer mit Photoelementen-Masken ist in Bild 3.7.23 dargestellt [3/43].

Mit wesentlich einfacheren Mitteln wird von der deutschen Firma IBP Pietsch mit einem elektro-pneumatischen Industrieroboter vom Typ PPI-PM 12 und einer mit induktiven Näherungssensoren versehenen Förderrinne eine Teileerkennung betrieben (Bild 3.7.24). Voraussetzung ist eine Teilevereinzelung und prismatische Gestalt der Werkstücke. Das Werkstück wird in die V-förmige Förderrinne eingelegt. Es wird dann immer selbständig eine von wenigen stabilen Vorzugslagen einnehmen. In der Rinne wird es von dort eingebauten Sensoren abgetastet. Eine Vergleichslogik setzt die Sensorsignale zu einem Rasterbild zusammen, das mit vorher einprogrammierten Referenzbildern verglichen wird. Wenn zwischen dem Werkstückrasterbild und einem Referenzbild Übereinstimmung besteht, so ist das Objekt erkannt. Wenn sich dagegen keine Übereinstimmung zwischen Werkstückbild und Referenzbild ergibt, so wird das Teil ausgeschieden. Die erkannten Teile werden von dem mit der Erkennungslogik verketteten Industrieroboter ergriffen und an einen der erkannten Lage entsprechenden Ort abgelegt.

Die Abstandsmessung zwischen Industrieroboter-Greifer und Handhabungsobjekt oder dem Zielpunkt der Bewegung ist von wesentlicher Bedeutung. Ein Verfahren, bei dem neben dem Abstand auch die Winkellage der Objektoberfläche senkrecht zur Meßrichtung erfaßt werden kann, arbeitet folgendermaßen. In einem Ring angeordnete Dioden senden jeweils einen ge-

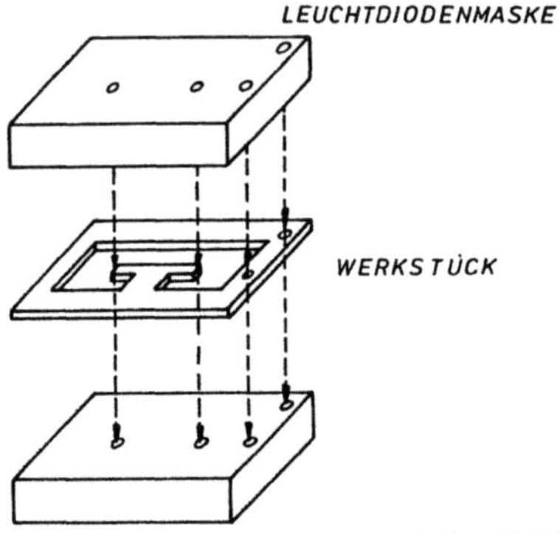

Bild 3.7.23 Punktueller Aufnehmer mit Photoelementen-Masken

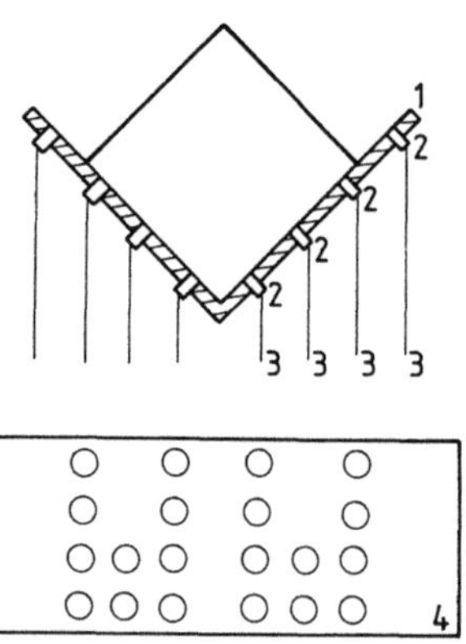

Bild 3.7.24 Induktiver Näherungssensor der Firma IBP Pietsch.
1 V-förmige Transportrinne,
2 induktive Näherungsschalter,
3 Sensorsignale,
4 Werkstückrasterbild

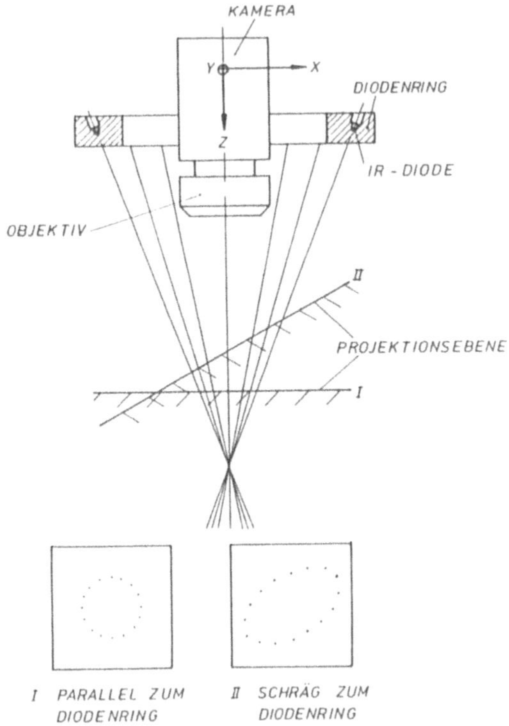

Bild 3.7.25
Optisches Abstandsprinzip mit Erfassung der Oberflächenorientierung

bündelten Lichtstrahl auf einen gemeinsamen Schnittpunkt. Aus den relativen Positionen der von der zu messenden Oberfläche reflektierten und durch ein Objektiv auf eine positionsempfindliche Diode abgebildeten Lichtpunkte zueinander, kann sowohl der Objektabstand als auch die Winkellage der Oberfläche ermittelt werden. Durch Pulsen der Dioden in einer Kreisrichtung kann außerdem festgestellt werden, ob die Maßfläche vor oder hinter dem gemeinsamen Schnittpunkt der Lichtkegel der einzelnen Dioden liegt [3/45] (Bild 3.7.25).
Noch ein weiterer Fall von 2d-Erkennung mit Vereinfachung, von IITB und IPA in Deutschland 1976 entwickelt, für einen Nachi 1000: Ein *inkohärenter optischer Korrelator* (Bild 3.7.26) tastet eine rotierende Scheibe mit verschiedenen Masken für rotationssymmetrische Teile ab. Das Werkstück wird über ein Objektiv auf eine rotierende Scheibe projiziert. Das durch die Maske tretende Licht wird in einem Fotorezeptor gesammelt und die Position des Kreismittelpunktes über dem Drehwinkel φ der Scheibe ermittelt. Für ein anderes Teilespektrum ist eine andere Scheibe zusammen mit geänderter Programmierung notwendig.

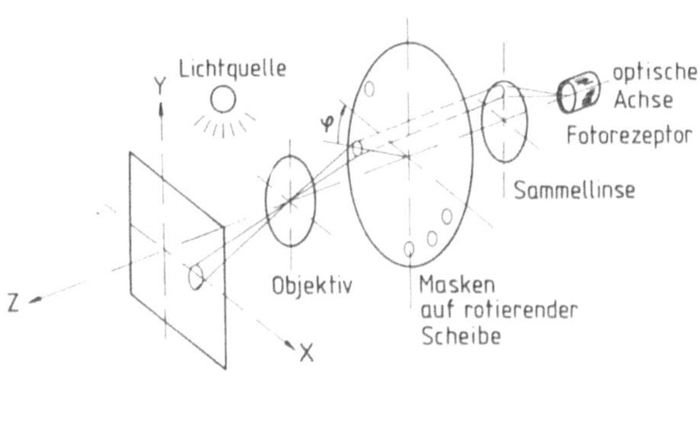

Bild 3.7.26
Inkohärenter optischer Korrektor von der IPA und der IITB entwickelt

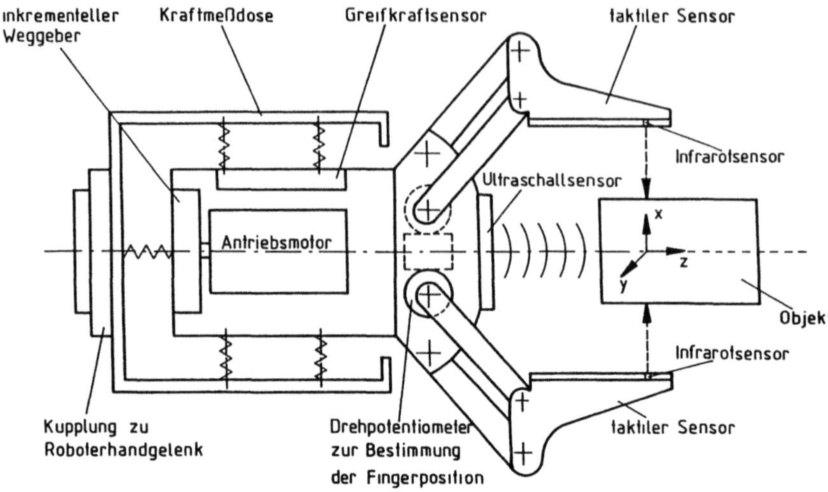

Bild 3.7.27 Adaptive Greifeinrichtung über Mikrocomputer gesteuert

Der in Bild 3.7.27 dargestellte Greifer arbeitet nach dem Scherenprinzip. Dabei werden die beiden Backen über einen Schneckentrieb von einem Gleichstrommotor bewegt. Steuerbar sind Fingerposition, Greifgeschwindigkeit und Greifkraft. Die Regelung erfolgt über PI- und PID-Algorithmen. Eine Kraftmeßdose mit sechs Freiheitsgraden wird zur Erfassung der Wirk- und Reaktionskräfte und -momente, die bei Montageoperationen auftreten, angewandt. Das Meßsystem ist entkoppelt und kann Kräfte bis 60 N und Momente bis 4 Nm erfassen. Der Meßfehler liegt bei 5 % und kann durch Relativmessungen anstelle einer Absolutmessung verbessert werden. Im Fingerbereich werden zwei Mikrophone als taktile Sensoren und Infrarotdioden zur Erfassung der Objektorientierung eingesetzt. Als Näherungssensor wird ein Ultraschallsystem mit einer Auflösung von 1 mm angewandt. Die Sensordatenverarbeitung erfolgt über Mikrorechnermodule (Z 80). Das Greifsystem ist an einem PUMA 600 von Unimation eingebaut [3/80].

Eine weitere Entwicklung stammt von der Universität Berlin aus dem Jahre 1978. Für eine 2d-Erkennung ist eine Greifeinrichtung (Bild 3.7.16) mit zwei optischen Sensoren bestückt, die die Aufgabe haben, in X- und C-Richtung die Szene zu erfassen. Mit Hilfe von ringförmigen Lichtleitern um die Objekte wird eine blend- und schattenfreie Ausleuchtung erreicht. Jeder Sensor ist mit 1024 Fotodioden in Matrixform, die in einem (siehe Bild 3.7.28) 16poligen Dual-in-line Gehäuse untergebracht sind, bestückt. Das Sensorsystem stellt also zweimal 1024 Bildpunkte mit bis zu 16 Graustufen zur Verfügung. Auswertung steht ein Mikroprozessor mit 4 x 1024 bits bereit. Im Bild 3.7.29 sieht man anhand des Informationsflußdiagrammes die Informationsverarbeitung, die für diese Anordnung notwendig wird.

Technologische Probleme liegen in der Bearbeitung großer Bilddatenmengen in kurzer Zeit. In der industriellen Anwendung muß ein solches System eine dem Menschen vergleichbare Reaktionszeit aufweisen. Die Erkennung eines Werkstücks und die Bereitstellung relevanter Daten für die Robotersteuerung (Schwerpunktkoordinaten) nehmen nicht mehr als 0,5 s in Anspruch (Bild 3.7.30).

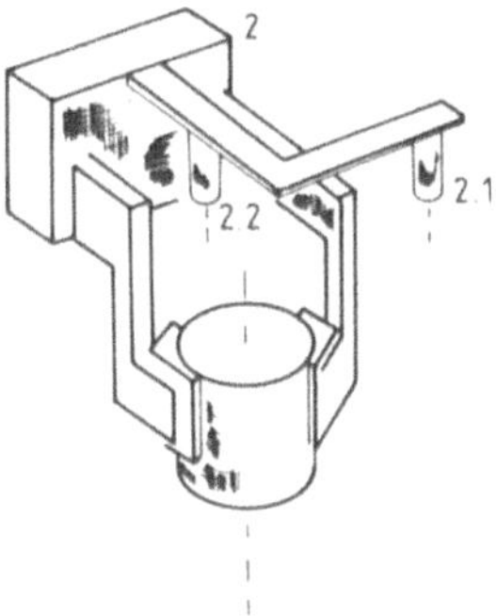

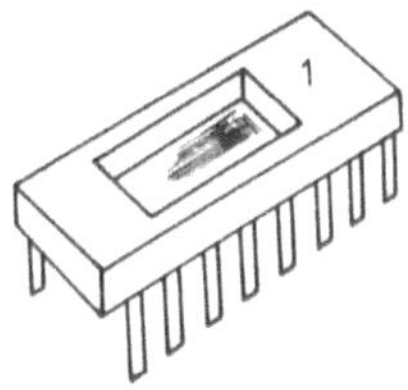

Bild 3.7.28 System zur 2d-Erkennung von der Universität Berlin entwickelt [1/1]

1 1024 Fotodioden (Matrix) in 16 poligem Dual-in-line Gehäuse, 2 Greifer mit integriertem 2.1 C-Sensor und 2.2 X-Sensor

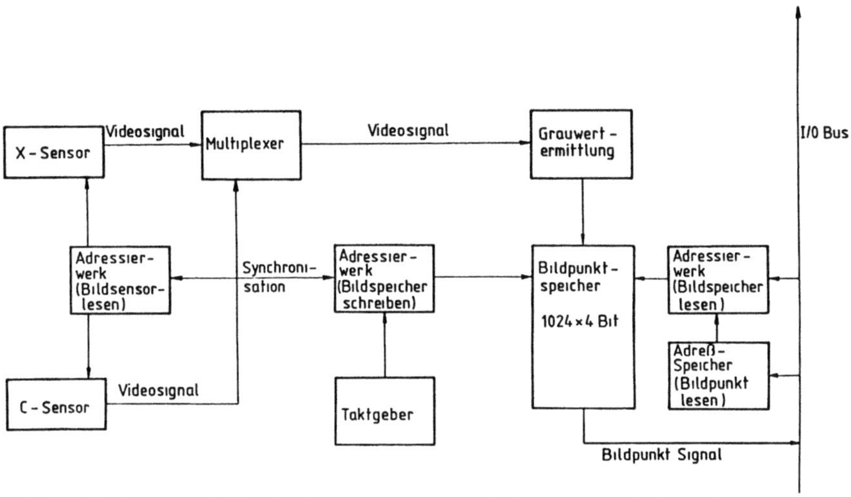

Bild 3.7.29 Blockschaltbild für die Informationsverarbeitung zur optischen Erkennung von Teilen [1/1]

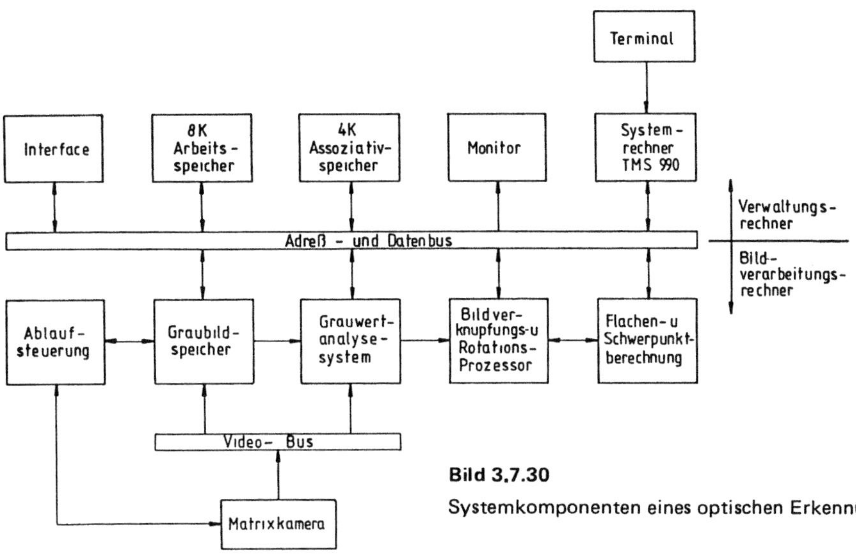

Bild 3.7.30

Systemkomponenten eines optischen Erkennungssystems

In den Kapiteln 4 und 5 (Anwendung und Programmierung) wird jeweils unter dem Abschnitt „Speicherung von Bildern" und „Sortieren" noch je ein weiteres Verfahren der Objekterkennung von den Firmen BBC/Schweiz und Bosch/Deutschland sowie Anwendungsfälle vorgestellt.
Schwierigkeiten liegen heute noch in folgenden Punkten:

- hohe Kosten des Verfahrens,
- hohe Erkennungsdauer,
- eindeutige Algorithmen zur Teilerkennung,
- eine zu umfassende Aufgabenstellung.

Nur unter sehr eingeschränkten Voraussetzungen sind also technische Sensoren in der Lage, komplexe Signale (Muster, Szenen, komplizierte Geräusche usw.) zu analysieren sowie Objekte mit einer bestimmten Geschwindigkeit zu erkennen und zu trennen. Ansätze hierfür sind, wie auch die Tabelle im Anhang 9 mit großer Deutlichkeit zeigt, im Stadium der Entwicklung.
Bedingt durch die weitgehenden Fortschritte der Mikroelektronik und wenn, durch die Aufgabenstellung möglich, eine Informationsreduktion gefunden wird und geeignete Auswertalgorithmen gewonnen werden, ergeben sich sicherlich auf dem Gebiete der Sensoren Fortschritte, die zu einer erhöhten Flexibilität der gegenwärtigen Industrieroboter führen werden und ihre wirtschaftliche Anwendung weiter vorantreiben wird.

3.8 Peripherie

Eine große Schwierigkeit der heutigen Handhabungsautomaten liegt darin, daß sie nicht in der Lage sind:

- ungeordnet angelieferte Teile und
- unsortiert angelieferte Teile

zu handhaben. Dieser Griff in die Kiste, in der die Werkstücke beliebig angeliefert werden und die von einer menschlichen Arbeitskraft schnell und problemlos entnommen und sortiert eingelegt werden können, ist dem Industrieroboter nicht möglich. Diesem Problem versucht man mit viel Speicheraufwand und komplizierten Sichtsensoren näher zu kommen.
Die Schwierigkeit wird heute noch durch eine geordnete Zuführung der Teile an den Industrieroboter behoben. Die Zuführung der Werkstücke kann extern oder von dem Industrieroboter über Eingangs- und Ausgangsfunktionen steuerbar sein. Zu diesen steuerbaren Zubringeeinrichtungen gehören:

- hydraulisch höhenverstellbare Hubtische für Blechplatinen oder Platten,
- transportable Hängespeicher für Drehteile (Bild 3.8.1),
- hydraulisch- oder pneumatischbetriebene Schwenktische für Schweißteile,
- Ablagewagen für sperrige Stapelteile.

Eine Kontrollvorrichtung, z.B.

- Laserstrahlhöhenkontrolle für Hubtische,
- Endschalter für Hängespeicher und Schwenktische und
- Gewichtskontrollen für Ablagewagen

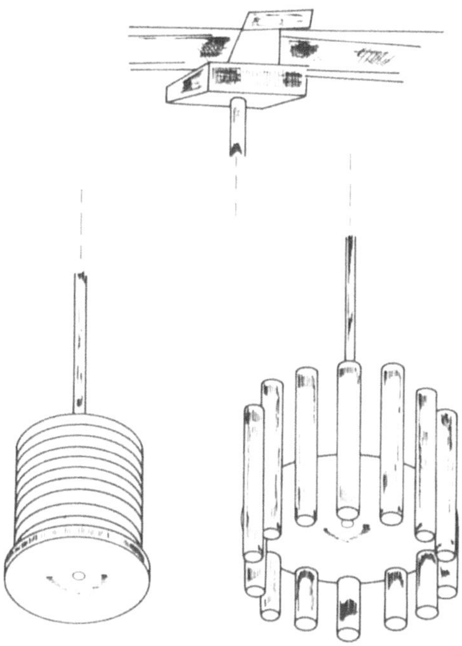

Bild 3.8.1
Einschienenhängebahn mit transportablen Hängespeichern für stangen- und zylinderförmige Werkstücke

melden den ordnungsgemäßen Beladezustand der Zuführelemente an die Industrierobotersteuerung. Dadurch kann dem Fördermittel ein Impuls zum Weitertakten vermittelt werden (Hubtisch, Schwenktisch, Hängespeicher) oder der Industrieroboter schaltet auf ein zweites Programm, das ihn befähigt, einen zweiten Ablagewagen, der auf einem anderen Gleis steht, zu entladen, während der gerade entladene Wagen durch einen vollen ersetzt wird.
Nicht steuerbare Zubringeeinrichtungen können z.B.

- Schwerkraftförderrinnen,
- Rohteilablagemagazine,
- Ständerregale usw.

sein.
Zur *Peripherie* gehört natürlich der abgesperrte Sicherheitsbereich mit Überwachungs- und Abschalteinrichtungen sowie Fördergeräte, die für den Werkstücktransport sorgen.
Im einfachsten Falle also

- Bunker und
- Paletten,

in denen die Teile unsortiert abtransportiert werden. Bei einem kontinuierlichen Werkstückfluß wird diese Aufgabe von

- Rollenförderern,
- Bandförderern,
- Kettenförderern,
- Hängebahnen

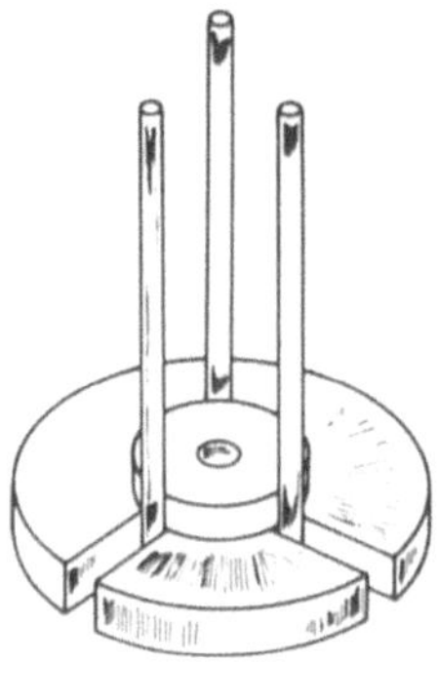

Bild 3.8.2 Stapelpalette für flache Rohteile

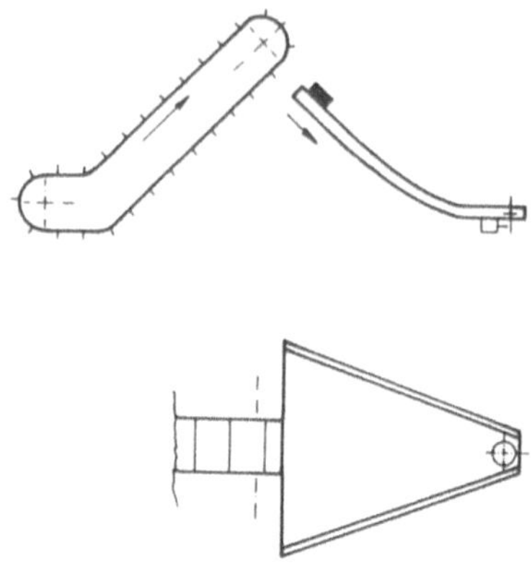

Bild 3.8.3 Förderband mit Vereinzelungsvorrichtung [1/3]

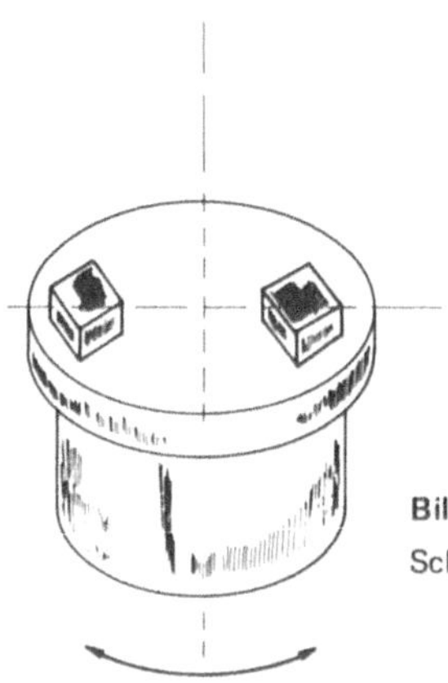

Bild 3.8.4 Schwenktisch

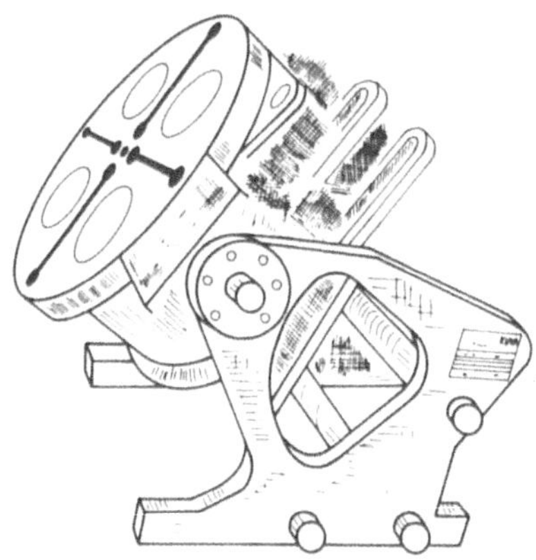

Bild 3.8.5 Numerisch gesteuerter Schwenk-Drehtisch

übernommen. Auch hier ist eine Kontrolle des Ladezustandes bei diskontinuierlicher Förderung sinnvoll.

Die Ausbildung der Zuführrinnen, der Hängespeicher, der Stapelpaletten oder Schwenktische (Bild 3.8.1) richtet sich nach Form und Größe des zu handhabenden Werkstückes und ist durch seine Konstruktion wesentlich mitbestimmend für die Kosten eines automatisierten Arbeitsplatzes.

Bild 3.8.2 stellt eine verstellbare Stapelpalette für flache Drehteile dar. Durch ihre Verstellbarkeit ist eine Wiederverwendbarkeit und leichte Anpaßbarkeit für Werkstücke derselben Formenfamilie gewährleistet.

Bild 3.8.3 zeigt eine Vereinzelungsvorrichtung hinter einem Förderband. Über einen Endschalter wird kontrolliert, ob ein Werkstück positioniert ist.

In Bild 3.8.4 ist ein einfacher Schwenktisch skizziert. Diese Schwenktische haben sich als periphere Einrichtungen für Industrieroboter weitgehend durchgesetzt. Sie werden nicht nur um 180°, sondern auch um 90° geschwenkt. In der Ausführung von Bild 3.8.5 können sie sogar um beliebige Winkel geneigt werden, wobei die Schwenkwinkel relativ fein abgestuft sind. Damit diese Einrichtungen in demselben Zeitraum wie der Industrieroboter umgerüstet werden können, sind diese Schwenkeinrichtungen mit einer numerischen Steuerung ausgestattet (System KUKA). Diese Steuerung ist über die Eingangsfunktionen der Manipulationseinrichtung ansteuerbar.

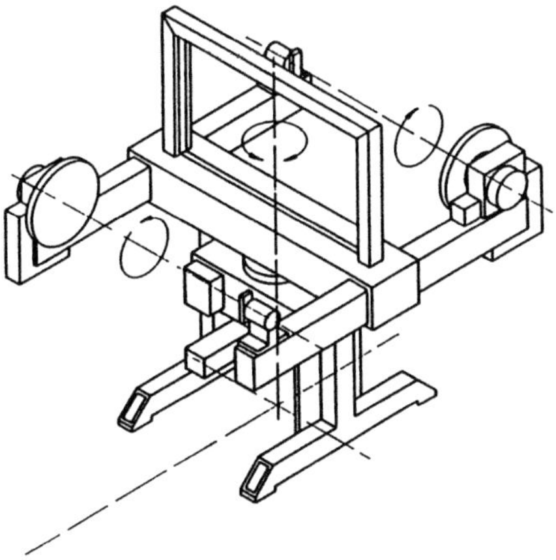

Bild 3.8.6

Positionierer ORBIT 160 R für ein maximales Werkstückgewicht von 160 kg, mit den maximalen Werkstückabmessungen bis 1150 mm. Die Positionierzeiten liegen für 90° bei 2,3 s, 180° bei 4,5 s und 360° bei 6,8 s [3/88]

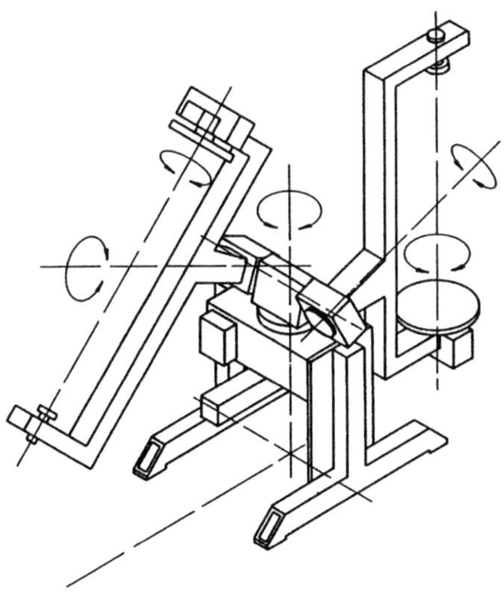

Bild 3.8.7

Positionierer ORBIT 160 RR. Die Werkstückdaten entsprechen denen in Bild 3.8.6 [3/88]

Die Bilder 3.8.6 und 3.8.7 zeigen die Weiterentwicklung dieser Schwenkeinheiten für Lichtbogenschweiß-Arbeitsplätze. Auch komplizierte Werkstücke, die aus mehreren Einzelteilen bestehen, lassen sich auf diesen Schwenkeinrichtungen spannen. Dabei sind die Spannmöglichkeiten zum Teil selbst in Form von Pneumatik- oder Hydraulikspannern automatisiert. Während die Werkstücke in der einen Position gespannt werden, kann in der anderen Position vom Industrieroboter geschweißt werden. Der Positionierer steht meist je zur Hälfte in und außerhalb des Sicherheitsraumes, der vom Industrieroboter eingenommen wird. Industrieroboter und Schwenkeinrichtung werden in der Regel von derselben Mehrprozessorsteuerung aus gesteuert. Das bedeutet, da im Industrieroboter bereits sechs Achsen liegen, daß diese Steuerungen bis zu zehn Achsen ansteuern können.

4 Anwendung freiprogrammierbarer Bewegungseinrichtungen

Das Kapitel „Anwendung freiprogrammierbarer Bewegungseinrichtungen", ist genau wie alle anderen Kapitel, praxisbezogen und dient dazu, an Fallbeispielen den Einsatz von Geräten dieser Art zu zeigen. Dabei sollte man beachten, daß diese Einsatzfälle typbezogen betrachtet werden, d. h., ein bestimmtes Fabrikat wurde zur Lösung des speziell vorliegenden Anwendungsfalles herangezogen.
In der Anwendung wird unterschieden zwischen

- Werkzeug- und
- Werkstückhandhabung.

In der Praxis hat sich von Fall zu Fall die eine oder andere Art durchgesetzt, so daß auch hier, zumindest im Augenblick, noch keine allgemein gültigen Kriterien angegeben werden können. Von den jeweiligen Anforderungen her bilden sich bereits heute aufgrund der Anwendungsmöglichkeiten drei große Tätigkeitsfelder heraus:

- Schweißtechnik,
- Beschichtungstechnik und
- Handhabungs- sowie Montagetechnik.

In Bild 4.1 ist ein allgemeiner Überblick über die Anforderungen bei den unterschiedlichsten Arbeitsaufgaben an Handhabungseinrichtungen gegeben. Die Forderungen stellen hohe Ansprüche an das Bewegungsvermögen der Geräte. So sind im einzelnen

- Positioniergenauigkeit,
- Geschwindigkeitsart,
- Geschwindigkeit der Achse,
- Bewegungsform und
- Programmverlauf

für die einzelne Tätigkeit aufgestellt.
Man sieht aus der Tabelle, daß die Positioniergenauigkeit in der Mehrzahl aller Fälle mit weniger als 1 mm genügt. Vor der Geschwindigkeitsart ist je etwa ein Drittel einstufig, mehrstufig oder stufenlos.
Eine kleine Mehrzahl der Fälle fordert eine Achsengeschwindigkeit von etwa 1 m/s entsprechend ca 60°/s bei 1 m und 30°/s bei 2 m Reichweite.
Die Mehrzahl aller aufgeführten Anwendungsfälle verlangt zwingend eine definierte Bahn von der Bewegungsform her und damit eine CP-Steuerung sowie einen kontinuierlichen Programmverlauf. Diese Anforderungen sind keineswegs typisch für einen Bedarfskatalog, da ja nicht dabeisteht, in wie vielen Fällen eine Realisierung in den jeweiligen Anwendungsfällen stattgefunden hat.
In der Folge werden bekannte Einsatzfälle von Industrierobotern dargestellt. Es wird versucht, auf Schwierigkeiten und Probleme bei der Einsatzweise und der Einführung einzugehen.

Anforderungen / Arbeitseinsatz	Positioniergenauigkeit [mm]			Geschwindigkeitsart			Geschwindigkeit [m/s]			Bewegungsform				Programmverlauf		
	klein >1	mittel 0,2 1	groß <0,2	einstufig	mehrstufig	stufenlos	klein <0,1	mittel 0,2 1	groß >1	punktuell	linear	definierte Bahn	undefinierte Bahn	kontinuierlich	diskontinuierlich	zufallsbedingt
Be-u Entladen		○		○	○				○	○					○	
Palettieren	○			○	○				○	○					○	
Punktschweißen	○				○				○	○					○	
Zusammenlegen			○		○		○				○				○	
Abspritzen	○			○				○				○		○		
Sandstrahlen	○			○				○				○		○		
Gußputzen	○			○				○				○	○			○
Dampfreinigen	○			○				○				○	○			○
Härten	○				○		○	○		○		○		○	○	
Röntgenprüfen	○			○	○		○	○		○		○		○	○	
Beschichten	○					○			○			○		○		
Brennschneiden	○					○	○					○		○		
Schmelzschweißen		○				○	○	○				○		○		
Schleifen		○				○		○				○		○		
Polieren		○			○			○				○	○	○		
Entgraten		○				○		○				○		○		
Ausgießen	○					○							○			○
Nähen			○			○			○				○	○		
Montieren			○			○		○				○		○		

Bild 4.1
Anforderungen unterschiedlicher Arbeitsaufgaben an Handhabungseinrichtungen [1/1]

4.1. Schweißtechnik

Sehr bald fanden freiprogrammierbare Bewegungseinrichtungen Eingang bei der Automatisierung von Arbeitsplätzen in der Schweißtechnik. Die Forderung dazu ergab sich aus den Randbedingungen dieser Arbeitsplätze:

- hohe Lärmentwicklung,
- Ozonbildung,
- Funkenflug,
- Wärmeentwicklung,
- kurze Taktzeiten,
- große Handhabungsgewichte (Schweißzange und Verkabelung oder Transformatorgewicht),
- hohe Sicherheitsanforderungen (gute Schweißnahtverbindung).

Für die eingesetzten Geräte bedeutet dies:

- hohe Tragfähigkeiten,
- hohe Speicherkapazitäten (Bahnsteuerungen bei Nahtschweißung),
- hohe Genauigkeiten,
- große Flexibilität.

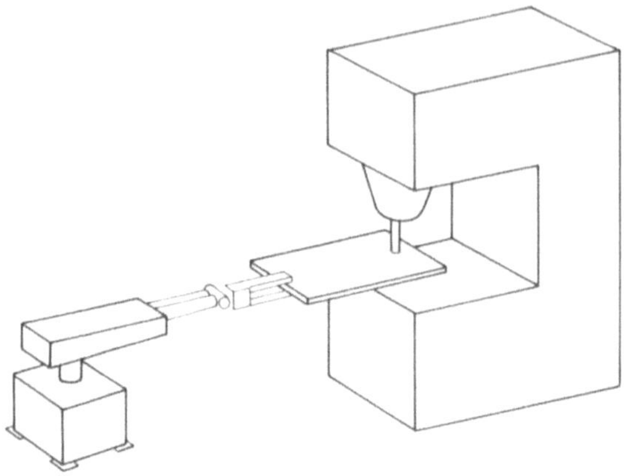

Bild 4.2
Industrieroboter als Bauteileträger [4/32]

Das heißt, die ursprünglich an diesen Stellen eingesetzten festprogrammierbaren Bewegungsautomaten oder Schweißautomaten werden Zug um Zug, vor allem wegen ihrer Vielseitigkeit und leichten Umrüstbarkeit, durch freiprogrammierbare Bewegungseinrichtungen ersetzt.

4.1.1. Punktschweißen

Das *Punktschweißen* gehört zusammen mit dem Buckel-, Rollennaht- und Preßstumpfschweißen zu den Widerstandsschweißverfahren. Von all diesen Verfahren ist das Punktschweißen das am häufigsten eingesetzte. Der Einsatz von Industrierobotern beim Punktschweißen kann auf zweifache Art erfolgen:

- indirekt und
- direkt.

Beim *indirekten Einsatz* des Industrieroboters wird der Handhabungsautomat als Bauteileträger (Bild 4.2) benutzt. Er greift das Teil an einer definierten Stelle und führt es einer Schweißanlage zu. Nach dem Schweißen wird das Werkstück wieder definiert abgesetzt.
Beim *direkten Einsatz* des Industrieroboters trägt der Handhabungsautomat die Schweißzange selbst. Das von einer Spannvorrichtung gehaltene Teil wird von dem Industrieroboter nach einem bestimmten vorher eingespeicherten Programm abgefahren (Bild 4.3). Industrieroboter eignen sich deshalb so gut zum mechanischen Handhaben von Punktschweißwerkzeugen,

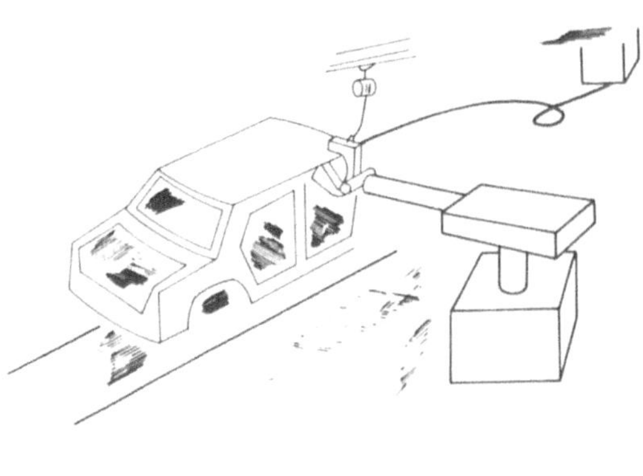

Bild 4.3 Industrieroboter bei der Werkzeughandhabung [4/32]

weil sie einerseits gegenüber dem Punktschweißen mit starren Schweißautomaten eine größere Flexibilität besitzen und andererseits gegenüber dem manuellen Punktschweißen eine gleichmäßige Güte und größere Sicherheit, daß alle Schweißpunkte gesetzt werden, garantieren. Entsprechend der Aufgabenstellung wird man natürlich versuchen, für gradlinige Punktfolgen (Kochherdgehäuse) Geräte mit einfachen Arbeitsraumaufbau und kartesischen Koordinaten zu verwenden. Bei großen Teilen müssen schwere Werkzeuge gehandhabt werden, so daß die Industrieroboter entsprechend starr gebaut sein müssen. Komplizierte Schweißnähte, die in drei Dimensionen verlaufen, können in der Regel nur von Geräten mit Gelenkkoordinaten vom Typ 3 und 4 (Bild 3.1.2) ausgeführt werden.
Mit Sicherheit kann man sagen, daß die Möglichkeiten, die ein Industrieroboter im direkten Einsatz, also als Werkzeugträger, bietet, besser ausgenützt sind, als durch Teilehandhabung an einem Schweißautomaten.
Die Schweißausrüstung eines beim Punktschweißen eingesetzten Industrieroboters setzt sich zusammen aus

- Schweißzange,
- Energie- und Kühlwasserzuführungen sowie
- Transformator und Schweißsteuerung.

Für die konstruktive Auslegung einer Schweißzange gilt, daß sie zum einen sehr stabil ausgeführt sein muß, um die teilweise sehr hohen Schließkräfte von 3000 ... 6000 N zwischen den Elektroden aufzubringen, zum anderen soll sie aber auch die Tragfähigkeit des Gerätes nicht belasten und soll möglichst auch unzugängliche Stellen leicht erreichen können.
Dieser letzte Punkt aber fordert eine volumenmäßig leichte und kleine Ausbildung der Schweißzange. Verschiedene Aufgabengebiete lassen spezielle Möglichkeiten beim Entwurf der Schweißzange zu. Zum Beispiel ermöglichen lange, gerade Punktreihen die Konstruktion von Doppelpunktschweißzangen, während kleine Schweißzangen in der Ausführung mit Wasserhydraulik und Druckübersetzer bei geringem Platzbedarf zur Anwendung kommen.
Eine große Schwierigkeit stellt sich noch immer in Gestalt des sehr schweren und unhandlichen Schweißtransformators. Da die Tragfähigkeit der meisten Geräte gering ist (Bild 3.5.19 zeigt, daß sich im Bereich von 10 ... 50 kg etwa zwei Drittel aller Geräte befinden), der Schweißtransformator andererseits von seiner Konstruktion her schwergewichtig ausfällt, bietet sich neben der Möglichkeit, den Schweißtransformator mit Gewichtsausgleich am Manipulatorarm zu befestigen, die, den Transformator getrennt aufzuhängen. Dem Industrieroboter können dann die Kabel ebenfalls mit Gewichtsausgleich zugeführt werden. Die dritte Möglichkeit zeigt Bild 4.4 bei der ein kleiner Transformator in der Schweißzange integriert ist (System KUKA). Das setzt statisch wie dynamisch sehr steife Industrieroboter voraus, die bei dieser Konstruktion gegeben sind (siehe Anhang 9: IWKA IR 601/60).
Folgende Forderungen werden von einem Industrieroboter, der beim Punktschweißen eingesetzt ist, im allgemeinen heute gestellt:

- eine bis sechs Bewegungsachsen,
- schnelles Bewegen der Schweißzange von Punkt zu Punkt,
- leichte, platzsparende und steife Bauform,
- Wiederholgenauigkeiten von ± 1 mm,
- Tragfähigkeiten von 60 ... 100 kg,
- einfaches Programmieren,
- hohe Zuverlässigkeit und große Wartungsfreundlichkeit.

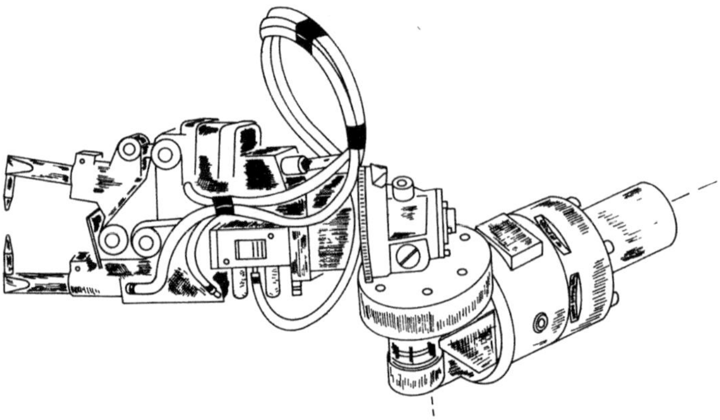

Bild 4.4 ARO-Trafozange (System KUKA). Diese Schweißzange wurde speziell für den Einsatz an Industrierobotern mit einem eingebauten Transformator entwickelt. Durch schwimmende Lagerung der Zange können sich die Elektroden kraftlos auf das Bauteil einstellen

Daß Industrieroboter Großserienmaschinen sind, zeigt sich vor allem im Automobilbau beim Punktschweißeinsatz dieser Geräte. Bei Ford in Köln läßt sich eine gesamte Fertigungseinheit etwa für eine Bodengruppe (10 Industrieroboter) innerhalb einer Woche auf ein neues Modell umstellen. Bisher dauerte das mit Vielpunktschweißanlagen länger als ein Jahr. Durch die hohe Zuverlässigkeit der Schweißung von Industrierobotern sind nicht mehr so viele Schweißpunkte notwendig. Während bei alten Automobilmodellen, bei denen noch 88 % der Schweißpunkte von Hand gesetzt wurden, 3930 Schweißpunkte notwendig waren, sind es bei dem Nachfolgemodell, bei dem 68 % der Schweißung automatisiert wurde, 10 % weniger [4/135]. Zuverlässigkeit und Wiederverwendbarkeit werden auch von Opel bestätigt: Herkömmliche Schweißstraßen zur Herstellung von Unterbauten, Türen, Seitenwänden, Hauben, Heckraumdeckeln und Rahmen verwendeten für jeden Schweißpunkt oft einen Schweißzylinder, für je vier Schweißpunkte einen Transformator, für je zwölf Schweißpunkte eine Schweißsteuerung mit einem Thyristorsteuersatz. Außerdem war für jede Schweißstation, die etwa 200 Schweißpunkte überwachte, ein Vielpunktschweißwerkzeug und eine Schweißpresse mit einem elektrischen Anschlußwert von rund 900 kVA notwendig. Diese Einrichtungen waren sehr teuer, wenn man bedenkt, daß jedes Vielpunktschweißwerkzeug individuell konstruiert und nur ein einziges Mal gebaut wurde. Von Modellwechsel zu Modellwechsel wurden die Schweißstraßen teuerer. Bei den Industrierobotern rechnet sich das ganz anders. An ihnen werden Schweißzangen befestigt. Die Elektrode, der Zylinder, der Transformator und die Schweißsteuerung werden gleich mehrfach ausgenutzt, denn die gleiche Einrichtung schweißt je nach Einsatzfall zwischen 25 und 75 Schweißpunkte an jedem Teil. Die Roboter werden nur einmal entwickelt und konstruiert, dann aber in einer Vielzahl vom gleichen Typ gefertigt. Dies senkt die Kosten beträchtlich. Sogar die Schweißtransformatoren für die Roboter sind in den Schweißzangen integriert, wobei die Nennleistung um den Faktor 4 geringer ist, bei gleicher und zum Teil nachgewiesen besserer Schweißqualität [4/136]. Dazu vervollständigt VW: Seit 1972 wird in Wolfsburg ein eigenes Roboterprogramm gebaut. Inzwischen sind 1300 Geräte in allen Werken erfolgreich im Einsatz. Davon sind mehrere Geräte schon zwei- bis viermal umgerüstet worden und, hätte man diese Softautomation gekauft, statt sie im eigenen Hause zu entwickeln, zu konstruieren und zu bauen, man hätte bis zu 75 Mio. DM mehr bezahlt.

In Ingolstadt werden für den neuen Audi 100 (1983) alleine in der Herstellung der Rohkarosserie 106 Industrieroboter der VW-Baureihe und hier im wesentlichen der Type IR R30 und IR G 60 eingesetzt. Zuführung der Teile, meist von oben, und Punktschweißen geschieht automatisch. Insgesamt 3900 Schweißpunkte werden je Rohkarosserie gesetzt. Auch hier erlaubt die gesteigerte Prozeßsicherheit der Automaten, die Anzahl der Schweißpunkte gegenüber dem Vorgängermodell um 30 % zu senken. Dagegen liegt die Qualitätssteigerung etwa bei einer Zehnerpotenz. Etwa 80 % der neuen Anlagen dieser Rohkarosserieschweißstraße sind flexibel und werden von Experten auf eine Lebensdauer von sechs bis 15 Jahren geschätzt. Gegenüber der alten Fertigung wird mit einem Siebtel des Personals gearbeitet. Diese Einsparungen werden nicht zuletzt auch dadurch erreicht, daß man die Industrieroboter auf engstem Raum zusammendrängt, ohne daß sie sich in der Fertigung behindern. Auf der Fläche einer Taktstation (etwa 5 x 7 m) sind zum Teil bis zu fünf Industrieroboter vom Typ VW R30 an Traversen hängend angeordnet (Umschlagbild). Der Durchlauf dieser Rohbaustraße beträgt etwa 45 min (am Audi 80 dauerte der Durchlauf bei Handschweißung zwischen fünf und sechs Stunden). Dabei liegt die Taktzeit bei etwas mehr als 30 s. Das Steuerungskonzept ist hierarchisch aufgebaut und hat Verbindung zum Rechner der Fertigungssteuerung (IBM 370). Daran hängt ein Duplexrechner mit doppeltem Datenformat. Unter dem Duplexrechner arbeiten als Sektionsrechner 14 Simatik-Steuerungen S 5-150 K. Diese Sektionsrechner steuern die Materialzu- und -abfuhr sowie die Industrierobotersteuerungen in ihrem Bereich. Diese Bereichssteuerungen werden noch einmal von einem unabhängigen Diagnoserechner überwacht [3/101].
Die Trägerfahrzeuge für das Verfahren der Rohkarosserien zu den einzelnen Schweißstationen sind bei den einzelnen Unternehmen höchst unterschiedlich ausgebildet. VW benutzt ein fahrerloses Transportsystem und besitzt damit eine hohe Flexibilität. Daimler Benz verwendet genau wie BMW Gestelle, die fest in Flur- bzw. Hängeförderern eingeklinkt sind. Diese Gestelle sind bei BMW außerdem noch in Achse der Fahrtrichtung drehbar. Der Rohkarosseriestraße bei Daimler Benz für die Modelle 280 (1980) geht zunächst eine Vielpunktheftschweißstation voraus, damit die Karosserie einen Halt bekommt, dann folgen die Auspunktstationen (Bild 4.5). Die Taktzeit liegt bei 1 min, in jeder der fünf Auspunktstationen werden pro Industrieroboter etwa 35 Schweißpunkte gesetzt. Zur Bearbeitung des Vorder- und Hinterwagens werden die Gestelle mit den Karossen um 90° zur Fahrtrichtung gedreht. Trotzdem eignen sich die KUKA 6/661 mit ihrem torusförmigen Arbeitsraum wenig für weitausladende Schweißoperationen dieser Art, so daß erhebliche Verlängerungen, zum Teil um einen ganzen Meter, eingesetzt und die Schweißzangen recht unförmig gestaltet werden

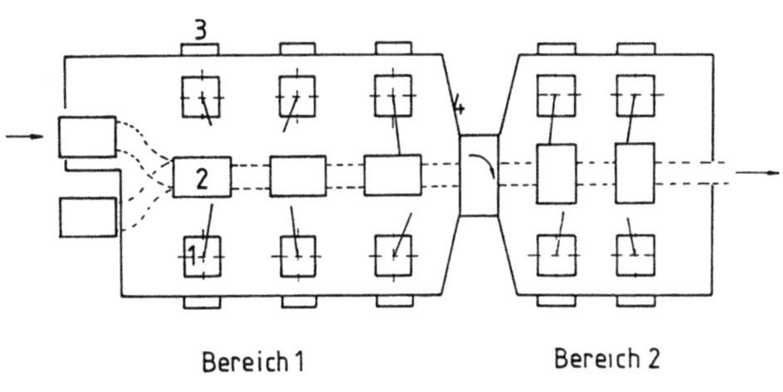

Bild 4.5 Rohkarosseriestraße Daimler Benz Modell 280 (1980) mit Bereich 1: Auspunktstationen für Radkästen und Rahmen seitlich, Bereich 2: Auspunktstationen Fensterpartien vorne und hinten mit um 1 m verlängerten Roboterarmen. Im einzelnen sind: 1 Industrieroboter, 2 Rohkarosserie, 3 Industrieroboter-Steuerung, 4 Wendestation

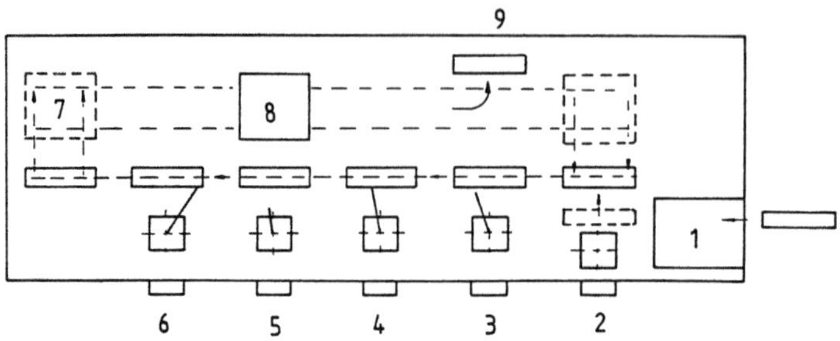

Bild 4.6 Seitenwandstraße Daimler Benz Modell 190. Im einzelnen bedeutet: 1 Heftstation, 2 ... 6 Industrieroboter-Auspunktstationen, 7 Übergabestation, 8 horizontaler Schweißautomat, 9 Abgabestation der geschweißten Seitenwände und Rückführung der Shuttles

müssen, damit die Geräte über die Länge von Vorder- und Hinterwagen an die Schweißstellen an Front- und Heckscheibenanlage gelangen können.
Dagegen werden die Seitenteile bei Daimler Benz (Modell 280/1980) zum Beispiel auf flachen, shuttleförmigen Förderwagen aufgespannt und durch die einzelnen Stationen (Bild 4.6) getaktet. Die Arbeitslage der Shuttles ist vertikal, während sie zum Transport, bestückt wie leer, horizontal verfahren werden. Als Schweißroboter dienen Industrieroboter von der Firma KUKA Typ 600 mit schweren Bügelschweißzangen. Die Schweißtransformatoren sind dabei selbständig aufgehängt, und nur die Versorgungsleitungen führen zum Schweißroboter.

4.1.1.1 Punktschweißen von PKW Seitenteilen

Bei Daimler Benz in Sindelfingen werden die linken und rechten Seitenteile des Modells 280/1970 auf einer Schweißstraße zusammengeschweißt. Dazu stehen je sechs Unimate 2200 in Reihe nebeneinander. Die Einzelteile der Seitenwände werden zunächst in eine Spannvorrichtung gelegt und in Station 2 von je zwei Industrierobotern zusammengeheftet. Die gehefteten Teile werden liegend transportiert und zum Schweißen jeweils in vier weitere Stationen von Klappgestellen aufgerichtet. Station 7 dient der Entnahme der fertiggeschweißten Werkstücke (Bild 4.7).
Schweißsteuerung und Schweißtransformatoren befinden sich auf einer erhöhten Arbeitsbühne in der Mitte zwischen den beiden Schweißstraßen.
Die Anordnung der Industrieroboter nebeneinander führte dazu, daß die Manipulatorarme zum Teil in ihrer weitesten Auslegung schweißen müssen, da die Seitenteile eine Länge von etwa 4 m aufweisen. Diese seitliche Anordnung der Industrieroboter wurde gewählt, um ein möglichst schnelles Austauschen der Geräte bei Störungen zu gewährleisten. Dabei mußte die Anlage an eine vorhandene Schweißpunktkonzeption angepaßt werden. Das bedeutete zusammen mit der Länge der seitlichen Aufstellung der Industrieroboter, der sehr ungünstigen Ausladung der Manipulatorarme noch eine komplizierte Konstruktion der Schweißzangen. Die Schweißzangen mußten wegen der weiten Ausladung und der ungünstigen Lage mancher Schweißpunkte leicht und doch stabil ausgebildet werden. Durch eine spezielle Aluminiumlegierung und hydraulischer statt pneumatischer Krafteinwirkung wurden diese Schwierigkeiten an der Schweißzange gelöst. Um an manchen Stellen an die

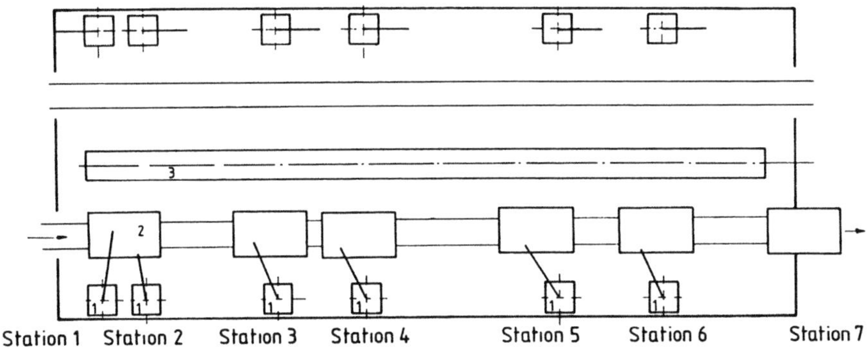

Bild 4.7 Schweißstraße zum Schweißen von PKW-Seitenteilen bei Daimler Benz [4/32]
1 Industrieroboter, 2 transportable Klappgestelle, 3 Bühne (Obergeschoß) mit Schweißtrafos. Station 1: Eingabe, Station 2: Heftstation, Stationen 3 bis 6: Ausschweißstationen, Station 7: Entnahme

ungünstige Lage der Schweißpunkte zu kommen, mußten die ursprünglich nur mit fünf Achsen versehenen Industrieroboter vom Typ Unimate mit einer sechsten Achse ausgerüstet werden. Die Getriebekonstruktion dieser sechsten Achse ist in den Bildern 3.3.24 und 3.3.25 dargestellt. Die sechste Achse wurde am Zangengelenk untergebracht. Die Transformatoren sind hängend über den Handhabungsautomaten installiert. Eine Zuführung der Kabel erfolgt über Gewichtsausgleich. Doch dadurch werden die Bewegungen der Industrieroboter sehr langsam, zumal der Transportverlauf der Gestelle mit Endschaltern überprüft wird, und die Industrieroboter erst nach deren Rückmeldung mit der Schweißoperation beginnen. Während die Zuverlässigkeit der einzelnen Geräte in der Schweißanlage bei etwa 97 % liegt, ergibt sich für die Gesamtanlage nur noch ein Nutzungsgrad von 75 %.

Bedingt durch anfängliche Schwierigkeiten beim Personal und beim Zusammenspiel der unterschiedlichen Einrichtungen lag der Ausfall der Anlage bei etwa einem Drittel der Einsatzzeit. Die Programmierung der Geräte erfolgt im Teach-in-Verfahren. Die Archivierung der Programme wird auf Kompaktkassetten durchgeführt. Dabei zeigte sich, daß bei Temperaturen von mehr als 40°C und durch die sekundärseitig bedingten Magnetfelder die Magnetbänder in den Kunststoffkassetten nicht ausreichend geschützt sind.

Erhebliche Schwierigkeiten ergeben sich aus der seitlichen Aufstellung der Industrieroboter zusammen mit der Bauteilelänge und der konstruktiv nicht auf diese Konstellation hin ausgelegten schweißtechnischen Konstruktion der PKW-Seitenteile. Dadurch kommt es zu weiten Auskragungen der Manipulatorarme, die zudem noch durch die Schweißzangen und die Zuführungskabel stark belastet werden, so daß darunter die Positioniergenauigkeit stark in Mitleidenschaft gezogen wird. Trotz sorgfältiger Programmierung wird zum Teil die geforderte und garantierte Positioniergenauigkeit von ± 1 mm nicht ganz erreicht. Außerdem muß in weiten Endlagen ein Ausschwingen der Geräte abgewartet werden, was die Schweißzeiten und damit natürlich auch die gesamte Taktzeit der Schweißstraße erheblich beeinträchtigt.

Mit einer Teilemenge von 300 Stück im 2-Schichtbetrieb liegt der Gewinn in der Automatisierung mit relativ flexiblen Fertigungsmitteln. Arbeitsplätze bei sehr ungünstigen Arbeitsbedingungen (kurze Taktzeiten, Schichtarbeit, Wärme-, Lärm- und Gasentwicklung sowie Funkenflug) konnten human automatisiert werden. Sicherlich kann darüber hinaus noch überlegt werden, daß man durch den automatisierten Arbeitsplatz mit Industrierobotern möglicherweise nur eine kleinere Anzahl von Schweißpunkten zu setzen braucht, da die Sicherheit, mit der die automatische Anlage die Schweißpunkte setzt, erheblich größer ist als beim Menschen.

4.1.1.2 Punktschweißen von PKW-Rohkarosserien

Im Volkswagenwerk Wolfsburg werden Rohkarosserien des Polo, die zuvor vorgeheftet worden sind, auf fahrerlosen Transportsystem-Fahrzeugen durch ein flexibles System von drei Auspunktstationen geschleust. Die Fahrzeuge des fahrerlosen Transportsystems (FTS) sind an ihrem Antrieb mit Industrieroboterachsen ausgerüstet. Insgesamt kommen 32 Fahrzeuge zum Einsatz. Das Fahrzeug hat ein Gewicht von 2 t und eine Geschwindigkeit von 2 m/s. An den drei Auspunktstationen sind insgesamt 54 Industrieroboter des Typs R 30 (kleines Röhrengerät) installiert. Zur Ausführung kommen insgesamt 585 Schweißpunkte. Dabei stehen an der Station 2 je sechs, an der Station 3 je vier und an der Station 4 je zwei Punktschweißroboter. Die Taktzeit beträgt 34,5 s und die Tagesleistung dieser flexiblen Schweißstraße liegt bei 1150 Rohkarosserien pro Tag. Der Kurs wird durch einen Kopfrechner und zwei Prozeßrechner von Digital Equipment überwacht. Als Personal stehen drei Elektriker, drei Qualitätskontrolleure, zwei Einrichtprogrammierer und ein Schlosser bereit (Bild 4.8) [4/148].

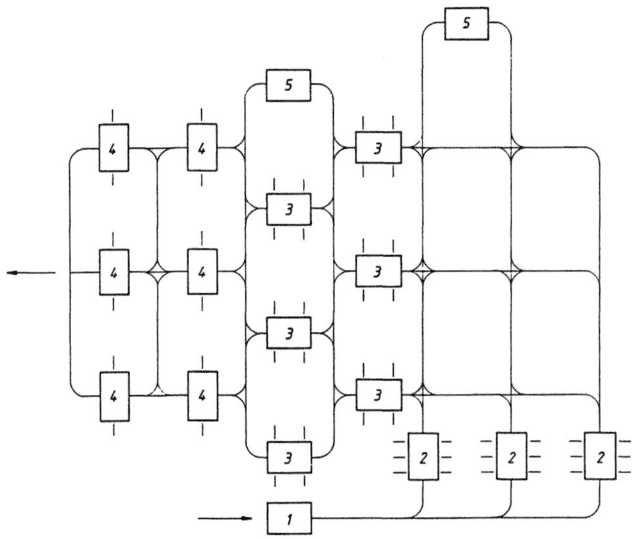

Bild 4.8

Rohkarosseriestraße für den VW Polo (1980). Übersichtsplan des fahrerlosen Transportsystems mit 1 Eingangsstation, 2 Auspunktstation eins mit je sechs Industrierobotern, 3 Auspunktstation zwei mit je vier Industrierobotern, 4 Auspunktstation drei mit je zwei Industrierobotern, 5 Qualitätskontrolle

4.1.1.3 Punktschweißen von Karosseriehinterteilen

Sehr platzsparend und auf die hohen Taktgeschwindigkeiten eines Transportbandes zugeschnitten ist die schweißtechnische Lösung, das Karosseriehinterteil am Polo punktmäßig von mehreren Industrierobotern, die zum Teil an den das Transportband tragenden Traversen hängend angebracht sind, anzuschweißen (Bild 4.9).

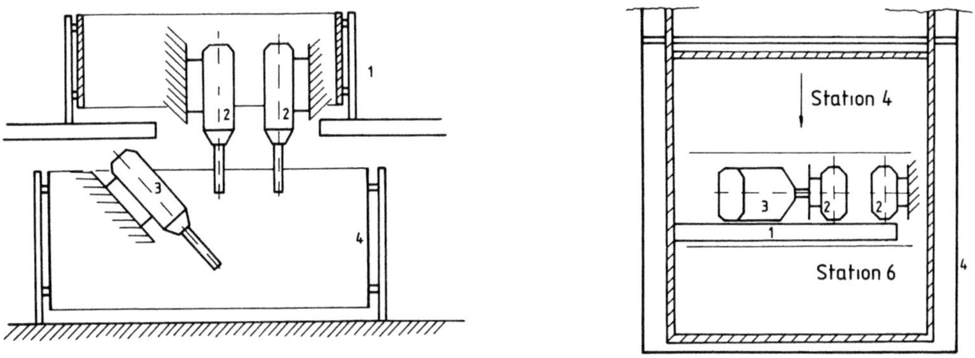

Bild 4.9 Hängende Anordnung von Industrierobotern beim Punktschweißen von Karosseriehinterteilen bei VW [1/8]

1 Wartungsbühne, 2 Industrieroboter senkrecht aufgehängt, 3 Industrieroboter schräg aufgehängt. 4 Schutzgitter

In kürzester Zeit wird das Teil von Hand in eine Arbeitsbühne eingelegt und von drei Röhrengeräten VW R 30 eingepunktet. Dabei sind zwei der Industrieroboter senkrecht, ein weiteres Gerät schräg an Traversen aufgehängt. Die Industrieroboter haben Schweißzangen und Schweißtransformatoren an Bord, das heißt also, Kabelzuführungen stören weder die Genauigkeit, noch beeinträchtigen sie die Manipulationsgeschwindigkeit der Geräte. Platz und Programme sind optimal genutzt:
Nach einem Schweißdurchgang von links nach rechts setzen die Industrieroboter in einer rechten Endlage still, um beim nächsten Durchlauf von rechts zu beginnen und schließlich in linker Endposition anzuhalten.
Durch diese Programmierung wird eine spezielle Positionierung und Zurückführung der Geräte dorthin überflüssig. Fraglos wurde hier auch die Konstruktion der Schweißpunkte durch die Lage der Industrieroboter sowie die Form der Schweißzange mitbeeinflußt.

4.1.1.4 Punktschweißen von Karosserieunterbauten

Im Volkswagenwerk Hannover werden Karosserieunterbauten in einer 60 m langen Fertigungsstraße mit 16 VW Robotern vom Typ R 100 (großes Röhrengerät) punktgeschweißt. Das Karosserieunterteil fordert Schweißzangen von mehr als einem Meter Ausladung, die zwangsläufig von 100 ... 200 kg wiegen. Auch hier, wie unter 4.1.1.3 bei den Geräten vom Typ R 30 sind die Transformatoren an den Industrierobotern befestigt, so daß keine störenden Zuleitungen die Arbeitsgenauigkeit durch Belastung der Tragfähigkeit noch die Schweißgeschwindigkeit verringern.
Das Schweißteil wird mit Hub-Schrittförderern durch die Schweißstraße getaktet, jeweils vor einer Station abgelegt und fixiert. Diese Lage wird von Endschaltern kontrolliert, und nach Vollzug der korrekten Positionierung kann der Schweißvorgang durch die Industrieroboter beginnen.
240 Schweißpunkte sind auf 16 Industrierobotern verteilt, jeder Takt dauert nur 48 s Schweißzeit und 12 s Taktvorschub. Bei einem Defekt sind die beiden letzten Industrieroboter der Straße so programmiert, daß sie alle Schweißpunkte der vorhergehenden Stationen

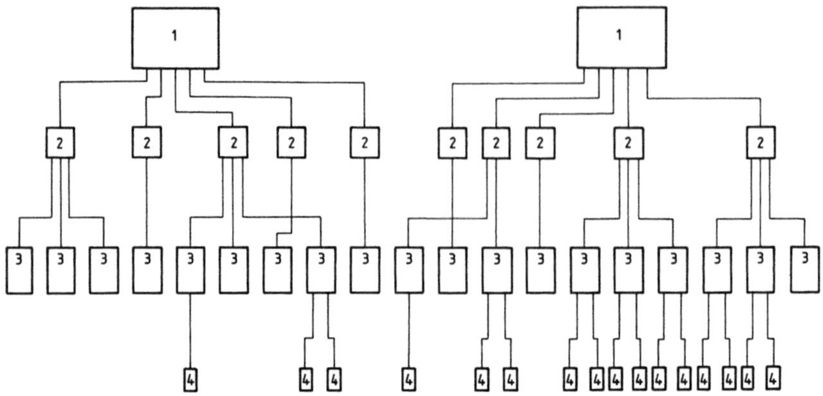

Bild 4.10 Schweißstraße zum Schweißen von Karosserieunterbauten bei VW. Interessant ist die hierarchische Anordnung der Steuerungen und Rechner, die für den Fertigungsablauf verantwortlich sind [4/6].
1 zwei Prozeßrechner (Diagnoseebene), 2 zehn FDS (Steuerungsebene), 3 neunzehn Stationen (Operation 10–170) Fertigungsstraße, 4 sechzehn Industrieroboter R 100

nachvollziehen können. Jeder Industrieroboter in der Fertigungsstraße hat außerdem das Programm des rechts und links von ihm stehenden Gerätes gespeichert. Hier würde allerdings eine Umschaltung auf diese Geräte einen Taktzeitverlust der Fertigung bedeuten.

Die 16 Industrieroboter vom Typ VW R 100 werden von einem komplexen Steuerungssystem mit mehreren hierarchisch verbundenen Prozeßrechnern überwacht (Bild 4.10). Diese Prozeßrechner haben nicht nur die Aufgabe, die Industrieroboter und die Fördereinrichtungen zu steuern, sondern geben auf Anforderung auch Wartungshinweise, bei Ausfall der einzelnen Handhabungseinrichtungen oder der peripheren Geräte.

Bei Ausfall eines Industrieroboters, oder wenn vorbeugende Wartungsaufgaben erfüllt werden müssen, besteht die Möglichkeit, die beiden letzten Geräte der Fertigungsstraße einzuschalten, so daß ohne Taktzeitverlust das laufende Programm erfüllt und gleichzeitig die notwendige Instandhaltung ausgeführt werden kann. Auf eine automatische Programmübernahme im Falle einer Fehlermeldung durch diese beiden letzten Geräte der Fertigungsstraße hat man allerdings verzichtet, weil die Industrieroboter bei Defekt nicht in die Endlage laufen und so möglicherweise durch das nachfolgende Blechteil die Schweißzange zerstört würde. Die Ersatzgeräte werden auch als "hot-stand-by"-Geräte bezeichnet, da sie sofort im Gegensatz zu den "cold-stand-by"-Geräten, die erst an Stelle eines ausgefallenen Industrieroboters in Position gebracht werden müssen, betriebsbereit sind.

Der Diagnoserechner kann über Bildschirm die genaue Stelle der Störung angeben. Bei Bedarf werden dann sogar Einzelheiten der Stromlauf- oder Hydraulikpläne sichtbar.

Erfahrungsgemäß treten allerdings ca. 95 % aller Störungen in der Peripherie und nicht in der Logik der Rechnereinheit oder eines Industrieroboters auf, wenn die Einlaufphase der Geräte absolviert wurde.

27 unterschiedliche Werkstücke können ohne Unterbrechung oder Umprogrammierung durch die besondere Steuerung dieser Fertigungsstraße geschleust werden.

4.1.1.5 Punktschweißen von Herdgestellplatten

In ca. 60 s Taktzeit werden Herdgestellplatten von einem Unimate 2005 B mit 5-achsiger PTP-Steuerung auf zwei Drehtischvorrichtungen durch Punktschweißen gefügt. Die Einzelteile, Rahmen und Winkelschienen, werden den Drehtischvorrichtungen innerhalb des Sicherheitsbereiches durch einen Bedienungsmann von außen aufgegeben. Die Nebenzeiten, Einlegen und Entnehmen der Teile durch den Bedienungsmann sowie die Bewegung der Teile durch die Drehtischvorrichtung, werden dadurch auf 7 s innerhalb der Taktzeit reduziert, daß nicht nur eine sondern zwei Drehtischvorrichtungen eingesetzt werden.
Verbesserung der Schweißqualität, Humanisierung den Menschen stark belastender Arbeitsplätze sowie eine Einsparung von zwei Personen pro Schicht sind die Folgen einer Automatisierung eines Arbeitsplatzes mit einem Industrieroboter (Bild 4.11).

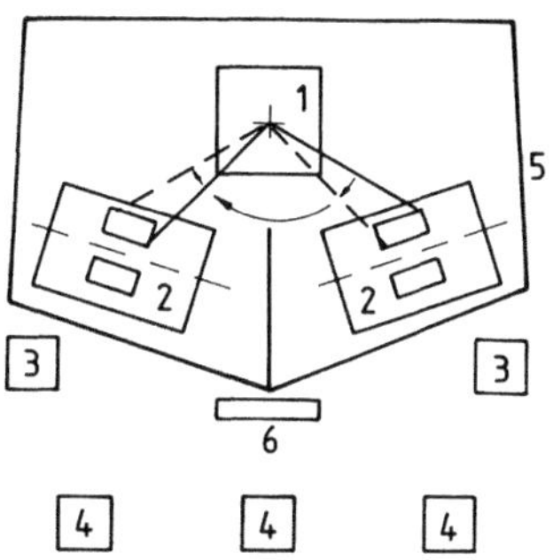

Bild 4.11
Punktschweißen von Herdgestellplatten
1 Industrieroboter, 2 Drehtischvorrichtungen, 3 Vorrat an Winkelschienen, 4 Vorrat an Rahmen, 5 Sicherheitsbereich, 6 Freigabeschalter

4.1.2 Lichtbogenschweißen

Während in der Widerstandsschweißtechnik Industrieroboter mit PTP-Steuerung bei hohem Speicherplatz sowie quader- und zylinderförmigem Arbeitsraum genügen, stellt die *Gasschutz- und Lichtbogenschweißung* die Forderung Bahnkurven verfahren zu können. Hinsichtlich des Arbeitsraumes begnügt sie sich in der Regel mit kleinen Reichweiten, die aber nach oben und unten eine ausreichende Tiefe besitzen müssen.
Die am meisten verbreiteten Lichtbogenschweißverfahren sind

- Schutzgasschweißung (CO_2, Mischgas),
- WIG (Wolfram-Inertgas-Schweißung),
- MIG/MAG (Metall-Inertgas(aktiv)-Schweißung.

Dabei spielt nicht unerheblich die Tatsache der guten Automatisierbarkeit einer weiten Verbreitung der Verfahren eine große Rolle. Als Lösung in der Mittel- und Kleinserienfertigung bieten sich Industrieroboter an. Die wesentlichen Forderungen an sie sind

- vier bis sechs Achsen,
- große Speicherplatzkapazitäten,
- Möglichkeit,komplizierte Bewegungen zu fahren,
- torusförmige Arbeitsräume,

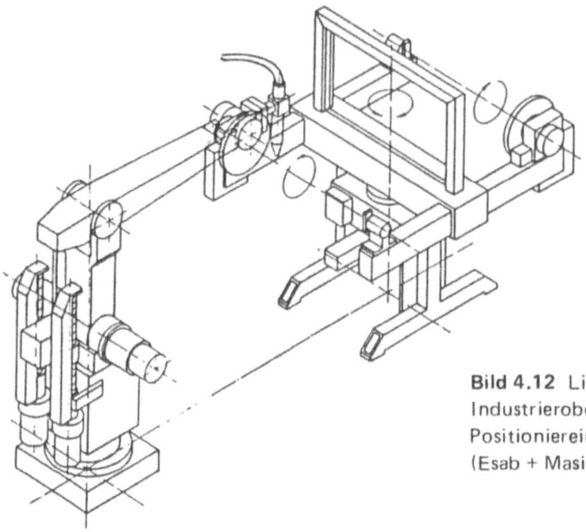

Bild 4.12 Lichtbogenschweiß-Arbeitsplatz mit Industrieroboter Typ ASEA IR b6 und einer Positioniereinrichtung Typ Orbit 160 (Esab + Masing)

- Anpassung des Schweißvorschubes an den Schweißspalt (Pendelbewegung des Brenners bei großen Spalten, sowie Sensoreinwirkung),
- geeignete Positioniereinrichtungen (Bild 4.12).

Schwierigkeiten treten beim Lichtbogenschweißen oft dadurch auf, daß Schweißfuge und Industrieroboterbahnkurve voneinander abweichen. Für die Abweichung gibt es folgende Erklärungen:

- Toleranzen im Werkstück,
- Verzug des Werkstückes durch Wärmespannungen,
- Toleranzen an der Positioniereinrichtung des Werkstückes und
- Positioniergenauigkeit des Industrieroboters.

Beim Einsatz geeigneter Sensoren könnten diese Schwierigkeiten schnell überwunden werden. Entsprechende Sensoren sind auf dem Markt.
Sie ermöglichen, die Bahnabweichungen zu erfassen und entsprechend einer Koordinatentransformation zu korrigieren. Im Falle des Lichtbogenschweißens erfolgt eine Regelung des Schweißprozesses und damit eine Regelung des schweißenden Industrieroboters durch die Schweißparameter selbst. Ein Beispiel ist die mikroprozessorgesteuerte Meßwerterfassungsstation MEWES, die neben der Möglichkeit, Schweißwertparameter zu erfassen, auch noch eine Güte- und Qualitätskontrolle für die Fertigung bietet. Gemessen werden

- Schweißspannung,
- Schweißstrom,
- Drahtvorschubgeschwindigkeit,
- Temperatur,
- Schweißweg und
- Prozeßeinheit.

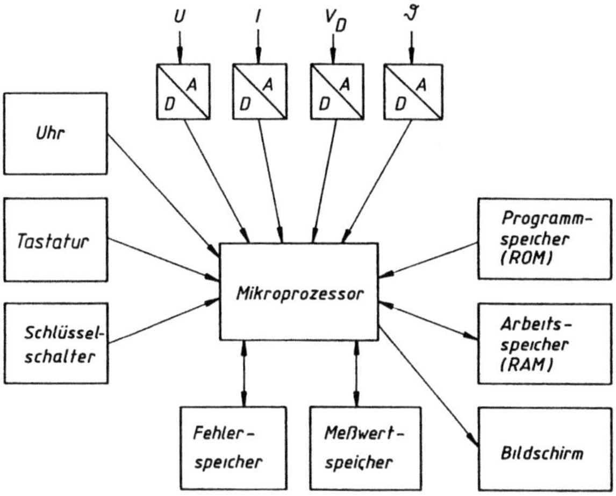

Bild 4.13
Mikroprozessorgesteuerte Meßdatenstation zur Korrektur von Schweißspannungs, -strom, -spalt und -temperatur.

Über eine Tastatur können Sollwerte sowie untere und obere Grenzwerte eingegeben werden. Das Gerät übernimmt in der Folge Anzeige, Grenzwertüberschreitungs-Regelung und Meßwertspeicherung (Bild 4.13) [4/128].

4.1.2.1 Lichtbogenschweißen von PKW-Hinterachsen

Die Schweißeinrichtungen zum automatisierten Schweißen von PKW-Hinterachsen sind im Zweischicht-Betrieb eingesetzt. Dabei werden etwa 1250 Hinterachsen bei der Firma Opel geschweißt, wobei die Verfügbarkeit der Einrichtungen durchschnittlich 95 % beträgt [4/145]. Die Hinterachse besteht aus 25 Einzelteilen, die mit 52 Widerstandsschweißpunkten, vier Schweißbuckeln und Lichtbogenschweißnähten mit einer Gesamtlänge von 3730 mm selbsttätig und 260 mm manuell als Heftschweißnähte ausgeführt werden. Bild 4.12 zeigt den Industrieroboter und die entsprechende Positioniereinrichtung. Mit dieser Anordnung, die in einem speziellen Sicherheitsbereich steht, werden die rechten und linken Lenker sowie das Torsionsprofil als Untergruppen gefertigt. Ungenauigkeiten beim Teilezuschnitt und der Aufspannung werden in diesem Falle durch einen Differentialtransformator ausgeglichen.
Ein weiteres Verfahren ermöglicht die Nachführung des Elektronenstrahles während des Schweißens entlang der Werkstückfuge des Schweißstoßes. Abweichungen zwischen Strahlauftreffpunkt und Fuge werden selbsttätig ausgeglichen. Für die Abtastung wird der Schweißprozeß für etwa 1 ms unterbrochen. Dabei wird der Elektronenstrahl nach einer definierten Vorverlagerung mehrmals mit konstanter, hoher Ablenkgeschwindigkeit auf dem in Bild 4.14 dargestellten Weg über den Fugenbereich geführt. Die Messung der Fugenlage erfolgt relativ, die Lage des Meßrasterfeldes wird nach jedem Abtastzyklus korrigiert, so daß jeweils nur die Differenz der Fugenpositionen zwischen zwei Abtastvorgängen bestimmt wird, während die Korrektur für die Schweißpositionierung wie erforderlich verzögert erfolgt. Gemessen wird die Zeit zwischen dem Fugensignal und der Position des Elektronenstrahles in der Mitte des Abtastfeldes. Die gemittelten Zeiten mehrerer richtiger Messungen während eines Abtastzyklus sind das Maß für die Abweichung der Fugen-Soll- von der Istposition. Neben der zeitlichen Ablaufsteuerung wird dem das System steuernden Mikroprozessor

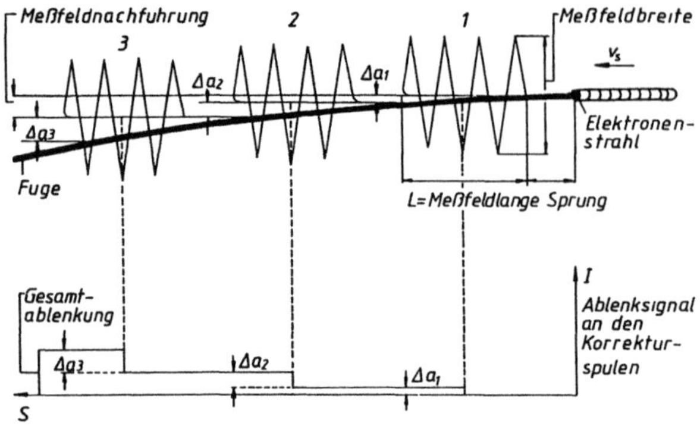

Bild 4.14
Darstellung der Abtastvorgänge, der Meßfeldnachführung und des Korrektursignals für das Elektronenstrahl-Nachführgerät

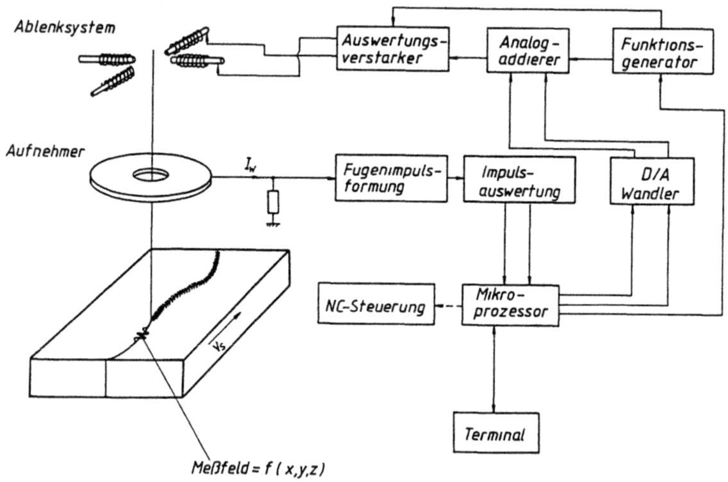

Bild 4.15 Schema des Elektronenstrahl-Nachführsystems mit Mikroprozessor

(Bild 4.15) die Auswertung der Fugensignale übertragen. Nach einer statistischen Behandlung von Meßfehlern berechnet der Mikroprozessor die erforderlichen Korrektursignale für die Meßfeld- und Elektronenstrahlpositionen und veranlaßt die Korrektur [4/131]. Fugen, die an der Oberfläche des Werkstückes mindestens 50 μm Breite und Tiefe aufweisen, werden auch bei Schweißleistungen von etwa 5 kW sicher gefunden.

Bei dem optisch-elektronischen Nahtführungssensor für Schutzgasschweißbrenner geschieht das Auffinden der Nahtmitte sowohl mit als auch ohne brennenden Lichtbogen. Die Arbeitsweise beruht auf dem Auflicht-Reflexionsprinzip. Die vom beleuchteten Fugenbereich des Werkstückes reflektierten Lichtanteile (Bild 4.16) werden über eine spezielle Optik auf eine Photodiodenzeile projiziert und hier in ein elektrisches Videosignal gewandelt.

Den Ablauf der Positionsmessungen und Signalverarbeitung übernimmt eine eigenständige Mikrocomputer-Steuerung, wobei die Ermittlung der Istlage der Nahtmitte softwaremäßig durch spezielle Algorithmen für unterschiedliche Nahtformen erfolgt. Nach etwa 25 ms steht eine Information über den gemessenen Nahtverlauf in der Größe und Richtung an der Schnittstelle zur Weiterverarbeitung an [4/132].

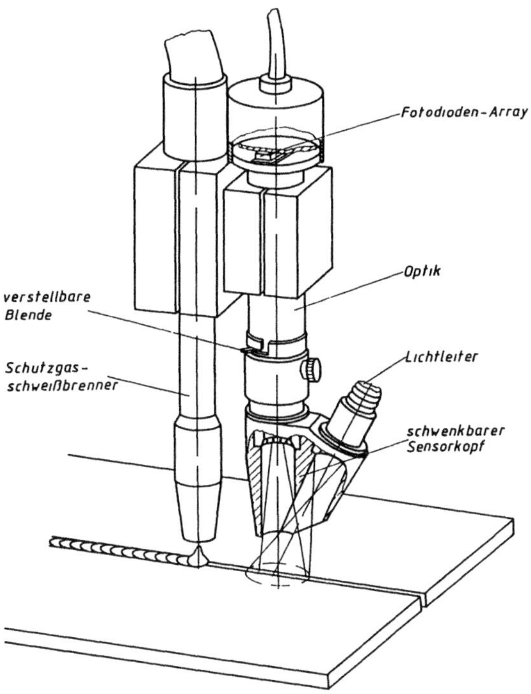

Bild 4.16 Optisch-elektronischer Nahtführungssensor mit Schutzgasschweißbrenner

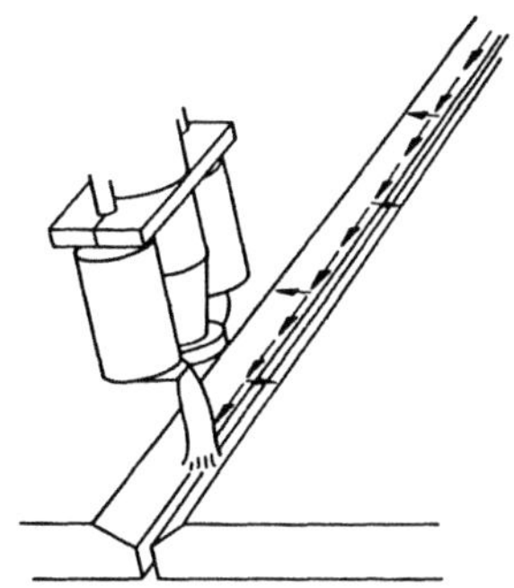

Bild 4.17 Schematische Darstellung der Lichtbogenbewegung in der Schweißfuge. Die Pfeile veranschaulichen die Länge des Lichtbogenfußpunktes während des Schweißprozesses

Wesentlicher Schritt zur Automatisierung des Schweißprozesses beim Bahnschweißen ist die Entwicklung von lichtbogengesteuerten, berührungslosen Abtastsensoren an der Schweißfuge. Das Prinzip des Gerätes (Bild 4.17) liegt darin, daß während des laufenden Schweißprozesses die elektrischen Kenngrößen des Lichtbogens gemessen und zur Seiten- und Höhenführung ausgewertet werden. An der Schutzgasdüse sind Magnete angebracht, die den Lichtbogen abwechselnd kurzzeitig zu den Fugenseiten auslenken. Durch einen Vergleich der elektrischen Parameter im jeweils ausgelenkten Zustand wird die seitliche Position des Lichtbogens in der Fuge erfaßt. Dieses Abtastverfahren beeinflußt nicht die Qualität der Schweißnaht. Die Höhenregelung des Brenners erfolgt im Positionscomputer über eine Prozeßnahtbildung. Nach dem Programmieren der Nahtbildung ist kein weiteres Justieren von Brenner oder Steuergerät erforderlich. Mit Hilfe des ständigen Vergleichens des Prozesses mit seiner Nachbildung ergeben sich Schweißparameter hoher Konstanz, und damit erhält man über die gesamte Schweißzeit ein gleichmäßiges, eng toleriertes Schweißbad. Wesentliches Merkmal des Verfahrens ist, daß die Lage von Schweißfuge oder Schweißstoß unmittelbar an der Stelle erfaßt wird, an der sich der Schweißlichtbogen im Augenblick befindet. Die vom Sensor „Lichtbogen" gelieferten Meßwerte können somit ohne Speicherung unverzögert zum Positionieren des Brenners herangezogen werden. Durch das Messen der Lage von Fuge und Stoß über den Lichtbogen selbst führt der Positionscomputer den Lichtbogenfußpunkt auf Sollposition nach. Damit werden Einflüsse der Drahtverspannung vom nicht richtig eingestellten Drahtrichtwerk sofort ausgeglichen. Ebenso wird eine quer zur Schweißrichtung wirkende Blaswirkung weitgehend kompensiert [4/130].

4.1.2.2 Lichtbogenschweißen von Vorderachsträgern

Bei BMW in Dingolfing werden Vorderachsträger durch Lichtbogenweißen hergestellt. Dabei müssen an einem Vorderachsträger elf Schweißnähte aufgebracht werden. Zur automatischen Fertigung der Teile auf einer Drehtischvorrichtung mit zwei Industrierobotern vom Typ KUKA Nachi 4500 wird das Teil von Hand in die Station 1 eingelegt und gespannt (Bild 4.18). Die Drehtischvorrichtung verfügt über vier Stationen. Vor den Stationen eins und drei ist je einer der Schweißroboter stationiert. An der Station vier wird das fertiggeschweißte Werkstück automatisch auf ein Förderband ausgestoßen. Die Industrieroboter in den Stationen zwei und drei schweißen jeweils unterschiedliche Nähte. Dadurch kann sich das Teil abkühlen und es kommt nicht zu einem so starken Verzug.

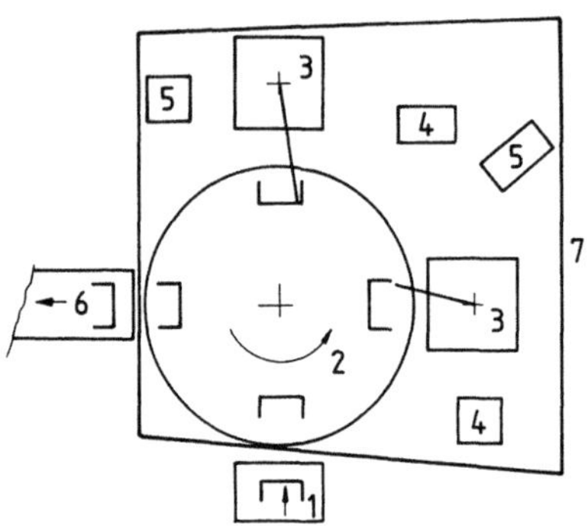

Bild 4.18
Lichtbogenschweißen von Vorderachsträgern [4/31]
1 Eingabe der Werkstücke, 2 Drehtischvorrichtung, 3 zwei Industrieroboter, 4 zwei Schweißgleichrichter, 5 zwei Industrierobotersteuerungen, 6 Ausgabe Förderband, 7 Sicherheitsbereich

Jeder der beiden Industrieroboter ist in der Lage, beide Programme zu schweißen, wenn es an einem der Geräte zu einem Ausfall kommen sollte. Dadurch würde sich zwar die Taktzeit verdoppeln, aber die Anlage als solche würde nicht ausfallen. Die Taktzeit beim Betrieb beider Geräte beträgt 60 s.
Drehtischvorrichtung, Schweißroboter mit Industrierobotersteuerung und Schweißgleichrichtern sind von einem Sicherheitsraum umgeben. Verunreinigungen, die beim Schweißen entstehen, werden von einer Absaugvorrichtung über dem Drehtisch abgeführt.
Die Werkstücke sind dokumentationspflichtig. Jedes Teil muß geprüft und es muß angegeben werden, wie viele Teile aus qualitativen Gründen zurückgewiesen wurden. Schon aus diesem Grunde kommt es auf eine gleichbleibende Qualität an. Erreicht wird sie vornehmlich durch exaktes Programmieren der Geräte und auf einen sauberen Brenner. Der Abschluß eines jeden Schweißzyklusses bildet daher die Reinigung des Schweißbrenners durch die Gasrohrreinigungsanlage. Durch fliegenden Personalwechsel wird bei 17 Arbeitsstunden am Tag einschließlich Pausen eine 80%ige Ausnutzung der Anlage erreicht. Dabei werden etwa 800 Teile täglich produziert. Die Umrüstzeit dauert 2 ... 3 Stunden und findet alle vier Tage statt.
Damit wurden Arbeitsplätze automatisiert, die mit menschlichen Arbeitskräften schwer zu besetzen sind, die Fertigungsanlage ist von großer Flexibilität. Zu dem Rationalisierungseffekt kommt eine hohe Qualitätssicherheit des Werkstückes.

4.1.2.3 Lichtbogenschweißen von PKW-Türen

PKW-Türen von Modellen, die für den Export nach den USA bestimmt sind und daher nicht in besonders großen Stückzahlen anfallen, werden bei BMW in München wechselweise mit kleineren Teilen zusammen auf einer Drehtischvorrichtung von einem Industrieroboter durch Lichtbogenschweißen zusammengefügt. Die Nebenzeiten beim Schwenken eines Drehtisches um 180° werden dadurch verringert, daß in die Drehtischvorrichtung, die jeweils um 90° geschwenkt wird, einmal eine Tür und anschließend fünf Tragbügel in die pneumatischen Fixiereinrichtungen eingelegt werden (Bild 4.19).

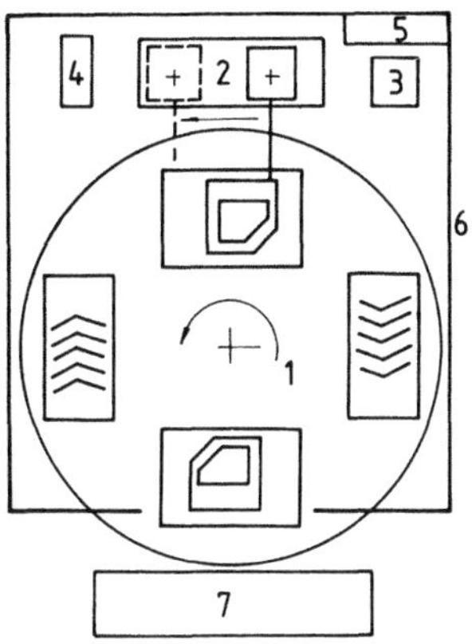

Bild 4.19
Lichtbogenschweißen von PKW-Türen [4/31]
1 Drehtischvorrichtung, 2 Industrieroboter, 3 Schweißgleichrichter, 4 Industrierobotersteuerung, 5 Schaltschrank, 6 Sicherheitsbereich, 7 Sicherheitsschalter

Geschweißt wird also nach zwei verschiedenen Programmen. Die Stationen der Drehtischvorrichtung können in kurzer Zeit auf ähnliche Teile umgerüstet werden. Ein gesamter Bearbeitungsvorgang dauert 180 s.
Als Schweißroboter findet ein KUKA Nachi 4500 Anwendung, der die Möglichkeit bietet, maximal acht verschiedene Bauteile je 400 Raumpunkte programmiert zu speichern. Die Lichtbogenschweißausrüstung ist dem Industrieroboter angepaßt.
Durch fliegenden Personalwechsel und gute Personalschulung werden extrem kurze Ausfallzeiten erreicht. Für die Teilequalität ist die Programmierung des Schweißvorganges von entscheidender Bedeutung, daher wird hier große Sorgfalt aufgewandt. Der Industrieroboter gibt zu weniger Ausfällen Anlaß als die Schweißausrüstung. Deswegen muß ihr besondere Bedeutung zukommen.
Es gilt folgendes zu beachten:

- mehrmaliger Wechsel der Gasdüse täglich ist sinnvoll,
- Ausblasen der Düse mehrmals innen und außen,
- wassergekühlte Düsen mit konzentrischer Gaszufuhr verwenden,
- Vergießen der Schlauchverbindungen der Industrieroboterschweißausrüstung in Kunststoff zur Verlängerung der Lebensdauer dieser Verbindungen,
- Einbau einer Abschaltsicherung gegen Kollisionsschäden.

4.1.2.4 Maßnahmen vor dem Lichtbogenschweißen von Werkstücken

Lichtbogenbahnschweißen mit Industrierobotern ist ein Verfahren, das bei geeigneter Ausbildung der peripheren Anlagen, bereits in der Mittel- bis Kleinserie ab 10^2 Werkstücken eingesetzt werden kann. Damit ist es aber gegenüber dem Einsatz von Großserienanlagen problematischer und man muß bestimmte

- programmtechnische und
- konstruktive Gesichtspunkte berücksichtigen.

Jedes Programm bezieht sich auf die Ausgangsrandbedingungen beim Erstellen des Programmes. Diese Bedingungen müssen wiederholbar sein. Zum Programmieren gehören deshalb folgende Maßnahmen:

- Überprüfen des Achsennullpunktes für jede Industrieroboter-Achse,
- Kontrollieren der Schweißpistole,
- Nachmessen der Raumlage der Schweißpistole und der Schweißdrahtrichtung,
- Duplizieren der Programme nach Verwendung und Archivieren zusammen mit einer genauen Einrichtebeschreibung.

Grundsätzlich gelten beim Schweißen mit Schweißrobotern dieselben Gestaltungsrichtlinien, wie beim manuellen Schweißen. Trotzdem sollten zur Erleichterung der Arbeit beim automatisierten Schweißen einige Gesichtspunkte beachtet werden:

- Schweißnähte in Ecken und um Profile herum erschweren das Programmieren und Schweißen,
- möglichst nur eine Vorrichtungslage benutzen,
- Einzelteile von der Einlegeseite her einfach und positionsgetreu einlegen,
- Spann- und Vorrichtungselemente sollten die Zugänglichkeit der Schweißpistole zur Schweißnaht möglichst wenig behindern [4/147].

4.2 Beschichttechnik

Beschichten, Lackieren und Spritzen sind Arbeitsvorgänge, die zwangsweise in abgeschlossenen Räumen stattfinden müssen. Hier sind Wärmeentwicklung und Sprühmittelnebel unvermeidlich, das heißt also, daß die Arbeitsverhältnisse für eine menschliche Arbeitskraft ungesund und unsauber sind. Nachwuchsmangel und soziologische Gründe erfordern eine Automatisierung. Möglichkeiten der Automatisierung sind unter anderem:

- Horizontal- und Vertikalspritzautomaten,
- Randkettenmaschinen,
- Schalttischhalbautomaten,
- Coil-Coatingverfahren,
- elektrostatische Verfahren,
- Elektrophorese,
- Pulverbeschichtung und viele andere mehr.

Will man hohe Flexibilität neben einem automatischen Arbeitsablauf haben, dann sind die Forderungen an einen Industrieroboter:

- Ausführung einer dreidimensionalen Bewegung,
- Ausführen von weichen und fließenden Bewegungen,
- Halten der Sprühpistole in einer besonders definierten Lage,
- einfaches Programmieren,
- Play-back mit hoher Präzision,
- robuste Ausführung des Gerätes,
- Verschleißteile leicht erreichbar,
- ein Arbeitsraum, der möglichst um die Vertikale konzentriert ist.

Diese Forderungen werden von einem Industrieroboter erfüllt, der

- frei programmierbar ist,
- eine große Speicherkapazität besitzt,
- mit einer Bahnsteuerung ausgerüstet ist,
- einen torusförmigen Arbeitsraum hat und
- für hohe Manipulatorgeschwindigkeiten eingesetzt werden kann.

4.2.1 Spritzlackieren

In der Motorenfertigung bei Ford/Köln werden stündlich 110 Motoren von einem Industrieroboter Typ Retab Coat-a-matic schwarz lackiert. Das Gerät wurde ohne Umstellung auf den Arbeitsplatz eines Menschen gestellt. Nur der Manipulatorarm befindet sich in der Spritzkabine, Steuerung mit Magnetplattenspeicher und Hydraulikeinheit stehen außerhalb der Kabine.
Der Handhabungsautomat wird im „Teach-in"-Verfahren programmiert, wobei 17 Programme mit insgesamt 900 s Laufdauer gespeichert werden können.
Ein Bedienungsmann deckt zunächst die nicht zu lackierenden Motorteile ab, anschließend spritzt der Industrieroboter 60 ... 70 % der Gesamtoberfläche, wobei die komplizierten Motorenteile während des Durchlaufes im 15 cm Abstand abgefahren werden, um sicher zu gehen, daß auch diese Teile einwandfrei lackiert sind. Die Farbschicht ist etwa 7 μm dick. Der Industrieroboter arbeitet mit Elektrostatik-Automatikpistole mit Luftzerstäubung.

4.2.2 Automatische Lackierstraße

Automobil-Seitenteile und -Dächer werden von General Motors in Doraville von einer Reihe fünf- bis siebenachsiger NC-Painter lackiert. Die Lackierroboter werden mit einer Geschwindigkeit von 9 m/min mit den Karosserien simultan mitbewegt. Ein zweiachsiger Türöffner bewegt Türen oder Einzelteile, damit der Lackierroboter auch an Innenkanten des Fahrzeuges herankommt. 26 dieser verfahrbaren Lackierautomaten arbeiten in einer für die Lackierung der Karosserie günstigen Umluft bei 80 °C und hohen Fremdstoffgehalten ohne jegliche menschliche Überwachung und ohne Frischluftzufuhr, Lufterneuerung oder Luftumwälzung. Gespart werden etwa 300 000 m^3/h Frischluft. Gesteuert wird die Anlage von einem PDP 11/34 Minicomputer von Digital Equipment [4/94].

4.2.3 Karosserielackierung

Die Lackierung einer PKW-Karosserie kann sowohl bei bewegter als auch bei stehender Karosse durchgeführt werden. Wird die Karosserie bewegt, dann ist eine Fördersynchronisation notwendig, weil die Fördergeschwindigkeit an Fördereinrichtungen in Abhängigkeit der Last unterschiedlich sein kann. Für ein Vorspritzen einer Karosserieaußenhaut sind vier Industrieroboter vom Typ Uniman 5600-SP eingesetzt. Gespritzt werden sechs verschiedene Karosserietypen mit 12 Programmen. Dabei erfolgt der Farbwechsel automatisch und die Karosserie wird luft-elektrostatisch bespritzt. Der Spritzvorgang wird durch eine Lichtschranke ausgelöst und erfolgt bei Fördergeschwindigkeiten von 2 bis 3 m/min. Anzahl und Anordnung der Industrieroboter erkennt man in Bild 4.20. Die Fördersynchronisation ist in Bild 4.21 dar gestellt. Die vom Frequenzgenerator dem Sender zugehenden Impulse müssen mit der Fördergeschwindigkeit abgestimmt werden. Dabei kann die Geschwindigkeit des Industrieroboters zwischen 70 und 140 % variieren. Es ist dem Roboter nicht möglich, seine angegebene Maximalgeschwindigkeit zu überschreiten. Außerdem kann der Lackierautomat keiner beschleunigten oder verzögerten Fördergeschwindigkeit folgen, so daß die Spritzpistole mit Über- oder Unterschreiten bestimmter Grenzwerte abgeschaltet werden muß.

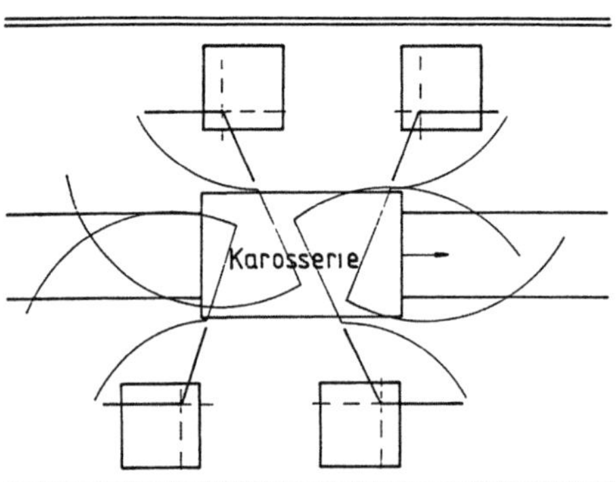

Bild 4.20 Vier Industrieroboter vom Typ Uniman 5600-SP von Walther werden bei der Durchlauflackierung von Automobilkarosserien eingesetzt

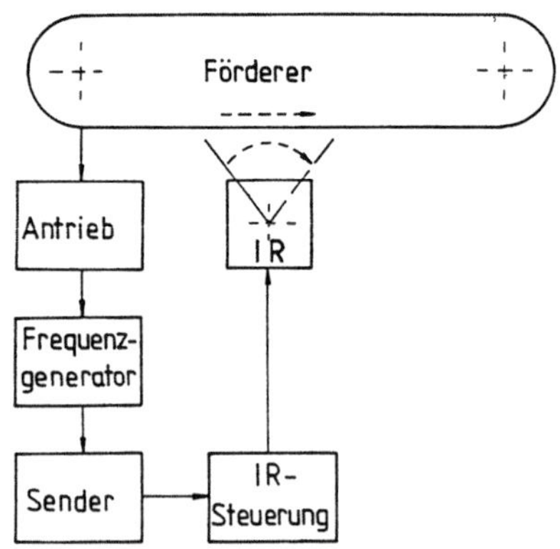

Bild 4.21 Steuerung der Förderband-Synchronisation

4.2.4 Plasmaspitzen

Da die Arbeitsbedingungen beim Plasmaspritzen sehr schwierig sind, hat man diese Tätigkeit sehr frühzeitig zu automatisieren versucht. Mittels einer Sprühpistole werden pulverförmige Teile mit Geschwindigkeiten bis Mach 2 und Temperaturen bis 20000 K auf Werkstückoberflächen abgeschossen, wo sie zusammenschmelzen und erstarren. Das Plasma (hochionisiertes Gas) wird dabei in der Sprühpistole erzeugt. Es entsteht, je nach Verfahren, ein Geräusch von 90 ... 120 dBA, es bilden sich gesundheitschädliche Gase (TiO_2, Pb, NiO ...) in Konzentrationen, die über das zulässige Maß hinausgehen, und eine Masse von ca. 8 kg in Form der Plasmasprühpistole muß laufend bewegt werden.

Die Automatisierung erfolgt mit einem Industrieroboter vom Typ IWKA KUKA mit 4-Achsen-Bahnsteuerung und Lochstreifeneingabe, sowie einem quaderförmigen Arbeitsraum. Die Plasmaanlage wird über eine Boschsteuerung kontrolliert und ist über ein Interface mit dem Industrieroboter verbunden. Zusätzlich wird die gesamte Fertigungseinrichtung in einem schallgeschützten Raum von einem Bedienungsmann überwacht.
Für diesen Einsatzfall eines Industrieroboters standen also nicht Rationalisierungseffekte sondern ausschließlich humanitäre Aspekte im Vordergrund.

4.2.5 PVC-Kleber auftragen

Bei VW in Wolfsburg wird in der Golf-Türenstraße unter anderem von mehreren Gelenkarm-Geräten vom Typ G 15 aus Rundlochdüsen PVC-Kleber auf die zuvor umgebörtelten Kanten aufgetragen. Insgesamt 11 Industrieroboter schweißen (R 30), börteln (G 15) und tragen Kleber (G 15) in 15 Stationen auf. Die kurze Taktzeit von etwa 10 s erlaubt nur eine Langschienenmechanisierung für den Transport der Teile innerhalb der Straße. Nur Werkstücke, die umgedreht und umgelenkt werden müssen, werden durch einen Industrieroboter vom Typ R 30 gehandhabt.
Der Kunststoff verläßt über eine Düse die am Industrieroboter befestigte Spitzpistole. Die Pistole wird durch die besondere Kinematik des sechsachsigen Gelenkarm-Gerätes immer senkrecht zur Oberfläche des Teiles gehalten. Keine Menschen müssen die Dämpfe einatmen und die Dosierung ist exakter als bei manueller Tätigkeit. Mit dem Dosiersystem kann die Fließgeschwindigkeit durch die Robotersteuerung in Abhängigkeit der Verfahrgeschwindigkeit des Manipulatorarmes eingeregelt werden. Dies erlaubt das Auftragen von Klebstoffraupen mit konstanter Breite auch dann, wenn die Roboterbewegung, etwa in engen Kurven, langsamer wird.

4.3 Handhabungstechnik

Schon sehr frühzeitig wurden in der Großserienfertigung Manipulatoren zur Handhabung von Werkstücken eingesetzt. Preßmaschinen mit z. T. extrem kurzen Taktzeiten können auf keine andere Weise wirtschaftlich arbeiten. Man denke nur an die Waagerechtstauchmaschinen bei der Schraubenherstellung mit ihren Taktzeiten von weniger als einer Sekunde! Hier bewältigen festprogrammierte Bewegungseinrichtungen innerhalb des Mehrfachwerkzeuges den Werkstücktransport von einer Bearbeitungsstation zur nächsten. Ohne diesen schnellen Werkstücktransport wäre eine so schnelle Fertigung nicht möglich.
Bedingt durch die immer größer werdende Teilevielfalt und die sich verkleinernden Losgrößen stoßen freiprogrammierbare Handhabungseinrichtungen auch in Mittel- und Großserienfertigung vor. Hier automatisieren sie menschliche Arbeitsplätze von großer Eintönigkeit, hohen Arbeitsgeschwindigkeiten und eventuell hohen Handhabungsgewichten.
Von der Handhabung eines Teiles beim Be- und Entladen einer Werkzeugmaschine oder beim Stapeln von Teilen bis zur automatischen Montage von Werkstücken ist nur ein kurzer gedanklicher Schritt. Höchste Genauigkeit, viele Ein- und Ausgabefunktionen am Gerät, größte Speicherkapazitäten und die Möglichkeit bestimmte Funktionen wahrzunehmen, erschweren diese Art des Einsatzes von Industrierobotern.

4.3.1 Be- und Entladen von Werkzeugmaschinen

Das Be- und Entladen von Werkzeugmaschinen ist relativ problemlos, wenn folgende Voraussetzungen gegeben sind:

- Beschickung einer Werkzeugmaschine mit feststehendem Werkstücksortiment,
- Vorhandensein von Ein- und Ausgangsfunktionen am Industrieroboter,
- Vorhandensein geeigneter peripherer Einrichtungen, in denen die Teile angeliefert werden und mit denen sie wieder entfernt werden können.

Unter diesen Bedingungen genügen vier Achsen, eine PTP-Steuerung oder Folgesteuerung sowie ein quader- oder zylinderförmiger Arbeitsraum.
Problematisch wird die Lösung sofort, wenn zum Beispiel eine *Mehrmaschinenbedienung* gefordert wird. Damit verteuert sich die Lösung dadurch, daß mehrachsige Industrieroboter zur Anwendung kommen müssen, deren Lage zur Werkzeugmaschine auf diese Weise unabhängig gestaltet werden kann.
Einer jeden Planung für den Einsatz eines Industrieroboters für Werkzeugmaschinenbeschickung muß eine sorgfältige Untersuchung des vorliegenden Teilespektrums vorausgehen, da hiervon weitgehend die Konstruktion der

- peripheren Zubringe- und Abführeinrichtungen oder Paletten sowie der
- Greifeinrichtungen am Industrieroboter

abhängig sind. In vielen Fällen ist es fraglich, ob diese Zubringefunktion des Industrieroboters durch ein Einlegegerät günstiger gestaltet werden kann, wenn man die Flexibilität und Wiederverwendbarkeit freiprogrammierbarer Handhabungseinrichtungen in Betracht zieht.
Gerade an NC-Automaten mit oft schweren Werkstücken betragen nach Untersuchungen die Handhabungszeiten 25% der Stückzeit. Die Schwierigkeit dieser Automatisierungsaufgabe liegt in der Teilevielfalt, die die spanende Werkzeugmaschine und hier speziell die NC-Drehmaschine zulassen. Nicht selten wird ein variabler Spannbereich von 70 ... 400 mm gefordert. Dabei sind, wie Untersuchungen in dieser Richtung gezeigt haben, nicht selten 43% aller Teile Stangenteile. Genaue Überprüfung des Teilespektrums zur Ausbildung der Greifeinrichtungen ergeben Rückschlüsse auf Tragfähigkeit, Durchmesserbereich, Spannkraft und Zangen bzw. Fingerform. Damit liegt oft auch die Form und Art der Zubringepaletten oder Stapelmagazine fest.
Durch definierte Lage von Industrieroboter und Werkzeugmaschine bzw. Industrieroboter und Stapelmagazin lassen sich Freiheitsgrade am Industrieroboter und damit natürlich auch Kosten sparen.
Geeignete Ausbildung der Greifeinrichtungen als Doppelgreifer, die bei Entnahme der fertigen Werkstücke durch ein kurzes Schwenken der Greifeinrichtung das Rohteil zuführen, verkürzen die Handhabungszeiten erheblich.
Die Schwierigkeiten bei Drehautomaten gegenüber Preßmaschinen oder anderen Fertigungseinrichtungen liegt darin, daß die Werkstücke, bei Preßmaschinen zum Beispiel, statisch von der natürlichen Lage des geöffneten Werkzeuges gehalten werden und quasi zwangsweise durch Greifer oder Auswurfeinrichtungen daraus entfernt werden müssen. Am Drehautomaten fällt bei geöffnetem Werkzeug das Werkstück zu Boden. Das heißt, es muß durch eine geeignete Befehlskette in der Programmierung zwischen Werkzeugmaschine und Industrieroboter sichergestellt sein, daß bei geöffneter Spanneinrichtung an der Werkzeugmaschine die Greifeinrichtung am Industrieroboter bereits geschlossen ist oder das Werk-

zeug durch Andrücken vom Industrieroboter noch gehalten wird. Der Industrieroboter hat darüberhinaus noch die Aufgabe, das Werkstück zu zentrieren. Bei all diesen Forderungen muß gewährleistet sein, daß die Spanneinrichtung der Werkzeugmaschine sauber ist.

Für die an Drehautomaten eingesetzten Industrieroboter gelten folgende Forderungen:

- drei bis fünf Achsen,
- PTP, Folgesteuerung,
- flexible Greifeinrichtungen,
- mittlere Speicherkapazitäten,
- quaderförmiger Arbeitsraum (Portalversion).

Grundsätzlich kann man sagen, daß der Übergang von Ein- zu Mehrmaschinenbedienung und zur Vereinfachung der peripheren Einrichtungen mit einer größeren Komplexität des eingesetzten Industrieroboters verknüpft wird:

- fünf bis sechs Achsen,
- hohe PTP-Kapazität sowie
- zylinder-sphärenförmiger Arbeitsraum.

4.3.1.1 Drehautomat

Ein 4 achsiger Industrieroboter, mit Folgesteuerung, Festanschlägen und Steckerfeld ausgerüstet, beschickt einen NC-Drehautomaten (Bild 4.22). Innerhalb des Sicherheitsbereiches befindet sich der Industrieroboter selbst, der NC-Drehautomat sowie die Steuerungen und die Stapelpalette für Roh- und Fertigteile. Da der Industrieroboter nur eine Maschine zu beschicken hat, genügen vier Freiheitsgrade unter der Voraussetzung, daß NC-Drehautomat und Industrieroboter parallel zueinander ausgerichtet sind. An dem Drehautomaten wurden keine Veränderungen vorgenommen. Die der Planung vorangegangenen Werkstückuntersuchungen ergaben Konstruktionsrichtlinien für

- einen mechanischen Doppelzangengreifer für engste Betriebsverhältnisse (Bild 3.6.5) sowie
- ein Stapelmagazin für Roh- und Fertigteile, wobei die Vorzugslage der zu bearbeitenden Futterteile ausgenutzt wurde.

Kleine Dickeunterschiede oder Dickeänderungen zwischen Roh- und Fertigteile werden durch einen sphärisch gelagerten Greifer ausgeglichen. An der Greifeinrichtung befindet sich eine Überwachung zur Kontrolle des Ladezustands des Stapelmagazins. Wenn NC-

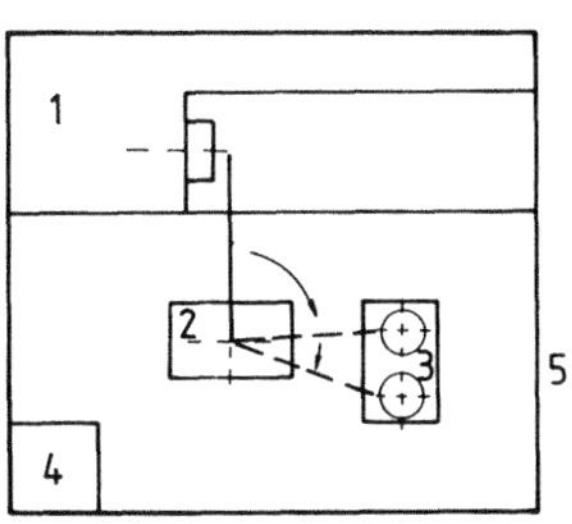

Bild 4.22
Industrieroboter beschickt einen NC-Drehautomaten [4/14]
1 NC-Drehautomat, 2 Industrieroboter, 3 Roh- und Fertigteileablage, 4 NC-Steuerung, 5 Sicherheitsbereich

Werkzeugmaschine und Industrierobotersteuerung über Zusatzfunktionen bzw. Ein- und Ausgabefunktionen verfügen, ergeben sich grundsätzlich zwei Möglichkeiten, den automatischen Ablauf zwischen Industrieroboter und Werkzeugmaschine zu steuern:

- Der Industrieroboter steuert die Werkzeugmaschine. Nach Vollzugsimpuls von der NC-Steuerung bleibt die NC-Maschine stehen, bis der Werkstückwechselvorgang abgeschlossen ist. Alle Werkzeugmaschinenfunktionen, wie zum Beispiel Späneschutz und Spannbackenbewegungen, werden über Datenkanäle vom Industrieroboter aus gesteuert. Der Industrieroboter leitet die nächsten Befehle dann ein, wenn die Werkzeugmaschine die jeweils vorangegangenen Funktionen quittiert hat.
- Der Werkstückwechselvorgang ist steuerbar durch einen Dialog zwischen Industrieroboter- und Werkzeugmaschinensteuerung.
  In diesem Falle werden die Datenkanäle vom Industrieroboter dazu benutzt, den Lochstreifenleser an der Werkzeugmaschine in Gang zu setzen, während die NC-Steuerung nach erfolgter Durchführung mittels einer Zusatzfunktion die Industrierobotersteuerung weiterschaltet.

Die zweite Möglichkeit wird sicherlich dann zum Einsatz kommen, wenn der Programmspeicher des Industrieroboters nicht allzu groß ist. Untersuchungen der Technischen Universität Berlin haben ergeben, daß für ein einfaches Industrierobotereinlegeprogramm, ohne Zusatzbefehle für den Industrieroboter zur Entnahme oder Ablage der Teile in die Stapelmagazine, ein Informationsumfang von mindestens 20 Programmschritten notwendig ist. Bild 4.23 zeigt in einem Blockdiagramm einen Dialog zwischen Industrierobotersteuerung und NC-Werkzeugmaschinensteuerung.
Wie bereits im einführenden Kapitel angesprochen, ergeben sich bei der Werkstückhandhabung an NC-Drehautomaten die Schwierigkeit einer schwerkraftabhängigen Werkstücklage. Dies führt dazu, daß der Industrieroboter im Augenblick des Einlegens, in dem in der Regel die beiden Futtereinrichtungen von Werkzeugmaschinen und Industrieroboter geöffnet sein müssen, das Werkstück nur durch seine Anpreßkraft im Werkzeugmaschinenfutter hält. Hohe Positioniergenauigkeiten im Bereich von 0,5 mm sind hier notwendig, alleine schon, um eine ausreichend hohe Zentriergenauigkeit des Werkstückes im Futter zu erzielen. Hier kommt noch eine weitere Besonderheit des Industrieroboters zum Tra-

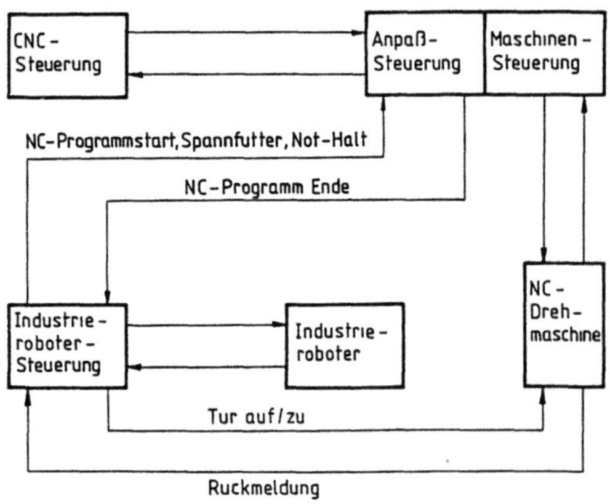

Bild 4.23
Blockschaltbild für den Dialog zwischen der Industrierobotersteuerung und der NC-Werkzeugmaschinensteuerung [4/12]

gen, die erlaubt, den Bewegungsablauf auf die Drehmitte des Werkstückes zu programmieren und damit von Durchmesserstreuungen des Rohteiles nicht abhängig zu sein.
Selbst unter der Voraussetzung, daß diese Fertigungszelle (Industrieroboter und NC-Werkzeugmaschine) im Mehrschichtbetrieb und während der Pausenzeiten arbeitet, dürfte ein Wirtschaftlichkeitsnachweis nicht unbedingt leicht sein, zumal für den Mehrschichtbetrieb entsprechende Teilemengen vorhanden sein müssen, die selbst unter Zusammenfassung ähnlicher Teilefamilien fraglich ohne weiteres die Handhabungseinrichtung sowie ihre Peripherie in geeigneter Weise auslasten.
Zweifellos interessanter und wirtschaftlicher dürfte der Einsatz von Industrierobotern in der Mehrmaschinenbedienung sein. Das alte Problem ist Fachleuten bekannt: Beim Übergang von der handbedienten Maschine zum Automaten werden dem Bedienungsmann mehrere Automaten zur Beschickung mit Werkstücken zugeteilt. Die Schwierigkeiten liegen nicht allein darin, daß die Bearbeitungszeiten von ein bis fünf Maschinen oft stark streuen, sondern auch, daß die menschliche Arbeitskraft diesen Zyklus nicht mitmacht, da für den Unternehmer eine fünffache Bezahlung bei Fünfmaschinenbedienung natürlich nicht diskutabel ist. Damit stehen diese fünf Maschinen einer Fertigungszelle mehr als sie arbeiten.
Sicherlich dürfte hier der Einsatz eines Industrieroboters auch wirtschaftlich gegeben sein, selbst bei weitgehend kostspieligen Forderungen:

- großer Arbeitsraum,
- hohe Tragfähigkeit (geringe Positioniergenauigkeit),
- großer Speicherplatz,
- fünf bis sechs Achsen PTP-Steuerung,
- flexible Greifeinrichtungen.

In Bild 4.24 ist so eine flexible Fertigungszelle mit mehreren Werkzeugmaschinen und mehreren Industrierobotern dargestellt. Dabei wird davon ausgegangen, daß die Werkzeug-

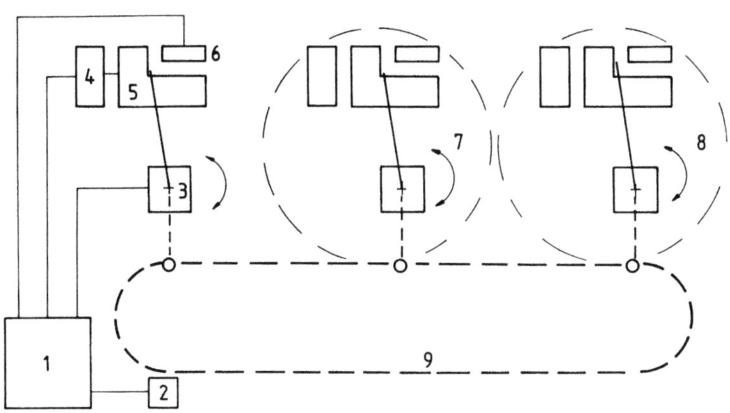

Bild 4.24 Darstellung einer flexiblen Fertigungszelle mit mehreren NC-Werkzeugmaschinen und mehreren Industrierobotern, verbunden durch ein Förderband [4/11]

1 Leitrechner, 2 Förderbandsteuerung, 3 Industrieroboter, 4 NC-Maschinensteuerung, 5 NC-Maschine, 6 Werkstückspannung, 7 und 8 weitere Fertigungszellen, 9 Förderband zum Transport und als Puffer von Werkstücken

maschinen selbst untereinander verknüpft sind. In diesem Falle würde je eine Werkzeugmaschine einen Handhabungsautomaten benötigen.
Der Ausfall einer Werkzeugmaschine könnte durch Umprogrammierung der einzelnen NC-Automaten sowie Überbrückung durch das Förderband erledigt werden. Dabei würde lediglich die Taktzeit erhöht werden.
Vorstellbar wäre aber auch eine Beschickung von mehreren Werkzeugmaschinen mittels eines Industrieroboters, wobei die einzelnen Werkzeugmaschinen selbst nicht miteinander verknüpft sind. Dies setzt aber wieder große Mengen gleicher oder sehr ähnlicher Werkstücke voraus.

4.3.1.2 Entgratanlage

Das Entgraten von Werkstücken nimmt in der Fertigung von Zylindern eine Sonderstellung ein. Hohe Temperaturen und aggressive Medien erschweren diesen wichtigen Arbeitsgang. Bei ZF wird eine thermische Entgratanlage durch einen ZF-Handhabungsautomaten Typ T III automatisiert. Eine Zuführeinrichtung, als Palettentransport mit aufreihender Speicherwirkung ausgeführt, erlaubt die positionierte Bereitstellung des Handhabungsgutes zur Beladung der thermischen Entgratanlage (Bild 4.25). Sogenannte Simultanmarken auf den Paletten des zuführenden Palettentransportgerätes stellen den Ordnungszustand her. Je nach Werkstückgröße werden zwischen zwei und zweiunddreißig Werkstücke gleichzeitig vom Greifer des Industrieroboters erfaßt und in die Haltevorrichtung der Entgratanlage eingesetzt.

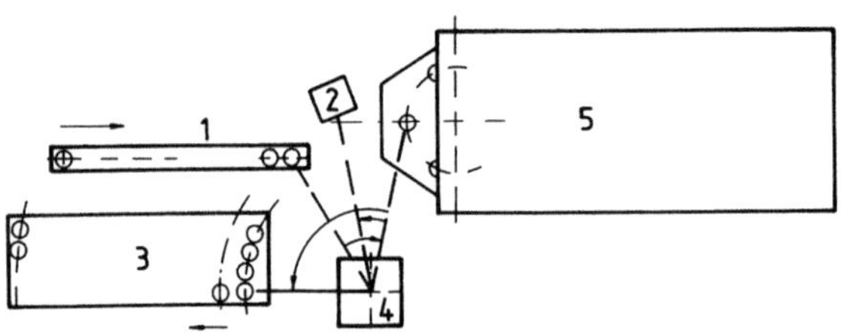

Bild 4.25
Handhabungssystem für eine thermische Entgratanlage bei ZF [4/61]
1 Palettentransport, 2 Schüttgut, 3 Stahldrahtgurtförderer, 4 Industrieroboter, 5 Thermische Entgratanlage

Durch den Arbeitsgang erhalten die Werkstücke eine Temperatur von 150 ... 200°C. Leichte Werkstücke bis zu 5 kg werden als Schüttgut in einer Transportkiste abgelegt, während die schweren Teile in Fünferreihe auf einen Drahtgutförderer zur Abkühlung abgestellt werden.
Die Taktsteuerung des Zu- und Abführbandes erfolgt durch die Industrierobotersteuerung. Für ein Umstellen auf andere Werkstückgrößen sind folgende Umrüstarbeiten auszuführen:

- Simultanvorrichtungen für Palettentransport austauschen,
- Manipulatorarm in Arbeitsstellung auf geänderte Werkstücklänge einstellen,
- Ablageprogramm (entweder „Ablegen in eine Transportkiste“ oder „Ablegen auf dem Abkühlband“) durch Wahlschalter an der Steuerung des Industrieroboters einstellen.

Diese Umrüstung dauert nur wenige Minuten. Mit dieser Automatisierung ist eine Entlastung des Bedienungspersonales von der Taktbindung und von körperlicher Belastung sowie eine höhere Nutzung der Anlage gelungen.

4.3.1.3 Pressen

4.3.1.3.1 Preßmaschine

Immer wenn eine hohe Flexibilität gefordert wird, also auch bei Preßmaschinen, auf denen kleine Serien oft umgerüstet werden müssen und dadurch Verkettungen sowie Auswurfeinrichtungen unwirtschaftlich werden, gewinnt der freiprogrammierbare Handhabungsautomat für die automatische Bedienung Bedeutung.
Bei einer Taktzeit von 3,7 ... 6 s und Seriengrößen von 10000 ... 50000 Teilen, die im Schichtbetrieb gefahren werden müssen, ist die Unfallgefahr beträchtlich.
Zur Handhabung von Blechplatinen eignen sich neben Sauggreifern auch elektromagnetische Greifer. Wenn die Blechplatinen durch eine vorangegangene Bearbeitung bereits Unebenheiten und Löcher haben, scheiden Sauggreifeinrichtungen aus. Eine induktive Auswurfkontrolle an der Preßmaschine bildet die Rückmeldung zum Industrieroboter für den Fall, daß das Teil nicht ordnungsgemäß dem Werkzeug entnommen wurde.
Spezielle Anforderungen an den Industrieroboter sind

- flacher, weiter Arbeitsraum,
- schnelle, einfache Programmierung,
- Zusatzfunktionen zur Steuerung der Überwachungseinrichtungen an der Preßmaschine sowie der Preßmaschine selbst.

Für die Gestaltung des Arbeitsprogrammes und des Arbeitsablaufes sind mehrere Möglichkeiten gegeben:

1. Nachvollziehen des manuellen Einlegevorganges,
2. Kombinieren von Ein- und Ausgabe,
3. Kombinierte Bewegungen.

Beeinflußt werden sie durch

- Werkstückform vor und nach der Bearbeitung sowie der
- Werkzeugkonstruktion.

Zu Möglichkeit 1: Nachvollziehen des manuellen Einlegevorganges.
Hier zeigt das Bild 4.26 den Ablauf:

a) vereinzelte Blechplatine aufnehmen,
b) Platine in Werkzeug einlegen,
c) Manipulatorarm zurückfahren und pressen,
d) Manipulatorarm einfahren und Werkstück entnehmen,
e) Manipulatorarm zurückfahren, ausschwenken und Werkstück ablegen.

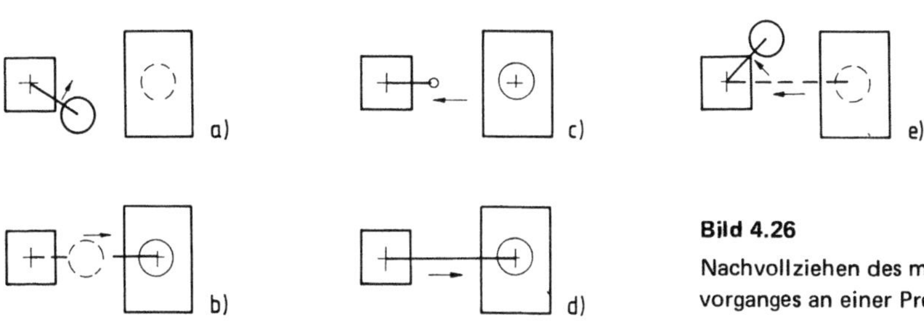

Bild 4.26
Nachvollziehen des manuellen Einlegevorganges an einer Preßmaschine [4/42]

Um Zeit zu sparen, die durch Zurückfahren und wieder Vorfahren des leeren Manipulatorarmes nach dem Einlegen der Rohplatine in die Preßmaschine und dem Preßvorgang erfolgt, ist eine Kombination von Ein- und Ausgabe in manchen Fällen sinnvoll und möglich. Dadurch kann eine Zeitersparnis von bis zu 60 % erwirtschaftet werden.

Zu Möglichkeit 2: Kombination von Ein- und Ausgabe.
Hierzu erläutert Bild 4.27:

a) vereinzelte Blechplatine aufnehmen und gleichzeitig pressen des vorangegangenen Werkstückes,
b) Platine einlegen und gleichzeitig das vorangegangene Werkstück durch den Industrieroboter ausstoßen.

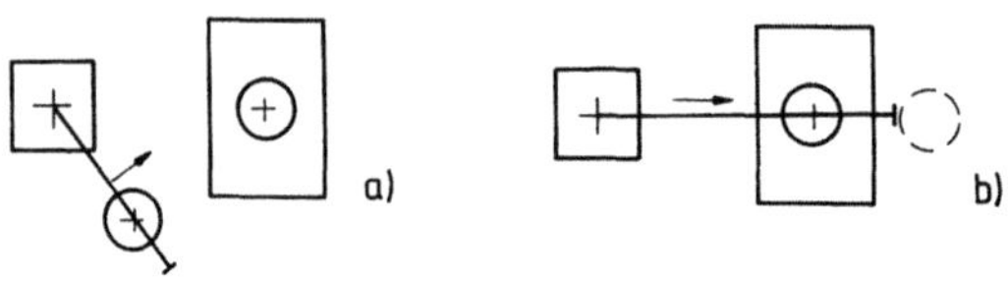

Bild 4.27
Kombination von Ein- und Ausgabe der Rohteile und Werkstücke an einer Preßmaschine [4/42]

Kombinierte Bewegungen sind notwendig, wenn das Werkstück weder ausgestoßen noch ausgeblasen werden kann, sondern vom Industrieroboter herausgenommen werden muß. Hierzu ist ein Doppelgreifer mit zwei getrennt ansteuerbaren elektromagnetischen Greifeinrichtungen erforderlich.

Zu Möglichkeit 3: Kombinierte Bewegung zeigt Bild 4.28:

a) vereinzelte Blechplatinen aufnehmen, gleichzeitiges Pressen der vorangegangenen.
b) Manipulatorarm schwenken und gepreßtes Werkstück entnehmen, neue Platine einfahren.
c) Manipulatorarm aus der Preßmaschine schwenken, gepreßtes Werkstück auswerfen und Platine einlegen.
d) Manipulatorarm schwenken und zurückfahren.

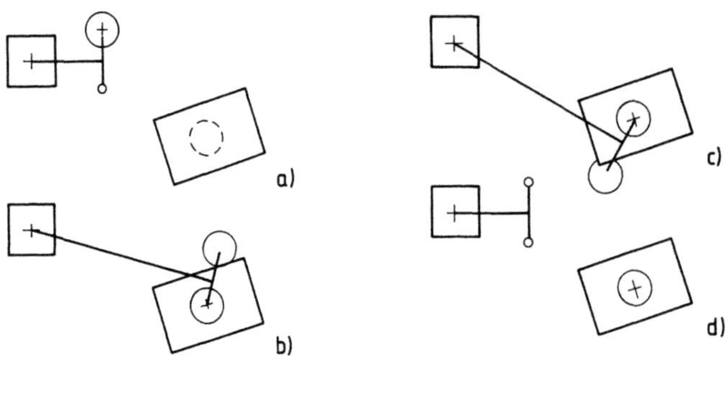

Bild 4.28
Kombinierte Bewegung beim Ein- und Ausgeben von Werkstücken an einer Preßmaschine [4/42]

4.3.1.3.2 Pressenstraße

Neben den festprogrammierten Handhabungseinrichtungen aller Art sind Industrieroboter vornehmlich bei mehrfachen Umrüstphasen eine gern angewandte Automatisierungsmöglichkeit an Pressenstraßen. Bei VW wurde eine Pressenstraße von vier Preßmaschinen mit Industrie-

robotern hinsichtlich der Materialbeschickung automatisiert. Für das Einlegen der Blechplatinen in die erste Preßmaschine ist ein VW-Gerät Typ K 15 (Knickarmgerät) mit Sauggreifer eingesetzt. Das Gerät ist mit einer PTP-Steuerung ausgerüstet. Zur Vereinfachung des Programmes wird der Platinenstapel durch einen automatisch verstellbaren Hubtisch auf konstanter Höhe gehalten. Zwischen den Preßmaschinen bewirken VW-Geräte vom Typ L 15 (Lineargerät) den Werkstückfluß. Hinter der letzten Preßmaschine steht ein Gerät desselben Typs, das die Teile entnimmt und auf eine Förderstrecke ablegt. Diese Lineargeräte zwischen den Preßmaschinen sind auf Verfahrmöglichkeiten (zum Umrüsten und bei Defekten wird das Gerät aus dem Bedienungsbereich der Preßmaschine herausgefahren) am Boden aufgepratzt.
Während die Stärke des Gerätes K 15 in einem großen Arbeitsbereich entlang der Z-Achse liegt, hat das Gerät vom Typ L 15 den Vorteil, einen weiten Bogen in der XY-Ebene (also parallel zur Erdoberfläche) bestreichen zu können (Bild 4.29).

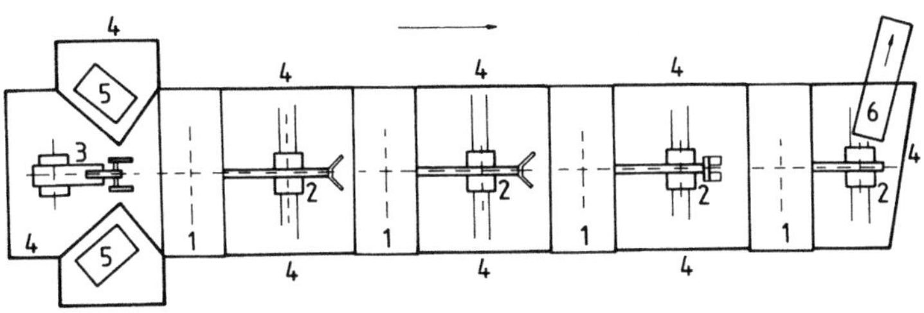

Bild 4.29 Materialtransport in einer Pressenstraße durch Industrieroboter bei VW [1/8]
1 Torgestellpresse, 2 Industrieroboter Typ VW L 15, 3 Industrieroboter Typ VW K 15, 4 Sicherheitsabsperrung, 5 Bereitstellung der Rohplatinen, 6 Förderband für Fertigteile

Schwierig waren die Arbeiten bei der Anpassung der Arme und Greifer an den Preßmaschinenstand und an das Preßwerkzeug. Um sicher und schnell zu greifen, wurden die Lineararme an beiden Seiten mit Sauggreifern, die der Form des Werkzeuges entsprachen, ausgerüstet. Damit die geforderte Taktzeit von 6 s erreicht werden konnte, mußten umfangreiche Anpaßarbeiten, vorwiegend am Programm, durchgeführt werden:

- Pressenüberwachung durch zusätzliche Kontrollpunkte zum schnelleren Einsetzen der Bewegungen des Industrieroboters,
- selbstzentrierende Ablage der Werkstücke,
- Optimierung des Bewegungsablaufes sowie der Bewegungsgeschwindigkeiten und -beschleunigungen.

Die Ansteuerung der Preßmaschine geschieht über die Eingangs- und Ausgangsfunktionen des Industrieroboters. Gegenüber den festprogrammierbarten Handhabungsgeräten haben die Industrieroboter den Vorteil einer sehr viel größeren Flexibilität. Keine langen Anpaßarbeiten an den Endschaltern und Festanschlägen mit zahlreichen Probeläufen sind mehr notwendig, nachdem der Industrieroboter auf Fixierstifte gesetzt und das Programm über Kassette in den Arbeitsspeicher eingespielt wurde. Dagegen steht natürlich die höhere Investition bei den freiprogrammierbaren Geräten bleibt, die dafür jederzeit auch anderweitig eingesetzt werden können.

Die Schwierigkeiten lagen bei dieser Aufgabe darin, eine vorhandene Straße mit Preßmaschinen und festen Abständen zu automatisieren. Problematisch waren sicherlich auch in der Anlaufphase die Anpassungen an die unterschiedlichen Werkzeuge.
Die Berechtigung zur Automatisierung dieses Arbeitsplatzes mit Industrierobotern liegt einmal in der kurzen Taktzeit, der hohen Lärmemission von 80 ... 100 dB(A) in einem Preßwerk, sowie der gefährlichen Monotonie der Arbeit. Bekannt ist, daß das Zusammenleben mit der Gefahr den menschlichen Geist abstumpft und damit erst die Gefahrenmomente heraufbeschwört. Gegenüber dieser Möglichkeit der Unfallvermeidung ist jede Art der Automatisierung berechtigt.

4.3.1.3.3 Industrieroboter beim Einsatz in schnellen Pressenstraßen

VW setzt Industrieroboter bei Taktzeiten, die kleiner als 7 s sind, heute nicht mehr ein, sondern weicht hier auf Hardautomation aus. Ford in Köln setzt für kurze Zykluszeiten zweiarmige Industrieroboter ein. Tiefgezogen werden Kleinteile wie Querträger-Stirnwand, Rahmen-Rückwandfenster, Verstärkung-Dachrahmen und Längsträger mit Abmessungen von 265 mm Durchmesser und 0,78 mm Dicke in Gewichten bis 4 kg. Die Bedingungen müssen dann aber optimal sein, wenn diese Zeit erreicht werden soll, das heißt, die Größe des Teiles, die Höhe des Werkzeuges, die Taktzeit und die Abstimmung des Industrieroboters müssen einander angepaßt werden [4/115].
PKW-Türen werden bei der Firma Opel in Rüsselsheim auf Pressenstraßen gefertigt, die eine Taktzeit von etwa 4 s haben. Innerhalb der in der Regel achtstufigen Pressenstraße erfolgt der Teiletransport über Kurzschienenmechanisierung. Die letzte Presse zerschneidet das

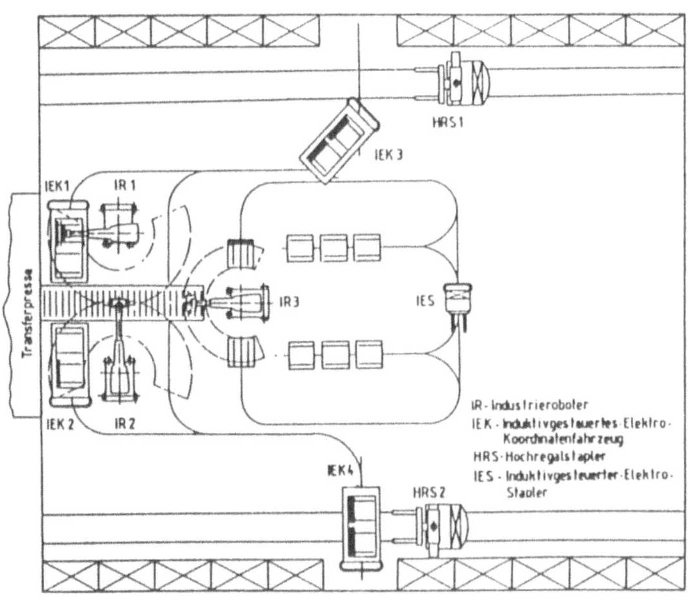

Bild 4.30 Layout für die vollautomatische Abnahme der Preßteile am Ende der Pressenstraße mit drei Industrierobotern Typ Unimate 2100 und Abstapelung auf fahrerlose Transportfahrzeuge Typ Indumat sowie Streckenführung der Fahrzeuge mit Anordnung des Hochregallagers

Werkstück in eine rechte und eine linke PKW-Tür. Qualitätskontrolle, Abzug und Stapelung der Türen in bereitstehende Gestelle war zu realisieren. Die Prüfung so komplexer Teile, wie Autotüren, macht es erforderlich, die Tür, je nach Meßgenauigkeit, in acht bis sechzehn Einzelsegmente zu zerlegen. Der Prüfvorgang je Segment dauert zwischen 0,5 bis 1 s. Hier ergab sich keine Möglichkeit, den Prüfvorgang zu automatisieren, die Qualitätskontrolle erfolgt in kurzen Zeitabständen stichprobenartig durch Menschen. Die Tiefziehteile werden aber durch Industrieroboter aufgenommen und in speziell dafür konstruierte Gestelle auf fahrerlose Transportfahrzeuge gehängt. Dabei sind zwei Handhabungsautomaten für die Gutteile und einer für die Ausschußteile (etwa 2 %) erforderlich. Die Studie zeigt weiter, daß sich im Falle der PKW-Türenhandhabung der Unimate 2100 von Unimation mit einer Vakuumsauggreifvorrichtung am besten eignet [4/139] (Bild 4.30).

4.3.1.3.4 Warmschmiedeanlage

Die Firma Opel in Rüsselsheim setzt an einer Warmschmiedeanlage (Bild 4.31) einen Industrieroboter vom Typ T III von ZF ein. Nach Signalgabe durch die 20 MN-Schmiedepresse fährt der Manipulatorarm in den Werkzeugraum ein und nimmt das rotationssymmetrische etwa auf 1000 °C erhitzte und 2 kg schwere Schmiedeteil direkt in der Gravur auf.

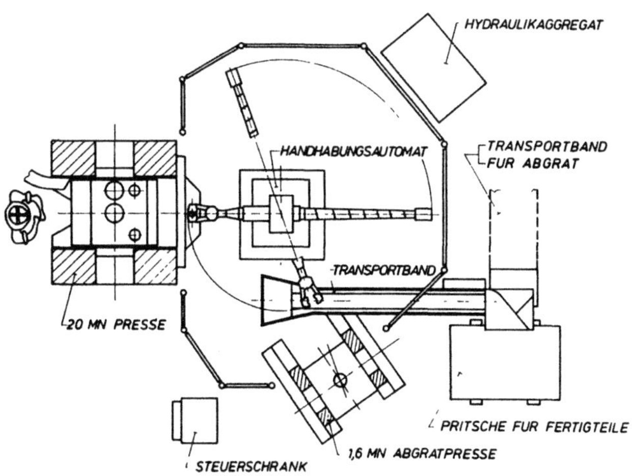

Bild 4.31 Lay out des mit einem Industrieroboter automatisierten Arbeitsplatzes in der Schmiede

Der Greifer ist ungekühlt, aber aus einer temperaturbeständigen Legierung. Im Anschluß wird die Abgratpresse beschickt und ausgelöst. Die Sortierung von Schmiedeteil und Abgratring erfolgt durch eine am Ausgang des Transportbandes auf einer Rutsche installierten Schikane, wobei das Schmiedeteil in einen bereitstehenden Heißteilebehälter fällt. Der Abgratring wird über eine Unterfluranlage abgezogen. Während des Betriebes erfolgt ein ständiger Signalaustausch zwischen den einzelnen Fertigungskomponenten. Die Taktzeit der Fertigungslinie beträgt etwa 10 s, und Pressen sowie Handhabungsautomat sind gegeneinander verriegelt [4/140].

4.3.1.3.5 Schmiedepresse

Eine 25 %ige Taktzeitverringerung wurde durch den Einsatz eines Unimate 2000 an einer 20000 KN Schmiedepresse erreicht. 5 kg schwere Werkstücke werden über einen Vibrationsförderer einem Induktionsofen zugeführt. Von dort gelangen sie über einen Rollenförderer zu einer Sammelstation. Hier werden die 1200 °C heißen Teile von dem Unimate der Schmiedepresse eingelegt und in zwei bis drei Durchgängen geschmiedet. Danach werden die geschmiedeten Werkstücke auf ein Förderband gelegt, das sie der Abgratpresse zuführt. Die Schmiedepresse ist mit einem Dreistufenwerkzeug ausgestattet (Stauchen, Vor- und Fertigbearbeitung). Der Industrieroboter übergibt das Teil den einzelnen Schmiedestationen des Werkzeuges. Dabei übernimmt jeweils die Industrierobotersteuerung die Steuerung der Preßmaschinenbewegungen und des gesamten Arbeitsablaufes. Die Taktzeit des Arbeitsvorganges beträgt 3 ... 4 s. Bei Einsatz einer menschlichen Arbeitskraft wird sie um ein Viertel größer. Dazu kommen die Belastungen, die ein Mensch an diesem Arbeitsplatz ausgesetzt

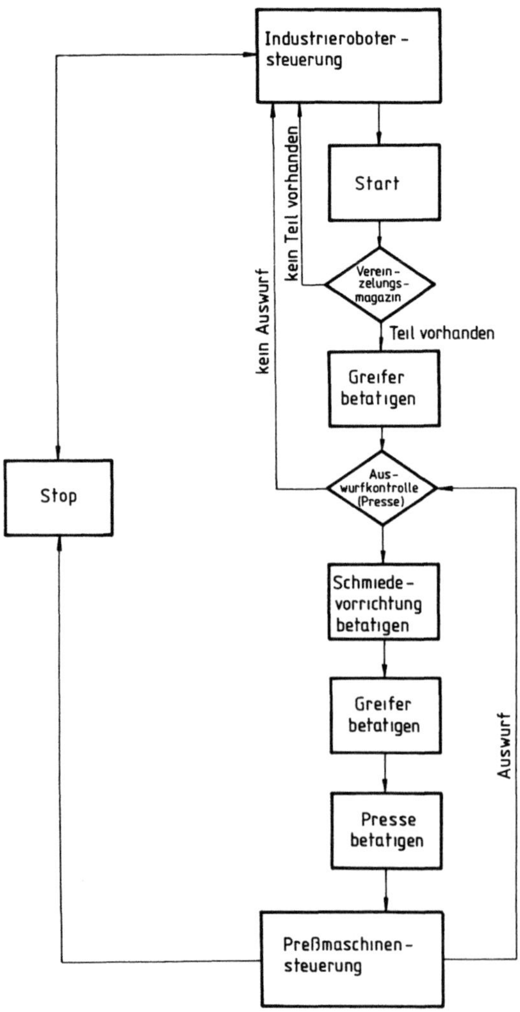

Bild 4.32

Informationsflußdiagramm für den Dialog zwischen einer Preßmaschinensteuerung und einer Industrierobotersteuerung, wenn die Industrierobotersteuerung den Arbeitsablauf steuert

ist (1200 °C heiße, 5 kg schwere und rotglühende Werkstücke bei zusätzlicher Lärmbelästigung von mindestens 100 dBA und einer Geruchsbelästigung durch verbranntes Schmiermittel).
In Bild 4.32 sieht man anhand eines Informationsflußdiagrammes die Steuerung der Industrieroboter- und der Pressenbewegungen. In den automatischen Arbeitsablauf sind Überwachungsstationen eingebaut, die in Form von Endschaltern an gefährdeten Punkten des Arbeitsablaufes eingeschaltet sind, um bei Störfällen den automatischen Ablauf stillzusetzen und eine Beseitigung der Hindernisse zu veranlassen. In diesem Falle sind die Endschalter am Vereinzelungsmagazin und an der Preßmaschine angebracht, um jeweils zu kontrollieren, ob Teile gefördert werden, bzw. ob Teile aus der Preßmaschine durch die automatische Auswurfeinrichtung entfernt werden. Bei Förderausfall würde ein Leerlauf, bei Nichtauswerfen eine Kollision entstehen. Das wird durch eine Notausschaltung verhindert.

4.3.1.3.6 Schmiedeanlage

Während bei der herkömmlichen Herstellung von Kugellagerringen bis 100 kg fünf Arbeitskräfte eingesetzt waren, wird die automatische Schmiedeanlage nur noch von zwei Personen bedient (Bild 4.33).

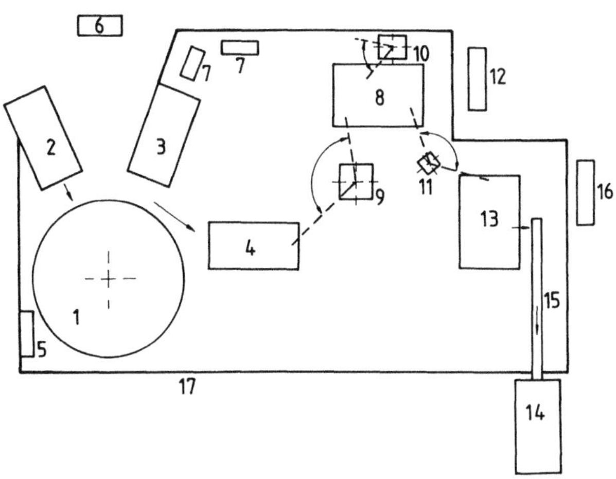

Bild 4.33
Schmiedeanlage zur Herstellung von Kugellagerringen bis zu 100 kg [1/8]
1 Drehherdofen, 2 Beschickung, 3 Entnahme, 4 Entzunderanlage, 5 Ofensteuerung, 6 Steuerung: Beschickung, Entnahme, 7 Industrierobotersteuerung, 8 Mehrstufenpresse, 9 und 10 Industrieroboter, 11 Handhabungsgerät, 12 Gesamtsteuerung, 13 Walzwerk, 14 Abkühlstrecke, 15 Förderband, 16 Steuerung Walzwerk, 17 Sicherheitsbereich

Die Rohteile werden dem Drehherdofen automatisch entnommen, durchlaufen eine Entzunderanlage und werden durch einen Industrieroboter Typ IWKA KUKA 4/150, der speziell für diese Anlage angepaßt wurde, in eine hydraulische Mehrstufenpresse mit 12,5 MN Preßkraft gelegt. Ein weiterer Industrieroboter vom Typ IWKA KUKA Nachi 1000 ist mit einer Sprühvorrichtung versehen und besprüht die Schmiedewerkzeuge mit einer Graphitemulsion. Die Werkstücke werden der Presse mit einem zweiachsigen Handhabungssystem entnommen und in ein Ringwalzwerk gelegt. Vom Ringwalzwerk werden die Werkstücke über eine Förderstrecke der Kühlstraße zugeführt, die sich außerhalb des Sicherheitsbereiches befindet.

Während der Inbetriebnahmephase ergaben sich Kühlprobleme an der Steuerung des Industrieroboters, die dazu führten, daß sich Schmutzteile aus der Produktionsluft an Steuerungs- und Antriebsteilen ablagerten. Diese Schwierigkeiten wurden durch Ansaugen von reiner Luft aus den Untergeschossen behoben.
Zur Programmiererleichterung wurden Dekadenschalter montiert, die die Greiferhöhe variieren können, ohne das Programm zu verändern.
Taktzeitverbesserungen wurden durch Erhöhung der Antriebsleistungen am Industrieroboter sowie durch Einsetzen der Industrieroboterbewegungen nach eingeleitetem Pressenhub erreicht.
Je nach Werkstückgewicht liegt die Gesamttaktzeit bei 50 ... 180 s. Bereits in der Erprobungszeit lag der gesamte Nutzungsgrad bei 64%. Neben menschlichen Erleichterungen von Lärm, Hitze, Gasentwicklung und schwerer körperlicher Arbeit wurde auch noch eine wesentliche Produktionsverbesserung durch gleichmäßige Qualität der Teile mit dieser Automatisierung erreicht.

4.3.1.4 Gießen

4.3.1.4.1 Druckgießmaschine

In dem Druckgußwerk Mössner GmbH/München arbeiten mehrere Industrieroboter vom Fabrikat Unimate an Druckgießmaschinen. Der Rohstoff wird flüssig bei Temperaturen von 800 ... 850°C vom Schmelzwerk Oetinger/Ulm bezogen. Die Druckgußstücke (bis 35 kg) werden von Industrierobotern der geöffneten Druckgießform entnommen und vor eine Kontrolleinrichtung zur Prüfung auf Vollständigkeit gehalten. Diese Prüfung erfolgt mit elektrischen Endschaltern. Nach dieser Kontrolle wird das Werkstück vom Industrieroboter auf ein Förderband abgelegt. Anschließend ergreift der Roboter eine Sprühmittelpistole aus einer Halterung, schwenkt in den Formbereich ein und besprüht beide Formhälften nach einem vorgewählten Programm. Auf ein Signal des Handhabungsgeräts schließt die Druckgießmaschine die Form, während der Industrieroboter die Sprühpistole in den Halter zurücklegt und in Warteposition für die nächste Gußentnahme einschwenkt.
Das Gerät ist mit einer 5-achsigen PTP-Steuerung ausgerüstet und wird im „Teach-in"-Verfahren programmiert. Die Neuprogrammierung erfordert ein bis zwei Stunden, während ein bereits erstelltes und auf einer Kompaktkassette gespeichertes Programm in ca. 15 min überarbeitet werden kann. Der Zangengreifer ist so gestaltet, daß er die mit dem Abguß gleichförmig gestaltete Sprühpistole gut halten kann.
Große Handhabungsgewichte, hohe Temperaturen am Arbeitsplatz und die Gasemission durch verdampfendes Kühlschmiermittel sind zusätzliche Gründe für den Rationalisierungserfolg dieses Arbeitsplatzes.

4.3.1.4.2 Schleudergießmaschine

In der MAN-Gießerei in Nürnberg wurde die Teileentnahme an einer vorhandenen Schleudergießmaschine mit einem Industrieroboter vom Typ IWKA KUKA Nachi 1000 automatisiert. Die Taktzeit der Schleudergießmaschine von 45 s und die 350 mm langen und 170 mm im Durchmesser betragenden 17 kg schweren und 850°C heißen Teile waren für die manuelle Bedienung unzumutbare Belastungen.

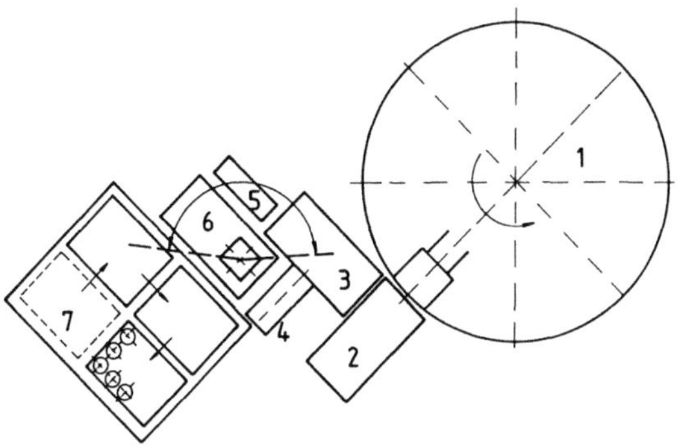

Bild 4.34

Schleudergießanlage zur Herstellung von Zylinderlaufbüchsen bei MAN [1/8]
1 Schleudergießmaschine, 2 Ausziehvorrichtung an der Entnahmestation, 3 Werkstückübernahmestation, 5 Tauchbad, 6 Industrieroboter, 7 Palettenbahnhof

In der Übernahmestation werden Deckel, Überlaufring und Boden von der Zylinderlaufbüchse automatisch abgestoßen und über eine Rutsche weitergeleitet. Vor dem Stapeln dieser Zylinderlaufbüchsen durch den Industrieroboter muß das vorherige ordnungsgemäße Entfernen von Deckel, Überlaufring und Boden überprüft und, falls noch nicht ausgeführt, nachgeholt werden (Bild 4.34).
Die Zylinderlaufbüchsen werden dann nach einem vorprogrammierten Stapelmuster gelagert. Um einen reibungslosen automatischen Betrieb zu gewährleisten, mußte dem An- und Abtransport der Paletten besondere Aufmerksamkeit geschenkt werden. Das Ergebnis ist ein Palettenbahnhof, der sowohl dem Gabelstapler ungehinderte Zufahrt als auch weitergehende Stapelung der Teile in dieser Zeit erlaubte.
Schwierigkeiten ergaben sich erwartungsgemäß bei den Werkstücktemperaturen von 850°C an den Greiferbacken. Durch Eintauchen in ein Kühlbad während der fertigungstechnisch bedingten Wartezeiten senkte hier die anfangs bei 500°C liegenden Greiferbackentemperaturen auf 100°C ab.
An den Schutzvorrichtungen des Industrieroboters traten erhebliche Beschädigungen durch die hohen Umgebungstemperaturen auf. Da es sich um einen elektro-hydraulisch angetriebenen Industrieroboter handelt, brachte die Temperaturdrift leichte Positionsabweichungen für das Stapelprogramm.
Während bei dieser Anlage das Ziel, den menschlichen Arbeitsplatz zu humanisieren, voll erreicht wurde, ergaben sich durch die nachträgliche Automatisierung der dafür anfangs nicht vorgesehenen Schleudergießmaschine erhebliche Probleme, die zu einem Absinken der vormaligen Produktivität mit menschlichen Arbeitskräften geführt hat.

4.3.1.5 Glasblaseinrichtung

In der Fernsehröhrenherstellung bei Schott/Mainz arbeiten insgesamt sechs Unimate 2100 B. Der Betrieb ist dreischichtig auch während der Feiertage, da die Anlaufzeit der Produktion sehr lange dauert. Eine Unterbrechung ist unerwünscht, daher wird laufend ein Gerät gewartet und dient als Ersatz. Die Fernsehröhren erhalten ihre Gestalt durch Blasen, Pressen und Schleudern des flüssigen Glasmaterials in einer Rundtaktmaschine. Zur Heißnachverarbeitung werden die noch heißen Werkstücke von einem Industrieroboter an eine weitere Rundtaktmaschine übergeben. Danach werden sie auf eine Abkühlstrecke gelegt. Zwei weitere Industrieroboter haben die Aufgabe, zwei Rundtaktmaschinen am Ende der Ab-

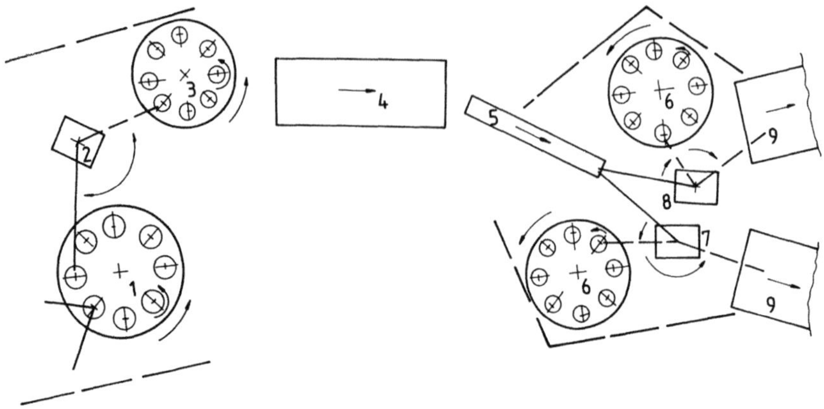

Bild 4.35 Anlage zur Herstellung von Fernsehröhren bei Schott [4/27]
1 Rundtaktmaschine (Ausformen), 2 Rundtaktmaschine (Nachbearbeitung), 3 Industrieroboter, 4 Abkühlstrecke, 5 Transportband, 6 Rundtaktmaschinen (Heißnachbearbeitung), 7 und 8 Industrieroboter, 9 Abkühlstrecke

kühlstrecke zur weiteren Heißnachverarbeitung der Fernsehröhren zu beschicken. Zur Aufgabe dieser Geräte gehört nicht nur die Beschickung sondern, auch das Entnehmen der bearbeiteten Röhren und die Übergabe an eine daran anschließende weitere Kühlstrecke (Bild 4.35).

Am Arbeitsplatz 1 herrschen im Sommer Umgebungstemperaturen bis 60 °C, eine Lärmmessung ergab 90 dB (A) und eine Staubemission von 200 mg/m^{2}h.

Die Werkstücke wiegen 6 kg, sind noch 350 °C heiß und werden mit einer Taktzeit von 6 s gefertigt. Die beiden Rundtaktmaschinen sind ca. 2 m entfernt voneinander. Für die Heißnachbearbeitung an der Rundtaktmaschine ist eine kontinuierliche Drehbewegung von 170 mm/s notwendig. Das Teil muß der ersten Maschinen entnommen und in die zweite, kontinuierlich bewegte, gelegt werden. Hier war es notwendig, eine spezielle Vorrichtung zu erstellen, die in Bezug auf eine feste Position stand, in die der Industrieroboter das Teil legen konnte. Danach wird durch eine Mechanik die Vorrichtung mit dem Werkstück in der Rundtaktmaschine zentriert.

Am Arbeitsplatz 2 beschicken zwei Unimate je eine Rundtaktmaschine. Die Teile werden festprogrammierbaren Bewegungseinrichtungen entnommen und den Rundtaktmaschinen zugeführt. Danach werden sie mit den Doppelsauggreifern aufgenommen und auf die Kühlstrecke gelegt. Die Rundtaktmaschinen sind etwa 5 m von den Kühlstrecken entfernt und liegen damit an der Grenze der Reichweite der Industrieroboter. Die Taktzeit beträgt hier etwa 10 s. Die Sauggreifer arbeiten mit 0,6 bar Vakuum und bestehen aus Silikonkautschuk, der bei Arbeitsplatz 1 noch mit einer Asbeststulpe versehen ist und damit eine Standzeit von bis zu 40 h aufweist.

Die Programmierung der Industrieroboter erfolgt im „Tech-in"-Verfahren während der Umrüstphase. Umgerüstet wird einmal wöchentlich.

Man programmiert dynamisch, d. h. unter Berücksichtigung der physikalischen Eigenschaften des Industrieroboters (statische, dynamische Nachgiebigkeit von Gerät und Steuerung). Die Programme werden auf Kassetten gespeichert. Vor jeder Wiederinbetriebnahme müssen allerdings Feinkorrekturen vorgenommen werden, die durch die PTP-Steuerung nicht schwierig sind, da diese wort- bzw. satzweise Änderungen zuläßt. Eine besondere Erschwernis liegt bei den Betriebsbedingungen darin, daß die Rundtaktmaschine, die durch Blasen, Pressen und Schleudern die Form der Fernsehröhre erzeugt, alle 40 h um 50 mm versetzt werden muß, damit die thermische Steifigkeit nicht beeinträchtigt wird. Die Produktion darf dadurch nicht gestört werden, so daß durch ein spezielles Nachprogrammieren der Industrieroboter deren Abstand zu den Maschinen jeweils wieder konstant gehalten wird. Das Nachprogrammiergerät gestattet es im Automatikbetrieb der Industrieroboter, den jeweiligen Sollwert der Achsen in Grenzen zu verändern.

Die Vorteile dieser automatischen Arbeitsplätze sind durch die Lärm-, Schmutz- und Temperatureinflüsse offenkundig. Daneben ist natürlich der Rationalisierungseffekt beachtlich, wenn man bedenkt, daß die persönlichen Verteilzeiten der menschlichen Arbeitskräfte sehr hoch waren. Gleichzeitig wurden die notwendigen Umrüstphasen durch den Einsatz der Industrieroboter verkürzt und damit die Produktion flexibler gestaltet.

Die vorstehende Anlage wurde dann zu Beginn der achtziger Jahre von der Firma Schott auf 69 cm große Farbbildröhren umgebaut. Das neue Layout sieht man in Bild 4.36. Im wesentlichen haben sich die menschenfeindlichen Betriebsbedingungen nicht geändert. Das Oberteil der Farbbildröhre wiegt 120 N und die Röhren müssen, bevor sie auf die Abkühlstrecke gelegt werden, noch einmal bearbeitet werden. In das Glas werden Metallstifte eingeschmolzen. Zu diesem Zweck werden sie der Pufferstrecke entnommen, in Warmbearbeitungsmaschinen gelegt und, von dort wieder entnommen, auf die Pufferstrecke abgelegt. Die Industrieroboter vom Typ Unimate 2005 sind mit Doppelgreifeinrichtungen ausgerüstet, und ihre Greifer sind aus Silikonasbest (Teiletemperatur 400 °C). Die Glasbearbeitung dauert etwa 35 s, das Teilehandling der Roboter liegt bei 7 s. Die gesamte Anlage wird von einem Prozeßrechner überwacht. Seine Aufgabe liegt in der Kontrolle und Steuerung des Arbeitsablaufes:

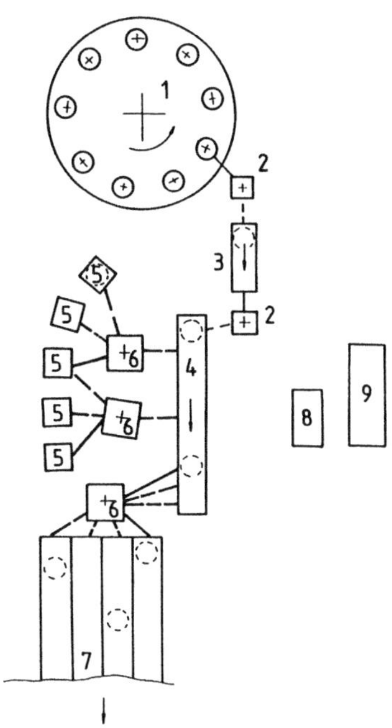

Bild 4.36

Neues Layout für große Farbbildröhren:

1 Glaspfanne und Schleudergußmaschine, 2 einachsige Handhabungsgeräte, 3 Ablage- und Wendestation, 4 Puffer- und Übernahmestation, 5 Warmbearbeitungsmaschinen, 6 Industrieroboter, 6 vierachsige Abkühlstrecke 150 m lang, 8 manuelle Warmkontrollstation, 9 Prozeßrechner

Hat der Industrieroboter ein Rohteil gegriffen? Hat der Industrieroboter ein Fertigteil gegriffen? Sind Metallstifte in der Warmbearbeitungsmaschine? Ist der Prozeß abgeschlossen? Ist die Warmbearbeitungsmaschine betriebsbereit? Sind die Greifer warm? Ist ...?
Nur vier Warmbearbeitungsmaschinen sind im Einsatz. Eine ist ein „hot-stand-by"-Gerät. Auf sie muß jeweils umgeschaltet werden, wenn es zu Ausfällen kommt. Die Umschaltung geschieht während des Prozesses.

4.3.1.6 Lichtbogenschweißmaschine

Bei VW werden vier Lichtbogenschweißmaschinen gleichzeitig von einem Industrieroboter be- und entladen. Zur Anwendung kommt das VW-Gerät R 30 (kleine Röhre). Um die großen Wege zwischen den einzelnen Maschinen und den Übernahme- und Abgabepositionen des Werkstücktransportes zu überbrücken, ist zusätzlich eine weitere Bewegungsmöglichkeit in der Längsachse vorgesehen (X = 1800 mm). Der Industrieroboter steht zusammen mit den Beschickungs- sowie Übernahme- und Abgabestationen in einem geschützten Sicherheitsbereich (Bild 4.37).

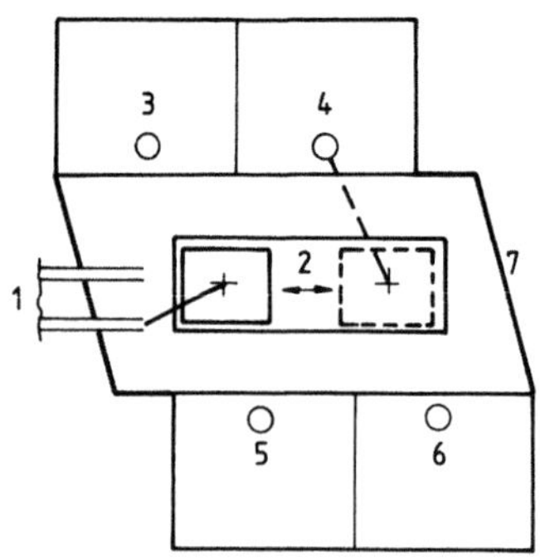

Bild 4.37
Beschickung von vier Lichtbogenschweißmaschinen durch einen Industrieroboter bei VW
1 Förderrinnen, 2 Arbeitsplatz des Industrieroboters,
3 bis 6 Lichtbogenschweißmaschinen, 7 Sicherheitsbereich

Die linken und rechten Teile werden über zwei Zuführrinnen lagegerecht in dem Sicherheitsbereich magaziniert, wo sie von dem Industrieroboter entnommen und der einzelnen Bearbeitungsstation zugeführt werden.
Zum Greifen der Werkstücke ist ein Elektromagnetgreifer mit zwei spiegelbildlichen Greiferseiten für linke und rechte Teile vorgesehen. Der Greiferkopf hat zum Anschlußflansch am Industrieroboter einen Abstand von etwa 450 mm, damit der Arm selbst nicht in den beengten Maschinenarbeitsraum eindringen muß.
Vor Eingabe der Werkstücke an die Maschine 1 wird der Maschinenzustand abgefragt. Wenn die abgefragte Maschine stillsteht, bringt der Industrieroboter das Werkstück über die Spannteile. Dort wird nochmals kontrolliert, ob sich das Teil tatsächlich noch im Greifer befindet, bevor die Einlegeposition angefahren wird. Nach Ablegen des Teiles in die Spanneinrichtung der Schweißmaschine wird der Greifer wieder angehoben. Dann wird geprüft, ob sich das Werkstück vom Greifer getrennt hat, bevor der Industrieroboter den Arbeitsraum verläßt. Kurz darauf schaltet er die Schweißmaschine an. Danach fährt er zur Maschine 4. Auch hier wird der Maschinenzustand abgefragt, bevor das fertige Werkstück entnommen wird. Anschließend bringt der Industrieroboter das geschweißte Teil in die Warteposition vor der Hängebahn.

Sobald ein Haken die Bereitschaftsposition erreicht hat, fährt der Industrieroboter weiter in die in der Transportlinie der Hängebahn liegende Übergabeposition. Durch diesen Bereitschaftshalt wird sichergestellt, daß der Industrieroboter beim Einfahren in die Förderbahn nicht mit einem Haken kollidiert. Wenn der nächste Haken die Übergabeposition erreicht hat, löst ein Impuls von einem Endschalter in dem Industrieroboter die Bereitschaft, das Werkstück auf den Haken abzusenken.
Umfangreiche Speicherkapazität, zahlreiche Ein- und Ausgabefunktionen am Industrieroboter sowie die Möglichkeit einer zusätzlichen Verfahrachse (X-Achse) zeichnen den Industrieroboter in diesem Falle aus. Interessant ist, wie die bisher schwierig zu bewältigende Aufgabe, Fördergut direkt auf einem bewegten Förderband abzulegen, gelöst ist.
Das Problem der Mehrmaschinenbedienung wird in zunehmendem Maße von Industrierobotern übernommen. Mehr als zwei Maschinen von einem Menschen beschicken zu lassen, scheitert meist an Maschinenaufstellung, und zu kurzen Taktzeiten, die von einer menschlichen Arbeitskraft nicht in befriedigendem Zeitaufwand durchgeführt werden kann.

4.3.1.7 Kunststoffmaschine

Die Beschickung einer Rundtaktvakuumformmaschine mit leichten aber sperrigen Kunststofftafeln im Einminutentakt wird durch einen MHU Industrieroboter von ASEA bewerkstelligt. Es müssen nur drei Positionen in verschiedenen Radien angeschwenkt werden und dabei muß eine Betätigung des Mehrfachsauggreifers erfolgen, das heißt, nur wenige Programmschritte sind dazu erforderlich. Daher kommt der Industrieroboter mit einer anspruchsloseren Folgesteuerung aus. Aus dem angebotenen Modularprogramm dieses Gerätes erfolgt die Lösung dieser Aufgabe mit einer Horizontal-, einer Vertikal- und einer Rotationseinheit.
Be- und Entladen der Rundtaktmaschine geschehen gleichzeitig, da das geformte Werkstück aus dem Werkzeugoberteil auf dem Greiferoberteil abgelegt wird, während der Greifer die Maschine mit der Rohteilkunststofftafel beschickt.
Die Rundtaktvakuumformmaschine erwärmt und formt das Teil in zwei weiteren Stationen (Bild 4.38). In dieser Zeit legt der Industrieroboter das Fertigteil auf einem Förderband ab und schwenkt über den Plattenstapel mit Rohteiltafeln, um ein neues Teil zu ergreifen, bevor er vor der Rundtaktvakuumformmaschine erneut positioniert.

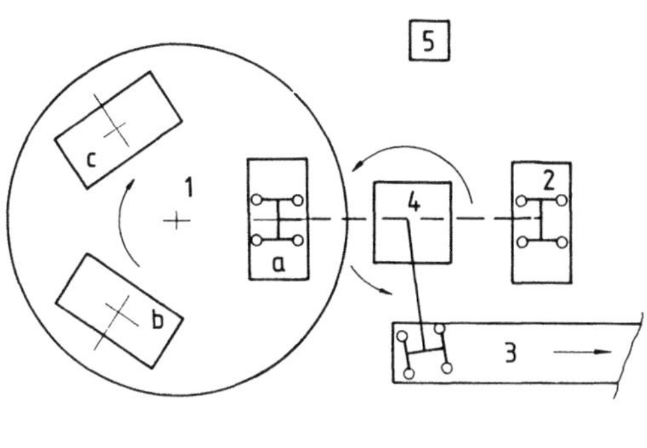

Bild 4.38
Beschickung einer Kunststoffmaschine durch einen Industrieroboter [4/73]
1 Rundtaktvakuumformmaschine, a Ein- und Ausgabe, b Erwärmung, c Formen, 2 Rohteilestapel, 3 Fertigteiletransportband, 4 Industrieroboter, 5 Industrierobotersteuerung

4.3.1.8 Röntgenanlage

Bei der Firma BMW in München wurde bei der Röntgenprüfung der Leichtmetallfelgen ein menschlicher Arbeitsplatz durch einen Industrieroboter vom Typ Transferomat E mit PTP-Steuerung sowie Steckerfeldeingabe ersetzt.
Die zwischen 6 ... 9 kg schweren Leichtmetallfelgen werden von einem Bedienungsmann auf ein Förderband gelegt, das sie der Anlage zuführt. Hier werden die Leichtmetallfelgen zentriert, vermessen und dem Industrieroboter lagerichtig übergeben.
Der Industrieroboter ergreift die Felge am Horn und bringt Nabe, Speichen und Felgenbett vor den Strahlengang. Dabei sind der Roboter und die Röntgenapparatur in einer strahlungssicheren Kammer untergebracht. Außerhalb dieser Anlage überwacht ein Bedienungsmann am Sichtschirm das Ergebnis, d. h. die Felge wird auf Lunker, Risse oder Einschlüsse überprüft. Die einzelnen Bewegungsfolgen des Industrieroboters können getrennt abgerufen werden, so daß für die Prüfung genügend Zeit bleibt. Etwa 250 Werkstücke pro Tag werden kontrolliert. Das entspricht einer Taktzeit von 1,92 min. Damit wurde die Taktzeit gegenüber der manuellen Überprüfung vermindert und gleichzeitig wurde die Prüfung sicherer gemacht, da bei der manuellen Prüfung nur eine Lage der Leichtmetallfelge betrachtet werden konnte. Zusätzlich zur Sichtprüfung wird noch ein Film belichtet.
Wird bei der Prüfung eine Schadstelle gefunden, kann das Programm jederzeit unterbrochen werden, und der Industrieroboter läuft in die Ausgangsposition zurück. Die schadhafte Leichtmetallfelge wird getrennt abgelegt.
Eine Änderung des Programmes, bei Änderung des Teiles, dauert etwa 10 min Umprogrammierzeit.

4.3.1.9 Industrieroboter scheren Schafe

Von der University of Western Australia wurde ein hydraulisch angetriebenes Robotersystem zum Scheren von Schafen entwickelt. Der Abstand zwischen Schere und Haut des Tieres wird durch ein kapazitives Sensorsystem adaptiv geregelt. Dabei geht das System von einem Modell der Form des Schafes aus, das durch Messungen erfaßt wurde. Der Roboter schneidet die Wolle in 120 s an Bauch, Rücken, Flanken und Hals, die 90 % der Schafoberfläche darstellen. Für die restlichen 10 % würden weitere 60 s benötigt werden. Eine Vorrichtung hält das Schaf in unterschiedlichen Lagen unter dem achtachsigen Handhabungsautomaten fest. Kapazitive Sensoren sorgen unter anderem für die Anpassung des computergespeicherten Schafsmodells an die atmende Realität des Tieres [4/114].

4.3.1.10 Industrieroboter nieten Flugzeugteile

Im Rahmen ihres ICAM-Programmes (Integrated Computer Aided Manufacturing) wird bei McDonnell Douglas ein Industrieroboter von Cincinnatti zur Bearbeitung von Flugzeugteilen eingesetzt. Der Aufbau besteht aus einem Industrieroboter, einer Teilezuführung, zwei voneinander unabhängigen Sensorsystemen und einer konventionellen Drivematic-Nietmaschine. Hinzu kommt ein Greifermagazin für den automatischen Greiferwechsel. Vorbereitete Werkstücke werden mit bereits positionierten Einzelteilen auf einem Förderband vereinzelt aufgelegt. Durch einen ersten Sensor wird die Anwesenheit eines Werkstückes festgestellt, dessen

Signal dazu benutzt wird, einen unter einem Förderband angeordneten Positioniertisch synchron zur Bandgeschwindigkeit zu bewegen. Am Bandende fällt das Werkstück auf diesen Tisch, auf dem etwa 10 cm lange Gummifinger angeordnet sind. Dieser Positioniertisch dient zur Werkstückidentifikation und dazu, das Teil in eine für den Industrieroboter greifbare Vorzugslage zu bringen. Das geschieht über einen zweiten Sensor. Durch ein zweites Sensorsystem wird die exakte Lage des Werkstückes festgelegt. Jetzt bewegt der Handhabungsautomat das Teil unter der Nietmaschine durch. Als Sicherheitseinrichtung wird ein mehrfach umgelenkter Lichtstrahl verwendet. Schwierigkeiten liegen in der Genauigkeit der Lagesollwerte, der hohen Anzahl der einzuprogrammierenden Punkte (off-line-Programmierung) sowie der geringen Teilestückzahl [4/113].

4.3.1.11 Bedienung und Steuerung einer Meßstation

Bei der Firma Opel in Rüsselsheim wurde eine Meßstation am Ende einer Produktionslinie zur 100%-Kontrolle von fertigbearbeiteten Kurbelwellen mit einem Industrieroboter vom Typ GdA HDS 36 automatisiert. Die Kurbelwellen bestehen aus GGG-60 und haben ein Gewicht von etwa 11 kg, bei einer Länge von 450 mm. Diese Kurbelwellen werden mit Hilfe eines Übersetzers aus einem Umlaufspeicher entnommen und in einem Prisma horizontal abgelegt und positioniert. Der Industrieroboter soll die Kurbelwellen aufnehmen und vertikal in eine Meßmaschine einsetzen. Nach der Meßwerterfassung und -auswertung werden die Werkstücke vom Industrieroboter entweder auf ein Gut- oder Schlechtteile-Förderband horizontal abgelegt (Bild 4.39). Auf dem Gutteileförderer werden die Werkstücke hinsichtlich der Lage der Toleranz markiert und manuell auf Oberflächenfehler untersucht. In periodischen Abständen werden die Meßtaster durch eine Bürste gereinigt und die Meßmaschine mit einer Meisterwelle neu justiert. Die gesamte Taktzeit liegt bei etwa 30 s [4/144].

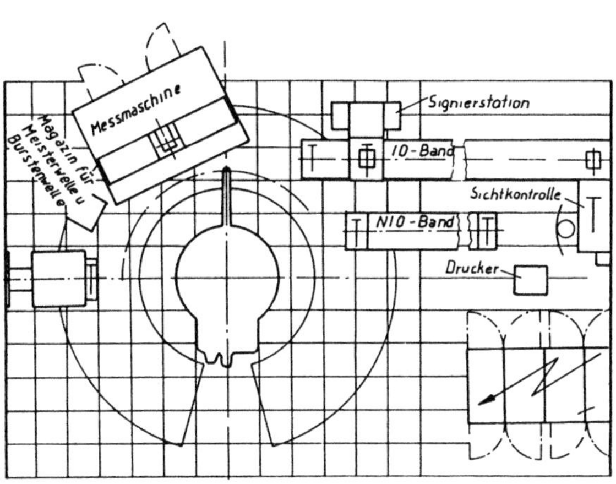

Bild 4.39
Layout für den Arbeitsplatz zur Messung von Kurbelwellen

4.3.1.12 Industrieroboter bei der Qualitätskontrolle

Die Daimler Benz AG setzt zur Qualitätskontrolle ihrer Rohkarosserien zwei Industrieroboter vom Typ Jungheinrich 100 ein. Während vorher die Kontrolle durch Ansetzen von Maßlehren realisiert wurde, werden in der flexiblen Meßstation bei DB die einzelnen Punkte, die ausgemessen werden sollen, einprogrammiert. Dazu sind zum Beispiel für das Modell 190 etwa 500 Meßpunkte notwendig. Das heißt, die bei einer Lehre hardwaremäßig in „Stahl und Eisen" vorliegenden Referenzpunkte und -flächen (Sollmaße) werden beim Industrieroboter durch ein Bewegungsprogramm, also softwaremäßig, realisiert. Dabei werden definierte und vorher programmierte Punkte (Sollmaße) angefahren. Von diesen aus wird mit Meßtastern die tatsächliche Lage der Meßpunkte an der Karosserie gemessen und damit gleichzeitig ihre Abweichung vom vorgegebenen Sollmaß ermittelt. Das dauert bei dem Modell 190 etwa 40 min. Die Abtastung von Meßpunkten im Bodenbereich erfolgt durch feststehende Einzelmeßtaster, die auf einer schwenkbaren für zwei Fahrzeugtypen ausgelegten Bodenplatte angebracht sind. Durch Antastung senkrecht zur Oberfläche sind Messungen an Karosseriepunkten mit einer Exaktheit durchführbar, wie sie mit herkömmlichen Meßmaschinen nur sehr aufwendig möglich sind. Um die Ergebnisse analysieren zu können, müssen diese nach der eigentlichen Messung noch ausgewertet werden. Hierzu steht ein Rechner zur Verfügung. Er liefert Trendanalysen, berechnet nicht direkt meßbare Winkel und speichert die Meßwerte in einem Langzeitprogramm [4/118].

4.3.1.13 Justage von Fehlerstromschutzschaltern

Die Condor-Werke in Ennigerloh stellen elektrische Schaltgeräte aller Art her. Dabei ist die Anzahl der Serien, bedingt durch kundenspezifische Variationen, groß, die Anzahl der Teile innerhalb der Serie dagegen ist klein. Bearbeitung, Montage und Sicherheitsprüfung von Schalterbaugruppen und Schaltgeräten muß leicht umrüstbar ausgelegt sein. Eine wesentliche Komponente dabei im Rahmen des Justierplatzes ist der Industrieroboter IBM 7535. Fehlerstromschutzschalter sind mehrpolige Ausschalter, die als Eingangsschalter von Stromkreisverteilern für den menschlichen Körperschutz eingesetzt werden. Der Ablauf der Montage, Justieren bis hin zur Verpackung dieser Fehlerstromschutzschalter ist in Bild 4.40 dargestellt. Bild 4.41 zeigt den Ausbau des Justierplatzes mit dem Industrieroboter als Mittelpunkt, der den Schalter dem Kleingurt-Förderband entnimmt und ihn in einem der vier Justiergeräte ablegt. Die Justierstände befinden sich unterhalb der Justiergeräte im Halbkreis um den

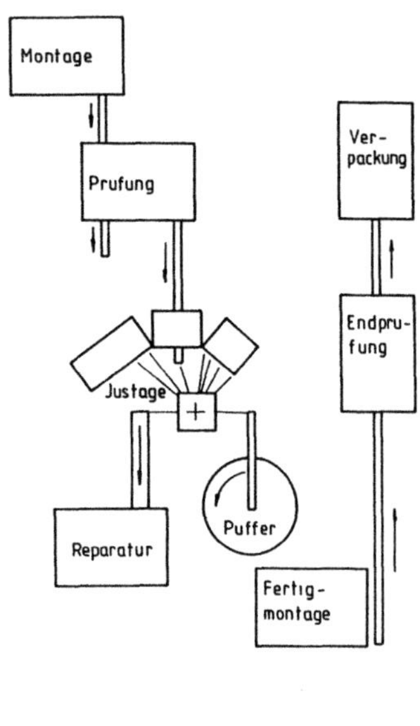

Bild 4.40

Die einzelnen Fertigungs- und Prufstrationen bei der Herstellung der Fehlerstromschalter

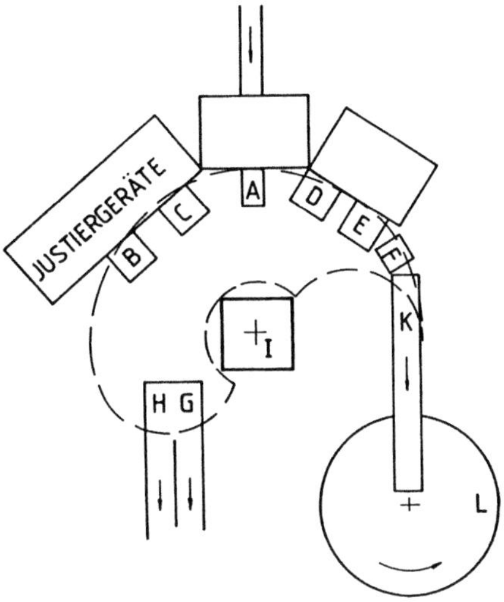

Bild 4.41

Übersichtsskizze des Industrieroboter-Einsatzes bei der Justage der Fehlerstromschalter:

A Eingang Gurtförderer zum Justierplatz
B
C Justierstände
D
E
F Fettstation
G Förderbänder für Schalter mit zu hohem / niedrigem Abschaltstrom
H
I Industrieroboter IBM 7535
K Ausgang Gurtförderer
L rotierender Puffer

Industrieroboter angeordnet, damit der quasi-halbkreisförmige Arbeitsbereich des Handhabungsautomaten durch die Ablage- und Entnahmepunkte optimal ausgenutzt wird. Die Ablagepunkte an den Justierständen sind bewegliche Plattformen, die den Schalter pneumatisch unter die jochartige Testeinrichtung ziehen, in die er während des Justagevorganges eingespannt bleibt. Sobald am Punkt A ein Fehlerstromschalter vor dem dort angebrachten Zählschalter erkannt wurde, beginnt der gesamte Programmzyklus. Die Justage der Fehlerstromschalter erfolgt automatisch. Die Industrieroboter-Steuerung frägt die einzelnen Justierstände nach Fertigjustage ab. Ist ein Justierstand fertig, dann schwenkt der Arm des Industrieroboters, entnimmt das justierte Gerät und setzt nach kurzer Schwenkung seines Doppelgreifers einen noch nicht justierten Schalter ein. Gleichzeitig hat der Industrieroboter von seiner Steuerung gemeldet bekommen, ob es sich um Gut- oder Schlechtschalter handelt. Schlechtschalter (zu hoher oder zu niedriger Strom) werden auf einem Doppelgurtförderer abgelegt. Diese Fehlerstromschalter werden dann an einem speziellen Montageplatz ummontiert. Gutgeräte werden an dem mechanischen Schaltmechanismus gefettet, bevor sie auf einem Transportband deponiert werden, das sie zu einem Rotationskegelpuffer befördert. Während des gesamten Programmes kennt die Steuerung durch die an jeder Aufgabe- und Ablagestation angebrachten Zählschalter den Iststand von Produktion und Prüfung.

Auf dem Justierplatz der Condor-Werke werden in einer 8-Stundenschicht 1000 Fehlerstromschalter vom Industrieroboter von einer Entnahmestation A auf vier Justierstände B bis E und von dort auf drei Ablageförderbänder und eine Fettstation F, G, H, K verteilt. Dabei kann jede dieser Positionen beliebigerweise vom Doppelgreifer angefahren werden. Die Steuerung des Roboters frägt die Justierstationen laufend ab, und wenn eine Schalterjustage abgeschlossen ist, kann der Schalter entnommen und je nach seiner Qualifikation (gut, schlecht zu niedrig, schlecht zu hoch) abgelegt werden. Wesentlicher Punkt der Planung bei der Anschaffung des Handhabungsautomaten war diese Flexibilität der Industrieroboter-Steuerung. Die Tatsache, daß die Programmierung off-line auf einem PC erfolgen und dann über Datenbus und Schnittstellen vom Mikrorechner direkt in die Industrieroboter-Steuerung eingespielt werden kann, erleichtert ein Umrüsten des Gerätes auf neue Aufgaben ganz wesentlich. Wird der IBM 7535 über die Programmiersprache programmiert, dann kann dazu ein PC benutzt werden. Die Condor-Werke verwenden dafür einen IBM PC/AT mit 192 kB

```
--FI JUSTIEREN

-- P O S I T I O N E N
HOME   :NEW PT(650,0,0);
ZUF    :NEW PT(38.55, 520.50,-1.80);
WARTEN:NEW PT(38.55,520.5,-91.8);
-- ************************************************************************
ABLGUT:SUBR;    --UNTERPROGRAMM ZUM ABLEGEN DER TEILE IN DER GUTPOS.

        PMOVE(WARTEN1);             --  FETTSTATION
        DOWN;                       --
        PMOVE(WARTEN3);             --              ANFAHREN
        WRITED(4,1);                --
        DELAY(1.0);                 --                       UND
        WRITED(4,0);                --
        DELAY(0.5);                 --                          SCHALTER
        PMOVE(WARTEN1);             --
        UP;                         --                                  FETTEN

        PMOVE(POSGUT);
ZEIT   :TESTI(11,1,WARTE);          -- STATION FREI?
        LOESEN2;
        SETC(MERKEGUT,0);           -- MERKER LOESCHEN
        BRANCH(SCHLUSS);
WARTE  :DELAY(1);BRANCH(ZEIT);
SCHLUSS:PMOVE(WARTEN1);
        END;
---
  ME4:TESTC(VOR4,0,TEIL); -- MERKER FUER VORR.4 ABFRAGEN
        PMOVE (ZUF);
        GREIFEN1;
        PMOVE(WARTEN2);
        BRANCH(WEITER);

 TEIL:PMOVE (ZUF);
        GREIFEN1;
        PMOVE(WARTEN);
 WEITER:SETC(GRLEER,0); --MERKER F. GREIFER LEER AOF 0 SETZEN
        END;
---
-- ************************************************************************

        WAITI(10,1,0);              -- AUF EIN TEIL IN DER ZUFUEHRG. WARTEN
        TEILZU;                     -- TEIL AUS ZUFüHRUNG HOLEN
        ABLVOR1;                    -- TEIL IN VORRICHTUNG 1 ABLEGEN
        WAITI(10,1,0);
        TEILZU;                     -- TEIL AUS ZUFüHRUNG HOLEN
        ABLVOR2;                    -- TEIL IN VORRICHTUNG 2 ABLEGEN
        WAITI(10,1,0);
        TEILZU;                     -- TEIL AUS ZUFüHRUNG HOLEN
        ABLVOR3;                    -- TEIL IN VORRICHTUNG 3 ABLEGEN
        WAITI(10,1,0);
        TEILZU;                     -- TEIL AUS ZUFüHRUNG HOLEN
        ABLVOR4;                    -- TEIL IN VORRICHTUNG 4 ABLEGEN

TEILHOL:TESTI(10,0,VOR);
BEGINN:TEILZUF;                     -- TEIL AUS ZUFüHRUNG HOLEN
        MEABFR;

        TESTC(GRLEER,1,VOR);        --GREIFER LEER?

ABFERTIG:WAITI(16,1,0);             --AUF FERTIGMELD. EINER VORRICHT. WARTEN

        STATUS1;                    -- INFO VON VORRICHTUNG 1 DURCHSCHALTEN
        TESTI(8,0,VORRICH1);        -- WENN FERTIG DANN VORRICHTUNG 1
                                                                 -- BEARBEITEN
        STATUS2;                    -- INFO VON VORRICHTUNG 2 DURCHSCHALTEN
        TESTI(8,0,VORRICH2);        -- WENN FERTIG DANN VORRICHTUNG 2
```

Bild 4.42 Programmauszug für die Justage von Fehlerstromschutzschaltern

und zwei Diskettenlaufwerken mit je 360 kB. Das Programm wird auf dem IBM PC compiliert und kann dann über die V 24-Schnittstelle in den 5,1 kB fassenden Arbeitsspeicher des Industrieroboters überspielt werden. Das Programm für den Justierplatz umfaßt etwa 400 Zeilen mit insgesamt 1,5 kB Speicherbedarf.
Die Programmiersprache AML von der IBM ist eine benutzerorientierte Programmiersprache. Bild 4.42 zeigt die Möglichkeiten dieser Programmierung von Industrierobotern. In den Zeilen 4 bis 6 werden die durch „Teach-in"-Programmierung erzeugten Punkte aufgerufen. Diese Punkte können in der Folge beliebig oft angefahren werden. Dabei besteht von der Anwendung her die Notwendigkeit und durch das Programm die einfache Möglichkeit,diese Punkt beliebig zu variieren. Die Zeilen 60 bis 80 umfassen das Unterprogramm zum Ablegen der Teile in die Gutposition. Von der Zeile 125 bis 135 wird vom Industrieroboter mitgeteilt, daß er die eine Prüfeinrichtung leeren soll, und in den Zeilen 337 bis 364 ist ein Teil des Hauptprogrammes aufgerufen, in dem die Folge der Bewegungen dargestellt wird. Durch die unterschiedlichen Justierzeiten eines jeden einzelnen Schalters ist es unmöglich, einen festen Ablauf in der Abfrage der einzelnen Justierstände zu programmieren. Stattdessen ist der Programmablauf so optimiert, daß jeweils der fertiggewordene Schalter dem entsprechenden Justierstand entnommen wird. Das erfordert einen logischen Funktionsablauf der Ereignisse, der auch in entsprechender Weise programmiert werden muß.

4.3.1.14 Verkettungen

4.3.1.14.1 Verkettung einer Rotorgehäusefertigung

Zu Beginn der Fertigung von Rotoren für Kurzschlußläufermotoren werden von einem Bedienungsmann die Rotorbleche für die Herstellung eines Rotors nochmals nachgewogen. Danach fängt die automatische Fertigung damit an, daß der Industrieroboter vom Typ VW R 30 (kleines Röhrengerät) die Rotorbleche mit einem warmfesten pneumatisch betätigten Zangengreifer erfaßt und sie in die Achseinziehpresse einlegt. Hier werden die Rotorbleche durch einen Hilfsdorn zusammengehalten. Der Industrieroboter entnimmt der Presse die mit dem Hilfsdorn fixierten Bleche und legt sie in die Druckgießmaschine ein. Der in der Achsauswerfpresse befindliche fertige Rotor wird aufgenommen und in der Fertigteilkiste gestapelt. Dieser Vorgang ist im Bild 4.43 veranschaulicht. Die Fertigteilkiste sitzt auf einem Schwenktisch, der sich mit der gefüllten Kiste aus dem Sicherheitsbereich schwenkt und dabei einen leeren Behälter für den Industrieroboter bereitstellt. In der Achsauswerfpresse werden die Hilfsdorne entfernt. Inzwischen holt der Industrieroboter den gegossenen Rotor aus der Druckgießmaschine und legt ihn in die Achsauswerfpresse ein. Danach beginnt der Zyklus von neuem.

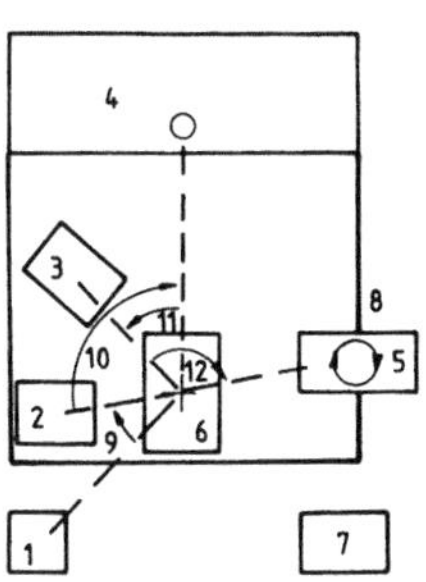

Bild 4.43
Verkettung einer Rotorgehäusefertigung durch einen Industrieroboter.
1 Waage für Rotorbleche, 2 Achseinziehpresse, 3 Achsauswerfpresse, 4 Druckgießmaschine, 5 Schwenktisch mit zwei Ablagebehältern für Fertigteile, 6 Industrieroboter, 7 Industrierobotersteuerung, 8 Sicherheitsbereich, 9 bis 12 Arbeitsstellungen

4.3.2.14.2 Verkettung einer Polgehäusefertigung

In einer Polgehäusefertigung werden vier verschiedene Fertigungseinrichtungen miteinander verbunden. Die Rohteile eines Polgehäuses werden einer Bohrmaschine über eine Magazineinrichtung zugeführt, die gleichzeitig auch als Werkstückpuffer funktioniert. Nach Anfassen der Polgehäuse auf der Bohrmaschine entnimmt der Industrieroboter das Teil und transportiert es in der Folge zu

- einer Bürststation,
- einer Hydraulikpresse (Kalibriervorgang) und
- einem Drehautomaten.

Vier Fertigungseinrichtungen können nur deshalb beschickt werden, weil die Bearbeitungszeiten an Bürststation und Hydraulikpresse sehr kurz sind und Drehautomat sowie Bohrautomat mit Magazinen sowie Zu- und Ablaufvorrichtungen versehen sind.
Zweckmäßigerweise sind die Arbeitsräume von Hydraulikpresse und Bürststation mit berührungslosen Endschaltern gegen eine Doppelbeschickung gesichert. Im Störungsfalle würde damit eine Endabschaltung des Industrieroboters über dessen Steuerung erfolgen. Die Taktzeit ist drehmaschinenabhängig und beträgt 40 s. In dieser Zeit sind vier Bewegungen auszuführen:

- Teileentnahme Bohrautomat,
- Übergabe und Entnahme Bürststation,
- Übergabe und Entnahme Hydraulikpresse,
- Teileübergabe Drehautomat (Bild 4.44).

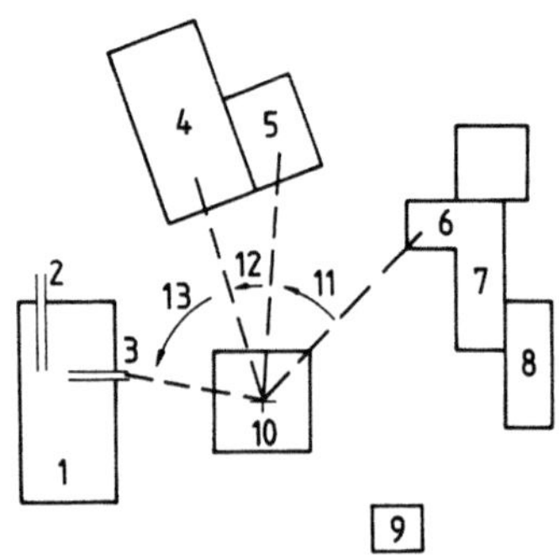

Bild 4.44
Verkettung einer Polgehäusefertigung [4/73]
1 Drehmaschine, 2 automatische Entladeeinrichtung (Drehmaschine, 3 Magazinierung (Drehmaschine), 4 Hydraulikpresse, 5 Bürststation, 6 Bohrmaschine, 7 Magazinierung (Bohrmaschine), 8 Werkstückpuufer (Bohrmaschine), 9 Industrierobotersteuerung, 10 Industrieroboter, 11 bis 13 Arbeitsstellungen

Dabei müssen die Teile nicht gedreht werden, sie behalten ihre Lage bei. Eine menschliche Arbeitskraft wäre auf die Dauer nicht in der Lage diese Taktzeit zu halten.
Für die Aufgabe genügt ein Industrieroboter MHU von ASEA mit einer Folgesteuerung, mittlerer Speicherkapazität, zylindrischem Arbeitsraum, geringer Höhe des Arbeitsraumes dafür aber mit einem großen Durchmesser, mit guter Positioniergenauigkeit zum genauen Einlegen in die Werkzeugfixierung der Bürststation und der Hydraulikpresse.

4.3.1.14.3 Verbindung von Förderrinnen

Mit einem MHU von ASEA, bestehend aus einer Rotations-, einer Vertikal- und einer Horizontaleinheit mit Folgesteuerung, werden zwei Förderrinnen, die in einer Waschstation enden, mit einer Meßstation verbunden.

Die Teile müssen um 180° gewendet in die Meßstation eingelegt werden. Dabei beträgt die minimale Taktzeit ca. 7 s. Kontrolliert wird über Endschalter an beiden Endstationen der Förderrinnen, ob Teile angekommen sind. Ist das der Fall, wird das jeweilige Werkstück aus der bestimmten Rinne übernommen, mit einem Spezialgreifer um 180° gedreht (C-Richtung) und der Meßstation eingegeben. Wenn beide Rinnen Teile melden, dann fährt der Industrieroboter wechselweise beide Transportrinnen an (Bild 4.45 und Bild 4.46).
Die Taktzeit, die hier verlangt wird, ist für eine menschliche Arbeitskraft kontinuierlich über eine ganze Schicht nicht zu halten. Zu diesem Rationalisierungseffekt kommt noch der humanitäre Aspekt, wobei hier ein monotoner Arbeitsplatz automatisiert wurde, der möglicherweise noch durch die gewaschenen und nicht ganz trockenen Werkstücke zusätzlich die menschliche Arbeitskraft belastet hätte.

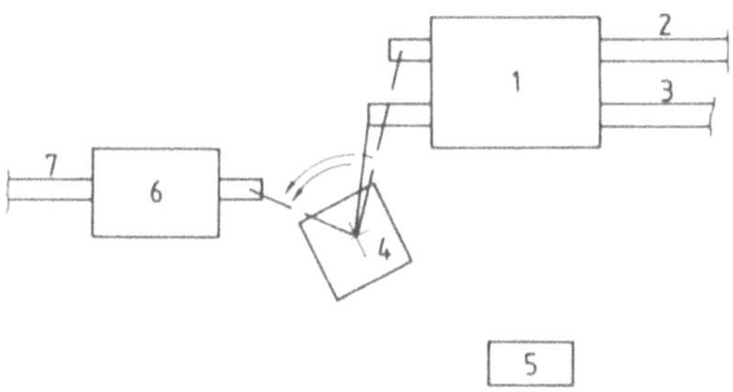

Bild 4.45

Verkettung zweier Förderrinnen [4/73]
1 Waschstation, 2 und 3 Förderrinnen, 4 Industrieroboter, 5 Industrierobotersteuerung, 6 Meßstrecke, 7 Förderrinne

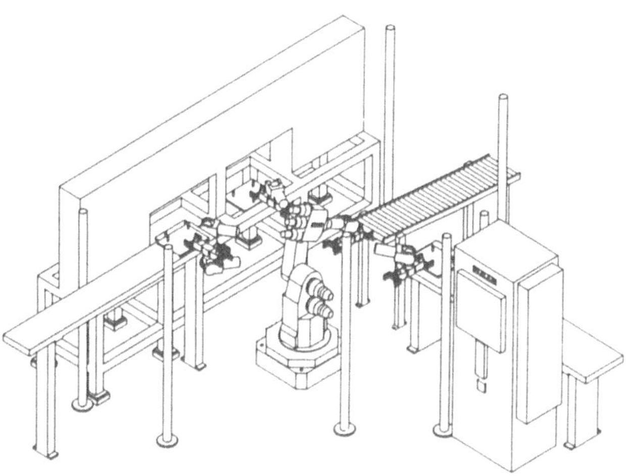

Bild 4.46

Industrieroboter als Produktionsweiche

4.3.2 Stapeln von Teilen

Das *Stapeln von Teilen* ist sicherlich innerhalb der Handhabungstechnik anzusiedeln, fällt aber wegen einiger Besonderheiten, mit denen Industrieroboter ausgerüstet sein müssen, die in diesem Metier tätig sind, etwas aus diesem Rahmen. Mit Sicherheit dürfte der entscheidende Punkt bei dieser Handhabungstätigkeit Form, Größe und Gewicht des zu stapelnden Teiles sein. Davon und von der Aufgabenstellung, nämlich nach welchem Muster die Teile zu lagern sind, hängt weitgehend die Spezialisierung und Beschaffenheit des Industrieroboters ab, der für diese Handhabungstätigkeit eingesetzt werden kann.

Da oft in Kisten oder auf Paletten gestapelt wird, die Teile nicht besonders groß sind, muß der Arbeitsraum des Industrieroboters nicht einen weiten Radius beschreiben, sondern eher die Höhe und Tiefe, also um die Z-Achse, beweglich sein. Es wird sich in aller Regel um ein Gerät vom Typ 4 handeln (siehe Bild 3.1.2) mit torusförmigem Arbeitsraum.
Um Teile von einem meist feststehenden Industrieroboter stapelgerecht abzulegen, muß der Bewegungsautomat mindestens mit drei Greiferbewegungen ausgestattet sein. Oft sind diese Handhabungseinrichtungen mit Spezialgreifern versehen, die gewährleisten können, daß Teile wirklich auf engstem Raume zusammengerückt werden. Bei diesen Handhabungsvorgängen kommt es nicht nur darauf an, daß der Industrieroboter ununterbrochen im Einsatz ist, denn unter dieser Voraussetzung wurde diese teure Einrichtung mehr oder weniger angeschafft, sondern auch, daß der Stapelvorgang in kürzester Zeit erfolgt. Das heißt, es wird von Geräten, die diese Tätigkeit übernehmen, erwartet, daß sie eine hohe Manipulatorarmgeschwindigkeit haben.
Die spezielle Art der Aufgabe – immer gleiche Tätigkeit mit unterschiedlichen örtlichen Gegebenheiten – erfordert vom Gerät

- große Speicherinhalte und
- besondere Programmiermethoden.

Es werden also Geräte benötigt, die MP-Steuerung, die mit Kernspeicher oder Mikroprozessor ausgerüstet sind und neben einer „Tech-in"-Programmierung noch Unterprogramme besitzen, die eine Vorführprogrammierung nach Art „Anfahren und Speichern" zeitlich verkürzt.

4.3.2.1 Kasten, Paletten

Bei PLM/Hammar in Schweden werden Kartons von einem Industrieroboter vom Fabrikat Retab IRc 30, ausgerüstet mit einer RC 7600 Steuerung, gestapelt. Die Kartons werden mit einem Förderband in den Greiferbereich des Industrieroboters gebracht, der sie auf Standardpaletten der Größe 1200 x 1100 mm verladen muß.
Die Kartons wiegen zwischen 7 kg und 20 kg, die Taktzeiten sind 6 s und es wird im 3-Schichtbetrieb gearbeitet.
Um das Programm zu vereinfachen, liegt die Palette auf einem hydraulischen Hubtisch, Vor jedem Hub wird durch eine Laserstrahlhöhenkontrolle die sichere Ablage der jeweiligen Stapellage überprüft (Bild 4.47). Bei jeder neuen Lage wird das Muster, in dem der Industrieroboter die Kartons setzt, um 180° versetzt, um den Stapel vor Einsturz zu sichern. Der Industrieroboter ist für seine Aufgabe mit einer 4-achsigen PTP-Steuerung ausgerüstet und wird im „Teach-in"-Verfahren programmiert. Das Erstellen eines neuen Programmes dauert

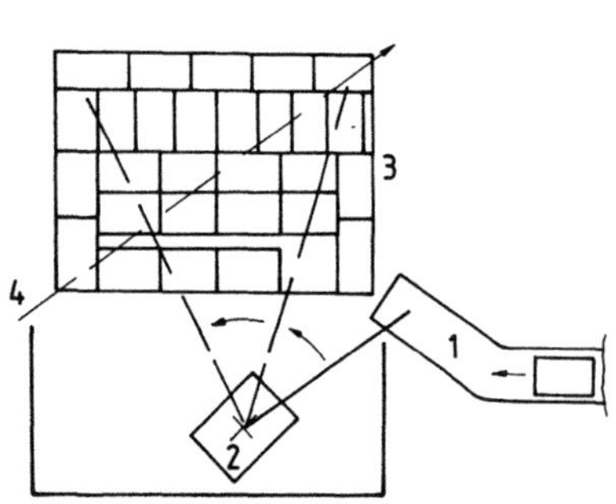

Bild 4.47

Stapeln von Kasten mit einem Industrieroboter vom Typ Retab IRC [4/70]

1 Förderband, 2 Industrieroboter, 3 hydraulischer Hubtisch, 4 Laserstrahlhöhenkontrolle der Palette

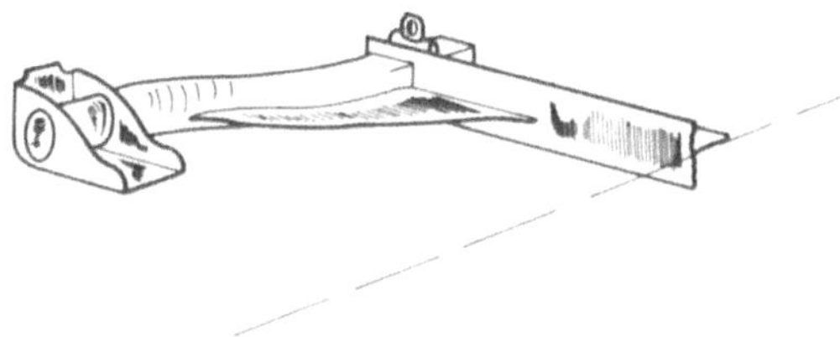

Bild 4.48
Hinterachse eines frontgetriebenen Fahrzeuges [1/8]

0,5 ... 2 Stunden, je nach Kenntnis des Programmierers, alte Programme werden in ein bis zwei Minuten über Magnetband in die Solid-State-Speicher eingespielt. Die große Programmiergeschwindigkeit erklärt sich durch die besondere Möglichkeit, beim Programmieren Sprünge zu machen und dazu bereits gespeicherte Programmteile aus bestimmten Speicherplätzen abzurufen. So kann hier z. B. die Greifphase bis zum Palettieren jedesmal als „Unterprogramm" aus dem entsprechenden Speicher abgerufen werden.
Bei der Lösung der Aufgabe ergaben sich Schwierigkeiten bei dem Greifen der Kartons. Der Greifer durfte nicht seitlich ansetzen, sondern an der Deck- und Bodenfläche der Kartons. Dazu wurde ein Spezialgreifer entwickelt (Bild 3.6.4d), der hinsichtlich seiner Deckfläche auf die einzelnen Kartongrößen einstellbar war. Die Auflagefläche für die Kartons ist als Winkel ausgebildet und schwenkt, pneumatisch betätigt, zum Industrieroboter hin auf. Die Greiferbewegung um die C-Achse ist hydraulisch steuerbar.

4.3.2.2 Handhaben und Stapeln von Hinterachsen

Bild 4.48 zeigt die eine Hälfte der bei VW in Wolfsburg gehandhabten Hinterachsen für Frontantriebsfahrzeuge. Die Hinterachsen sind ca. 18 kg schwer und wegen ihrer äußeren Form schwierig zu manipulieren. Der Fertigungsablauf der automatischen Handhabung wird in Bild 4.49 gezeigt. Die Teile werden einer Meßstation entnommen und in automatische CO_2-Schweißanlagen eingelegt. Hier werden die bereits verbohrten und mit Gewinden versehenen Lagerflansche angeschweißt. Danach werden die fertigen Hinterachsen den Schweißanlagen entnommen und auf Förderrinnen gelegt, von denen sie zu einem Förder-

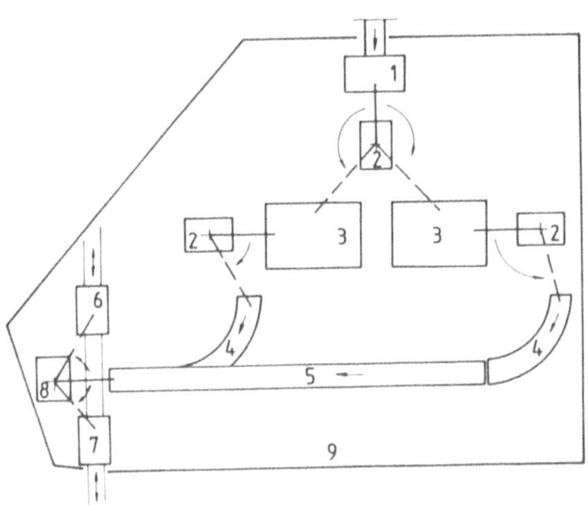

Bild 4.49
Sicherheitsbereich, in dem Schweißen, Handhaben und Stapeln der Hinterachsen bei VW stattfinden [4/36]
1 automatische Meßeinrichtung, 2 drei Industrieroboter Typ VW R 30, 3 zwei CO_2-Schweißkabinen, 4 zwei Förderrinnenzubringer, 5 Hauptförderband, 6 fahrbarer Stapelbunker für Hinterachsablage, 7 Ersatzbunker, 8 Industrieroboter Typ VW K 15, 9 Sicherheitsbereich

band weitertransportiert werden. Mit dem Förderband erreichen sie die Schmalseite des die gesamte Anlage umgebenden Sicherheitsbereiches. Hier werden die Hinterachsen abwechselnd in zwei leicht von außen zugänglichen Transportbehälter gestapelt.
Während die Be- und Entladung der CO_2-Schweißanlagen durch je einen Industrieroboter vom Typ VW R 30 (Röhrengerät) mit sechs Achsen und elektro-mechanischen Doppelzangengreifern ausgeführt werden, handelt es sich bei dem Industrieroboter, der das Stapeln der fertigen Hinterachsen durchführt, um ein 4-achsiges Knickarmgerät K 15 mit pneumatisch betätigtem Greifer.
Wegen der unterschiedlichen Höhen von Förderrinnen und den Öffnungen der Schweißanlagen sowie der Sperrigkeit der Werkstücke wird zur Manipulation dieser Teile mit Industrierobotern viel Raum benötigt. Das hat zur Folge, daß der Arbeitsraum des Industrieroboters ebenfalls einen weiten Bereich bestreichen muß.
Das Stapeln der Werkstücke wird von einem Knickarmgerät erledigt, das über einen torusförmigen Arbeitsraum verfügt. Dabei ist sein Arbeitsraum im Durchmesser beschränkt, während er in der Vertikalen sowohl in die Höhe als auch in die Tiefe reicht. Damit ist er ideal ausgelegt, um Gegenstände in Behältern abzulegen. Das Knickarmgerät K 15 entnimmt die Hinterachsen dem Förderband und legt sie zunächst in einen der bereitstehenden Bunker. Dabei wiederholt sich der Vorgang des Stapelns in prinzipiellen Arbeitsbewegungen des Industrieroboters, die während einer festgelegten Taktzeit von 3,08 min zu bewältigen sind. Da sich von Lage zu Lage die Stapelhöhe im Transportbehälter verringert, ergeben sich dadurch entsprechend geringere Handhabungszeiten, so daß die Taktzeit mit Wartezyklen aufgefüllt werden muß. Das von diesem Industrieroboter durchgeführte Arbeitsprogramm unterscheidet sich von der Handhabung der beiden Röhrengeräte R 30 an den Schweißanlagen dadurch, daß ein sehr umfangreiches Steuerprogramm absolviert werden muß. Dazu sind entsprechende Speicherkapazitäten notwendig.
Die Peripherie für die Automatisierung dieses Fertigungsablaufes ist recht umfangreich: Der gesamte Komplex wird von einen umfassenden Sicherheitsbereich umschlossen. Die Fördereinrichtungen sind dem automatischen Betrieb angepaßt. Sowohl an der Schweißanlage als auch an der Meßstation sind Anschläge zur automatischen Positionierung und Fixierung der Werkstücke notwendig, die über Endschalter und Grenztaster überwacht und an die Industrierobotersteuerungen gemeldet werden. Die Röhrengeräte sind mit Überlastsensoren gegen Kollision ausgerüstet (Bild 3.7.6). Zwischen Manipulatorarm und Greifergetriebe sind Platten geflanscht, die mit einer auf die Kraft berechneten Anzahl von Schraubenfedern bestückt sind. Sämtliche Stationen sind gegen Doppelbeschickung mit Sicherheitsendschaltern ausgerüstet.
Mit der Automatisierung dieser Arbeitsplätze wurde zugleich ein bedeutender Beitrag zur Humanisierung der Arbeitswelt geleistet. Bei 1480 Hinterachsen/Schicht und 180 N Gewicht ergibt sich, rein statisch betrachtet, ein tägliches Haltegewicht von etwas 266 kN, das dazu noch beim Stapeln der Teile in einer ungewöhnlich ungünstigen menschlichen Körperhaltung (Vorhalte) bewältigt werden muß.

4.3.2.3 Steine

Von einer Steinpresse werden in einer Taktzeit von 10 s Dolomitsteine hergestellt und auf dem Pressenvortisch abgelegt. Danach müssen sie auf einen Ablagewagen mit den Abmessungen (1800 X 1200 X 520 mm) gestapelt und in einen Brennofen gefahren wer-

den. Der Pressenvortisch dient als Puffer für die Rangierzeit zwischen gefülltem und leeren Wagen.
Für die Handhabungsaufgabe wird ein VW-Gerät Typ K 15 (Knickarmgeräte) mit einer 5-achsigen CP-Steuerung eingesetzt. Die Bahnsteuerung ist wegen des umfangreichen Programmes notwendig und um beim Abstapeln definierte kollisionsfreie Wege fahren zu können. Der Industrieroboter (Bild 4.50) wird auf eine zusätzliche Verfahrachse (X-Achse 1800 mm), die angesteuert ist, parallel zur Ablagewagenstrecken gesetzt. Er ist mit einem Doppelgreifer ausgerüstet, wodurch die Beladezeit noch verkürzt wird.

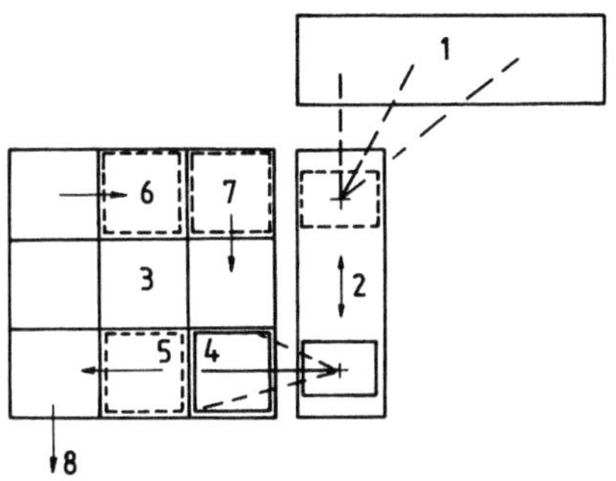

Bild 4.50
Stapeln von Steinen mit einem Industrieroboter vom Typ VW K 15.
1 Pressenvortisch, 2 Arbeitsplatz des Industrieroboters, 3 Rangierplatz der Ablagewagen, 4 beschickte Wagen, 5 bis 7 Wartepositionen für Wagen zum Ofen 8

Da die Reichweite des verwendeten Industrieroboters in der zum Erdboden parallelen Arbeitsebene (XY-Ebene) klein ist, erfolgt das Beladen des Wagens in zwei Zyklen mit einem Quervorschub des Ablagewagens unter Verwendung desselben Programmes.
In diesem Falle wurden Peripherie und Industrieroboter bereits in der Planungsphase aufeinander eingestimmt. Damit ergibt sich eine optimale Auslegung für Industrieroboter.

4.3.3 Kommissionieren

Unter Kommissionieren versteht man das Zusammenstellen bestimmter Teilemengen aus einer Gesamtmenge aufgrund von Bedarfsinformationen. Im Rahmen des innerbetrieblichen Materialflusses umfaßt ein Kommissioniersystem die Teilfunktionen:

- Anlieferung und Bereitstellung der Artikel,
- Transport und Einlagerung ins Lager,
- Lagerung des Artikelsortimentes,
- Entnahme der Artikel,
- Transport der Kommission und
- Abgabe.

Kleinteile-Kommissionier-Systeme arbeiten nach den Prinzipien

- statische Bereitstellung (Kommissionierer zur Ware) und
- dynamische Bereitstellung (Ware zum Kommissionierer).

Bei der statischen Bereitstellung bewegt sich der Kommissionierer durch das Lager und entnimmt aus einem artikelrein beladenen Ladeträger den Artikel. Im Falle der dynamischen Bereitstellung werden typenrein beladene Lageträger über ein Fördersystem einem Kom-

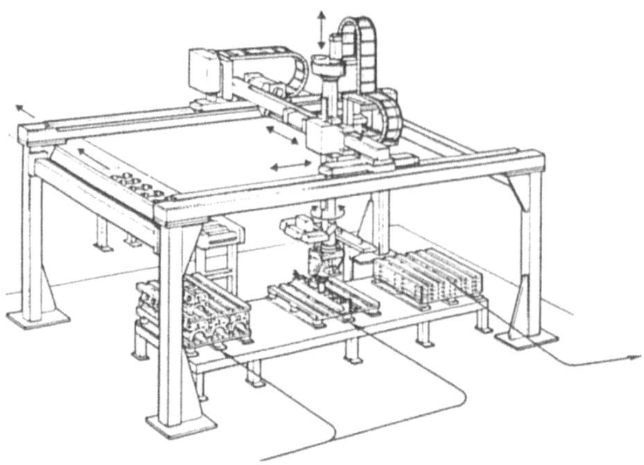

Bild 4.51 Portalroboter Typ P100 von Dürr mit einem sehr großen quaderförmigen Arbeitsraum. Der Industrieroboter ist durch das Portal nicht mehr so flexibel einsetzbar, wie zum Beispiel ein Standgerät, dafür ist er steifer und benötigt weniger Standfläche

missionierplatz zugeführt, die entsprechende Artikelmenge wird dem Ladeträger entnommen und der Ladeträger wird wieder mit der verbliebenen Anzahl von Teilen eingelagert [4/88]. Als Kommissionierroboter eignen sich vor allem Portalroboter (Bild 4.51).

In dem Siemens-Werk Bad Hersfeld werden Geräte zur Telekommunikation hergestellt. Dazu werden wöchentlich etwa 600 Fertigungsaufträge vorgegeben und kommissioniert. Je Auftrag sind das 15 zu kommissionierende Einzelpositionen. Davon haben 75 % eine einheitliche Verpackung in Form von Plastiktüten mit 1 kg Gewicht und 1 l Inhalt. Gewählt wurde eine statische Bereitstellung mit einem Industrieroboter vom Typ Jungheinrich. Dabei wurden die Tüten in Auftragskisten deponiert, die in zwei parallelen Regalreihen über 14 m Länge untergebracht sind. Sie besitzen regalgassenseitig eine Einwurfsöffnung und sind nach außen abfallend eingehängt, damit eingeworfene Tüten zum äußeren Rand rutschen können. Das Entnehmen der Kisten erfolgt von der Rückseite der Regale. Der Handhabungsautomat befindet sich auf einer Lineareinheit und ist gleichzeitig noch auf einem Hubtisch montiert. Die Tüten werden mit einem Pappstreifen verschlossen, der als Hängeachse für die Transportkiste und als Greiffläche für den Industrieroboter dient. Außerdem enthält er noch den Klebestreifen mit der Beschriftung.

Der Greifer des Industrieroboters ist ein mechanischer Klemmgreifer, dessen einer Schenkel als Schaufel in der Größe der Tüte ausgebildet ist. Mit den beiden Klemmfingern wird die Halteachse der Tüte gegen die Schaufel gedrückt. Der Greifer besitzt außerdem folgende Sensoren: Der Tütensensor überprüft, ob in der nächsten Transportsektion der Kiste eine Tüte hängt, der Kollisionssensor überprüft die Transportkiste auf mögliche Fremdteile, der Füllgradsensor kontrolliert, ob die Kiste gefüllt ist und der Kistensensor (Erkennungssensor) checkt das Vorhandensein einer Kiste. Das System führt die Bezeichnung AKORD (Automatisierung im Kommissionierbereich mit Roboter und Datenverarbeitung). Die vom Lesesystem gelesenen Positionsdaten werden an die Robotersteuerung übergeben. Diese wertet sie aus und übermittelt sie über einen Protokollkonverter an den zentralen Rechner. Diese Übermittlung von Daten funktioniert in beiden Richtungen. Das System erreichte eine Kommissionierleistungssteigerung um 39 %. Allein bei der Einlagerung wurden durch das Briefträgerprinzip (der Roboter führt eine Vielzahl von Aufträgen mit sich und sucht einen optimalen Weg) 50 km Weg gespart [4/120].

4.3.4 Montieren von Teilen

In Einzelfällen werden heute Industrieroboter beim Einsatz von *Montageaufgaben* untersucht:

- Am Stanford Research Institute wird zum Beispiel mit einem System von Industrieroboter, Fernseheinrichtung und einer Rechenanlage als Interface eine Wasserpumpe montiert. Bereitliegende Einzelteile werden definiert, gegriffen und zusammengesetzt.
- Bei der Firma Kawasaki in Japan werden Bauteile eines Verbrennungsmotors zusammengesetzt, wobei bestimmte Teilvorgänge, wie z.B. die Werkstückzuführung und die Werkstückerkennung aus dem automatischen Montagevorgang ausgeklammert werden.
- Die Firma Hitachi in Japan setzt mit einem System von zwei Manipulatorarmen mit insgesamt acht Freiheitsgraden sowie drei vertikalen und vier horizontalen Fernsehkameras und zahlreichen taktilen Sensoren Staubsaugerteile zusammen.

Daneben arbeiten eine Vielzahl anderer Firmen an Pilotprojekten auf dem Gebiete der Teilemontage. Hierbei geht es darum, monotone und zum Teil sehr kurzzeitige Vorgänge zu automatisieren. Die Schwierigkeiten liegen dabei darin, daß

- die einzelnen Teile identifiziert werden müssen,
- eine Reihenfolge beim Zusammensetzen der Teile festgelegt sein muß,
- die Werkstücke alle, in kleinsten Toleranzen gefertigt, angeliefert werden müssen,
- der Industrieroboter bei Störungen während des Montagevorganges über Eventualschaltungen verfügen muß.

Zur Vereinfachung können gewisse Probleme zunächst vernachlässigt werden, indem man zum Beispiel

- die einzelnen Teile geordnet bereitstellt,
- die Montagereihenfolge vorher festlegt,
- bei Schwierigkeiten, die über optische und taktile Sensoren einfacher Ordnung erfaßbar sind, die schlechten Teile aussortiert.

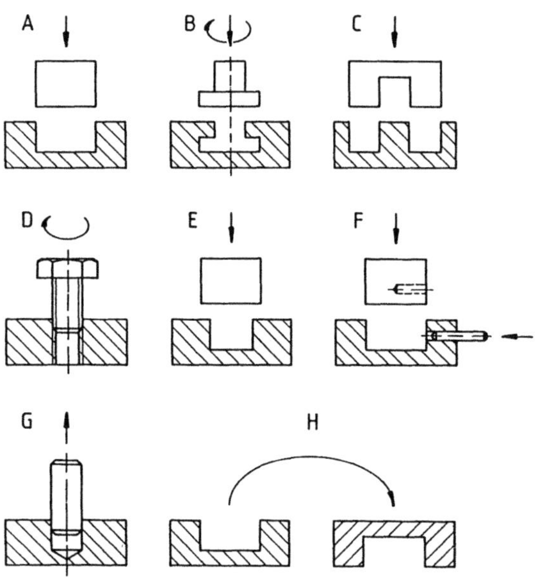

Bild 4.52
A einfaches Fügen, B Fügen und Drehen, C mehrfaches Schrauben, D Schrauben, E einpressen, F fügen und sichern, G entfernen eines Maßstiftes, H wenden

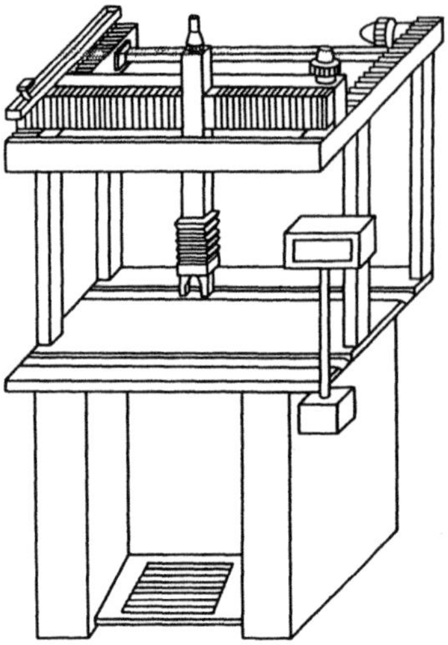

Bild 4.53
Montagezentrum für kleinere Werkstücke

Im Vordergrund der heutigen Bemühungen stehen Untersuchungen, die Werkstücke montagegerechter zu konstruieren (Bild 4.52). Vor allem bei kleineren Werkstücken im Bereich von Tragfähigkeiten unter 1 kg werden in zunehmendem Maße quaderförmige Arbeitsräume in Montagezentren mit mehreren Manipulatorarmen eingesetzt (Bild 4.53).

4.3.4.1 Montage von Leiterplatten

Unter diesen Voraussetzungen wurde von der Firma Olivetti ein Montagesystem mit der Bezeichnung SIGMA geschaffen. Der Arbeitsraum des Handhabungsautomaten ist quaderförmig und von der Größe 101 × 400 × 400 mm^3. Darin bewegen sich vier Manipulatorarme, deren Greifergelenke mit taktilen Kraftsensoren ausgerüstet sind. Maximal acht Freiheitsgrade sind möglich. Gesteuert wird der Industrieroboter von einem Mikrocomputer mit 8 kB über die Programmsprache SIGLA. Teach- in und Play-back sowie Archivierung über Lochstreifen sind möglich. Dreißig dieser Systeme befinden sich im Einsatz beim

- Montieren von Tasten für elektrische Schreibmaschinen,
- Bestücken von Tabulatorleisten mit Anschlägen,
- Montieren von Kabelbäumen,
- Montieren von Farbkassetten für elektrische Schreibmaschinen,
- Montage von Drucktasten,
- Montage und Bestückung von integrierten Schaltungen auf Leiterplatten.

Zur Bestückung von Leiterplatten ist der Handhabungsautomat mit zwei Armen ausgerüstet, die in X, Y, Z und B beweglich sind.
Im Arbeitsraum befinden sich Magazine für leere und bestückte Leiterplatten sowie für 100 verschiedene IC's, Spannvorrichtungen für Leiterplatten und Vorrichtungen zum geordneten Ablegen von falsch oder schlecht bestückten Leiterplatten.
Je zwei Handhabungseinrichtungen werden von einem Bedienungsmann betreut, der

- Magazine füllt und entleert,
- die Industrieroboter überwacht und
- bei Bedarf auch umrüstet.

Die Montage einer Leiterplatte dauert durchschnittlich 1,8 min, während eine Integrierte Schaltung in ca. 2,2 s eingesetzt wird.

4.3.4.2 Radmontage

Im Ford-Werk Saarlouis wird von einem Industrieroboter die automatische Montage von PKW-Rädern an vorbeifahrenden an Hängeförderern befestigten Karosserien vorgenommen. Hierbei kommt es darauf an, die Bewegungen des Montageroboters vom Typ KUKA 600, der Geschwindigkeit des bewegten Fahrzeuges anzupassen. Außerdem muß die Stellung der Schraubenlöcher an der Radnabe erfaßt werden. Beide Aufgaben werden von der Bahnsteuerung des Industrieroboters ausgeführt. Ein externes Wegmeß-System am Hängeförderer gibt Signale zur Position des Fahrzeuges an die Robotersteuerung. Ein weiterer visueller Sensor erkennt das Lochbild der Nabe; die Abweichung zur programmierten Position wird errechnet und über die Robotersteuerung eine entsprechende Drehung des Radgreifers am Roboter veranlaßt. Das Rad wird dann an die Nabe gesetzt und festgeschraubt. Zum automatischen Ablauf gehört das vorbereitende Ausrichten der Räder, das automatische Zuführen der Schrauben sowie eine Drehmomentprüfung für den sicheren Sitz der Radschrauben. Dabei steht auf jeder Fahrzeugseite ein Industrieroboter. Es wird von einem Kostenvolumen von 2 bis 3 Mio. DM (1983) für diese Applikation berichtet [4/133].

4.3.4.3 Gelenkwellenmontage

In dem Ford-Werk Saarlouis werden von einem Industrieroboter vom Typ KUKA Serie 600 Gelenkwellen für die Vorderachsen der dort gefertigten PKW ergriffen, ausgerichtet und in die Schwenklagersitze gesteckt. Dabei erfolgt diese Montage im vorbeilaufenden Förderband. Die Antriebswellen haben ein Gewicht von etwa 4 kg und müssen je nach Schwenklagergröße aus verschiedenen Behältern entnommen werden. Die Robotersteuerung erhält über das Karosserie-Informationssystem die Meldung, welcher Wellentyp zu montieren ist [4/133].

4.3.4.4 Zylinderkopfmontage

180 Zylinderköpfe in der Stunde wurden von einem flexiblen Montagesystem montiert, das aus 14 Roboterarmen des Typs Pragma 3000 von DEA besteht. Dabei übernehmen interne Mikroprozessoren vom Typ 8080 die Achsregulierung, während ein Prozeßrechner vom Typ LSI 11/02 als Leitrechner fungiert. Es ist eine off-line-Programmierung mit der Programmsprache HELP möglich. HELP ist blockstrukturiert und verfügt über Echtzeiteigenschaften. Wenige Befehle ermöglichen damit die Beschreibung sehr komplexer Bewegungsabläufe.
Die Montage des Zylinderkopfes umfaßt nicht nur das Montieren der Ventile, sondern auch der Stößel, das Einschrauben mehrerer Gewindebolzen sowie das Zusammenfügen des Zylinderkopfdeckels. Die einzelnen Arbeitsstationen sind durch Friktionsrollenbänder miteinander verbunden. Die Ventile werden in eng tolerierten Flächenmagazinen sortiert nach

Ein- und Auslaßventilen, die Ventilschaftdichtungen werden aus einen Vibrationstopf und die vormontierten Ventilfedern werden in tiefgezogenen Kunststoffmagazinen bereitgestellt. Im ersten Montageabschnitt werden jetzt die Ventile in den Zylinderkopf eingesetzt. Hierbei wird die Fügekraft überwacht, so daß sich Falschteile aussortieren lassen. Dabei hilft eine Nachgiebigkeit des Robotersystems in der z-Achse (taktiler Sensor). Als nächstes werden die Ventilschaftdichtungen mit einem Roboterarm eingesetzt und anschließend mit einer Presse in den Zylinderkopf eingepreßt. Im folgenden Montageabschnitt werden die Ventilfedern vormontiert. Zwei parallel arbeitende Manipulatorarme setzen die bereitgestellten Ventilfedern ineinander. Zwei weitere Manipulatorarme setzen die paarweise bereitgestellten Halbschalensicherungen in die Ventilteller und anschließend die Ventilteller auf die Ventilfedern. Diese letzten Handhabungsarme sind dazu mit Mehrfachgreifern ausgerüstet. Schließlich setzen noch einmal zwei Roboterarme diese vormontierten Ventilfedern in die Zylinderköpfe ein. Das gesamte System besteht aus 147 Einzelteilen. Schwierigkeiten liegen in der immerwährenden Kontrolle, daß keine schlechten Teile montiert werden,und daß keine Teile doppelt oder gar nicht montiert werden. Diese Kontrollen kosten gegenüber der manuellen Montage Zeit, wenn sie, was ohne weiteres möglich ist, ohne optische Erkennungssysteme ausgeführt werden [4/126].

4.3.4.5 Schraubenmontage

Das Atlas Copco-Kompressorenzentrum in Antwerpen setzt eine Montageeinheit ein, um Stehbolzen in unterschiedlichen Kompressorengehäusen einzuschrauben. Die Stehbolzen werden dem Schrauber automatisch zugeführt. Unterschiedliche Bolzengrößen werden vom Roboter identifiziert. Vier Sensoren geben dem Handhabungsautomaten per Bildschirm auch die Gewindeart, Gesamtlänge und Position der Bolzen an. Diese Informationen, aufgenommen von einer einfachen Kamera, werden einer programmierbaren Standardsteuerung übermittelt, die entsprechend dieser Signale den Montagevorgang steuert. Verschraubt wird mit einer elektrischen Schraubspindel, die allein durch eine sogenannte Stromsteuereinheit des Schraubsystems gesteuert wird und das verlangte Drehmoment mit einer Wiederholgenauigkeit von ±5% ohne gesondertes Schraubenüberwachungsprogramm aufbringt. Der Hitachi-Roboter vom Scara-Typ (Selective Compliance Assembly Robot Arm) ist von seinem Ablaufprogramm so ausgelegt, daß er auch während einer Umprogrammierung weiterarbeiten kann. Das System überwacht sich selbst. Wenn ein Schritt fehlerhaft ausgeführt wurde, wird das vom Programm festgestellt, und durch mehrmaliges Anfahren und Wiederholen der Arbeitsschritte wird versucht, den Mangel zu revidieren, bevor der Bediener geholt werden muß. Das Programm hilft dem Bediener bei der Fehlerbehebung. Halbautomatische Programmsequenzen vereinfachen und minimieren die manuell durchgeführten Revisionsschritte [4/96].

4.3.4.6 Montage von Karosserie- und Motorenbaugruppen

Die Automobilindustrie ist oft Vorbild für eine kommende Entwicklung in der Klein- und Mittelserie. In der Halle 54 bei VW in Wolfsburg werden in zwei Geschossen auf 120 000 m^2 Nutzfläche bis zu 150 verschiedene Motorvarianten und auf zwei 100 m langen Montagestraßen über ein Dutzend Karosserien des Golf montiert. Siebzig in fünf und sechs Freiheitsgraden freiprogrammierbare Bewegungsautomaten und viel konventionelle Technik werden durch eine Vielzahl von hierarchisch miteinander verknüpften Prozeßrechnern gesteuert. 50% der gesamten Fertigungskosten entfallen im Automobilbau auf die Montage. Der Automatisierungsgrad des Golf beträgt 25% und davon realisiert die Halle 54 einen ganz großen Teil. Über 300 Verschraubungen werden hier automatisch durchgeführt, und die in dieser Halle dafür eingesetzten sechsachsigen Industrieroboter reduzieren in der Montage- und Schraubtechnik die Fertigungszeit um fast zwei Stunden. Um die Montage von Einzelteilen und Baugruppen automatisieren zu können, ist oft eine konstruktive Änderung des Endproduktes notwendig. Natürliches Fügen wird durch die Schwerkraft begünstigt, umfaßt aber nur etwa 30% aller Fälle. Weitere 30% sind Schraubvorgänge und der Rest muß konstruktiv geändert werden, will man nicht zum Beispiel komplizierte Querverstiftungen oder Schrägmontagen haben. Weiterhin müssen für die automatisierte Montage die bisher zulässigen Maßabweichungen eingeschränkt werden.

16% aller bei VW eingesetzten Roboter sind in der Handhabung von Werkstücken und nur 5% bei der Montage eingesetzt (Bild 3.1.14). Das hängt nicht zuletzt damit zusammen, daß der Aufwand für einen in der Montage arbeitenden Industrieroboter sehr hoch ist. Sechs Freiheitsgrade ergeben eine hohe Ungenauigkeit bezogen auf die Passungsanforderungen von wenigen Hundertstel Millimeter. In der Regel liegt die Wiederholgenauigkeit großer Handhabungsautomaten dagegen bei ± 1 mm (Anhang 9). Diese Problematik zwingt dazu, die Werkstücke ganz genau zu positionieren, an denen ein Industrieroboter etwas montieren soll. Weiterhin müssen die Teile, die der Roboter ergreifen soll, magaziniert werden. Schließlich muß dieser gesamte Ablauf „Baugruppe fördern und positionieren", „Montageteil fördern und positionieren", „Montageteil greifen und fördern", „Montageteil fügen" von einem übergeordneten Prozeßrechner gesteuert werden. In der Folge sollen nur einzelne Montagefälle aus der Halle 54 skizziert werden.

Bild 4.54 zeigt einen 5 m durchmessenden Montagetisch, an dem drei Gelenkarm-Geräte G60 bei der Montage des Hilfsrahmens für die Antriebsaufhängung eingesetzt sind. Dabei werden die großen Teile wie Grundrahmen, Puffer und Achsen von den Industrierobotern aus den Zuführrinnen entnommen und in die Stationen eingelegt. Kleinteile werden aus einer Arbeitsbühne von Ordnungsautomaten über Plastikschläuche zugeführt. Die Taktzeit beträgt 33 s.

Kleine Röhrengeräte vom Typ R30 sind in der Federbein-, Batterie- und Reserveradmontage eingesetzt, während Gelenkarm-Geräte kompliziertere Bahnbewegungen ausführen wie zum Beispiel das Auflegen eines Keilriemens oder das Anpassen des Spoilers.

In diesem Zusammenhang sei auf eine weitere Unzulänglichkeit heutiger Montageautomaten hingewiesen, so daß man sie augenblicklich zwingend nur in der Großserie wirtschaftlich

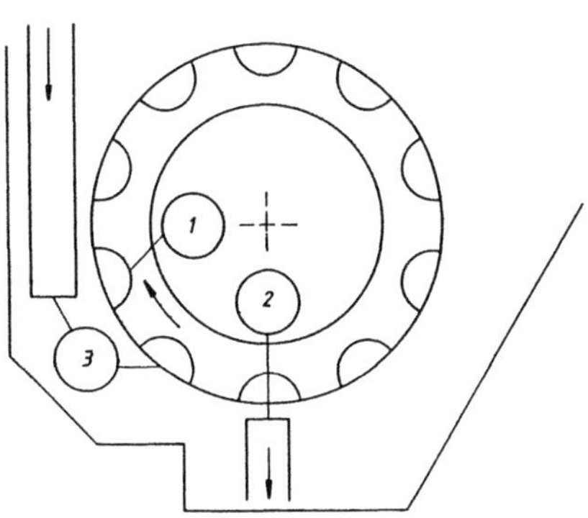

Bild 4.54

Montagetisch mit drei Gelenkarmrobotern von VW (Bild 3.1.12). Es bedeutet:

1 Industrieroboter legt Hilfsrahmen ein, 2 Industrieroboter legt montierten Hilfsrahmen ab, 3 Industrieroboter legt Puffer ein

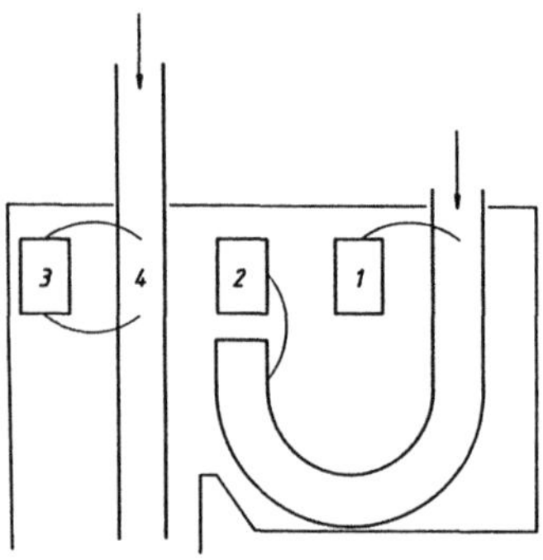

Bild 4.55

Einsatz von VW-Montageroboter (Bild 3.1.12). Im einzelnen sind: 1 Industrieroboter M1 schraubt Lüfter an Gehäuse, 2 Industrieroboter M1 entnimmt Lüftergehäuse und legt auf Kühler 4, 3 Industrieroboter M2 verschraubt beidarmig Lüftergehäuse auf Kühler.

einsetzen kann. Für jedes Teil wird eine spezielle Greifeinrichtung benötigt. Nicht alle Montageaufgaben erfordern sechs Freiheitsgrade. So sieht man in der Halle 54 eine ganze Anzahl einfacher Montageautomaten, die zum Beispiel Reifen und Antriebsaggregate einsetzen oder Schraubeneinheiten bewegen. Bild 4.55 zeigt die Montage der Baugruppe Kühler. Dabei sind drei Industrieroboter des neurartigen Montagetyps (Bild 3.1.12) mit einem bzw. zwei Armen beteiligt. Zunächst wird von einem einarmigen Gerät der Lüfter an ein Befestigungsgehäuse geschraubt. Ein weiteres einarmiges Gerät setzt diese Baustufe um auf ein zweites Förderband auf den Kühler, wo ein zweiarmiges Gerät beide Bauteile miteinander verschraubt.

Trotz der aufgezeigten Problematik ist die automatische Montage mit Industrierobotern im wesentlichen frei von komplizierter Sensorik. Dabei steht im Vordergrund, daß sich diese Montagen nur durch die Großserie, die hier automatisiert wurde, realisieren ließ. Durch die freie Programmierbarkeit wird eine hohe Flexibilität erreicht. Damit steht auch einer Wiederverwendbarkeit der Automatisierungs-Hardware nichts mehr im Wege. Während noch beim VW-Käfer nur 16% der Rohbaueinrichtung wiederverwendbar war, sind heute, bei einem Modellwechsel des VW-Golf, 70% der Einrichtungen wiederverwertbar. Gleichzeitig ergibt sich durch die automatisierte Montage eine höhere Wiederholgenauigkeit des Fertigproduktes aufgrund der kleineren Toleranzen, mit denen es aus den Einzelteilen zusammengesetzt werden muß. Durch geschickte Anordnung der Industrieroboter im Raum, zum Beispiel durch Aufhängung an der Decke, ergeben sich oft gegenüber den menschlichen Arbeitsplätzen auch noch Raumeinsparungen.

4.3.4.7 Flexible automatische Montage kleiner Werkstücke

Werkstücke mit einem Gewicht unter 1 kg können schon längere Zeit [4/143] durch das Bosch-Montagezentrum montiert werden. Dabei werden die Werkstücke über kleine Palettenträger und ein Förderbandsystem dem Montagezentrum zugeführt. Der Montagevorgang wird über drei Fernsehkameras überwacht und durch einen vierachsigen Handhabungsautomaten ausgeführt (Bild 4.56). Das System setzt sich aus drei hierarchisch angeordneten Steuerungen für Handhabungs-, Förder- und Sensorsystem zusammen. Seine Kosten belaufen sich auf 350 TDM (3/1982).

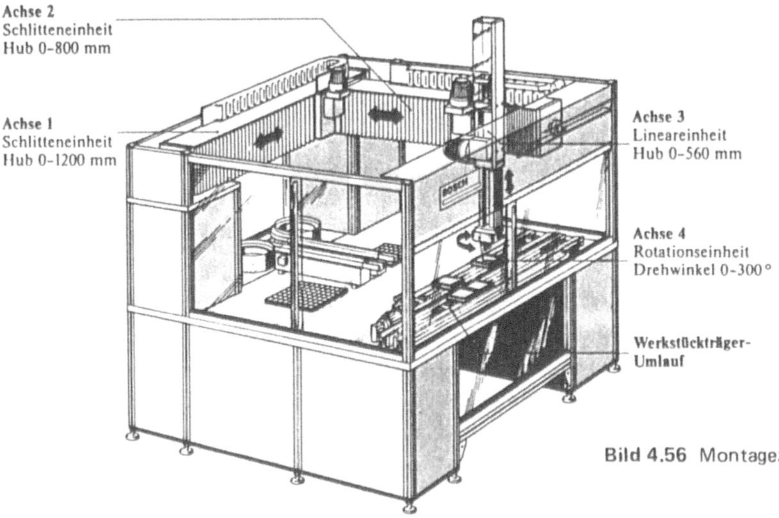

Bild 4.56 Montagezentrum Firma Bosch

4.3.4.8 Kabelbaummontage

Die Automatisierung der Kabelbaummontage wird erschwert durch

- die große Typenvielfalt von Einzelteilen wie zum Beispiel Kabeln unterschiedlicher Farbe, Querschnitt, Kontakte, Steckergehäuse sowie verschiedenartiger Schutzummantelungen,
- die Biegeschlaffheit der Kabel,
- die Beherrschung unterschiedlicher Fügetechniken wie Krimpen, Ultraschallschweißen oder Bündeln.

Dabei geschieht die heutige Kabelbaumfertigung durch

- Ablängen der Einzelleitungen auf Länge,
- Abisolieren,
- im Zwischenspeicher ablegen,
- in den Fertigungsbereich bringen und
- beidseitig in Presse anschlagen mit
- anschließender Zwischenlagerung, danach
- Versehen der Kabel mit Schutzummantelung,
- Kontakte in Steckergehäuse montieren,
- Teilkabelbäume auf Verlegebrettern verlegen,
- Kabelbäume bündeln, umwickeln und
- prüfen.

Es ist heute noch immer nicht gelungen, alle diese Schritte zu automatisieren. Bei einer Anlage mit dem Industrieroboter Manutec r3 wird bei Siemens folgende Anlage betrieben. Der Handhabungsautomat verlegt 16 verschiedene Leitungen und längt sie ab. Für jede unterschiedliche Drahtsorte und -farbe wird ein Legekopf benötigt, den der Industrieroboter einwechseln und handhaben kann. Aufgrund der relativ geringen Komplexität der vorliegenden Kabelbäume beträgt die Legezeit pro Verlegebrett nur etwa 9 min. Damit ergibt sich eine Zeitersparnis von bis zu 20 % gegenüber der manuellen Tätigkeit. Da durch den Einsatz eines

Industrieroboters die beim manuellen Verlegen unbedingt erforderlichen Prüf- und Reparaturvorgänge entfallen, ist die gesamte Zeitersparnis jedoch wesentlich größer. So wurde zum Beispiel bei einer CNC-Verlegemaschine bei MBB eine Zeitersparnis von 87 % und bei VEB Dresden ebenfalls bei einer Einzweckmaschine eine Ersparnis von 75 % erreicht [4/137, 4/138].

4.3.4.9 Freiprogrammierbares Montagesystem

Von dem Institut für Produktionsautomatisierung in Stuttgart wurde ein freiprogrammierbares Montagesystem entwickelt mit dem Ziel, einfache, vereinheitlichte Komponenten miteinander zu variieren. Das Montagesystem besteht aus einem Montageroboter vom Typ PUMA 600 von Unimation, einem Rundschalttisch, einer Anzahl Bearbeitungsstationen, einem Greifermagazin, einer Teilebereitstellung und einem optischen Sensorsystem. Dabei ist das Besondere an diesem Montagesystem, daß die Komponenten auswechselbar sind, so daß das Gesamtsystem auf andere Werkstücke der Teilefamilie umgerüstet werden kann. Innerhalb des Rundschalttisches sind bei den Bearbeitungsstationen die Werkstückträger, die gesamte Bearbeitungsstation und bei der Teilebereitstellung die Magazine auswechselbar. Damit ist die Umrüstbarkeit nicht nur durch die Programmierbarkeit von Roboter und Sensoren, sondern auch durch die schnelle Umrüstbarkeit der einzelnen Komponenten möglich [4/125].

4.4 Bearbeitung von Teilen

Die *Bearbeitung von Teilen* setzt neben einer vollkommenen Peripherie die Ausrüstung des Handhabungsautomaten mit Sensoreinrichtungen sowie eine Entscheidungslogik voraus.
Durch die Peripherie werden dem Industrieroboter die Teile lagegerecht und gespannt zugeführt. Hierfür eignet sich am besten ein Schwenktisch mit Ein- und Ausgabestation sowie Bearbeitungsstation. Sensoreinrichtungen und Entscheidungslogik werden benötigt, um Bewegungseinrichtung und Werkstück vor Beschädigungen zu bewahren. Auch hier ist natürlich von entscheidender Bedeutung, bei welcher Bearbeitungsaufgabe der Industrieroboter eingesetzt ist. Die bekannten Fälle beziehen sich auf

- Schleifen und
- Entgraten von Teilen,

wenn man vom

- Schweißen

absieht, das bereits im Abschnitt 4.1 abgehandelt wurde. Während sich beim Schweißen die Problematik einer Beschädigung von Gerät und Werkstück nicht in dem Maße stellt, ergibt sich diese Gefahr beim Schleifen und Entgraten zum Beispiel durch die unterschiedlichen Aufmaße an den zu bearbeitenden Flächen. Natürlich besteht auch hier die Möglichkeit, dem Problem aus dem Wege zu gehen, indem die Überwachungsfunktion durch den den Schwenktisch beschickenden Bedienungsmann übernommen wird, so daß nur Werkstücke zur Bearbeitung gelangen, die in einer gewissen, für den Industrieroboter ungefährlichen Toleranz liegen.

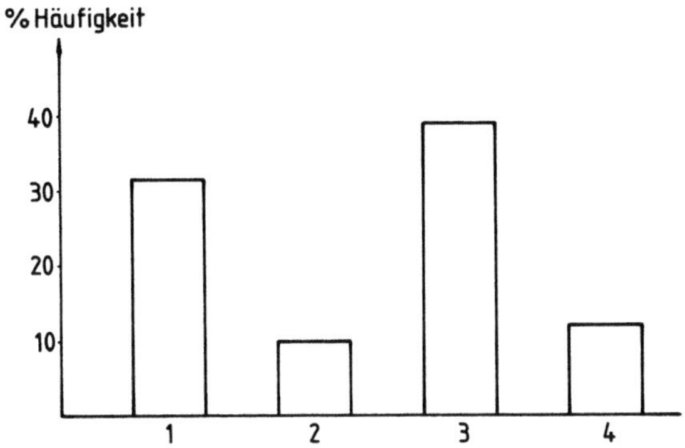

Bild 4.57
Untersuchung über die Gratausbildung an Gußwerkstücken [1/2]

1 bekannte Kontur (Abweichung Soll-Ist < 0,5 mm) (kleiner Grat h < 0,5 mm)
2 bekannte Kontur (Abweichung Soll-Ist < 0,5 mm) (großer Grat h > 0,5 mm)
3 unbekannte Kontur (Abweichung Soll-Ist > 0,5 mm) (kleiner Grat h < 0,5 mm)
4 unbekannte Kontur (Abweichung Soll-Ist > 0,5 mm) (großer Grat h > 0,5 mm)

Nach Untersuchungen der Grate an Gußwerkstücken (Bild 4.57) zeigt sich, daß der größte Anteil der Grate eine unbekannte Kontur aufweist, also seine Abweichung von der Sollkontur größer als 0,5 mm ist. Häufig treten aber auch mehrere dieser vier Hauptmerkmale an Graten eines Gußwerkstückes auf.
Beim Industrieroboter ergeben sich größere Anpreßkräfte als beim Menschen, wenn unbekannte Konturen mit großen Graten sauber bearbeitet werden müssen. Das führt dann unweigerlich zu kleinen Werkzeugstandzeiten. Eine Abstimmung von

- Werkzeuganpreßkraft,
- Gratgröße,
- Gratlage und
- Werkstückwerkstoff

ist daher Voraussetzung für eine

- gute Entgratqualität,
- kurze Zykluszeit und
- hohe Standzeit.

Dazu ist es notwendig, daß ein:

- richtiger Anstellwinkel,
- richtiger Kontaktpunkt,
- richtige Bahnrichtung,
- richtige Bahngeschwindigkeit und
- Elastizität der Werkzeugaufhängung

eingestellt werden. Um das zu erreichen, gibt es mehrere Möglichkeiten:

1. Ohne Sensor, ohne Steuerungsalgorithmen, nur mit elastischer Aufhängung des Werkzeuges zu arbeiten.
2. Mit einem Einkomponentenkraftaufnehmer, der die Bearbeitungsfläche abtastet und das Bearbeitungsprogramm senkrecht zur Bearbeitungsfläche um den Betrag der Werkzeugabnutzung korrigiert.

3. Mit Sensoreinrichtung, zur Sensorsignalverarbeitung für eine Prozeßüberwachung mit Prozeßrechner.
   Kraft- und Momentensignale oder Geometrieinformationen werden erfaßt, verarbeitet und zu einer Koordinatentransformation der Industrierobotersteuerung zugeführt. Hier korrigiert diese Transformation den Sollwert. Das heißt, die Werkzeugkorrektur erfolgt durch Antasten des Werkstückes und folgender Nullpunktkorrektur. Da mit dieser Methode ein hoher Programmieraufwand verbunden ist, ist diese Lösung noch unbefriedigend.

4.4.1 Schleifen

Ein Industrieroboter vom Typ ASEA IRb 60 wird zum Schleifen von Graten an Gußwerkstücken eingesetzt.
Die Werkstücke werden von einem Bedienungsmann auf einem Drehtisch aufgespannt. Zur Bearbeitung schwenkt der Drehtisch um 180° in den abgeschlossenen Sicherheitsbereich des Industrieroboters ein. Statt eines Greifers befindet sich ein Schleifkopf in der Manipuliereinrichtung des Industrieroboters. Das Gerät bearbeitet das Gußgehäuse an fünf der sechs Flächen wobei der Ausgleich des Schleifscheibenabriebes automatisch erfolgt, so daß ein konstanter Anpreßdruck der Schleifscheibe gegeben ist. Die Bearbeitungszeit liegt bei 48 s.
Die Schwierigkeiten dieser Automatisierungsaufgabe liegen sicherlich in der möglichst kostengünstig zu erstellenden Peripherie und der kompakten Gestaltung des Schleifkopfes.
Als Antriebsmotor für die Schleif- und Trennscheibe wird ein Hydraulikmotor eingesetzt. Die erreichten Schnittgeschwindigkeiten liegen dabei um 100 m/s.
Hier wurde ein menschlicher Arbeitsplatz mit hoher Lärmemission, Funkenflug und unangenehmem Gußstaub automatisiert.

4.4.2 Entgraten von Getriebegehäusen

Bei Volvo in Schweden wurde das Entgraten von Getriebegehäusen nach ihrer Bearbeitung durch eine Transferstraße automatisiert. Die Automatisierung wurde nötig, da für diese Arbeit, die unter Einwirkung von Lärm und Schmutz sehr unbeliebt war, kaum noch Arbeitskräfte gefunden wurden. Eingesetzt wurde ein Industrieroboter vom Typ ASEA IRb 6, so daß der Bearbeitungsgang in den Takt der Transferstraße eingegliedert werden konnte. Die Taktzeit wurde auf 40 s halbiert. Die Werkstücke werden nach der Bearbeitung auf der Transferstraße auf einer Rollenbahn dem Industrieroboter zugeführt und dort vom Bedienungsmann in einer Drehtischvorrichtung fixiert. Nach dem Entfernen von Längsgraten sind noch Grate in Löchern an Versteifungen zu beseitigen. Die Grate haben Toleranzen von 1 ... 20 mm. Der Bedienungsmann kontrolliert die Entgratung, erledigt eventuell nicht bearbeitete Stellen und belädt gleichzeitig eine Waschmaschine mit den entgrateten Werkstücken.
Die Schleifspindeldrehzahlen liegen bei 20000 ... 50000 min^{-1}. Das Hartmetallschleifwerkzeug wird bei 2-Schichtbetrieb einmal pro Woche gewechselt.
Um die wechselnden Kräfte, die durch die ungleichmäßigen Grate entstehen, aufzunehmen, ist das Schleifwerkzeug mit einem Schwingmetall am Roboterflansch befestigt. Dadurch wird ein geringfügiges Ausweichen ohne Koordinatentransformation von der vorprogram-

mierten Bahn möglich. Hohe Geschwindigkeiten, hohe Genauigkeiten, um die Bahnkurve genau abzufahren, hohe Steifigkeiten, damit keine Schwingungen auftreten können, sind für diese Art von Industrierobotereinsatz Voraussetzung [4/34].

4.4.3 Industrieroboter mit integrierter Werkzeuglösung

In der Volvo-Gießerei Arvika in Schweden werden etwa 60 kg schwere Gußteile von einem Industrieroboter bearbeitet, dem dazu vier verschiedene Werkzeuge zur Verfügung stehen. Nacheinander durchläuft das LKW-Hinterachsgetriebegehäuse einen hydraulisch betriebenen Trennschleifer, eine stationäre Schleifmaschine, einen stationären Meißelhammer sowie eine feststehende Schleifmaschine. Dabei muß der Industrieroboter, bei dem es sich um einen IRb 60 von ASEA handelt, zunächst ein Werkzeug (den Trennschleifer) handhaben, weil das Gußstück mit Anguß für die Tragfähigkeit des Handhabungsautomaten zu schwer wäre. Der Arbeitszyklus dauert 9 min, was gegenüber der früheren manuellen Bearbeitung eine Zeitersparnis von 25% bedeutet. Trotzdem waren umfangreiche Neuentwicklungen für den Meißelhammer notwendig. Rückstöße und Vibrationen mußten zu einer rückstoßfreien Konstruktion eliminiert werden. Anders als beim Einsatz von Hand wird der Meißelhammer aber nicht durch Andruck gestartet, sondern läuft ununterbrochen weiter. Die dabei unvermeidlichen Leerlaufzeiten würden einen normalen Meißelhammer schnell ruinieren. Außerdem wird der Meißelhammer beim Putzen nicht immer zurückgezogen und neu angesetzt, sondern fährt den zu säubernden Grat seitlich ab. Dazu ist es wichtig, daß die Programm-Koordinaten auch wirklich mit der echten Position der Meißelspitze übereinstimmen. Also mußte eine Rückholvorrichtung eingebaut werden, die unabhängig vom Verschleiß der Spitze den Meißel immer wieder auf seine Ausgangsposition zurückholt. Pro Bearbeitungszyklus ist der Meißelhammer etwa 3 min im Einsatz und macht dabei 5000 Schläge. Der Hammer hat eine Standzeit von 9 h. Die Fertigungszelle ist mit einem Magazin für 96 Werkstücke gekoppelt und arbeitet in drei Schichten. Der Preis der Anlage liegt bei 640 TDM (1984) [4/141].

4.4.4 Laserstrahlschneiden

Um die Fertigungszeit und -kosten beim Bearbeiten von Rohrteilen mit komplexer Raumgeometrie zu sparen, wurde von der Firma Bischoff in Plüdershausen ein Roboter vom Typ Eurobot von Messer Griesheim eingesetzt. Dabei bot sich eine Anlagenkombination aus einem Industrieroboter, einer Laserschneideinrichtung und einem Zwei-Stationen-Drehtisch an. Der Roboter führt das Werkstück unter der ortsfesten Laserstrahldüse hindurch, wobei die programmierte Raumkurve der zu schneidenden Kontur entspricht. Gleichzeitig dreht er das Teil so, daß der Laserstrahl immer senkrecht auf die Rohroberfläche trifft. Bearbeitet werden Abgasanlagen aus Chrom-Nickel-Stahl mit einem 500-W-CO_2-Laser. Für ein bestimmtes Werkstück beläuft sich die Fertigungszeit auf 80 s, wobei der eigentliche Schneidvorgang nur 20 s in Anspruch nimmt. Ein Fräser würde für die gleiche Aufgabe etwa 18 min einschließlich der Nebenzeiten benötigen [4/86].

4.4.5 Wasserstrahlschneiden

Durch Zusammenwirken von Industrieroboter und Hochdruckwasserstrahl lassen sich komplizierte Kunststoff-Raumformen ohne formgebundenes Werkzeug bearbeiten. Dabei entstehen keine schädlichen Abgase. Eine Pilotanwendung dieses Wasserstrahlschneidens wurde in dem US-LKW-Werk von General Motors in Inland ausgeführt. Das Schneidwerkzeug für die Kunststoffarmaturenbretter ist ein gebündelter Wasserstrahl von 0,15 mm Durchmesser, der mit einer Vorschubgeschwindigkeit von 1000 m/s bewegt werden kann. Zur Strahlbildung wird als Düse ein künstlicher Saphir benutzt, die Durchflußrate beträgt 0,3 l/min bei einem Druck von 4000 bar. Das Schneidwasser gelangt durch spezielle Drehgelenke und Rohrleitungen in das Greifersystem des Industrieroboters T^3 von Cincinnati. Durch ein in dem Greifsystem integriertes Hochdruckabsperrventil „Instajet" läßt sich der Schneidstrahl in Millisekundenschnelle schalten. Diese Schaltung ist programmierbar [4/87].

4.4.6 Plasmaschneiden

Für den Industrieroboter ist das Plasmaschneiden ein fast ideales Werkzeug, weil kaum Reaktionskräfte auftreten und die Entwicklung der entstehenden Gase durch eine Absaugeinrichtung innerhalb des Sicherheitsbereiches des Handhabungsautomaten erfolgen kann. Zusammen mit einem universellen Werkzeugwechsel-System sind Komplettbearbeitungen für Rohguß konzipierbar. Eingesetzt wird ein IRb 6 von ASEA. Die Plasmaschneideinrichtung arbeitet mit 250 A, einem Düsendurchmesser von 2 mm. Als Schneidgase werden Argon und Wasserstoff im Verhältnis 2:1 bei einer Durchflußmenge von 48 l/min eingesetzt. Die Schnittdicke ist abhängig von der Schnittgeschwindigkeit, wobei bei etwa 900 mm/min eine Schnittdicke von 20 mm erreicht wird [4/88].

4.4.7 Glasschneiden

Ein Autoglashersteller setzt zum Handhaben und Bearbeiten von Autoglas einen Trallfa-Roboter ein. Ursprünglich ist dieses Gerät für Beschichten und Lackieren konzipiert und hat von daher eine MP-Steuerung mit hohem Speicherinhalt und der Möglichkeit, auch komplizierte Raumkurven problemlos einzuprogrammieren. Diese Vielpunktsteuerung erzeugt die Lagesollwerte in der Programmierphase infolge des Abfragens der Wegmeß-Systeme in einem festgelegten Zeitpunkt und überträgt diese auf ein Speichermedium, in diesem Falle ein Magnetband. Die Abfragefrequenz beträgt bei den unterschiedlichen Modellen zwischen 5 und 80 Hz und ist bei einigen Geräten während der Programmierung einstellbar. Mit dem Variieren der Aufnahmefrequenz ändert sich die speicherbare Programmlänge. Dabei erreicht der Handhabungsautomat bei 80 Hz seine größte Genauigkeit, während er bei einer Aufnahmefrequenz von 5 Hz eine 16 fache Programmlänge speichern kann. Beim Abspielen der Arbeitsprogramme werden die abgespeicherten Werte von der Steuerung angefordert, überspielt und verarbeitet. Nach Art der Programmierung können diese Geräte im Teach-in-Verfahren, aber auch im Nachführprinzip programmiert werden. Als Programmierhilfen werden für diese Industrieroboter Zusatzgestelle geliefert oder das Gerät ist an den Manipulatorarmen mit Ausgleichsgewichten versehen, die eine leichte Beweglichkeit des Handhabungsautomaten gewährleisten (Master-slave) [4/95, 4/117].

Der beim Glasschneiden eingesetzte Industrieroboter besitzt einen Wechselgreifer, der an der einen Seite Saugnäpfe zum Transportieren der Glasscheiben und an der anderen Seite eine Schneidvorrichtung besitzt. Ein Arbeitsgang dauert etwa 16 s, die Teile haben Abmessungen von 800 × 1500 mm. Täglich transportiert der Handhabungsautomat 16 t. Es konnte eine Produktivitätssteigerung von 25 % erreicht werden [4/116].

4.5 Sortieren von Teilen

Der Sortiervorgang setzt das Erkennen von Objekten voraus. Dabei genügt in der Regel eine 2d-Erkennung. Durch Einführung von Vereinfachungen kann das System entscheidend wirtschaftlicher gestaltet werden. Vereinfachungen sind:

- Zusammenfassung von Teilen zu Teilefamilien,
- vorherige Vereinzelung der Werkstücke,
- Werkstücke in stabile Vorzugslage bringen.

4.5.1 Sortieren von Kleinteilen

Im Anwendungsfall der Firma Bosch, der hier beschrieben werden soll, werden rotationssymmetrische Kleinteile, wie zum Beispiel Schrauben, Nieten, Bolzen mit diversen unterschiedlichen Formen sortiert. Das Sortiergerät soll für eine große Vielfalt dieser Teile schnell umrüstbar sein.
Das zu erkennende Werkstück wird auf einer Rutsche gefördert. Dabei passiert es einen Infrarotstrahl, der durch die sendeseitige Blende auf eine Größe von 0,2 × 14 mm^2 begrenzt wird. Beim Eintauchen des Werkstückes in den Strahlengang ändert sich die Spannung an der Empfangsdiode. Die Spannung steigt dabei proportional zur abgedeckten Fläche. Nach einem Teiledurchlauf sinkt sie ab. Die Form dieser Spannungsänderung steht in einem bestimmten Verhältnis zur Werkstückform. Mit zwei Schwellwertpotentiometern lassen sich die beiden Pegel (Bild 4.58) einstellen. Die Auswertlogik vergleicht die Form der Pegel und setzt das Ergebnis zu einem im Speicher enthaltenen Erkennungsmerkmal zusammen. Bei diesem Verfahren können Werkstücke mit einer maximalen Rutschgeschwindigkeit von 0,1 m/s gefördert und sortiert werden. Grenzen der Anwendung sind von den natürlichen

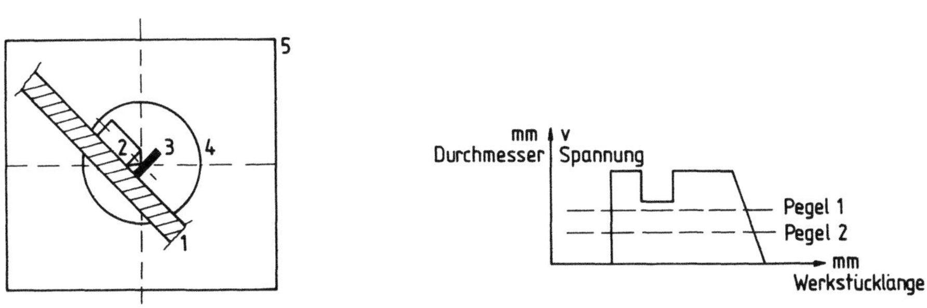

Bild 4.58 Sortieren von rotationsförmigen Kleinteilen durch ein Infrarotsortiergerät der Firma Bosch [8/10]
1 Rutsche, 2 Werkstück, 3 Blende ⌀ 0,2 × 14 mm, 4 Linse, 5 Erkennungsgerät (Halbleiterdiode)

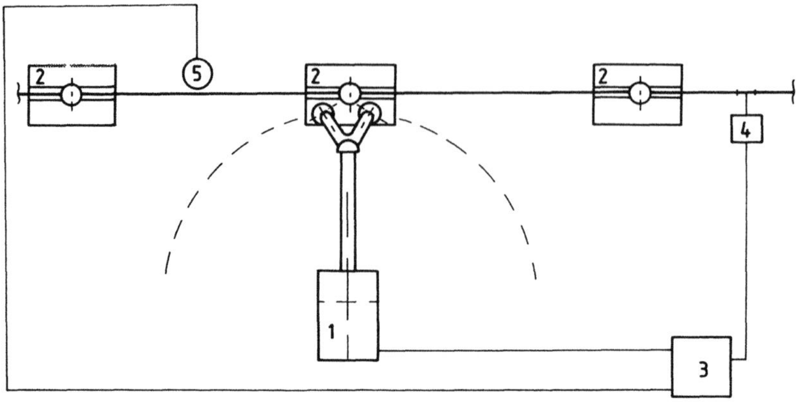

Bild 4.59 Synchronisation eines Industrieroboters mit einem Kreisförderer [6/11]
1 Industrieroboter mit Sauggreifer, 2 Kreisförderergehänge, 3 Industrierobotersteuerung, 4 Tachometer am Kreisförderer, 5 Näherungssensor

Werkstücktoleranzen, bedingt durch die Fertigung, gesetzt. Das Verfahren ist unabhängig vom Werkstückmaterial. Die einzelnen Signale für gute oder nicht passende Werkstücke können auf einen Industrieroboter geschaltet werden, der dann diese Werkstücke weiter handhabt.
Dazu wäre zum Beispiel eine Konstellation eines Stetigförderers mit einem Industrieroboter möglich, wie in Bild 4.59 dargestellt. Hier wurde von der Firma Pietsch in Zusammenarbeit mit des IPA der Universität Stuttgart ein Industrieroboter vom Typ PPI PM 12 mit einem Kreisförderer synchronisiert. Die Mikroprozessorsteuerung S 20 des Industrieroboters ist sowohl mit einem Näherungssensor als auch an einem am Kreisförderer angeschlossenen Tachometer verbunden. Während der Sensor dabei die Annäherung eines neuen Kreisfördergehänges meldet, überwacht der Tachometer die Geschwindigkeit des Fördergerätes. Dadurch kann die Industrierobotersteuerung den mit Sauggreifern ausgerüsteten Manipulatorarm gezielt steuern und nach gewünschten Gegenständen in den Gehängen greifen lassen oder diese dort ablegen. Eine Anwendung dieser Schaltung in Praxis hat ergeben, daß die erzielbare Relativpositioniergenauigkeit von ± 3 cm ausreicht.

4.5.2 Paketsortieren

Pakete, die automatisch sortiert werden sollen, sind mit einem Klarschriftetikett versehen. Die OCR-Scanner-Kamera ist an einem Stativ befestigt, unter dem die Pakete auf einem Förderband passieren müssen. Für den Lesevorgang, der 1 bis 2 s dauert, wird die normale Förderband-Geschwindigkeit von 30 cm/s verringert. Ein Industrieroboter vom Typ Jungheinrich 100 ergreift nach dem Erkennungsvorgang das Paket und legt es auf einer von drei Paletten ab [4/119].

4.5.3 Griff in die Kiste

Unter dem Begriff „Griff in die Kiste" versteht man, daß die Kombination Handhabungsautomat – Sensorsystem ungeordnet angelieferte Teile erkennt, gezielt ergreift und ablegt. Zum gegenwärtigen Stand der Technik sind sicherlich Einzelfälle bekannt, bei denen diese Definition zutrifft. Unter anderem wurde zum Beispiel in Chicago 1983 von der Firma ORS (Object Recognition System) ein Arbeitsplatz gezeigt, bei dem ein PUMA 560 von Unimation, über optische und taktile Sensoren gesteuert, aus einer Kiste mit Schrauben 14 X 160 mm gezielt eine Schraube herausgreift und sie einer Prüfstation zuführt. Entsprechend dem Prüfergebnis wird die Schraube dann in bestimmte Behälter abgelegt. Die Beleuchtung bestand aus sechs 100 W Halogenlampen. Bei mittlerem Streulicht zeigten sich bereits Fehlgriffe. Diese Beleuchtung war etwa in 2 m Höhe über dem Schraubenbehälter angebracht. Das optische Erkennungssystem i-bot Vision positionierte den Doppelbackengreifer parallel zu einer Schraube. Danach fuhr der Greifer in z-Richtung solange in den Bunker, bis der taktile Sensor im Gelenk Widerstand signalisierte. Das System funktionierte umso besser, je mehr Schraubenlagen im Bunker waren. Die Bearbeitungszeit zur Erkennung eines Bildes betrug etwa 3 s, die gesamte Taktzeit des Systems lag bei 10 s. Durchschnittlich wurden zwischen 10 bis 20% der Schrauben nicht erkannt oder der Greifer mußte noch einmal ansetzen. Diese Anwendung des „Griffs in die Kiste" zeigt, daß er aufwendig, zeitintensiv, für einen speziellen Fall zugeschnitten, im Ganzen aber noch nicht allgemein realisierbar ist. Dabei stellt die Beleuchtung ein Problem dar, zumal zur Zeit keine Kameras die Grauwertauflösung des menschlichen Auges in der vom Menschen erreichten Zeit ermöglicht. Sicherlich kann man mit den deutschen Automobilwerken der Meinung sein: „Der Griff in die Kiste ist nicht unser Ziel!" [4/134].
Sollten die oben genannten Nachteile behoben werden können, dann würde sich damit in der mittelständischen Industrie mit ihren Kleinserien manche Automatisierungsmöglichkeit lösen lassen.

4.6 Industrieroboter, eingebunden im CIM-Konzept

Computer Integrated Manufacturing (CIM) integriert die Bereiche Forschung und Entwicklung (CAE), Konstruktion (CAD), Produktionsplanung und -steuerung (PPS) mit Betriebsdatenerfassung und -verarbeitung (BDE/V) sowie Qualitätssicherung (CAT) mit Fertigung und Montage (CAM). Die Bedeutung des CIM-Konzeptes liegt darin, daß der einmal erstellte Datensatz des Werkstückes von allen folgenden Unternehmensbereichen gleichzeitig benutzt werden kann. Ist CAD, CAM, CAT usw. alleine noch nicht wirtschaftlich, so bringt eine laufende Verwendung derselben Daten, ohne ihre Neuformulierung in der Konstruktion, Arbeitsvorbereitung, Fertigung und Montage große kostenmäßige Vorteile. Dabei ist der Industrieroboter nur ein Glied in der Kette, die das Werkstück konstruiert, plant, fertigt und montiert. Industrieroboter sind auf Grund ihrer Bauweise Großserienmaschinen. Ihr wirtschaftlicher Einsatz fordert zwingend Teilgrößen im Bereich 10^5 ... 10^6 Werkstücke. Im Rahmen dieser Forderung sind sie leicht umrüstbar auf dieselbe Applikation mit anderen Teileform. In Konstruktion, Arbeitsvorbereitung, Fertigung und Montage sind heute bereits Rechnerarbeitsplätze mit relativ hoher Rechnerkapazität in Form von CAD-Bildschirmarbeitsplätzen (Konstruktion), PPS und BDE/V-Systeme (Arbeitsvorbereitung) und CNC-Automaten (Fertigung und Montage) im Einsatz. Diese dezentralen Rechnerleistungen gilt es zusammenzufassen, um den Teiledatensatz für alle Bereiche verwenden zu können. Dazu ist eine einheitliche Datenstruktur der Software oder Schnittstellen und Preprozessoren bei unterschiedlichen Programmpaketen notwendig. Außerdem muß die Hardware durch eine Netzwerkstruktur verbunden werden. Die IBM führt an einem Beispiel der Montage von Getriebevarianten die Machbarkeit des CIM-Konzeptes vor. In der Konstruktion wird auf dem CAD-Bildschirm die Variantengeometrie festgelegt, das geschieht mit der Software CADAM. Diese Teilegeometrie wird über Datenbusse an CAM (AML/Entry) und dem PPS-System für die Software COPICS übergeben. Die Montagezelle besteht aus einem Industrieroboter IBM 7535, einem vierachsigen Gerät mit waagerechtem Schwenkarm nach dem Scara-Prinzip, einer Montagestation, einer Ablagestation, einer Station für Ausschußteile und fünf Zubringeförderbänder, die die Werkstücke an ganz definierte Punkte fördern, auf die der

```
--  ------------------
--  | BEIPIELPROGRAMM |
--  ------------------
--
-- TEILE SIND AUS FEEDER "A" UND "B" ZU ENTNEHMEN UND NACHEINANDER
-- IN DER MONTAGESTATION  ZU FüGEN.
--
```

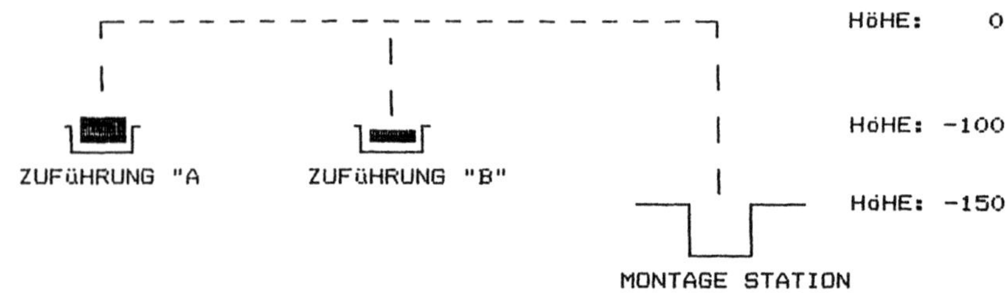


```
--
-- DEFINITIONEN:

      ZUFUHR_A:          NEW PT (-300.00, 400.00, 0, 0);
      ZUFUHR_B:          NEW PT ( 50.00, 550.00, 0, 0);
      AUFNAHME:          NEW -100;             -- HöHE DER AUFNAHMEPUNKTS
      MONTAGE_STATION:   NEW PT ( 300.00, 350.00, 0, 0);
      ABLAGE:            NEW -200;             -- HöHE DES FüGEPUNKTS

-- ANWEISUNGEN

PROGRAMM:  SUBR;                          -- BEGINN DES PROGRAMMS
-- UNTERPROGRAMME:
      AUFNEHMEN:SUBR(PUNKT);              -- UNTERPROGRAMM ZUM AUFNHEMEN
          PMOVE(PUNKT);                   -- ARM üBER AUFNAHMEPUNKT
          ZMOVE(AUFNAHME);                -- ZUN AUFNAHMEPUNKT
          GRASP; DELAY(0.3);              -- TEIL GREIFEN
          ZMOVE(0);                       -- AUFWäRTS
      END;
      FUEGEN:SUBR;                        -- UNTERPROGRAMM ZUM FüGEN
          PMOVE(MONTAGE_STATION);         -- ARM üBER MONTAGESTATION
          ZMOVE(ABLAGE);                  -- ZUN FüGEPUNKT
          RELEASE; DELAY(0.2);            -- GREIFER öFFNEN
      ZMOVE(0);                           -- AUFWäRTS
      END;
-- BEGINN HAUPTPROGRAMM
      AUFNEHMEN(ZUFUHR_A);                -- TEIL AUS ZUFüHRUNG "A" NEHMEN
      FUEGEN;                             -- TEIL FüGEN
      AUFNEHMEN(ZUFUHR_B);                -- TEIL AUS ZUFüHRUNG "B" NEHMEN
      FUEGEN;                             -- TEIL FüGEN
END;                                      -- PROGRAMMENDE
```

Bild 4.60 Programm in der Programmsprache AML/Entry abgefaßt, für die Ablage und Aufnahme der Werkstücke

Industrieroboter programmiert ist. Die Programmierung erfolgt mit der benutzerorientierten Programmiersprache AML/Entry, die speziell von IBM für diese Art von Montageroboter konzipiert wurde. Dabei ist für diesen Montagevorgang dann kein „Teach-in"-Programm mehr erforderlich. Vielmehr wird die Programmierung auf einem PC vorgenommen und im Dialog vom Rechner unterstützt (Bild 4.60). Im Verlauf des Programmes wird dem PC lediglich angegeben, an welchen Punkten des Indsutrieroboterarbeitsraumes (Bild 4.61) sich die Zuführungen für die einzelnen Werkstücke befinden. Teileabmaße hat der Industrieroboter als Zugriff auf den CAD-Programmteil. Bei dem Getriebe handelt es sich um eine Platte, in der eine Anzahl von Löchern für vier Achsen zu einer dreifachen Übersetzung gebohrt sind. Es gilt Achsen, Ritzelwellen und Aufsteckradblöcke zu montieren. Dazu ist der Industrieroboter mit einem Wechselgreifer ausgerüstet, damit er einmal mit einem pneumatischen Vierfachsauggreifer die Platten und mit dem einfachen Zangengreifer die Wellen- und Zahnradteile handhaben kann. Zwischen den einzelnen Fügevorgängen finden Prüfungen statt, d.h. der Roboter prüft die Länge aller Achsen und Wellen, er kontrolliert den korrekten Sitz der Zahnräder in der Verzahnung und prüft schließlich das Lochbild der Platte. Nicht zuletzt sorgen berührungslose Endschalter an Endpunkten der Zuführrinnen für einen Check, ob Teile zugeführt werden oder nicht. Fallen die Prüfungen negativ aus, erfolgt eine Checkmeldung durch den PC. Sind nicht mehr genügend Teile vorhanden, bricht das Gerät die Montage ab und meldet die montierte Anzahl zurück an das PPS-System. Der in der Montage eingesetzte Industrieroboter (Bild 4.62) ist sehr schwierig über die „Teach-in"-Programmierung in den Griff zu bekommen. Für jeden Fügevorgang wären dabei schwierige Bewegungen mehrerer Achsen vom Programmiergerät zu simulieren (Schraubenmontage). Das ist zeitaufwendig. Dagegen benötigt eine Programmiersprache, die zusätzlich noch über ein durchgängiges Datennetz den Teiledatensatz erhält, nur noch wenige Eingaben, um eine Arbeitsplatzanalyse am Bildschirm zu simulieren. Erhöhte Intelligenz, große Flexibilität, hohe Montagequalität, aber auch zufriedenstellende Montagegeschwindigkeiten sind das Ergebnis. Dabei zeigt die Ankoppelung der Montagezelle an den CIM-Verbund, daß dieser Zusammenschluß aller Automatisierungsinseln in einem Unternehmen zu Flexibilitäts-, Qualitäts- und Geschwindigkeitssteigerungen führt.

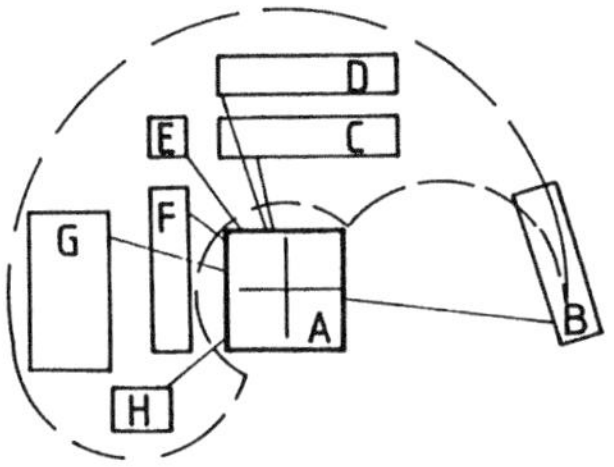

Bild 4.61
Simulation des Arbeitsraumes durch AML/Entry auf dem IBM PC. Im einzelnen sind:
A Industrieroboter, B Plattenzuführung, C, D Zahnradführung, E Montagestation, F Achsenzuführung, G Ablage Gutteile, H Ablage Schlechtteile

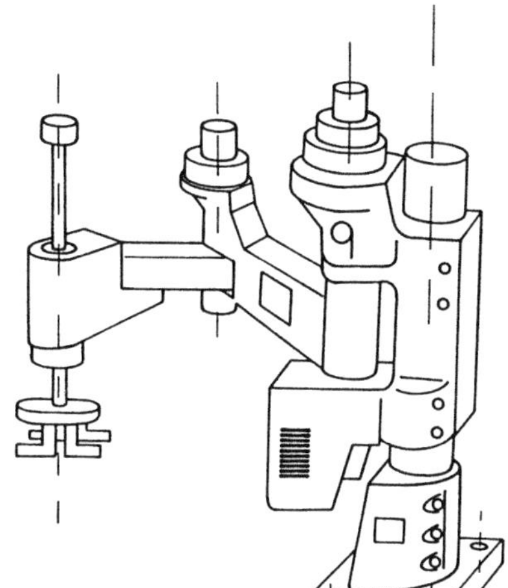

Bild 4.62
Montageroboter nach dem Scara-Prinzip (IBM 7535)

4.7 Spezielle Anwendungsbereiche und zukünftige Applikationsmöglichkeiten

In diesem Abschnitt sollen einige spezielle Anwendungsbereiche aufgezeigt werden. Dabei sollen diese Anwendungen nur aufgezählt sein. Für weitere Informationen sei auf die Literatur verwiesen. Davon ausgehend wird die japanische Robot Association (Jira) mit einer Reihe von zukünftigen Roboteranwendungen und eine Studie des BMFT zu demselben Thema zitiert.
Industrieroboter finden Einsatz als:

- Nagler in der Möbelindustrie [4/97],
- Sortierer von Zylinderkopfdichtungen [4/98],
- Dichtigkeitsprüfer bei PKW-Karosserien [4/99],
- Schweißer bei Bleiakkumulatoren [4/100],
- Tester für HiFi-Kassetten [4/101],
- Bediener von Gesenkbiegepressen [4/102],
- Monteure von Farbbandkassetten für Schreibmaschinen [4/106],
- Helfer bei der Häuserfertigung [4/107],
- Beschicker, Löter und Prüfer von Leiterplatten [4/108],
- Gehirnchirurgen [4/109],
- Materialprüfer [4/110],
- Sandstrahler [4/111] und
- Bediener von Spritzgießmaschinen [4/112[

Verwendung.
Die Jira in Japan schätzt, daß in naher Zukunft Einsätze in der

- Hausgerätemontage,
- Nutzfahrzeugmontage,
- Lagerhaustechnik,
- Bautechnik,
- Bergbau,
- Landwirtschaft,
- Waldwirtschaft,
- Reinigung,
- Medizin und
- Feuerwehr

nicht auszuschließen sein werden [4/103].

Dabei darf nicht vergessen werden, daß im Zeichen des CIM-Konzeptes eine neue Stufe der Rationalisierung erreicht ist. Sie bedeutet die Kombination von Hardware, Software, Datenbanken und Kommunikationssystemen mit dem Ziel,

- der automatischen Fertigung,
- einer Optimierung der Fertigungssteuerung,
- einer direkten Regelung des Materialflusses,
- einer dynamischen Bereitstellung aller Betriebsmittel,

damit

- kürzeste Durchlaufzeiten,
- niedrigste Bestände,

- beste Auslastung sowie
- hohe Termintreue

erreicht werden.
Der Industrieroboter wird in seiner Funktion als Bewegungsmaschine funktionell und steuerungstechnisch vollständig in die mechanischen und informatorischen Teilsysteme eingebunden.
Damit rücken Systemkompatibilität von Baugruppen und Maschinen bei künftigen Neuinvestitionen eindeutig in den Vordergrund [4/102].
Vor diesem Hintergrund sieht die Studie des BMFT den Einsatz in der Zukunft nicht nur in der Metallindustrie, sondern auch in der

- Ledererzeugenden und -verarbeitenden Industrie,
- gummiverarbeitenden Industrie,
- fleischverarbeitenden Industrie,
- Glasindustrie,
- Textilindustrie,
- Möbelindustrie,
- Bekleidungsindustrie,
- Nahrungs- und Genußmittelindustrie,
- kunstoffverarbeitenden Industrie,
- Asbestherstellung und -verarbeitung,
- Industrie der Steine, Erden und Feinkeramik sowie der
- holzbe- und -verarbeitenden Industrie.

Industrieroboter mit angekoppelten Sensorsystemen wird man dabei beim

- Beschicken,
- Be- und Entladen,
- Auftragen und Beschichten,
- Verkleben,
- Nageln,
- Prüfen,
- Bearbeiten,
- Sortieren,
- Verpacken

von Werkstücken aller Art [4/104] einsetzen.

4.8 Mobile Industrieroboter

Mobilität von Industrierobotern kann dann notwendig werden, wenn der Einsatz des Gerätes, bedingt durch seine Aufgabenstellung,

- lange Wege,
- lange, sowie
- unterschiedliche Zeiten

erforderlich macht.

Man kann unterscheiden zwischen

- Linearachsen,
- Portalachsen,
- induktiven Flurförderzeugen (Bild 4.63) und
- fahrerlosen Transportsystemen mit Navigationssystem.

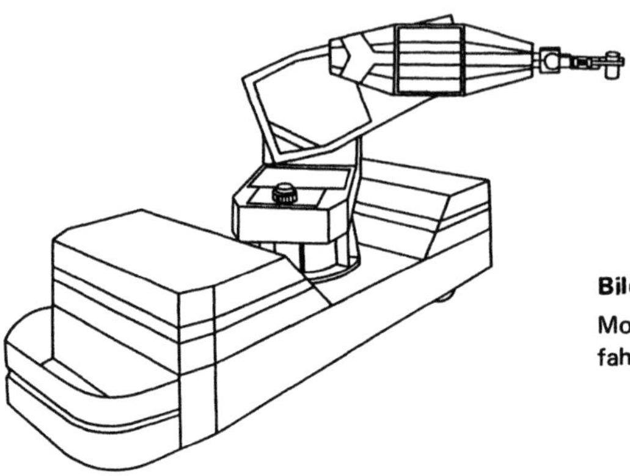

Bild 4.63
Mobiler Industrieroboter auf einem fahrerlosen Transportsystem

Sicherlich sollte man hier auch nicht die Versuche mit gehenden Geräten, die mit einem Navigationssystem ausgerüstet sind, unerwähnt lassen. Linear- und Portalachsen sind dann nicht mehr anwendbar, wenn der Arbeitsbereich ganze Hallen und Fabrikanlagen abdeckt, zum Beispiel beim Beschicken von Bearbeitungszentren mit neuen Werkzeugen oder bei der Maschinenbedienung in der Werkstückhandhabung [4/88].
Industrieroboter auf fahrerlosen Transportsystemen mit Navigationssystem sind technisch möglich, aber kostenaufwendig und zum gegenwärtigen Stand der Technik nicht sinnvoll. Unzugängliche Stellen in Kernkraftwerken, auf dem Meeresgrund oder auf fremden Planetensystemen übernehmen Teleoperatoren, von Menschenhand über Funk gesteuert, besser.
Problematisch ist bei den selbstfahrenden Anlagen die Energieversorgung, da die fahrerlosen Transportsysteme meist mit 24 V Gleichstrom arbeiten, während Industrieroboter eine Arbeitsspannung von 220 V benötigen. Hier muß entweder die

- Arbeitsspannung zwischen Shuttle und Handhabungsautomat gleichtransformiert werden oder durch
- Andocken des Shuttle an eine Energieversorgung vor Ort die entsprechende Arbeitsspannung für den Industrieroboter angezapft werden.

4.8.1 Fahrbarer Industrieroboter

Die Firma Schoeller GmbH & Co KG in Düren setzt einen fahrbaren Industrieroboter der Firma Hauser bei der Entsorgung von Garnspinnmaschinen ein. Dabei werden von zehn Garnspinnmaschinen je 5 kg schwere Garnrollen, insgesamt 4 t Garn pro Arbeitsschicht, entfernt. Der Bewegungsautomat fährt zu den parallel angeordneten Spinnmaschinen ohne Lenkung. Starrachsen halten am Shuttle die Spur. Ein Winkelstück vor jeder Maschine weist das Fahrzeug auf die Entladeposition ein. Der Greifer bewegt sich zu einem Dorn auf dem Gatterwagen, der noch nicht vollständig mit Spulen besetzt ist. Dabei wird ein Dorn am Wirkorgan zu dem des Wagens sensorgeführt ausgerichtet und die Position von der Handhabesteuerung gespeichert. Das Wirkorgan schwenkt zur Entladestation am Auftragförderer, findet mit Hilfe eines Grauwert-Sensors in die Hülse der Garnrolle und spreizt die Greifbacken. Nachdem die Rolle auf den gespeicherten Dorn des Gatterwagens abgestreift ist, wird die nächste abgeräumt oder vorher ein freier Dorn angefahren. Sind vier Garnrollen auf jeden Dorn übergesetzt, wird der mit 64 Rollen besetzte Wagen manuell ins Lager dirigiert. Ein Leitrechner steuert den verfahrbaren Roboter auf der 60 m langen Strecke jeweils zu der Spinnmaschine, bei der die meisten Garnrollen bereitliegen. Die Energie sowie die Steuersignale werden durch eine Schleppleitung übertragen [4/92].

5 Programmierung von Industrierobotern

Der Werdegang bis zu den freiprogrammierbaren oder sogar anpassungsfähigen Handhabungseinrichtungen der 80er Jahre wird durch eine Entwicklung in einzelnen Phasen von Geräten gekennzeichnet, die

- nicht oder nur begrenzt programmierbar gewesen sind, über die
- vollprogrammierbaren Industrierobotersteuerungen mit mehreren Freiheitsgraden und den dazugehörigen Regelkreisen bis hin zu den
- anpassungsfähigen Bewegungseinrichtungen, die mit taktilen und optischen Sensoren sowie umfangreichen Prozeßrechnern ausgestattet sind, die es ihnen erlauben, sich flexibel an verschiedene Handhabungs- und Fertigungsvorgänge anzupassen und in begrenztem Maße lernen können.

Diese Geräte mit Objekterkennung und großem EDV-Speicherplatz zur Verarbeitung von Signalen und zur Entscheidung von Aktionsabläufen, Erreichen von Zwischenzielen sowie Planerfüllung oder Planänderung sind wegen der auch heute noch „astronomischen" Kosten nur in der Kernenergietechnik, der Waffentechnik sowie einem kleinen Kreis in der Fertigungstechnik (Automobilindustrie) eingesetzt. Hier ist eine Programmierung oft durch eine entsprechende „hardware", die dem Roboter mit eingebaut wurde, in Form einer aufwendigen Sensortechnik sowie eines umfassenden Gedächtnisses in Gestalt eines für die Spezialfälle konstruierten Prozeßrechners sowie einer angepaßten Software weitgehend ersetzt worden.
Sensor- und Computertechnik sind noch nicht so weit, daß ihre Elemente in der Fertigung an Industrierobotern *allgemein* Eingang finden würden. Daher ist es notwendig, die heutigen Bewegungseinrichtungen zu *programmieren*, das heißt, es müssen ihnen in geeigneter Form Anweisungen zur Bearbeitung ihrer Aufgabe in möglichst kurzer Zeit eingegeben werden.
In der spanenden und spanlosen Fertigungstechnik sind Kleinserienmaschinen mit einer NC-Steuerung ausgerüstet. Hier ist der Datenträger so aufgebaut, daß die Information digital (zahlenmäßig) eingegeben werden kann. Die eingegebenen Daten beziehen sich auf Schalt- und Weginformationen für Haupt- und Nebenantriebe einerseits und Schlittenbewegungen andererseits. Auch Industrierobotern müssen Schalt- und Weginformationen eingegeben werden, zusätzlich sind aber bei mit Fertigungseinrichtungen gekoppelten Handhabungsautomaten Kontroll- und Überwachungsinformationen sowie Kommunikationsinformationen notwendig. Die Fülle der Einzelelemente für diese das Programm eines Industrieroboters beschreibenden Anweisungen sind im Bild 5.1 dargestellt.
Ähnlich wie bei der NC-Technik kann man auch bei Industrierobotern zwischen einer internen und einer externen Datenverarbeitung unterscheiden, wobei allerdings die heute ältere NC-Technik weitgehend schon die Möglichkeit hat, die sehr aufwendigen Arbeiten zur Programmierung moderner NC-Werkzeugmaschinen zu automatisieren, indem sie maschinell über große *Compiler*, das heißt problemorientierte Computersprachen mithilfe einer elektronischen Datenverarbeitungsanlage Programme erstellt (zum Beispiel EXAPT, AUTOPIT, AUTOPOL).

Programmart	direkt						indirekt		
Programmier-verfahren	Teach-in				manuelle Dateneingabe		manuelles Programmieren	maschinelles Programmieren	
Programmierart	akustische Folgeprogrammierung	optische Folgeprogrammierung	Anfahren und Speichern	Abfahren einer Bahn	Verbindungsprogrammierung	mechanische Speicherprogrammierung	steuerungsnahe Codierung	problemorientierte Sprache	hohere Sprache
Programmverwirklichung	freiprogrammierbar				umprogrammierbar		austauschprogrammierbar		

Bild 5.1 Programmanweisungen für Industrieroboter [1/1]

Nachdem man sich bei der Programmierung von Industrierobotern lange Zeit durch Vorführprogrammierung (Teach-in) bei einfachen Industrieroboteraufgaben behelfen konnte, geht der Trend für zukünftige Entwicklungen, begünstigt durch die Mikroprozessoren, in die Richtung einer computergesteuerten Industrieroboterprogrammierung (textuelle Programmierung mit Programmiersprachen). Im Bild 5.2 sieht man die an einer herkömmlichen Industrieroboterprogrammierung beteiligten Systeme:

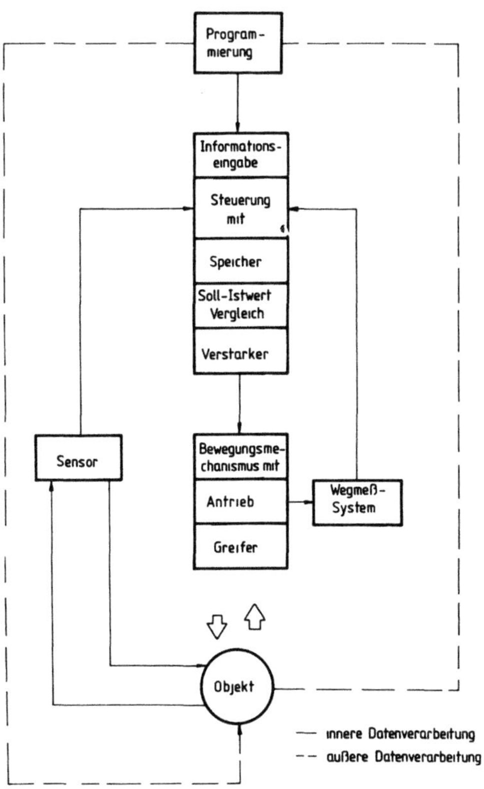

Bild 5.2

Die an der Manipulation beteiligten Systeme:

Programmierer,
Industrieroboter,
Objekt.

- Programmierer,
- Industrieroboter und
- Objekt.

Wichtige Rückkopplungskomponenten der inneren Datenverarbeitung stellen Sensoren und Wegmeß-Systeme dar.
Greifer und Manipulationsobjekt sind im Laufe der Zeit so etwas wie Antagonisten geworden. Greifeinrichtungen haben zusammen mit der Peripherie einen nicht unerheblichen Einfluß auf die Flexibilität des Handhabungsgerätes. Ebenso hängen Programmierung und Informationseingabe stark voneinander ab. Auch hier ist ein wichtiger Einfluß auf die Flexibilität zu erkennen. Je schneller ein Programm erstellt und dem Industrieroboter eingegeben werden kann, desto wirtschaftlicher und umfassender ist der Handhabungsautomat in der Technik einzusetzen. Gegenüber zeitgemäßen Programmsteuereinrichtungen für Handhabungseinrichtungen gestellte Forderungen sind:

- einfache Programmierbarkeit,
- Verwendung eines normgerechten, billigen Programmträgers,
- genügende Programmkapazität (Programmschritte und voneinander unabhängige Ausgangssignale in entsprechender Zahl),
- einfache Programmaustauschmöglichkeiten,
- Vielseitigkeit (Betriebsarten, Testmöglichkeiten, Zusatzfunktionen),
- Möglichkeit der Informationsverbindung mit anderen Einrichtungen,
- modularer Aufbau,
- Zuverlässigkeit (bei einfacher Wartung).

Zusammen mit der Art der Informationseingabe ist der Informationsspeicher von entscheidender Bedeutung. Trendmäßig sind heute durch die Mikroprozessortechnik große Speicherkapazitäten billig geworden. Damit sind, wie man im Bild 5.3 sieht, Teach-in-Programmierung mit Programmiersprachen in den Bereich der wirtschaftlichen Möglichkeiten.
Bild 5.4 zeigt die Programmierung von Industrierobotern im Jahre 1978. Man sieht, daß im Verhältnis 3:1 die Teach-in-Programmierung vorherrschend ist gegenüber der manuellen Programmierung. Diese Teach-in-Programmierung hat letztlich den Durchbruch beim industriellen Einsatz von Industrierobotern bewirkt. Daran hat sich grundsätzlich bis heute nicht viel geändert. Dargestellt ist dieser Zusammenhang in Bild 5.5. Hier sieht der Leser, daß die Teach-in-Programmierung von ihrer Bedeutung auch im Jahre 1985 nichts eingebüßt hat.

	Speicherinhalt (Programmschritt)	Aufgabe
manuelle Programmierung	10^2	Handhabung
Teach-in	10^4	Schweißen, Lackieren, Beschichten, Palettieren
Programmierung mit Programmsprache	$>10^6$	Montage

Bild 5.3 Gebräuchliche Arten der Programmierung in Zuordnung zum Anwendungsfall des Industrieroboters.

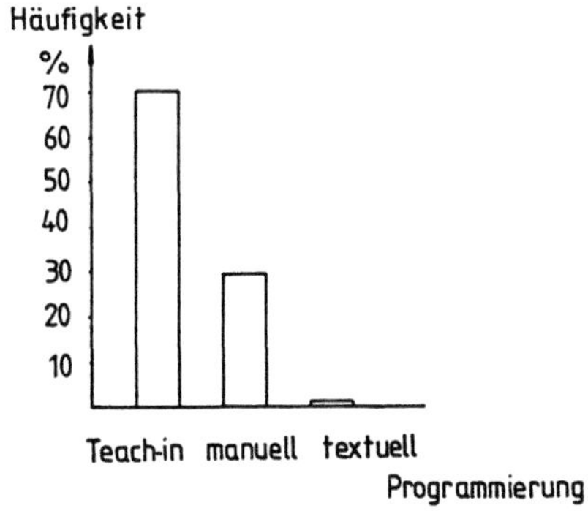

Bild 5.4 Programmierarten im Jahre 1978 (Anzahl der Geräte = 99)

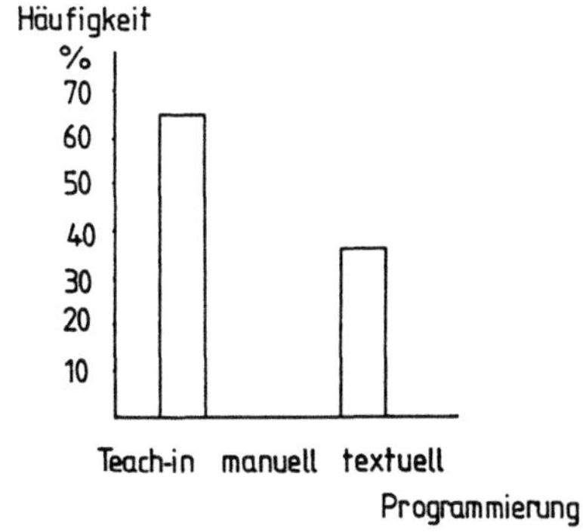

Bild 5.5 Programmierarten im Jahre 1983 (Anzahl der Geräte = 107)

Dagegen hat die Programmierung mit Programmiersprachen, also die textuelle Programmierung, über ein Drittel aller Programmierarten eingenommen, und die manuelle Programmierung hat kaum noch eine Bedeutung, außer vielleicht bei einfacheren Handhabungsgeräten. Eine Erklärung liegt in der Tatsache begründet, daß die Anwendung der Industrieroboter sich von einfachem Punktschweißen mit PTP-Steuerung und Teach-in-Programmierung hin zum Montieren, Lichtbogenschweißen, Bearbeiten und Palettieren mit CP-Steuerungen und textueller Programmierung verschoben hat. Sicherlich wird sich in nächster Zukunft eine weitere Verschiebung hin zu noch mehr textueller Programmierung und zu akustischer Programmierung ergeben, ohne daß allerdings auf die Teach-in-Programmierung gänzlich verzichtet wird.

Während noch eine manuelle Programmierung etwa 100 Programmschritte zuließ (mehr Schritte damit zu programmieren, ist zu zeitaufwendig), ermöglicht eine Teach-in-Programmierung 500 ... 1000 Programmschritte, dagegen eine einfache Programmiersprache bereits mehr als 10^6 Schritte.

Die Art der Programmierung in Abhängigkeit von gebräuchlichen Informationsspeichern zeigt Bild 5.6. Kernspeicher, Magnetband (Kompaktkassette) und Magnetspeicher sind freiprogrammierbar definiert. Eine Verdrahtung mittels Diodenmatrix ist festprogrammiert, während Lochstreifen, Lochkarte und Steckkarte als Eingabemedien austauschbar sind, sind Steckerfeld, Potentiometer, Nockentrommel und Kurvenscheibe umprogrammierbar. Wie man aus dem Abschnitt 3.2.1, Informationsteil, sehen kann, geht der Trend aufgrund billiger Elektronikbauteile hin zur freiprogrammierbaren Programmverwirklichung. Dabei gibt es durchaus für einfache Geräte und Aufgaben eine Daseinsberechtigung, z. B. das Steckerfeld oder die Potentiometer.

Verschiedene Programmierarten und Programmierverfahren unterscheidet das Bild 5.6:

Man kann die Programmierung in direkte und indirekte Programmierung einteilen, also ob am Industrieroboter oder zum Beispiel in der Arbeitsvorbereitung programmiert wird.

Unter *Programmierverfahren* versteht man:

- Teach-in, als Vorführprogrammierung,
- manuelle Dateneingabe (zum Beispiel bei Nockentrommeln),
- manuelle Programmierung (zum Beispiel Steckerfeldbestückung) und
- maschinelle Programmierung, also mittels Programmiersprache und elektronischer Datenverarbeitungsanlage.

Art der Programmverwirklichung	freiprogrammierbar				austauschprogrammierbar			umprogrammierbar				festprogrammierbar
Art des Informationsspeichers	Mikroprozessor	Kernspeicher	Magnetband, Kompaktkassette	Magnettrommel	Lochstreifen	Lochkarte	Steckkarte	Steckerfeld	Potentiometer	Nockentrommel	Kurvenscheibe	Verdrahtung

Bild 5.6 Art der Programmierung in Abhängigkeit von gebräuchlichen Informationsspeichern. [1/1]

Aufgaben	Handhabungabläufe				Fertigungsabläufe					Montageabläufe			
Beschreibungselemente	Geometrieanweisungen				Ablaufanweisungen				Kontroll- und Überwachungsanweisungen			Kommunikationsanweisungen	
Einzelelemente	Punktanweisungen	Flächen- und Raumanweisungen	Geradenanweisungen	Bahnanweisungen	Stops	Sprünge	Schleifen	logische Anweisungen	Sensoranweisungen	Notverhalten	Stör- und Fehleranweisungen	Eingabeanweisungen	Ausgabeanweisungen

Bild 5.7 Verschiedene Programmierarten und Programmierverfahren für Industrieroboter. [1/1]

Dabei sind viele Programmierarten im Bild 5.7, die fast nur von theoretischem Interesse waren, inzwischen in das Blickfeld des Interesses gestoßen:

- Akustische Folgeprogrammierung,
- optische Folgeprogrammierung sowie das
- maschinelle Programmieren.

Sie haben heute noch nicht ganz die Bedeutung erlangt, wie zum Beispiel:

- Anfahren und Speichern,
- Abfahren einer Bahn und die
- mechanische Speicherprogrammierung.

Im Bild 5.8 sieht man diese Anwendungshäufigkeit der verschiedenen Programmiermethoden in Abhängigkeit des Einsatzes von Industrierobotern in der Praxis.

Optische und akustische Programmierung wäre sicherlich schön, wenn sie wirtschaftlicher realisierbar wären. Angewandt wird sie heute bei wirtschaftlich eingesetzten Industrierobotern nicht. Abfahren einer Bahn wird beim Beschichten und beim Schmelzschweißen durchgeführt. Anfahren und Speichern, also ein anderes Verfahren der Vorführprogrammierung für PTP-Steuerung, wird hauptsächlich bei Maschinenbeschickung und Punktschweißen,

Programmierung	Einsatz	Maschinenbeschickung	Beschichten	Palettieren	Punktschweißen	Schmelzschweißen	Montieren
Vorfuhrung	akustisch						
	optisch						
	Abfahren einer Bahn		○			○	
	Anfahren und Speichern	○	△	△	○	△	
	Stecker und Tasten	○		○	△		△
	mechanische Speicher	○					△
	hybride Programmierung	○	○	△			○
Aufgabenbeschreibung	Steuerungsnahe Codierung	○		○			△
	problemorientierte Sprache	○	△	○			○
	höhere Sprachen	○	△	○		△	○
% Anwendungshäufigkeit		45	20	3	20		3

↑ Einsatzhäufigkeit

○ geeignet
△ weniger geeignet

Bild 5.8
Anwendungshäufigkeit verschiedener Programmiermethoden [1/1]

kann aber auch beim Beschichten, Palettieren und Schmelzschweißen praktiziert werden.
Das Programmieren mit Steckerfeld und Potentiometer ist bei einfachen Maschinenbeschickungen und einfachen Palettiervorgängen sinnvoll.
Unter hybrider Programmierung versteht man zum Beispiel einerseits eine Verbindung zwischen direkter Programmierung mit Teach-in und einer Programmiersprache, wie sie bei komplexen Montageabläufen angewandt wird oder andererseits eine Verbindung von mechanischen Kurven und Teach-in bei Beschicht- oder Lackiervorgängen, die einen genauen, dafür aber bekannten Kurvenverlauf, aufweisen.
Die steuerungsnahe Kodierung erfolgt bei Maschinenbeschickungs- oder Palettiervorgängen vor Ort am Industrieroboter beispielsweise über ein Steckerfeld.
Programmiersprachen, die inzwischen hauptsächlich für Montageprobleme erarbeitet werden, lassen sich auch gut für Palettier- und Maschinenbeschickungsaufgaben einsetzen. Aber auch zum Beschichten können Programmiersprachen verwandt werden. Bei den *Programmiersprachen* wird unterschieden in:

- elementare Sprachen und
- höhere (problemorientierte) Sprachen.

In der Folge sollen aus der Vielzahl der Programmiermöglichkeiten und der noch größeren Anzahl der Gerätetypen mit ihrem zum Teil typhaften Abänderungen in der Programmierung einige typische Programmierbeispiele herausgegriffen und dargestellt werden.
Obwohl die manuelle Programmierung immer mehr an Bedeutung verliert, sollen die entsprechenden Bespiele dennoch nicht entfernt werden, weil die jeweiligen Geräte ja noch im Einsatz sind.

Die manuelle Dateneingabe wird an einem 5-achsigen Handhabungsgerät mit Folgesteuerung, kombinierter Lochkartenspeicherinformationseingabe sowie an einen Industrieroboter mit einer Lochstreifeneingabe aufgezeigt. Danach folgt ein Programmierbeispiel an einem Industrieroboter mit umfangreicher Magnetdrahtspeicherkapazität, der über „Anfahren und Speichern" für PTP-Steuerung oder „Abfahren einer Bahn" für CP-Steuerung programmierbar ist. Schließlich wird ein Programm für eine maschinelle Programmierung mit Hilfe einer neuentwickelten Programmiersprache an einem 5-achsigen Industrieroboter beschrieben.
Dabei soll vor allem demonstriert werden, daß einfache Handhabungsvorgänge mit einfachem Programmieraufwand erledigt werden können. Für komplizierte Fertigungsvorgänge wie Schweißen oder diffiziele Handhabungsabläufe wie Palettieren wird dann der Programmaufwand für eine manuelle Dateneingabe kombiniert mit einer Einstellung der Festanschläge zu umfangreich, die Rüstzeit wird zu groß. Hier erfolgt der Übergang zur „Teach-in"-Programmierung. Sie erfordert selbst bei großen Programmen mit vielen Haltepunkten auf den einzelnen Achsen und bei zahlreichen Umrüstvorgängen wenig Zeit und Aufwand. Mehr und mehr werden heute Industrieroboter in zum Teil immer komplizierteren Vorgängen in der Fertigung (Schmelzschweißen, Montieren) und in Handhabungsvorgängen (umfangreiche Stapelvorgänge) eingesetzt. Damit kommen neue Forderungen auf die Handhabungsgeräte zu, und wenn die Umrüst- oder Programmierzeit nicht steigen soll, müssen neue Technologien einspringen, um bei schwierigeren Forderungen gleichen Programmieraufwand zu gewährleisten. Diese neuen Technologien sind in Gestalt der Programmiersprachen, mit deren Hilfe man anfängt, Industrieroboter mittels elektronischer Datenverarbeitungsanlagen maschinell zu programmieren, in Gebrauch.
An verschiedenen Beispielen der on-line-Programmierung wird versucht zu klären, daß diese neue Technologie (Computerhardware in Verbindung mit Programmiersoftware) auch schwierigste Montageprobleme zeitlich in den Griff bekommt [4/66].

5.1 Manuelle Dateneingabe

Bei der *manuellen Dateneingabe* muß jede Informationseinheit in einem Programmschritt und die Summe dieser Programmschritte, die schließlich das Programm ausmachen, von Hand in den Datenträger eingegeben werden. Diese Programmierung ist nur dann sinnvoll, wenn lediglich eine begrenzte Anzahl von Daten gehandhabt werden muß. Das trifft für einfache Geräte mit Folgesteuerung zu, die Maschinenbeschickung und Verkettungen ausführen.
Am Beispiel eines auf Fluidics umgebauten schwedischen Industrieroboters vom Typ Kaufeld soll diese manuelle Dateneingabe an einer kombinierten Lochkarten-Speicher-Informationseingabe dargestellt werden (Bild 5.9). Datenträger und gleichzeitig Speicher ist eine IBM-Lochkarte, in die maximal 24 Programmschritte eingegeben werden können. Je Programmschritt können 20 Befehle programmiert werden. Davon werden maximal 10 Befehle gleichzeitig von der Steuerung ausgeführt. Der Industrieroboter ist pneumatisch angetrieben und besitzt fünf Freiheitsgrade für horizontale, vertikale und schwenkende Bewegung des Manipulatorarmes. Hinzu kommen eine Hub- und eine Schwenkbewegung des Greifers sowie eine öffnende und eine schließende Bewegung der Zangen. Für die Schwenkbewegung des Manipulatorarmes sind Zwischenhalts vorgesehen.

Befehl Nr.	Funktion
1	horizontaler Vorlauf
2	horizontaler Rücklauf
3	vertikales Anheben
4	vertikales Absenken
5	schwenken links
6	schwenken rechts
7	Greifer schließen
8	Greifer öffnen
9	Greifer drehen links
10	Greifer drehen rechts
11	Greiferhub ab
12	Greiferhub auf
13	Zwischenanschlag vor
14	Zwischenanschlag zurück
15	Zyklusende
16	Reserve
17	Zeit 0,5 s
18	Zeit 1 s
19	Zeit 2 s
20	Zeit 4 s

Bild 5.9 Programmiercode für die manuelle Dateneingabe an einer Lochkarteninformationseingabe für einen Industrieroboter. [3/16]

Daraus ergeben sich aus sieben steuerbaren Bewegungen 14 Befehle. Zu diesen 14 Wegfunktionen kommen vier Zeitfunktionen, ein Befehl für Programmende sowie ein Reservebefehl, da zu jeder beliebigen Wegfunktion eine Verweilzeit programmiert werden kann. Das heißt, es können je vier fest verdrahtete Zeitglieder von 0,5 s, 1 s, 2 s und 4 s einzeln oder zusammen angesprochen werden. Folgende Funktionen sind den einzelnen Befehlen in Bild 5.9 zugeordnet: Diese Befehle werden in die Spalten der Lochkarten von 1 bis 20 in den ersten 12 Programmschritten bzw. von 21 bis 41 in den nächsten 12 Programmschritten gelocht. Befehle, die sich nicht ändern, werden im nächsten Schritt wiederholt.

Im Bild 5.10 ist ein Programmierbeispiel dargestellt. Man sieht, daß man für so ein einfaches „pick and place"-Programm mit 10 Programmschritten, also noch nicht einmal der Hälfte der möglichen Schritte für dieses Gerät, auskommt. Dafür sind 74 Löcher in die Lochkarte zu stanzen. Die Programmierung selbst ist denkbar einfach und unkompliziert. Der Bewegungsautomat hat je eine Eingangs- und Ausgangsfunktion zur Ansteuerung oder Koppelung von Fremdgeräten. Über den Betriebsartenwahlschalter kann zusätzlich zu dem Automatikbetrieb auf Handbetrieb und Einzelschrittschaltung umgeschaltet werden. Um Kollisionen durch fehlerhaften Programmlauf zu verhindern, ist in den Endlagen eine Rückmeldelogik eingebaut, die nicht erlaubt, daß der nächste Programmschritt eingeleitet werden kann, bevor nicht alle Befehle des alten Schrittes ausgeführt worden sind. Eine optische Anzeige für die einzelnen Befehle gibt eine Übersicht während der Einrichtphase.

Nach erfolgter Programmierung dient die Lochkarte neben dem Lochkartenmanuskript zur Archivierung des Programmes und kann gegebenenfalls bei Neuprogrammierung mit kleinen Abänderungen wieder verwendet werden.
Sehr ähnlich erfolgt zum Beispiel die Programmierung eines Industrieroboters vom Typ KUKA Nachi 1000 von der Firma IWKA, da dieses Gerät dieselben Bewegungsfolgen ausführt, wie der Bewegungsautomat der Firma Kaufeld. Statt einer Lochkarte wird hier aber ein Lochstreifen im EIA-Code erstellt.
Die Adressierung ist denkbar einfach, denn für das Anfahren der jeweiligen Achse wird ihr Anfangsbuchstabe benutzt. Analog zum Bild 5.9 gilt:

v Vertikalachse, g Greifer,
h Horizontalachse, n Programmanfang,
s Drehachse, t Wartezeit.

Innerhalb der einzelnen Achsen können 6,10 und 15 Positionen angefahren werden, das entspricht den jeweiligen Potentiometern, die zahlenmäßig bezeichnet sind.
Damit ergäbe sich als Satz des Lochstreifenmanuskriptes ähnlich zu Bild 5.10:

Schritt	Funktion	Befehl
1	Grundstellung	2–4–5–8–9–11–14
2	horizontaler Vorlauf	1–4–5–8–9–11–14
3	Greifer schließen	1–4–5–7–9–11–14
4	Greiferhub auf	1–4–5–7–9–12–14
5	horizontaler Rücklauf und Zwischenanschlag vor	2–4–5–7–9–12–13
6	schwenken rechts, vertikal anheben und Greifer drehen rechts	2–3–6–7–10–12–13
7	horizontaler Vorlauf und Zeit 3,5 s	1–3–6–7–10–12–13–17–18–19
8	Greifer öffnen	1–3–6–8–10–12–13
9	horizontaler Rücklauf	2–3–6–8–10–12–13
10	Zyklusende	2–3–6–8–10–12–13–15

Bild 5.10 Lochkartenmanuskript als Programmausschnitt einer manuellen Dateneingabe. [3/16]

Programmanfang, (vertikale, horizontale Drehachse),Position 1,

Wartezeit 1 – n v1 h1 s1 t0 .

Aus dem Datenträger ergeben sich für Programmierung und Archivierung Vor- und Nachteile. Für eine Lochkarte wird keine aufwendige Schreibmaschine benutzt, und die Programmierung ist „vor Ort" möglich. Auch vermag ein Lochstreifenleser zu Fehlschaltungen führen und ist kostspieliger in der Anschaffung. Dagegen ist die Archivierung von Lochstreifen und sein Duplizieren (Verdoppelung) sowie die Programmänderung sehr viel wirtschaftlicher. Es können außerdem umfangreiche Programme in relativ kurzer Zeit erstellt werden.

5.2 Teach-in-Programmierung

Unter *Teach-in-Programmierung* versteht man eine Vorführprogrammierung, bei der durch Anfahren der gewünschten Punkte oder Bahnen von einem Bedienungspult aus („Anfahren und Speichern") oder durch Führen des Manipulatorarmes oder eines Ersatzarmes und Abspeichern dieser jeweiligen Eckwerte („Abfahren einer Bahn") eine Programmierung vorgenommen wird. Während bei der Programmierung die entsprechenden Punkte oder Bahnen mit verminderter Geschwindigkeit angesteuert werden, kann für die Ausführung des späteren Programmes eine höhere Geschwindigkeit eingestellt werden. Bild 5.11 verdeutlicht anhand eines Blockdiagrammes Programmlauf und Programmaufnahme. Dabei sind sich beide Betriebsarten ähnlich, nur daß bei der Programmaufnahme die Handsteuerung direkt wirkt, die eingegebenen Daten im Datenspeicher aufgenommen werden, der Drehzahlregler wegen der verminderten Manipulatorarmgeschwindigkeit direkt angesteuert wird und das Programm zur Archivierung, zum Beispiel auf einem Magnetband, gespeichert werden kann. Zur Programmaufnahme kann sowohl das Bedienungspult benutzt werden als auch ein davon unabhängiges Handpult oder eine Programmierpistole.

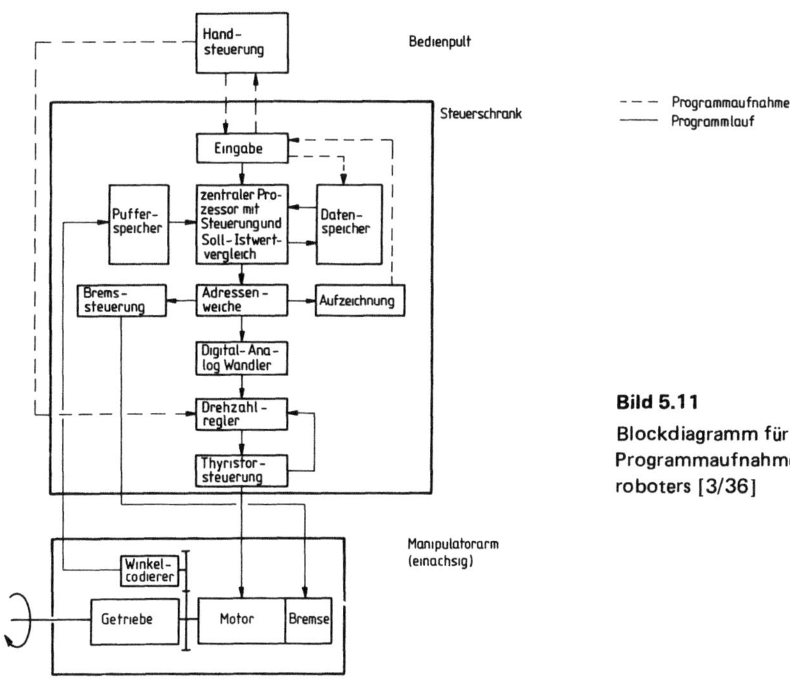

Bild 5.11
Blockdiagramm für Programmlauf und Programmaufnahme eines Industrieroboters [3/36]

Im allgemeinen kommt ein Handpult (Bild 5.12) zum Einsatz, das über ein genügend langes Kabel mit dem Steuerschrank verbunden ist, um dem Programmierer genügend Bewegungsfreiheit bei seiner Aufgabe zu gewähren (System VW).

Dieses Handpult hat zunächst bis zu 14 Druckknöpfe zur Betätigung von sieben Freiheitsgraden in beiden Richtungen, ein Not-Halt sowie Tasten zum Betätigen der Greifeinrichtung, zum Verfahren in Einzelschritten, zum Programmieren (Speichern) und Anzeigen für Programmschritte. Beim „Anfahren und Speichern" werden also über ein Bedienpult die ein-

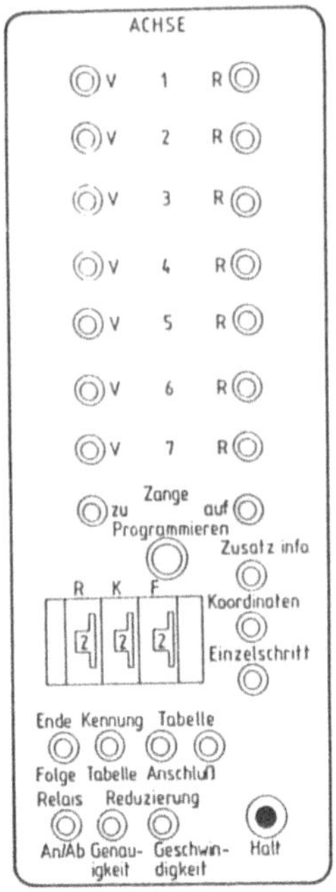

Bild 5.12 Handpult (Beispiel) für die Programmeingabe im Teach-in-Verfahren bei einem Industrieroboter (System VW).

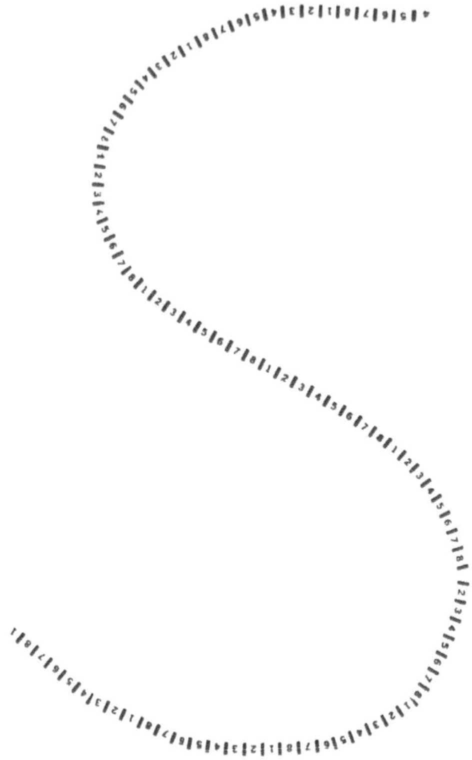

Bild 5.13 S-förmiger Kurvenverlauf in der XY-Ebene. Die Strecke 1 bis 8 = 4 cm. Von einem bestimmten Industrieroboter interpoliert der Inneninterpolator einer Bahnsteuerung auf dieser Strecke achtmal.

zelnen Achsen des Industrieroboters mit verminderter Geschwindigkeit so lange verstellt, bis die gewünschte Position des Werkzeuges oder des Greifers in einem Raumpunkt erreicht ist. Durch Tastendruck wird diese Stellung in den Speicher überführt und als Programm übernommen. Spielt bei dem Einsatz des Gerätes der Bahnverlauf, zum Beispiel bei Maschinenverkettungen, keine Rolle, sondern nur die Punkte, an denen der Greifer eine Arbeit verrichten soll, so genügt eine PTP-Steuerung.

Wenn wie beim Schmelzschweißen eine definierte Bahn in der Ebene oder beim Spritzlackieren sogar eine bestimmte Raumkurve eingehalten werden muß, dann wird eine CP-Steuerung mit Inneninterpolator benötigt. Zur Anwendung kommen meistens lineare Interpolatoren, die eine Kurve in Geradenstücke auflösen.

Das Auflösungsvermögen wird von der Speicherkapazität, dem Inneninterpolator und der Güte des Wegmeß-Systemes beeinflußt. Im Bild 5.13 soll an einer einfachen S-Kurve in der Ebene gezeigt werden, daß die Programmierung mittels „Anfahren und Speichern" durchaus schwierig sein kann. Innerhalb von 4 cm, also einer Strecke, von eins bis acht auf der S-förmigen Kurve wird innerhalb der Steuerung im Interpolator achtmal eine Elementareinheit geradenmäßig festgehalten. Ein Wegmeß-System mit entsprechend feinerem Auflösungsvermögen läßt auf derselben Strecke eine Unterteilung in zum Beispiel 252 Einheiten zu. Je nach Programmgeschick wird also diese S-Kurve beim Programmieren mit „Anfahren und

Speichern" im ersten Anlauf Ecken aufweisen, die aber durch wiederholtes Anfahren korrigiert werden können. Hier liegt auch der Vorteil dieses Verfahrens, das von fast allen modernen Geräten vom Typ:

Unimate
IWKA,
Renault,

um nur einige zu nennen, angewandt wird. Nachteilig wirkt sich aus, daß die Bahn oder der Punkt mittels Tasten angefahren werden muß, was, wie man an der S-förmigen Bahn gesehen hat, sich in Verbindung mit der Interpolation auf einen Bahnverlauf störend auswirken kann.
Speziell bei Raumkurven im Anwendungsbereich des Beschichtens wird auch gerne eine andere Art der Vorführprogrammierung, das „Abfahren einer Bahn" angewandt. Hier bewegt der Programmierer den Manipulatorarm direkt, der zu diesem Zwecke (meistens handelt es sich bei diesen Geräten um hydraulisch betriebene Handhabungseinrichtungen) in den Hydraulikzylindern drucklos gemacht wurde.
Während des Führens des Manipulatorarmes werden alle entsprechenden Weginformationen gespeichert. Damit wird die Genauigkeit des Bahnablaufes im wesentlichen dem Vermögen des Programmierers überlassen, die Bahn entsprechend genau abzufahren. Von großem Nachteil bei dieser Art der Programmierung ist, daß Korrekturen an einzelnen Stellen nicht möglich sind. Es muß hier jeweils das gesamte Programm korrigiert werden. Das kann, zumal bei schwierigen Bahnkurven im Bereich Beschichten, Schweißen u.a. sehr zeitaufwendig werden. Trotz der drucklosen Hydraulikzylinder und des Gewichtsausgleich am Manipulatorarm ist diese Methode kompliziert und für den Programmierer kräfteraubend, so daß für diese Fälle Erleichterung durch einen reibungsarmen Manipulatorarmsimulator geschaffen wurde (zum Beispiel Painter von Firma Nordson).
Im allgemeinen sind folgende *Betriebsarten* bei einer Industrierobotersteuerung dieser Art möglich:

- Automatik,
- Einzelschritt,
- Satzvorwahl,
- Referenzpunkt,
- Programmkorrektur,
- Handverfahren,
- Programmierung (Bild 5.14).

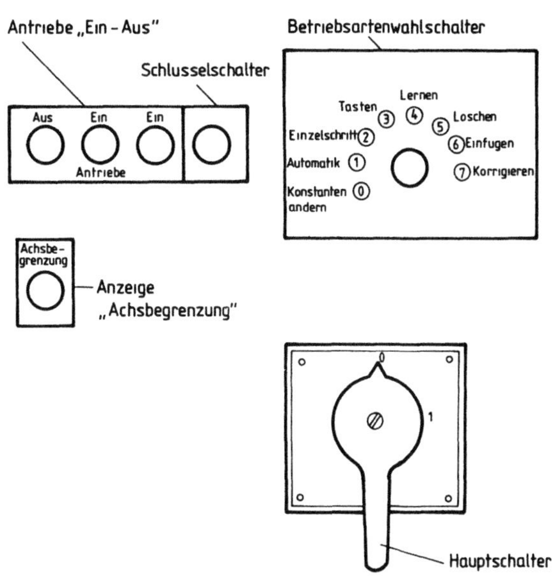

Bild 5.14
Betriebsartenwahlschalter am Schaltschrank eines Industrieroboters (System VW)

Über Leuchtdioden oder einen Bildschirm sind Anzeigen des gegenwärtig gefahrenen Programmes möglich.
Je nach Bedienungskomfort lassen einzelne Geräte noch folgende *Programmstrukturen* zu:

bei ASEA:

- Punkt-zu-Punkt-Steuerung mit Feinpositionierung,
- PTP-Steuerung mit Grobpositionierung,
- Bahnsteuerung mit beliebig programmierbarer Geschwindigkeit,
- Suchen entlang einer Linie,
- Ansteuern von Greifern,
- Erkennen von Eingangssignalen,
- Verweilzeiten,
- willkürliche Sprünge,
- Wiederholen von Programmabschnitten,
- Musterlegen,
- Programmänderungen in bereits erstellten Programmen,
- Korrigieren oder Löschen von Programminstruktionen,
- Einlesen von neuen Programminstruktionen in das Programm,

bei Unimation:

- Ausgangssignale (Dauer 150 ms),
- Eingangssignale (Wartezeiten),
- Zeitverzögerungen,
- externe Not-aus (auf Sicherheitsbereich geschaltet),
- vorzeitiges Programmende (zum Springen in ein anderes Programm),
- drei Genauigkeitsklassen,
- Suchprogramm für den Standort des Manipulatorarmes nach Not-Aus.

Die Geräte bei Retab weisen sogar programmierte Funktionen auf:

- Geschwindigkeitsprogramm (Bild 5.15),
- normales Sprungprogramm (Bild 5.16),
- Auswahlprogramm mit vier verschiedenen Unterprogrammen (Bild 5.17),
- Suchschleife (Bild 5.18).

Das Unterprogramm in Bild 5.15 soll eine Geschwindigkeitsänderung zwischen Programmierung und Programmablauf ermöglichen, ohne eine Genauigkeitsänderung hervorzurufen. Bild 5.16 zeigt, wie verschiedene Ablagemuster, die in unterschiedlichen Speichern abgelegt sind,

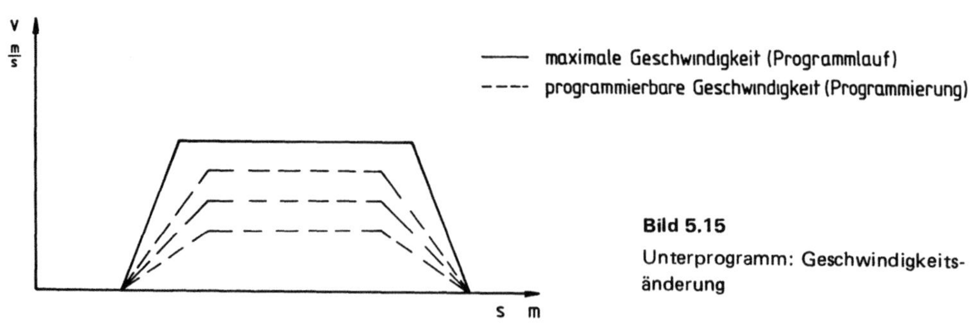

Bild 5.15
Unterprogramm: Geschwindigkeitsänderung

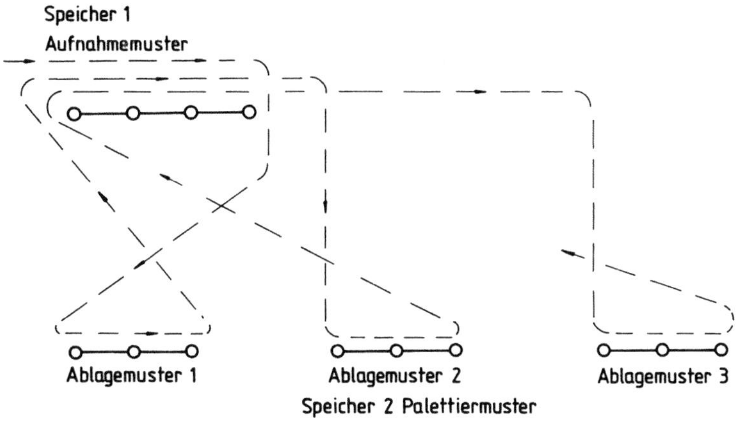

Bild 5.16 Unterprogramm: Sprungfunktion [4/70]

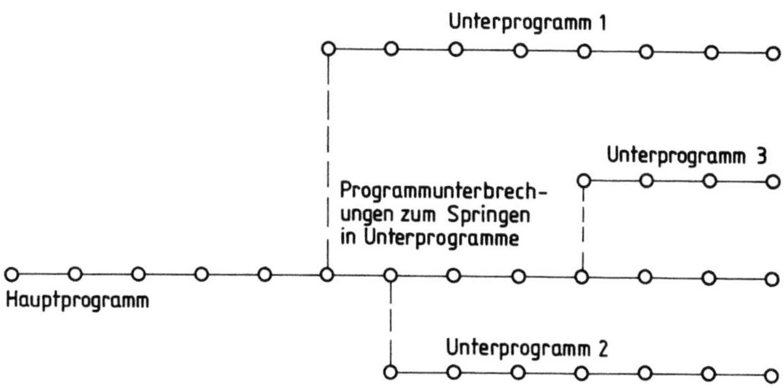

Bild 5.17 Unterprogramm: Auswahlprogramm

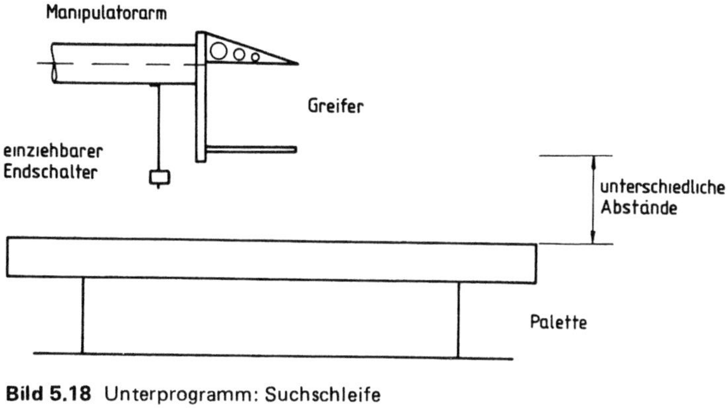

Bild 5.18 Unterprogramm: Suchschleife

zusammengefaßt werden können, wobei dann daraus ein vollständiges Ablageprogramm für Palettieraufgaben entsteht.
Unterprogramme können durch Sprungfunktionen aufgerufen werden, wie man im Bild 5.17 sieht. Dabei kann das Aufrufsignal zeitunabhängig sein oder durch äußere Funktionen eingeleitet werden. Im Bild 5.18 schließlich wird gezeigt, wie durch eine Sensorfunktion (in diesem Falle einen einfachen Endschalter) mit einer einprogrammierten Suchschleife eine nicht näher definierte Entfernung (zum Beispiel bei einem sich ändernden Palettenstapel) überbrückt werden kann, ohne daß man den genauen Wert der Entfernung mühsam einprogrammieren muß.
Hier ist bereits der Übergang von der Vorführprogrammierung zur maschinellen Programmierung durchgeführt worden, indem für spezielle Fälle Unterprogramme erarbeitet wurden. Diese Unterprogramme zeigen deutlich die Grenzen, an die diese Programmart der Vorführprogrammierung stößt, nämlich dann, wenn viele einander ähnliche Vorgänge zusammengefaßt werden können. Wenn sie dagegen einzeln eingegeben werden müssen, nehmen sie zuviel Zeit in Anspruch.
Je nach Komfort der vorhandenen Industrieroboter-Steuerung ergeben sich für die Programmierung mehrere Phasen, wie man in Bild 5.19 sehen kann.

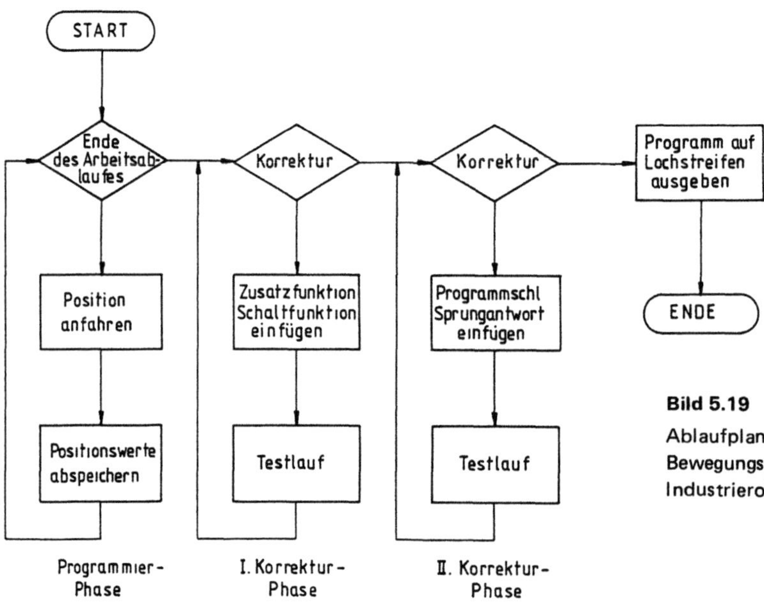

Bild 5.19
Ablaufplan zum Erstellen eines Bewegungsprogrammes für einen Industrieroboter

5.3 Programmiersprachen

Programmiersprachen in Verbindung mit Vorführprogrammierung (Teach-in) senkt Programmierzeiten zum Beispiel bei

- komplizierten Bahnen in Ebene und Raum,
- Stapelprogrammen und dem
- Montieren von Teilen.

Man unterscheidet bei den Programmiersprachen zwischen den

- elementaren Programmiersprachen und
- problemorientierten Programmiersprachen.

5.3.1 Elementare Programmiersprachen

Anweisungen in elementaren Programmiersprachen sind in Bild 5.20 enthalten. Wie man im Vergleich mit Abschnitt 5.3 erkennen kann, enthalten manche der modernen Industrierobotersteuerungen Anweisungen in Form von Unterprogrammen dieser elementaren Programmiersprachen. Der Programmaufbau einer elementaren Sprache ist in Bild 5.21 zu sehen. Unter Grundfunktionen versteht man zum Beispiel unter anderem:

- Wegbedingungen
  - Geraden-Interpolation,
  - Verweilzeit,
  - Suchfunktion,
  - Genauhalt,
  - Schnellhalt,
- Zusatzfunktionen
  - Unterprogramm Rücksprung,
  - Synchronisation mit externen Bewegungen,
  - Unterprogrammsprung.

Musteranweisung für mehrere Muster
Anweisung für die Verarbeitung interner logischer Zustände
Bedienungsanweisungen mit logischen Ausdrücken
arithmetische Operationen
Schleifenanweisungen
Kontroll- und Überwachungsanweisungen
Ein- und Ausgabeanweisungen

Bild 5.20 Elemente aus einer elementaren Programmiersprache. [1/1]

Programmteil	Element
Programmaufbau	Programmanfang : Programmende
Satzaufbau	Satzanfang : Satzende
Wortaufbau	Ziffernfolge
Adreßbuchstabe	Koordinatenfunktion Grundfunktion Steuerfunktion

Bild 5.21 Programmaufbau einer elementaren Programmiersprache für Handhabungseinrichtungen. [1/1]

Adresse	Bedeutung
A	Drehbewegung um X-Achse
B	Drehbewegung um Y-Achse
C	Drehbewegung um Z-Achse
G	Wegbedingung
M	Zusatzfunktion
S	Drehzahl
X	Bewegung in Richtung X-Achse
Y	Bewegung in Richtung Y-Achse
Z	Bewegung in Richtung Z-Achse

Bild 5.22 Adressen für die Programmierung von NC-Werkzeugmaschinen. [1/1]

Adreßbezeichnungen könnten in Anlehnung an DIN 66 025 für den Programmaufbau numerisch gesteuerter Maschinen lauten, wie in Bild 5.22 dargestellt.

Da für die Beschreibung von vor allem schwierigen Montagevorgängen außerdem Anweisungen zur Verarbeitung interner logischer Zustände, Bedienungsanweisungen mit logischen Ausdrücken sowie Schleifen- und Kommunikationsanweisungen notwendig sind, die in den elementaren Programmiersprachen nicht enthalten sind, ergab sich daraus die Notwendigkeit zur Entwicklung von höheren Programmiersprachen für flexible Handhabungsautomaten.

Die Programmiersprache ROBOS von GdA umfaßt folgende Programmpakete

- Systemprogramme,
- Anwenderprogramme und
- Diagnoseprogramme.

Im einzelnen sind in den Programmpaketen folgende Programmroutinen enthalten:

Systemprogramm

Betriebssystem	(Initialisierung, dynamische Speicherverwaltung, Bildformatierung ...)
Programmsystem	(Raumpunktaufnahme, Raumbahnbinder, Löscheinheit ...)
Numeriksystem	(Meßwerterfassung, Differenzberechnung, Interpolator, Fahrprofilgenerator Lageregler, Raumpunktablaufsteuerung, Koordinatentransformator ...)
Sicherheitssystem	(Meßwertkontrolle, Interfacekontrolle, Lage-Schleppfehlerkontrolle, Realzeitkontrolle ...)

Anwenderprogramm

Standardpaket	(Prozeßüberwachung, Sprungfolgesteuerung ...)
Anlagenspezifische Programme	(Widerstandspunktschweißen, Lichtbogenschweißen, Greiferkraftregelung, Materialandruckregler, Palettieren ...)

Diagnoseprogramme

Systemtest	(CPU-Funktion, Speicher, Übertragungssysteme, Interruptsystem, Interface, Display ...)
Maschinentest	(Meßwertaufnehmer, Antriebssystem ...)
Peripherietest	(Übertragungssystem ...)
Softwaresimulation	

5.3.2 Problemorientierte Programmiersprachen

Diese höheren Programmiersprachen sind alle problemorientiert hinsichtlich ihrer Anwendung für ganz spezielle Schwierigkeiten. Bild 5.23 stellt den Zusammenhang zwischen Sprache, Bedeutung der Sprachbezeichnung, Entwicklungseinrichtung, Anwendung der Programmiersprache sowie die dazu benötigte elektronische Datenverarbeitungsanlage und den Speicherplatz dar. Wie man an den Speicherplatzbedarf erkennen kann, werden durchaus bereits Prozeßrechner mit mittlerer Speicherkapazität in der Größenordnung um 20 kB benötigt.

Sprache	Erläuterung	Entwickler	Anwendung	EDVA	Speicherplatz	Bemerkung
ALFA	***A L***anguage ***f***or ***A***utomation	General Telephone	Handhabung an asynchronen Fördereinrichtungen	PDP 11/10	13 KB	
ML	***M***anipulator ***L***anguage	IBM	Montageaufgaben	IBM 370		gleichzeitige Steuerung von zwei Geräten
ROBOTLAN	***Robot Lan***guage	Kawasaki	flexible Montagesysteme			technologische Anweisungen
SIGLA	***Sig***ma ***La***nguage	Olivetti	Montageaufgaben	Olivetti TE 318	16 KB	mehrere Geräte an EDV anschließbar. Montieren von Teilen auf Leiterplatten
URI	***U***niversity ***R***hode ***I***sland	Rhode Island University				Eingabe der Positionssollwerte durch interaktiven Bildschirm on-line EDV
VAL	***Va***riable ***L***anguage	Unimation	Montage, Handhabungsaufgaben			

Bild 5.23 Zusammenstellung einiger Programmiersprachen für Industrieroboter.

Nach Expertenschätzungen soll es allein 1985 weltweit im Bereich der Industrieroboteranwendung größenordnungsmäßig etwa 200 on-line Programmiersprachen geben. Bild 5.24 zeigt davon nur einen ganz kleinen Teil. Diese Sprachen sind meist

gerätebezogen und
anwendungsbezogen.

Anwender verschiedener Roboterfabrikate müssen, wie zur Zeit der Anfänge der NC-Automatenprogrammierung, jeden der unterschiedlichen Prozessoren beherrschen. Es gibt noch keine Postprozessoren (Anpaßprogramme), die die einzelnen Industrieroboter-Sprachen an die unterschiedlichsten EDV-Geräte anzupassen vermögen. Diese Programmiersprachen sind meist in den verschiedensten EDV-Hochssprachen abgefaßt von FORTRAN, ALGOL, PASCAL, BASIC, PL/1 oder RTL/2. Ihr Befehlsvorrat umfaßt 12 Befehle zum Beispiel bei AML/Entry bis 200 und mehr Befehlen bei AML und anderen Programmiersprachen. Angenähert an den englischen Befehlsvorrat in den EDV-Hochsprachen sind die Anweisungen in Englisch oder zumindest, wie zum Beispiel bei ROLF, die Anfangsbuchstaben der Anweisungen. Allmählich werden die Programmiersprachen in ihrem Befehlsvorrat auch in Deutsch erstellt, wie zum Beispiel für den Montageroboter SR800 von Bosch (Bild 5.25).

Programmiersprache		Herkunft
AL, LISP	(Assembly Language, List Processing)	TH Karlsruhe, Universität Tokyo
ARL-1	(Assembly Robot Language)	Hitachi
INDA	(Industrial Automation)	Philips, SRI
LM	(Language Manipulator)	Universität Grenoble
MAL	(Multipurpose Assembly Language)	Labsed Labor Italien
MCL	(Manufacturing Control Language)	McDonnell Douglas
PLAW	(Programming Language Arc Welding)	Komatsu
RAPT	(Robot Automatically Programmed Tools)	Universität Edinburgh
ROBEX	(Roboter EXAPT)	TH Aachen
ROBOS	(Robot Operating System)	GdA
ROLF	(Robot Orientated Language Formalism)	Jungheinrich, Cloos
SIRF	(Sankyo Industrial Robot Formula)	Sankyo
VML	(Virtual Machine Language)	Labsed Labor Italien

Bild 5.24 Zusammenfassung einiger weniger Programmiersprachen mit Herkunft. Aus dem Namen der Sprache kann man Rückschlüsse auf ihre Anwendbarkeit ziehen.

Anweisung		Beispiel
Bewegungsfunktion	Fahren mit Absolutmaßangaben	FAHRE LINEAR ÜBER P1 NACH P2 FAHRE KREIS ÜBER P1, P2 NACH P3
	Fahren mit Inkrementalmaß-angaben	VERSCHIEBE LINEAR CIRKA D1 D2 EXAKT D3
Ablauffunktion	Bedingte Anweisung	WENN ... DANN ... SONST
	Logische Verknüpfung	UND, ODER, NICHT
	Sprunganweisung, Verzweigung	WENN E = 1 SPRUN =,( ), (,(=,),)=
	Schleifen	WDH 5 MAL, WDH_ENDE
	Verzögerungen	WARTE 5, WARTE BIS E = 1
	Arithmetische Funktionen	+, −, ...
Sensorfunktion	Ein-Ausgabe	LESE (V.24-1) SENSOR SCHREIBE "TEXT"

Bild 5.25 Beispiele aus dem Anweisungsvorrat für den Montageroboter SR800 von Bosch

Eine Übersicht über Leistungsfähigkeit der bekannten problemorientierten Programmiersprachen gibt Bild 5.26.

Dabei erfolgt eine Aussage über Verwendungsmöglichkeit in der Montage und Handhabung, über Sprachstruktur, Programmelemente, Kontrollanweisungen, Kommunikationsanweisungen, das Programmierverfahren sowie die Anzahl der Anweisungen, die die jeweilige Programmiersprache enthält. Hier zeigt sich, daß die mittlere Zahl der Anweisungen so etwa bei 50 liegt.

Hauptsächlich für ihre Montageroboter Puma (*p*rogrammable *u*niversal *m*anipulator for *a*ssembly) hat die Firma Unimation die Programmiersprache VAL entwickelt. Ohne im einzelnen auf die entsprechenden Adressen und ihre Bedeutung eingehen zu wollen, soll im Bild 5.27 an einem programmierten Fallbeispiel die Wirksamkeit und Notwendigkeit der Programmiersprachen nachgewiesen werden. Es handelt sich um eine Anwendung aus dem Ge-

Sprache	Verwendung		Struktur			Programmelemente										Kontrollanweisungen			Kommunikation		Programmierverfahren		
							Geometrieanweisungen				Ablaufanweisungen												
	Montage	Handhabung	extern	intern	Interpreter	arithmetische Anweisung	Punkte	Muster	Geraden	Bahnen	Stop	Sprunge	Schleifen	Unterprogramme	logische Entscheidung	Sensoranweisung	Notanweisung	Storung	Eingabe	Ausgabe	extern	extern + Teachin	Anzahl d Anweisungen
ALFA		O			O		O				O	O			O	O	O	O				O	
ML	O		O		O	O	O				O	O	O	O	O	O			O	O	O		
ROBOTLAN	O			O			O				O	O	O		O	O	O	O				O	
SIGLA	O				O	O	O		O	O	O	O		O	O	O	O		O	O		O	
URI		O			O		O				O											O	
VAL	O	O			O		O	O	O	O	O	O	O	O			O	O	O	O		O	

Bild 5.26 Übersicht: Problemorientierte Programmiersprachen und ihre Fähigkeiten

Anweisung	Übersetzung
EDIT PROGRAM	Programmeröffnung
1000 OPEN 2.5	Greifer 2,5" geöffnet während der nächsten Operation
APRO PICK, 2.9	2,9" vom Punkt „Greifen" entfernt
SPEED 50	50 % Geschwindigkeit nur für den nächsten Schritt
MOVE PICK!	gehe zum Punkt „Greifen"
GRASP .3, 1000	Greifer schließen, wenn Gegenstand vorhanden, weitermachen, sonst zu Punkt 1000 zurückgehen
DEPART 3	Gehe 3" in Richtung des Manipulatorarmes
APROS PLACE, 3	Gehe 3" in Richtung des Punktes „Ablegen"
SPEED 10	10 % Geschwindigkeit nur für den nächsten Schritt
MOVE PLACE	gehe direkt zum Punkt „Ablegen"
OPEN 2,5	Greifer 2,5" geöffnet
DEPART 2	gehe 2" von Punkt „Ablegen"
E	Ende

Bild 5.27 Programmtext aus der Programmsprache VAL der Firma Unimation. [4/66]
(" = 1 inch)

biete der Handhabung, wobei der Industrieroboter laufend wiederkehrende Vergänge ausführen muß, die sich nur hinsichtlich der räumlichen Koordinaten unterscheiden, an denen der Industrieroboter ein Teil aufnimmt und es an bestimmter Stelle wieder ablegt.

So ein Stapelprogramm im Teach-in-Verfahren für unterschiedliche Teilegrößen programmiert, mag sicher den Teileprogrammierer auf Dauer zu einem Fall für eine Nervenheilanstalt werden lassen, während es für eine Programmiersprache völlig problemlos ist. Es ist vorstellbar, daß ähnliche Probleme für praktische Anwendungen, wie

- Montage von Schrauben,
- Schweißen einer komplizierten Raumkurve

möglich sind.

```
σ1
_DO_I = 1_T03
σI PAUSE
_VM_10
_GF_P(1)
_GF_P<2 – 5,1>
_END_σI
_GF_P<600 – 602>
_W_500_M
_GF_P<603>
_W_1_S
_GF_P<604,1>
_J_σ1
_END
```

Bild 5.28
Beispiel aus der Programmiersprache ROLF (Firma Cloos, Haiger)

Anweisung	Übersetzung
LIST END	Parameter listen: Maximal sind 32 Listen möglich
PROC_NAME RETU	Unterprogramm: EDI-Befehle (Einlesebetrieb) wie Verschleißmaße, Programmänderungen (I = einfügen, D = löschen ...), Fahr- und Wartebefehle (PAUSE)
σ1IF_E(10)_THEN_J_σA J_σ1	Abfrageschleife: Ist der abgefragte Eingang 1, wird das Kommando ausgeführt. Anderenfalls wird das Kommando übersprungen und zur nächsten Zeile übergegangen. Springe auf die Sprungmarke 1
σA J_σ1	Hauptprogramm A: Alle EDI-Befehle möglich
PROC_R	Programmaufruf zum Reinigen der Schweißpistole
GF_P(600–601)	Fahrbefehle: Go Foward To Point
W_1_S	Wartebefehl: Wait 1 Second
SSPD_15,10	Korrekturgeschwindigkeit: Search Speed für Höhe und Seite (für Nahtsuchen)
END	Programmende

Bild 5.29 Auszug aus dem Anweisungsvorrat der Programmiersprache ROLF mit Übersetzungen

Dabei würde zum Beispiel bei der Schraubenmontage der Ausgangspunkt bis zum Ansetzen der Schraube und dem Eindrehen durch Teach-in-Programmierung vorgenommen werden, während der weiterführende Vorgang des Eindrehens der Schraube durch Software der Programmiersprache erledigt wird.
Beim Schweißen der Bahnkurve könnte die mathematische Beschreibung der Kurve zusammen mit Anfangs- und Endpunkt zur Programmierung mittels problemorientierter Programmiersprache genügen.

Hier wird als Beispiel zur Programmierung von einem Lichtbogenschweißroboter eine DO-Schleife im Programm dargestellt. Der Roboter fährt zweimal das Hauptprogramm (Zeile 1 bis 6) und dann einmal das Hauptprogramm mit der Folgeanweisung (Zeile 1 bis 12) ab. Die Folgeanweisung besagt, daß die Schweißpistole mechanisch gereinigt werden soll (Bild 5.28). Bei dem dargestellten Beispiel handelt es sich um die zu einem späteren Zeitpunkt wie VAL erstellte Programmiersprache ROLF (Montieren, Schweißen) für die Robotersysteme der Firmen Jungheinrich/Cloos. Bild 5.29 stellt den Anweisungsvorrat dieser Sprachen dar. Wie man in einem späteren Kapitel sieht, ermöglichen diese Sprachen bereits eine Koordinatentransformation aufgrund von Sensoreinsätzen.

5.4 Signalverkehr zwischen Industrieroboter und Peripherie

Dieser *Signalverkehr* zwischen dem Handhabungsgerät und seiner Peripherie wird durch Eingangs- und Ausgangsfunktionen gestaltet.
Moderne Industrieroboter haben im Durchschnitt je acht Eingangs- und Ausgangskanäle. Diese Kanäle sind mit Funktionen verbunden und können in der Regel an der Steuerung oder am Bedienungspult abgegriffen werden.

Man unterscheidet folgende Signale:

- Steuerkommandos,
- Verkettungssignale,
- Sensorinformationen,
- Sicherheitssignale.

Steuerkommandos greifen unmittelbar in den Betriebszustand des Industrieroboters ein. Verkettungssignale dienen zur Koordinierung von Abläufen zwischen Industrieroboter und Peripherie. Sensorinformationen ermöglichen unvorhersehbare Abläufe zu steuern. Hier werden sogenannte Interrupte programmiert, die der Industrierobotersteuerung anzeigen, daß sie auf eine Sensorinformation reagieren muß. Sicherheitssignale schützen Personal und Anlage.
Die Schwierigkeiten bei der Koppelung verschiedenartiger Geräte von unterschiedlichen Herstellern und mit unterschiedlichen Betriebsspannungen von 220 V über 60 V bis 24 V oder 12 V, unterschiedlichen Schaltmitteln zum Beispiel Schütze, Reedrelais, diskrete Transistorschaltungen, integrierte Schaltkreise beim Industrieroboter und Kleinrelais, Magnetventile und Leistungsrelais bei der Peripherie führen zu folgenden Störmöglichkeiten:

- Prellen mechanischer Kontakte,
- kapazitiv und induktiv eingekoppelte Störspannungen,
- Spannungsschwankungen vom Netz und
- Erdschleifen.

Wenn Endschalter prellen, verursachen sie Signalstörungen, die zu Doppelschaltungen führen können. Hier helfen sowohl andere Federeinsätze, als auch eine elektrische Fangschaltung, die nur das Anfangssignal verwertet. Störspannungen von Elektromotoren oder Netzspannungsschwankungen durch lockere Phasen, zu lange oder zu dünne Versorgungsleitungen sowie zu starke Spannungsverbraucher in Steuerungsnähe erzeugen Signale, wo keine sein dürften. Ein Ausweg ist auch hier eine Fangschaltung, die kurzzeitige Spannungsspitzen diskriminiert. Erdschleifen entstehen zwischen räumlich getrennten Erdpunkten. Es fließen Ströme, die einen Spannungsabfall erzeugen können. Hier hilft nur eine konsequente Trennung von Strompfaden und Potentialtrennung oder der Einbau von Tiefpaßfiltern [4/4].

Wenn in Rechnernetzen im Rahmen des CIM-Konzeptes Daten ausgetauscht werden, so werden meist Schnittstellen dafür benötigt. Der Datenaustausch hat den Vorteil, daß auf die Daten von mehreren Arbeitsstationen

- gleichzeitig zugegriffen,
- die Daten nicht verändert,
- keine Datenträger notwendig und
- Kosten gespart

werden.

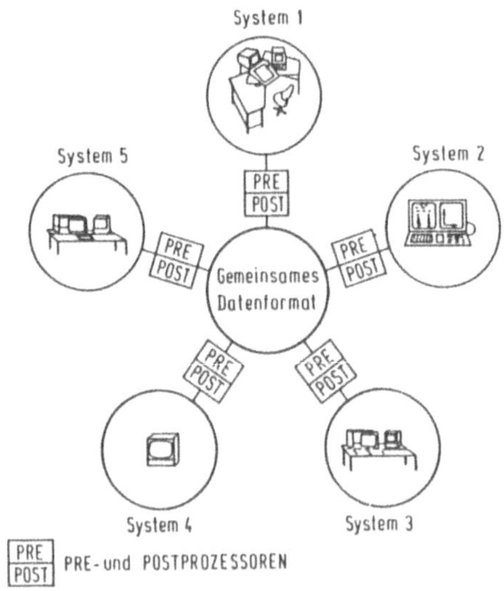

Bild 5.30

VDAFS: Datenübergabe zwischen einzelnen CAD-Systemen über ein gemeinsames Datenformat

Der Datenaustausch erfolgt nicht allein über die Hardware, sondern auch über die Software. Um dies zu ermöglichen, werden die Daten über Schnittstellen und Prozessoren von einem Programmpaket zu einem anderen übertragen. Die auf dem Markt befindlichen Programmsysteme unterscheiden sich aber hinsichtlich ihrer Anwendungsschwerpunkte durch unterschiedliche Datenstrukturen sowie durch unterschiedliche Mengen von Datenelementen (Entities). Um Daten zum Beispiel von einem CAD-System zu einem anderen zu übergeben, gibt es folgende Möglichkeiten:

- die Daten werden vom CAD-System A mittels eines Prozessors extrahiert und konvertiert, so daß sie vom CAD-System B verarbeitet werden können. Der Prozessor ist dabei in seinem Funktionsumfang und der Verarbeitungsweise auf beide CAD-Systeme abgestimmt. Zur Übertragung der Daten in beiden Richtungen werden zwei Prozessoren benötigt.
- Die Daten des CAD-Systems A und des CAD-Systems B werden in einem gemeinsamen systemunabhängigen Datenformat über einen Preprozessor eingespeichert und können von dort über Postprozessoren entnommen werden (Bild 5.30).

Im ersten Falle müssen für jede Kopplung zu einem neuen System zu allen bestehenden Systemen neue Prozessorkombinationen erstellt werden, während für den zweiten Fall die Existenz einer genormten Datenschnittstelle erforderlich ist, damit die Datenübertragung über eine Pre-/Postprozessorkombination möglich ist.
Die erste genormte Datenschnittstelle dieser Art war die IGES Version 2.0 (ANSI Y 14.26M) in den USA. Die IGES (Initial Graphics Exchange Specification) wurde ursprünglich für den Austausch von technischen Zeichnungen sowie 3D-Drahtmodellen aus CAD-Anwendungen in der mechanischen Konstruktion entwickelt. In Version 1.0 sind 34 verschiedene Entities (Datenelementtypen) mit insgesamt 41 unterschiedlichen Subtypen definiert. In Folgeversionen wurde das Entityspektrum erweitert, so daß zum Beispiel FEM- und elektronische Schaltungs-Daten ausgetauscht werden können. Da das Gebiet der Freiformgeometrie bisher nicht ausreichend von der IGES-Spezifikation abgedeckt wird, die Übertragung von Freiformkurven und Flächen in der deutschen Automobilindustrie zum Beispiel von großer Bedeutung ist, wurde eine VDA-Flächenschnittstelle (VDAFS) entwickelt. In der VDAFS sind folgende Elemente definiert:

Punkt,
Punktfolge,
Punkt-Vektorfolge,
Kurve (polynominal beliebigen Grades) und
Fläche (bipolynominal beliebigen Grades).

Die Geometrieelemente können in der Transferdatei zu Gruppen zusammengefaßt werden und mit beliebigen Kommentaren in der Datei ergänzt werden. Die VDAFS liegt als DIN 66 301 vor. Sie ermöglicht den Datenaustausch unterschiedlicher Oberflächen-CAD/CAM-Systeme [5/7].

5.5 Koordinatentransformation

Koordinatentransformationen werden dann notwendig, wenn durch angebaute optische oder taktile Sensoren die Programmierung vereinfacht wird. Bei so einer Koordinatentransformation muß am Greiferangriffspunkt (TCP = Tool Center Point) gegenüber dem vom Sensor erkannten Punkt eine Transformation erfolgen. Es soll kurz versucht werden, die komplizierten mathematischen Vorgänge, die sich im Steuerungsinneren abspielen, zu erläutern, damit der Leser erkennt, welche Schwierigkeiten sich beim Einsatz von Sensoren mit Koordinatentransformationen ergeben.
Bild 5.31 zeigt einen Blick auf die zy-Ebene. Bei einer Rotation des Systems um die X-Achse ergibt sich für den Vektor $\underline{C}$ eine Drehung um den Winkel φ in den Vektor $\underline{C}'$. Für die Komponenten des Vektors kann man schreiben:

$$y' = y.\cos\varphi + z.\sin\varphi \quad \text{und}$$
$$z' = -y.\sin\varphi + z.\cos\varphi$$

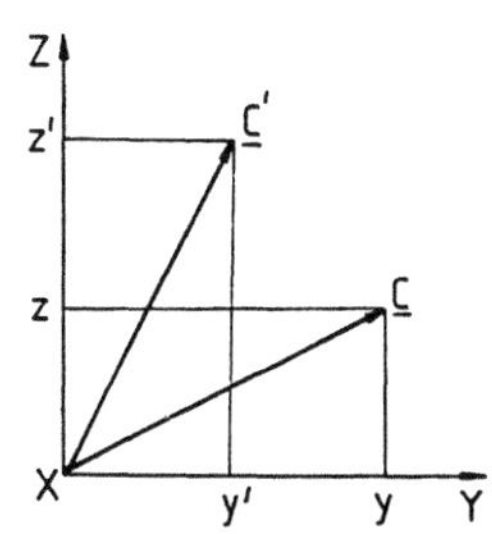

Bild 5.31
Darstellung einer Drehung um die X-Achse eines räumlichen Koordinatensystems

Diese Drehung kann man auch mit einer Matrize beschreiben. In Matrizenform ist die Berechnung vor allem im Rahmen der EDV leicht programmierbar und schnell ausführbar:

$$R_x = \begin{bmatrix} 1 & 0 & 0 \\ 0 & \cos\varphi & -\sin\varphi \\ 0 & \sin\varphi & \cos\varphi \end{bmatrix}$$

Wenn man für $\cos\varphi = ci$ und $\sin\varphi = si$ setzt, ergibt sich vereinfachend:

$$R_x = \begin{bmatrix} 1 & 0 & 0 \\ 0 & ci & -si \\ 0 & si & ci \end{bmatrix}$$

Soll jetzt der Vektor $v^T = (10, 100, 20)$ um die X-Achse mit einem Winkel von 30° rotieren, ergibt sich die Transformation:

$$v' = R_x . v^T = \begin{bmatrix} 1 & 0 & 0 \\ 0 & 0{,}87 & -0{,}5 \\ 0 & 0{,}5 & 0{,}87 \end{bmatrix} \cdot \begin{bmatrix} 10 \\ 100 \\ 20 \end{bmatrix} = \begin{bmatrix} 10 \\ 77 \\ 67{,}4 \end{bmatrix}$$

Damit ist

$$v' = \begin{bmatrix} 10 \\ 77 \\ 67{,}4 \end{bmatrix}$$ die neue Lage des Vektors v^T im Raum.

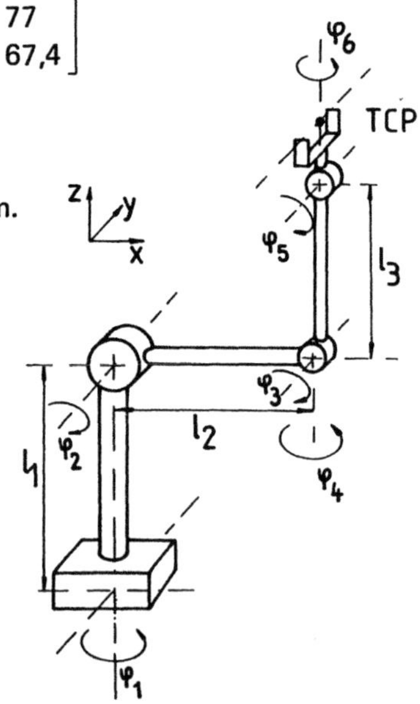

Bild 5.32
Gelenkkombination für einen Industrieroboter, bei dem nur Rotationsbewegungen in den Achsen erfolgen (PUMA Firma Unimation, Heusenstamm) TCP bedeutet Tool Center Point

Letztendlich beschreibt ein Vektor aber nur einen Punkt im Raum. Eine Manipulatorbewegung mit sechs Achsen wird zum Beispiel durch sechs Winkelbewegungen im Raum dargestellt. Dabei gilt zu beachten, daß diese Beschreibung abhängig ist von der Bauweise und der Größe des Industrieroboters, da sich sonst die Raumgleichungen verändern. Für die Koordinatentransformation eines Punktes, zum Beispiel des TCP (Tool Center Point), ist zur internen Bestimmung der Winkel die laufende Berechnung der Transformationsmatrizen notwendig.

Grundstellung der Winkel liegt vor, wenn bei einem Gerät mit einem sphärischen Arbeitsraum, das über eine Grunddrehachse, einen waagerechten Oberarm und einen zusätzlichen Unterarm sowie einen Rotationsgreifer verfügt, nach Bild 5.32 der Handhabungsautomat in der dargestellten Haltung vorliegt. Das heißt Manipulatorober-, unterarm und -greifer sind jeweils parallel zu den entsprechenden Achsen für den jeweiligen Nullpunkt des Winkels:

$\varphi_1 \parallel$ x-Achse
$\varphi_2 \parallel$ xy-Achse
$\varphi_3 \parallel$ z-Achse
$\varphi_4 \parallel$ y-Achse
$\varphi_2 \hat{=} \varphi_3$
$\varphi_6 \hat{=} \varphi_4$

Jede andere Gelenkkombination erfordert eine andere Softwarerechnung der Koordinatentransformation, d. h. Sensoren müssen auch im Hinblick darauf angepaßt werden. Bei einer Koordinatentransformation erfolgt jeweils die Berechnung von kartesischen Koordinaten für die Greiferpunkte (TCP), als auch die Bestimmung der jeweiligen Achsenwinkel an den Gelenken. Dieser Rechenaufwand ist so hoch, daß erst moderne Mehrprozessorsteuerungen in der Lage waren, diese Koordinatentransformation schnell genug auszuführen, ohne daß es zu Programmstillständen kommt [5/9, 5/10].
Zur Bestimmung der Verschiebung in der Praxis wird der Roboter an die verschobene Position eines beliebigen Punktes des verschobenen Musters gefahren. Im ROLF-Befehl zur 3D-Verschiebung wird dann die Nummer des entsprechenden Punktes im verschobenen Muster angegeben. Die Steuerung führt folgende Berechnung durch (Darstellung am sechsachsigen System):

$$I = (I_x, I_y, I_z, I_{alpha}, I_{beta}, I_{gamma})$$
$$P = (P_x, P_y, P_z, P_{alpha}, P_{beta}, P_{gamma})$$

Dabei ist

I die aktuelle Position in kartesischen Koordinaten
P die neue Position ebenfalls in kartesischen Koordinaten.

Die Verschiebung ergibt sich aus

$$\{D\} = \{I\} - \{P\} + \{D\}$$

Mit

$$D = (D_x, D_y, D_z, D_{alpha}, D_{beta}, D_{gamma}).$$

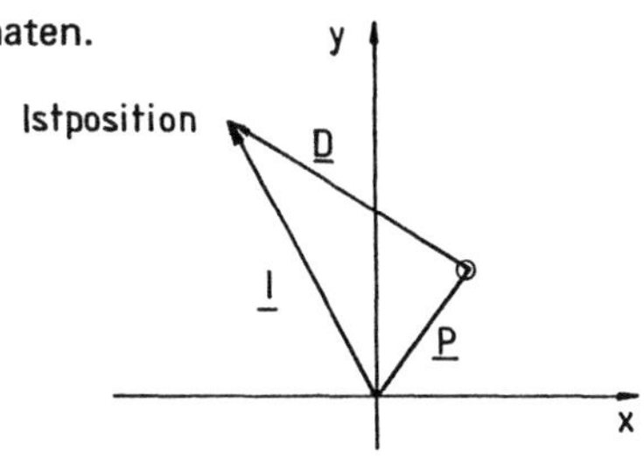

Bild 5.33 Koordinatentransformation in Praxis bei ROLF

Bild 5.33 zeigt so eine graphische Verschiebung in der Ebene [5/12], d. h. der Verbraucher sieht in der Regel nicht den Aufwand, den eine Koordinatentransformation bedeutet. Sie stellt eine Grundlagenprogrammierung dar und muß in Abhängigkeit von Gerätetyp und Gerätegröße sowie der vorliegenden Programmiersprache oder Programmiermöglichkeit erfolgen.
Bild 5.34 stellt die Bemühungen des VDI dar, im Rahmen der Normung eine Festlegung für eine Software-Schnittstelle zwischen Programmiersystem und numerisch gesteuerten Handhabungseinrichtungen zu schaffen. Sie soll dazu beitragen, die externe Programmierung für unterschiedliche Gerätetypen zu vereinheitlichen. Es werden hier die handhabungsspezifischen Funktionen berücksichtigt und entsprechende Modifikationen der Satztypen und Satzinhalte vorgenommen [5/13]. In einer weiteren Richtlinie [5/14] werden Adreßbuchstaben für die Programmierung in verschiedenen Koordinatensystemen vorgeschlagen.

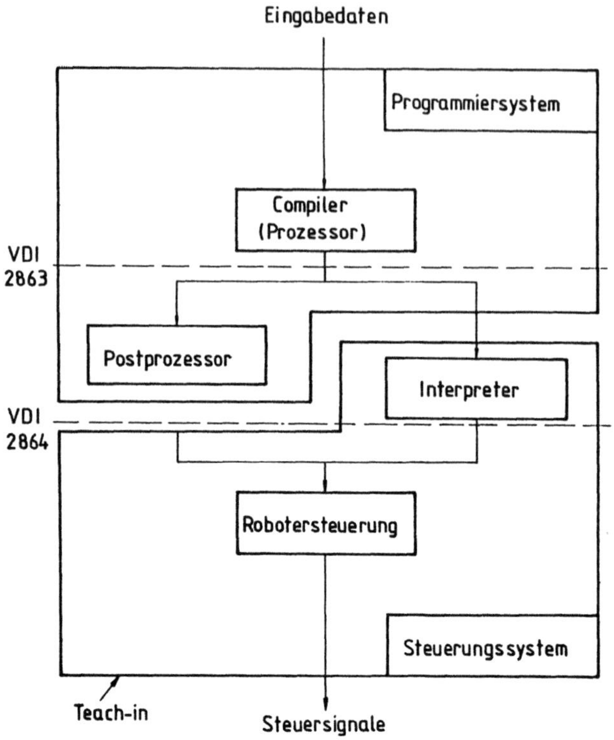

Bild 5.34 Schnittstellen zwischen Programmiersystem und Steuerungssystem von Handhabungseinrichtungen (IRADATA = Industrial Robot Data, VDI 2863 [5/13]

5.6 Speicherung von Bildern

Für Sortier-, Kontroll- oder Montagevorgänge ist neben anderen Sensorfunktionen eine *optische Erkennung* von Teile, Vorgängen oder Szenen oft unerläßlich. Daher muß der Industrieroboter neben der Möglichkeit im Teach-in-Verfahren oder nach einer Programmiersprache programmiert werden, auch die Möglichkeit haben, Bilder, Muster oder Szenen zu erfassen. Eine Programmierung in Form einer Beschreibung scheidet aus. Systeme mit optischen Sensorfunktionen sind sehr zahlreich in Entwicklung. Die Schwierigkeiten liegen, wie in den Kapiteln 3 und 8 erläutert in

- der geringen Wirtschaftlichkeit,
- der hohen Erkennungsdauer,
- den schwierigen Kriterien der Unterscheidung und
- den teilweise zu hohen Anforderungen, die an diese Systeme gestellt werden.

Sortier-, Kontroll- und Montagevorgänge fordern:

- schnelle Speicherung und möglichst
- fehlerfreie Wiedererkennung einer bestimmten Anzahl von Objekten.

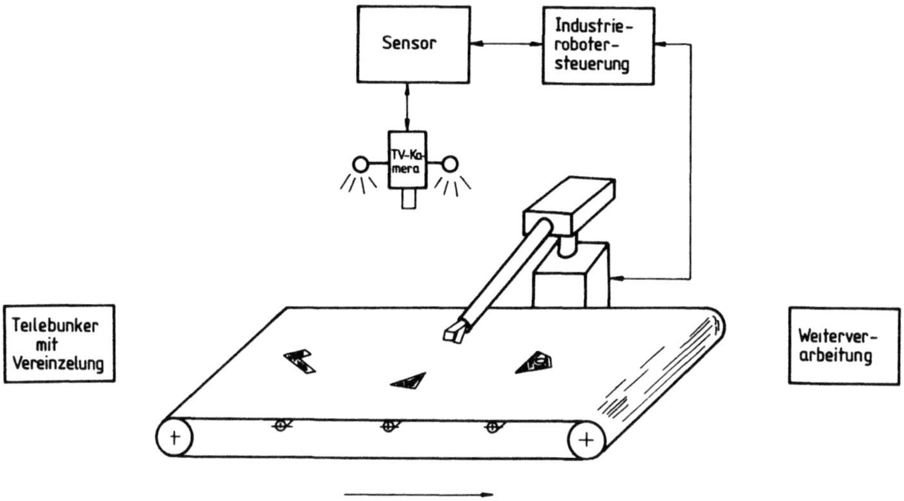

Bild 5.35 Geräteordnung bei der Speicherung von Bildern (BBC) [8/1]

Nach umfangreichen Untersuchungen hat sich inzwischen herausgestellt, daß man die Anforderungen für eine bestimmte Sortier-, Kontroll- und Montageaufgabe zweckmäßigerweise vereinfacht formuliert und die Objekte möglichst zuvor auf entsprechende Weise umkonstruiert. Dadurch werden die Anforderungen an Bildspeicherung und -erkennung eingeschränkt.

Die BBC (Schweiz) hat ein Verfahren der Objekterkennung entwickelt, das bei VW Wolfsburg zusammen mit dem Industrieroboter vom Typ VW K 15 seit Jahren getestet und bereits in der Fertigung eingesetzt wird. In Bild 5.35 sieht man die Geräteanordnung mit Industrieroboter, Fließband, optischem Sensor und peripheren Einrichtungen.

Das gesamte System ist in der Lage, bewegte Objekte einer bestimmten Größe in einer bestimmten Vorzugslage (Deckseite oder Rückseite der Teile), wenn sie vorher vereinzelt wurden, in relativ kurzer Zeit zu erkennen und zu sortieren. Die Teile müssen also unbedingt zuvor vereinzelt auf ein Förderband gelegt werden, wobei dem Erkennungsvorgang eine Lernphase vorangeht. Diese Lernphase entspricht einer Programmierung. Das Teil wird unter die als Sensor arbeitende Fernsehkamera gelegt und das aufgenommene Bild wird gespeichert. Dabei wird das Bild in Polarkoordinaten mit Objektschwerpunkt als Koordinatenschwerpunkt abgetastet. Beleuchtet wird durch insgesamt 360 W. Als Fließbandmaterial hat sich schwarz als am besten geeignet herausgestellt. Die für die Speicherung der entsprechenden Objektmerkmale verantwortlichen Algorithmen sind als Teilsysteme des Sensors fest verdrahtet.

In Bild 5.36 sind die für die Speicherung und Identifikation erforderlichen

- objektunabhängigen und
- objektbedingten Messungen

zusammengestellt.

Unter objektunabhängigen Messungen versteht man

- Messungen der projizierten Oberfläche,
- Bestimmung des vom Schwerpunkt am weitesten entfernten Objektpunktes,

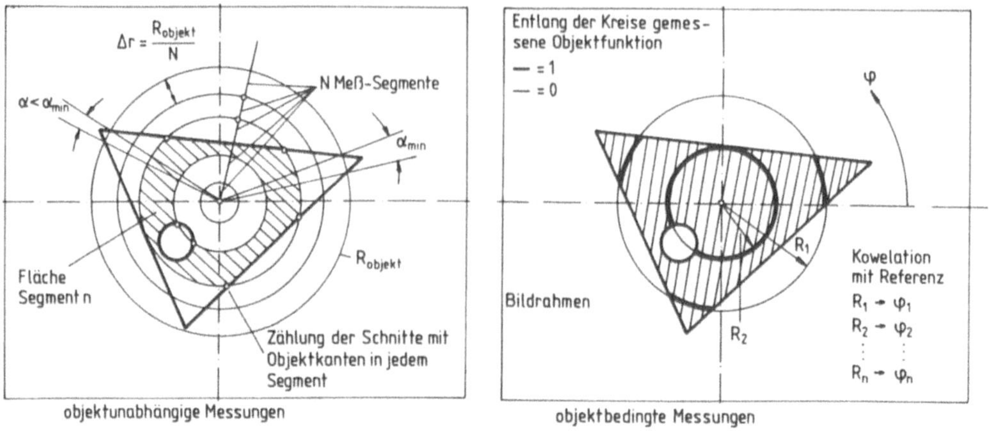

Bild 5.36 Zusammenstellung der für die Speicherung und Identifikation notwendigen objektunabhängigen und objektbedingten Messungen [8/9]

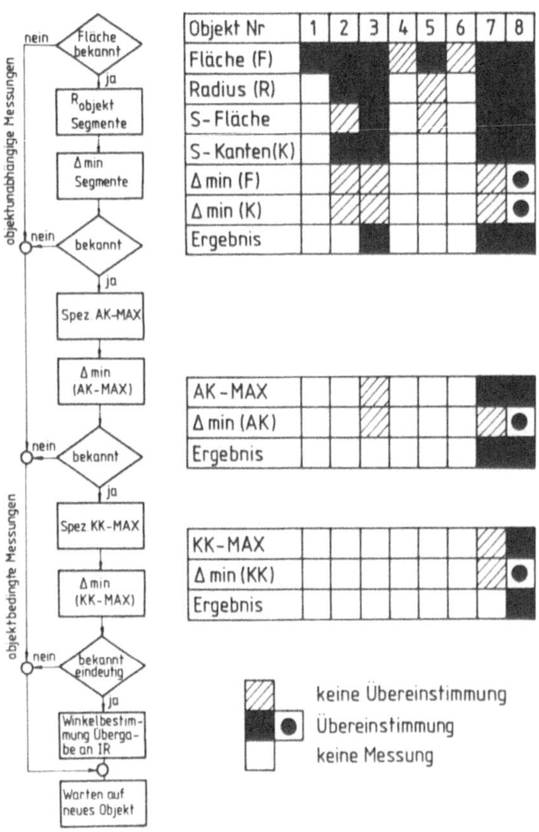

Bild 5.37

Schema zur Erkennung der gespeicherten Daten [8/1]

- Messung der Verteilung der Objektfläche als Funktion der Schwerpunktentfernung,
- Messung der Anzahl der Schnittkanten bei Unterteilung des Objektradiuses in m Radien.

Objektbedingte Messungen sind

- Bestimmung des Autokorrelationsmaximums AK-MAX (Gesamtlänge Kreisbogen Objekt) und
- Bestimmung des Kreuzkorrelationsmaximums KK-MAX.

Die Erkennung dieser gespeicherten Daten erfolgt nach dem Diagramm in Bild 5.37. Dabei werden die Daten eines Werkstückes mit acht abgespeicherten Referenzobjekten verglichen. Objektnummern, die bei der Flächenmessung nicht innerhalb der vorgegebenen Toleranzen um den Meßwert des unbekannten Objektes liegen, scheiden beim weiteren Vergleich aus. Bei den Messungen, die mit Δ bezeichnet sind, wird das Referenzobjekt gesucht, das am besten mit dem Meßobjekt hinsichtlich der jeweiligen Parameter übereinstimmt.
Der Anwender kann bei der Systemkonfiguration bestimmen, welche Kriterien mit welchen Gewichtungen ausgewertet werden sollen. Dabei sind bestimmte objektbedingte und -unabhängige Messungen zu Spiegelsymmetrie, Drehlagenbestimmung oder Seitenlage der Teile zugeordnet. Im Informationsflußdiagramm von Bild 5.38 kann man den schalttechnischen Aufwand erkennen, der notwendig ist, um 20 verschiedene bewegte Teile voneinander zu unterscheiden. Der Mikrocomputer LSI 11 mit 4 kB Arbeitsspeicher und ein Datenspeicher von 4 kB bilden die zentrale Steuereinheit. Das binarisierte Videosignal wird in einen digitalen Bildspeicher mit 512 $\times$ 256 bits eingelesen. Gleichzeitig mit der Bildspeicherung werden die Flächen- und die Schwerpunktbestimmung durchgeführt. Durch einen Rahmengenerator, dessen vier Seiten einzeln unter Rechnerkontrolle stehen, wird ein beliebiges Fenster durch das Bild geschoben, wobei ein Signal anzeigt, wenn ein Objekt sich innerhalb des Rahmens befindet. In einem PROM im Polarkoordinatenrechner ist zur Lagevermessung und Identifikation der Teile eine Kreisbahn als Abtastlinie in Form eines Einheitskreises festgelegt. Die anderen Kreisbahnen ergeben sich durch Multiplikation mit entsprechenden Radien. Die Erkennungsdauer des Systems liegt bei 100 ms. Mit einem maximalen Fehler von etwa 3 % ist bei diesem System zu rechnen.

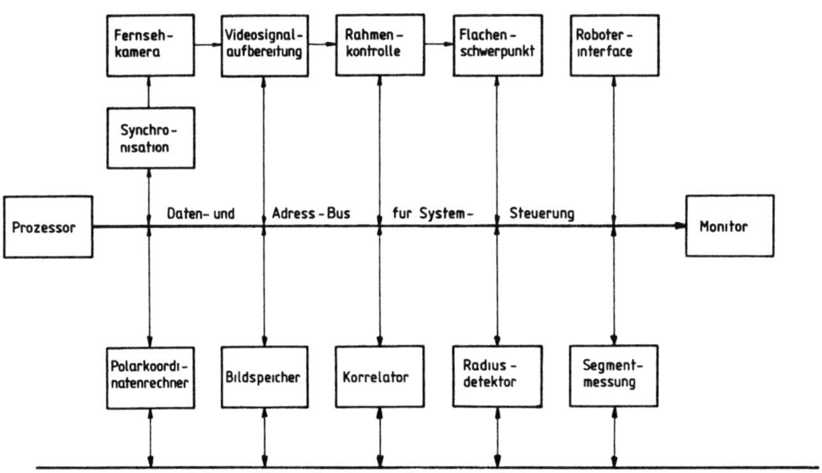

Bild 5.38 Blockschaltdiagramm für die Bildspeicherung (BBC) [8/1]

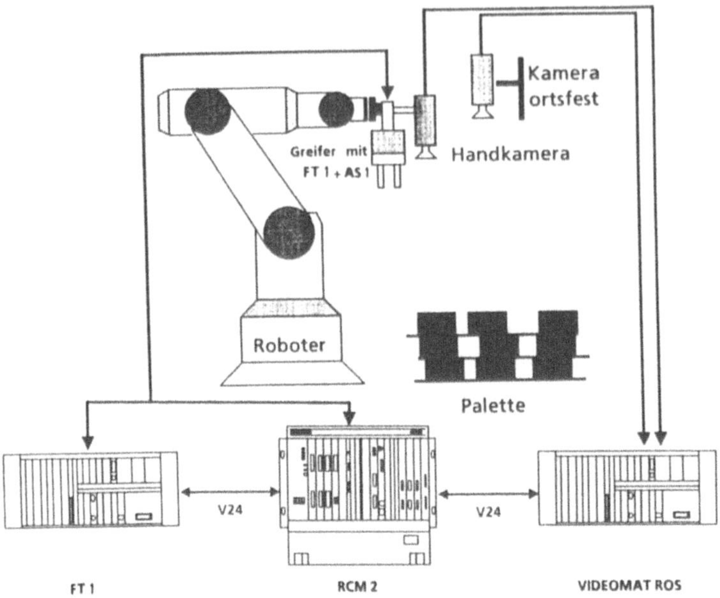

Bild 5.39 Optische und taktile Sensoren sowie Geräte- und Steuerungsaufwand. Dabei sieht man nicht den Softwareaufwand, der notwendig ist, das System zu fahren. Zum Teil sind die Verarbeitungsgeschwindigkeiten heute noch recht gering, so daß sich das System nur zögernd aufgrund der Sensorerkennung in Bewegung setzt (System Siemens).

In Bild 5.39 sieht man den Aufwand, der nötig ist, um die Programmierung eines Systems zu vereinfachen. Der visuelle Sensor Sirotec Videomat ROS erkennt, welches Werkstück der Industrieroboter bearbeiten soll und wie die einzelnen Werkstücke liegen. Um auch Aufgaben unterschiedlicher Schwierigkeitsgrade lösen zu können, ist der optische Sensor modular aufgebaut. So steht für eine Vielzahl von Aufgaben eine entsprechend angepaßte Softwarelösung zur Verfügung. In der Kombination der einzelnen Sensoren ergibt sich eine hohe Flexibilität des Systems. Durch den Ultraschall-Abstandssensor Sirotec AS1 kann der Industrieroboter jetzt auch die Höhe von Werkstücken erkennen, was mit kostengünstigen optischen Erkennungssystemen bisher nicht möglich war. Ein Kraftmomentensensor Sirotec FT1 schließlich ermöglicht die Bearbeitung von Werkstücken ohne großen Werkzeugverschleiß oder Verweilzeit. Im Bild erkennt man den Steuerungsaufwand, der mit jedem Sensor verbunden ist.

Optische Sensoren zeichnen sich durch die berührungslose und direkte Erfassung der geometrischen Größen aus, die für die Schweißnahtverfolgung und Schweißprozeßregelung erforderlich sind. Zusätzlich muß eine Verarbeitung der gewonnenen Signale stattfinden, so daß am Ausgang des Sensors Maße für die Abweichungen des Schweißprozesses vom Sollzustand vorliegen. Einfache optische Sensoren bestehen aus Photorezeptoren. Die Werkstückkanten werden mit punktförmigen Lichtquellen beleuchtet. Durch eine geeignete Anordnung von Sensor und Beleuchtung kann die Richtung des Versatzes des Sensors bezüglich der Schweißnaht festgestellt werden [4/129] (Bild 5.40).

Mit MX-ADES kann ein Computer einzeln gesprochene Eingabewörter erkennen und erfassen. MX-ADES kann selbst auch sprechen, um eine Eingabe zu bestätigen oder auf eine Anfrage zu antworten. So werden Informationen direkt ausgewertet oder zu späteren Aus-

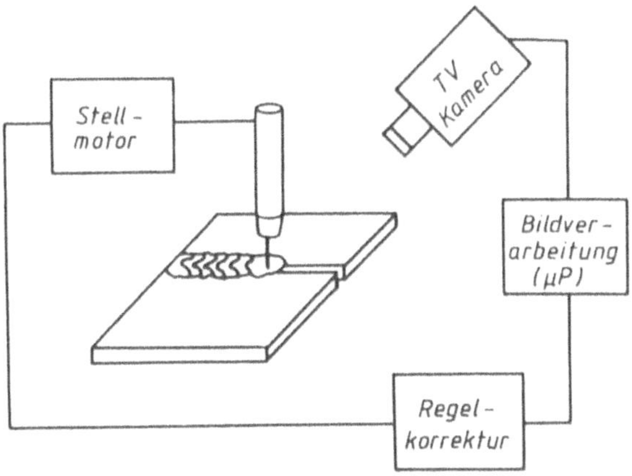

Bild 5.40

Vor allem in der Lichtbogenschweißtechnik hat sich die Nahterkennung und -verfolgung mit optischen und taktilen Sensoren durchgesetzt. Das Bild zeigt rein schematisch noch einmal die Anordnung von Schweißnaht und Sensor sowie die Datenverarbeitung

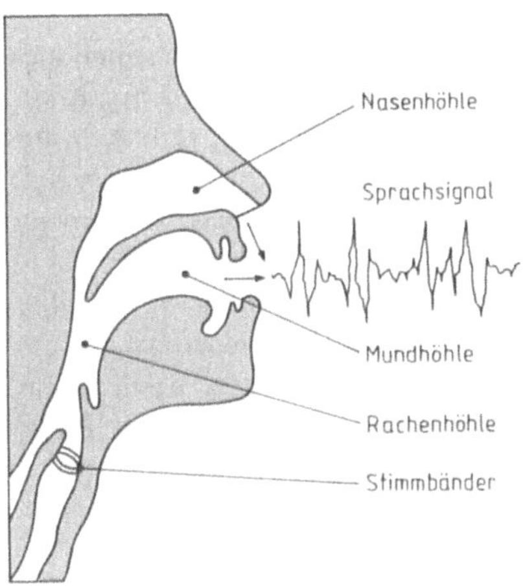

Bild 5.41

Sprachsignalerzeugung beim Menschen

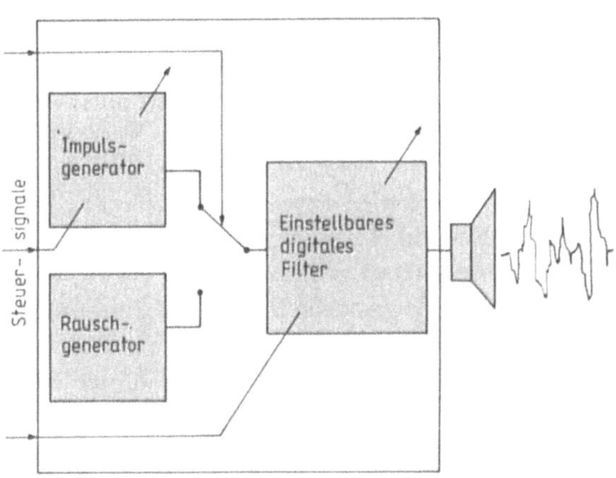

Bild 5.42

Elektronische Spracherzeugung

wertungen gespeichert. In der Fertigung lassen Umweltbedingungen und Arbeitsablauf oft keine manuellen Datenerfassungsgeräte zu. Eine akustische Programmierung würde darüberhinaus viele Vorteile (Zeit, einfacher) bieten (Bild 5.41). Zur Spracherkennung untersucht die Anlage das Sprachsignal in einer Analyseeinheit auf sein Frequenzspektrum und andere charakteristische Merkmale (Bild 5.42). Der aus diesen Daten gewonnene Code wird dann mit allen gespeicherten Sprachmustern als Frequenz verglichen. Diese Vergleichsmuster bilden den Wortschatz-Klassifikator, der in einer Lernphase des Spracherkennungssystems gebildet wird [4/142].

5.7 Lerneffekt

Programmieren oder Umrüsten einer Fertigungseinrichtung kostet Geld. Je schneller die Programmierung erfolgen kann, desto wirtschaftlicher wird das Gerät eingesetzt werden können. Von diesem Standpunkt aus ist die Weiterentwicklung der Teach-in-Programmierung hinsichtlich der Programmiersprachen beim Montieren und die Bildspeicherung beim Sortieren oder Kontrollieren zu betrachten.
Archivierung vorhandener Programme und wiederholte Verwendung dieser Informationen bei ähnlichen oder gleichen Fertigungsvorgängen ergibt sich daraus rein zwangsläufig. Archivierung ist mit Verwaltungsaufwand verbunden und auch dann noch nicht technisch problemlos. Daher ist es sicherlich vorstellbar, daß mit weiterentwickelter, kostengünstiger Mikroelektronik keine Archivierung der Programme mehr durchgeführt wird, sondern die Programmierung der Geräte in einem Speicher „vor Ort" aufbewahrt bleiben wird.
Von einer britischen Firma wurden 1979 für mehrere Schmiedeanlagen Synchron-Manipulatoren von 120 t Tragfähigkeit gebaut, die in der Lage sind, in einem Datenerfassungscomputer alle Informationen der Schmiedevorgänge, an denen der Manipulator beteiligt war, während eines Monats zu speichern und diese Vorgänge entsprechend zu wiederholen [8/33]. Inwieweit in solche Geräte in Zukunft Algorithmen eingebaut werden können, die diese Vorgänge darüber hinaus noch optimieren können, das wird der Entwicklung der Mikroelektronik vorbehalten bleiben.

5.8 Erstprogrammierung – Wiederholprogrammierung

Für den Anwender stellt sich der Industrieroboter als ein Mittel zur Automatisierung mittlerer bis großer Stückzahlen dar, das als komplett geliefertes, schnell einsatzbereites Hilfsgerät in kürzester Zeit produktiv eingesetzt oder wieder umgerüstet werden kann. Hier zeigt sich, daß von Seiten des Programmieraufwandes die Flexibilität weniger eingeschränkt wird, als zum Beispiel durch Sensoren, Greifeinrichtungen oder peripheren Geräten. Vielmehr ist für eine Erstprogrammierung selbst bei wenig geschultem Personal für ein mittleres Handhabungs- oder Punktschweißprogramm, im Teach-in-Verfahren erstellt, nicht mehr als ein bis zwei Stunden anzusetzen. Bei geschultem Personal und *Archivierung* in geeigneter Form vorausgesetzt, würde sich diese Zeit, wie Erfahrungen in der Praxis gezeigt haben, etwa halbieren. Diese Zeiten gelten in der Regel sowohl für die manuelle Dateneingabe sowohl bei Erstprogrammierung, als auch bei Wiederholung der Programmierung.
Zur Archivierung umfangreicher Programme eignen sich heute als verschleißfreie Datenträger die Kompaktkassetten oder Disketten. Dabei gilt zu beachten, daß Umgebungstemperaturen

über 40 °C, Schmutz, Staub, Kühlmittelnebel und vor allem starke induktive Felder und Dauermagneten zu meiden sind. Besonders wenn die Industrieroboter als Schweißroboter eingesetzt sind, ist dafür zu sorgen, daß der kostbare Datenträger stets außerhalb der gefährdeten Reichweite gehandhabt wird.
Darüberhinaus ergibt sich bei kleiner Anzahl der zu pflegenden Programme die Möglichkeit, diese im Arbeitsspeicher (RAM) der Industrieroboter-Steuerung aufzubewahren.
Ist die Programmpflege umfangreich, dann lohnt sich heute bereits die Überlegung, die Programme über DNC-Betrieb und eine V.24-Schnittstelle der Industrieroboter-Steuerung durch einen Personal-Computer zu übergeben. PCs verfügen heute in der Regel über Arbeitsspeicher von 64 bis 512 kB und fast unbegrenzte Zusatzspeicherkapazitäten in Form von Disketten-, Wechsel- oder Festplattenlaufwerken.

6 Erfahrungen bei der Einführung und dem Einsatz von Industrierobotern

Die freiprogrammierbare automatische Handhabungstechnik ist eine relativ neue Technologie, die noch auf keine allzu lange Erfahrung zurückblicken kann. Wartung und Normung, aber auch die Einführung neuangeschaffter Geräte, beruht meistens auf der Erfahrung, die man bereits irgendwo mit derartigen Einrichtungen gesammelt und in geeigneter Form ausgewertet hat.

Bei der Arbeitsplanung von Handhabungsgeräten gilt es, einen komplizierten Entscheidungsablauf zu vollziehen und die getroffenen Einzelentscheidungen jeweils mit der Marktsituation und den dort vorherrschenden Geräteangebot zu vergleichen. Da das Geräteangebot sehr vielfältig ist, das momentan am Markt beobachtet werden kann, eine sorgfältige Einarbeitung und eben Erfahrung voraussetzt, wurde von Hochschulinstituten dieser Entscheidungsprozeß unter Zugrundelegung des gesammelten Marktangebot automatisiert. Das bedeutet, die Entscheidung, einen Industrieroboter an einem bestimmten Arbeitsplatz einzusetzen, kann automatisch mit Hilfe der elektronischen Datenverarbeitung herbeigeführt werden.

Die Erstellung von Prüfprogrammen für Industrieroboter wird notwendig, wenn man sich die Definition der Leistungsdaten von Industrierobotern (siehe Kapitel 3) betrachtet und dabei darauf stößt, daß manche Größen, von unterschiedlichen Herstellern angegeben, nicht miteinander vergleichbar sind.

Von neutraler Seite wird versucht, eine wirtschaftliche Prüfung der Daten zu bewerkstelligen, um zum einen den Anwendern die Einführung der neuen Technologie, zum anderen den Herstellern bei ihrer Verbesserung der gegenwärtigen zu helfen.

Da automatische Handhabungseinrichtungen wie Industrieroboter hohe Maschinenstundensätze erreichen, ist ihr Einsatz zwingend im Mehrschichtbetrieb zu suchen. Ausfälle dieser Geräte während des automatischen Arbeitsablaufes bringen hohe Verluste in der Produktivität. Daher muß darauf geachtet werden, daß diese Betriebsmittel laufend in einem einsatzbereiten Zustand sind. Eine vorbeugende Instandhaltung von Geräten setzt Erfahrungen mit bereits vorhandenen Einrichtungen voraus oder die Abänderungen von allgemeinen Vorschlagsrichtlinien für einen speziellen Instandhaltungsfall.

Universelle Industrieroboter, das heißt also Geräte, die geeignet sind schnell umgerüstet und für wechselnde Arbeitsaufgeben eingesetzt zu werden, sind kostspielig. Eine schnelle Umrüstung für wechselnde Tätigkeitsfelder ist aus dieser Sicht nicht ohne Probleme. Als vorherrschende *Flexibilitätskriterien* haben sich Einflußgrößen, wie

- Industrieroboter-Leistungsdaten,
- Greifeinrichtungen,
- Peripherie bei Einsatz von Industrierobotern,
- Industrieroboter-Programmierung sowie
- Sensoreinrichtungen,

herausgebildet.

6.1 Arbeitsplanung

Der Tätigkeitsablauf in der Fertigung wird durch

- Handhaben,
- Bearbeiten,
- Kontrollieren

bestimmt. Eine Automatisierung des Tätigkeitsbereiches „Handhabung" kann nur unter den folgenden Voraussetzungen geschehen:

- ausreichende Stückzahl,
- häufige Wiederholung,
- einfache Bewegungsabläufe,
- mäßige Genauigkeitsforderungen,
- geordnete Teilezuführung,
- ausreichende Platzverhältnisse usw.

Gründe für die Automatisierung eines Handhabungsvorganges durch Industrieroboter sind meist vielschichtig und können

- technischer,
- humanitärer oder
- wirtschaftlicher Art sein.

Die Entscheidung über die Einführung der erarbeiteten Lösung wird meist erst nach eingehender wirtschaftlicher Betrachtung aller Gegebenheiten erfolgen.
Mit folgenden praktischen Regeln kann man die Einsatzplanung eines Industrieroboters selbst in erster Näherung recht unkompliziert gestalten:
Wichtig ist, daß der potentielle Anwender das Gerät von Anfang an als

- Großserienmaschine und im
- Mehrschichtbetrieb einsetzt.

Bis auf wenige Anwendungen wird der Handhabungsautomat mit einem

- elektro-mechanischen Antrieb ausgerüstet sein.

Außerdem wird man nach Möglichkeit umfangreichen

- Speicherplatz voraussetzen.

Von größter Bedeutung für die Einsatzplanung ist der

- Anwendungsfall. Davon hängen
  - Stückzahl,
  - Arbeitsraumform,
  - Steuerungsart und
  - Programmierung wie folgt ab:

Anwendung	Stückzahl	Arbeitsraum	Steuerung	Programmierung
Lichtbogenschweißen	10^2	torus, -sphären, -zylinderförmig	CP	textuell
Beschichten	10^2	torusförmig	CP	Abfahren einer Bahn
Punktschweißen	10^3	torus, -sphären, -zylinderförmig	PTP	Teach-in
Palettieren	10^3	quaderförmig	PTP	textuell
Montieren	10^4	sphären, -zylinderförmig	CP	textuell/Sensoren
Handhaben	10^5	sphären, -zylinderförmig	PTP	Teach-in
Bearbeiten	10^5	torus, -sphären, -zylinderförmig	CP	Teach-in/Sensoren.

	Fragebogen für die Einsatzplanung eines Industrieroboters				
1	Stückzahl	10^2 10^3 10^4 10^5 10^6 10^7 Werkstücke			
2	Schichtbetrieb	einschichtig, zweischichtig, dreischichtig			
3	Antrieb	elektrisch, hydraulisch, pneumatisch			
4	Anwendung	Stückzahl	Arbeitsraum	Steuerung	Programmierung
	Lichtbogenschweißen				
	Beschichten				
	Punktschweißen				
	Palettieren				
	Montieren				
	Handhaben				
	Bearbeiten				

5 Arbeitsraumgröße

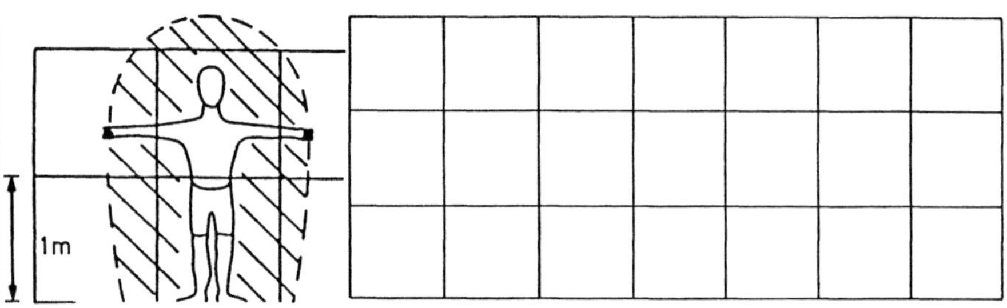

6 Raumbedarf Industrieroboter

Standgerät ☐ Portalgerät ☐ Gerät über Kopf ☐

7 Tragfähigkeit kg

8 Erschwerende Bedingungen:

Wärme Ex-Schutz Staub .....

Bild 6.1 Fragebogen für die Einsatzplanung eines Industrieroboters

Ist der Einsatz des Gerätes bekannt, liegt meistens auch eine Lay-out-Zeichnung für die Anwendung vor. Diese Lay-out-Zeichnung benutzt man zur Ermittlung des

- Arbeitsraumes.

Als nächstes wird der vorhandene Raumbedarf für das Gerät selbst zu prüfen sein. Portalgeräte und Geräte, die über Kopf montiert werden, benötigen den geringsten Raum, sind aber bis 30 % teuerer. Außerdem ist in der Regel der

- Raumbedarf eines Industrieroboters nicht sehr hoch.

Werkstück oder Werkzeug haben ein zum Teil erhebliches Gewicht. Damit ermittelt man

- Tragfähigkeit des Handhabungsautomaten.

Während der künftige Anwender in der ersten Stufe lediglich seine Überlegungen anstellt, wird er in der zweiten Einsatzstufe den in Bild 6.1 dargestellten Fragebogen ausfüllen. Dieser Fragebogen enthält noch einmal alle Punkte der Stufe eins. Liegt er ausgefüllt vor, und ist ein Lay-out ebenfalls vorhanden, dann wird der Anwender als nächstes in die Listen des Anhangs 9 gehen und daraus in der Reihenfolge

Arbeitsraumgröße,
Tragfähigkeit,
Steuerung und
Programmierung

ein entsprechendes Gerät aussuchen.
In aller Regel bleiben jetzt nicht mehr allzu viele Handhabungsautomaten übrig. Jetzt hat er eine Vorauswahl getroffen und kann sich mit Einzelheiten wie

Genauigkeit,
Geschwindigkeit,
Wegmessung beschäftigen und, wenn er will, auch

Bewertungspunkte für diese Einzelheiten geben.
Die nächste Phase würde sicherlich sein, Erfahrungsberichte bekannter Firmen mit den ausgesuchten Geräten einzuholen oder, wie Großunternehmen, mit Testgeräten Erfahrungen selbst sammeln. Hier werden dann Fragen beantwortet, die kein Prospekt erläutert: Mit welcher Genauigkeit bei bestimmten Geschwindigkeiten und Tragfähigkeiten ein Gerät in der Praxis wirklich arbeitet. Welche Gewichte wirklich einem Handhabungsautomaten zugemutet werden können und welche Komplikationen bei der Programmierung eines Gerätes auftreten können.

6.1.1 Manuelle Arbeitsplanung

Die Detailplanung für den Einsatz eines menschlichen Arbeitsplatzes durch einen Industrieroboter kann in mehrere Phasen zerlegt werden. Dabei sollten sich die Vorbereitungen für den Einsatz und die Entscheidungen wie in einem Dialog laufend ablösen (Bild 6.2).
Nach Vorliegen der Entscheidung darüber, daß ein bestimmter menschlicher Arbeitsplatz daraufhin untersucht werden soll, ob er automatisiert werden kann, werden die Arbeitsplatzmerkmale, Rationalisierungsmöglichkeiten, eventuelle Produktivitätserhöhungen und die spätere Wirtschaftlichkeit untersucht. Eine Zusammenstellung dieser Prioritäten führt zu einer Vorentscheidung über ein geeignetes Handhabungssystem. Zur Festlegung des Grund-

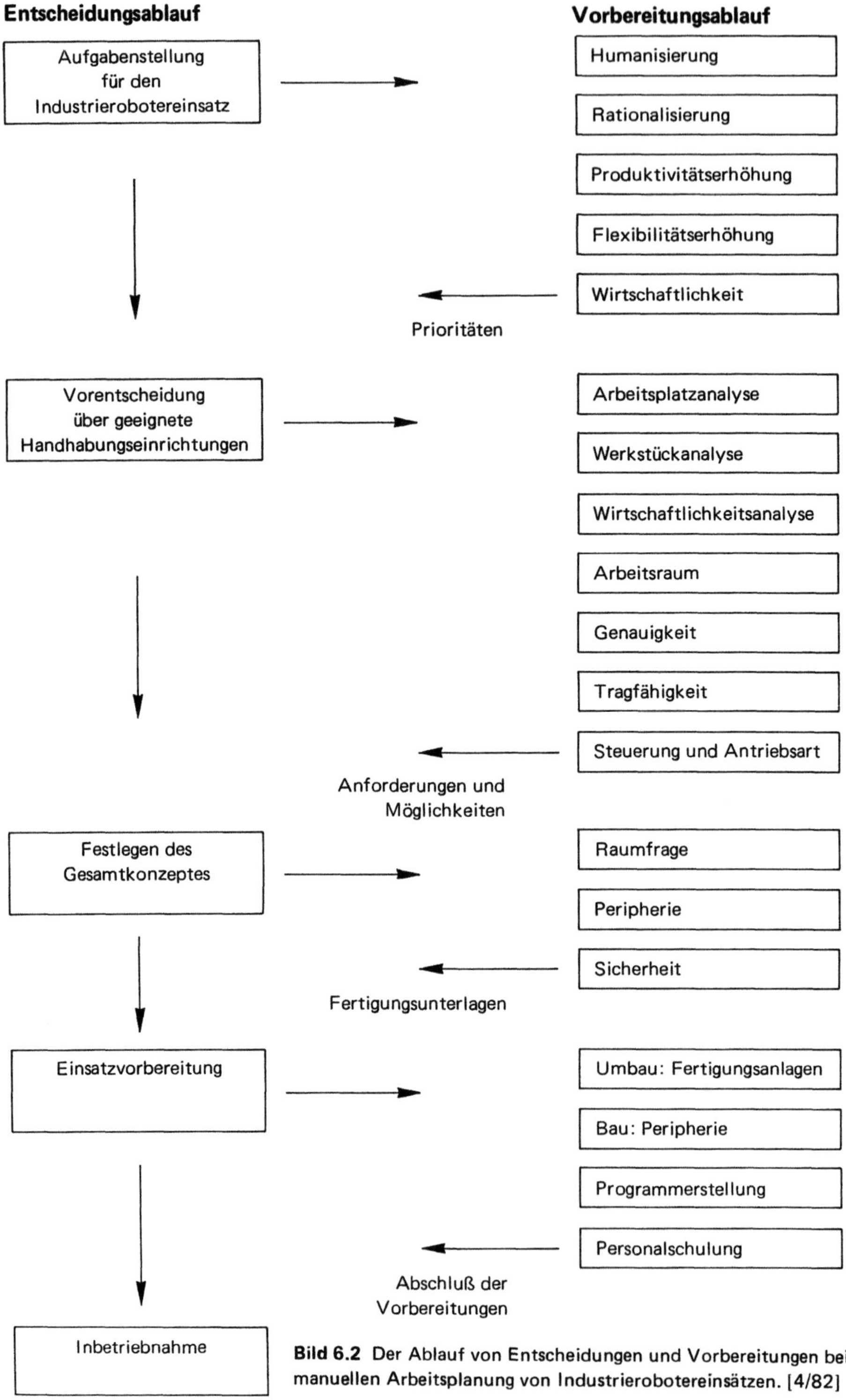

Bild 6.2 Der Ablauf von Entscheidungen und Vorbereitungen bei der manuellen Arbeitsplanung von Industrierobotereinsätzen. [4/82]

konzeptes müssen die Anforderung und Möglichkeiten herausgearbeitet werden. Dazu gehören

- Arbeitsplatzanalyse,
- Werkstückanalyse,
- Wirtschaftlichkeitsanalyse sowie die
- Daten des infragekommenden Industrieroboters.

Unter einer Arbeitsplatzanalyse versteht man eine genaue Untersuchung des vorhandenen Arbeitsplatzes. Es werden zunächst alle Tätigkeiten des Bedienungsmannes in einer MTM-Aufnahme erfaßt. Die Raumverhältnisse müssen überprüft werden. Da anzustreben ist, den Arbeitsplatz mit möglichst wenig Umstellung möglichst wirtschaftlich zu automatisieren, gilt das besondere Augenmerk der Anlieferung der Werkstücke und ihrem Ordnungszustand. Hier setzt nun die Werkstückanalyse ein, die

- Anzahl,
- Form,
- Material,
- Gewicht der Werkstücke

zu klären hat.

Durch Form- und Fertigungsfamilienbildung kann die Anzahl der Werkstücke gesteigert und mit Hilfe des Gerätes in einem Mehrschichtbetrieb höhere Wirtschaftlichkeit erreicht werden. Die Werkstückanalyse liefert wichtige Einzelheiten für die Erstellung der Greifer, sie dient zur Klärung der technischen Daten des Handhabungsgerätes selbst und liefert die konkreten Werte für die Wirtschaftlichkeitsanalyse. Dabei könnten z.B. die Teile nach ihrem ℓ/d-Verhältnis eingeteilt werden, wenn es sich um Rotationsteile handelt. Die Rohteilabmaße müssen untersucht werden, damit später bei Konstruktion der Greifer keine Probleme mit der Genauigkeit auftreten können. Möglicherweise erfordert der Werkstückwerkstoff besondere Vorsicht hinsichtlich einer Verformung oder Beschädigung der Werkstückoberfläche.
Ferner werden aus Bewegungsablaufanalysen die benötigten Freiheitsgrade, Reichweiten, Tragfähigkeiten sowie die notwendige Genauigkeit des Industrieroboters ermittelt.
Zunächst geht man davon aus, daß für Manipulatorarm und Greifer je drei Freiheitsgrade notwendig sind. Die Forderungen, auf ein Mindestmaß zu reduzieren und auf ein entsprechendes Gerät zu fixieren, gebietet die Wirtschaftlichkeit. Genaue Kenntnis von Arbeitsraum und den vorhandenen Forderungen sind dazu nötig.
Zur Ermittlung der Eigenschaften, die die Steuerung mitbringen soll, ist der Bewegungsablauf entscheidend.
In der Mehrzahl aller Fälle wird eine PTP-Steuerung ausreichend sein. Zu prüfen ist die Frage, ob nicht sogar ein Gerät einer einfacheren Folgesteuerung, bei dem nur eine begrenzte Anzahl von Punkten je Freiheitsgrad über Anschläge angefahren werden kann, ausreichend ist.
Nachdem diese Fragen nunmehr geklärt sind, und die Entscheidung für ein bestimmtes Gerät gefallen ist, tritt das Projekt in eine abschließende Phase, in der es gilt, Fragen um den Komplex herum zu klären, wie zum Beispiel die Peripherie gestaltet sein soll.
Wie eingangs mehrfach erwähnt, kann der Industrieroboter keine ungeordnet angelieferten Teile handhaben. Das heißt, die Werkstücke müssen in geeigneten Paletten, Magazinen, Zuführrinnen vereinzelt und lagerichtig dem Handhabungsgerät zugeführt werden.

Zusammen mit der Raumfrage wird die Sicherheit geklärt werden müssen. Hierüber werden Fertigungsunterlagen erstellt, die dazu dienen, die letzten Einsatzvorbereitungen zu treffen: Die Fertigungsanlagen müssen umgebaut werden. Wenn die Produktion, wie im Bereich der Automobilindustrie, keine Unterbrechungen zuläßt, müssen Vorkehrungen für eine zeitweilig zweigleisige Produktion getroffen werden, oder der Umbau muß so vorbereitet werden, daß er in kürzester Zeit ausgeführt werden kann.
Der Bau der notwendigen Peripherie kann schon parallel dazu erfolgen und unabhängig davon erprobt werden. Ebenso können auf anderen Sektoren Vorkehrungen für den reibungslosen Einsatz der neuen Technologie getroffen werden. Zum Beispiel sollte das Personal im Wartungs- und Programmierbereich bereits vor Eintreffen der Geräte beim Hersteller geschult werden.
Nach Abschluß aller Vorbereitungen steht einer Inbetriebnahme nichts mehr im Wege. Zumindest dieser Vorbereitungsablauf muß aber nicht unbedingt manuell und unter großem Einsatz personeller Kapazität eingeleitet werden.

6.1.2 Arbeitsplanung mittels EDVA

Um die Automatisierungsmöglichkeiten, die die Industrieroboter in der Handhabungstechnik bieten, voll auszunutzen, wurde von der IPA der Universität Stuttgart eine systematische Vorgehensweise zur Industrierobotereinsatzplanung entwickelt. Dabei wurden für Routinetätigkeiten Entscheidungshilfen, Formblätter, Datenbanken und Rechnerprogramme erstellt.
Aufgrund der gegebenen Problemstellung können über Entscheidungshilfen Formblätter ausgefüllt und über ein EDV-Programm Lösungsvorschläge ermittelt werden.
Zunächst werden in einer Planungsstudie alle wichtigen Werte des Arbeitsplatzes ermittelt, wobei die Erfassung der Daten mit vorgefertigten Formularen geschieht. Im Anschluß daran wird untersucht, ob sich der Fertigungsvorgang technisch oder organisatorisch vereinfachen läßt. Alle Teilfunktionen, die nicht vom Industrieroboter ausgeführt werden, aber auch nicht dem Fertigungsvorgang direkt zuzuordnen sind, werden mit Hilfe eines Lösungskataloges, beispielsweise für Magazine (Bild 6.3), untersucht. Mit Hilfe der Nutzwertanalyse werden diese Lösungen einer mehrdimensionalen Bewertung unterzogen.
In der folgenden Auslegungsphase wird für die ausgewählte Systemlösung nach geeigneten technischen Realisierungsmöglichkeiten gesucht. Für auf dem Markt angebotene Industrieroboter, Einlegegeräte, Ordnungseinrichtungen und Weitergebeeinrichtungen steht eine Datenbank zur Verfügung und kann mittels eines EDVA-Programmes abgefragt werden.
Im Informationsflußschaubild 6.4 sieht man am ehesten die Leistungsfähigkeit dieses Programmes, das im wesentlichen die technischen Daten der Arbeitsplatzanalyse mit den gespeicherten Daten aller vorhandenen Handhabungsgeräte vergleicht und die geeignete Synthese in Form einer Arbeitsplatzbeschreibung für ein spezielles freiprogrammierbares Handhabungsgerät ausdruckt (Bild 6.5).

6.1.3 Planungsstudien im Rahmen der laufenden Produktionsplanung

Für Planungsstudien in der Arbeitsvorbereitung hat die Firma McDonnell Douglas ein speziell für Industrieroboter zugeschnittenes Simulationsprogramm. Vor der Anschaffung eines Industrieroboters ermöglicht es die Simulation der Fertigungszeiten aller beteiligten Geräte.

Funktion	Werkstückkenngrößen				Gerätekenngrößen				Hersteller
	Verhaltens-typ	Größen-klasse	Ruhe/Förder-verhalten	physikalische Eigenschaften	Antrieb	Steuerung	Umrüst-barkeit	Ausführungs-formen	
Kettenmagazin 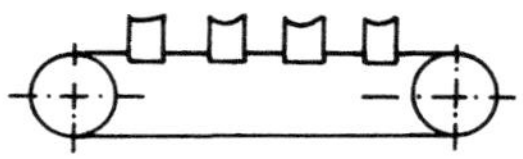	Flachteile, Zylinderteile, Blockteile, Pilzteile, Hohlteile, Formteile, Massivteile	G2–G6		keine Einschränkungen	Getriebe oder Schrittmotor	elektrische Steuerung	nicht umrüstbar auf andere Verhaltenstypen	Vorhangmagazin, Containermagazin, Elevatormagazin	Gehomat, Hagenuk, Heyligenstaedt, KK Autom Lorenz, Sormel, W + M
Trommelmagazin 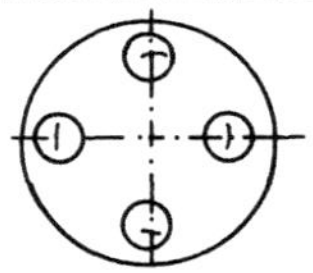	Flachteile, Zylinderteile, Blockteile, Pilzteile, Hohlteile, Formteile	G2–G6		keine Einschränkungen	elektrisch pneumatisch hydraulisch	elektrische Steuerung	innerhalb der Verhaltenstypen umrüstbar mit Werkstückkassetten oder austauschbaren Werkstückaufnahmen	Ringmagazin Rundschalttische Kreismagazin	Diedesheim Lorenz W + M
Wendelmagazin 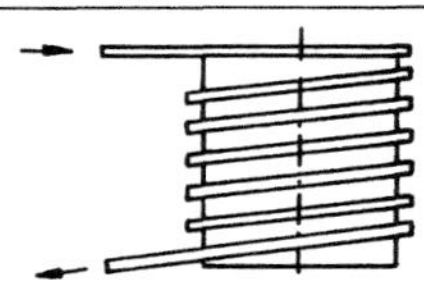	Flachteile, Zylinderteile, Blockteile, Hohlteile, Formteile	G2–G5	roll- und gleitfähig	nicht oberflächen- und bruchempfindlich	Schwerkraft		nicht umrüstbar auf andere Verhaltenstypen	Stapelturm	Liebherr Spicker
Palettenmagazin 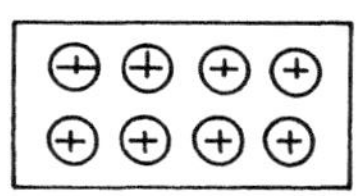	Flachteile, Zylinderteile, Blockteile, Kegelteile, Pyramidenteile, Pilzteile, Hohlteile	G2–G7		keine Einschränkungen			nicht umrüstbar auf andere Verhaltenstypen	Flachpalette Haftpalette	W + M
Zick-Zack-Magazin 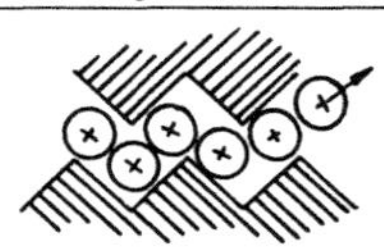	Zylinderteile l/d > 1	G2–G6	stapelfähig, in Führungen rollfähig	nicht oberflächen- und bruchempfindlich	Schwerkraft		nicht umrüstbar	Treppenmagazin, Stufenmagazin	

Bild 6.3 Lösungskatalog „Magazine" [6/17]

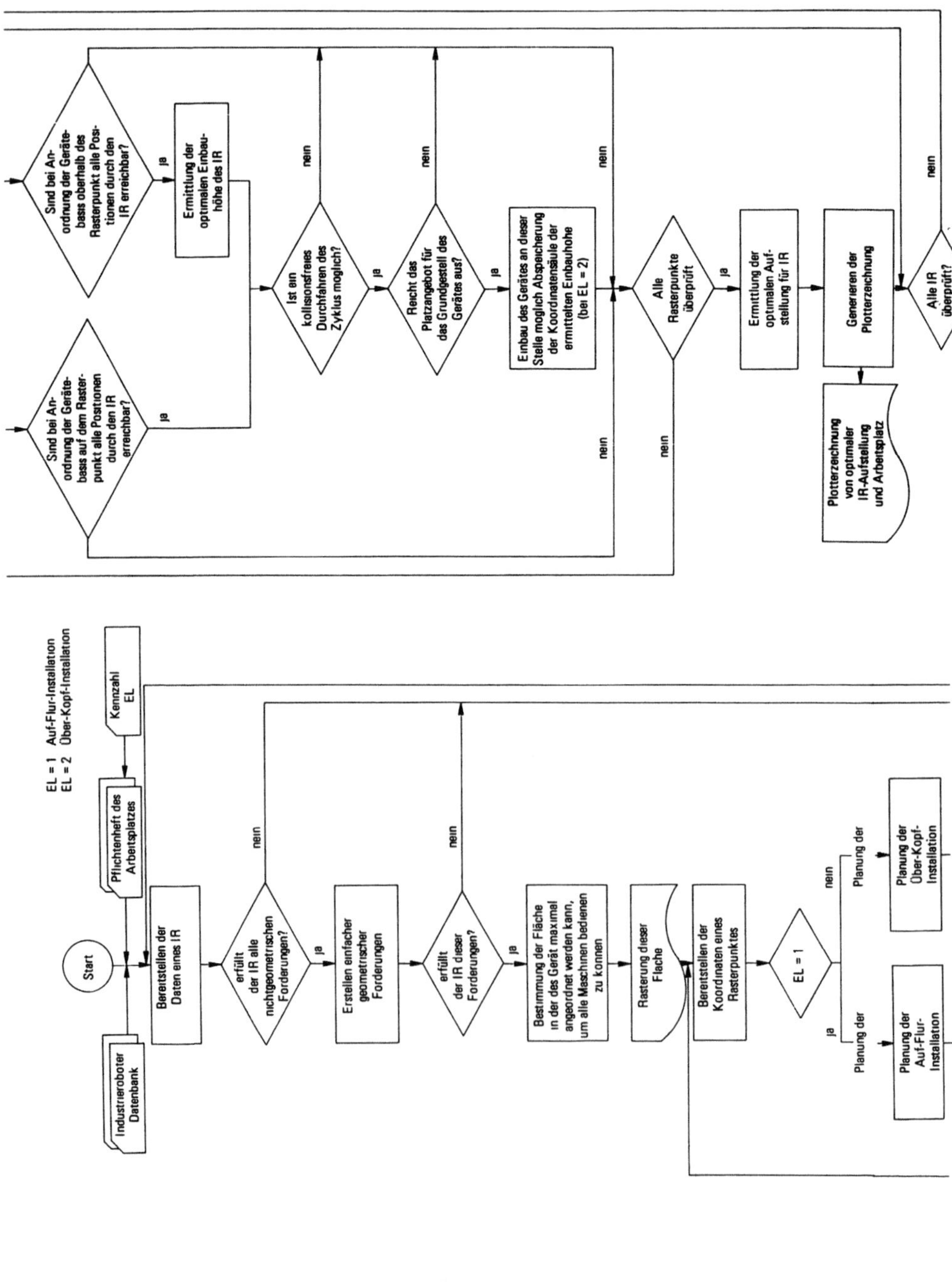

Bild 6.4 Informationsflußdiagramm für das Rechnerprogramm zur optimalen Erstellung eines Industrieroboter-arbeitsplatzes [6/17]

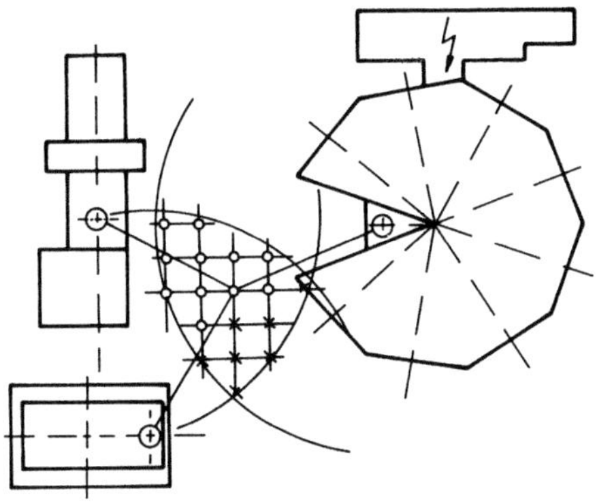

Bild 6.5

Skizze von einem Rechnerausdruck für den optimalen Standort eines Industrieroboters [1/8]

Software	Anwendung
PLACE	Konstruktion, Analyse, Optimierung und Simulation einer Industrieroboter-Fertigungszelle auf einem 3D-CAD-Bildschirm.
COMMAND	Prozeßdatenanweisungen für PLACE und Programmerstellung für den Industrieroboter off-line.
BUILD	Einführung neuer Industrieroboter-Daten für das Programm PLACE.
ADJUST	Änderungen und Anpassungen für das Programm PLACE (Nullpunktverstellung).

Bild 6.6 Programmpakete von McDonnell Douglas zur Planung von Industrieroboter-Arbeitszellen mit Zeitwerten (Angaben in den Prospekten und Tabellen im Anhang 9 sind üblicherweise Geschwindigkeitsangaben)

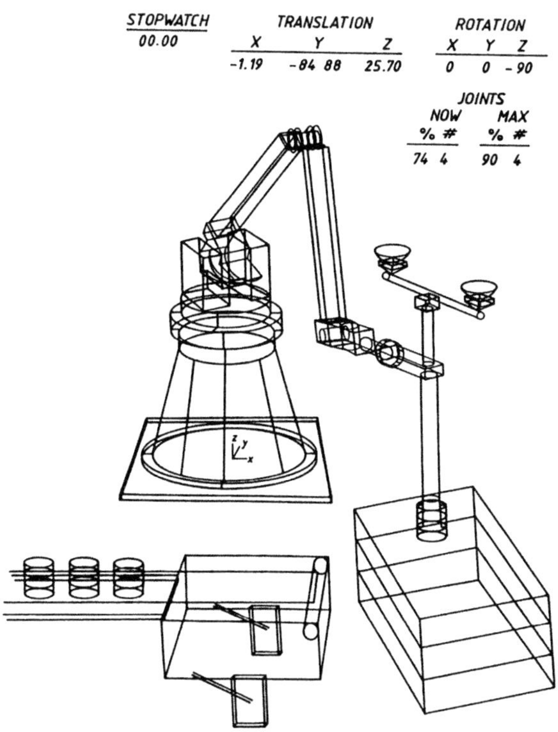

Bild 6.7

Darstellung einer Industrieroboter-Arbeitszelle auf dem Bildschirm eines CAD-Systems. Die Zelle ist beweglich und verfährt mit echten Geschwindigkeiten. Gleichzeitig werden auf dem Display die entsprechenden Zahlenangaben eingespiegelt.

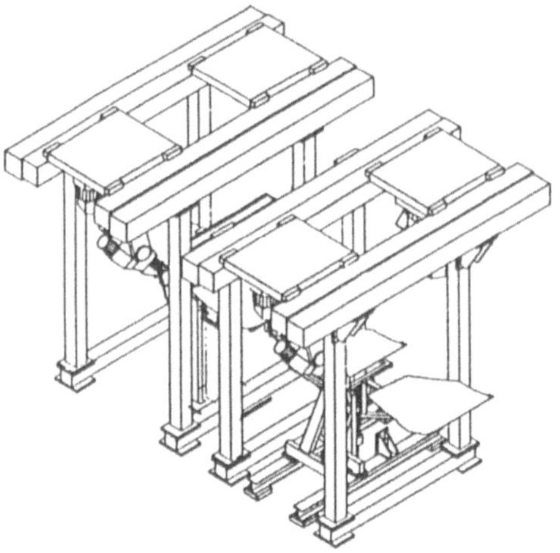

Bild 6.8
Blick auf eine perspektivische Ansicht einer Schweißstraße zur Kollisionsbetrachtung bei der Planung neuer Anlagen (Volkswagenwerk AG, Wolfsburg)

Zur Ermittlung dieser Haupt- und Nebenzeiten bietet McDonnell Douglas den Einsatz einer Graphik-Station in Verbindung mit den Software-Paketen PLACE, COMMAND, BUILD und ADJUST (Bild 6.6). Diese vier Module ermöglichen dem Planungsingenieur, zunächst einmal unterschiedliche Lösungen für Industrieroboter-Zellen auszuprobieren, bevor irgendwelche Einrichtungen gekauft und gefertigt werden. Bild 6.7 zeigt das Ergebnis in Form eines beweglichen Drahtmodelles der Industrieroboters-Zelle zusammen mit den gewünschten Daten. Gegenwärtig sind auf diese Weise über 95 % aller Industrieroboter simulierbar.

Ein ähnliches Programm wird von der Firma Nimak angeboten. Das Volkswagenwerk simuliert über gängige CAD-Systeme gegenwärtig (Bild 6.8) den Einbau seiner Industrieroboter in den Schweißstraßen.

6.2. Prüfprogramm für Industrieroboter

Ein *Prüfprogramm für Industrieroboter* soll im wesentlichen helfen, Angaben über Geräte verschiedener Hersteller zu vereinheitlichen und sie auf dieselben Ausgangspunkte zurückzuführen. Damit würde es

- dem Anwender als eine echte Entscheidungshilfe bei der Auswahl und Anschaffung sowie
- dem Hersteller zu Ansatzpunkten für die Verbesserung alter und die Entwicklung neuer Industrieroboter

dienen.

Meßbare Größen, die den Arbeitsraum eines Industrieroboters bestimmen, seine Genauigkeit, seine Leistung usw., unterscheiden sich von nicht meßbaren Größen, wie zum Beispiel Bedienungskomfort, Wartungsfreundlichkeit und Sicherheit. Das Konzept des Prüfprogrammes beinhaltet die Prüfung sowohl einfachster Handhabungsgeräte als auch komplizierter Industrieroboter. Dabei sind nicht nur statische Kenngrößen zur Messung vorgesehen, sondern das Gerät wird auch dynamisch, d.h. während eines Betriebsprogrammes, wobei wiederholtes Anfahren aus unterschiedlichen Richtungen vorgesehen ist, belastet. Das Prüfprogramm umfaßt, wie Bild 6.9 zeigt, die Überprüfungen der

- Geometrie des Handhabungsautomaten, seine
- Kinematik und Dynamik, die
- thermischen Eigenschaften der einzelnen Bauteile sowie seinen
- Leistungs- und Energiebedarf.

Geometrie	Kinematik, Dynamik	thermische Größen	Leistung, Energie
Arbeitsraum	Verfahrzeiten	Antriebsmittel	elektrische Leistung
Hub	Verfahrgeschwindigkeit	Temperatur Teile	pneumatische Leistung (Druck, Volumen)
Drehwinkel	Beschleunigung	Temperatur Baugruppen	hydraulische Leistung
Neigung	Bewegungshalt Achse		Kühlwasser
Positioniergenauigkeit (statisch, dynamisch)			Schall
Überschwingen			

Bild 6.9 Größen, die von einem Prüfprogramm für Industrieroboter erfaßt werden. [6/15]

Genaues Anfahren von Positionen und Abfahren von Bahnen gehört zur primären Aufgabe eines Industrieroboters. Daher ist der Punkt Geometrie des Industrieroboters von größter Wichtigkeit.
Die anderen Punkte, also Kinematik und Dynamik, das Wärmeverhalten sowie der Leistungs- und Energiebedarf, dienen zum Teil nur, um ursächliche Zusammenhänge zur Geometrie des Industrieroboters herzustellen.
Während der Arbeitsraum mit Hubverstellung und Drehwinkeln sowie Kollisionsbetrachtungen und Bahnverlauf bei bahngesteuerten Industrierobotern leicht festzustellen sind, sind alle Werte im Zusammenhang mit der Positionsabweichung problematisch. Systematische und zufällige Fehler durch mehrmaliges Messen aus verschiedenen Richtungen über längere Zeiträume hinweg ergeben eine Anfahrgenauigkeit des Gerätes für einen Raumpunkt. Dabei hängt die Unsicherheit der Positionierung bei großen Hüben von den Massenkräften und bei kleinen Hüben von Reibschwingungen ab. Hier ist der kleinste programmierbare Verfahrweg interessant, da bei entsprechenden Hystereseerscheinungen nach jeder Bewegungsausführung ein endlicher Fehler zwischen Eingangssignal und der ausgeführten Bewegung zu befürchten ist.
Als kinematische und dynamische Größen treten Verfahrzeiten und Geschwindigkeiten hervor, um zum einen als Beurteilungsgrundlage für den wirtschaftlichen Einsatz des Gerätes zu dienen, zum anderen zur Erstellung von Grenzwerten für die Einsatzmöglichkeiten des Industrieroboters, zum Beispiel wenn auf Paletten irgendwelche Teile nach dem Bewegungsablauf nicht verrückt werden dürfen.

Die Kenntnis von der Größe der Bewegungskräfte der Achsen ist zur Einhaltung von Sicherheitsvorschriften oft unerläßlich. Unter den thermischen Größen versteht man die Temperatur und das Temperaturverhalten des Gerätes, seiner Bauteile und Baugruppen sowie der Trägermedien Luft und Öl zu Antriebszwecken.
Es ist wichtig zu wissen, ob und wie lange der Anwender das Gerät vor Betriebsbeginn warmlaufen lassen muß, um zu reproduzierbaren Genauigkeiten zu kommen. Wichtig ist auch, unter welchen Bedingungen Hydraulik und Steuerungselektronik gekühlt werden müssen, um noch einwandfrei zu funktionieren.
Der zu überprüfende Industrieroboter wird zum Beispiel auf einen mechanischen Prüfstand nach Bild 6.10 gestellt. Dabei steht der Industrieroboter mit dem Dreidimensionskoordinatenmeßgerät auf einer Arbeitsplatte. Der Anzeigesollwert des Meßgerätes wird mit dem Istwert über einen angeschlossenen Kleinrechner ausgewertet.

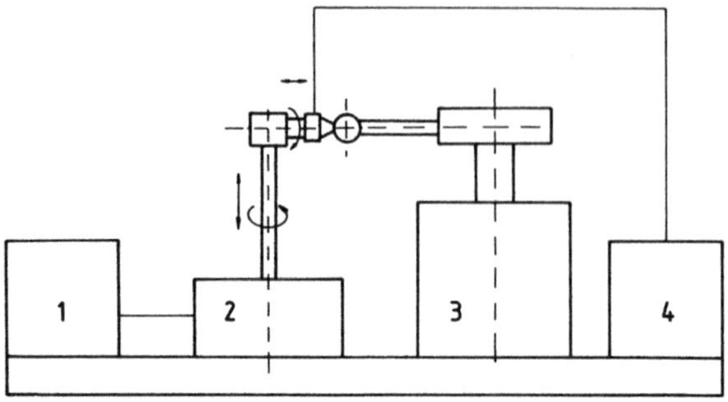

Bild 6.10
Industrieroboterprüfstand mit einem 3-Dimensionskoordinatenmeßgerät [6/15].
1 Anzeige 3-Dimensionskoordinatenmeßgerät (Sollwert), 2 3-Dimensionskoordinatenmeßgerät, 3 Industrieroboter, 4 Anzeige (Istwert)

6.3. Vorbeugende Instandhaltung

Industrieroboter sind kapitalintensive Investitionsgüter, deren Amortisation nur im Mehrschichtbetrieb gelingen kann. Die hohen Maschinenstundensätze zwingen außerdem dazu, die Einsatzbereitschaft während der gesamten Dauer des Schichtbetriebes ununterbrochen aufrechtzuerhalten. Notwendige Wartungs- und Reparaturarbeiten müssen daher in natürlichen Stillstandszeiten des Gerätes, zum Beispiel während der Umrüstphasen, erledigt werden. Um Reparaturen gar nicht erst durchführen zu müssen, empfiehlt sich durch eine vorbeugende Instandhaltung die laufende Einsatzbereitschaft des Industrieroboters zu garantieren. Bei der vorbeugenden Instandhaltung werden reparaturanfällige Verschleiß- und Gebrauchsteile vor einem möglichen Ausfall überprüft und ersetzt.
Überprüfung und Ersatz sind als Instandhaltungskosten im Maschinenstundensatz bereits fest mit einkalkuliert. Sie dürfen einerseits nicht zu weitläufig gehandhabt werden, da sonst die Kosten dafür zu hoch werden. Andererseits sollten Teile, die nur eine begrenzte Zeit ihre Funktionsfähigkeit behalten, vor ihrem Ausfalll ersetzt werden. Diese Schwierigkeit wird von seiten des Instandhaltungsfachmannes anfangs durch eine reichhaltige Erfahrung überwunden. Im Laufe des Geräteeinsatzes erfährt diese Instandhaltungsstrategie durch den praktischen Einsatz des Gerätes neue Informationen, wo zum Beispiel Ausfälle stattfinden, müssen die Wartungsarbeiten intensiviert werden. Die jeweilige Instandhaltungsstrategie hängt stark vom Antriebs- und Steuerungssystem des Gerätes sowie seinen Einsatzbedingungen ab. Danach ist ein Instandhaltungsplan zu erstellen, der auf Bedarf geändert werden kann. In Bild 6.11 wird ein Beispiel für einen möglichen Instandhaltungsplan gegeben.
Instandhaltungsarbeiten umfassen

- Kontrolle,
- Nachstellung,
- Reinigung,
- Schmierung und
- Wechsel

von kritischen Bauteilen und Baugruppen an Industrierobotern. Dabei müssen mechanische, hydraulische, pneumatische oder elektrische Aggregate und Bauteile unterschiedlich und entsprechend der Einsatzstrenge am jeweiligen Einsatzort behandelt werden.
Die jeweiligen Arbeiten sind nach einem bestimmten Zeitrythmus durchzuführen, der sich auch zum Teil aus der Qualität des entsprechenden Industrieroboters ergibt. Zum Zeitpunkt

		Kontrolle	Nachstellung	Reinigung	Schmierung	Wechsel
mech Arbeiten						
	Fuhrungen	×	○		△	
	Lager	×	○		△	
	Kugelrollspindeln	×	○		△	
	Wegmeß-Systeme	×	○	×		
hydr Arbeiten						
	Olstand	×				
	Ölzustand	×	×			
	Druck		△			
	Vorschubgeschwindigkeit		△			
	Zustand Wegeventile	×		△		
	Aggregat			△		
	Öl					□
pneum Arbeiten						
	Filter	×		×		○
	Aggregat	×		△	□	
	Wasserabscheider	×		△		
elek Arbeiten	Gleichstrommotorbursten					
	Filter (Steuerschrank)					×
	Wegmeß-Systeme (Einstellung)	×	○			
	Informationseingabe	×	○	×		

Bild 6.11 Stark vereinfachter Instandhaltungsplan für einen Industrieroboter. Selbstverständlich werden nur die vorhandenen Komponenten (hydraulisch, pneumatisch oder elektrisch) berücksichtigt.

× wöchentliche-, △ vierteljährliche-,
○ monatliche-, □ jährliche Arbeiten

der Wartungsarbeit müssen natürlich auch die Ersatzteile bereitstehen. Da eine Instandhaltungsabteilung in der Regel nicht nur ein Gerät oder eine Gerätegruppe alleine betreut, ist oft der Einsatzzeitpunkt schwierig einzuplanen. Ersatzteilbereitstellungen und Einsatzzeit können entsprechend abgelocht und die Durchführung der jeweiligen Arbeit bzw. die Bereitstellung des Ersatzteiles durch Dialogprogramm über die elektronische Datenverarbeitung gesteuert werden. Dabei können die auffallenden Daten für die entsprechende Arbeit am Gerät zur Lohnabrechnung und zur Disposition weiter genutzt werden.

Die wachsende Zahl der in der Industrie installierten Arbeitsroboter beschäftigt in zunehmendem Maße Dienstleistungsunternehmen, die sich professionell der Betriebsreinigung widmen. Dabei eignet sich vorwiegend die dritte Schicht für diese Tätigkeit, ohne die Produktion zu stören. Es gilt Rückstände und Verschmutzungen zu beseitigen. Bei Schweißrobotern beispielsweise, die in riesigen Produktionsstraßen eingebaut sind, setzten sich auf den Schweißzangen, den -kontakten und den Fließbandtischen Zunder fest, der Stromverluste und Kontaktprobleme zur Folge hatte. Darüber hinaus müssen die Förderstrecken, welche die einzelnen Produktionsgüter von Roboter zu Roboter transportieren, an den mechanischen und lackierten Teilen von Fett, Öl und Schmauchspuren befreit werden. So wird dem Reinigungsmittel absolute Unbrennbarkeit, eine rasche und restlose Verdunstung, eine elektrische Durchschlagfestigkeit von 100 000 V/cm und ein gutes Kriechverhalten gefordert werden. Diese Reinigungsmittel werden mit ex-geschützten Airlessgeräten auf die Schweißanlagen aufgespritzt. Das Reinigungsmittel darf jetzt wiederum nicht so aggressiv sein, daß es lackierte Teile oder Isolierungen angreift. [3/69]

6.4 Flexibilitätskriterien für Industrieroboter

Wer sich einmal mit der Materie der automatischen Manipulation mittels freiprogrammierbarer Industrieroboter beschäftigt hat, weiß, daß diese Geräte nicht „heute" für Handhabungsaufgaben, „morgen" für Fügearbeiten und „übermorgen" zum Bearbeiten von Werkstücken eingesetzt werden können. Sicherlich würden die Äußerlichkeiten freiprogrammierbarer Bewegungsautomaten, ihre Programmierung und auch die Transportfrage dieser Einsatzvielfalt nicht allzusehr im Wege stehen. Vielmehr sind andere Schwierigkeiten bei Fragen, wie

- Peripherie,
- Greif- und
- Sensoreinrichtungen,

nach wie vor noch nicht befriedigend gelöst. Einflüsse auf die Einsatzbeweglichkeit von Bewegungseinrichtungen kommen heute hauptsächlich von den

- Leistungsdaten der Industrieroboter,
- seinen Greifeinrichtungen,
- der Peripherie,
- seiner Programmierung sowie
- den Sensoreinrichtungen.

6.4.1 Flexibilitätseinfluß Leistungsdaten des Industrieroboters

Bereits in den Kapiteln 3 und 4 kommen bei Beschreibung der Industrieroboterbaugruppen bzw. ihrer Anwendung die Vor- und Nachteile allzu großer Beweglichkeit zum Ausdruck. Sicherlich geht momentan der Trend zum Spezialroboter, der aus Baukastensystemen speziell für seine spätere Aufgabe ausgesucht wird. Hier bleibt dann nicht viel Raum für besondere Beweglichkeit hinsichtlich der Leistungsdaten. Sicher aber spielen wirtschaftliche Erwägungen bei diesem Trend in Richtung Spezialroboter eine große Rolle. So gehen auch die Bemühungen der Industrieroboterhersteller in die Richtung, Geräte anzubieten, die in Bezug auf

- Arbeitsraum,
- Speicherplatz und
- Tragfähigkeit

variabel sind. Den Zusammenhang zwischen Arbeitsraumform einerseits und Arbeitsraumgröße, Positioniergenauigkeit, Beweglichkeit, Kosten und Steuerungsaufwand andererseits zeigt Bild 6.12. Geräte mit torusförmigen Arbeitsraum haben sicherlich die größere Beweglichkeit, dafür erfordern sie aber einen großen Steuerungsaufwand, hohe Kosten, eine relativ kleine Positioniergenauigkeit und einen eng begrenzten Arbeitsbereich. Da bei Mikroprozessoren zur Zeit die Speicherkapazität und Kosten revolutionieren, dürfte auf lange Sicht dieser Punkt kein Hindernis für gute Flexibilität sein.

Hohe Tragfähigkeiten fordern ihren Preis, da die entsprechenden Geräte massiver gebaut sein müssen und kleine Manipulatorarmgeschwindigkeiten haben. Natürlich ist hier eine weitere Abhängigkeit von der Art, Form und Größe des Manipulationsobjektes vorhanden.

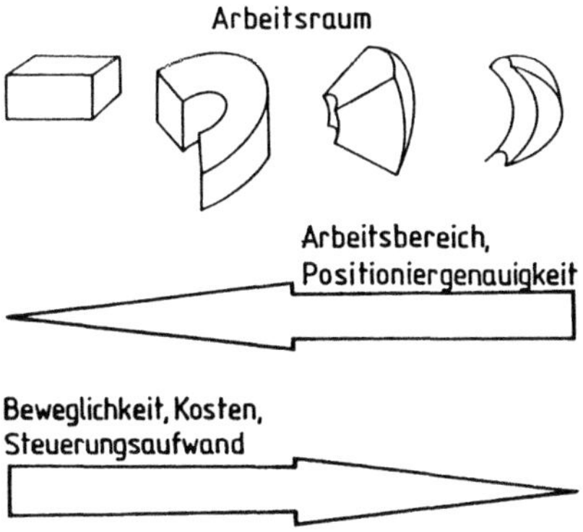

Bild 6.12
Zusammenhang zwischen Arbeitsraum und einigen Industrieroboterleistungsdaten wie Arbeitsbereich, Positioniergenauigkeit, Beweglichkeit, Kosten und Steuerungsaufwand

6.4.2 Flexibilitätseinfluß Greifeinrichtung

Die Greifeinrichtung wird weitgehend durch das Manipulationsobjekt und die Forderung nach Umrüstung sowie dem Einsatzbereich des Industrieroboters bestimmt. Allein hier zeigt sich aus der Übersicht in Bild 6.13, daß ein schnell wechselnder Einsatz von Industrierobotern zwischen verschiedenen Einsatzgebieten sich durch die verschiedenen Greifeinrichtungen, die gefordert werden, verbietet.
Man kann sagen, daß in der Greifeinrichtung eine wesentliche Schwachstelle für den Einsatz von Industrierobotern liegt. Austauschgreifer, Greifer mit Austauschfingern oder adaptive und programmierbare Greifer sind hier nur ein weiterer Behelf, wenn man wechselnde Einsatzgebiete der Werkzeughandhabung wie Spritzen und Schweißen miteinander vergleicht. Diese unterschiedlichen Forderungen an Industrieroboter und ihren gesamten Aufbau lassen den Trend zum Spezialroboter sinnvoll erscheinen.

Greifeinrichtung eingesetzt in der	Einsatzgebiet	Greifeinrichtung ausgebildet als
	Urformen	Zangengreifer
	Umformen	Sauggreifer
	Trennen	Elektromagnetgreifer
Werkstück-handhabung		Mehrfachgreifer
	Fügen	Austauschgreifer
		Greifer mit Austauschfingern
	Beschichten	programmierbare Greifer
	Urformen	Spritzpistole
	Umformen	Punktschweißzange
Werkzeug-handhabung	Trennen	Schweißbrenner
	Fügen	Schleifwerkzeug
	Beschichten	Entgratwerkzeug

Bild 6.13 Greifeinrichtung in Abhangigkeit des Einsatzgebietes eines Industrieroboters

7 Wirtschaftlichkeitsvergleich mittels EDVA

Die elektronische Datenverarbeitung eignet sich zur Durchführung immer wiederkehrender Rechenvorgänge. Auf diese Weise hilft die hier vorliegende rechnergestützte Wirtschaftlichkeitssimulation bei der Lösung sich oft wiederholender einfacher Rechenoperationen und stellt sie schließlich übersichtlich geordnet dar.

Bei der Bearbeitung von Rechenvorgängen mit EDVA ist es wichtig, einige *Grundregeln* zu beachten:

- Nur bekannte Rechenoperationen können mit der EDVA bearbeitet werden,
- eine der Programmierung vorangehende Systemanalyse klärt die Ziele und Grenzen der Berechnung,
- Programmausdruck und Leistungsfähigkeit der Anlage müssen aufeinander abgestimmt sein,
- der Programmausdruck muß übersichtlich gestaltet sein und sofort das Wesentliche der Berechnung zeigen.

7.1 Allgemeine Einführung

Industrieroboter sind Großserienmaschinen. In der Großserie, je nach Anwendungsfall bei 10^4 bis 10^5 Werkstücken, sind sie flexibel einsetzbar. Ihre Flexibilität rechnet sich durch die ersten Einsätze dieser Geräte beim Punktschweißen in der Automobilindustrie gegenüber dem Einsatz von Vielpunktschweißeinrichtungen, deren Wiederverwendbarkeit bei einem neuen Modell fast unmöglich sind. Nur bei wenigen Einsatzgebieten sind Handhabungsautomaten auch im Bereich der Kleinserie, also von 10^2 bis 10^3 Werkstücken, wirtschaftlich einsetzbar. Das hängt im wesentlichen damit zusammen, daß bei Montage-, Handhabungs- und Bearbeitungstätigkeiten Industrieroboter eine umfangreiche Peripherie benötigen, die ihnen die Teile an definierten Punkten (auf die man sie programmiert hat) bereithalten. In [7/9] wird als einziger Literaturquelle auf diese Tatsache hingewiesen. Im Bereich unter 10^3 Teilen wird hier überhaupt kein Einsatz von Industrierobotern beobachtet. Dagegen wird bis 10^4 Teile 7 % aller eingesetzten Industrieroboter gesehen. Erst ab 10^4 bis 10^7 Werkstücken werden 93 % aller Handhabungsautomaten eingesetzt. Eine weitere Beobachtung ist die Zykluszeit, die beim Einsatz von Industrierobotern nicht zu klein sein darf. 87 % aller Geräte werden mit einer Taktzeit von 0,1 bis 5 min eingesetzt und der Rest bei Zykluszeiten bis 50 min (Bearbeitungen mit Industrierobotern). Dagegen eignen sich Industrieroboter zu schneller Umprogrammierung, so daß 49 % aller Geräte 2- bis 10mal in der Woche umprogrammiert und 51 % weniger als zweimal wöchentlich umgerüstet werden. Diese Untersuchung deckt sich mit den in der Praxis gemachten Beobachtungen. Sie stimmt außerdem mit der zögernden Annahme dieser Maschinen in der Praxis überein, weil eben die Großserie nicht überall anzutreffen ist.

Unter Berücksichtigung der Applikation muß man auch dieses differenzierter sehen. Auf gar keinen Fall sollte man aber bei einer Wirtschaftlichkeitsbetrachtung die Stückzahl unberücksichtigt lassen. In der folgenden Wirtschaftlichkeitssimulation wird versucht in Abhängigkeit von verschiedenen Anwendungen die einzelnen Parameter, wie Anschaffungskosten, Lohn usw. zu variieren.

7.2 Rechnergestützte Wirtschaftlichkeitssimulation

In der Literatur werden entweder die einzelnen Kostenanteile aufgezählt, oder es wird summativ der Amortisationszeitraum bzw. die Rentabilität der getätigten Investition angegeben. Bekanntlich ist:

$$\text{Amortisationszeit} = \frac{\text{Kapitaleinsatz}}{\text{jährl. Kostenersparnis}}$$

und

$$\text{Rentabilität} = \frac{100}{\text{Amortisationszeit}}\ \%.$$

Unter Zugrundelegung von Preisen für Industrieroboter von 90 ... 250 TDM je Art der Steuerung, nach Handhabungsgewichten (50 ... 250 N), nach Wiederholgenauigkeiten (0,1 ... 2 mm) sowie Preisen für die Peripherie (je nach Umstellung oder Anpassung der vorhandenen Anlagen auf den Industrieroboter), die im Preisfaktor 0,1 ... 2 zum Industrieroboter liegen, ergeben sich Amortisationszeiten von 1,4 ... 3 Jahre (in Extremfällen 0,3 ... 5 Jahre) und Rentabilitäten von (0,2 ... 0,7) 20 ... 70%.
Meist wird bei diesen Kostenrechnungen die in der schnellen Umrüstbarkeit liegende Flexibilität des Industrieroboters nicht berücksichtigt.
Zur Berurteilung der wirtschaflichen Kenngrößen können statische und dynamische Rechenverfahren eingesetzt werden. Die statischen Verfahren arbeiten mit Durchschnittswerten. Damit erfolgt die Berechnung der gewünschten Kenngrößen bezogen auf eine bestimmte Periode. Dagegen berücksichtigen die dynamischen Verfahren wertmäßig den zeitlichen Zusammenhang im Anfall von Ausgaben und Einnahmen. Dadurch stellen diese Verfahren hohe Anforderungen an die Erfassung der Eingangsdaten.
Da ein großer Teil der Kosten bei der Wirtschaftlichkeitsberechnung einer Industrieroboterinvestition im vorhinein nicht direkt erfaßbar ist, (Peripherie-, Wartungs-, Verschleißteilekosten usw.) scheidet eine Berechnung der Wirtschaftlichkeit nach dynamischen Verfahren für diesen Fall aus.
Bei der Berechnung des Maschinenstundensatzes ist aber jeweils eine Abhängigkeit zu der Anzahl der erzeugten oder manipulierten Teile vorhanden. Die rechnergestützte Wirtschaftlichkeitssimulation berechnet die wichtigsten Einflußparameter nach dem wirtschaftlichsten Einsatz des Industrieroboters auf der Basis dieses Maschinenstundeneinsatzes jeweils für Mensch und Industrieroboter.

7.3 Programmeingabe

Die Eingabedaten können der Tabelle entnommen werden. Je genauer die Daten erfaßt und eingegeben werden können, desto genauer wird die Wirtschaftlichkeitsrechnung ausfallen. Eine allgemein gültige Wirtschaftlichkeit für freiprogrammierbare Bewegungseinrichtungen gibt es nicht. Die Berechnung oder Simulation ist zeit- und ortsgebunden. Dies sieht man auch sehr deutlich an den in der Tabelle 7.1 gemachten Angaben:

Tabelle 7.1: EDVA-Ausdruck: Eingabedaten

```
                    E I N G A B E D A T E N

JAEHRL  ZINSSATZ              8 00    PROZ

QUADRATMETERPREIS/MONAT       6 00    DM/QM

AUFTRAGSSTUECKZAHL             500    STCK

                                     MENSCHLICHE          INDUSTRIE-
                                     ARBEITSKRAFT         ROBOTER

LOHNKOSTEN FUER                      15 00   DM/H          20 00   DM/H
ARBEITS-- BZW  BEDIENUNGSKRAFT

FLUKTUATION                          3 JAHRE          15000   STUNDEN
U  BETRIEBSSTUNDEN DES ROBOTERS

ARBEITS-- BZW  BEDIENUNGSKRAFFTE      1 00                 0 30

LEISTUNGSBEDARF                      0. 50 KWH            12 00 KWH

BEWEGUNGSRAUM                        24 00 QM             20 00 QM

ZEITGRAD MIN/MIN                     1 00                 1 00

AUSNUTZUNGSGRAD                      0. 78                0 92

STUECKZEIT                           1 00000 MIN/STCK     0 90000 MIN/STCK

EINSTELLUNGSK  F  ARBEITSKRAFT        3000   DM            200000   DM
U  ANSCHAFFUNGSWERT D  ROBOTERS

UMRUESTZEIT (AUFTRAGSWIEDERHOLUNG)    0 MIN/AUFTRAG        30 MIN/AUFTRAG

UMRUESTZEIT (NEUER AUFTRAG)                               600 MIN/AUFTRAG

*******************************************************************************

P R O G R A M M I N T E R N E   E I N G A B E D A T E N

ARBEITSZEITEN PRO JAHR               1895                 3790                 5685


BENOETIGTE ARBEITSKRAEFTE            1                    2                    3
BENOETIGTE ROBOTER                   1                    1                    1

LOHNKOSTEN                                                                     +50 PROZ

RESTGEMEINKOSTEN = 16 PROZ , STROMPREIS = 0 13 DM/KW
INSTANDHALTUNGSFAKTOR = 40 PROZ ,     LOHNGEMEINKOSTEN = 50 PROZ
```

Jährlicher Zinssatz als zeitgebundene Größe und
Lohnkosten,
Quadratmeterpreis,
Fluktuation,
Einstellkosten als ortsgebundene (firmenspezifische) Größen.

7.4 Programmausgabe

Nur EDV-Anlagen mit umfangreicher Peripherie haben die Möglichkeit, so anspruchsvolle Programmausgaben zu liefern, wie die rechnergestütze Wirtschaftlichkeitssimulation es erfordert. Durch „DO-Anweisungen" können wenige Eingabedaten so variiert werden, daß Tabellen und Kurvenausdrucke möglich sind.
Damit die Abhängigkeit zwischen Ein- und Ausgabe sofort erkennbar ist, werden die Eingabedaten noch einmal mit aufgelistet (Tabelle 7.1). Als Ausgabe erscheinen dann in der Tabelle 7.2 die Stückkosten bei unterschiedlicher Stückzahl für Mensch und Industrieroboter. Tabelle 7.3 zeigt für eine Stückzahl von 100000 Stück und eine Arbeitszeit von 3790 h/Jahr die entsprechenden Einzelkosten. Die Werte in den Tabellen 7.2 und 7.3 lassen sich nicht übersichtlicher darstellen. Hier hilft als spezielle Ausgabeform der EDVA über eine Zeichenmaschine der Kurvenausdruck, wie er im Bild 7.1 zu sehen ist. Alle Werte der Tabelle 7.2 werden in Form einer Kurve dargestellt. Dabei werden die Stückkosten in Abhängigkeit der Anzahl der hergestellten oder manipulierten Teile aufgetragen. In der Folge werden daher nur noch die Plottenausdrucke und das Blatt mit den Eingabedaten behandelt.

Tabelle 7.2: EDVA-Ausdruck: Ausgabedaten bei unterschiedlicher Losgröße

A U S G A B E D A T E N

STUECKKOSTEN BEI UNTERSCHIEDLICHER LOSGROESSE
****

LOSGROESSE	MENSCHLICHE ARBEITSKRAEFTE	MENSCHLICHE ARBEITSKRAFT	INDUSTRIE-ROBOTER	INDUSTRIE-ROBOTER	ARBEITSZ /JAHR	
5000	1	0 4735 DM/STCK	1	0 7486 DM/STK	1895 H/JAHR	
6000	1	0 4735 DM/STCK	1	0 7354 DM/STK	1895 H/JAHR	
7000	1	0 4735 DM/STCK	1	0 7259 DM/S1K	1095 H/JAHR	
8000	1	0. 4735 DM/STCK	1	0 7188 DM/STK	1895 H/JAHR	
9000	1	0 4735 DM/STCK	1	0 7133 DM/STK	1895 H/JAHR	
10000	1	0 4735 DM/STCK	1	0 7089 DM/STK	1095 H/JAHR	
11000	1	0 4735 DM/STCK	1	0 7053 DM/STK	1895 H/JAHR	
12000	1	0 4735 DM/STCK	1	0 7023 DM/STK	1895 H/JAHR	
13000	1	0 4735 DM/STCK	1	0 6997 DM/S1K	1895 H/JAHR	
14000	1	0 4735 DM/STCK	1	0 6975 DM/STK	1895 H/JAHR	
15000	1	0 4735 DM/STCK	1	0 6956 DM/STK	1895 H/JAHR	
5000	2	0 8984 DM/STCK	1	0 9117 DM/STK	3790 H/JAHR	Schnittpunkt
6000	2	0 8984 DM/STCK	1	0 8955 DM/STK	3790 H/JAHR	
7000	2	0 8984 DM/STCK	1	0 8840 DM/STK	3790 H/JAHR	
8000	2	0 8984 DM/STCK	1	0 8754 DM/STK	3790 H/JAHR	
9000	2	0 8984 DM/STCK	1	0 8687 DM/STK	3790 H/JAHR	
10000	2	0 8984 DM/STCK	1	0 8633 DM/STK	3790 H/JAHR	
11000	2	0 8984 DM/STCK	1	0 8589 DM/STK	3790 H/JAHR	
12000	2	0 8984 DM/STCK	1	0 8552 DM/STK	3790 H/JAHR	
13000	2	0 8984 DM/STCK	1	0 8521 DM/STK	3790 H/JAHR	
14000	2	0. 8984 DM/STCK	1	0. 8494 DM/STK	3790 H/JAHR	
15000	2	0 8984 DM/STCK	1	0 8471 DM/STK	3790 H/JAHR	
5000	3	1 5484 DM/STCK	1	1 3445 DM/STK	5685 H/JAHR	
6000	3	1 5484 DM/STCK	1	1 3207 DM/STK	5685 H/JAHR	
7000	3	1 5484 DM/STCK	1	1 3037 DM/STK	5685 H/JAHR	
8000	3	1 5484 DM/STCK	1	1 2910 DM/STK	5685 H/JAHR	
9000	3	1. 5484 DM/STCK	1	1 2811 DM/STK	5685 H/JAHR	
10000	3	1 5484 DM/STCK	1	1 2731 DM/STK	5685 H/JAHR	
11000	3	1. 5484 DM/STCK	1	1. 2666 DM/STK	5685 H/JAHR	
12000	3	1 5484 DM/STCK	1	1 2612 DM/STK	5685 H/JAHR	
13000	3	1 5484 DM/STCK	1	1 2567 DM/STK	5685 H/JAHR	
14000	3	1 5484 DM/STCK	1	1 2527 DM/STK	5685 H/JAHR	
15000	3	1 5484 DM/STCK	1	1 2493 DM/STK	5685 H/JAHR	

Je nach Variation der Einflußgrößen besteht die Wahrscheinlichkeit, daß die Kurven mit den berechneten Stückkosten für die menschliche Arbeitskraft einerseits und den Industrieroboter andererseits sich schneiden. Am Schnittpunkt der beiden Kurven herrscht Kostengleichheit.

7.5 Programmbeschreibung und Einflußgrößen

Das Programm berechnet den Maschinenstundensatz, d.h. die Kosten je Stunde für eine menschliche Arbeitskraft und einen Industrieroboter in Abhängigkeit von der Stückzahl. Der Maschinenstundensatz in DM/h multipliziert mit der Auftragszeit ergibt die Auftragskosten. Billigere Auftragskosten stellen höhere Wirtschaftlichkeit dar. Im Maschinenstundensatz sind alle Einflußgrößen, die die Wirtschaftlichkeit verändern können, gut darzustellen.

Tabelle 7.3 Wirtschaftliche Vergleichsrechnung für einen Reis Robot (1982)

EINZELKOSTEN BEI EINER LOSGROESSE VON 100000 STCK UND EINER ARBEITSZEIT VON 3790 STD/JAHR
****

	MENSCHLICHE ARBEITSKRAFT	INDUSTRIE-ROBOTER	
FLUKTUATION U. LEBENSDAUER DES ROBOTERS	3 JAHRE	4 JAHRE	
THEOR. ARBEITSSTUNDEN PRO JAHR	2956	3486	STUNDEN/JAHR
KALK. ABSCHREIBUNG	0.67	14.34	DM/H
KALK. ZINSEN	0.08	2.29	DM/H
RAUMKOSTEN	0.58	0.41	DM/H
INSTANDHALTUNGSKOSTEN	0.00	5.73	DM/H
ENERGIEKOSTEN	0.13	3.12	DM/H
LOHNKOSTEN	30.00	12.00	DM/H
LOHNGEMEINKOSTEN	15.00	6.00	DM/H
MASCHINENGEMEINKOSTEN	7.43	7.02	DM/H
MASCHINENSTUNDENSATZ	53.90	50.93	DM/H
AUFTRAGSWIEDERHOLKOSTEN	0.0000	0.0557	DM/STCK
HANDHABUNGSKOSTEN	0.8984	0.7640	DM/STCK
* STUECKKOSTEN	0.8984	0.8197	DM/STCK *
KOSTEN/JAHR	159351. DM	190516. DM	

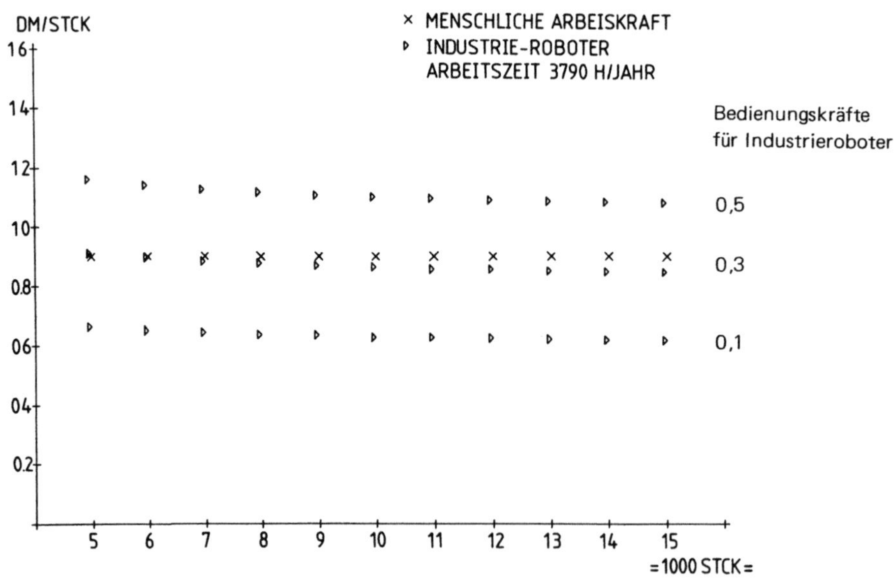

Bild 7.1 EDV-Plotterausdruck Stückkosten über Stückzahl im Vergleich zwischen menschlicher Arbeitskraft und Industrieroboter für den Fall verschiedener Bedienungskräfte am Industrieroboter (Wartung, Programmierung)

In der folgenden Übersicht werden die Einflußgrößen, aus denen sich der Maschinenstundensatz zusammensetzt, näher erläutert:

Einflußgrößen Maschinenstundensatz – Eingabedaten für das Programm

		Arbeiter	Industrieroboter
Jährlicher Zinssatz			
Kapitalmarkt zur Zeit (1980)		8 %	
Quadratmeterpreis/Monat			
Rhein-Main-Gebiet		60.– DM/Monat	
Auftragsstückzahl			
gewählt mit		500 Stück/Auftrag	
Lohnkosten für Arbeits- und Bedienungskraft			
Stundenlohn für Arbeiter + Zuschläge		15,00 DM/h	
Stundenlohn für Instandhalter + Zuschläge			20,00 DM/h
Fluktuation und Betriebsstunden des Industrieroboters (IR)			
durchschnittliche Beschäftigungszeit für Arbeiter an Schwerstarbeitsplätzen		3 Jahre	
Lebensdauer des Industrieroboters im 2-Schichtbetrieb zwischen 6 und 8 Jahre, entsprechend 25000 h			25000 h
Arbeits- und Bedienungskräfte			
Zahl der Arbeiter		1	
Zahl der Bedienungskräfte/IR			0,3
Leistungsbedarf (KW)			
Stromverbrauch für Arbeiter		0,5	
Anschlußwert des Industrieroboters			12
Bewegungsraum			
Bewegungsfläche	19 m^2		
+ Umkleideraum pro Arbeiter nach DIN 18228/3	0,8 m^2		
+ Toiletten pro Arbeiter nach DIN 18228/2	0,14 m^2		
+ Aufenthaltsraum pro Arbeiter ca.	1 m^2		
+ Waschraum pro Arbeiter nach DIN 18228/3	0,8 m^2		
ungenutzter Raum ca. 10 %	2,26 m^2		
	24 m^2	24 m^2	
umzäunte Arbeitsfläche des IR			20 m^2
Zeitgrad			
= Vorgabezeit/gebrauchte Zeit			
Arbeiter		1	
Bedienungspersonal			1
Ausnutzungsgrad			
Ausnutzungsgrad der menschlichen Arbeitskraft:			
theoretische Arbeitstage/Jahr: 237 Tage			
– 13,8 % für: Urlaub, Abwesenheit, Krankheit			
– 8,2 % gesetzliche Erholzeit			
= 185 Tage		0,78	
Ausnutzungsgrad Industrieroboter			
Aussagen schwanken zwischen 6 % und ... 0,5 % Ausfallszeit Einbezogen werden muß noch die Anlaufphase, die aus bekannten Gründen sehr ausfallintensiv ist. Zusammen:			0,92

	Arbeiter	Industrieroboter
Stückzeit		
Handhabungszeit/Stück	1 min/Stück	
		0,9 min/Stück
Einstellkosten für Arbeitskraft		
Anschaffungswert der Anlage		
Informationen über verursachte Kosten bei der Einstellung schwanken zwischen 2000 und 10000 DM/Einstellung	3000,00 DM	
Anschaffung des Industrieroboters 100000,00 DM + Kosten für Werkstückgreifer + Kosten für Anpassungsarbeiten + Kosten für Schutzeinrichtungen 100000,00 DM		200000,00 DM
Umrüstzeit		
Die Umrüstzeit bei menschlicher Arbeitskraft ist diejenige Zeit, in der der Arbeiter Anweisungen vom Meister über die neue Handhabungsaufgabe erhält. Da diese Anweisungen nicht bei jeder Auftragswiederholung gegeben werden, ist die durchschnittliche Zeit kurz. Sie wird deshalb in der Rechnung nicht berücksichtigt	0	
Wiederholprogrammierzeit setzt sich zusammen aus: Zeit für Greiferumstellung, Zeit um anderes Programm aufzurufen, Zeit für Probelauf		30 min/Auftrag
Umrüstzeit (neuer Auftrag) (nur bei Industrieroboter berücksichtigt) setzt sich zusammen aus: Zeit um Bewegungsablauf zu programmieren Zeit für Probeläufe, Zeit für Optimierung, Zeit für Greiferwechsel.		600 min/Auftrag

Strompreis = 0,13 DM

Instandhaltungsfaktor

Für Industrieroboter werden Instandhaltungskosten mit 40% vom Anschaffungswert berechnet und auf die Lebensdauer verteilt.

1-Schichtbetrieb

237 Tage × 8 h = 1895 h/Jahr

Lohnkosten

Im 3-Schichtbetrieb wird in der 3. Schicht der Lohn um 50% erhöht

Restgemeinkosten

= 16% vom Stundensatz decken Kosten für
- Meister,
- Vorarbeiter,
- Betriebsleitung,
- Arbeitsvorbereitung

Lohngemeinkosten

werden mit 50% zum Lohn addiert und decken:
- Sozialaufwand,
- Urlaubsgeld,
- Weihnachtsgeld

7.6 Informationsflußdiagramm

Im Informationsflußdiagramm wird grob erläutert, was im Programm:

- eingelesen,
- gerechnet,
- entschieden,
- entschlüsselt und
- ausgedruckt werden soll.

Das Diagramm zeigt anschaulich, in welcher Reihenfolge die einzelnen Operationen von der Rechenanlage behandelt werden.

Zu den Operationen gehören (siehe Bild 7.2):

1	Die Eingabedaten werden eingelesen,
2	zur Kontrolle werden die Eingabedaten in einer besonderen Form gedruckt,
3	die Arbeitszeit wird über eine DO-Anweisung variiert,
4	die Anzahl der Arbeitskräfte (in Instandhaltung und Programmierung sowie die menschlichen Arbeitskräfte) werden der Schichtzahl angepaßt,
5	unter bestimmten Bedingungen druckt das Programm interessante Einzelkosten aus (die Entscheidung,welche Einzelkosten interessieren, wird hier durchgeführt),
6	die Losgröße wird über eine DO-Anweisung variiert,
7	hier wird über bestimmte Anweisungen der Plotter zu einen Ausdruck veranlaßt,
8 - 9	in Entscheidungsschleifen eingebaut überprüft der Rechner, ob die Losgröße auf den gewünschten Wert für die Einzelkostenberechnung gesetzt ist und ob die Arbeitszeit pro Jahr auf den gewünschten Wert für die Einzelkostenberechnung gesetzt ist,
10	die nachfolgenden Rechenoperationen werden ausgeführt:
11	Berechnung des Maschinenstundensatzes,
12	Kontrolle,ob richtige Druckanweisungen ergangen sind,
13	Druckanweisung für das Zeichengerät zur Erstellung der Kurven,
14 + 17	Abfrage, ob ein bestimmtes Unterprogramm zum Drucken der Tabellen und Zeichnen der Kurven bereits abgelaufen ist,
15	Abfrage an die Eingabedaten, ob die Einzelkosten gedruckt werden sollen,
16	Drucken der Stückkosten für unterschiedliche Stückzahl
18	hier erfolgt die Entscheidung für welche Stückzahl ein Drucken der Einzelkosten gewünscht wird,
19	Entscheidung für die Einzelkosten,
20	Druckanweisung für Einzelkosten,
21	Berechnung der Kosten pro Jahr,
22	Drucken dieser Kostenart,
23	Angaben für die Plotterausgabe,
24	Druckanweisung für den Plotter (Zeichengerät),
25	Programmschluß

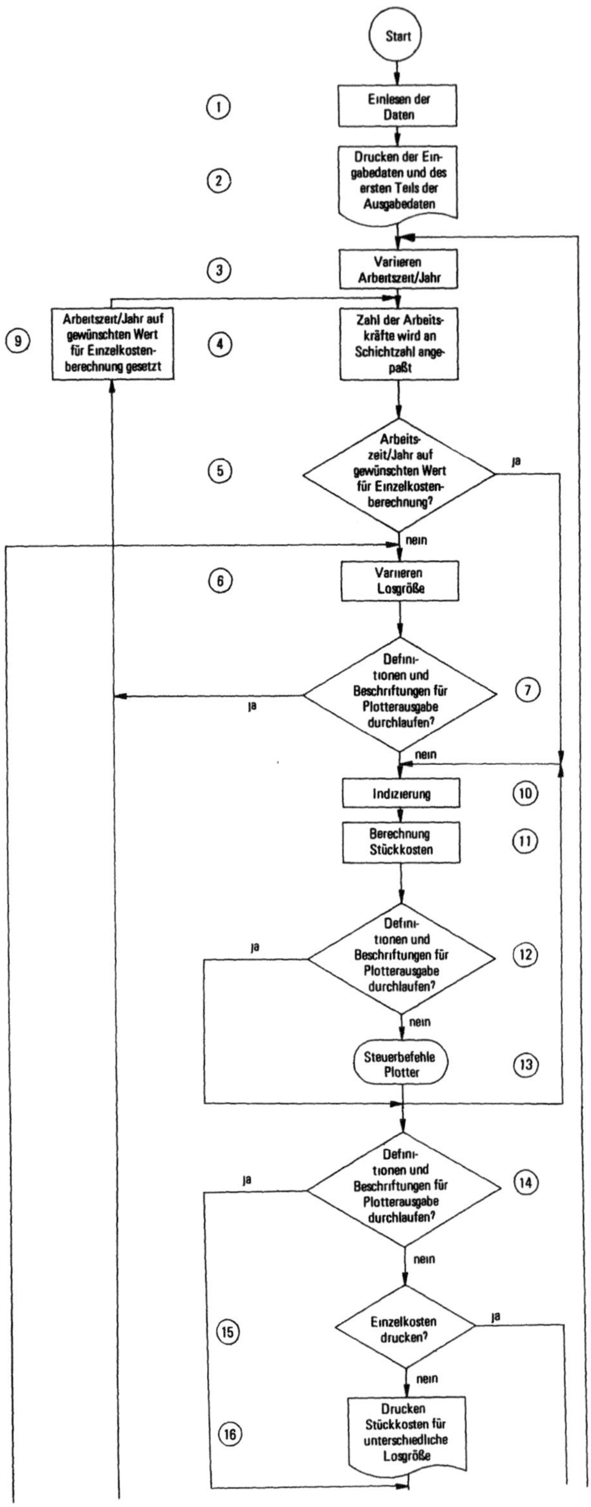

Bild 7.2
Informationsflußdiagramm für die Wirtschaftlichkeitssimulation auf der EDVA

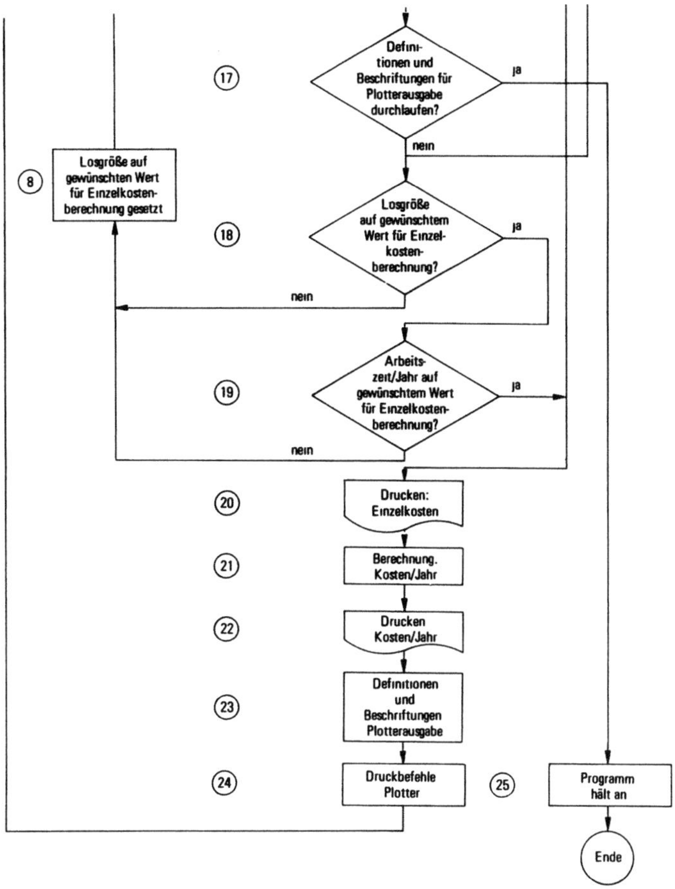

Fortsetzung Bild 7.2

7.7 Fallstudien

7.7.1 Fallstudie 1 (Werkzeugmaschinenbeschickung)

An folgendem Beispiel soll die Wirtschaftlichkeit eines Handhabungsvorganges simuliert werden. Die Handhabung der Werkstücke erfolgt:

- durch eine menschliche Arbeitskraft oder vergleichweise
- durch einen Industrieroboter.

Drei automatisch arbeitende Warmbiegemaschinen werden mit Stahlstangen (Länge 1,8 m, Gewicht ca. 100 N) beschickt und nach dem Warmbiegevorgang wieder entladen. Danach werden die Teile gestapelt und abtransportiert. In Bild 7.3 ist die Anordnung der Maschinen zu sehen. Die Größe des Arbeitsraumes ist ca. 20 m^2.

Für die Wirtschaftlichkeit eines Industrieroboters ist es von Bedeutung, die Kosten für die Peripherie möglichst gering zu halten. Daher wird am Arbeitsraum und der Anordnung der Maschinen bei Umstellung von menschlicher Beschickung auf automatische Handlung durch einen Industrieroboter nichts verändert. Die größere Arbeitsfläche von 24 m^2 bei menschlicher Beschickung der Warmbiegemaschinen ergibt sich, weil hier zusätzlich Flächen für Toiletten, Umkleiden, Aufenthaltsräumse usw. anteilig benötigt werden.

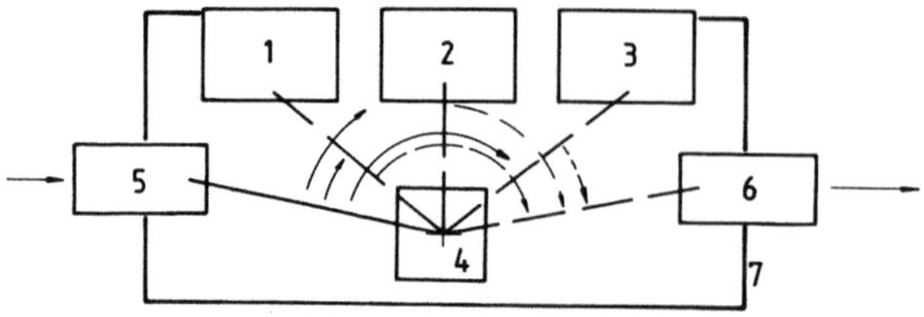

Bild 7.3 Fallstudie 1: Maschinenaufstellung mit Industrieroboter sowie Materialfluß.
1 bis 3 Warmbiegemaschinen, 4 Industrieroboter, 5 Magazin für Rohteile, 6 Magazin für Fertigteile, 7 Sicherheitsbereich

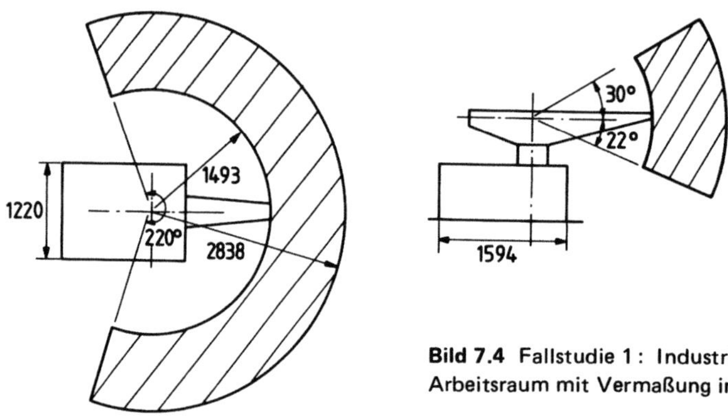

Bild 7.4 Fallstudie 1: Industrieroboter „Unimate 2100"
Arbeitsraum mit Vermaßung in mm und °

In diesem Beispiel wurde für den Industrieroboter der Typ Unimate 2100 ausgesucht, weil dieser Typ universell einsetzbar und preiswert ist. Der Unimate 2100 wird elektro-hydraulisch angetrieben, hat eine PTP-Steuerung und wird im „Teach-in"-Verfahren programmiert, d.h. durch speicherbare Simulationsbewegungen (Bild 7.4). Den Werksangaben sind dann die entsprechenden Werte für die benötigten Eingabedaten entnommen worden (Anschlüsse, Arbeitsraum, Energiebedarf usw.).

Die rechnergestützte Wirtschaftlichkeitssimulation ist bereits ein Stadium zur Vorbereitung der Einführung der neuen Technologie, da sie Hinweise darauf gibt, unter welchen Bedingungen sich ein Industrieroboter amortisiert und wirtschaftlich einsetzen läßt.

Bei den Eingabedaten wurde großer Wert darauf gelegt, firmenspezifische Daten zu erfassen, z.B.:

- Umkleideräume,
- Fluktuation der menschlichen Arbeitskraft,
- Ausnutzungsgrad des Industrieroboters,
- Preis des Industrieroboters und der Peripherie.

Da jede Wirtschaftlichkeitsrechnung Schwachstellen aufweist, wurden diese Einflußgrößen, die nicht exakt ermittelt werden konnten, variiert. Bei diesen Einflußparametern handelt es sich in der Fallstudie 1 um:

- Anschaffungspreis (inklusive Peripherie) des Industrieroboters,
- Bedienungskräfte (Programmierer, Instandhalter) des Industrieroboters,
- Betriebsstunden des Industrieroboters,
- Auftragsstückzahl,
- Stückzeit (min/Stück).

7.7.1.1 Variieren des Anschaffungspreises

Der Anschaffungspreis des Industrieroboters setzt sich aus dem Preis des Industrieroboters allein und den Kosten für die Peripherie zusammen. Der Anteil der Peripherie, der ja zu Beginn der Planungsstudie ungewiß erscheint, wird in drei Rechengängen von 50% über 100% bis 300% in bezug auf den Anschaffungspreis des Industrieroboters variiert. Die Kosten für die Peripherie werden von Industrieroboterherstellern meist recht niedrig beziffert. In manchen Fällen sind die Kosten fast gar nicht zu berücksichtigen, in den anderen Fällen, z.B. wenn der Einsatz eines Industrieroboters den Umbau einer ganzen Fertigungsanlage zur Folge haben kann, übersteigen sie sogar den eigentlichen Anschaffungswert des Gerätes. In Bild 7.5 sind vier Kurven wiedergegeben. Die Kurve der menschlichen Arbeitskraft schneidet die Kurve des Industrieroboteinsatzes im Falle von 200 TDM bei einer Auftragsstückzahl von 6000 Stück und Stückkosten von 0,9 DM.
Bei Kosten von 150 TDM für Industrieroboter und Peripherie ergeben sich für den vorliegenden Simulationsfall die noch geringeren Stückkosten von 0,8 DM.

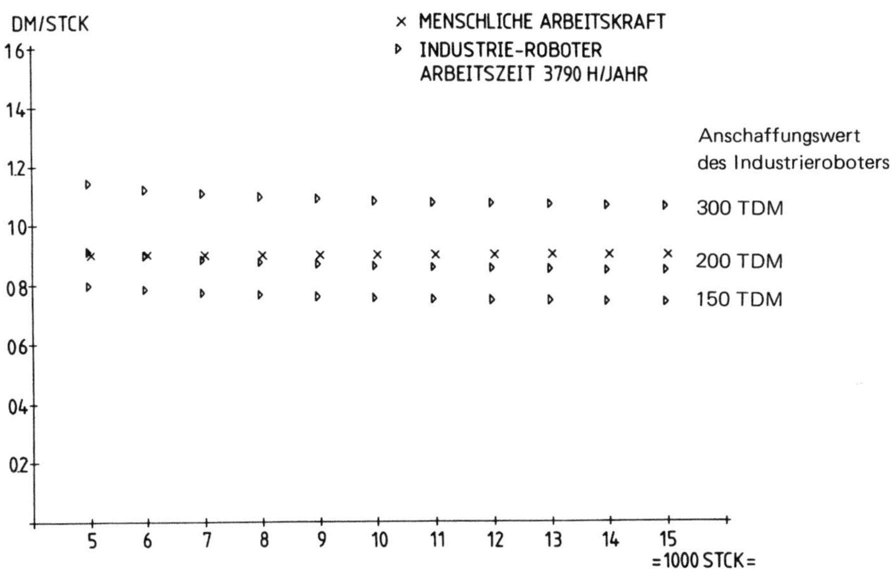

Bild 7.5 Plotterausdruck: Stückkosten/Stückzahl in Abhängigkeit des Anschaffungswertes eines Industrieroboters

7.7.1.2 Variieren der Bedienungskräfte

Einen starken Einfluß auf die Stückkosten hat die Anzahl der Bedienungskräfte. Die Lohnkosten, die einen großen Teil des Stundensatzes ausmachen, werden direkt mit der Anzahl der Bedienungskräfte multipliziert. Sie sind außerdem noch abhängig von der Schichtzahl und schränken somit den großen Vorteil des Industrieroboters, daß Lohnkosten wegfallen, ein. Wenn ein Instandhalter zwei Industrieroboter ständig betreut, macht der Lohnkosten-

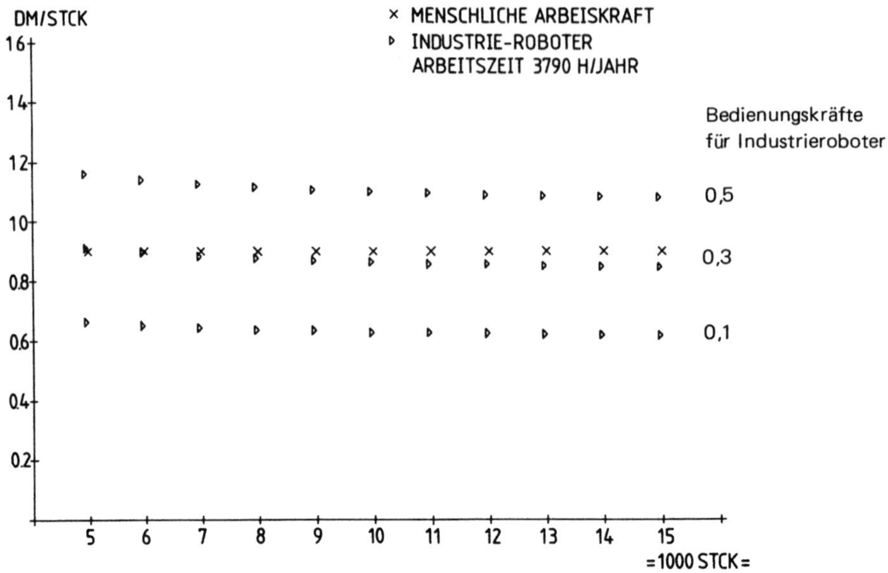

Bild 7.6 Plotterausdruck: Stückkosten/Stückzahl in Abhängigkeit der Bedienungskräfte für den Industrieroboter

anteil 53% des Stundensatzes aus. Betreut ein Instandhalter 10 Industrieroboter, beträgt der Anteil der Lohnkosten am Stundensatz nur noch 16%.

Bild 7.6 zeigt, daß bei einer Anzahl von 0,3 Bedienungskräften pro Industrieroboter sich ein Schnittpunkt im Zweischichtbetrieb bei ca. 6000 Stück und 0,9 DM mit der Kurve der menschlichen Arbeitskraft ergibt.

Eine theoretische Nachrechnung über Stückzahl, Zahl der Umrüstungen, mittlere Wiederholumrüstzeit Losgröße und Ausfallszeiten bestätigt die rechnergestützte Simulation von einem Instandhalter/Programmierer für drei Industrieroboter.

7.7.1.3 Variieren der Lebensdauer des Industrieroboters

Die Lebensdauer in Jahren wird im Programm aus den Betriebsstunden, der Arbeitszeit pro Jahr (abhängig von der Schichtart) und dem Ausnutzungsgrad des Industrieroboters berechnet.

$$\text{Lebensdauer} = \frac{\text{Betriebsstunden}}{\text{Arbeitsstunden/Jahr} \times \text{Ausnutzungsgrad}} \text{ (Jahre)}$$

Die Lebensdauer einer Maschine ergibt sich aus der Zeitspanne zwischen Anschaffung der Maschine und ihrer Verschrottung. Ein anderer Grund für den Ersatz einer Fertigungseinrichtung ist, daß sie zu langsam arbeitet und damit unwirtschaftlich geworden ist (Bild 2.2).

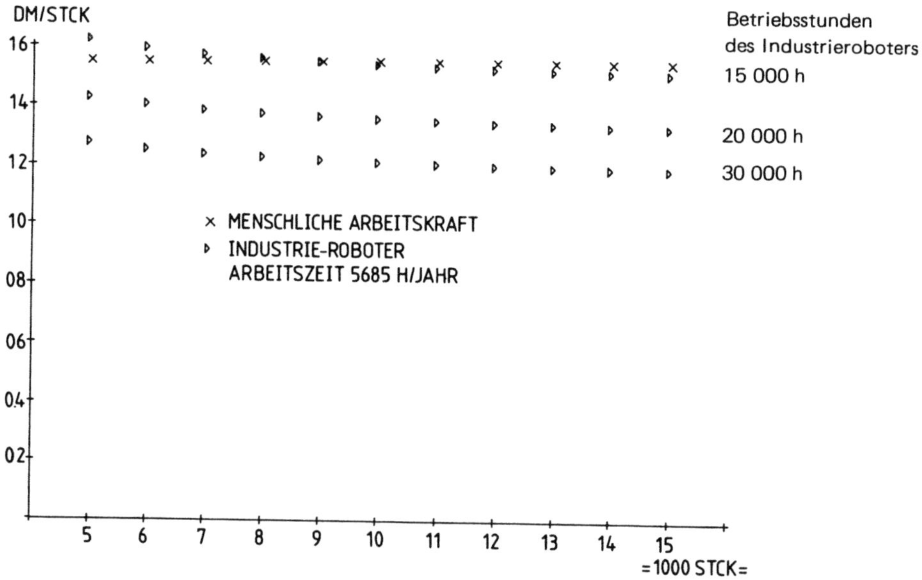

Bild 7.7 Plotterausdruck: Stückkosten/Stückzahl in Abhängigkeit der Betriebsstunden des Industrieroboters

Für die folgenden drei Durchgänge wurden die Betriebsstunden mit 15000, 20000 und 30000 eingesetzt. Außerdem wurde die Auftragsstückzahl auf 300 Stück/Auftrag und die Anzahl der Bedienungskräfte auf 0,4 geändert.
Bild 7.7 zeigt das Ergebnis:

Bei 15000 h ein Schnittpunkt der Stückkosten im 3-Schichtbetrieb zwischen 8000 und 9000 Stück pro Los und 1,55 DM/Stück.

7.7.1.4 Variieren der Auftragsstückzahl

Die Auftragsstückzahl wird mit 300, 500 und 5000 Stück/Auftrag eingesetzt.
Da in der Praxis meist ein Instandhalter für eine bestimmte Anzahl von Industrierobotern zuständig ist, wird bei diesen drei Rechengängen, obwohl die Auftragsstückzahl verändert wird, die Anzahl der Bedienungskräfte konstant gehalten.
Aus dem Bild 7.8 ergibt sich bei 3-Schichtbetrieb bereits ein Schnittpunkt mit der Kurve der kleinsten Auftragsstückzahl von 300 Stück. Bei den größeren Auftragsstückzahlen liegen die Schnittpunkte im Bereich zwischen 2- und 3-Schichtbetrieb.

7.7.1.5 Variieren der Stückzeit

Die Stückzeit wurde mit 1,0 min/Stück, 0,9 min/Stück, also 10% besser als bei menschlicher Arbeitskraft, und 0,7 min/Stück eingesetzt. Die Stückzeit setzt sich aus der Fertigungszeit und der Nebenzeit zusammen. Dabei ist die Nebenzeit die eigentliche Handha-

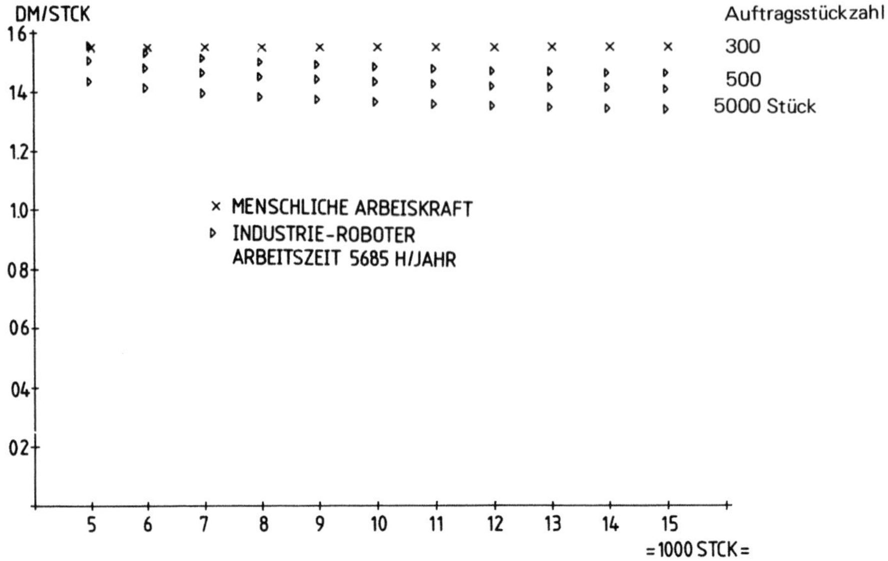

Bild 7.8 Plotterausdruck: Stückkosten/Stückzahl in Abhängigkeit der jeweiligen Auftragsstückzahl

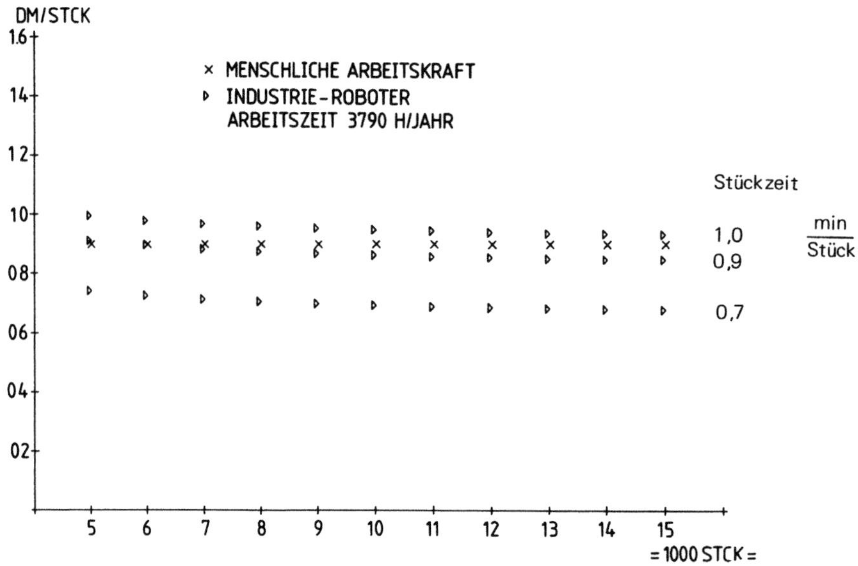

Bild 7.9 Plotterausdruck: Stückkosten/Stückzahl in Abhängigkeit der Stückzeit

bungszeit. Je nach Anteil der Fertigungszeit kann die Stückzeit durch eine verkürzte Handhabungszeit reduziert werden. Im Bild 7.9 sieht man das Ergebnis:

Bei 1,0 min/Stück ergibt sich ein Schnitt zwischen 2- und 3-Schichtbetrieb,
bei 0,9 min/Stück liegt der Schnitt im 2-Schichtbetrieb zwischen 5000 und 6000 Stück/Los und
bei 0,7 min/Stück ist der Schnitt zwischen 1- und 2-Schichtbetrieb.

7.7.1.6 Ergebnis der Fallstudie 1

Die Zusammenfassung der quantitativen Ergebnisse der Variation der Einflußparameter ergibt folgenden Hinweis auf den wirtschaftlichen Einsatz eines Industrieroboters unter fest eingegebenen Größen:

200 000 Anschaffungskosten für Industrieroboter und Peripherie.
0,3 Bedienungskräfte pro Industrieroboter,
25 000 h Betriebszeit des Industrieroboters,
500 Stück/Auftrag Auftragsstückzahl,
1 min/Stück Stückzeit.

7.7.2 Fallstudie 2 (Punktschweißung einer PKW-Tür)

Bei der zweiten Fallstudie soll nicht nur ein Teil manipuliert werden, sondern es wird von dem Industrieroboter verlangt, daß er einen Fertigungsvorgang ausführt (Punktschweißen). Die Teile werden von Hand bewegt. Die folgenden Schwierigkeiten müssen dabei beachtet werden:

- Am Industrieroboter muß die unhandliche Punktschweißausrüstung angebracht werden, so daß (Gewicht ca. 200 ... 500 N) er noch mit voller Positioniergenauigkeit arbeiten kann.
- Der ursprüngliche Fertigungsvorgang darf nicht durch den Einsatz der geänderter Schweißautomaten verändert werden, damit die Peripheriekosten möglichst niedrig bleiben.
- Sicherheitseinrichtungen müssen gewährleisten, daß der automatische Schweißbereich nicht zufällig von Menschen betreten wird.

Die manuelle Fertigungsfolge ist im Bild 7.10 zu sehen:

- Türgerippe, Scharnier- und Türverschlußverstärkungen (Bild 7.11) werden eingelegt und gespannt,

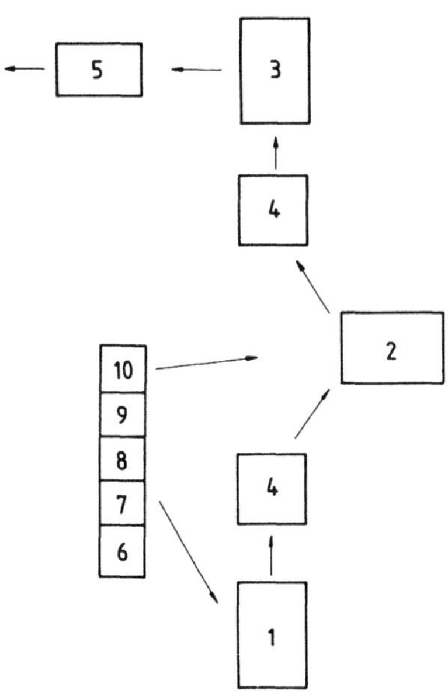

Bild 7.10
Fallstudie 2: Maschinenaufstellung bei manueller Bearbeitung
1 Station 1, 2 Station 2, 3 Station 3, 4 Puffer,
5 Fertigteilablage, 6 bis 10 Teilebereitstellung

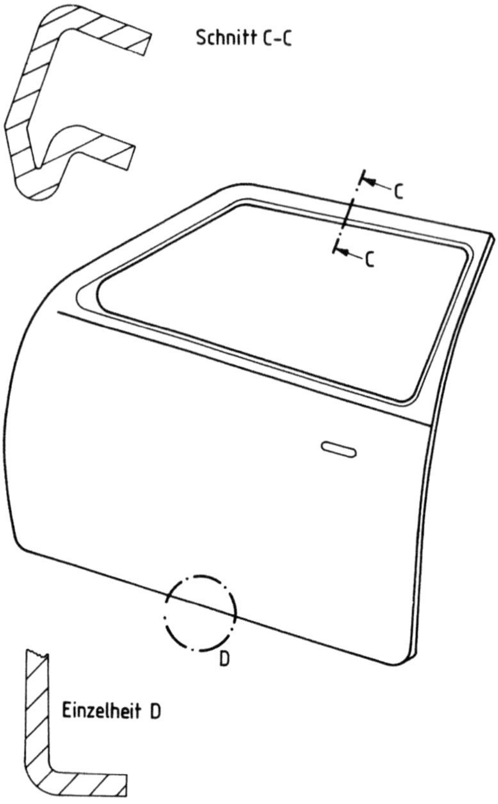

Bild 7.11 Türaußenseite

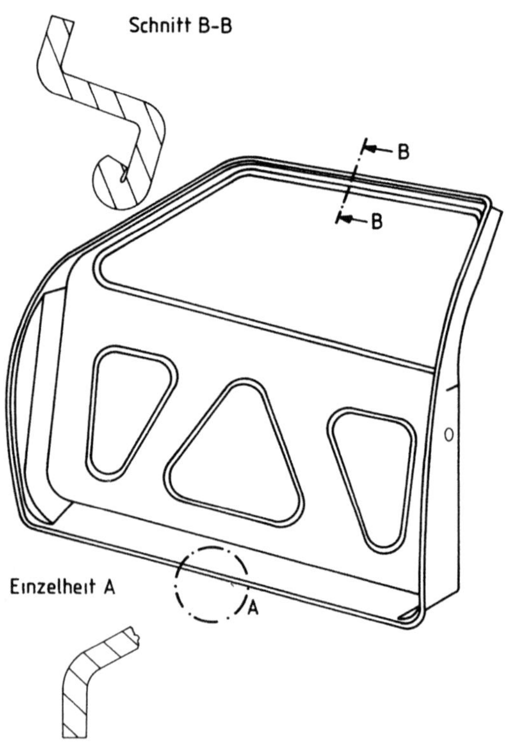

Bild 7.12 Türverrippung (Türinnenseite)

- Punktschweißen der einzelnen Teile (Schweißpunkte 1–40),
- Ausspannen der Teile,
- Umbördeln der Türverkleidung (Bild 7.12),
- Einlegen und Spannen der PKW-Tür,
- Punktschweißen der Punkte 41 bis 81,
- Ausspannen und Ablegen der fertigen Teile.

Für das manuelle Fügen der PKW-Teile werden bei dem Fertigungsablauf sechs Arbeitskräfte A – F (Bild 7.10) und 84 m² Arbeitsfläche benötigt. Zur Erleichterung der Handhabung müssen eine vertikal- und eine horizontalarbeitende Schweißzange vorhanden sein.

Beim Übergang auf automatisierte Schweißung wurde zunächst durch MTM (*M*ethod *T*ime *M*easurement) die Taktzeit ermittelt. Sie richtet sich nach dem längsten Fertigungseinzelablauf. Dieser längste Ablauf liegt beim Arbeiter A (Bild 7.13) mit {2,8 min} + {persönlicher Verteilzeit} ergibt eine Taktzeit von 3 min. Unter fünf in der engeren Auswahl befindlichen Industrierobotern wurde nach Kriterien, wie:

- Peripherieangebot,
- Kosten,
- Arbeitsraum,
- Bewegungsablauf,
- Geschwindigkeit,
- Positioniergenauigkeit,
- Handhabungsgewicht,

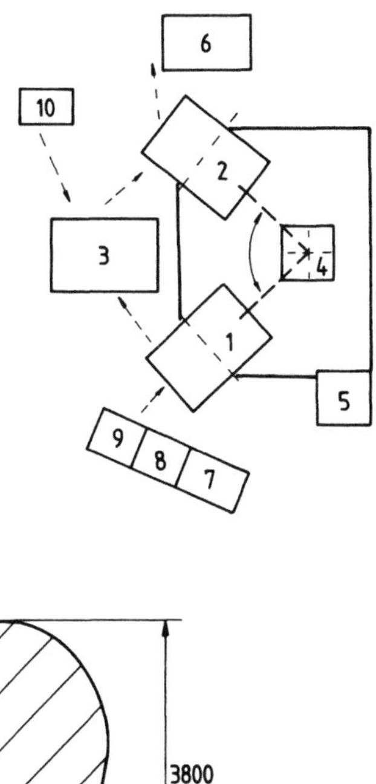

Bild 7.13 Automatischer Arbeitsablauf Fallstudie 2

1 Station 1, 2 Station 2, 3 Bördelvorrichtung, 4 Industrieroboter, 5 Industrierobotersteuerung, 6 Fertigteileablage, 7 bis 10 Teilebereitstellung, 1 Sicherheitsbereich

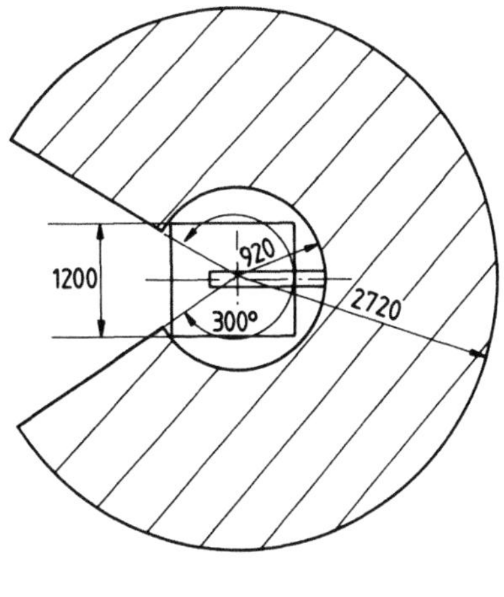

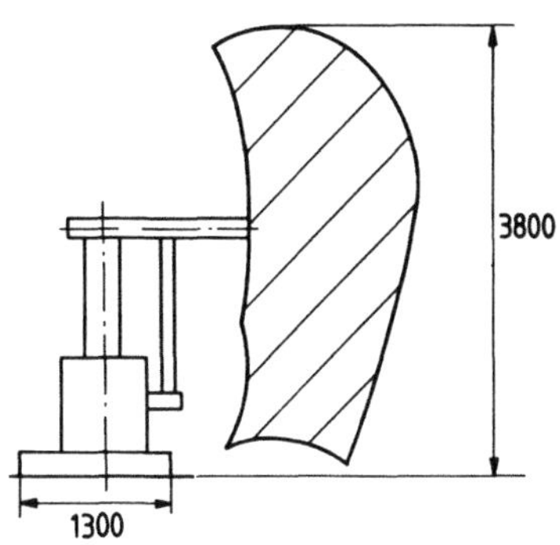

Bild 7.14 Fallstudie 2: Industrieroboter Typ HdS 36 mit Arbeitsraum und Vermaßung in mm und °

der Typ HdS 36 ausgesucht (Bild 7.14). Dieser wird elektro-mechanisch angetrieben, hat eine PTP-Steuerung und wird im „Teach-in"-Verfahren programmiert. Für diese automatisierte Fertigung werden vier Arbeitskräfte und ein Industrieroboter eingesetzt. Der benötigte Arbeitsplatzbedarf liegt hier bei 56 m^2, bei den vier Arbeitskräften und 38 m^2 für den Industrieroboter (einschließlich Sicherheitszone).

Eine Erweiterung der Tätigkeiten innerhalb des Fertigungsablaufes durch einen weiteren Industrieroboter sieht das Einlegen der Teile in die Bördelvorrichtung sowie das Ablegen der Teile nach Bild 7.15 vor. Aus den geänderten Gegebenheiten:

- andere Tätigkeit des Industrieroboters,
- anderer Platzbedarf,
- erhöhte Anschaffungskosten,
- erhöhte Stückzeit,

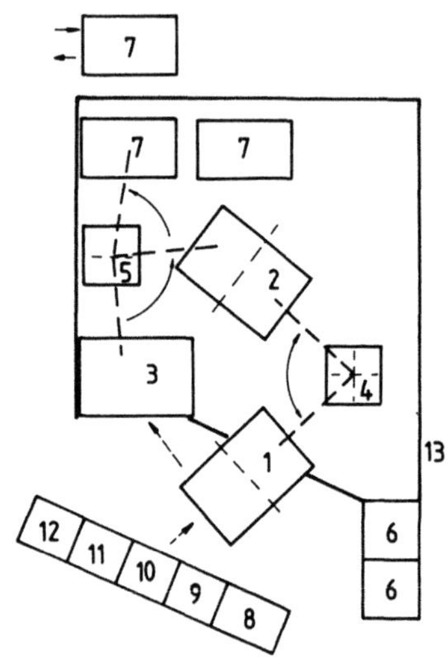

Bild 7.15 Erweiterung des automatischen Arbeitsablaufes durch einen weiteren Industrieroboter

1 Station 1, 2 Station 2, 3 Bördelvorrichtung, 4 und 5 Industrieroboter, 6 Industrierobotersteuerung, 7 Teileablage, 8 bis 12 Teilebereitstellung, 13 Sicherheitsbereich

resultieren geänderte Einflußgrößen auf den Maschinenstundensatz, die hier aufgeführt werden sollen:

	Arbeiter	Industrieroboter
Lagerkostensatz	6 %	
Losgröße	5000 Stück	
Lohnkosten	16,00 DM	
Bedienungskräfte		16,00 DM
Instandhalter		18,00 DM
Lebensdauer		18000 h
Anschaffungswert		
Industrieroboter (250 TDM) + Peripherie (250 TDM)		500 TDM
Ersatzteilwert		100 TDM
Wiederholumrüstzeit	60 min	120 min
Umrüstzeit		600 min
Bewegungsraum	18,5 m^2	38 m^2
Ausnutzungsgrad	0,78	0,96
Stückzeit	3,5 min	2,5 min

Auch bei Fallstudie 2 sind Grauzonen in der Wirtschaftlichkeitsrechnung vorhanden. Sie ergeben sich einfach durch getätigte Annahmen. Durch Variieren der Einflußparameter:

- Anschaffungskosten,
- Lebensdauer,
- Betriebsstunden,
- Lohnkosten,

im Rahmen der rechnergestützten Wirtschaftlichkeitssimulation berechnen sich für den speziellen Fall dann wieder brauchbare Planungswerte.

7.7.2.1 Variieren der Anschaffungskosten

Während die Anschaffungskosten des Industrieroboters vom vorliegenden Typ 250 TDM betragen, lassen sich auch für Experten die für die Peripherie anfallenden Kosten nur schwer schätzen. Die Variation der Kosten erfolgt mit den Faktoren 0,7, 1, 1,5.
In Bild 7.16 kann man erkennen, daß die Stückkosten mit steigenden Anschaffungskosten steigen. Der Schnittpunkt zwischen der menschlichen Arbeitskraft und dem Einsatz eines Industrieroboters, also der Punkt, an dem Kostengleichkeit der beiden Verfahren herrscht, liegt bei einem Anschaffungswert von 500 TDM bei 11,00 DM/Stück und 40000 Stück Jahresfertigung.

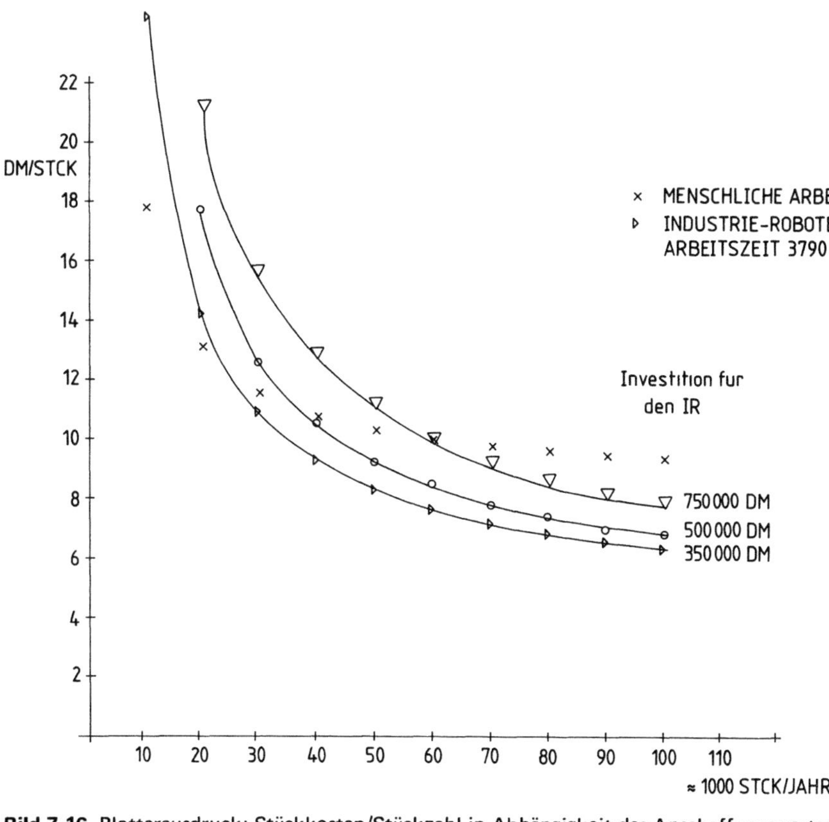

Bild 7.16 Plotterausdruck: Stückkosten/Stückzahl in Abhängigkeit des Anschaffungswertes des Industrieroboters

Gegenüber der Fallstudie 1 ergeben sich bei den Kurvenausdrucken der Fallstudie 2 zwei Besonderheiten:

1. Die Stückkosten liegen beim Punktschweißen gegenüber dem einfachen Handhabungsvorgang bezüglich derselben Stückzahl etwa beim 30fachen.
2. Die Kurve der menschlichen Arbeitskraft ist beim Punktschweißvorgang keine Parallele zur Abszisse, weil in diesem Falle natürlich ebenfalls Rüstkosten anfallen. Diese Rüstkosten vermindern sich bei größeren Serien.

7.7.2.2 Variieren der Lebensdauer des Industrieroboters

In Bild 7.17 sieht man wieder, daß mit steigender Zahl der Einsatzjahre das Fertigungsmittel scheinbar wirtschaftlicher wird. Scheinbar deshalb, weil bei einer Innovationszeit im Investitionsgüterbau heute von ca. 4 ... 5 Jahren ein Gerät mit 8 Jahren Lebensdauer hinsichtlich Geschwindigkeit, Genauigkeit aber auch Reparaturanfälligkeit kostenungünstiger wird.
Bei achtjähriger Lebensdauer im Mehrschichtbetrieb ergeben sich Stückkosten von 11,00 DM bei 20000 Stück Jahresausbringung.

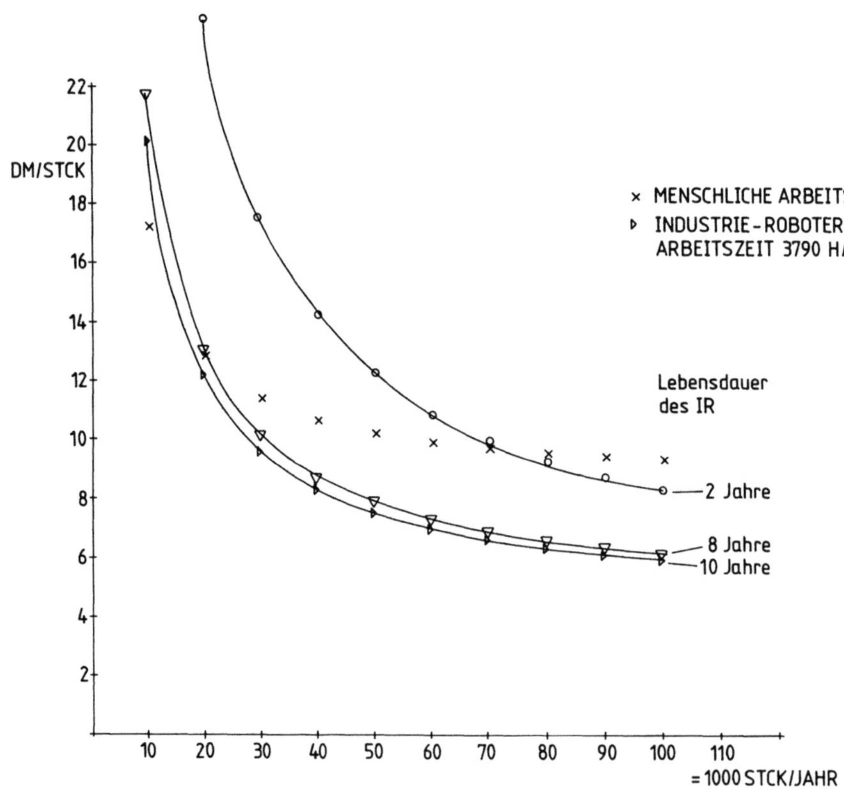

Bild 7.17 Plotterausdruck: Stückkosten/Stückzahl in Abhängigkeit der Industrieroboterlebensdauer

7.7.2.3 Variieren der Betriebsstunden

In diesem Falle liegen die manuelle Fertigung und die Fertigung mit Industrieroboter eng beieinander. Das kommt daher, weil man auch bei einer Fertigung mit Industrieroboter nicht ganz auf die menschliche Handhabung verzichten kann. Aber auch hier sieht man, daß bei Mehrschichtbetrieb die Stückkosten gesenkt werden (Bild 7.18). Voraussetzung ist dabei immer die entsprechende Stückzahl, die gefertigt werden kann.
Im 2-Schichtbetrieb bei 50000 Stück liegen die Stückkosten bei ca. 10,00 DM.

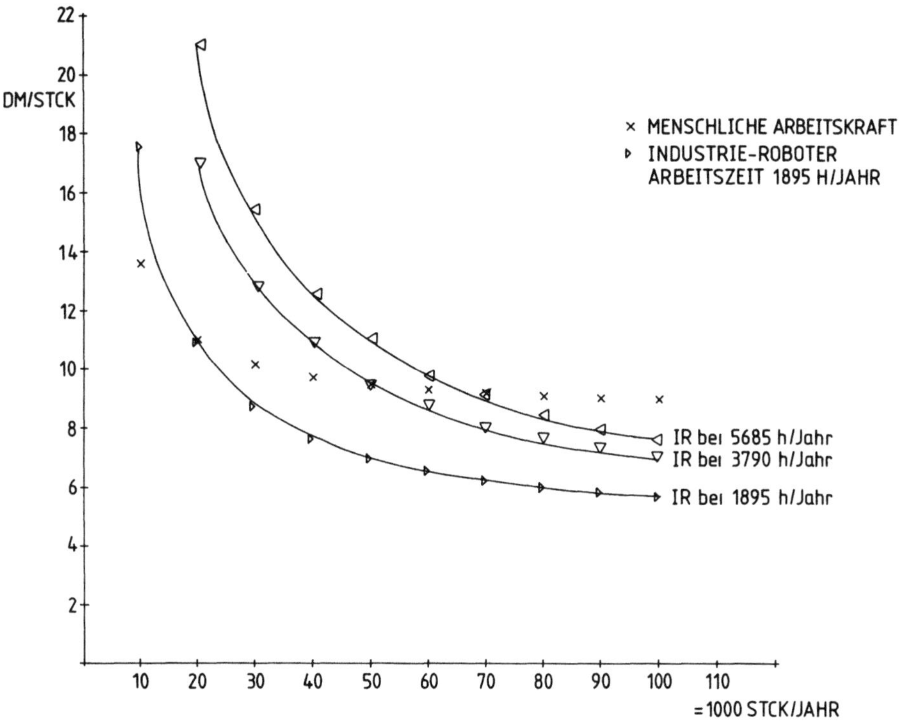

Bild 7.18 Plotterausdruck: Stückkosten/Stückzahl in Abhängigkeit von Ein- oder Mehrschichtbetrieb

7.7.2.4 Variieren der Lohnkosten

Da die manuelle Fertigung mit höheren Lohnkosten belastet ist, steigt sie, wie man im Bild 7.19 sieht, ab einer bestimmten Stückzahl stärker, als die maschinelle Fertigung. Das heißt, man sieht bei dieser rechnergestützten Wirtschaftlichkeitssimulation gut, daß die Fertigungsstückzahl als sehr wesentlicher Parameter der wirtschaftlichen Automatisierung nie aus den Augen verloren werden darf. Erst ab einer Grenzstückzahl von 30000 Stück ist die Fertigung mit Industrierobotern gegenüber der manuellen Fertigung wirtschaftlicher. Bei dieser Grenzstückzahl liegen die Stückkosten bei ca. 14,00 DM.

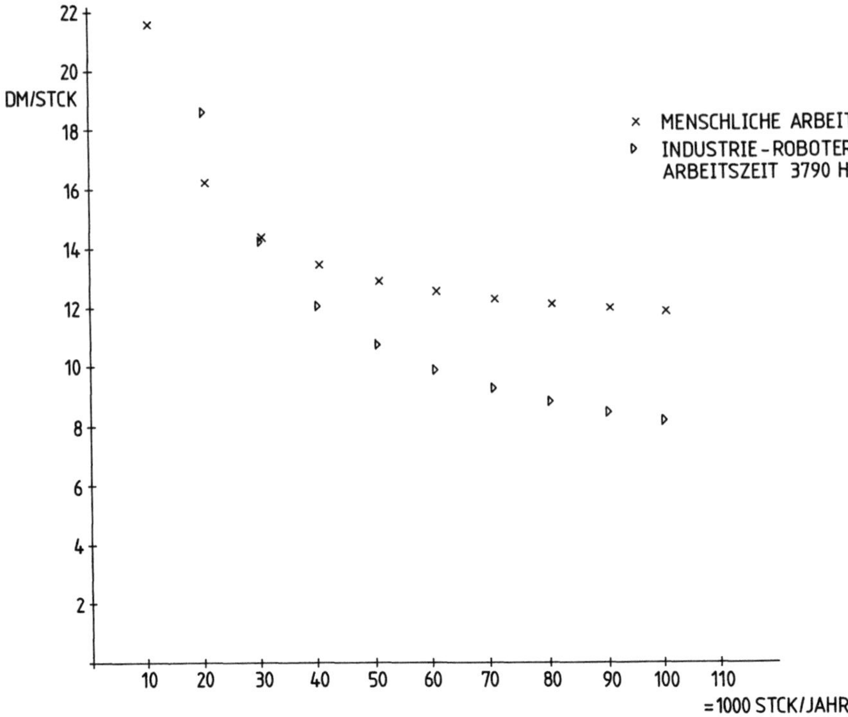

Bild 7.19 Plotterausdruck: Stückkosten/Stückzahl in Abhängigkeit der Lohnkosten

7.7.2.5 Variieren des Zinssatzes

Eine Erhöhung des Zinssatzes, in diesem Falle von 5 % auf 12 % (Bild 7.20) bringt eine Verteuerung der maschinellen Fertigung, die erst durch größte Fertigungsstückzahlen wieder an den niedrigen Zinssatz angeglichen werden kann.

7.7.2.6 Ergebnis der Fallstudie 2

Zusammenfassend kann als wirtschaftliches Ergebnis für die Variation der Einflußparameter bei einem beim Punktschweißen eingesetzten Industrieroboter folgendes betrachtet werden:

- Stückzahl/Jahr ca. 40000 bei etwa 11,00 DM Einzelkosten,
- Investitionskosten 500 TDM mit Peripherie,
- Lebensdauer zwischen zwei und acht Jahren,
- mindestens 2-Schichtbetrieb,
- Lohnkostenniveau etwa 14,00 DM,
- Zinssatz 5 %.

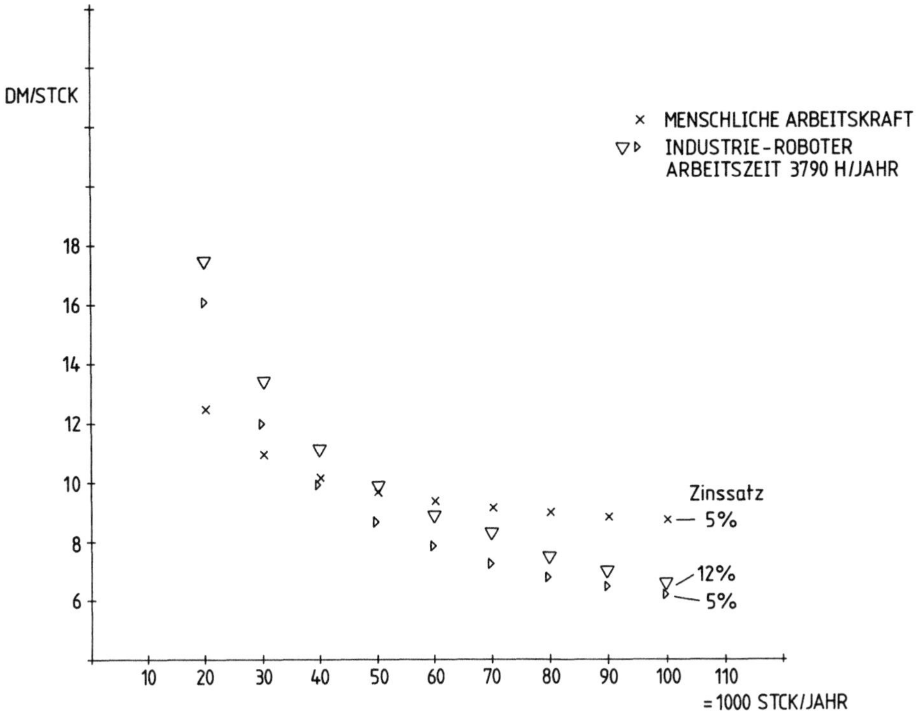

Bild 7.20 Plotterausdruck: Stückkosten/Stückzahl in Abhängigkeit des Zinssatzes

Genau wie bei der Fallstudie 1 enthalten diese Ergebnisse immer noch eine beträchtliche Sicherheit, wenn man bedenkt, daß der Zinssatz und die Lohnkosten in vollen DM sowie die Investition in vollen TDM zugrunde gelegt wurden. Gegenüber der Fallstudie 1 sind die Werte erheblich belastender, vornehmlich weil zum Punktschweißen ein statisch und dynamisch absolut steifes Gerät gewählt wurde, was sich natürlich an den Investitionskosten sofort bemerkbar macht.

7.8 Zusammenfassung

Ein wirtschaftlicher Einsatz hochwertiger Automaten muß zwingend im Mehrschichtbetrieb stattfinden. Rechnet man dazu, daß der Industrieroboter nicht krank wird, keine Sozial- und Entsorgungsräume sowie zum Teil weniger Arbeitsraum (Portalroboter oder Geräte über Kopf) benötigt, in nicht entsorgter Atmosphäre arbeiten kann und vieles andere mehr, dann ist heute bereits im Großserienbereich eine hohe Wirtschaftlichkeit gegeben.
Hierzu sei zusätzlich zu der vorangegangenen Wirtschaftlichkeitssimulation ein weiteres Beispiel in Tabelle 7.4 angeführt [7/12].

Tabelle 7.4

```
V E R G L E I C H S R E C H N U N G
EINER PRODUKTIONSEINRICHTUNG
MANUELL / AUTOMATISCH
K U N D E :
XXXXXXXXXXXXX
A N L A G E :
S T U N D E N S A T Z
.
 1 INVESTITION/MANUELL           0
 2 MEHRAUFW.F.AUTOMATION         120000
 3 BETRIEBL.NUTZUNG/JAHRE        10
 4 VERZINSUNG DER INVESTITION    10
 5 BETR/STD JE ARBEITSTAG        16
 6 BETRIEBSTAGE/JAHR             225
   J A H R E S K O S T E N :
 7 INSTANDHALTUNG (% VON 1+2)    5
 8 STOERZEITEN IN %              3
 9 PLATZBEDARF QM                .5
10 WIEVIELE PROGRAMME/JAHR       10
11 ZEITAUFW JE PROGRAMM/STD      1
   S T U N D E N K O S T E N :
12 LOHN JE STUNDE                26.5
13 ENERGIE NUR ROBOTER           .3
14 ENERGIE-SONSTIGES-BETR.ST.    0
15 WERKZEUGVERSCHLEISS           0
16 % AUSLASTUNG MANUELL          100
17 % AUSLASTUNG ROBOT            100
18 MENGE JE STD MANUELL          1
19 MENGE JE STD ROBOTER          1
20 % RESTLOHN MIT ROBOTER        0
.
.
E R G E B N I S S E:  MANUELL    ROBOTER
.
PRODUKTIVE STD/JAHR   3492.-     3482.-
.
RUECKFLUSS: INVESTITION
UND ZINS /JAHR            0.-   18600.-
.
INSTANDHALTUNG/JAHR       0.-    6000.-
.
RAUM/JAHR (DM 6/QM)     36.-       36.-
.
PROGRAMMIERUNG/JAHR     ----      341.-
.
STUNDEN-SATZ            26.5     [7.47]
.
MINUTEN-SATZ             .43        .11
.
JAHRESMENGE TAUSEND      3.4        3.4
.
KOSTEN/STUECK (O.MAT)   26.5       7.47
.
EINSPARUNG IN %       ------      71.81
.
EINSPARUNG JE JAHR             64690.--
.
AMORTISATION DES       JAHRE+: 1
MEHRAUFWANDES          MONATE: 5
.
8.6.82 WR
.
.
REIS-ROBOT
DER WIRTSCHAFTLICHE INDUSTRIEROBOTER
```

8 Ausblick

Aufbau, Anwendung, wirtschaftlicher Einsatz und Programmierung der heute gebauten freiprogrammierbaren Bewegungsautomaten wären unvollständig, wenn man nicht wenigstens den Versuch machen wollte, auf der Basis der heutigen Entwicklungen auf diesem Gebiete und dem Bereich der Elektronik eine Voraussage der zukünftigen Möglichkeiten zu geben.

8.1 Koppelung mehrerer Geräte mittels Prozeßrechner

Bei Audi wird die Rohkarosseriestraße für den Audi 100 mit einer Vielzahl von Industrierobotern, Zubringeeinrichtungen und Fördersystemen, ähnlich wie die Halle 54 zur Montage des Golf, von einem System von gestaffelten Rechnern gesteuert. Optimierte und adaptierte Regelabläufe werden in Zukunft die weitgehend durch programmierte Software gesteuerten Prozeßrechner von heute ablösen. Dabei kann sicherlich bereits heute gesagt werden, daß die Hardware dazu, in Form von schnellen Großrechnern mit großer Speicherkapazität, in Sicht ist. Projekte für die parallele Koppelung von bis zu 500 Prozessoren laufen weltweit. Die IBM beschäftigt sich zum Beispiel mit einem derartigen Parallelrechner mit 512 Prozessoren. Acht 64-Prozessor-Gruppen mit 32-bit-Prozessorchips werden parallel verbunden, mit dem Ergebnis, daß der Arbeitsspeicher etwa zwei Milliarden Zeichen umfassen, 800 Millionen Gleitkomma-Operationen pro Sekunde ausführen und eine Dauergeschwindigkeit von einer Milliarde Befehle pro Sekunde erreichen kann.
Der Einsatz von EDV-Geräten dieser Art in der Fertigungstechnik ermöglicht

- die Probleme der Werkstück- und Szenenerkennung,
- die Steuerung der Lern- und Entscheidungsfähigkeit sowie
- den Zusammenschluß aller Rechnerkapazitäten über Netzwerke und eine gemeinsame Software im CIM-Verbund

zu bewältigen.
Innerhalb der Steuerung des Industrieroboters wird das Regelverhalten der Antriebe noch verbessert werden müssen.
Hinsichtlich der Software wird man Software-Entwicklungssysteme auch bei der Programmierung von Industrierobotern vermehrt einsetzen, um schneller und preiswerter zu anwendungsspezifischer Software für Sensorsysteme zu kommen. Zur besseren Anbindung der Handhabungsautomaten an den CIM-Verbund müssen Schnittstellen für in Zukunft vereinheitlichte Sprachcompiler entstehen.
Sicherlich sind diese Beispiele zunächst nur ein erster Schritt bei der Zusammenfassung mehrerer Industrieroboter an derselben Fertigungsaufgabe. Im Augenblick fehlte es sowohl an preiswerter Hardware (Prozeßrechner) als auch an Software (Programmierung). Beides wird in Zukunft zur Verfügung stehen, so daß mehrere freiprogrammierbare Bewegungseinrichtungen, die an derselben Aufgabenstellung innerhalb eines Sicherheitsbereiches arbeiten, nicht mehr über getrennte Steuerungen angesprochen werden und damit getrennt

programmiert werden müssen, sondern zukünftig von einer zentralen Leitstelle aus dirigiert werden, die Kollisionsprobleme überwacht, flexibel auf Änderungen der Aufgabenstellung sowie auf etwaige Ausfälle reagieren kann.

8.2 Positionsbestimmung von Teilen

Probleme der *Werkstück- und Szenenerkennung* liegen beim Sortieren bzw Montieren von Teilen vor. Welche Möglichkeiten im Industrierobotereinsatz bei wirtschaftlicher Lösung stecken, macht folgende Untersuchung deutlich:

- Einsatz von Industrierobotern in der Teilefertigung ohne Objekterkennung ca. 2 %,
- Einsatz von Industrierobotern in der Teilefertigung mit Ordnen, Kontrollieren und Spannen von Werkstücken (also mit Objekterkennung) ca. 35 %.

Die Anwendung von Industrierobotern im Bereich des Sortierens und Kontrollierens ist, wenn man bestimmte Einschränkungen macht und die Objektkonstruktion dem Problem unterordnet, im Prinzip gelöst. Eine industrielle Anwendung (zum Beispiel das System von BBC/Schweiz) dürfte sicherlich in naher Zukunft Verbesserungen an den vorhandenen Anlagen bringen. In Einzelfällen sind bereits sogar auf dem Montagesektor industrielle Anwendungen (Olivetti) zu finden. Jedoch sind sie der speziellen Struktur der Anwendung besonders angepaßt und befassen sich mit ausschließlichen einseitigen Lösungen, die eine größere Verbreitung in der Fertigungstechnik wirtschaftlich nicht wahrscheinlich erscheinen lassen.

Das Bild 8.1 zeigt schematisch noch einmal die Montage einfacher Teile in Vorzugsrichtung, von oben nach unten, sowie den regelungstechnischen Aufwand beim Annähern an die Montageposition, dem Hineinregeln des Greifers mit Werkstück in die Endstellung sowie

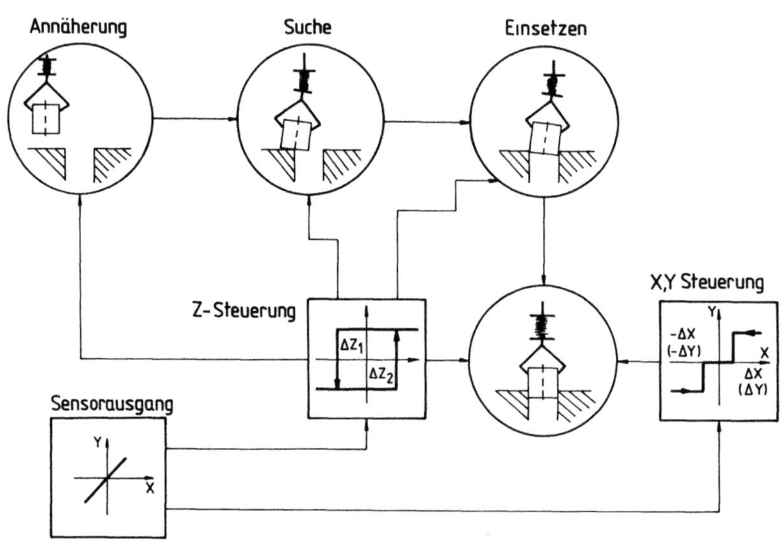

Bild 8.1 Schematische Darstellung eines Montagevorganges mithilfe eines taktilen Sensors und der dadurch auf die Steuerung ausgelösten Regelvorgänge [8/29]

dem Einfügen des Objektes in die gewünschte Stellung. Dieses Beispiel ergibt sich aus Untersuchungen von Hitachi mit der in den Abschnitten 9 und 3.7.2 beschriebenen HI-T-HAND, eine mit Dehnungsmeßstreifen in mehreren Achsen ausgerüstete flexible Greiferhand, die zunächst den Bolzen in Grobposition auf die Bohrung setzt. Die gewonnenen Kraft- und Momentsignale dienen ihr zur Steuerung in die exakte Position sowie zum Fügen. Das System benötigt für den gesamten Fügevorgang mit Werkstücken von 20 mm Ø bei 20 μm Spiel etwa 3 s.

Die für diesen Fügevorgang benutzte Hardware (Sensoren, Mikrocomputer) sind ebenso wie die Software (Programmiersprachen) in Entwicklung und stehen kurz vor dem industriellen Einsatz. Optische Sensoren als lichtaktive Flächen, die auf wenigen Quadratmillimetern mit einigen 1000 Fotodioden bestückt sind, und taktile Sensoren in flexible Gewebe eingeätzt, mit denen Greifeinrichtungen überzogen werden können, gesteuert von Mikrorechenanlagen, werden in Zukunft die Handhabungsautomaten flexibler gestalten.

Hier steht die Fähigkeit technischer Erkennungssysteme hinter denen biologischer Systeme noch sehr weit zurück. Noch größere Rechenanlagen mit erheblich verbesserter Software werden hier in Zukunft sicherlich eine Veränderung bringen.

8.3 Mobile Handhabung

An fahrbaren freiprogrammierbaren Bewegungseinrichtungen sind bekannt:

- Seit geraumer Zeit werden Industrieroboter vom Typ VW K 15 oder R 30 mit einer in X-Richtung bis 1200 mm verfahrbaren Achse ausgerüstet.
- Bei General Telephone ist ein fahrbarer Industrieroboter vom Typ Versatran, mit Fotodetektor PDP 11-Rechner versehen, bei der Beschickung von Hängeförderern mit Bildröhren eingesetzt.
- Die britische Universität Warwick hat einen auf Ketten fahrbaren Industrieroboter mit adaptivem Greifsystem entwickelt.
- In Japan arbeiten zahlreiche Forschungsinstitute an „Walking-Robots". Konkrete Anwendungen solcher Entwicklungen gibt es dabei auch in Japan noch nicht. Denkbar ist der Einsatz im Dienstleistungsbereich, zum Beispiel Bodenreinigen oder Versorgung im Betrieb. Diese Geräte sind mit Ultraschallsensoren für einen Entfernungsbereich zwischen 0,3 und 5 m ausgerüstet, die sie Hindernisse im Umfeld erkennen und umgehen lassen können [4/90].
- Am Institut für Produktionsautomatisierung der Universität Stuttgart werden die Probleme des Andockens eines fahrerlosen Transportsystems, beladen mit einem Industrieroboter und Speichereinrichtungen, untersucht.

Fahrbare Teleoperatoren für Kernenergietechnik, Meeresforschung und Einsatz auf benachbarten Himmelskörpern wurden im Kapitel 1 behandelt. Der künftige Einsatz fahrbarer Industrieroboter im Sinne einer freien Beweglichkeit als Bindeglied zwischen numerisch gesteuertem Hochregallager und numerisch gesteuerten Fertigungseinrichtungen zur Handhabung von Rohteilen, Werkstücken und Werkzeugen wird augenblicklich weltweit untersucht.

8.4 Greifeinrichtungen

Beim Umrüsten auf andere Teile, selbst einer Teilefamilie, muß oftmals die Greifeinrichtungen eines Industrieroboters gewechselt werden. Abgesehen von der Umrüstzeit bedeutet das gebundenes Kapital. Im Zeitraum von 1962 bis 1979 hat allein die Firma Unimation für ca. 3000 ausgelieferte Industrieroboter vom Typ Unimate etwa 4000 unterschiedliche Greifer geliefert. Bereits heute werden Industrieroboter mit externen Magazinen, in denen platzcodierte Greifer abgelegt werden können, oder mit internen Revolvermagazinen versehen.
Hier setzt die Entwicklung adaptiver Greifeinrichtungen und flexibler mehrachsiger Greifsysteme ein.

8.4.1 Adaptive Greifeinrichtungen

Die bekannten *adaptiven Greifeinrichtungen* benutzen das Gewicht der zu handhabenden Objekte dazu, die jeweilige Greifkraft danach einzustellen. Je höher das Körpergewicht des zu handhabenden Körpers, desto größer ist die zupackende Greifkraft und umgekehrt. Damit wird ein mechanisches Greifsystem geschaffen, das anpassendes Greifen, Aufnehmen und Absetzen erlaubt. Daneben kann das adaptive Greifsystem zur Werkstückerkennung durch Wägung, zur Anwesenheitskontrolle während des Handhabungsvorganges und als Überwachungseinrichtung zur Begrenzung der Greifkraft beim Ein- und Ausgeben von Werkstücken in Bearbeitungsmaschinen verwendet werden. Als typischer Fall wird das Greifen empfindlicher Werkstücke mit minimal notwendiger Greifkraft sehr dünnwandiger Metallteile, die nicht deformiert oder oberflächenbeschädigt werden dürfen, betrachtet.
Im vorliegenden Fall eines adaptiven Greifsystems der Firma MAN wird über einen Regelkreis ein elektrischer Schrittmotor angesteuert, der über Kugelrollspindeln zwei in Führungsschienen für X- und Z-Achse gelagerte Greiferbacken betätigt. Bild 8.2 zeigt den prinzipiellen Aufbau mit den jeweiligen Meßwertaufnehmern. Geschwindigkeitsgeber, Kraftgeber in X-Richtung und Gewichtsgeber in Z-Richtung sind nur in einer Greiferbacke untergebracht. Die Kraftaufnehmer bestehen aus einem parallel angeordnetem Feder-Potentiometer-System, das die Meßgrößen einem Regler, Verstärker und Komparator zuführt, der dann eine entsprechende Stellgröße den Antrieben übermittelt.
Da der Reibwert zwischen Objekt und Greiferbacken nicht bekannt ist, ist zusätzlich der Geschwindigkeitsgeber angebaut. Zu Beginn des Greifvorganges wird ein infinitesimaler Gleitvorgang zugelassen, der durch diesen Geschwindigkeitsgeber gemessen wird und über eine komplizierte Berechnung im angeschlossenen Rechner den Reibungsbeiwert ermittelt.
Sicherlich dürfte ein funktionierendes adaptives Greifsystem zu einer Erhöhung der Flexibilität bei Industrierobotern führen, wenn es gelingt, die augenblicklich als Pilotanlagen in

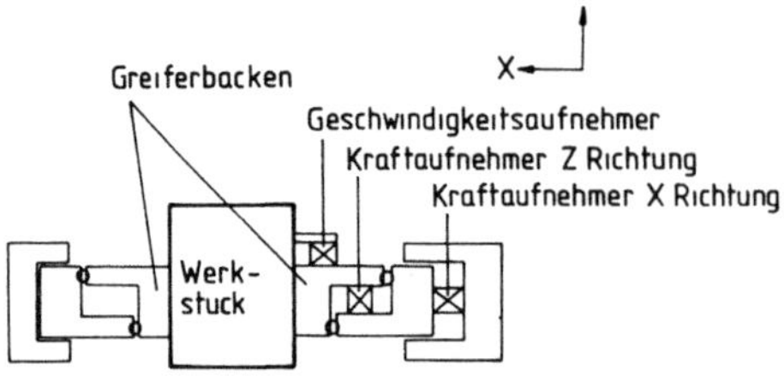

Bild 8.2
Adaptives Greifsystem der Firma MAN [8/22]

Laboratorien arbeitenden Systeme unter fertigungsgerechten Umweltbedingungen funktionstüchtig werden zu lassen, so daß sie auch wirtschaftlich einsetzbar sind.

8.4.2 Greifsysteme mit mehreren Freiheitsgraden

Drei Freiheitsgrade eines Handhabungsgerätes beschreiben den Hauptarbeitsraum, ohne dabei etwas über die Beweglichkeit und Arbeitsmöglichkeiten auszusagen, die es in diesem Raume gibt. Sie werden erst durch die Beweglichkeit und die Anzahl der Greifachsen realisiert. Bereits bei einem fünfachsigen Punktschweißroboter kann es, wenn das Gerät eine Schweißzange führen muß und das Werkstück von einer definierten Lage nicht bewegt werden darf, zu Schwierigkeiten bei Ausführung des Schweißvorganges kommen. Andere Fertigungsvorgänge (zum Beispiel Beschichten oder Montieren) verlangen noch viel mehr Beweglichkeit von Industrierobotern und ihren Greifeinrichtungen. Wechselgreifer und Wechselbacken werden auf die Dauer nicht als Lösung des Problemes angesehen. So arbeitet zum Beispiel die Universität Tokyo an einer universellen Greiferhand mit elf lagegeregelten Freiheitsgraden. Die Greiffinder sind dabei aus einzelnen, drehbar angeordneten Gliedern zusammengesetzt. Angetrieben werden diese Glieder über Seilzüge. Die drei Finger der Greifeinrichtung können Greifaufgaben und Bewegungsabläufe mit gegriffenen Objekten ausführen, die einer menschlichen Hand sehr ähnlich sind. Dabei wird momentan das Bewegungsprogramm über Teach-in eingegeben. Überlegungen für eine automatische Generierung des Bewegungsablaufes in Abhängigkeit der gestellten Aufgabe sind noch in Vorbereitung. Diese Entwicklung für eine wirklich universelle, freiprogrammierbare Greifeinrichtung ist nur eine einer Vielzahl verschiedenartiger Projekte. Allen ist gemeinsam, daß meistens die Greifkräfte zu gering sind, um eine industrielle Anwendung auf breiterer Basis zu ermöglichen und eine schwierige und langwierige Programmierung erfolgen muß, denn meistens muß eine aufwendige elektronische Schaltung die Bewegungsabläufe koordinieren.

8.5 Regeleinrichtungen für Lernschemata

Ausgehend von der Möglichkeit einer großen Speicherkapazität, in der vorhandene Arbeitsprogramme von Industrierobotern gespeichert sind, einerseits und einer sensorischen Fähigkeit der freiprogrammierbaren Bewegungsautomaten andererseits, wird sich in Zukunft die Möglichkeit ergeben, Roboter mit Rechenanlagen auszurüsten, die in der Lage sind, aus den beiden vorgenannten Eigenschaften Schlüsse zu ziehen [8/31].
Auf einer höheren Ebene könnten identische, bereits früher ausgeführte Probleme als solche erkannt und analog gelöst werden, damit der Aufwand der Entscheidungsfindung im Wiederholfalle verringert wird. Zusammen mit dieser Strategie sowie bestimmten vorher eingegebenen Lernmethoden und adaptivem Lernen, würde eine „künstliche Intelligenz" entstehen, die in gewissen Grenzen eigene, optimale Entscheidungen trifft, nachdem sie aus gemachten Fehlern gelernt hat.
Die Firma Perceptronics/Encino/Californien USA hat bereits 1973 den Vorschlag gemacht, sensorkontrollierte Handhabungseinrichtungen durch Entscheidungsmuster zu steuern. Das System beginnt damit die Regeltätigkeit zunächst zu beobachten, um später die Regelungsverantwortung selbst zu übernehmen. Zum Zeitpunkt der Veröffentlichung ergab sich weder

von seiten der Kapazität, noch von den Kosten der Speichereinheiten her die wirtschaftliche Möglichkeit zum Einsatz solcher Systeme.
Bereits heute zeigen Mikroprozessoren und Mikrocomputer erstaunliche Eigenschaften. Die Koppelung hunderter dieser Einheiten läßt möglicherweise in Zukunft auch diese Vision wirtschaftliche Realität werden.

8.6 Zukünftige Einsatzmöglichkeiten

Etwa 6000 Industrieroboter, eingesetzt in Deutschland zu Beginn des Jahres 1985, lassen sich nicht einmal in Promille der arbeitenden Bevölkerung ausdrücken und sind in dem Sinne auch keine Gefahr als Jobkiller. Sowohl von der Programmierung (Sensoreinsatz) als auch von der Flexibilität ihrer Greifeinrichtungen sind freiprogrammierbare Bewegungsautomaten noch nicht ausgereift. Noch immer stellen sie Großserienmaschinen dar. Trotzdem wird mit großer Sicherheit in der nächsten Zeit ihr Einsatz in die Automatisierung weiter Bereiche der Industrie und nicht nur der Fertigungstechnik eindringen. Hier sei noch einmal verwiesen auf Kapitel 4.7, wo zukünftige Applikationsmöglichkeiten aufgezeigt wurden.

9 Anhang

9.1 Tabelle mit Leistungsdaten der Industrieroboter

Erläuterungen und Erklärungen zu der Tabelle mit den Leistungsdaten für Industrieroboter

(alphabetisch nach Herstellern geordnet)
Mit der Anordnung der Gerätedaten in Spalten und der einzelnen Gerätetypen in Zeilen wird eine größere Übersichtlichkeit erzielt.

Spalte 1: **Hersteller.** Hier wird der Hersteller genannt. Das vollständige Herstellerverzeichnis findet sich am Ende des Buches. Bei ausländischen Produkten wurde auch der deutsche Vertrieb genannt.

Spalte 2: **Typenbezeichnung.** Damit ist die Bezeichnung gemeint, unter der der Hersteller den Industrieroboter anbietet.

Spalte 3: **Bildnummer.** Diese Nummer ist identisch mit der laufenden Nummer der Arbeitsraumskizzen. Damit ist eine wechselseitige Benutzung von Tabellenwert und Skizze möglich. Die Arbeitsraumskizzen sind sortiert nach quader-, zylinder-, sphären- und torusförmigen Arbeitsräumen und hinsichtlich ihrer Größe innerhalb dieser Kategorien.

Spalte 4: **Arbeitsraum.** Entsprechend Bild 3.5.4 wird die Form des Arbeitsraumes angegeben (quader-, zylinder-, sphären- und torusförmig).

Spalte 5–11: **Manipulatorarmbewegung/Manipulatorarmgeschwindigkeit** (in der Achse)

Die Bezeichnung der Achse (Freiheitsgrad) erfolgte nach DIN 660 25 für NC-Maschinen, da für Industrieroboter diese Werte noch nicht genormt sind, die Angaben für NC-Maschinen aber allgemein auch für den Bereich der Industrieroboter Verwendung finden.
Bild 3.4 gibt hierzu entsprechende Erläuterungen. Die angegebenen Werte für X bis Z und A bis C für den Manipulatorarm beziehen sich nur auf den Arbeitsraum, also auf den jeweiligen Hub. Da sie hinsichtlich der Reichweite des Gerätes aber wenig aussagekräftig sind, wurden zusätzlich noch einmal sämtliche Arbeitsräume aller gebräuchlichen, am europäischen Markt gehandelten Handhabungsautomaten, soweit sie auch in der Tabelle im Anhang enthalten sind, im Maßstab einheitlich skizziert.
Bereits hier entstanden Schwierigkeiten bei der Sichtung des vorliegenden Materials, da oft selbst seriöse Quellen von Firmenangaben starke Abweichungen zeigten. Erklärbar ist das nur damit, daß gerade bei Arbeitsräumen oft Sonderausführungen auf speziellen Kundenwunsch hin erstellt werden und diese Daten zwangsweise auch mit in die Datensammlungen gelangen. Zum Teil werden die Arbeitsräume über Jahre hin geändert. Außerdem sind durch Verlängerungen am Greifer und kleinere Tragfähigkeiten leicht größere Arbeitsräume zu erzeugen. Bei den angegebenen Geschwindigkeiten handelt es sich um die maximal möglichen Geschwindigkeiten, die oft, vor allem bei der Programmierung, reduziert werden können.

Spalte 12–14: **Greiferbewegung/Greifergeschwindigkeit** (in der Achse)

Soweit aus den Unterlagen ersichtlich, wird die jeweilige Bewegung angegeben. Vielfach kann durch eine zusätzliche, nicht allgemein bekannte oder übliche Greiferbewegung (Sonderausführung) der Arbeitsraum eines Gerätes bedeutend erweitert werden.

Spalte 15: **Tragfähigkeit**

Die Tragfähigkeit wird allgemein durch die Masse (kg) ausgedrückt. Angegeben ist diejenige Masse, bei der noch die maximalen Manipulatorarm- und Greifergeschwindigkeiten eingehalten werden können. In der Regel sind bei verminderter Geschwindigkeit größere Tragfähigkeiten zu erzielen. Daraus resultieren dann größere Durchbiegungen und damit wird das Gerät auch dynamisch instabiler. Zum Teil werden daher von den Herstellern keine Tragfähigkeiten sondern maximal zulässige Momentenbelastungen in Bezug auf bestimmte Punkte angegeben. Leider ist diese genauere Belastungsangabe noch nicht üblich.

Spalte 16: **Positioniergenauigkeit**

Diese Angabe muß, wie alle übrigen, vom Hersteller übernommen werden, ohne Möglichkeit der Nachprüfung, welche Komponenten der Genauigkeit eines Gerätes darin enthalten sind (siehe Kapitel 3). Manche Hersteller geben für jede ihre Bausteineinheiten, wenn es sich zum Beispiel um modulare Systeme handelt, eine Positioniergenauigkeit an. Die Positioniergenauigkeit des gesamten Gerätes kann dann aber maximal nur so genau sein, wie der schlechteste Wert einer Einheit.
Die Angaben in der Spalte 16 beziehen sich also auf das gesamte Gerät.

Spalte 17: **Platzbedarf**

Die Angaben beziehen sich auf die Grundfläche des Gerätes ohne Manipulatorarm. Bei vielen Industrierobotern ist die Steuerung im Gerätegehäuse integriert. Damit vergrößert sich zunächst der Platzbedarf „vor Ort". Für kleinen Platzbedarf gilt in der Regel, daß hier ein zusätzlicher Schaltschrank hinzukommt. Das ist meist aus der Arbeitsraumskizze ersichtlich. Der Platzbedarf für den Schaltschrank ist unter Bemerkungen erfaßt, soweit bekannt.

Spalte 18: **Eigengewicht**

Es ist immer das Gesamtgewicht des Gerätes angegeben, mit Steuerung und Hydraulik, falls vorhanden. Die Gewichtsangabe erfolgt in daN = 10 N.

Spalte 19: **Energie**

Elektrisch und hydraulisch betriebene Systeme benötigen elektrische Energie. Die Angabe bezieht sich auf den maximal möglichen Bedarf, wenn alle Antriebe aller Achsen maximal tätig sind. Dieser Energiebedarf wird aber nur kurzzeitig benötigt. Angabe in kW, bei Hydraulik auch Volumenstrom und Druck in l/min und bar.

Spalte 20: **Antriebsart**

Zur Auswahl stehen:
elektromechanisch, hydraulisch, pneumatisch.

Spalte 21: **Steuerungsart**

Es wird entsprechend Kapitel 3 unterschieden in:
Folgesteuerung, PTP-Steuerung und CP-Steuerung.

Spalte 22: **Speicherart**

Da einige Hersteller verschiedene Speicher für dasselbe Gerät (zum Beispiel: ZF) anbieten, können sich die Spalten 21 (Steuerungsart) und 23 (Speicherplatz) ändern. Das ist dann durch einen Schrägstrich zwischen den verschiedenen Angaben oder unter der Spalte „Bemerkungen" vermerkt.

Spalte 23: **Speicherplatz**

Angaben in dieser Spalte mußten vom Hersteller übernommen werden. Jeder Hersteller hat zum Teil andere Angaben darüber. Während Minicomputer und Mikroprozessoren aber auch Kernspeicher in Byte = ein Wort = neun bits als Speicherplatzgröße angegeben werden, sind auch Angaben wie zum Beispiel Programmschritte = Schritte = 10 bis 20 Befehle oder auch nur der Begriff Befehl möglich. Es ist auch üblich die Angabe der möglichen speicherbaren Programme oder sogar die Zeit, in der diese Programme laufen, anzugeben.
Diese Zahlen umzurechnen in bits wäre wünschenswert, da sie nur so vergleichbar sind, das müßte aber von den einzelnen Herstellern selbst vorgenommen werden.

Spalte 24: **Greiferart**

In den meisten Fällen ist von den Herstellern eine bestimmte Antriebsenergie für den Greifer vorgesehen und nur in Ausnahmefällen kann der Anwender mit großem Aufwand anders betriebene Greifeinrichtungen einsetzen.

Spalte 25: **Sensoren**

Einfache Sensoren mit Kontroll- und Tastfunktionen werden zögernd in der Praxis eingeführt. Wo bei den einzelnen Typen von Industrierobotern die Einführung von Sensoren verbürgt ist, wird dies in dieser Spalte vermerkt. Ansonsten gilt die Übersicht im Anhang 9.3 über die Vielzahl von Sensoreinrichtungen, die aber vorwiegend an Hochschulinstituten entworfen und erprobt werden.

Spalte 26: **Eingangs-/Ausgangsfunktion**

Nach Kapitel 5 Verbindungsstellen digitaler Art zwischen Industrieroboter und Peripherie.

Spalte 27: **Bemerkungen**

Hier werden Angaben vermerkt, wie zum Beispiel:
Preis zu einem bestimmten Zeitpunkt, Wegmeß-Systeme, Art der Programmierung, Anzahl der auf dem Markt befindlichen Geräte des jeweiligen Typs, wenn diese Daten zufällig bekannt sind. Preis ist in TDM = 1000 DM angegeben. Schaltschrankplatzbedarf.

Modell:			Arbeitsraum	Manipulatorarmbewegung/Manipulatorarmgeschwindigkeit							Greiferbewegung/ Greifergeschwindigkeit			Tragfähigkeit
Hersteller	Typenbezeichnung	Bildnummer	Form	X mm/$\frac{mm}{s}$	Y mm/$\frac{mm}{s}$	Z mm/$\frac{mm}{s}$	A °/$\frac{°}{s}$	B °/$\frac{°}{s}$	C °/$\frac{°}{s}$	sonstige	A °/$\frac{°}{s}$	B °/$\frac{°}{s}$	C °/$\frac{°}{s}$	kg
Aabo	Stundman	A 285	torusförmig	1000/ 1000		2300/ 1000			90/30				15	15
Acheson (siehe auch Prab)	Prab Robot 4200	A.169	sphärenförmig	1079/ 1000				20/15	270/90		90/45	20	180	35 ... 55
Acheson	Prab Robot 5800	A.167	sphärenförmig	1470/ 1000				30/15	270/90		90/45	20	180	22 ... 45
Acheson	Prab Model E	A.74	zylinderförmig	1067		762			240					45
Acheson	Prab Model FC	A.71	zylinderförmig	1527		1524			270					
Acheson	Prab Model FA	A.73	zylinder-	1524		1524			270					110
Acheson	Prab Model FB	A.72	zylinderförmig	1524		1524			270					270
Acma	Horizon 80	A.75	zylinderförmig	1250		1600/ 660			270/60		344	210	335	70 ... 80
Acma	Peinture	A.226	torusförmig	1500/ 2000		4450/ 2000			240		340	180	180	15
Acma	Portal 80	A.6	quaderförmig	5000/ 1000	3000/ 1000	1000/ 500			270/120		344	210	335	70 ... 80
Acma	TH 8	A.115	zylinderförmig	500/ 1000		500/ 1000			270/60		360	210	360	8
Acma	Vertikal 80	A.242	torusförmig	1230		3258/ 2000			270/60		335	210		70 ... 80
AID	V 10	A.190	sphärenförmig	2800		2100		270/50	270/50		270/ 50	180/ 50		20
Ajax	R6-140	A.237	torusförmig	1250/ 1000		2900/ 1000			240		250	240	240	140
AKR	KR 3000	A.286	torusförmig	1000/ 2000		1980/ 2000			97		270	270	270	2 ... 15
American	Reflex	A.221	zylinderförmig	750/ 1500		14000/ 1500			360		360	180	360	22
AME	Versatran E302	A.114	zylinderförmig	750/910		750/910			240/90		360	280		20
ASEA	IRb6	A.260	torusförmig	578/750		804/ 1100			340/95		360/ 95	180/ 115		6 (Auslenkung 200 mm)

Positioniergenauigkeit	Platzbedarf	Eigengewicht	Energie	Antriebsart	Steuerungsart	Speicherart	Speicherplatz	Greiferart	Sensoren	Funktion Eingang/Ausgang	Bemerkungen
mm	m²	daN	kW								
± 2,0	0,72x 0,72	425	6	hydraulisch	CP					3/3	Programmierung: Teach-in. Synchronverfahrmöglichkeit. Schaltschrank: 0,6x0,4 m² Preis: 140 TDM (84).
± 0,2	0,9x 1,4	800	4,5; 3l/min	hydraulisch	PTP elektromechanisch 4–5 Achsen	Schrittschaltwerk mit Steckb.	24 Schaltschritte (30.60)	Zangen-, Sprüh-, Vakuumgreifer		6/6	Fahrwege über Endschalter u. verstellbare Festanschläge. Baukastenprinzip: 4 verschiedene Geräte mit veränderb. Arbeitsraum x 1500 mm u. verschiedenen Tragfähigkeiten Anwendung: Umformtech. Presseneins
± 0,2	0,9x 1,4	800	4,5; 3l/min	hydraulisch	PTP elektromechanisch 4–5 Achsen	Schrittschaltwerk mit Steckb.	24 Schaltschritte (30.60)	Zangen-, Sprüh-, Vakuumgreifer		6/6	Fahrwege über Endschalter u. verstellbare Festanschlage. Baukastenprinzip: 4 verschiedene Gerate mit veränderb Arbeitsraum und verschiedenen Tragfähigkeiten. Anwendung: Umformtechnik Presseneinsatz
± 0,76	1,1x 0,9	260	4,5; 3l/min	hydraulisch	PTP/CP					32/32	Programmierung: Teach-in Größere X-Achse lieferbar.
± 2,0	1,5x 1,5	260		hydraulisch	PTP/CP					32/32	Programmierung: Textuell. Teach-in. Größere X-Achse lieferbar.
± 1,3	1,2x 1,1	725		hydraulisch	PTP/CP					32/32	Programmierung: Textuell. Teach-in. Großere X-Achse lieferbar.
± 1,3	1,2x 1,2	820		hydraulisch	PTP/CP					32/32	Programmierung: Textuell. Teach-in. Größere X-Achse lieferbar.
± 0,5	1,9x 1,9	1850	15; 110 bar	hydraulisch	PTP					8/8	Programmierung: Teach-in. Baukastensystem. 5 Standarteinheiten. Wegmeß-System: Analog-absolut. Preis. 230 TDM (84).
± 10	1,0x 0,8		15; 110 bar	hydraulisch	CP			Spritzpistole			Programmierung: Teach-in. Sieben Freiheitsgrade. Synchronverfahrmöglichkeit. Wegmeß-System: Digital-inkremental
± 0,5		12000	15; 110 bar	hydraulisch	PTP					8/8	Programmierung: Teach-in Baukastensystem. Doppelarmbetrieb möglich. Wegmeß-System: Analog-absolut
± 0,5	0,8x 0,5	300		elektrisch	PTP/CP					8/8	Programmierung: Teach-in Option. Linear- und Kreisinterpolation. Preis: 120 TDM (84). Wegmeß-System. Analog-absolut
± 0,5	0,9x 0,9	1750	15; 110 bar	hydraulisch	PTP						Programmierung: Teach-in. Synchronverfahrmöglichkeit. Preis: 230 TDM (84). Wegmeß-System: Analog-absolut
± 0,1		250		Gleichstrom	CNC	Kassette	32 kbit			8/8	Alle Antriebe in den Gelenken Preis. 90 TDM (1985)
± 1,3	1,4x 1,4		220	hydraulisch	PTP					174/174	Programmierung. Textuell. Teach-in. Wegmeß-System Digital-inkremental
± 2,0	0,93x 0,58	445	1	hydraulisch	CP					16/16	Schaltschrank: 0,6x0,83 m². Programmierung. Teach-in. Synchronverfahrmöglichkeit Preis. 208 TDM (84). Wegmeß-System Analog-absolut
± 0,025	0,45x 0,45	317		elektrisch	PTP/CP					32/32	Programmierung: Textuell, Teach-in. Preis: 130 TDM (84) Wegmeß-System. Digital-inkremental
± 0,75				hydraulisch	PTP	Steckerfeld alternativ: Magnetband	18 Befehle				Wegmeß-Systeme: Potentiometer
± 0,2	0,4x 0,4	125	2	elektr. Scheibenläufermotoren	PTP, CP, NCN 6 Achsen	Halbleiterspeicher RAM, Microcomputer ROM	250 Raumpunkte, 100 Verriegelungen, 4 Programme	mechan. Greiferstellung immer horizontal oder vertikal	ASEA-Robot-Vision Lichtbogenschweißsensoren	16/14	Kugelrollspindeln Harmonic-Drive-Getriebe. Wegmeß-System Burstenloser Drehmelder. Programmierung Teach-in Steckkarten mit Funktionseinheiten in der Steuerung. Preis 130 TDM (84) Sehr universelles Gerat.

Modell:			Arbeitsraum	Manipulatorarmbewegung/Manipulatorarmgeschwindigkeit							Greiferbewegung/ Greifergeschwindigkeit			Tragfähigkeit
Hersteller	Typenbezeichnung	Bildnummer	Form	X mm/$\frac{mm}{s}$	Y mm/$\frac{mm}{s}$	Z mm/$\frac{mm}{s}$	A °/$\frac{°}{s}$	B °/$\frac{°}{s}$	C °/$\frac{°}{s}$	sonstige	A °/$\frac{°}{s}$	B °/$\frac{°}{s}$	C °/$\frac{°}{s}$	kg
ASEA	IRb60	A 233	torusformig	887/ 1000		1380/ 1500			330/90		360/ 195	195/ 90		60 (Auslenkung 400 mm)
ASEA	IRb90	A.229	torusformig	1435/ 1000		2192/ 1500			270/90		350	240	350	60 . . 90
ASEA (Elektrolux)	MHU Senior	A.83	zylinderförmig	1100/ 1000 8 Anschlage		500/ 300 6 Anschläge		50	330/60 8 Anschlage		z (mm) 50		180	15
ASEA (Elektrolux)	MHU Junior 305	A.135	zylinderförmig	500/ 1000 3 Stopstellen		150/ 500 2 Stopstellen			200/ 180 2 Stopstellen					10 ... 20 1100 ... 500
Atlas Copco	Coat-A-Matic	A.279	torusförmig	1300/ 2000		3400/ 2000			90		210	·210	210	5 ... 15
Automatix	Aid 600	A.55	quaderförmig	530/ 1000	1300/ 1000	400/ 1000					216	360		8 .. 30
Automatix	Aid 800	A 255	torusformig	960/ 1000		1174			300			210/	210/	13 . . 27
Binks-Bollows	Ramp	A.181	spharenformig	900/ 500				70/ 45	85/100 1			210/ 100	210/ 100	13 ... 27
Binks-Bollows	Model 88–800	A.277	torusförmig	1220				180	135			180	270	7,8
Bisiach	Junior	A.56	quaderformig	300/ 233	700/ 233	400/ 233					350			40
Bisiach	Senior	A.53	quaderformig	600/ 233	1500/ 233	700/ 233					350			40
Bisiach	Jolly 80	A.119	spharenformig	1100/500	2000/ 500			70/2,5			400	400	400	70 ... 100
Bosch	HH Module K	A 54	quaderformig	560/1000	2000/300	1000/300					300			20
Bosch	HH Module Z	A.117	zylinderformig	560/1000		1000/300					300			20
Bosch	FSR 800	A.146	zylinderformig	500	400	160			800					
Bowe	BOR I	A.141	zylinderformig	1300/ 1000	1300/ 1000	900/800			360/100		240		360	20 . 60
Bowe	BOR II	A.88	zylinderformig	1000/ 1000		2000/800			360/100		180		360	15 ... 50
Bowe	BOR III	A.144	zylinderformig	1500/ 1000		800/800		360/100 100			180		360	
British United Shoe Machinery	USM	A 104	zylinderformig	600/635		267/304			270/90		360/ 80	180/ 90		13,6 ... 22,6
Broetje	Flexiport (Portal)	A 5	quaderformig	4000/ 1000	4000/ 1000	1200/600					360	180	360	30 500

Positioniergenauigkeit mm	Platzbedarf m^2	Eigengewicht daN	Energie kW	Antriebsart	Steuerungsart	Speicherart	Speicherplatz	Greiferart	Sensoren	Funktion Eingang/Ausgang	Bemerkungen
± 0,4	0,8x 0,8		7	elektr. Gleichstrommotoren	PTP, CP, CNC 6 Achsen	Halbleiterspeicher RAM, Microcomputer ROM	250 Raumpunkte 100 Verriegelungen, 4 Programme	mechanisch Greiferstellung immer horizontal oder vertikal	ASEA-Robot-Vision	16/14	Kugelrollspindeln, bürstenloser Drehmelder (Resolver oder induktive Weggeber). Harmonic-Drive Getriebe Steckkarten mit Funktionseinheiten in der Steuerung Programm.: Teach-in. Preis 200 TDM (84). Sehr universelles Gerät
± 1,0	1,3x 1,3	1000	6,3	elektrisch	PTP/CP			Schweißeinrichtung	ASEA-Robot-Vision	7/6	Schaltschrank· 0,7x0,82 m^2 Programmierung· Teach-in. Abstandssensor lieferbar. Preis· 230 TDM (84). Wegmeß-System: Analog-zyklisch-absolut
± 0,1	1,2x 1,1	474	Programm abhängig	hydropneumatisch	fluidische Steuerung/ Folgesteuerung PTP	Lochband 42 Spuren	42 Befehle/ Schritt			48/32	Baukasten: 4 Standarteinheiten Ventile abflußseitig gedrosselt beidseiti gesperrt bei soll-Position. Programm kann festverschaltet werden (Programm-Stecker mit geloteten Kreuzverbindung.
± 0,1 (Endstellung) ± 0,2 (Zwischenstellung)	0,4x 0,4			pneumatisch	Folgesteuerung	elektromagnetisch		mechanisch			Baukastenprinzip: 4 Baueinheiten-Teleskoparm, Rotations-, Vertikal- und Kippeinheit. Inform.-Eingabe. Programm-Karte. Doppelarmausfuhrung moglich
± 2,0	0,75x 0,7	340	6/ 40 l/min 70 bar	hydraulisch	CP	C-MOS	240 min	Spritzpistole		5/5	Programmierung: Teach-in. Programmlange verdoppelbar. Wegmeß-System: Analog-zyklisch-absolut
± 0,2	0,14x 2,032	500	7	elektrisch	PTP/CP			Montagegreifer		8/8	Programmierung: Textuell, Teach-in. Bildverarbeitungs-System. Lieferbar. Preis: 160 TDM (84). Wegmeß-System. Digital-inkremental
± 0,2	0,4x 0,4	350		Elektromotor			1000 Befehle	Spritzpistole			
			5	hydraulisch	PTP/CP	Winchester Drive	360 min	Spritzpistole			Programmierung: Teach-in. Anwendung· Spritzarbeiten. Preis: 200 TDM (84)
± 3	1,5		10	hydr./ mechan.	Microcomp.	Floppy-disc	8 Programme	Spritzpistole		8/8	
± 1,0	1,2x 0,4		18; 4,5 bar	elektrisch	PTP			Punktschweißeinrichtung		20/20	Schaltschrank: 1,5x0,8 m^2. Programmierung: Textuell Wegmeß-System. Digital-inkremental Preis: 90 TDM (84).
± 1,0	2,0x 0,6		70; 4,5 bar	elektrisch	PTP			Punktschweißeinrichtung		20/20	Schaltschrank: 1,5x0,8 m^2. Programmierung: Textuell. Wegmeß-System: Digital-inkremental. Preis: 50 TDM (84).
± 0,3	3,0x 0,8	2500	75; 4,5 bar	elektrisch	PTP			Punktschweißeinrichtung		20/20	Schaltschrank. 1,5x0,8 m^2. Programmierung: Textuell. Wegmeß-System: Digital-inkremental. Preis: 200 TDM (84).
± 0,1	0,31x 2,91	520		elektrisch	PTP			Montagegreifer			Schaltschrank: 0,25x0,5 m^2. Programmierung: Teach-in. Wegmeß-System: Digital-inkremental. Baukastensystem.
± 0,1		520		elektrisch	PTP						Schaltschrank: 0,25x0,5 m^2. Programmierung: Textuell. Wegmeß-System: Digital-inkremental. Baukastensystem. Preis. 100 TDM (84)
						EPROM		Zangengreifer			Scara-Typ für Montage in einer Ebene.
± 0,5	0,93x 1,82			elektrisch	PTP						Programmierung: Teach-in. Translatorische Achsen verlangerbar.
± 0,5				elektrisch	PTP						Programmierung. Teach-in. 2 Arme. Modulare Bauweise
± 1,0				elektrisch	PTP						Programmierung. Teach-in. Bis zu 4 Arme.
± 0,1			22	elektrisch	PTP			mechanischer Greifer			Programmierung: Teach-in.
± 0,05				elektrisch	PTP/CP						Steuerung nach Kundenwunsch. Preis: bis 200 TDM (84)

Modell:			Arbeitsraum	Manipulatorarmbewegung/Manipulatorarmgeschwindigkeit							Greiferbewegung/ Greifergeschwindigkeit			Tragfähigkeit
Hersteller	Typenbezeichnung	Bildnummer	Form	X mm/$\frac{mm}{s}$	Y mm/$\frac{mm}{s}$	Z mm/$\frac{mm}{s}$	A °/$\frac{°}{s}$	B °/$\frac{°}{s}$	C °/$\frac{°}{s}$	sonstige	A °/$\frac{°}{s}$	B °/$\frac{°}{s}$	C °/$\frac{°}{s}$	kg
Camelrobot	HO-1	A.139	zylinderförmig	1000/ 450	2000/ 400	500/400		180/ 90						100
Camelrobot	PO-1	A.87	zylinderförmig	750/ 1000		500/ 1000			360					7
Cincinnati	T3	A.230	torusförmig	2500/ 1250		3900/ 1250			240		240	190	180	45 (bei 200 mm, 75, 135)
Cincinnati	T3-566	A.231	torusförmig	1424/ 1270		3962/ 1270			240/30		270	180	180	45
Cincinnati	T3-726	A.258	torusförmig	1079/ 1000					285		9999	240	240	6
Cincinnati	T3-746	A.232	torusförmig	1470/ 640		3500/ 640			270		9999	240	240	20
Cloos	Romat 55/56	A.191	sphärenförmig	1720/ 1700	1000	1700/ 1000			320/160		230	240	190	3
Cloos	Romat 75/76	A.189	sphärenförmig	1760/ 1700		3170/ 1000			360/160		450	180	450	10
Cloos	Romat 105/ 106	A.186	sphärenförmig				315/ 162	315/ 92	303/90		440	180		15
Comau	Polar 6000	A.166	sphärenförmig	1300/ 1000				50/ 37,2	210/60		360	240	600	60 ... 150
Comau	Smart	A.188	torusförmig	1100	2500/ 1000	2545			270/76		360	230		50 ... 60
Dainichi	BA 1440	A.86	zylinderförmig	1000/ 600		700/600			300/60		300	120	180	50
Dainichi	PT200-H	A.163	zylinderförmig	250/ 1400		75/120			240/120					2
Dainichi	PT200-V Vertical	A.220	zylinderförmig	900/ 1700		750/ 1700			300/120		240	400		2
Dainichi	PT300-H	A.157	zylinderförmig	1400/ 1600		1050/ 1600			270/90					5
Dainichi	PT300-V Vertical	A.216	zylinderförmig	1400/ 1600		1050/ 1600			270/90		210	210		5
Dainichi	PT500	A.132	zylinderförmig	400/400		400/400			200/75		270	210		7
Dainichi	PT550	A.121	zylinderförmig	600/ 1000		500/ 1000			270/60		400	210		7
Dainichi	PT600	A.259	torusförmig	732/ 2000		1580/ 2000			300/90		400	210		12
Dainichi	PT800	A.193	torusförmig	650/ 2300		2100/ 2300			270/60		270	200	300	25

Positioniergenauigkeit mm	Platzbedarf m^2	Eigengewicht daN	Energie kW	Antriebsart	Steuerungsart	Speicherart	Speicherplatz	Greiferart	Sensoren	Funktion Eingang/Ausgang	Bemerkungen
± 0,1	3,5x 0,6		10	hydraulisch	PTP	MOS				8/8	Schaltschrank: 0,6x1,15 m^2. Programmierung: Textuell, Teach-in.
± 0,1		650		pneumatisch	PTP	MOS				8/8	Programmierung: Textuell, Teach-in. Meß-System: Nocken.
± 1,3	1,0x 1,0	3494	22	elektrohydraulisch	PTP, CP 6 Achsen	Mikrocomputer	500 Programmschritte				Anwendung: Stapeln, Packen, Lackieren, Schweißen. Arbeitsraum: 28 m^3. Mit internen Diagnosesystemen ausgerüstet, das Störung am Oszilloskop anzeigt. Schaltschrank: 1,2x1,1 m^2.
± 1,3	0,99x 0,99	2267	20; 38l/min	hydraulisch	PTP, CP	Mikrocomputer				36/20	Schaltschrank: 9,99x0,99 m^2. Programmierung. Teach-in, textuell. Preis: 210 TDM (84). Wegmeß-System Analog-zyklisch-absolut
± 0,15	0,58x 0,33	430		elektrisch, Gleichstrommotor	PTP/CP	Mikrocomputer					Schaltschrank. 0,99x0,77 m^2. Programmierung: Teach-in, textuell, Synchronverfahrmoglichkeit. Wegmeß-System: Analog-zyklisch-absolut
± 0,25	1,03x 1,12	1800		elektrisch, Gleichstrommotor	PTP/CP	Mikrocomputer					Schaltschrank: 0,99x0,77 m^2. Programmierung: Teach-in, textuell, Synchronverfahrmöglichkeit. Wegmeß-System. Analog-zyklisch-absolut.
± 0,2	0,48x 0,48	90	5	elektrisch	PTP/CP MOS 085	MOS	16 kB	Schweißausrüstung		36/36	Schaltschrank. 0,8x0,6 m^2. Programmierung: Textuell, Teach-in. Preis: 125 TDM (84). Wegmeß-System: digital-inkremental
± 0,2	0,53x 0,56	130	5	elektrisch	PTP/CP MOS 085	MOS	16 kB	Schweißausrüstung		34/34	Programmierung: Textuell, Teach-in. bis zu 6 Achsen. Wegmeß-System: digital-inkremental. Preis: 142 TDM (84).
± 0,2	1,0	490	5	elektr	HPG		16000 Byte	Schweißpistole		32/32	
± 1,0	1,6x 1,34	3500	30; 60l/min	hydraulisch 120 bar	PTP/CP	RAM-MOS	512 … 4096 Programmschritte/ 8 Programme	pneumatisch		8/8	Programmierung: Teach-in. Wegmeß-System: Resolver absolut. Geschwindigkeit verstellbar: 100 %, 75 %, 50 % Parity-Check bei Play-back von Kompakt-Cassette. Beschleunigung des Manipulatorarmes in 5 s von 0 auf max. Geschwindigkeit in B- und C-Achse.
± 0,4	1,15x 1,15	1600	18; 8 bar	elektrisch	PTP/CP	RAM-MOS	8 Programme			14/9	Programmierung: Textuell, Teach-in. versch. Armversionen. Wegmeß-System: analog-zyklisch-absolut.
± 0,5	0,8x 0,8	800	6 bar	elektrisch	PTP/CP					7/7	Programmierung: Teach-in. Größere Ausbaustufen lieferbar. Preis: 146 TDM (84). Wegmeß-System: digital-inkremental. Schaltschrank: 0,6x0,53 m^2.
± 0,05	0,2x 0,2	45	0,7; 6 bar	elektrisch	PTP					7/7	Programmierung: Teach-in. Wegmeß-System: Digital-inkremental. Schaltschrank: 0,6x0,53 m^2.
± 0,05		50	0,7; 6 bar	elektrisch	PTP					7/7	Programmierung· Teach-in. Preis: 80 TDM (84). Wegmeß-System: digital-inkremental.
± 0,1		125	1; 6 bar	elektrisch	PTP/CP					7/7	Programmierung. Teach-in. Preis: 80 TDM (84) Wegmeß-System: digital-inkremental. Schaltschrank: 0,35x0,35 m^2.
± 0,1	0,35x 0,35	155	1; 6 bar	elektrisch	PTP/CP					7/7	Programmierung· Teach-in. Preis: 98 TDM (84). Wegmeß-System: digital-inkremental. Schaltschrank: 0,6x0,53 m^2.
± 0,2	0,35x 0,35	180	6 bar	elektrisch	PTP/CP					7/7	Programmierung. Teach-in. Wegmeß-System: digital-inkremental. Preis: 82 TDM (84). Schaltschrank: 0,55x0,55 m^2.
± 0,2	0,55x 0,55	350	2; 6 bar	elektrisch	PTP/CP					7/7	Programmierung· Teach-in. Wegmeß-System: digital-inkremental: Preis: 100 TDM (84). Schaltschrank: 0,6x0,53 m^2.
± 0,2	0,57x 0,57	360	2; 6 bar	elektrisch	PTP/CP					7/7	Programmierung: Teach-in. Wegmeß-System: digital-inkremental. Preis: 135 TDM (84). Schaltschrank: 0,6x0,53 m^2.
± 0,5	0,75x 0,75	180	3,5; 6 bar	elektrisch	PTP/CP					7/7	Programmierung. Teach-in. Wegmeß-System: digital-inkremental. Preis: 154 TDM (84). Schaltschrank: 0,6x0,35 m^2.

Modell: Hersteller	Typenbezeichnung	Bildnummer	Arbeitsraum Form	Manipulatorarmbewegung/Manipulatorarmgeschwindigkeit X mm/$\frac{mm}{s}$	Y mm/$\frac{mm}{s}$	Z mm/$\frac{mm}{s}$	A °/$\frac{°}{s}$	B °/$\frac{°}{s}$	C °/$\frac{°}{s}$	sonstige	Greiferbewegung/Greifergeschwindigkeit A °/$\frac{°}{s}$	B °/$\frac{°}{s}$	C °/$\frac{°}{s}$	Tragfähigkeit kg
Dainichi	PT1000	A 250	torusförmig	1200/ 2500		2000/ 2500			270/60		270	210	300	30
Dainichi	PB	A.51	quaderförmig	1000/ 600	1600/ 600	1000/ 600					180	90		150
Dainichi	SD	A.61	zylinderförmig	1440/ 1000		2200/ 100			270/45		90	90	90	600
DEA	A 3000	A.29	quaderformig	300/667	1340/ 667	250/667					360	360	360	1,5 ... 7
De-Sta-Co	Destacomat	A 122	zylinderförmig	2000/ 500	500/500	500/500		90	270		270	180	180	5 ... 10
De Vilbiss	TR 300	A.283	torusförmig	1000/ 1700		2250/ 1700		68	93		210	210	210	15 ... 35
De Vilbiss (siehe Trallfa)	TR 4000	A.280	torusförmig	975/ 1700		2040/ 1700			93		210	210	210	15 ... 70
Distribel	Phonix	A.38	quaderformig	11500/ 250	1200/ 250	1200/ 250					90	370		100
Dürr	P 100	A.12	quaderförmig	3150/ 1800	1600/ 2000	1250/ 1000					270		360	100 ... 150
Eumuco	F 8220		zylinderförmig	2000				15			möglich			250
FAB	High Speed	A.165	sphärenförmig	1400/ 1930				45/38	220/76			210		20
Fanuc	A0	A.120	zylinderförmig	300/ 1200		300/600			300/120		300	190		5
Fanuc	A1	A.105	zylinderförmig	500/ 1200		500/600			300/120		300	190		30
Fanuc	M0	A.275	sphärenförmig	150/500				180/ 120	120/120					
Fanuc	M1	A.79	zylinderförmig	500/ 1000		500/500			300/60		360	6		20
Fanuc	M3	A.64	zylinderförmig	1200/ 1000		1200/ 500			300/60		300	190		50 ... 80
Fanuc	S1	A.265	torusförmig	687/500		1325/ 120			300/120		300	210		10
Fanuc	S3	A.239	torusförmig	1317/ 3000		1900			300/90		360	210		40 ... 60
Felss	Universal	A 91	zylinderförmig	1200/ 1000		500/500			320/180					5 ... 7
Felss	Felsomat (Portal)	A 3	zylinderförmig	400/750		75/750			180/300		190			5 ... 7
Felss	FE 30	A.124	zylinderförmig	300		75			180				180	2

Positioniergenauigkeit mm	Platzbedarf m²	Eigengewicht daN	Energie kW	Antriebsart	Steuerungsart	Speicherart	Speicherplatz	Greiferart	Sensoren	Funktion Eingang/Ausgang	Bemerkungen
± 0,5	0,9 x 0,9	1000	3,2; 6 bar	elektrisch	PTP/CP					7/7	Programmierung: Teach-in. Wegmeß-System: digital-inkremental. Preis: 223 TDM (84) Schaltschrank: 0,6 x 0,53 m²
± 1,0		1800	3,5; 6 bar	elektrisch	PTP					7/7	Programmierung: Teach-in. Wegmeß-System: digital-inkremental
± 1,0	1,0 x 1,0	3500	140 bar	hydraulisch	PTP					7/7	Programmierung: Teach-in. Wegmeß-System: digital-inkremental. Preis: 57 TDM (84). Schaltschrank: 0,6 x 0,53 m²
± 0,025	0,55 x 1,77	36		elektrisch, Gleichstrommotor	PTP			Montagegreifer	taktil + optisch	512/512	Programmierung: Teach-in, textuell: (HELP). Wegmeß-System: digital-inkremental. Mehrarmausführung möglich. Preis: 150 TDM (84).
± 0,1	0,6 x 0,6	80	6 bar	elektrisch	PTP		4956 Schritte (maximal)			8/8	Programmierung: Teach-in. NC- und pneum. Module kombinierbar. Verschiedene Kinematikarten. Preis: 50 TDM (84). Schaltschrank: 0,6 x 0,6 m²
± 1,0	0,8 x 0,8	720	5,5/ 70 bar	elektrohydraulisch	CP, PTP, 5–6 Achsen	Magnetband, Magnetplatte, Bubble Memory	128 Minuten mit 2 s Suchzeit,	Spritzpistole		22/22	Anwendung: Beschichtungen aller Art über 2000 Gerate weltweit im Einsatz. Magnetband: SCT (single cycle tape). Magnetplatte: CRC (computer robot control) 2 Floppy discs. Außerdem: DRC Computer steuert 8 Roboter.
± 0,3	0,75 x 0,75	450	6/70 bar	hydraulisch	PTP/CP	Magnetband, Bubble Memory	32 min ≙ 38400 Punkte	Spritzpistole		22/22	Programmierung: Teach-in. Verschiedene Armlangen
± 0,1	4,0 x 1,0			elektrisch	PTP/CP						Programmierung. Textuell, Teach-in. Wegmeß-System. Schrittmacher
± 0,1			13	elektrisch	PTP/CP	Mehrprozessor-Steuerung	10 Programme	Zangengreifer	optische Sensoren	32/32	Schaltschrank: 1,2 x 0,5 m². Programmierung: Teach-in. Wegmeß-System: digital-inkremental. Preis: 120 TDM (84).
			11	hydraulisch	Folgesteuerung	Microprozessor		Zangengreifer			Einstellbare Festanschlage. Für schweren Schmiedebetrieb
± 0,75	1,65 x 1,25	1500		hydraulisch	PTP					12/9	Programmierung: Teach-in
± 0,05	0,5 x 0,46	70	3	hydraulisch	PTP	MOS				15/16	Linearinterpolation. Programmierung: Teach-in. Wegmeß-System: digital-inkremental. Preis: 70 TDM (84). Schaltschrank: 0,6 x 0,7 m²
± 0,05	0,7 x 0,64	200	3	elektrisch	PTP	MOS				15/16	Linearinterpolation. Programmierung: Teach-in. Wegmeß-System: digital-inkremental. Preis: 80 TDM (84). Schaltschrank: 0,6 x 0,7 m²
± 0,5	0,2 x 0,255	110	2	elektrisch	PTP/CP	MOS				15/16	Programmierung. Textuell, Teach-in. Preis: 45 TDM (84). Wegmeß-System: digital-inkremental
± 1,0	0,6 x 0,4	570	4	elektrisch	PTP	MOS				15/16	Programmierung: Textuell, Teach-in. Wegmeß-System: digital-inkremental. Preis. 160 TDM (84). Schaltschrank: 0,6 x 0,4 m²
± 1,0	1,05 x 1,15	1600	15	elektrisch	PTP/CP	MOS				15/16	Programmierung. Textuell, Teach-in. Wegmeß-System: digital-inkremental. Preis: 80 TDM (84).
± 0,5	0,74 x 0,75	600	4	elektrisch	PTP	MOS	60 min			15/16	Linearinterpolation. Programmierung: Teach-in. Wegmeß-System: digital-inkremental. Preis: 110 TDM (84). Schaltschrank: 0,6 x 0,7 m²
± 2,0	0,75 x 0,92			elektrisch	PTP	MOS				15/16	Linear- und Zirkularinterpolation. Programmierung: Teach-in Wegmeß-System: digital-inkremental. Schaltschrank: 0,6 x 0,7 m²
± 0,05	0,46 x 0,46			elektrisch	PTP					32/24	Programmierung: Textuell. Baukastensystem. Pneumatische Achsen lieferbar. Schaltschrank: 0,46 x 0,46 m²
± 0,2	0,38 x 0,18	47	5; 6 bar	pneumatisch	Folgesteuerung	Steckerfeld	32 Spalten 255 Programmschritte			32/24	Baukastenprinzip Grundeinh. Z-Achse. Festanschlage einstellbar. Endlagengedampft. Archivierung. Kompaktkassette.
				pneumatisch	Folgesteuerung	Steckerfeld	32 Programmschritte	pneumat. Zangengreifer			Stufenlos einstellbare Festanschlage mit Endlagendampfung

Modell: Hersteller	Typenbezeichnung	Bildnummer	Arbeitsraum Form	Manipulatorarmbewegung/Manipulatorarmgeschwindigkeit X mm/(mm/s)	Y mm/(mm/s)	Z mm/(mm/s)	A °/(°/s)	B °/(°/s)	C °/(°/s)	sonstige	Greiferbewegung/Greifergeschwindigkeit A °/(°/s)	B °/(°/s)	C °/(°/s)	Tragfähigkeit kg
Felss	FIR 1200	A 76	zylinderförmig	1200/1000		1000/500			330/90					20
Felss	FSR 850	A.149	zylinderförmig	455		200/750			320/180					5 (10)
Fibro	Fibromanta	A.126	zylinderförmig	1000/1000		1000/1000			360		360			50 ... 100
Fibro	Manta 1	A.21	quaderförmig	400/850	400/850	400/850		200	200/1000		200	200	200	
Fibro	Manta 2	A.22	quaderförmig	630/1150	630/1150	630/1150		200/1100	200/1100		200	200	200	
Fibro	Manta 3	A.23	quaderförmig	1000/1100	1000/1100	1000/1100		200/800	200/800		200	200	200	
Fibro	Manta 4	A.24	quaderförmig	1250/1000	1250/1000	1250/1000		200/600	200/600		200	200	200	
Fibro	Ladeportal	A.7	quaderförmig	6000/1200	6000/800	1500/500					360	360	360	
Fraser	FR 200-3	A.103	zylinderförmig	788/1000	508/500	500/500			340/150					70
Fraser	FR 200-4	A.142	zylinderförmig	788/1000	305/610	500/500			340/150					70
Fraser	FR 300-3	A.128	zylinderförmig	508/500		508/500			190/250				250/160	40
Fraser	FR 400-3	A.137	zylinderförmig	305/610		305/610			190/190				250/240	7
Fraser	FR 200-4L	A.143	zylinderförmig	788/1000	812/500	500/500			340/150					70
FWM	Servator 02	A.145	torusförmig	560/1500		565/100			180/720		180			7
Gaiotto	Robot 50	A.292	torusförmig	900/1500		2180/1500			90			180	180	3 ... 5
GCA	DKP 200 V	A.219	sphärenförmig	280/				270/120	200/120		400	240		2,0
GCA	DKP 200 H	A.162	zylinderförmig			75/120			270/120				300	2,0
GCA	DKP 300 V	A.215	sphärenförmig	490/				320	270/90	270	270	210		5,0
GCA	DKP 300 H	A.155	zylinderförmig			100/100			325				300	5,0
GCA	DKP 550	A.116	zylinderförmig	600/400		500/500			270/60		400	210		7,0
GCA	DKP 600	A.263	torusförmig					180	300/90		400	210		11,8
GCA	DKP 1000	A.249	torusförmig				270/50	210/75	270/50		300	90	90	30,0
GdA	HDS 05/06	A.192	sphärenförmig				576	106/101	290/75		590	290		15,0
GdA	HDS 16	A.256	torusformig	825/1350		1100/1010			330/136		768	728	728	20 ... 40
GdA	HDS 26	A.245	torusformig	1400/1350		1900/1010			330/136		768	743	688	25 ... 40
GdA	HDS 36	A.227	torusformig	1900/1080		2300/1010			330/88		590	631	709	65 ... 120

Positioniergenauigkeit mm	Platzbedarf m²	Eigengewicht daN	Energie kW	Antriebsart	Steuerungsart	Speicherart	Speicherplatz	Greiferart	Sensoren	Funktion Eingang/ Ausgang	Bemerkungen
± 0,3		500		elektromechanisch	FRS-Steuerung	MOS	128 kB ≙ 10000 Raumpunkte				Bei verminderter Geschwindigkeit größere Tragfähigkeit möglich
± 0,05		90		Servomotor	Felsomat Robotersteuerung FRS	MOS	128 kB ≙ 10000 Raumpunkte				( ) 10 kg Traggewicht bei verminderter Geschwindigkeit, Scara-Prinzip für Montagetätigkeiten
± 0,3	0,7 x 0,55		1 ... 10	elektrisch	PTP/CP					16/16	Programmierung: Textuell, Teach-in Baukastensystem. Wegmeß-System: digital-inkremental
± 0,5			2,2	hydraulisch	PTP			Parallel- und Zangengreifer			Programmierung: Textuell. Baukastensystem. Wegmeß-System: digital-inkremental
± 0,5			2,2	hydraulisch	PTP			Parallel- und Zangengreifer			Programmierung: Textuell. Baukastensystem. Wegmeß-System: Nocken
± 0,5			2,2	hydraulisch	PTP			Parallel- und Zangengreifer			Programmierung. Textuell. Baukastensystem. Wegmeß-System: Nocken.
± 0,5				hydraulisch	PTP			Parallel- und Zangreifer			Programmierung: Textuell. Baukastensystem. Wegmeß-System: digital-inkremental.
± 0,5			10	elektrisch	PTP/CP					16/16	Programmierung: Textuell, Teach-in. Wegmeß-System: digital-inkremental bis 4096 Ein-/Ausgange. Preis: 100 TDM (84).
± 0,12	0,25	270		elektrisch	Microcomputer	Magnettape	1000 Schritte	Zange			
± 0,12	0,8	520		elektrisch	Microcomputer	Magnettape	1000 Schritte	Zange			
± 0,12	0,16	270		elektrisch	Microcomputer	Magnettape	1000 Schritte	Zange			Bearbeitungsaufgaben möglich
± 0,08	0,06	75		elektr.	Microcomputer	Magnettape	1000 Schritte	Zange			Bearbeitungsaufgaben möglich
± 0,12	0,8	500		elektrisch			1000 Schritte				zusatzliche Linearachsen Y-Richtung
± 0,05	0,46 x 0,4	140		elektrisch	PTP/CP					32/32	Programmierung: Textuell, Teach-in. Preis: 128 TDM (84). Wegmeß-System. digital-inkremental. Schalschrank: 1,2 x 0,5 m²
± 2,0	0,76 x 0,64		6	hydraulisch	CP					6/6	Programmierung: Teach-in. Prg.-Archivierung: Magnetband. Preis: 160 TDM (84). Schaltschrank: 0,56 x 0,66 m².
± 0,05	0,06	49	0,7	elektrisch	Microcomputer	Memorysystem	8 bit	Zange			
± 0,05	0,06	44	0,7	elekt./pneum.	Microcomputer	Memorysystem	8 bit	Zange			
± 0,1	0,12	152	1,0	elektr.	Microcomputer	Memorysystem	8 bit	Zange			
± 0,1	0,12	123	1,0	elekt./pneum.	Microcomputer	Memorysystem	8 bit	Zange			
± 0,2	0,3	195	2,5	elekt.	Microcomputer		max. 32 kB			16/16	
± 0,1	0,32	245	2,5	elektr.	Microcomputer		max. 32 kB			16/16	
± 0,5	0,56	980	3,2	pneum.	Microcomputer		32 kB				
± 0,2	0,16	400	7,0	elektr.	PTP/CP	PDP11/23	22000 Schritte		taktil	31/31	Bearbeitungsaufgaben, digital-absolut. Winkelcodierer bei HDS 05/ entfällt die Manipulatorarmgeschwindigkeit A, zusätzliche Linearachse möglich
± 0,1	0,97 x 0,75	1400	8/6 bar	elektrisch	PTP/CP	MOS, LSI 11/23	13000 Schritte			16/16	Programmierung: Teach-in, textuell, mit 3, 4 und 5 Achsen lieferbar. Wegmeß-System: digital-inkremental.
± 0,1	0,95 x 0,74	1700	8/6 bar	elektrisch	PTP/CP	MOS, LSI 11/23	13000 Schritte			16/16	Programmierung: Teach-in. mit 3, 4 u und 5 Achsen lieferbar. Wegmeß-System: digital-inkremental. Preis: 190 TDM (84). Schaltschrank: 1,13 x 0,6 m².
± 0,1	1,3 x 1,1	2100	15/ 6 bar	elektrisch	PTP/CP	MOS, LSI 11/23	13000 Schritte			16/16	Programmierung: Teach-in. mit 3, 4 und 5 Achsen lieferbar. Wegmeß-System: digital-inkremental. Preis: 240 TDM (84). Schaltschrank: 1,13 x 1,1 m²

Modell: Hersteller	Typenbezeichnung	Bildnummer	Arbeitsraum Form	Manipulatorarmbewegung/Manipulatorarmgeschwindigkeit X mm/$\frac{mm}{s}$	Y mm/$\frac{mm}{s}$	Z mm/$\frac{mm}{s}$	A °/$\frac{°}{s}$	B °/$\frac{°}{s}$	C °/$\frac{°}{s}$	sonstige	Greiferbewegung/Greifergeschwindigkeit A °/$\frac{°}{s}$	B °/$\frac{°}{s}$	C °/$\frac{°}{s}$	Tragfähigkeit kg
GW-Elektro-	MMS	A.127	zylinderformig	400/350		400/350			320/180		300		300	2
Hall	Comp Arm	A.291	torusformig	740/ 1900		1500/ 1900			180/90			180	180	13
Hall	Gigant	A.177	spharenformig	762				60	240		270	180	180	30
Hall	Ramp	A.182	sphärenförmig	914/500				70/60	85/90		290	210	210	13,5 ... 27
Hall	Welder	A.180	sphärenförmig	882/150				48/30	82/90			180	180	14 ... 27
Hasencler	MEE 300	A.58	zylinderformig	2000/ 1500		550/ 1500			277/60		360	90		300
Hauser	HA 1500	A.25	quaderförmig	1500/ 500	700/500	500/500								2 ... 6
Hauser	HLE 150	A.34	quaderförmig	1500/ 1000	500/ 1000	650/ 1000					90			5 ... 50
Hauser	Robomobil	A.37	quaderformig	1 E5/ 170	240/500	1200/ 500		180						2 ... 6
Hawker Siddley	Versatran 500 P/C	A.109	zylinderförmig	760/910		960/910			270/90		180	180		18
Hirata	AR 300	A.151	zylinderformig	335/ 1700		100/250			320/150				350	2
Hirata	AR-H300	A.160	zylinderformig	335/ 2350		150/250			320/150				350	2
Hitachi	Kobot	A.290	torusformig	1200/ 1750		2500/ 1750			110		180	210	210	
Hitachi	MR.Aros-SP	A.52	quaderförmig	1000/ 100	1500/ 100	1100/ 100						200	55	20
Hitachi	Process	A.252	torusformig	956		118			300		270	180		10
Hitachi	Spray Pain	A.289	torusformig	1320/ 1750		3128/ 1750			300		250	250	250	
Hitachi	A.3020	A.148	zylinderförmig	519/ 1500		200/250			200/180				180	2
Hitachi	PW 10 II	A.264	torusförmig	960/ 1100		1118/			300/96		370	180		10
IBM	7535-B02	A.154	zylinderförmig	465/ 1450		75			200				360	6
IBM	7540	A.147	zylinderformig	740/ 1350		100			200				360	25

Positioniergenauigkeit mm	Platzbedarf m²	Eigengewicht daN	Energie kW	Antriebsart	Steuerungsart	Speicherart	Speicherplatz	Greiferart	Sensoren	Funktion Eingang/Ausgang	Bemerkungen
	0,4x 0,4	40	1	elektrisch	PTP/CP					16/16	Programmierung. Textuell, Teach-in Preis. 69 TDM (84). Wegmeß-System: digital-inkremental
± 4,0		40	5 lisch	hydrau-	CP					16/16	Programmierung: Teach-in. Speicher auf 150 min und 945 Unterprogramme ausbaubar. Hydraulikgerät: 0,8x0,7 m² Preis: 160 TDM (84). Schaltschrank: 0,51x0,45 m²
± 1,0	0,61x 0,61	600	5	hydraulisch	PTP					12/12	Programmierung: Teach-in. Speicher ausbaubar. Schaltschrank: 0,61x0,61 m². Hydr.-Aggregat: 0,76x0,7 m². Preis: 160 TDM (84).
± 4,0	0,61x 0,61	570	5	hydraulisch	CP					12/12	Programmierung: Teach-in. Schaltschrank: 0,5x0,45 m². Preis: 160 TDM (84).
± 1,0	0,61x 0,61	560	5	hydraulisch	CP			Spritzpistole		12/12	Programmierung: Teach-in. Speicher ausbaubar. Schaltschrank: 0,51x0,45 m².
± 1,0	1,8x 1,7			elektrisch	PTP/CP						Programmierung: Teach-in. Wegmeß-System: digital-absolut. Anw.: Schmiedeeinsatz.
± 0,5	1,9x 1,2			elektrisch	PTP/CP					16/16	Programmierung: Textuell, Teach-in. Preis: 60 TDM (84). Wegmeß-System· digital-inkremental. Schaltschrank: 0,6x0,6 m²
± 0,2				elektrisch	PTP/CP					16/16	Programmierung: Textuell, Teach-in. Preis: 80 TDM (84). Wegmeß-System: digital-inkremental. Schaltschrank: 0,6x0,6 m²
	3,0x 1,4			elektrisch	PTP					16/16	Programmierung: Textuell, Teach-in. Wegmeß-System: digital-inkremental. Anw.: Maschinenbeschickung. Preis· 200 TDM (84). Schaltschrank: 3,0x1,4 m²
± 3,0	0,7x 1,2		6,5	hydraulisch	PTP/CP	Nockentrommel Magnetband	100 Befehle/ mehrere Programme	mechan. Greifer, Sauggreifer		12/12	Wegmeß-System: Potentiometer.
± 0,5	0,2x 0,2	65		elektrisch	PTP					16/16	Programmierung: Teach-in. in großer Ausfuhrung lieferbar (AR 450). Wegmeß-System: digital-inkremental. Preis: 60 TDM (84). Schaltschrank: 0,63x0,36 m²
± 0,05	0,63x 0,36	65		elektrisch	PTP					32/32	Programmierung: Teach-in. In großer Ausfuhrung lieferbar (AR-H450). Wegmeß-System: Digital-inkremental. Schaltschrank: 0,53x0,65 m²
	0,4 dm	500	10	hydraul. 105 bar 29 l/min 29 l/min	CP mit PTP Eingabe	Kernspeicher	8 KB entspr. 4 Pro 4 Programmen	Spritzpistole		7/7	Programmierung: Teach-in. Bewegung in rechteckigen Koord. Anw.: Lackierarbeiten. Forderbandsynchron. moglich.
± 1,0	4,1x 3,1	1300	10	elektrisch	PTP/CP	MOS					Programmierung: Teach-in. mit kleinem Arbeitsraum lieferbar. (Aros-JP). Wegmeß-System: digital-inkremental.
± 0,2	0,5x 0,5	200	3	elektrisch	PTP/CP	MOS				15/15	Programmierung: Teach-in. Wegmeß-System: digital-inkremental. Schaltschrank: 0,7x0,6 m².
		300	10	hydraulisch	CP/PTP	MOS				7/7	Programmierung: Teach-in. Wegmeß-System: digital-inkremental. Auch als Horizontal-Typ lieferbar. Preis: 200 TDM (84).
± 0,05	0,3x 0,3	70	2	elektrisch	CP	MOS				12/12	Programmierung: Teach-in. Wegmeß-System: digital-inkremental. Linear- und Zirkularinterpol.
± 0,2	0,5x 0,5	350	4	elektrisch	PTP/CP	MOS				16/16	Programmierung. Teach-in. Wegmeß-System: digital-inkremental. Preis: 135 TDM (84). Schaltschrank: 0,7x0,6 m²
± 0,05	0,3x 0,3	99	1,5	elektrisch	PTP	MOS	24 kB	Montagegreifer	taktil	14/15	Programmierung. Teach-in, textuell Wegmeß-System: digital-inkremental. Preis: 78 TDM (84).
± 0,05	0,45x 0,45	176	1,6	elektrisch	PTP	MOS	24 kB	Montagegreifer	taktil	14/15	Programmierung: Textuell (AML), Teach-in. Wegmeß-System: digital-inkremental.

Modell.			Arbeitsraum	Manipulatorarmbewegung/Manipulatorarmgeschwindigkeit							Greiferbewegung/ Greifergeschwindigkeit			Tragfähigkeit
Hersteller	Typenbezeichnung	Bildnummer	Form	X mm/mm/s	Y mm/mm/s	Z mm/mm/s	A °/°/s	B °/°/s	C °/°/s	sonstige	A °/°/s	B °/°/s	C °/°/s	kg
IBM	7545	A.150	zylinderformig	650/ 1400	250/280				200/480					10
IBM	RS 1	A.26	quaderformig	1473/ 1016	457/ 1016	431/ 1016					270	180	270	2,2
IBP Pietsch (siehe Pfaff)	PPI	A.95	spharenförmig	1200/ 1500 1000 N		500/ 1000 1000 N			220/130 600 Nm		220/ 140 100 Nm			20
IGM	Limat 280	A.194	spharenförmig	1800		1800			540/80			290	540	
IGM	Limat 1008	A.39	quaderförmig	2000/ 33	4000/ 33	1130/ 33	1130/				360	270	270	
IGM	Limat 2016	A.45	quaderformig	2000/ 33	4000/ 33	1130/ 33					360	270		
Ikegai	L-Robo	A.133	zylinderformig	500/330		300/330		190/ 90				360		10
Intelledex	605	A.218	sphärenförmig	750/ 1000		750/ 1000		230			340	100		2,2 ... 5,3
Intermoder	Robimat	A.20	quaderförmig	800/500	400/400	800/500					180	90		10
IRI	M50 Robot	A.187	spharenformig	2380/				180/ 30	360/60		360	240	230	21,5
Irobos	IRS L 200	A.67	zylinderförmig	800/ 1000		800/500			300/60		300			20
Iska	Robotmod	A.178	spharenförmig	500/250		80			360/180				360	20
IWKA	KUKA IR 160/15	A.198	torusförmig	1000		2300			320/ 136		500	240	540	15
IWKA	KUKA IR 160/60	A.197	torus-	1200		2500			250/ 100		450	240	540	60
IWKA	KUKA IR 200	A.210	sphärenförmig	2530/ 3400		600/ 3400			320/ 160		350	180	331	60 ... 500
IWKA	KUKA Nachi 1000	A.113	zylinderförmig	760/900 ... 1200		760/900 ... 1200			240		180		180	10 ... 20
IWKA	KUKA Nachi 2000	A.77	zylinderförmig	1500/ 500		500/500			240		180			50 ... 80
IWKA	KUKA Nachi 4000	A.49	quaderformig	760/3 ... 500	1200/3 ... 500	760/3 ... 500					200		200	10

Positioniergenauigkeit mm	Platzbedarf m²	Eigengewicht daN	Energie kW	Antriebsart	Steuerungsart	Speicherart	Speicherplatz	Greiferart	Sensoren	Funktion Eingang/Ausgang	Bemerkungen
± 0,05	0,4 x 0,4	100	1,5	elektrisch	PTP	Mikroprozessor	24 kB (5 Programme)	pneumatischer Zangengreifer	moglich	16/16	Im Rahmen des CIM-Konzeptes einsetzbar
± 0,2	2,2 x 0,9	907	6,5	hydraulisch	PTP	MOS	24 kB	Montagegreifer	optisch + taktil	32/32	Programmierung: Textuell (AML), Teach-in. Wegmeß-System: digital-inkremental. Schaltschrank: 0,62 x 0,75.
± 3,0	0,7 x 1,2		5 bar	elektropneumatisch	PTP 5 Achsen	Microprozessor	7 Programme	Zangengreifer		20/–	Mechan. Regelung (Elektromagnetische Bremse). Tachogenerator spielfrei gekoppelt. Prazisions-Potentiometer. Programm.: Teach-in. Archivierung: Kompaktkassette.
± 0,4	0,5 x 0,5		2	elektrisch	PTP/CP					24/24	Programmierung: Teach-in. Wegmeß-System: digital-inkremental. Schaltschrank: 0,5 x 0,5 m².
± 0,2	0,76 x 0,76	2150	6	elektrisch	PTP/CP					24/24	Programmierung: Teach-in. Kleinere größe lieferbar. Schaltschrank: 0,8 x 0,6 m². Wegmeß-System: digital-inkremental.
± 0,2	0,76 x 0,76	2150	6	elek-	PTP/CP					20/20	Programmierung: Teach-in. 2-Armgerät. kl. Größe lieferbar. Wegmeß-System: digital-inkremental. Preis: 263 TDM (84). Schaltschrank: 0,8 x 0,6 m²
± 0,2	1,65 x 1,65		5 bar	elektrisch	PTP						Programmierung: Teach-in. Anw.: Drehmaschinenbeschickung. Preis: 80 TDM (84). Schaltschrank: 0,5 x 0,5 m².
± 0,25	0,3 x 0,3	69		elektrisch	PTP/CP	MOS		Montagegreifer			Programmierung: Textuell, Teach-in. Schaltschrank: 0,48 x 0,56 m². Te Leiterplattenhandling.
± 0,05	1,25 x 1,25		2,5	elektrisch	PTP					128/128	Programmierung: Textuell, Teach-in. Wegmeß-System: digital-inkremental. Schaltschrank: 0,6 x 0,6 m².
± 1,0	0,25	170		elektr./pneum.	Microcomputer (Motorola 68000)	Microkassette	128 kB			8/8	Preis: 40 TDM (83).
± 0,25		470	6	elektrisch	PTP/CP						Programmierung: Teach-in. Wegmeß-System: digital-inkremental. Schaltschrank: 0,9 x 0,5 m². Preis: 85 TDM (84).
± 0,2	0,45 x 0,45			elektrisch	PTP					40/40	Programmierung: Teach-in. Wegmeß-System: digital-inkremental. Baukasten. Preis: 55 TDM (84).
± 0,2	0,84 x 0,84	800	0,8	elektrisch	PTP/CP	MOS	max. 2800 Raumpunkte			32/64	Programmierung: Teach-in. Schaltschrank: 0,9 x 0,7 m².
± 0,5	1,03 x 1,03	1700	1,9	elektrisch	PTP/CP	MOS	max. 2800 Raumpunkte			32/64	Programmierung: Teach-in. Schaltschrank: 0,9 x 0,7 m². Wegmeß-System: analog-zyklisch-absolut.
± 1,0	1,52 x 1,7	2500	4,2	elektrisch	PTP/CP	MOS/bit slice		Punktschweißelektrode		26/32	Programmierung: Teach-in. Wegmeß-System: analog-zyklisch-absolut. Schaltschrank: 0,7 x 0,7 m².
± 1,0	1,53 x 0,7	1000	5	elektrohydraulisch	PTP 3–5 Achsen	Kernspeicher	64 Schritte	hydraulisch		6/–	KUKA Nachi haben ähnliche Steuerungen (kompatibel). Wegmeß-System: Potentiometer, Handachsen gegen Anschlag. Preis: 70 ... 90 TDM (5/79). Frühjahr '80 ca. 15 Gerate im Einsatz. Schaltschrank: 0,7 x 0,6 m².
± 1,5			7	elektrohydraulisch	PTP 3–4 Achsen	Kernspeicher	15 Raumpunkte/Achse	hydraulisch			Preis: 130 ... 150 TDM (5/79).
± 0,5			5	elektrohydraulisch	PTP/CP Kombination (5 Achsen)	Kernspeicher	3199 Raumpunkte = 4 Programme mit CP	Lichtbogenschweißeinrichtung	soll-Bruchstelle an Brenner Aufhangung		Anw.: Lichtbogenschweißen. variable Brennerbewerung. Programmierbar nach Hub und Frequenz. Preis: KUKA Nachi 4500 einschließlich Schweißausrustung 160 ... 180 TDM (5/79). Frühjahr '80 ca. 30 Geräte im Einsatz.

Modell:			Arbeitsraum	Manipulatorarmbewegung/Manipulatorarmgeschwindigkeit							Greiferbewegung/ Greifergeschwindigkeit			Tragfähigkeit
Hersteller	Typenbezeichnung	Bildnummer	Form	X mm/$\frac{mm}{s}$	Y mm/$\frac{mm}{s}$	Z mm/$\frac{mm}{s}$	A °/$\frac{°}{s}$	B °/$\frac{°}{s}$	C °/$\frac{°}{s}$	sonstige	A °/$\frac{°}{s}$	B °/$\frac{°}{s}$	C °/$\frac{°}{s}$	kg
IWKA	KUKA Industrie Roboter 4/150	A.60	quaderformig	1300/ 1000		700/ 1000			320/70		360/ 90			150
IWKA (siehe Pfaff)	PPI PM 12	A.95	sphärenformig	1000/ 800		500/ 1000			220		180	350		40
IWKA	Aida Autohand	A.136	zylinderformig	200 ... 600/1000		100 ... 150/1000			120		90 ... 180			2 ... 5
IWKA	KUKA IR 6/60	A.223	torusformig	1500/ 1200		2500/ 2000			180; 222; 320/76		360/ 120	360/ 120	360/ 120	60 ... 100 red. Geschw.
IWKA	KUKA IR 601/60	A.224	torusformig	1500/ 1200		3020			320/76		360	360	360	60 ... 100
IWKA	KUKA Nachi 5600	A.288	torusformig	1350/ 1750		1900/ 1750			100/ 120		220/ 120	220/ 120	220/ 120	5
IWKA	KUKA IR 662/100	A.224	torusformig	1500/ 1250		2500/ 1450			320/79		360	360	360	100
Jobs	Job OT 10	A.236	zylinderförmig	1179/ 600		1000/ 500			300/60		350	180	120	50 ... 70
Jobs	Job OT 20	A.62	torusformig	1730		4000			270/60		350	200	190	35 ... 50
Jungheinrich	R55	A.207	spharenformig				320/ 310	270/ 110	550/110		450	180		5,0
Jungheinrich	R 70	A.209	sphärenformig	1100		3000			360		520	200		3
Jungheinrich	R 85/86	A.203	sphärenförmig	1300		2300			300/190		350	180		8
Jungheinrich	R 105/106	A.200	spharenformig	1572/ 1200		2233/ 2500			320/90		350	220	350	15 ... 30
Kaufeldt	A 3	A.101	zylinderförmig	1250/ 1000		300/700			270/90		360	100		15 ... 100
Kaufeldt	A 6	A.35	vertikale Ebene	6000/ 7000		1000/ 700							180	15 ... 25
Kaufeldt	Portal-Rob	A.8	quaderformig	6000/ 1000	2100/ 1000	1400/ 800					360	100		15 ... 100
Kaufeldt/ Festo	A 3/2	A.101	zylinderformig	1250/ 700		300/700			270/90		z (mm) 100/ 700		180/ 90	15

Positioniergenauigkeit mm	Platzbedarf m²	Eigengewicht daN	Energie kW	Antriebsart	Steuerungsart	Speicherart	Speicherplatz	Greiferart	Sensoren	Funktion Eingang/Ausgang	Bemerkungen
± 1,2	1,4 x 1,3	3710	28	elektromotorisches Servosystem	CNC 4 Achsen	Standart Halbleiter	600 Programmschritte (max. 4200 möglich)	hydraulischer Greifer	möglich	16/16	Anw.: Geeignet zur Handhabung schwerer Lasten. Programmierung: Teach-in. Steuerung: PTP Steuerung mit linearem Inneninterpolator. Speicherung von bis zu 7 Prg. mit flexiblen Grenzen möglich. Wesentl. Baugruppen Drehachse, Manipulatorarm, Steuerung des älteren Gerätes KUKA IR 6/60 wurden hierfür verwendet. Schaltschrank: 1,4 x 0,7 m².
± 1,0			21; 6 bar	pneumatisch	PTP 3–5 Achsen	Kernspeicher	7 Programme	Zangengreifer	Endschalter	8/8	Preis: 80 ... 110 TDM (5/79).
± 0,1	0,8 x 1,04		5 bar	pneumatisch	PTP 3–4 Achsen	Steckerfeld	1 Programm (2 Positionen/Achse)	elektromagnetisch, mechan.		4/4	Doppelarmausrüstung möglich. Preis: 40 ... 45 TDM (5/79). Frühjahr '80 ca. 15 Geräte im Einsatz.
± 1,0	1,25 x 1,56	3000	24	elektr. Scheibenläufermotoren (Thyristorsteu.)	PTP 3–6 Achsen	gepufferte Halbleiterspeicher	1000 Programmschritte	Schweißausrüstung		26/32	Sehr steife Bauart. Achsen spielfrei Nachstellbar. Harmonic-Drive-Getriebe. Programmierung: Teach-in. Archivierung: Kompaktkassette. Geräuschpegel: ca. 70 dBA. Schaltschrank: 1,4 x 0,7 m².
± 1,2	1,25 x 1,56	2200	34; 8 bar	elektr. Scheibenläufermotoren	PTP/CP	Microprozessor	1000 Programmschritte	Schweißausrüstung (mit integriertem Transformator)		26/32	Geräuschpegel: ca. 75 dBA. CNC Steuerung laufende Wegkontrolle ohne Überschwingen. Preis: 240 ... 260 TDM. Zum Frühjahr '80 ca. 50 Geräte im Einsatz. Sehr steife (statisch und dynamisch) Konstruktion. Nachfolgegerät des KUKA IR 6/60. Geräte und Steuerungen austauschbar, da alle Achsen Nullpkt. justierbar. Schaltschrank: 0,7 x 1,6 m².
± 2,0	0,7 x 0,8	1100	6					Spritzpistole		6/6	Anw. Oberflächenbeschichtung. Wegmeß-System: Potentiometer. Hydraulikservosysteme: Zylinder für die 3 Grundachsen, Drehantriebe für die Handachsen. Preis: 150 ... 160 TDM (5/79). Schaltschrank: 0,6 x 1,4 m².
± 0,8	1,38 x 1,38	2000	2,8	elektrisch	PTP/CP	MOS				32/64	Programmierung: Teach-in. Wegmeß-System: analog-zyklisch-absolut. Schaltschrank: 0,9 x 0,7 m².
± 0,25	2,1 x 1,0	2400		elektrisch	PTP						Programmierung: Teach-in. Preis: 200 TDM (84).
± 0,5	1,65 x 1,2	1800		elektrisch	PTP/CP						Programmierung: Teach-in.
± 0,2	0,17	108	5,0	elektr.	HPG		16 kB	Schweißpistole		32/32	
± 0,2	0,46 x 0,56	130	5	elektrisch	PTP	MPS085	16 kB	Zangengreifer	möglich	32/32	Programmierung: Teach-in, textuell: (ROLF). Preis: 150 TDM (83). Wegmeß-System: digital-inkremental. Schaltschrank: 0,8 x 0,6 m².
± 0,2	0,85 x 0,6	200	0,2	elektrisch	PTP/CP	MPS085	16 kB	Zangengreifer	möglich	32/32	Programmierung: Textuell: (ROLF), Teach-in. Preis. 181 TDM (84). Schaltschrank: 0,6 x 0,8 m².
± 0,2	0,65 x 1,27	320	5	elektrisch	PTP/CP	MPS085	16 kB	Zangengreifer	möglich	32/32	Programmierung: Textuell (ROLF), Teach-in. Preis: 195 TDM (84). Schaltschrank: 0,6 x 0,8 m². Wegmeß-System: digital-inkremental.
± 0,3		1200	6 bar	pneumatisch	PTP					32/32	Programmierung: Textuell. Wegmeß-System. Nocken. Baukasten. Schaltschrank: 0,3 x 0,6 m².
± 0,1				pneumatisch						32/32	Programmierung: Textuell. Wegmeß-System: Nocken. Baukasten, 2 Arme. Schaltschrank: 0,3 x 0,6 m².
± 0,3		1200	6 bar	elektrisch	PTP					64/64	Programmierung: Teach-in. Preis: 140 TDM (84). Wegmeß-System: digit digital-inkremental. Schaltschrank: 0,3 x 0,6 m².
± 0,1				pneumatisch 6 bar	Folgesteuerung	Lochkarte	24 Programmschritte			1/1	Wandstrahlelemente für die Steuerung, Informationseingabe mittels IBM Lochkarte, Koordinatensollwerte gegen Anschläge. Endlage mit Reflexaugen und Studüsen sowie Mikroschalter, Doppelarmausführung möglich. Ca. 200 Geräte im Einsatz.

Modell: Hersteller	Typenbezeichnung	Bildnummer	Arbeitsraum Form	Manipulatorarmbewegung/Manipulatorarmgeschwindigkeit X mm/$\frac{mm}{s}$	Y mm/$\frac{mm}{s}$	Z mm/$\frac{mm}{s}$	A °/$\frac{°}{s}$	B °/$\frac{°}{s}$	C °/$\frac{°}{s}$	sonstige	Greiferbewegung/ Greifergeschwindigkeit A °/$\frac{°}{s}$	B °/$\frac{°}{s}$	C °/$\frac{°}{s}$	Tragfahigkeit kg
Kawasakı	9653	A.238	torusformig	1816		2900			135/110		360	220	360	5
Konig Automation	Roboka 151 A	A 118	zylinderformig	410/500		420			200			195	25	25
König Automation	Roboka 151	A.118	zylinderförmig	410/500 3 pos		420			200 3 pos				195	5
Lamberton	AA 150	A.59	zylinderförmig	1700/ 1800		1000			300					200
Languepin	50 PI	A.80	zylinderförmig	800/500		1200/ 500			210		360	360	210	50
Languepin	50 PO	A.11	quaderförmig	2500/ 500	4000/ 3000	800/500					360	360	210	50
Languepin	50 VR	A.48	quaderformig	800/500	2000/ 3000	1200/ 500					360	360	210	50
Liebherr	Liebherr IR	A.78	zylinderförmig	1000/ 600		650/400			400/45					30 ... 60
Liebherr	LP 2000	A.36	quaderformig	6000/ 2000		6000/ 2000								200
Liebherr	LPR 2000 (Portal)	A.4	quaderformig	6000/ 600	6000/ 600	2000/ 600	270/ 90				270/ 90	270/ 90		500
Machine Intelligence Corporation	Model 3030	A.268	torusförmig	616/ 1180		725/840			240/120					3
Manutec	r3	A.208	sphärenförmig	850/ 1500		2000			350/180		375	180	375	15
Manutec	r3 Portal	A.32	quaderförmig	5950	2450/ 2000	2240		110/ 85	162/100		270/ 190			5
Manutec	h 5	A.134	zylinderförmig	400/ 1000		250/ 1000			350/660					5
Martonair	M/35 P (E)	A.129	zylinderförmig	400		200	180/ 180		270/120					3,5
Martonair	M/120	A.84	zylinderförmig	1000		250	270		300					12,0
Matsushita	H I	A.156	zylinderförmig	370/ 1780		100			135				360	3 ... 5
Matsushita	H II	A.161	torusförmig	419/ 2560		100			180				225	5 ... 10
Matsushıta	V I	A.269	torusförmig	700/ 1800		1250/ 1800			270/115		300	240	380	2 ... 5
Maurer	Mauro R 20	A.47	quaderformig	1600/ 300	1100/ 300	1150/ 300							180	20

Positioniergenauigkeit mm	Platzbedarf m^2	Eigengewicht daN	Energie kW	Antriebsart	Steuerungsart	Speicherart	Speicherplatz	Greiferart	Sensoren	Funktion Eingang/Ausgang	Bemerkungen
± 1,0	0,75x 5,15	1500		hydraulisch	PTP/CP					14/8	Programmierung: Teach-in. Wegmeß-System: digital-absolut. Auch mit 7 Achsen lieferbar. Preis: 240 TDM (84).
				elektr. Scheibenlaufermotoren	PTP	Steckerfeld	16 Programmschritte				Positionssollwerte über Potentiometer (15 Punkte/Achse)
± 0,1		350		pneumatisch	Folgesteuerung	Steckerfeld	16 Programmschritte, 16 Programmverzögerungen			–/8	Sollwerte auf Festanschlage gegen mechanische Dämpfer.
± 1,0	1,2x 1,2			elektrisch	PTP					24/17	Programmierung: Teach-in Wegmeß-System: analog-zyklisch-absolut. Großere Versionen lieferbar.
± 0,2	1,7x 0,6		6 bar 8 l/min	elektrisch	PTP						Wegmeß-System: Schrittmotor. Baukasten. Schaltschrank· 1,7x0,6 m^2.
± 0,2			6 bar 8 l/min	elektrisch	PTP						Programmierung: Teach-in. Wegmeß-System: Schrittmotor. Baukasten. Schaltschrank: 1,7x0,6 m^2.
± 0,2	1,1x 3,7	2000	10 bar 8 l/min	elektrisch	PTP/CP						Programmierung: Teach-in. Wegmeß-System: Schrittmotor. Baukasten. Schaltschrank: 1,7x0,6 m^2.
± 0,5			7	elektropneumatisch	PTP	Steckerfeld					Programmierung: Manuell. Wegmeß-System: Inkremental.
± 1,0	8			Drehstrom	PC-Steuerung NC-Steuerung Siemens Primo SG			Anpaßkonstr.			
± 0,5				Drehstrom	NC-Steuerung Robot-Steuerung Siemens Primo SG			Anpaßkonstr.			
± 0,1	0,4x 0,4	93		Gleichstrommotor		LSI 11/23	2000 Positionen (256 kB RAM)			21/22	RS-232 C Schnittstelle mit einer Datenrate von 150 bis 9600 Band, Programmierbar in BASIC, VS-100 Vision System
± 0,1	0,57x 0,57	150	1	elektrisch, Motor im Gelenk	PTP/CP	MOS	700 Raumpunkte	mechanisch	taktil + optisch	32/32	Programmierung: Teach-in. Preis: 100 TDM (84). Wegmeß-System: analog-zyklisch-absolut.
± 0,1	6	510	1		PTP	Magnetband	2400 Raumpunkte		taktil, visuell	28/32	
± 0,5	1	370			PTP	Magnetband	1100 Raumpunkte			32/32	
± 0,1	0,18	72,5		elekt./pneum.				Zange	Staudrucksensoren		
± 0,5	0,3	350		pneum.	Ablaufsteuerung			Zange			
± 0,05	0,255x 0,17	70		elektrisch	PTP/CP					19/18	Programmierung: Textuell, Teach-in. Wegmeß-System. digital-inkremental. Verschiedene Armlangen und Steuerungen lieferbar. Schaltschrank: 0,43x0,42 m^2.
± 0,05	0,28x 0,3	85		elektrisch	PTP/CP					21/18	Programmierung: Textuell, Teach-in. Wegmeß-System: digital-inkremental. Schaltschrank: 0,43 x 0,42 m^2.
± 0,1	0,53x 0,29	100		elektrisch	PTP/CP					16/16	Programmierung: Textuell, Teach-in. Wegmeß-System: digital-inkremental. Schaltschrank. 0,43x0,47 m^2.
± 1,5	2,41x 0,65	700	3	elektrisch	PTP					80/40	Programmierung. Textuell, Teach-in. Preis: 65 TDM (84). Wegmeß-System: Digital-inkremental. Schaltschrank: 0,52x0,3 m^2.

Modell:			Arbeitsraum	Manipulatorarmbewegung/Manipulatorarmgeschwindigkeit							Greiferbewegung/ Greifergeschwindigkeit			Tragfähigkeit
Hersteller	Typenbezeichnung	Bildnummer	Form	X mm/$\frac{mm}{s}$	Y mm/$\frac{mm}{s}$	Z mm/$\frac{mm}{s}$	A °/$\frac{°}{s}$	B °/$\frac{°}{s}$	C °/$\frac{°}{s}$	sonstige	A °/$\frac{°}{s}$	B °/$\frac{°}{s}$	C °/$\frac{°}{s}$	kg
Maurer	Mauro-Robot	A.40	quaderformig	2000/ 300	2000/ 300	2000/ 300					360	180	360	22
Mentool	M 100	A.158	zylinderförmig	3000/ 400	1172/ 150	643/150					180		360	1
Messmakel	Moro 300 + 4	A.159	zylinderförmig	1000/ 700		200/230			360				360	5
Microbot	MR-01	A.222	sphärenformig	220		100			360					0,1
Microbot	MR-02	A.164	zylinderförmig	300		234			200			240		1
Microbot	Alpha	A.217	spharenförmig	450/500					330					1
Mitsubishi	RM-501	A.273	torusförmig	225/400		695/400			300		90	180		0,9
MKR	Alpha 800	A.153	zylinderförmig	450/ 2000		150								10
MTS	200 A	A.248	torusförmig	1400			270/ 180		240/120			90	270	98
Nachi	5000	A.287	torusförmig	1350/ 1500		2280/ 1500			90/120		220	220	270	5
Nimak	Niko 25	A.213	sphärenförmig	1680/		1470/					270/ 110	270/ 110	350/ 110	2
Nimak	Niko 15	A.214	sphärenformig	1400		1300			320/90		350/ 280	210/ 110		2,5
Nimak	Niko 50	A.204	sphärenförmig	2520		2380		240/ 90	320/90		350	210		5,0
Nimak	Niko 150	A.195	sphärenformig	3150		2870		290/ 110	320/90		350	210		15
Nimak	Niko 100	A.112	zylinderförmig	2240		1000/			340/90		340		340	20
Nimak	Niko 500	A.111	förmig	2250		2250/ 500			340/90		340/ 120	340/ 120	340/ 120	60
Nimak	Niko 451	A.31	quaderförmig	500/500	180/90	290/90					340/ 120	270/ 120	350/ 120	60
Nimak	Niko 170	A.30	quaderförmig	1000/ 1500	500/ 1500	500/ 1000					340/ 120	270/ 120	350/ 120	15
Nimak	Niko 800 T	A.19	quaderförmig	1000/ 1000	1000/ 1000	2000/ 750					340/ 120	270/ 120	350/ 120	80
Nimak	Niko 600	A.13	quaderformig	1500/ 1000	2500/ 500	1000/ 500					340/ 120	340/ 120	340/ 120	60 ... 100
Nimak	Niko 200	A.9	quaderförmig	2000/ 750	6000/ 750	1000/ 300					340/ 120	340/ 120	340/ 120	20
Norda	PRP-5-128-H	A.176	spharenförmig	1000/ 1000				30	360/90		möglich	möglich		30
Norda	PTP 3-256-P	A.123	zylinderformig	450		800/			240		90			30
Nordson	CR (NRS-2)	A.282	torusförmig	1500		3150			100			270	270	8 ... 25

Positioniergenauigkeit mm	Platzbedarf m^2	Eigengewicht daN	Energie kW	Antriebsart	Steuerungsart	Speicherart	Speicherplatz	Greiferart	Sensoren	Funktion Eingang/ Ausgang	Bemerkungen
± 0,025	0,45 x 0,45	317		elektrisch	PTP					80/40	Programmierung: Textuell, Teach-in. Preis. 90 TDM (84). Wegmeß-System· Digital-inkremental Schaltschrank: 0,52 x 0,3 m^2. Verschiedene Ausführungen.
± 0,025	3,2 x 0,12			elektrisch	PTP					24/24	Programmierung: Teach-in. Wegmeß-System: Digital-inkremental. Baukasten. Preis: 50 TDM (84).
± 0,02	0,6 x 0,6	350		elektrisch	CP					8/8	Programmierung: Teach-in. Wegmeß-System: Digital-inkremental. Schaltschrank: 1,23 x 1,23 m^2.
± 0,02	0,1 x 0,1			elektrisch	PTP					20/20	Programmierung: Teach-in.
± 0,02	0,2 x 0,2			elektrisch	PTP					20/20	Programmierung: Teach-in.
± 0,5											Preis: 25 TDM (84).
± 0,5	0,28 x 0,81	27		elektrisch	PTP					8/8	Programmierung: Textuell, Teach-in. Preis: 17 TDM (84). Wegmeß-System: Analog-zyklisch-absolut. Schaltschrank: 0,44 x 0,359 m^2.
± 0,1	0,29 x 0,28	100		elektrisch	PTP					64/48	Programmierung: Teach-in. Preis: 40 TDM (84). Schaltschrank: 0,4 x 0,51 m^2.
± 0,13	0,55	1275	3,0	elektr./ hydrau.	Microcomputer	Floppy-disc	200 Schritte	Spritzpistole		32/32	
± 2,0	0,8 x 0,8	500	6	hydraulisch	CP					6/6	Programmierung: Teach-in. Wegmeß-System: Analog-zyklisch-absolut. Schaltschrank: 0,8 x 0,6 m^2. Größere Version lieferbar.
± 0,25				elektrisch	CP/PTP	EPROM	1400 Raumpunkte			16/16	
± 0,25		130	2	elektrisch	PTP/CP	EPROM	1200 Raumpunkte	Schweißausrüstung		16/16	Programmierung: Teach-in. Wegmeß-System: digital-inkremental. Schaltschrank: 0,8 x 0,6 m^2. Größerer Typ lieferbar.
± 0,25	0,3		3,0	elektr.		EPROM	1200 Raumpunkte			16/16	
± 0,25	0,45		7,0	elektr.		EPROM	1200 Raumpunkte				
± 0,35	0,3		10	elektr.	Microcomputer	EPROM	1200 Raumpunkte				
± 0,35	0,3		11	elektr.	CP/PTP	EPROM	1200 Raumpunkte				
± 0,35	(Portal)			elektrisch	CP/PTP	EPROM	1400 Raumpunkte			16/16	
± 0,25	(Portal)			elektrisch	CP/PTP	EPROM	1400 Raumpunkte			16/16	
± 0,35	(Portal)			elektrisch	CP/PTP	EPROM	1400 Raumpunkte			16/16	
± 0,35			10; 10 bar 4 l/min	elektrisch	PTP/CP	EPROM	1200 Raumpunkte			16/16	Programmierung: Teach-in. Wegmeß-System: Digital-inkremental. Schaltschrank: 0,8 x 0,6 m^2.
± 0,35			6,5	elektr.	CP/PTP	EPROM	1200 Raumpunkte			16/16	
				hydraulisch	PTP 5 Achsen	MOS Speicher (IC) Bandspeicher möglich	4000 Programmschritte (8 Programme)			12	Positionswerte: Resolver.
				pneumatisch	PTP 3 … 5 Achsen	MOS Speicher	256 B				
± 0,2	0,88 x 0,88	590	7	hydraulisch	CP/PTP					12/12	Programmierung. Teach-in Arm zusätzlich manuell verstellbar. Schaltschrank 0,8 x 0,6 m^2.

Modell:			Arbeitsraum	Manipulatorarmbewegung/Manipulatorarmgeschwindigkeit							Greiferbewegung/ Greifergeschwindigkeit			Tragfähigkeit
Hersteller	Typenbezeichnung	Bildnummer	Form	X mm/$\frac{mm}{s}$	Y mm/$\frac{mm}{s}$	Z mm/$\frac{mm}{s}$	A °/$\frac{°}{s}$	B °/$\frac{°}{s}$	C °/$\frac{°}{s}$	sonstige	A °/$\frac{°}{s}$	B °/$\frac{°}{s}$	C °/$\frac{°}{s}$	kg
OEW	D 4000	A.228	torusförmig	2600/ 1000		2000/ 1000			315					2000
OEW	D 1000	A.185	sphärenförmig	2000/ 2000		2000/ 2000			270/90		270	180	180	150 ... 300
Ogland	Automater	A.183	sphärenformig	750/ 1000				60/60	280/70		280			35 ... 60
Olivetti	Sigma/MTG	A.28	quaderformig	1010/ 467	410/467	410/467						möglich		5
Olivetti	Serie 3	A.27	quaderformig	1400/ 500	410/500	410/500					90	90		10
OTC	Thor-K	A.253	torusförmig	1115		1115			360/90		210		130	3
OTC	Thor-T	A.50	quaderförmig	500/200	1000/ 200	500/200					200		420	
Pendar	Placemate 2	A.272	torusförmig	350		280			230/55					2 ... 10
Pendar	Placemate 5	A.270	torusförmig	560		560			230/55					5,0
Pendar	Placemate 10	A.266	torusförmig	868/525		886/525			230/55					10
Pfaff	PM 12	A.95	zylinderförmig	1000/ 1500		500/ 1000			200/130		220		220	10 ... 40
Pfaff	PM 22	A.17	quaderformig	2260/ 1300	1000	1000/ 1500					220		220	10 ... 40
Pfiffner	Unistap	A.44	quaderförmig	2900/ 600	1000/ 600	1000								120 ... 500
Prab	4200	A.169	spharenförmig	1079/ 1000				20/15	270/90		90		180	35 ... 55
Prab	5800	A.167	sphärenförmig	1470/ 1000				20/40	270/90		90		180	22 ... 45
Prab	Model E	A.74	zylinderförmig	1067/ 1000		762/ 1000			240/120		270	180		45
Prab	Model FC	A.71	zylinderförmig	1524/ 760		1524/ 760			270/90		240	180	270	910
Prab	Model FA	A.73	zylinderförmig	1524/ 920		1524/ 920			270/115		270	180	270	110 ... 250
Prab	Model FB	A.72	zylinderförmig	1524/ 760		1524/ 760			270/90		270	180	270	270 ... 350
Prima Prog	Speedy	A.131	zylinderförmig	280/ 1000		85/ 200			180/200					1,5
Prometag	PR-5	A.130	zylinderförmig	350		350 100,	50, 100, 150, 200		180		möglich	möglich	moglich	
Reis	Robot 1212	A.94	zylinderförmig	1400		1200/ 750			270/90	C2 360/ 90 C3 270/ 90	360/ 90			5 ... 25

Positioniergenauigkeit mm	Platzbedarf m^2	Eigengewicht daN	Energie kW	Antriebsart	Steuerungsart	Speicherart	Speicherplatz	Greiferart	Sensoren	Funktion Eingang/Ausgang	Bemerkungen
± 1,0	2	1200		hydraulisch	Robot-St.			Anpaßkonstr.			
± 0,5		2500	42	hydraulisch	PTP/CP	Mehrprozessorsteuerung	700 Raumpunkte			32/32	Programmierung. Teach-in. Wegmeß-System: Digital-inkremental. Version mit höherer Bahngeschwindigkeit lieferbar.
± 1,0	1,4x 0,76	700	8; 6 bar	hydraulisch	PTP			Zangengreifer		16/11	Programmierung: Textuell. Wegmeß-System: Digital-inkremental. Schaltschrank: 0,55x0,3 m^2. Arm manuell verstellbar.
± 0,15				elektrische Schrittmotoren (Getriebe, Ritzel und Zahnstange)	PTP/CNC 8 Achsen moglich	Minicomputer (Kernspeicher) und PROM Speicher 8 kb		Doppelgreifer	6 Kraftsensoren im Gelenk 50 ... 7000 p	vorhanden	ca. 60 Gerate im Einsatz. Anw.: Montage elektrischer Leiterplatten, Baugruppen von Schreibmaschinen. Modulbauweise: Bis zu 4 Armen anbaubar. Programmierung: Teach-in. Prg Sprache: SIGLA (FORTRAN ahnlich) Prg.: Zeit: ca. 2 h. Grundsoftware. Supervisor, Teach, Execution. Edit. List, Dump, Store.
± 0,15	2,2x 1,09	1500		elektrisch	PTP						Programmierung: Textuell. Wegmeß-System: Schrittmotor. 2 oder 3 Arme lieferbar.
± 0,2	0,4x 0,4	250	1,5	elektrisch	PTP/CP					11/8	Programmierung: Textuell, Teach-in. Versch. Modelle lieferbar. Schaltschrank: 0,6x0,57 m^2.
± 0,1	0,5x 2,075	550		elektrisch	PTP/CP					10/10	Programmierung: Teach-in. Ausbaubar: X bis 2100 mm. Y bis 750 mm.
± 1,0	0,75x 0,62	195	6 bar	pneumatisch	PTP	MOS, Magnetband	1200 Instruktionen			8/8	Programmierung: Teach-in. Wegmeß-System: Digital-inkremental. Kleine Version lieferbar. Preis: 83 TDM (84). Schaltschrank: 0,45x0,35 m^2.
± 1,0	0,46	170		elekt./ pneum.		Magnetband	1200 Schritte			8/8	
± 2,0	0,46	190		elekt./ pneum.		Magnetband	1200 Schritte			8/8	
± 1,0	1,2x 0,65	625	1; 6 bar	pneumatisch	PTP					15/15	Programmierung: Teach-in. Wegmeß-System: Analog-absolut. Schaltschrank. 0,75x0,4 m^2.
± 1,0			6 bar 55 nl/s	pneumatisch	PTP					15/15	Programmierung: Teach-in. Wegmeß-System: Analog-absolut. X-Achse erweiterbar.
± 0,5	1,13x 1,12		3	elektrisch	PTP						bis 100 mm Verfahrweg.
± 0,2	1,435x 0,889	800	3 l/min	hydraulisch	PC					12/12	Programmierung: Textuell. Preis: 70 TDM (84). Traglast max. 57 kg.
± 0,2	1,435x 0,889	800	3 l/min	hydraulisch	PC					12/12	Programmierung: Textuell. Preis: 70 TDM (84). Traglast max. 45 kg.
± 0,76	1,092x 0,686	260		hydraulisch	PTP					32/32	Programmierung: Textuell. Teach-in. Preis: 130 TDM (84). Wegmeß-System: Analog-zyklisch-absolut. Größere X Achse lieferbar.
± 2,0	1,499x 1,473	910		hydraulisch	PC/PTP					32/32	Programmierung: Textuell, Teach-in. Preis: 290 TDM (84). Wegmeß-System: Analog-zyklisch-absolut. Schaltschrank. 0,8x0,6 m^2. Großere X-Achse lieferbar.
± 1,27	1,13x 1,08	725		hydraulisch	PC/PTP					32/32	Programmierung: Textuell, Teach-in. Preis. 150 TDM (84). Wegmeß-System: Analog-zyklisch-absolut. Schaltschrank. 0,8x0,6 m^2. Großere X-Achse lieferbar.
± 1,27	1,212x 1,168	820		hydraulisch	PC/PTP					32/32	Programmierung: Textuell, Teach-in. Preis. 180 TDM (84). Wegmeß-System: Analog-zyklisch-absolut. Schaltschrank: 0,8x0,6 m^2. Größere X-Achse lieferbar.
± 0,1	0,65x 0,45			elektrisch	PTP						Programmierung: Teach-in.
					Folgesteuerung						Modularsystem: 4 Grundeinheiten: Horizontaleinheit X, Vertikaleinheit Z, Dreheinheit C, Horizontaleinheit Y.
± 0,6	0,3x 0,6	850	4	thyristor gesteuerte Gleichstrommotore	MP	austauschbare Datenträger EPROM, Disketten	999 Schritte		moglich		Programmierung: Teach-in. Anwendung: Beschichten, Lackieren, Schweißen. Geschwindigkeiten von 10 ... 100 % einstellbar. 3,5 s bis beliebiger Punkt im Raum erreicht wird. Wegmeß-System: Digital-inkremental. Geber. Schaltschrank. 0,5x0,8 m^2.

Modell: Hersteller	Typenbezeichnung	Bildnummer	Arbeitsraum Form	Manipulatorarmbewegung/Manipulatorarmgeschwindigkeit X mm/$\frac{mm}{s}$	Y mm/$\frac{mm}{s}$	Z mm/$\frac{mm}{s}$	A °/$\frac{°}{s}$	B °/$\frac{°}{s}$	C °/$\frac{°}{s}$	sonstige	Greiferbewegung/ Greifergeschwindigkeit A °/$\frac{°}{s}$	B °/$\frac{°}{s}$	C °/$\frac{°}{s}$	Tragfähigkeit kg
Reis	2030	A.15	quaderförmig	400/ 1000	1500/ 1000	2000/ 1500					180			15
Reis	Robot 615	A.251	torusformig	1130/ 1000		2000/ 750			300/90		360		270	15 ... 20
Reis	RR 625	A.140	zylinderförmig	1600/ 800		1200/ 750			270/90		360		270	25 ... 50
Reis	RR-H15	A.107	sphärenförmig	564/		1200/ 750			240/180		360	230	360	15
Reis	RR-V15	A.202	sphärenförmig	680/		680			330/180		360	230	360	15
Reis	Robot 650	A.93	zylinderförmig	3200/ 400		2505					90/ 90	90/ 90	90/ 90	40
Renault	Robot de Peinture	A.225	torusförmig	2667/ 1000		2738			240/57		340/ 170	180/ 170	180/ 170	
Renault	Robot Portique 80	A.235	quaderformig	2000/ 1000	1500/ 1000	630/500		90/ 57			335/ 170	210/ 170	340/ 170	80
Renault	Robot Horizontal 80	A.65	zylinderförmig	2000/ 1000		1600/ 600			270/57					80
Renault	Robot Vertical 80	A.240	sphärenförmig	2000/ 1000		2000			270/57		335/ 170	210/ 170	340/ 170	80
Retab	IRC-30	A.81	zylinderförmig	1000		700			220					30
Retab	IRC-80	A.68	zylinderförmig	1270/ 750		700/500			266/90					80
Retab	Coat-A-Matic	A.281	torusförmig	1300/ 2000		2500			90		210	210	359	15
Ro-Ber	Ro 600	A.199	sphärenförmig	1450/ 10000		2300/ 10000	240/ 360	180/ 360	360/ 360					20 (70)
Savio	Earnest 1	A.262	torusförmig	800/ 1100		1500/ 1100			270/ 90		240	360		25
Scemi	Assembly	A.152	zylinderförmig	300/ 2650		100			205					6
Scemi	Universal	A.271	torusformig	440/ 2700		1330/ 2700			290/233		360	250		1,5
Schlatter (siehe GdA)	HDS-36	A.227	torusformig	1450/ 1100		2500/ 1500			300/110		540/ 120	540/ 120	540/ 120	65; bei 6 m/s 120; bei red. Geschw.
Schubert	SNC IR1	A.138	torusförmig	400		100			60/250				3400	0,5
Sciaky	Module CIR	A.66	zylinderförmig	1200/ 500		1200/ 416			240/18		360	360	180	60 ... 80

Positioniergenauigkeit mm	Platzbedarf m²	Eigengewicht daN	Energie kW	Antriebsart	Steuerungsart	Speicherart	Speicherplatz	Greiferart	Sensoren	Funktion Eingang/Ausgang	Bemerkungen
± 0,5		1000	4; 5 bar	elektrisch	PTP/CP	Motorola 68000 16-bit-CPU	1100 Raumpunkte		mögliche	48/32	Programmierung: Teach in Wegmeß-System: Digital-inkremental. Preis: 27 TDM (84). Kleine Baugrößen. Schaltschrank: 0,8x0,35 m².
± 0,2	0,8x 0,8	250	2; 5 ... 10 bar	elektrisch	PTP/CP	MOS	auf max. 20000 Schritte ausbaubar			64/32	Programmierung. Textuell, Teach-in. Preis. 120 TDM (84). Wegmeß-System: Digital-inkremental. Mit 6 Achsen lieferbar. Schaltschrank: 0,8x0,6 m².
± 0,6	0,28x 0,5	750	3; 5 bar	elektrisch	PTP	Motorola 68000 16-bit-CPU	1100 Raumpunkte		mögliche	64/48	Programmierung: Teach-in. Wegmeß-System: Digital-inkremental. Preis: 100 TDM (84). Schaltschrank: 0,8x0,6 m².
± 0,2	0,3x 0,45	400	2,5; 4 bar	elektrisch	PTP/CP	Motorola 68000 16-bit-CPU	1100 Raumpunkte		mögliche	64/48	Programmierung: Teach-in. Wegmeß-System: Digital-inkremental. Mit 6 bis 12 Achsen lieferbar. Preis. 100 TDM (84). Schaltschrank. 0,8x0,6 m².
± 0,2	0,69x 0,69	300	0,5	elektrisch	PTP/CP	Motorola 68000 16-bit-CPU	1100 Raumpunkte		mögliche	64/48	Programmierung: Teach-in. Wegmeß-System: Digital-inkremental. Mit 6 bis 12 Achsen lieferbar. Preis: 100 TDM (84). Schaltschrank: 0,8x0,6 m².
± 0,2		800	4	elektrisch	PTP/CP	EPROM	1100 Raumpunkte			48/40	zum Palettieren geeignet, horizontaler Knickarm, Conveyorsynchronisation möglich.
				hydraulisch	CP wahlweise 6 oder 7 achsen			Spritzpistole			mit 6 und 7 Achsen möglich
± 0,5		12000		hydraulisch	PTP	Magnetkernspeicher	8x256 Punkte	elektromotor. mit HD Getriebe			Programmierung: Teach-in. Anwendung: Schweißtechnik.
± 0,5		1850		hydraulisch	PTP	Magnetkernspeicher	8x256 Punkte	elektromotor. mit HD Getriebe			Programmierung: Teach-in. Anwendung: Schweißtechnik.
± 0,5		1750		hydraulisch	PTP	Magnetkernspeicher	8x256 Punkte	Elektromotor. mit HD Getriebe			Programmierung: Teach-in. Knickarmgeräte. Sehr beweglich.
	0,8x 1,2			elektrisch	PTP (RC-7000)	Halbleiterspeicher/ Kassette	1500 Schritte				Preis: 141 TDM (77). Anwendung: Palettieren.
	0,9x 1,8	1200	7,5	elektrohydraulisch	PTP (RC-7000)	Kernspeicher MOS	1500 Raumpunkte	Palettengreifer			Programmierung: Teach-in.
	0,7x 0,7	535	4		CP (RC-9000) 6 Achsen	Kernspeicher (IC) MOS	900 Schritte = 15 Programme (Random Program Access)	Spritzpistole			Programmierung: Teach-in. Preis: 1333 TDM (77). Wegmeß-System: Dreh-linear-melder. (Digital-inkremental).
± 0,5	1,8x 0,6			Gleichstrommotor	PTP- und CP-Steuerung 16/32 bit Mehrprozessorsteuerung			Ein- und Mehrfachgreifer		20/30	( ) Sonderausführung. Inkremental-Wegmeßsystem. 70 kg Traggewicht. Sehr schnelles Gerät.
± 0,2	0,58x 0,5	350	4,5	elektrisch	PTP/CP					16/16	Programmierung: Teach-in. Schaltschrank: 1,05x0,45 m².
± 0,04	0,4x 0,15		2	elektrisch	PTP					32/32	Programmierung: Textuell, Teach-in. Wegmeß-System: Digital-absolut.
± 0,04			2	elektrisch	PTP					21/8	Programmierung: Textuell, Teach-in. Wegmeß-System: Digital-absolut.
± 1,0	1,3x 1,2		20	Gleichstrommotor	PTP/CP 6 Achsen	Computer	16000 Programmschritte davon 1000 im Arbeitsspeicher			16/16	Multi Teach-in, Play back, Klartextdialog. Meß-System: Digital-absoluter Winkelcodierer, Bildschirmkontrolle. Steuerschrank mit Wärmetauscher. Preis: 250 TDM (6/79). Gerät ist dem Industrieroboter der Firma IWKA KUKA IR 6/60 sehr ähnlich.
± 1,0	1,15x 0,514	300		elektrisch	PTP					8/4	Programmierung: Textuell, Teach-in. Preis: 88 TDM (84). Wegmeß-System: Digital-inkremental.
± 2,0		2270		elektrisch	PTP			Punktschweißeinrichtung		32/32	Programmierung: Teach-in. Baukastensystem. Angegebene Werte sind Maximalwerte.

Modell: Hersteller	Typenbezeichnung	Bildnummer	Arbeitsraum Form	Manipulatorarmbewegung/Manipulatorarmgeschwindigkeit X mm/$\frac{mm}{s}$	Y mm/$\frac{mm}{s}$	Z mm/$\frac{mm}{s}$	A °/$\frac{°}{s}$	B °/$\frac{°}{s}$	C °/$\frac{°}{s}$	sonstige	Greiferbewegung/ Greifergeschwindigkeit A °/$\frac{°}{s}$	B °/$\frac{°}{s}$	C °/$\frac{°}{s}$	Tragfähigkeit kg
Sciaky	Module LIN	A.46	zylinderförmig	1200/ 500	1600/ 333	1200/ 416					360	360	180	60 ... 80
Securia	Cobra RS3	A.274	torusförmig	380/ 1500		380/ 1500			340		180		360	1
Showa Kuatsuki	Almart RE-5	A.85	zylinderförmig	750/700 anp.	100	150/100	220				90			5
Siemens	MHS	A.57	quaderförmig	360/ 1000	980/200	250/600					280			3 ... 10
Siemens	MHS-Portal	A.16	quaderförmig	3000/ 1000	1500/ 1000	800/ 1000								2 ... 5
Siemens	Sirobot 1	A.90	zylinderförmig	800/500		500/ 1000			210/60		180/ 60		± 3,5	20, 30 einschließlich Greifer
Siemens	Sirobot 2	A.63	zylinderförmig	1100/ 500		800/500			300/60		270/ 60		120/ 60	34 einschließlich Greifer
Siemens	Siemens Industrieroboter	A.92	zylinder- (sphären-) förmig	1000/ 1000		400/ 1000		40	300		400	180	200	150
Siemens	Werkstatt Handhabungssystem	quader-,	quader-, (sphären-, zylinder-) formig	360/48	200/48				120					I-3; II-10; C 60
Stahl	SAR 2	A.97	zylinderförmig	1310/ 1000		1300/ 1000			180/60					80
Stein	RO	A.108	zylinderförmig	630/ 1150		630/ 1150			200/ 1100		360			150 ... 250
Tokico	Armstar	A.278	torusförmig	1030/ 1200		1920/ 1200			105	260	260	210	210	
Tokico	855	A.278	torusförmig	1030/ 1200		1920/ 1200			105		260	210	210	
Trallfa	TR 400	A.276	torusförmig	980/ 1700		1725/ 1700			93		240		240	5
Trallfa	TR 4000HH	A.241	torusformig	1360/ 1200		1790/ 800			300/90		260	240	270	70
Trallfa	TR 4000S	A.280	torusformig	975/ 1700		2040/ 1700			93		240		240	15 ... 70
Ungarn (& VEB Dresden)	FER 7.5	A.110	zylinderförmig	788/680		350/320			270/97			möglich		7,5
Unima	Unirob P 50	A.18	quaderförmig	1200	900	700					90	90	360	80

Positio- nierge- nauigkeit mm	Platz- bedarf m^2	Eigen- gewicht daN	Energie kW	Antriebs- art	Steuerungs- art	Speicher- art	Speicher- platz	Greiferart	Sensoren	Funktion Eingang/ Ausgang	Bemerkungen
± 1,0	3,0x 1,6	2970		elek- trisch	PTP			Punkt- schweiß- einrichtung		32/32	Programmierung: Teach-in. Baukasten-system. Angegebene Werte sind Maxi-malwerte.
± 0,25	0,18x 0,18	160	0,6	elek- trisch	PTP					8/8	Programmierung: Textuell, Teach-in. Preis: 14 TDM (84). Wegmeß-System: Schrittmotor.
± 0,5		680		pneuma- tisch 6 bar	PTP	Steckerfeld	20 Pro- gramm- schritte			5/5	
± 0,1	0,8x 0,24	80		elek- trisch, Gleich- strom- motore	PTP: S5	MOS	2 kB, 128 Schritte			16/16	Programmierung: Textuell, Teach-in. Baukastensystem. Verschiedene Bau-größen der Linearmodule. Steuerungs-var. Wegmeß-System: Digital-inkremen-tal. Schaltschrank: 0,52x0,5 m^2.
± 0,5				elek- trisch, Gleich- strom- motore	PTP: S5	MOS	2 kB, 128			16/16	Programmierung: Textuell. Baukasten-system. Verschiedene Achsenlängen lieferbar. Wegmeß-System: Schritt-motor. Schaltschrank: 0,78x0,63 m^2.
± 1,0	1,4x 0,7		5	elek- trisch	CNC-Micro- prozessor, 5 Achsen	Halbleiter- speicher	8 kB	3 Zentri- pedal an- geord. Greif- finger	bei Über- lastung bricht gr. gel. an Sollbruch- st.		Anwendung: NC-Maschinenbeschik-kung. Wegmeß-System: Absolute Weg-messung (Drehmelder). Programmie-rung: Teach-in. Archivierung: Kom-paktcassette. Diagnose in Steuerung eingebaut. Preis: 75 TDM (10/78).
± 1,0	1,0x 1,9	1800	7	elek- trisch, Gleich- strom- motoren	CNC-Micro- prozessor, 5 Achsen	Halbleiter- speicher	8 kB	3 zentri- pedal an- geord. Greif- finger	i		Anwendung: Mehrmaschinenbedie-nung (Spanende Fertigung). Sehr starrer Rahmen. 3 Achsen gleichzeitig steuer-bar.
± 0,2				Gleich- strom- scheiben- laufer- motoren	PTP	Kern- speicher mit Klein- rechn. PR 310 S	8 kB (er- weiter- bar)	mecha- nischer Zangen- greifer			Greifer auch wahlweise beidseitig der Transfereinheit. Baukastensystem mit: Hub-, Schwenk-, Transfer- und Rota-tionseinheit. Programmierung. Teach-in. Unterprogramme beliebig einführ-bar, z. B. „suchen entlang einer Linie". 5 verschiedene Vorschübe im Auto-matenbetr. Archivierung: Floppy disc.
				Kugel- lenspind. Gleich- strom- motoren Impulsg.			2 kB = 128 Pro- gramm- schritte				Modulares System: Beliebig kombinier-bar vorhandene Baueinheiten: Längs-achse I, langsachse II, Drehachse C. Steuerungen: Dekadenschalter. Speicherkassette.
± 0,5	0,585x 0,5	1100	6; 6 bar	elek- trisch	PTP						Programmierung: Textuell, Teach-in. Preis: 120 TDM (84). Schaltschrank: 0,5x0,8 m^2.
± 1,0	0,9x 0,9			elek- trisch	PTP						Programmierung: Teach-in. Wegmeß-System: Digital-inkremental. Portal lieferbar.
± 2,0	0,8x 0,75	500	8; 5 bar	hydrau- lisch	PTP/CP					64/64	Programmierung: Textuell, Teach-in. Preis: 160 TDM (84). Wegmeß-System: Analog-zyklisch-absolut. Synchronver-fahrmoglichkeit. Auch kleinere und größere Versionen. Schaltschrank: 0,7x0,5 m^2.
± 2,0	0,8x 0,74	500	8	hydrau- lisch	PTP/CP						Programmierung: Teach-in. Synchron-verfahrmöglichkeit. Kleinere Ausfuh-rung lieferbar.
	0,6x 0,6	250	5	hydrau- lisch	CP	Bubble Memory	32 min ≙ 38400 Punkte	Spritz- pistole			Programmierung: Teach-in. Wegmeß-System: Analog-zyklisch-absolut. Preis 135 TDM (84). Synchronverfahrmog-lichkeit.
± 1,0	0,59x 0,59	800	7,5 70 bar	hydrau- lisch	PTP/CP	Bubble Memory	32 min ≙ 38400 Punkte	Spritz- pistole			Programmierung: Teach-in. Wegmeß-System: Analog-zyklisch-absolut. Preis: 175 TDM (84). Synchronver-fahrmöglichkeit.
± 0,3	0,75x 0,75	450	6, 70 bar	hydrau- lisch	PTP/CP	Bubble Memory	32 min ≙ 38400 Punkte	Spritz- pistole		22/22	Programmierung: Teach-in. Wegmeß-System: Analog-zyklisch-absolut. Preis: 210 TDM (84). Als TR 4000W für Handling lieferbar.
± 0,15	0,7x 0,7	430		pneuma- tisch	Folge- steuerung	Steckerfeld	33 Pro- gramm- schritte	Zangen- greifer			Positionierung: Endlagenanschläge mit Freistrahldüsen.
± 0,08				elektro- hydrau- lisch	PTP/CP						Programmierung: Teach-in. Wegmeß-System: Digital-inkremental. Preis: 128 (TDM) (84). Grundpreis für 3 elek-trische Achsen.

Modell:			Arbeitsraum	Manipulatorarmbewegung/Manipulatorarmgeschwindigkeit							Greiferbewegung/ Greifergeschwindigkeit			Tragfähigkeit
Hersteller	Typenbezeichnung	Bildnummer	Form	X mm/$\frac{mm}{s}$	Y mm/$\frac{mm}{s}$	Z mm/$\frac{mm}{s}$	A °/$\frac{°}{s}$	B °/$\frac{°}{s}$	C °/$\frac{°}{s}$	sonstige	A °/$\frac{°}{s}$	B °/$\frac{°}{s}$	C °/$\frac{°}{s}$	kg
Unimation	Puma 500	A.211	sphären-	920/800		920/800					500	200		2, 4 einschließlich Greifer
Unimation	Apprentice	A.184	sphärenförmig	890			60		90		175	180		
Unimation	PUMA 761 (762)	A.201	sphärenförmig	3022 (2526) 3022/ 1000		2500 (2000) 2500/ 1000								10 (20)
Unimation	PUMA 260	A.212	sphärenförmig	900/ 1000		900/ 1000			315		575	235	525	1,5 ... 3
Unimation	PUMA 550	A.205	sphärenförmig	1840/ 1000		1580/ 1000			320		532	200		2,5 ... 5
Unimation	PUMA 760	A.206	sphärenförmig	2500/ 500		2000/ 500			320		532	200	532	10
Unimation	Unimate 6060	A.223	torusförmig	1360		910		B1 70/35		B2 90/45	310/ 110	220/ 110	360/ 110	20
Unimation	Unimate 4000	A.168	sphärenförmig	1321/ 762				50/35	200/65		320/ 110	226/ 110	300/ 110	205
Unimation	Unimate 2000	A.172	sphärenförmig	1345/ 762				56/35	208/110		300/ 110	210/ 110	300/ 110	70
Unimation	Unimate 2100	A.170	sphärenformig	1345/ 762				52/35	220/100		300/ 110	220/ 110	300/ 110	68
Unimation	Unimate 1000	A.171	sphärenförmig	1041/ 1270				57/ 110	208/110		90/ 30	90/ 30		22
VFW Fokker	E 402	A.82	zylinderförmig	1000/ 1000		300/300			250/100			360	360	15 ... 40
VFW Fokker	E 404	A.69	zylinderförmig	1000/ 700		550/240			270/90		360	360	360	50 ... 200
VFW Fokker	E 440 (Portal)	A.1	quaderförmig	5000/ 2000	15000/ 2000	2000/ 1000					360	360	360	25 ... 200
VFW Fokker	Transferomat E (Portal)	A.2	quaderförmig	3000/ 1000	15000/ 1000	2000/ 1000			360/120				360/ 120	200

Positioniergenauigkeit mm	Platzbedarf m²	Eigengewicht daN	Energie kW	Antriebsart	Steuerungsart	Speicherart	Speicherplatz	Greiferart	Sensoren	Funktion Eingang/Ausgang	Bemerkungen
± 0,1	0,5 x 0,5	10	1,5	elektrisch	CP/CNC 6 Achsen Kleinrechner PDP II	Kernspeicher C-MOS	16 kB	pneumatisch 6 bar	Fugesensor. taktiler Sensor	8/8	Programmierung: Teach-in, Textuell. Anwendung: Montagearbeiten. Eingesetzt als Pilotprojekt bei General Motors. Programmiersprache: VAL. Ext. S Speicherung. Floppy disc. PUMA. Programmable Universal Manipulator for Assembly. Arbeitsraum kugelförmig und etwas größer als derjenige eines Menschen.
± 1,0		34	1	elektrisch	CP			Schweißeinrichtung			Programmierung: Teach-in.
± 0,2		600		elektrisch, Gleichstrommotor	LSI-11 Mikrocomputer, CP	EPROM	24 kB	pneumatischer Zangengreifer		32/32	Programmiersprache VAL II
± 0,5		7	1	elektrisch, Gleichstrommotor	PTP/CP LSI 11	C-MOS	16 kB	pneumatisch, 6 bar		16/16	Programmierung: Textuell: (VAL). Teach-in. Wegmeß-System: Digital-absolut. Schaltschrank: $0{,}5 \times 0{,}5\ m^2$.
± 0,1		54	2; 6 bar	elektrisch, Gleichstrommotor	PTP/CP LSI 11	C-MOS	16 kB	pneumatisch, 6 bar		16/16	Programmierung: Teach-in, Textuell: (VAL). Wegmeß-System: Digital-absolut. Sechs Achsen lieferbar. Schaltschrank: $0{,}5 \times 0{,}5\ m^2$.
± 0,2		222	6,3	elektrisch, Gleichstrommotor	PTP/CP LSI 11	C-MOS	16 kB	pneumatisch, 6 bar		16/16	Programmierung: Textuell: (VAL), Teach-in. Wegmeß-System: Digital-absolut. (Eucoder)
± 1,27	0,4 x 0,572	300 je Arm	2; 70 bar 130 l/min	hydraulisch	PTP/CP 5 Achsen	Magnetdrahtspeicher	512 Programmschritte/ max. 8 Programme je Arm			24/24	Max. 8 Arme können an einer Traverse befestigt werden, um z.B. umfangreiche Schweißarbeiten auszuführen. Acht Arme entsprechen 40 Freiheitsgraden. Preis. (5/79). Arm (5 achsig) 60 TDM Steuerung 100 TDM Portal (4 Arme) 80 TDM
± 2,0	1,5 x 1,3	2038	30; 6 bar	hydraulisch	PTP, CP (LSI 11)	Magnetdrahtspeicher (C-MOS)	128, 256, 512, 1024 Programmschritte (16 ... 24 kB)	nach Bedarf		12/12	Programmierung: Teach-in. Wegmeß-System: Digital mit Encoder. Preis: 146 TDM (4/79).
± 1,27	1,2 x 1,6	1585	11; 6 bar	hydraulisch	PTP, CP	Magnetdrahtspeicher	128, 256, 512, 1024 Programmschritte	nach Bedarf		12/12	Programmierung: Teach-in. Preis: 120 TDM (4/79). Als Platzsparende Version wird ein „Space-Saver" angeboten, der an Traversen gehangt werden kann. Davon getrennt geliefert wird ein Schaltschrank für diese Version mit verkleinertem Gehäuse. Wegmeß-System: Digital mit Encoder.
± 1,27	1,2 x 1,6	1585	11,5	hydraulisch	PTP, CP	Magnetdrahtspeicher	128, 256, 512, 1024 Programmschritte	nach Bedarf		6/6	Siehe Version Unimate 2000. Preis. 130 TDM (4/79).
± 0,5	1,2 x 1,6		9; 6 bar	hydraulisch	PTP 5 Achsen	Magnetdrahtspeicher	32 Programmschritte (ausbaubar)	pneumatisch betatigt		6/6	Programmierung: Teach-in. Arbeitsbedingungen: Umgebungstemp.: 5 ... 50 50 °C Luftfeuchtigkeit: 0 ... 90 %.
± 1,0		450	5; 5 ... 7 bar	elektrisch	PTP/CP		60 Programmschritte			15/15	Programmierung: Textuell, Teach-in. Wegmeß-System: Digital-inkremental. Schaltschrank: $0{,}75 \times 0{,}61\ m^2$.
± 0,5	1,5 x 1,35	2350	5; 5 ... 7 bar	elektrisch	PTP/CP		60 Programmschritte			15/15	Programmierung: Textuell, Teach-in. Wegmeß-System: Digital-inkremental. Schaltschrank: $0{,}75 \times 0{,}61\ m^2$.
± 1,0		2500	5; 5 ... 7 bar	elektrisch	PTP/CP					15/15	Programmierung: Textuell, Teach-in. Wegmeß-System: Digital-inkremental. Preis: 500 TDM (83).
±				elektrisch (pneumatisch)	PTP 5 Achsen	Steckerfeld	60 Programmschritte				

Modell: Hersteller	Typenbezeichnung	Bildnummer	Arbeitsraum Form	Manipulatorarmbewegung/Manipulatorarmgeschwindigkeit X mm/$\frac{mm}{s}$	Y mm/$\frac{mm}{s}$	Z mm/$\frac{mm}{s}$	A °/$\frac{°}{s}$	B °/$\frac{°}{s}$	C °/$\frac{°}{s}$	sonstige	Greiferbewegung/ Greifergeschwindigkeit A °/$\frac{°}{s}$	B °/$\frac{°}{s}$	C °/$\frac{°}{s}$	Tragfähigkeit kg
VFW Fokker	Einlege- und Entnahmegerät			1000/800		300/500			270/100					12
VFW Fokker	P 420	A.98	zylinderförmig	1000/800		200/800			180					12 ... 20
VFW Fokker (Hoykenkamp, Japan)	Transferomat E (Almart)	A.100	spharenförmig	1000/1000		350/600			250/100		360			15 ... 30
Voest Alpine	RH	A.43	quaderförmig	700/700	2000/400	700/400					270	270	90	40 ... 120
Voest Alpine	RS 1	A.33	quaderförmig	500/400	2000/400	500/300						270	90	40 ... 120
VW	G 10	A.247	torusförmig	1000					300/65		345	210	540	10
VW	G 60	A.234	torusförmig	2500		2680			300/59		345	210	540	60
VW	Lineargerat L15	A.173	spharenförmig	1800/2000		75		20/30	320/160			20	350	15
VW	Knickarmgerät K15	A.244	torusförmig	1200/1200	Verf. Achse möglich	2500		B1 70/30	320/80	B2 100/60		270;	350/	15
VW	Röhrengerät R30	A.175	spharenförmig	700/450				65/30	320/86		350/	350/	350/	30 ... 50
VW	Großes Röhrengerät R100	A.179	spharenförmig	1000/250	2000/250 Verfahrachse			40/6			340/	80		100
Wabco	Wabcomat	A.102	zylinderförmig	1000		500			270				270	7
Walther	Uniman 5600-SP	A.284	torusförmig			1900/1750		90	100		270	220	220	5,0
Walther	Uniman 5601-AF	A.243	torusförmig			2800/1750		85	150		240	240	360	5,0
Weipert	4234	A.96	zylinderförmig	750/750		600/600			250					15 ... 25
Westinghouse	Serie 6000	A.41	quaderförmig	2743/420	1219/420	914/420					240	360	45,5	45,4
W + M	Portal-Robo	A.10	quaderförmig	6000/1000	1500/1000	1200/1000					320		320	15 ... 40

Positioniergenauigkeit mm	Platzbedarf m^2	Eigengewicht daN	Energie kW	Antriebsart	Steuerungsart	Speicherart	Speicherplatz	Greiferart	Sensoren	Funktion Eingang/Ausgang	Bemerkungen
± 0,3					Folgesteuerung 1 ... 3 Achsen elektr. oder pneumatisch						
± 0,3		250		pneumatisch 7 bar	Ablaufsteuerung						
± 1,0	1,5x 0,6	600	0,5 ... 3	elektr. Scheibenläufermotoren	PTP	Steckerfeld	30 Schritte je Achse	mechan. Zangengreifer		15/15	Wegmeß-System: Potentiometer für die Istwertbildung. Schaltschrank: 0,8x0,5 m^2.
± 0,6	1,2x 3,2	1700	5,5	hydraulisch	PTP/CP					10/12	Programmierung: Teach-in. Wegmeß-System: Digital-inkremental. Schaltschrank: 0,8x0,55 m^2. Verschiedene Hublangen lieferbar.
± 0,6		1800	5,5	hydraulisch	PTP/CP					10/12	Programmierung: Teach-in. Wegmeß-System: Digital-inkremental. Schaltschrank: 0,8x0,5 m^2. Verschiedene Hublangen lieferbar.
± 0,75	0,7x 0,6		10	elektrisch	PTP/CP, Mehrprozessorsteuerung	MOS	16 kB		mogliche		Programmierung: Teach-in. Wegmeß-System: Digital-inkremental. Schaltschrank: 1,0x0,6 m^2.
± 0,75	1,2x 0,9	1000	17	elektrisch	PTP/CP, Mehrprozessorsteuerung	MOS	16 kB		mögliche	15/15	Programmierung: Teach-in. Wegmeß-System: Digital-absolut. Schaltschrank: 1,0x0,6 m^2.
± 1,2	1,0x 1,0	730	9; 12 bar	elektr. Scheibenläufermotoren	PTP, DNC	Kernspeicher		Zangengreifer		15/15	Baukastensystem (Drehturm, Steuerung). Anwendung: Teiletransport (Preßmaschinen). Anschluß von 2 Geraten an einen Steuerschrank; damit Ersparnis von 45 % oder Anschluß mehrerer Gerate an eine EDV. Schaltschrank: 0,6x1,0 m^2.
± 1,0	1,0x 1,0	760	8; 12 bar	elektr. Scheibenläufermotoren	PTP/CP	Kernspeicher, MOS	16 kB	angepaßt 5 bar	mögliche	15/15	Anwendung: Stapel-, Palettierbetr., Lichtbogenschweißen. Preis: 3 Achsen 168 TDM (79). Programmierung: Teach-in. Wegmeß-System: Optische Winkelkodierer (digital-absolut). Schaltschrank: 0,6 x 1,0 m^2.
± 1,0	1,0x 1,0	875	10; 12 bar	elektr. Scheibenlaufermotoren	PTP/CP	Kernspeicher, MOS	15 Programme/ 200 Raumpunkte, 16 kB		mögliche	15/15	Harmonic-Drive-Getriebe, Kugelumlaufspindel, H-D-Zahnriemen, Optische Winkelcodierer (digital-absolut), Endlagengedämpfte Anschlage. Programmierung: Teach-in. Preis: 4 Achsen 201 TDM (79). Anwendung: Punktschweißen (Handh.). Schaltschrank: 0,6x1,0 m^2.
± 2,5	2,0x 4,0	3800	15; 12 bar	elektr. Scheibenläufermotoren	PTP	Kernspeicher	15 Programme/ 240 Raumpunkte PTP, 200 Raumpunkte cp			15/15	Programmierung: Teach-in. Wegmeß-System: Optische Winkelcodierer (digital-absolut). Archivierung: Kompaktcassette. Preis: 420 TDM (12/78). Schaltschrank: 0,6 x 1,0 m^2.
				pneum.	WPG 2000						
± 2,0	0,63	590	7,0	Elekt./ Hydra.	CP, PTP	Floppy-disc	47000 Punkte	Spritzpistole			Preis: 162 TDM (1983). Anwendung: Beschichten, Spritzen
± 2,0	0,5	638	8,0	Elekt./ Hydra.	CP, PTP	Floppy-disc	47000 Punkte	Spritzpistole			
± 0,5				elektrohydraulisch	Folgesteuerung	Steckerfeld	30 (60) Programmschritte	Doppelgreifersystem		6/6	Programmierung: Codiert dig. auf ein Steckerfeld. Positionswerte: Wendelpotentiometer (analog, absolut), keine Festanschläge.
± 0,2		2721	6	elektrisch	PTP/CP					32/32	Programmierung: Textuell, Teach-in. Preis: 275 TDM (84). Wegmeß-System: Analog-zyklisch-absolut. Schaltschrank: 0,66x0,559 m^2.
± 0,1				elektrisch	PTP						Programmierung: Textuell, Teach-in Wegmeß-System: Digital-inkremental.

Modell: Hersteller	Typenbezeichnung	Bildnummer	Arbeitsraum Form	Manipulatorarmbewegung/Manipulatorarmgeschwindigkeit X mm/$\frac{mm}{s}$	Y mm/$\frac{mm}{s}$	Z mm/$\frac{mm}{s}$	A °/$\frac{°}{s}$	B °/$\frac{°}{s}$	C °/$\frac{°}{s}$	sonstige	Greiferbewegung/ Greifergeschwindigkeit A °/$\frac{°}{s}$	B °/$\frac{°}{s}$	C °/$\frac{°}{s}$	Tragfähigkeit kg
Yaskawa	Eurobot	A 257	torusförmig	616/ 1000		725/ 1000			240/120		300	180		3
Yaskawa	Eurobot 10	A.254	torusformig	820/800		929/ 1100			240/120		360	180		10
Yaskawa	Motoman L 10	A.261	torusförmig	1186/ 133		1719/ 133			240/90		180/ 100		360/ 150	10
Zentraler Ing. VEB Pankow	ZIM 10	A.267	torus-	815/800		915/ 1100			165/90		90/ 100	180/ 200		10
Zentraler Ing. Vertrieb VEB Pankow	ZIM 69-1	A.246	torusförmig	1000/ 1000		1150/ 1500			165/90		75, 120/ 90	150/ 125		60
ZF	P II	A.42	quaderförmig	30000/ 1000	300/300	500/500								15 ... 40
ZF	T III	A.70	zylinderförmig	1000/ 1200	600/600	600/600		280/	280/110	360/120	360/ 120			40 ... 60
ZF	T III L	A.89	zylinderförmig	1000/ 1200		800/500			280/110		360			40
ZF	Automater	A.174	sphärenförmig	500; 1000/ 600		600		60/60	200; 280/70					35, 60, 0,25 normalgeschw.
ZF	S II	A.99	zylinderförmig	800/ 1200		250/500			270/120		180/ 120			
ZF	Minimater	A.125	zylinderförmig	300; 500/800		100; 300/800			270/80					6
ZF	Gerätebaukasten		quaderförmig	1000/ 1000	180/90	800/ 1000								20, 40 0,5 Normalgeschw.
ZF-Herion Systemtechnik	Ogland, Move-O-Matic	A.106	zylinderförmig	1000/ 1000		600/ 1000								35, 60 0,25 Normalgeschw.

Positio-nierge-nauigkeit mm	Platz-bedarf m^2	Eigen-gewicht daN	Energie kW	Antriebs-art	Steuerungs-art	Speicher-art	Speicher-platz	Greiferart	Sensoren	Funktion Eingang/Ausgang	Bemerkungen
± 0,1	0,4 x 0,4	93	5	elek-trisch	PTP/CP			Schweiß-einrich-tung		22/21	Programmierung: Teach-in. Wegmeß-System: Digital-inkremental. Schalt-schrank: 0,6 x 0,65 m^2. Pendeleinrich-tung lieferbar.
± 0,3	0,67 x 0,67	490	5	elek-trisch	PTP/CP			Schweiß-einrich-tung		22/21	Programmierung: Teach-in. Wegmeß-System: Digital-inkremental. Preis: 150 TDM (83). Pendeleinrichtung lieferbar.
± 0,3	0,7	840	5	elektro-motorisch	PTP, CP 5 Achsen	Kern-speicher	4 Pro-gramme, 400 Be-fehle, 600 Posi-tionen	Schweiß-zange		16/15	Anwendung: Schweißtechnik. Pro-grammierung: Teach-in. Wegmeß-System: Digital-inkremental. Schalt-schrank: 0,7 m.
± 0,2			5		Mikrorech-ner MR 88	Festwert-speicher	12 kB RAM oder EPROM	Schweiß-pistole			Tachogenerator, digital
± 0,6			10		Mikrorech-ner MR 88	Festwert-speicher	12 kB RAM oder EPROM				Tachogenerator, digital
			3 ... 10	hydrau-lisch	PTP					16/16	Programmierung: Textuell. Servohydr. PTP-Steuerung lieferbar. Als P III bis 100 kg Traglast lieferbar.
± 1,2	1,0 x 0,5	1500	11	hydrau-lisch	Folgesteue-rung PTP, CNC	Steckerfeld Micropro-zessor	200 Pro-gramm-punkte/ Achse (maximal bei CNC)	Doppel-greifaus-fuhrung moglich			Mehrere Steuerungsmöglichkeiten anbaubar.
± 1,0	0,8 x 0,94	1500	11	hydrau-lisch	PTP/CP					72/64	Programmierung: Teach-in. Schalt-schrank: 0,6 x 0,56 m^2. Verlängerte X-Achse (X = 1500 mm.)
	1,4 x 0,8	800	6	hydrau-lisch	PTP	Wahl-weise: Dioden-Matrix, Stecker-feld, Mini-computer	ab 64 Pro-gramm-schritten				4 einstellbare Positionen pro Achse. Istwerterfassung durch Resolver ab-solut. Sollwert durch Potentiometer. Programmierung: Teach-in. Schalt-schrank: 0,3 x 0,6 m^2.
	0,67 x 0,67	600	4	hydrau-lisch	Folgesteue-rung, PTP, CNC	Steckerfeld Micropro-zessor	200 Pro-gramm-punkte/ Achse (maximal)				Verschiedene Steuerungen anbaubar: Festanschläge-2 Pos./Achse. PTP 8 Pos./ Achse. Einstellbar über digital-ables-bare Sollwertpotentiometer PC Stek-kerfeld mit Archivierung über Dioden-matrix (EPROM). CNC mit Teach-in. Bei PTP 200 Punkte/Achse. Doppel-armausführung möglich.
± 0,1	dm 0,35	150	0,25	pneuma-tisch	Positionier-steuerung/ Programm-steuerung	Dioden-matrix					Positioniersteuerung: Elektro-pneu-matische PTP-Steuerung, 2 Anschläge pro Achse mit Endlagendämpfung. Quittierung der Position durch Be-ruhrungslose Endschalter. Schaltschrank: 0,3 x 0,6 m^2.
		630	5		Wegesteue-rung mit verstell-baren Fest-anschl.	Dioden-matrix Steckerfeld					Festanschläge sind gedämpft. Pro Achse 2 oder mehrere Positionen an-fahrbar. Max. 6 Freiheitsgrade. Modu-larer Aufbau.
± 1,5		800		hydraul. fur 8, 12, 16 Posi-tion. Pro Achse	Programm-steuerung: Dioden-matrix oder Minicom-puter	Magnet-kern-speicher		8 kB = 425 Raumpkt. bis 32 kB = 2000 Raumpkt.			Datenkontrolle über Parity Check.

9.2 Arbeitsräume von Industrierobotern

Dieser Teil des Buches enthält die Arbeitsraumskizzen der Industrieroboter, die in der Tabelle 9.1 aufgeführt sind im Maßstab 1:70.
Vorangeschickt werden soll auch hier die VDI-Richtlinie 2861 Blatt 2 (Entwurf). Bild 9.2.1 zeigt die Raumaufteilung eines Arbeitsraumes für einen Industrieroboter im Grundriß. In Bild 9.2.2 sind dann noch einige Erläuterungen zur Einteilung der Arbeitsräume zu finden. Entsprechend der Darstellung in Kapitel 6 bei der Planung von Industrieroboter-Arbeitsplätzen ist eines der wichtigsten Kriterien der Arbeitsraum. Seine Form (quader-, zylinder-, sphären- und torusförmig) ergibt sich im wesentlichen durch die Anwendung. Seine Größe leitet sich durch die spezielle Aufgabe und ihre Peripherie ab. Hier ist ein einheitlicher Maßstab aller Geräte zum Vergleich unumgänglich.
Der Leser findet ein Transparent mit einer meterweisen Rasterung im Maßstab 1:70. Hier trägt er die von ihn gestellten Abmaße für den zukünftigen Industrieroboter-Arbeitsplatz ein. Damit sucht er sich in den Arbeitsraumskizzen den für ihn passenden Industrieroboter aus. Die Geräte sind innerhalb der quader-, zylinder-, sphären- und torusförmigen Arbeitsräume nach ihrer Größte geordnet.
Dabei befindet sich der Grundriß links und der Seitenriß rechts.
Die Konturen der Handhabungseinrichtungen wurden der Vereinfachung halber schematisiert. Die Arbeitsräume sind in der Regel als Hauptarbeitsräume ohne Nebenarbeitsraum dargestellt. Ausnahmen davon sind VW R100, PPI PM 12, VW K15. Mit entsprechenden Greifeinrichtungen ist eine Arbeitsraumerweiterung ohne weiteres möglich. Einzelne Fabrikate (ZF) werden mit unterschiedlichen Arbeitsräumen angeboten. Diese Grundrisse werden durch gestrichelte Linien und eine andere Schraffur dargestellt.

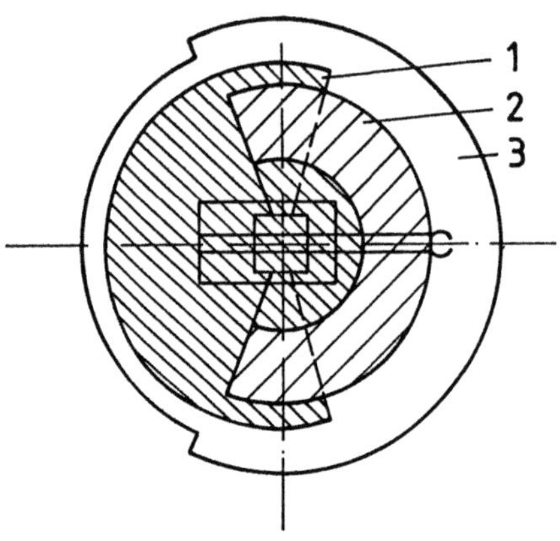

Bild 9.2.1
Nach VDI-Richtlinie 2861 Blatt 2 (Entwurf) ist:
1 nicht nutzbarer Raum,
2 Arbeitsraum, 3 Sicherheitsraum

Art des Arbeitsraumes	Unterscheidung	Bemerkung (Bild Nr.)
quaderförmig 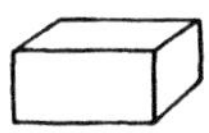	Portalgeräte – beliebig erweiterbar in den Achsen	Einsatz: Kommissionierung Werkzeugmaschinenhandhabung (A.1–A.31)
	Standgeräte	(A.32–A.57)
zylinderförmig 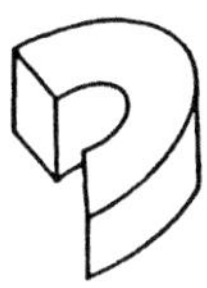	Kreisförmiger Grundriß bis teilkreisförmiger Grundriß	Bei einigen Geräten ist der nicht nutzbare Innenraum ungesichert (A.58–A.138)
	Geräte mit linearer Achse in der xy-Ebene	(A.139–A.144)
	Montageroboter mit sichelförmigem Arbeitsraum im Grundriß	Montage erfolgt oft nur in einer Ebene, das heißt, die z-Achse verfährt zwei Punkte. (A.145–A.164)
sphärenförmig 	Teilsphärischer Grund- und Seitenriß	(A.165–A.184)
	Kugelförmiger Grund- und Seitenriß	Nicht nutzbarer Innenraum zum Teil ungesichert. (A.183–A.222)
torusförmig 	Torusförmiger Arbeitsraum mit fast kreisförmiger Fläche	Nicht nutzbarer Innenraum zum Teil ungesuchert. (A.223–A.275)
	torusförmiger Arbeitsraum mit geringem Verfahrwinkel im Grundriß	Einsatz: Lackierung, Beschichtung (A.276–A.293)
Die Möglichkeit den nicht nutzbaren Innenraum unterschiedlich darzustellen ergibt sich durch Hinzuziehung des Nebenarbeitsraumes.		

Bild 9.2.2 Erläuterungen zu der Einteilung der Arbeitsräume mit den maßstäblichen Skizzen von Grund- und Seitenriß.

9.2.1 Quaderförmige Arbeitsräume

A.1–A.57

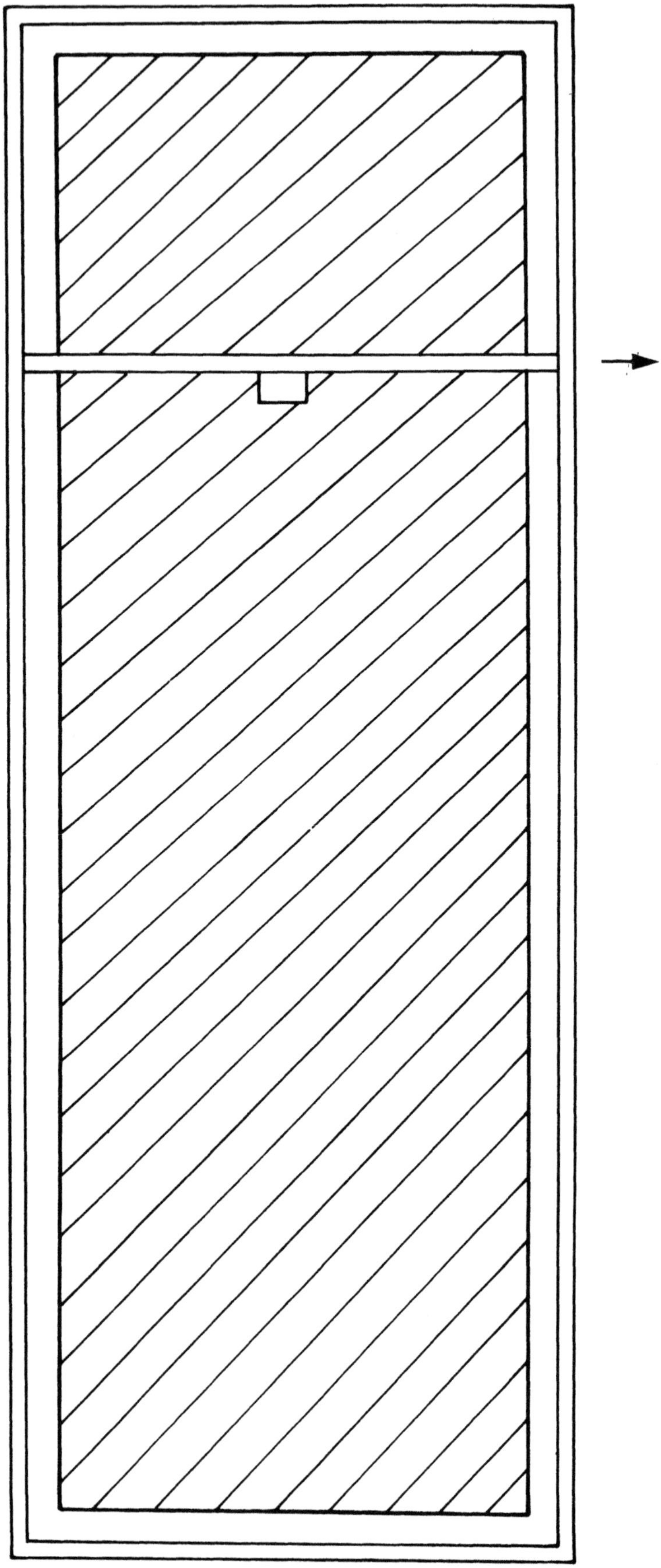

A.1 VFW Fokker, E 440

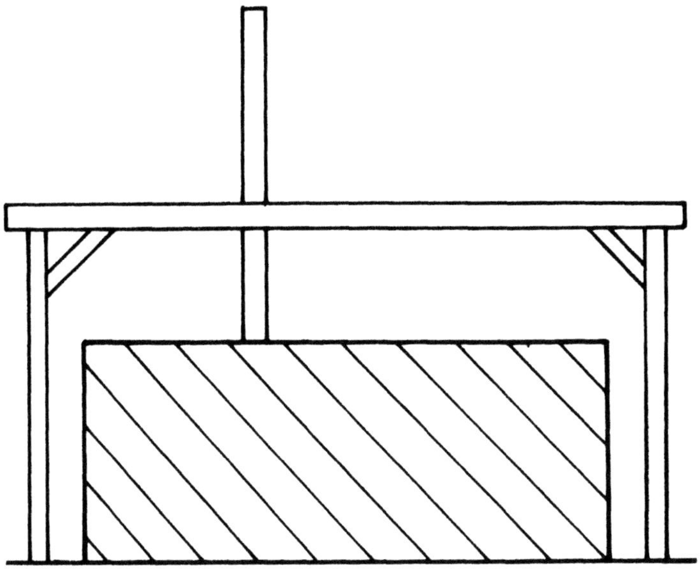

A.1 VFW Fokker, E 440

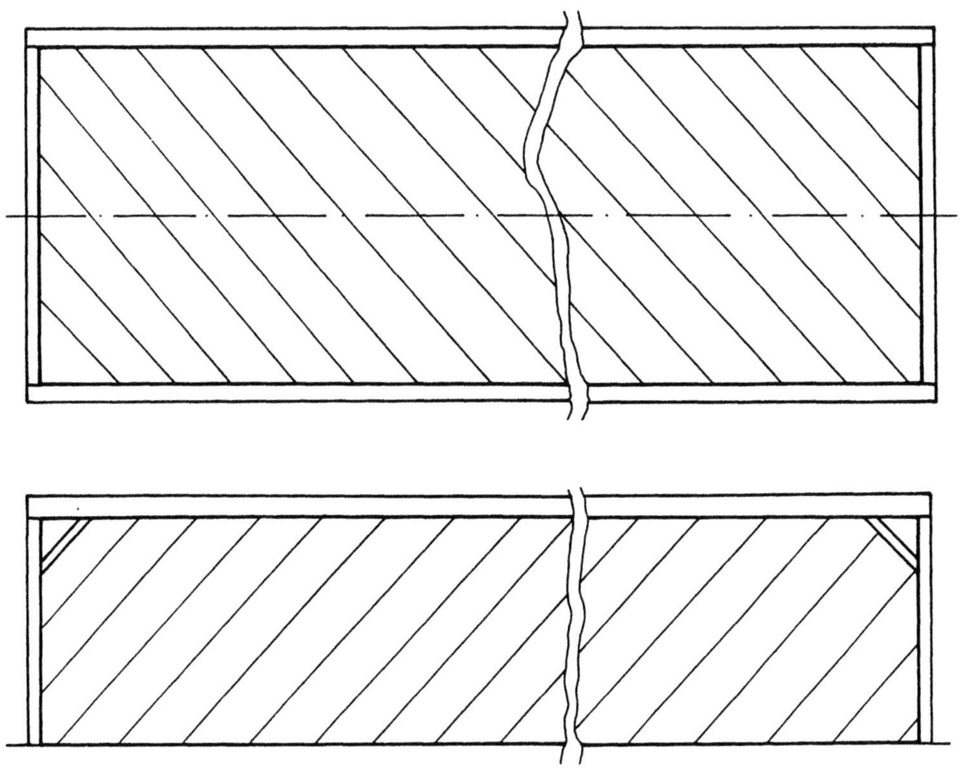

A.2 VFW Fokker, Transferomat E Portal

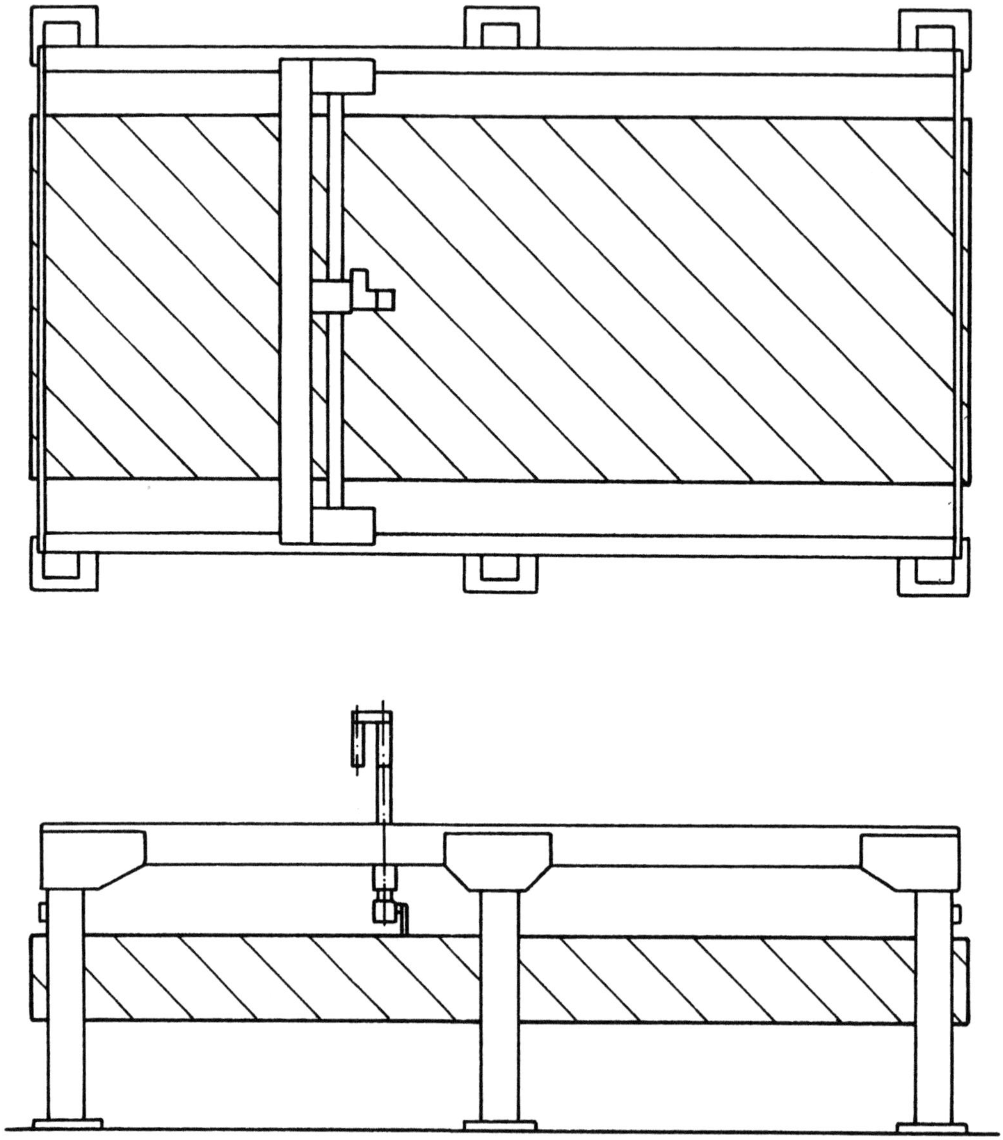

A.3 Felss, Felsomat

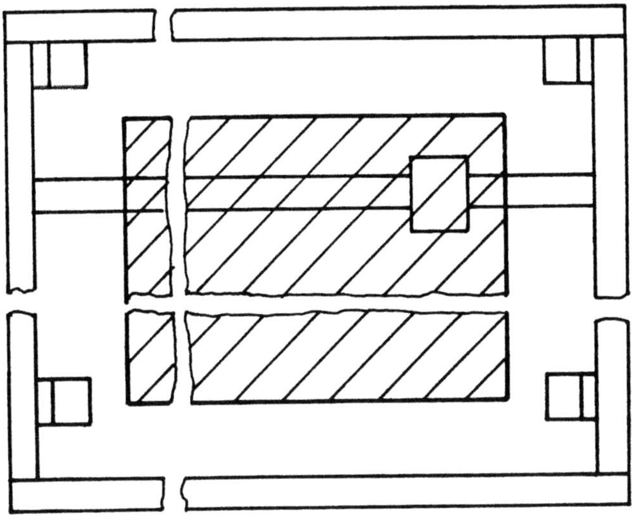

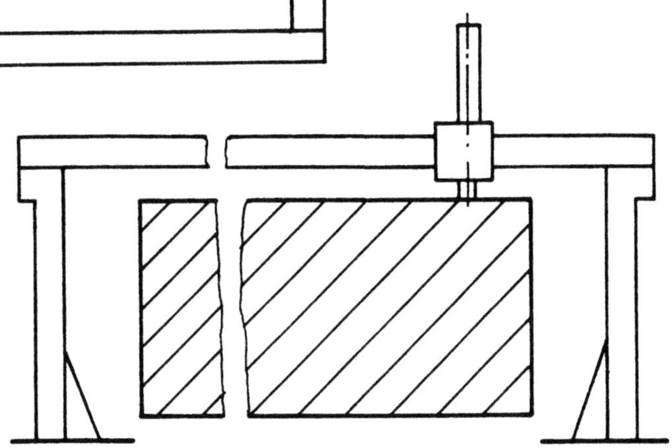

A.4 Liebherr, LPR 2000

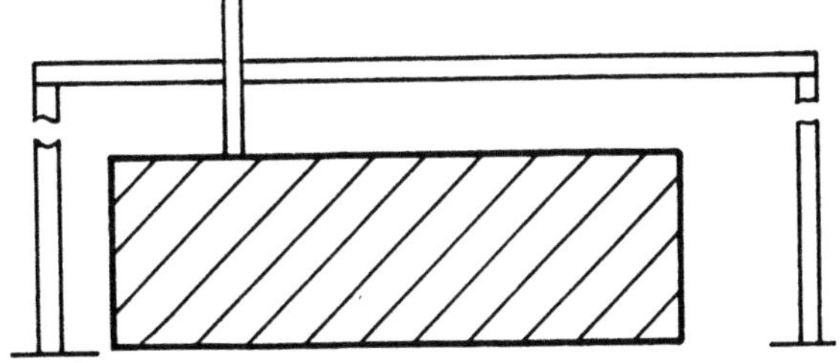

A.5 Broetje, Flexiport

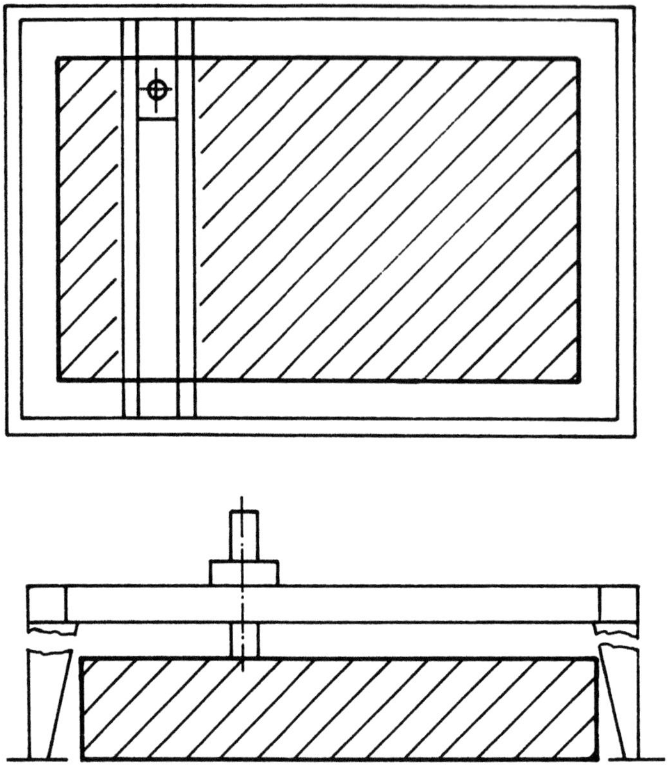

A.6 Acma, Portal 80

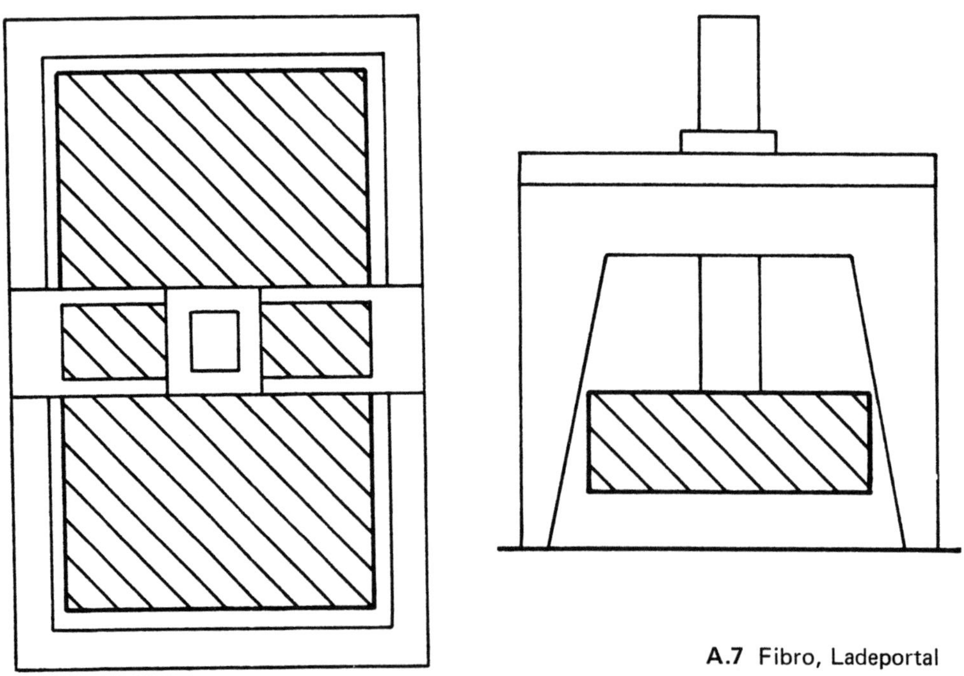

A.7 Fibro, Ladeportal

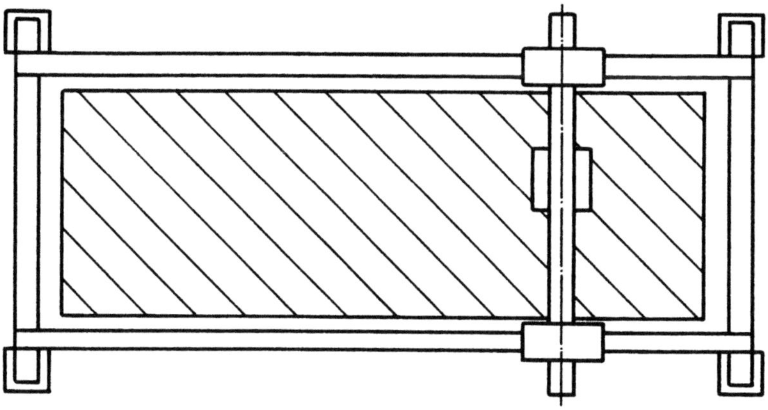

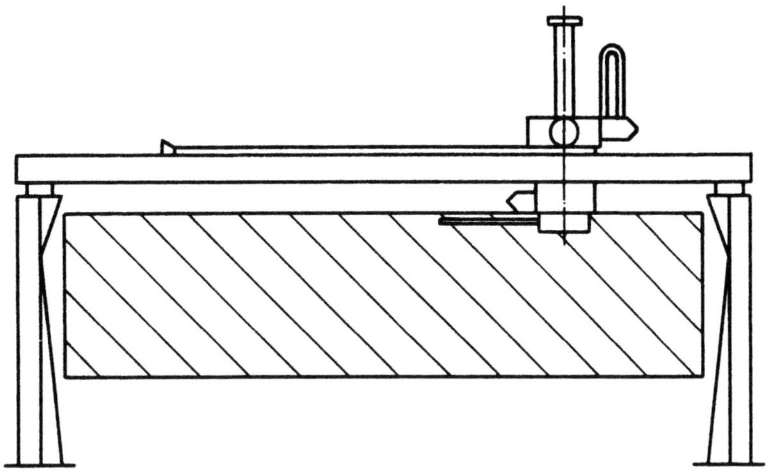

A.8 Kaufeldt, Portal-Rob

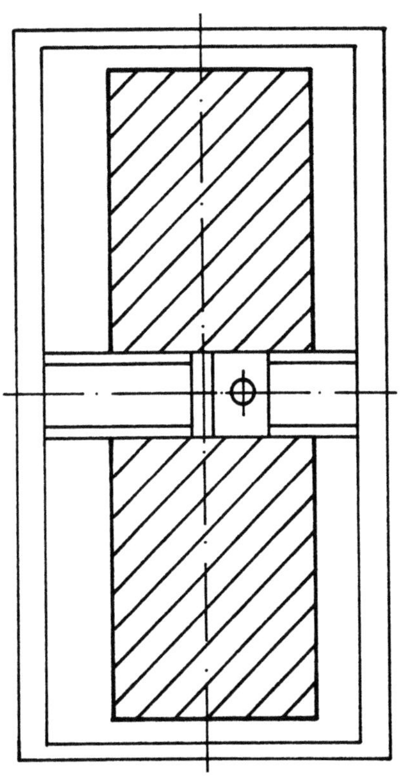

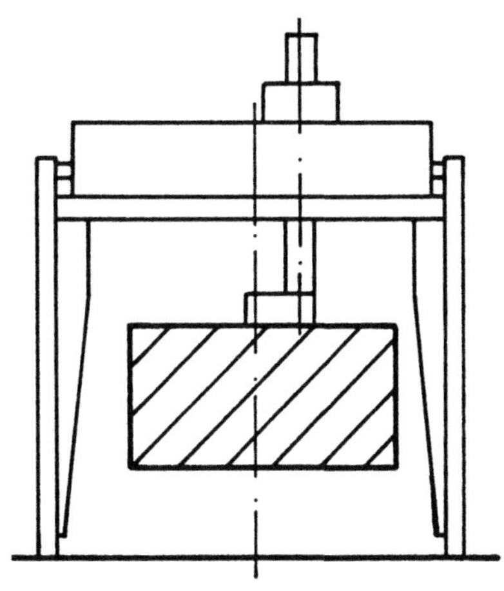

A.9 Nimak, Niko 200

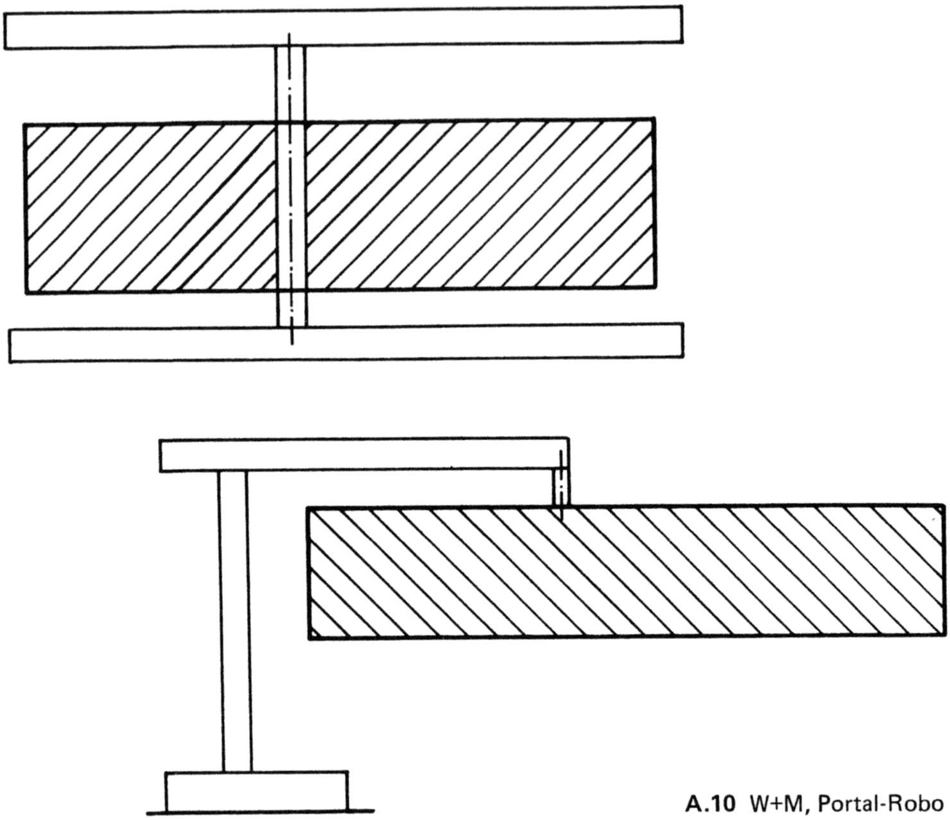

A.10 W+M, Portal-Robo

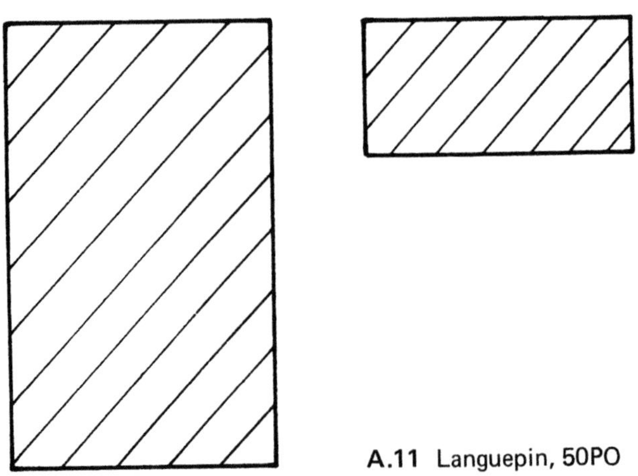

A.11 Languepin, 50PO

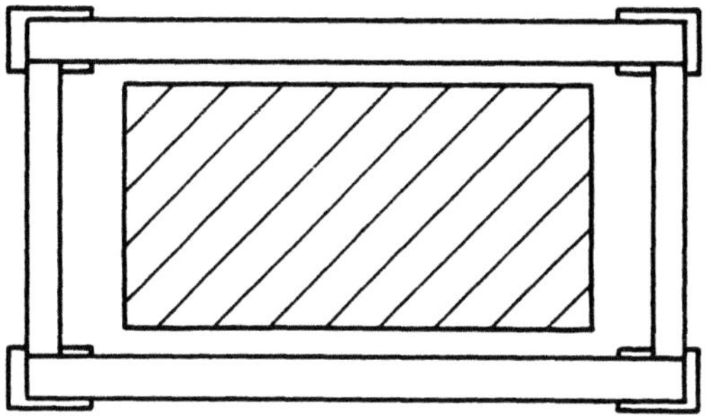

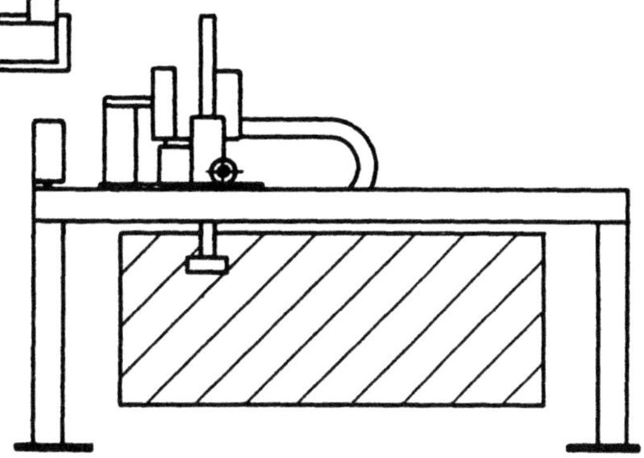

A.12 Dürr, P100

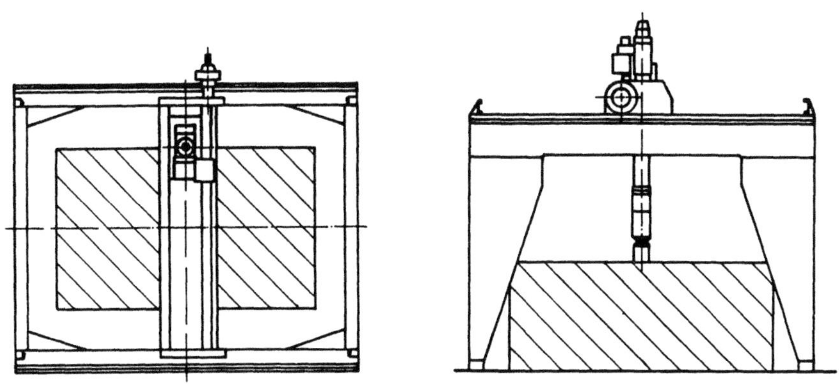

A.13 Nimak, Niko 600

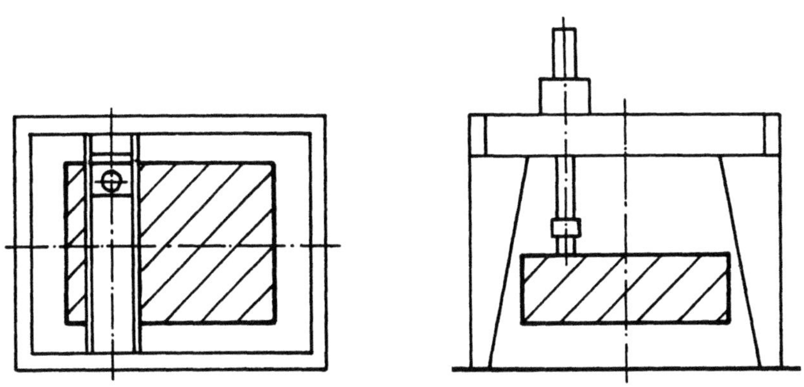

A.14 Renault, Robot Portique 80

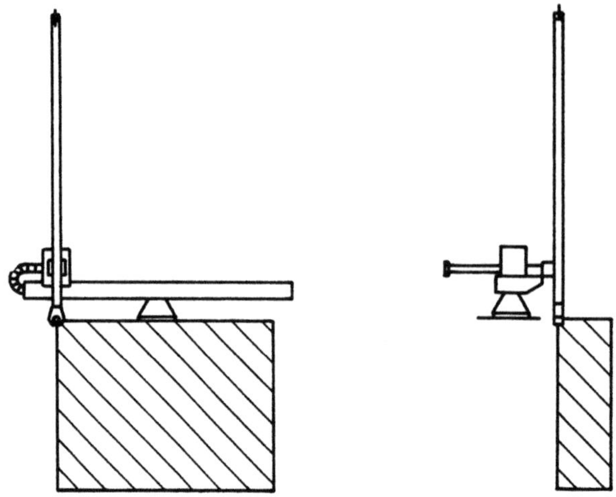

A.15 Reis, 2030

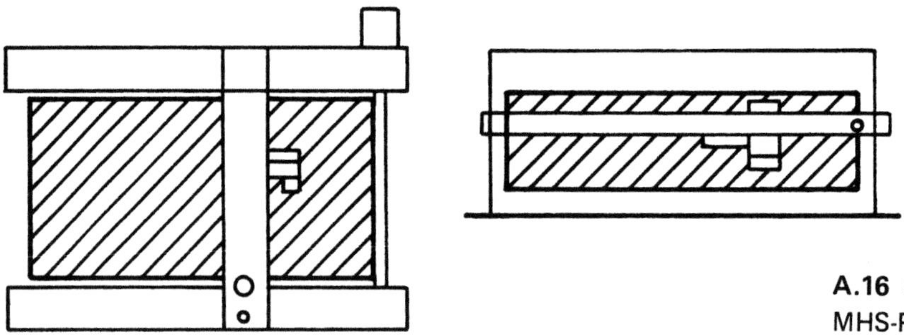

A.16 Siemens, MHS-Portal

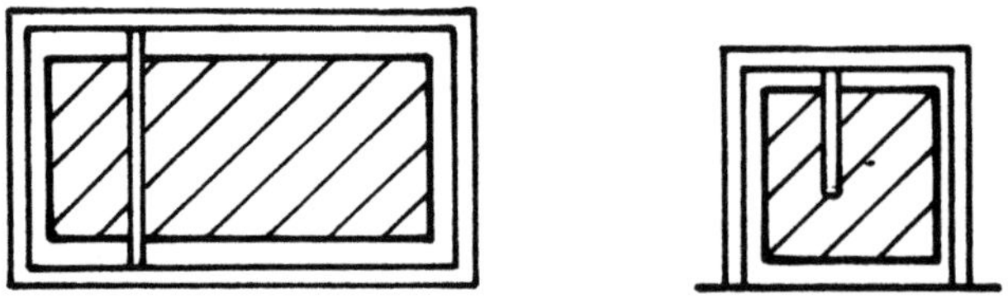

A.17 Pfaff, PM 22

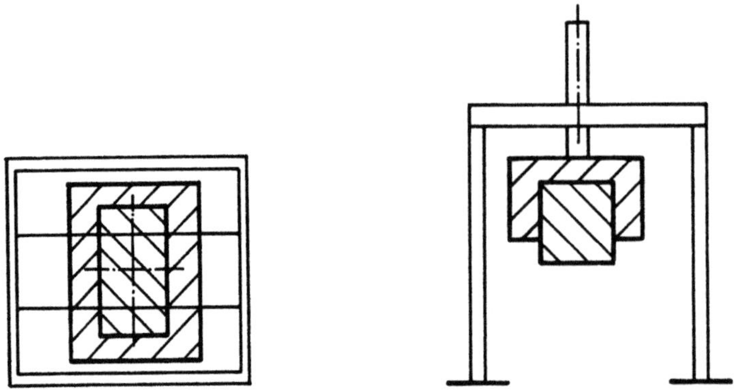

A.18 Unima, Unirob P50

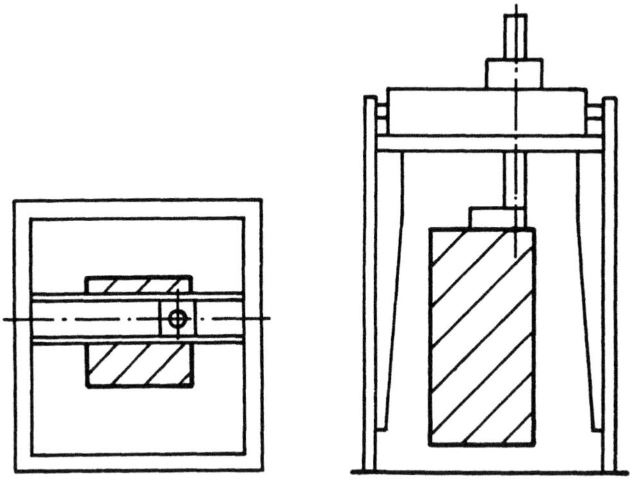

A.19 Nimak, Niko 800 T

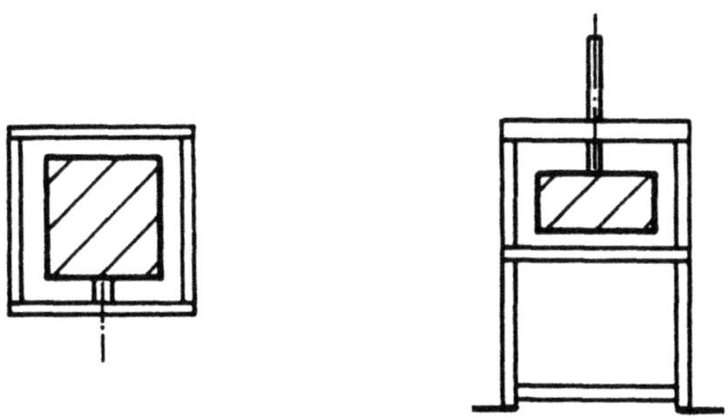

A.20 Intermoder, Robimat

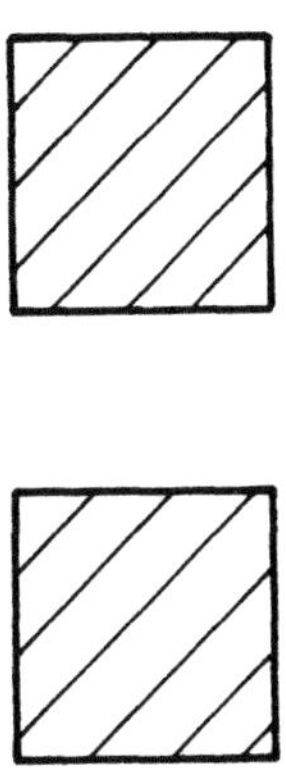

A.21 Fibro, Manta 1

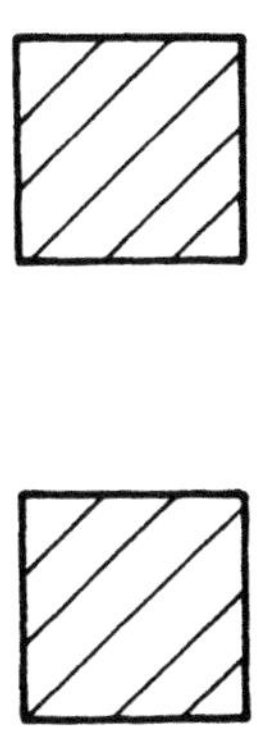

A.22 Fibro, Manta 2

A.23 Fibro, Manta 3

A.24 Fibro, Manta 4

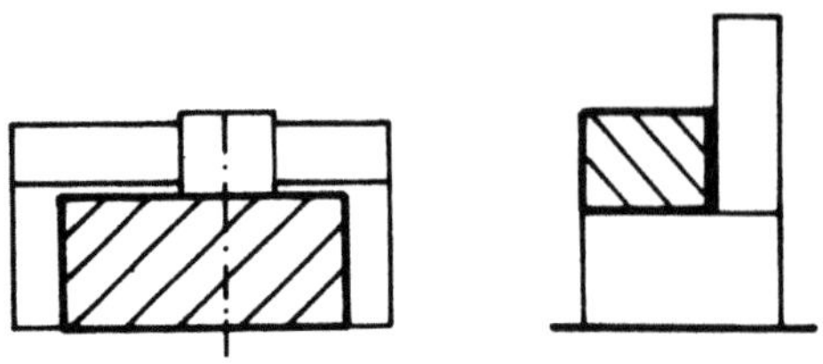

A.25 Hauser, HA1500

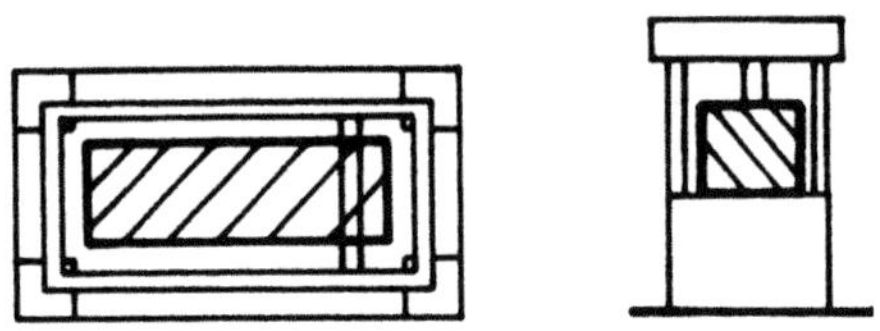

A.26 I B M, RS 1

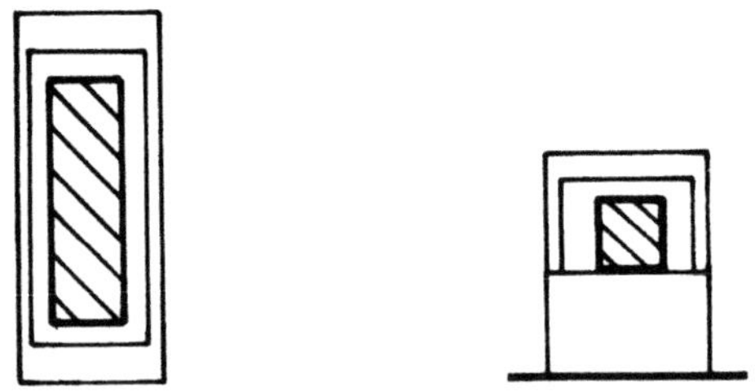

A.27 Olivetti, Serie 3

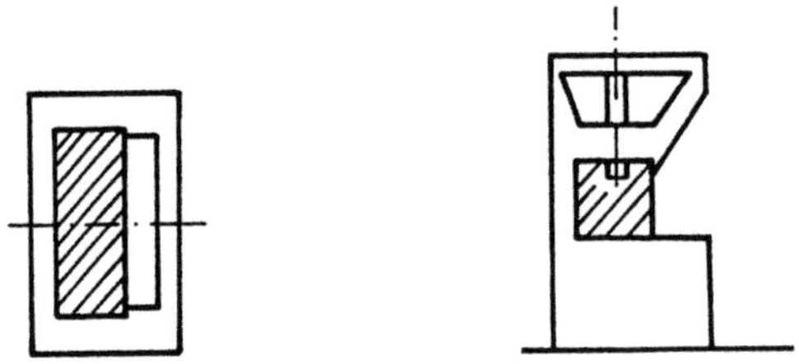

A.28 Olivetti, Sigma/MTG

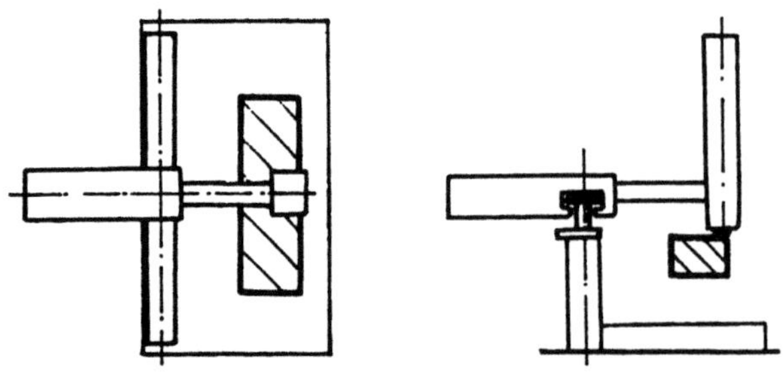

A.29 D E A, A 3000

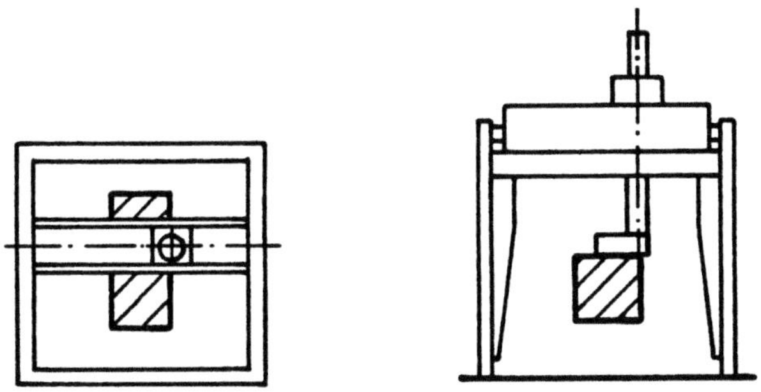

A.30 Nimak, Niko 170

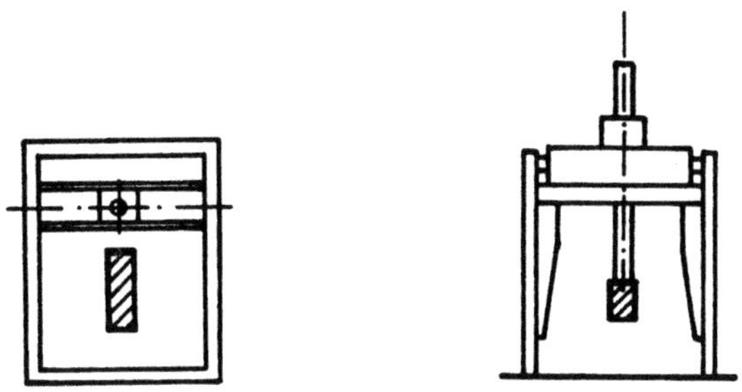

A.31 Nimak, Niko 451

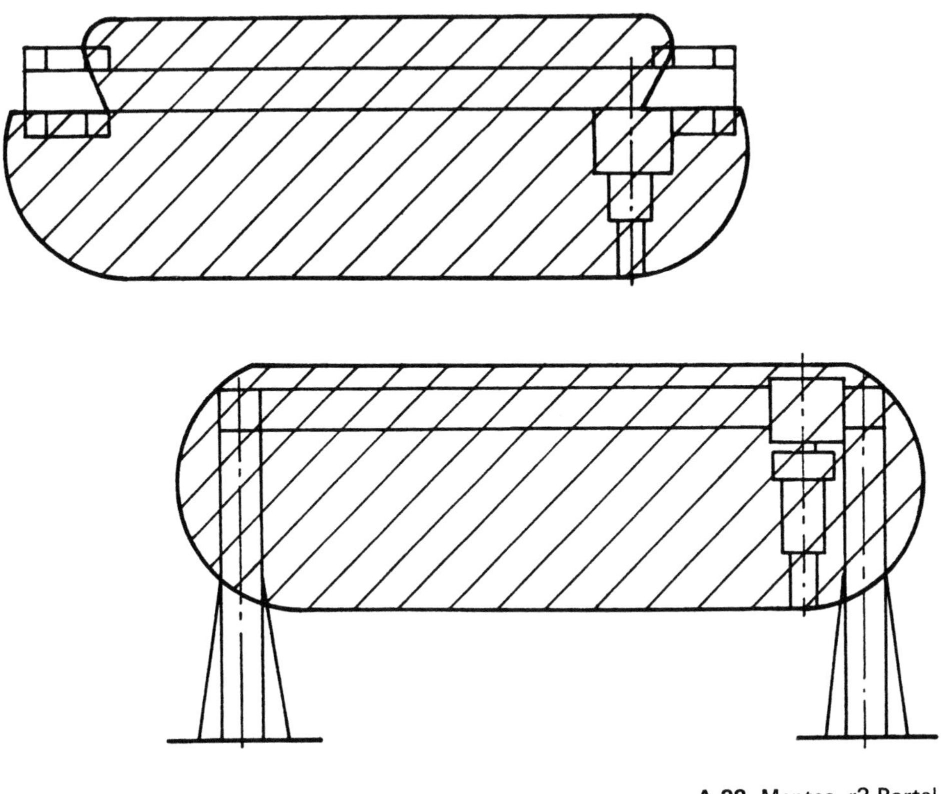

A.32 Mantec, r3 Portal

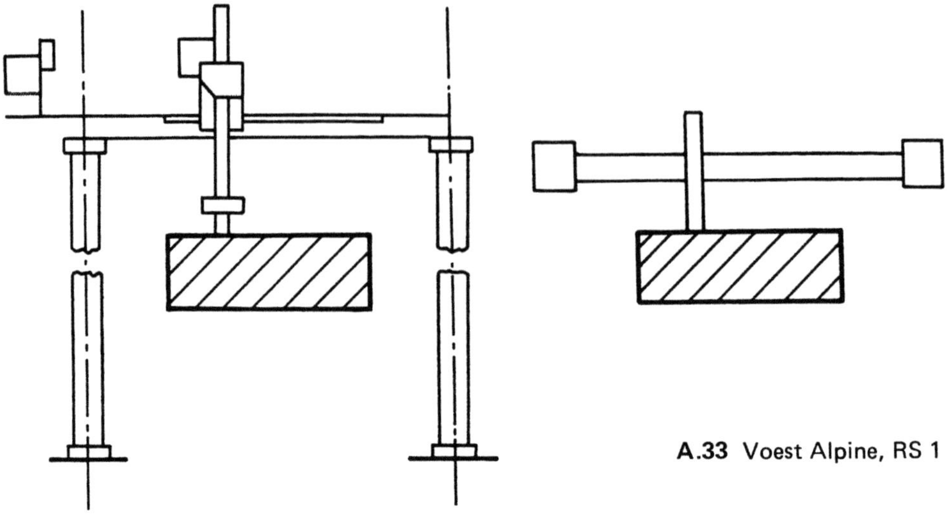

A.33 Voest Alpine, RS 1

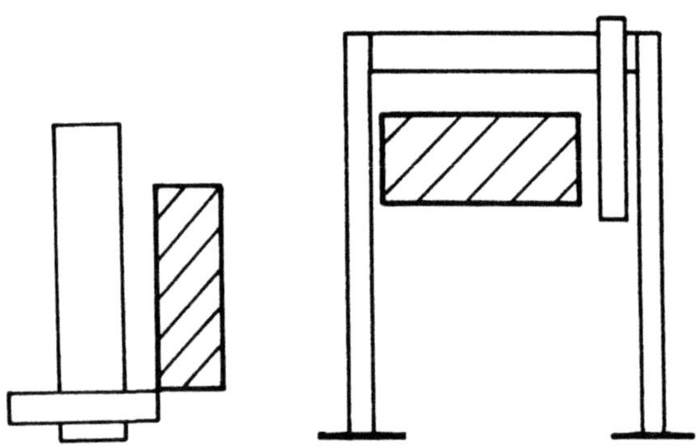

A.34 Hauser, HLE150

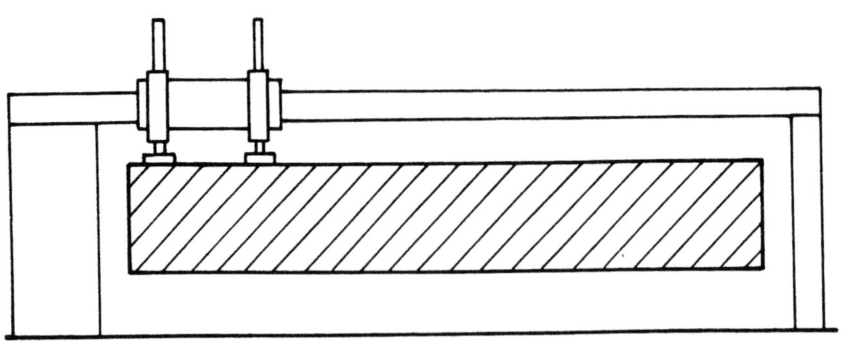

A.35 Kaufeldt, A6

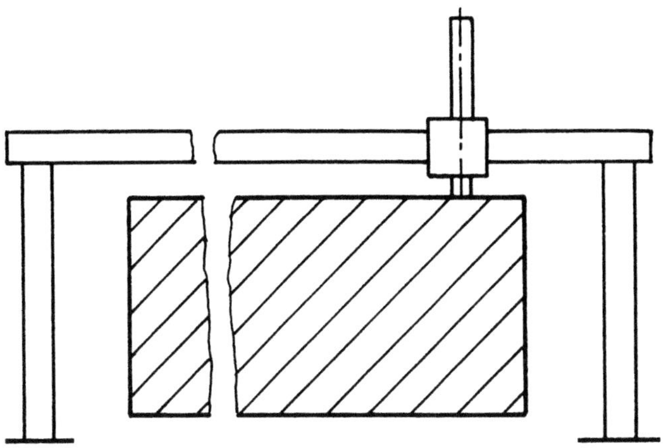

A.36 Liebherr, LP 2000

A.37 Hauser, Robomobil

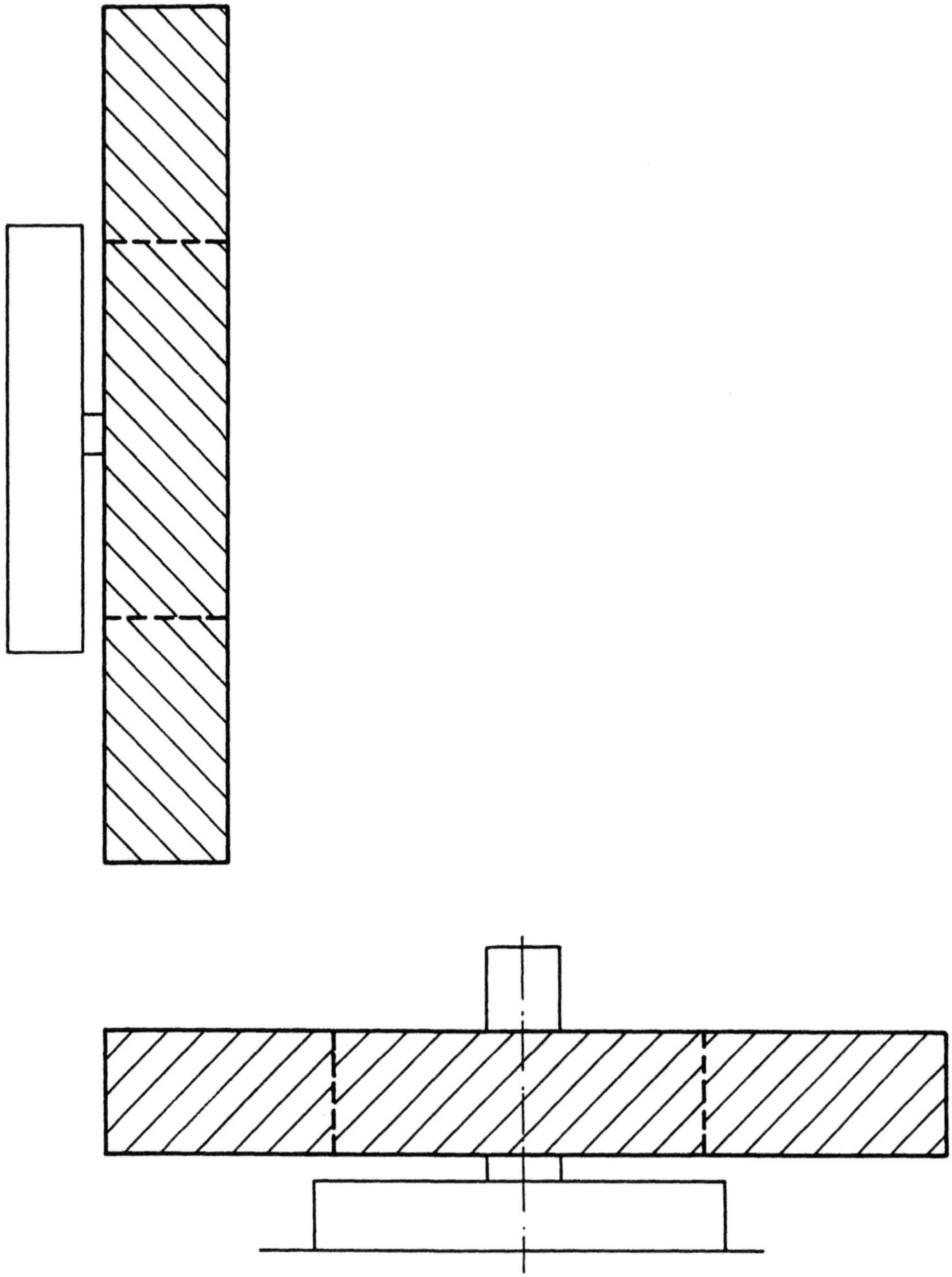

A.38 Distribel, Phoenix

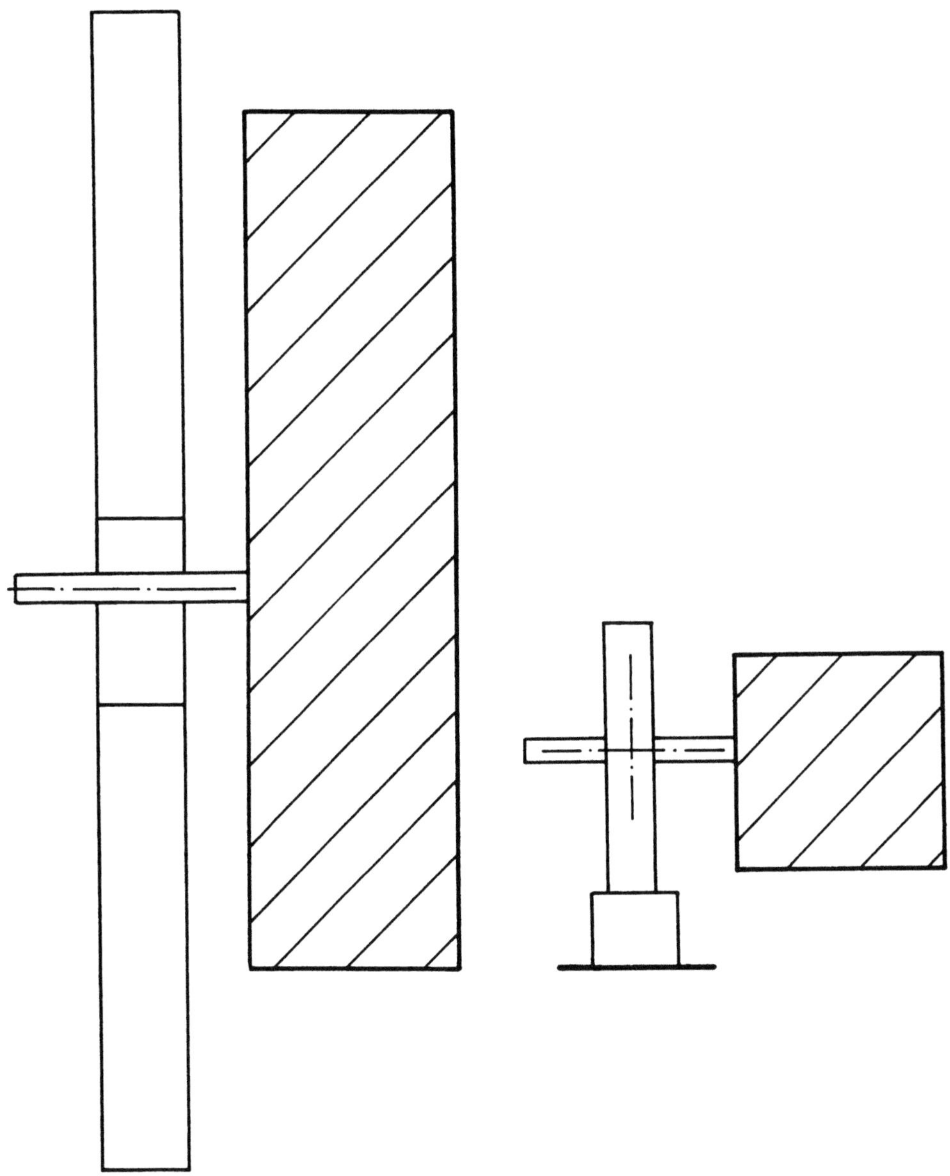

A.39 IGM, Limat 1008

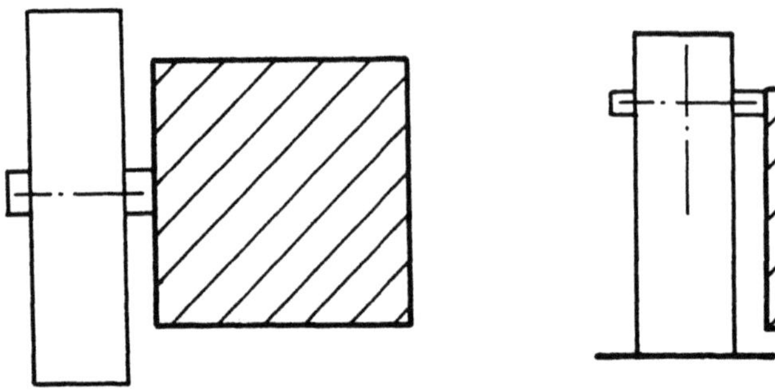

A.40 Maurer, Mauro-Robot

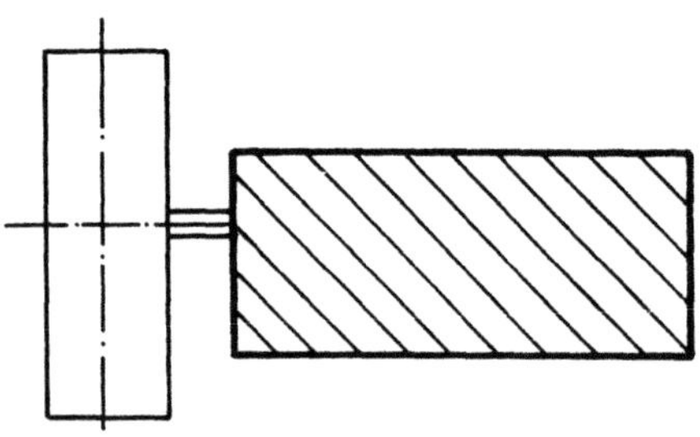

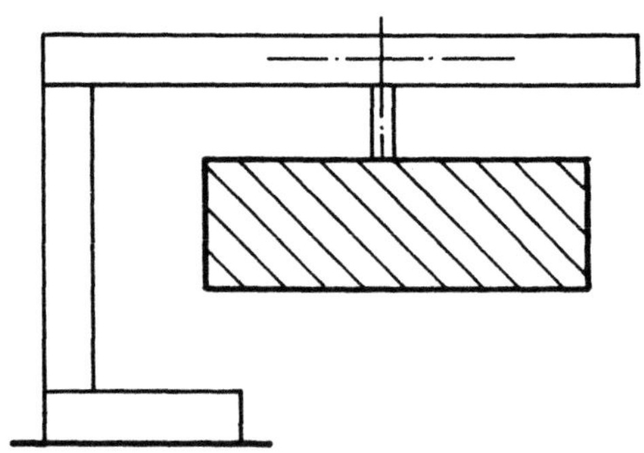

A.41 Westinghouse, Serie 6000

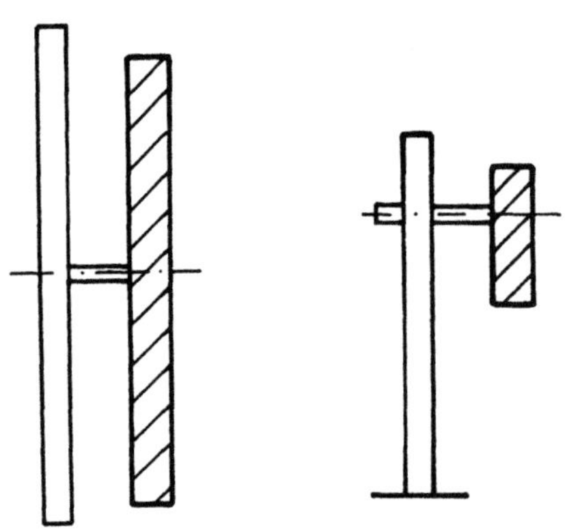

A.42 ZF, PII

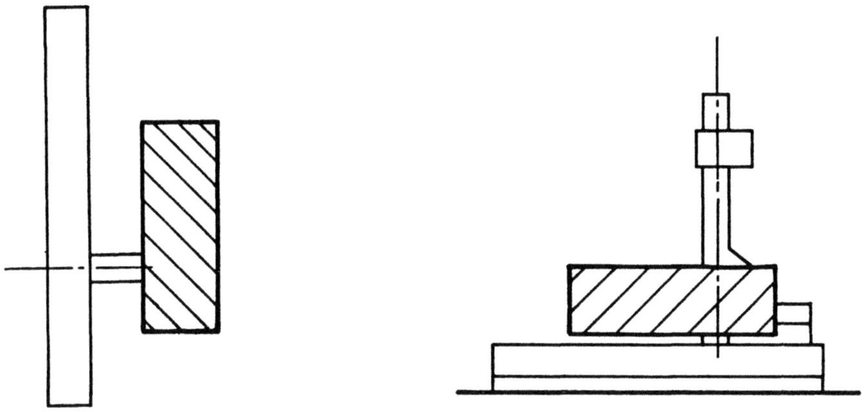

A.43 Voest Alpine, RH

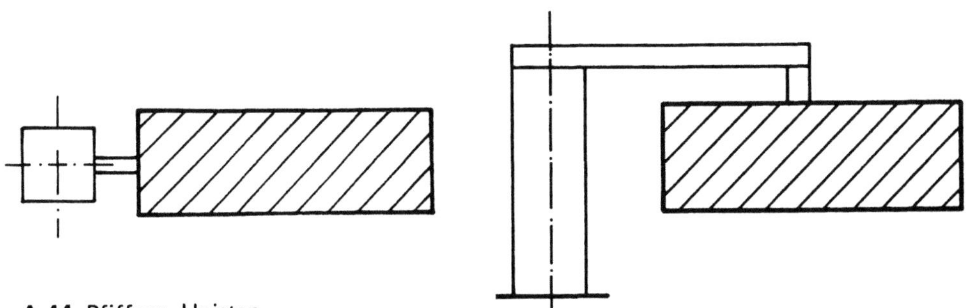

A.44 Pfiffner, Unistap

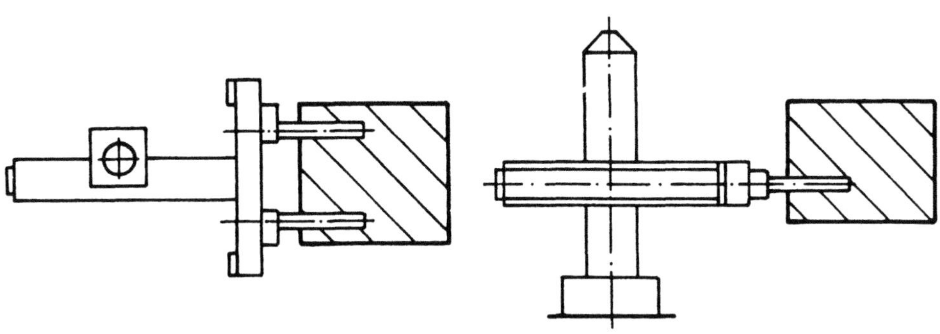

A.45 IGM, Limat 2016

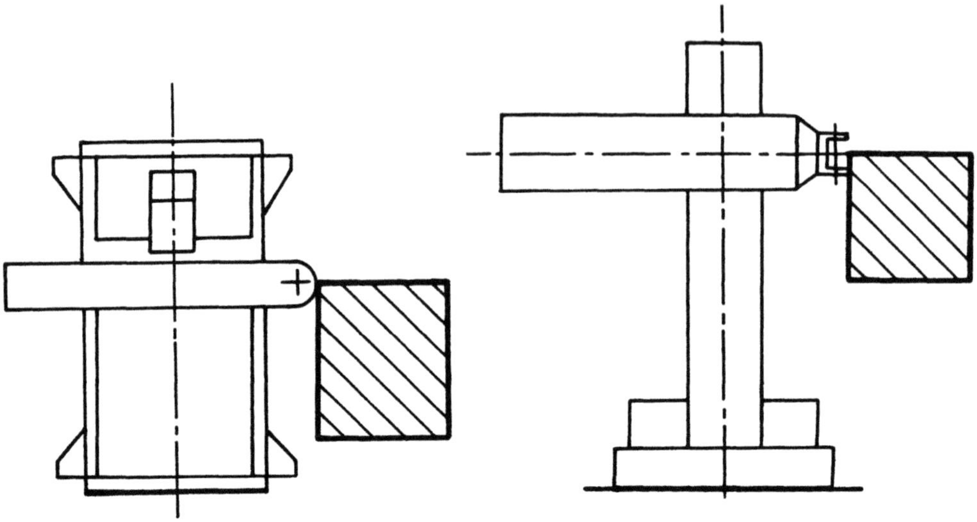

A.46 Sciaky, Module LIN

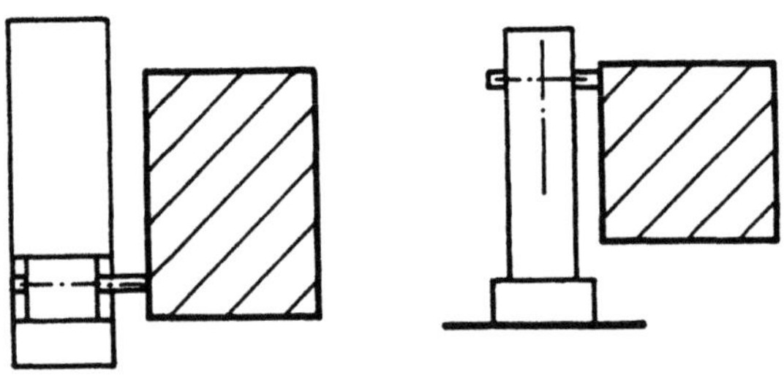

A.47 Maurer, Mauro R 20

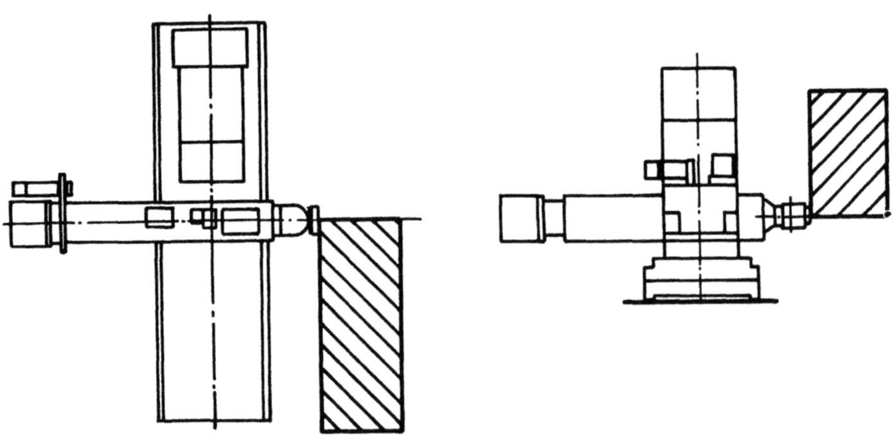

A.48 Languepin, 50VR

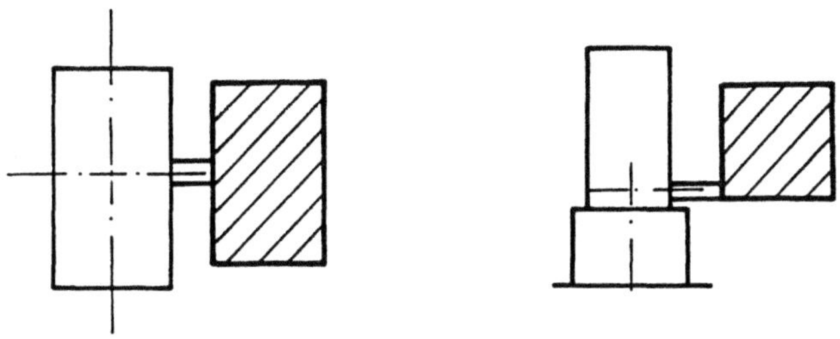

A.49 IWKA,
KUKA Nachi 4000

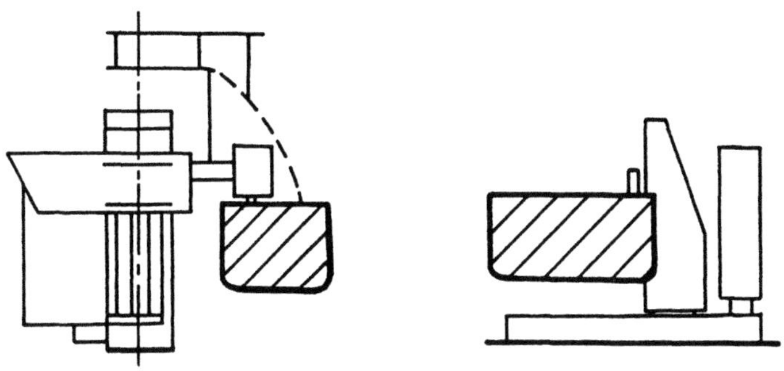

A.50 OTC, Thor-T

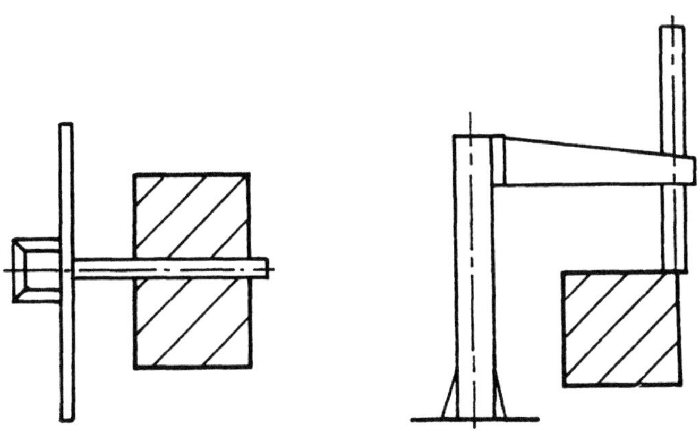

A.51 Dainichi, PB

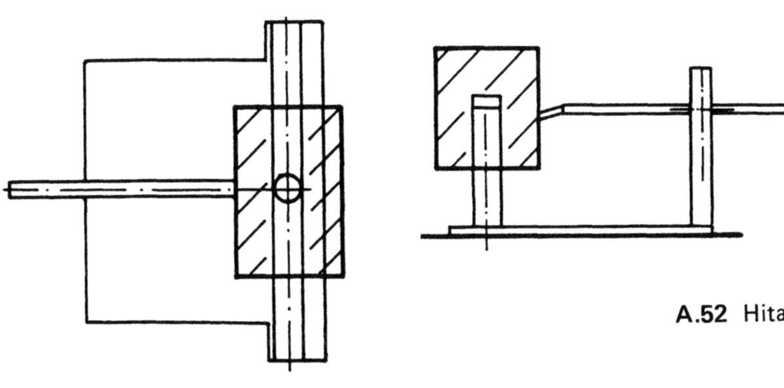

A.52 Hitachi, MR.Aros-SP

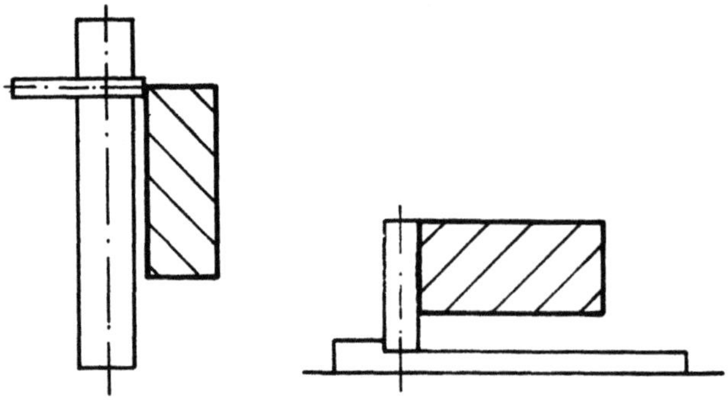

A.53 Bisiach, Senior

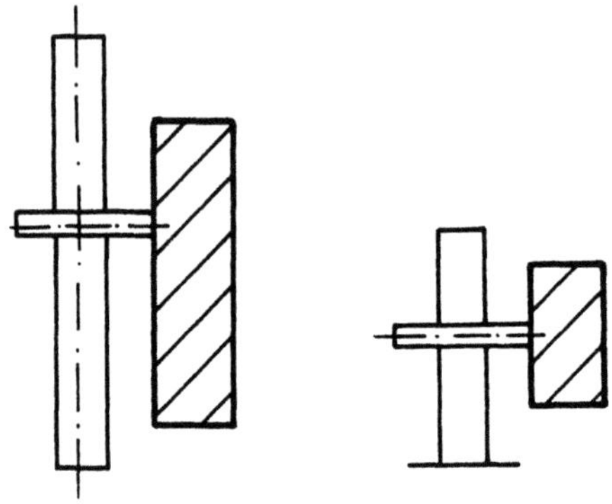

A.54 Bosch, HH-Module K

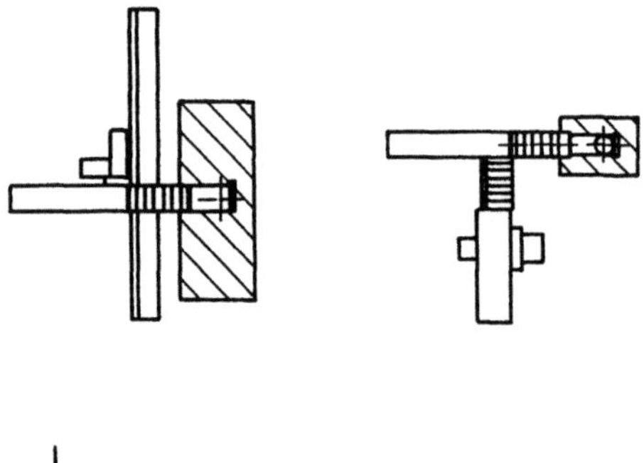

A.55 Automatix, Aid 600

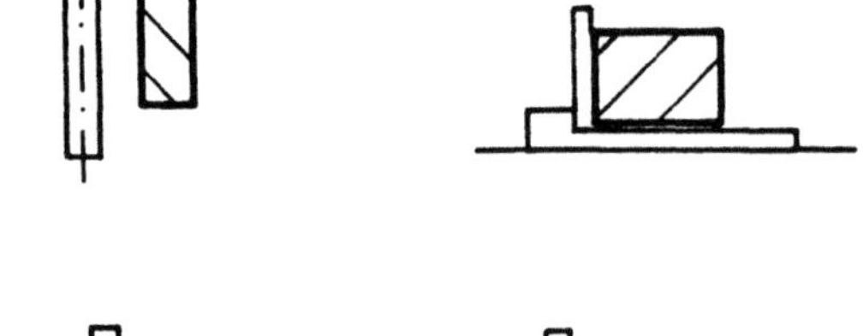

A.56 Bisiach, Junior

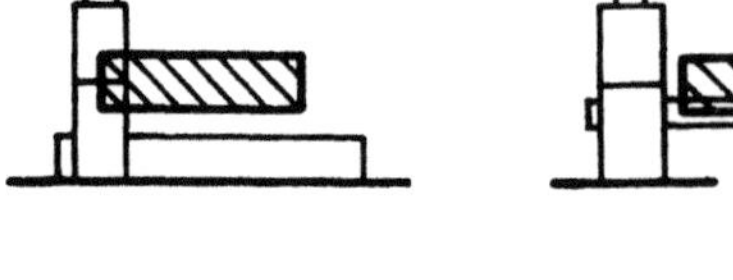

A.57 Siemens, MHS

9.2.2 Zylinderförmige Arbeitsräume

A.58–A.164

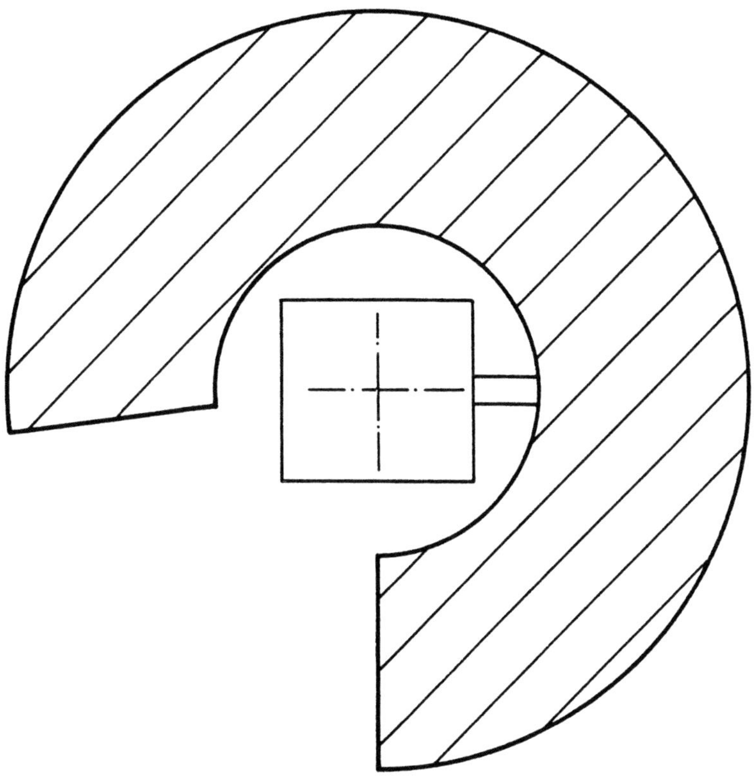

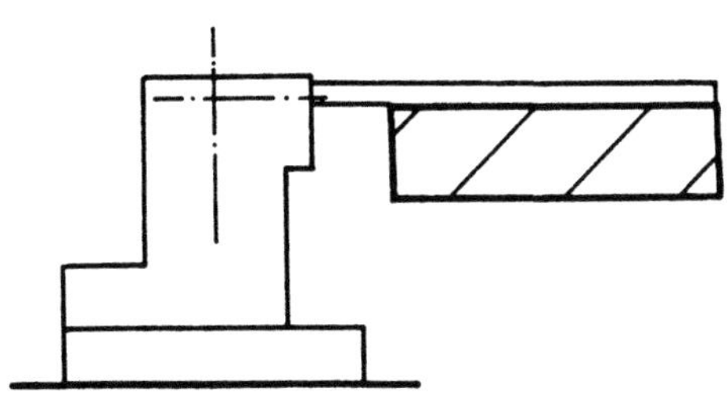

A.58 Hasenclever, MEE300

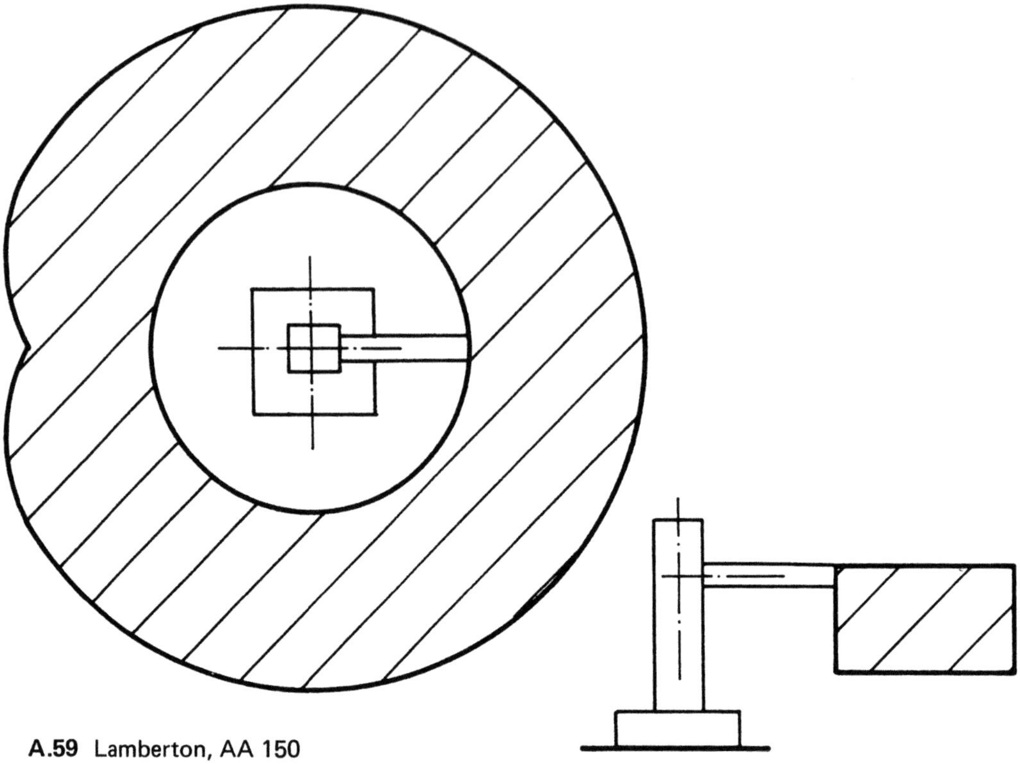

A.59 Lamberton, AA 150

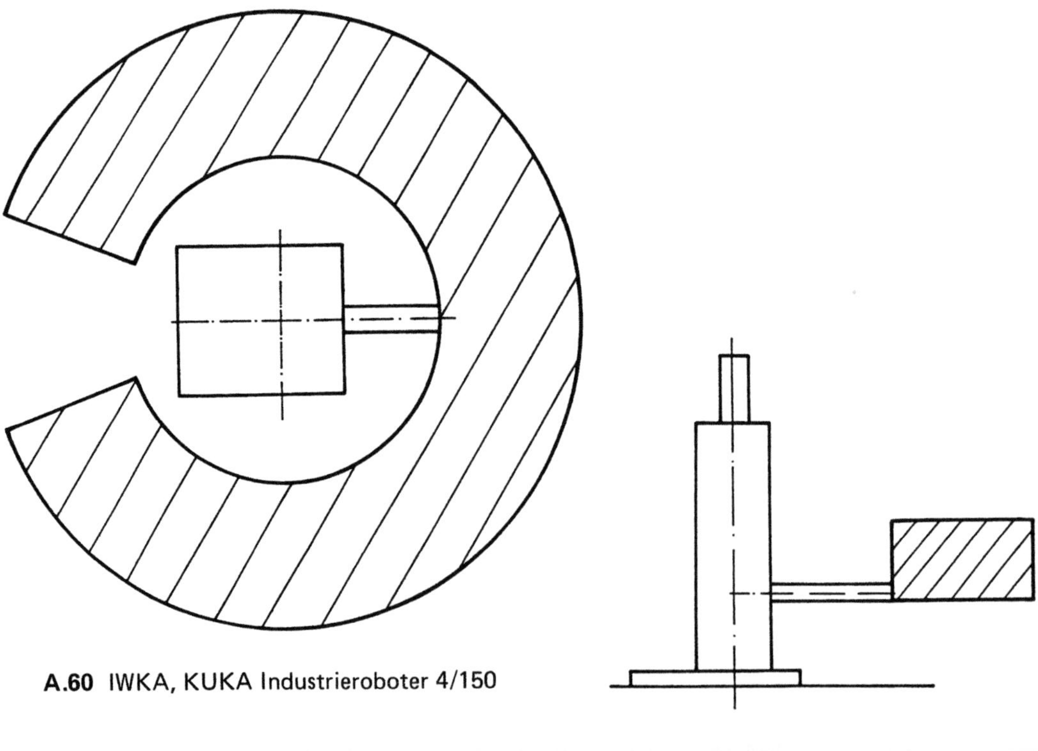

A.60 IWKA, KUKA Industrieroboter 4/150

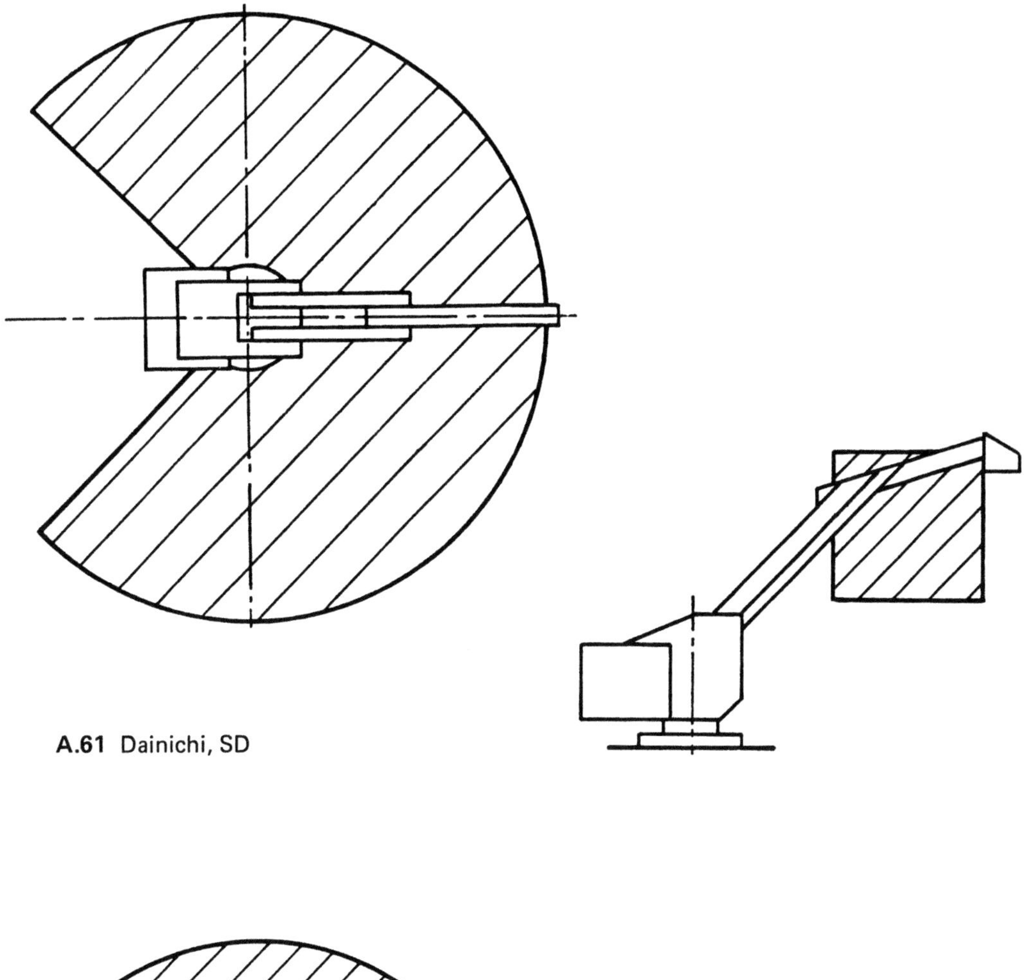

A.61 Dainichi, SD

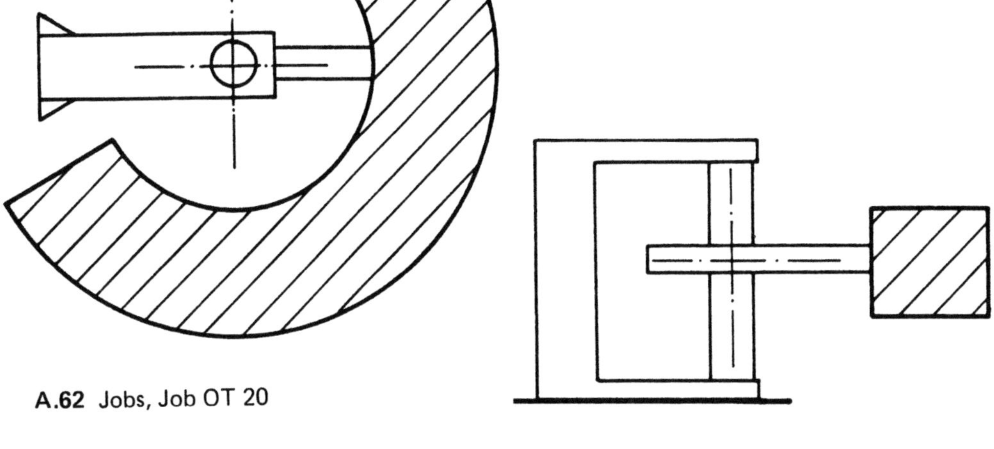

A.62 Jobs, Job OT 20

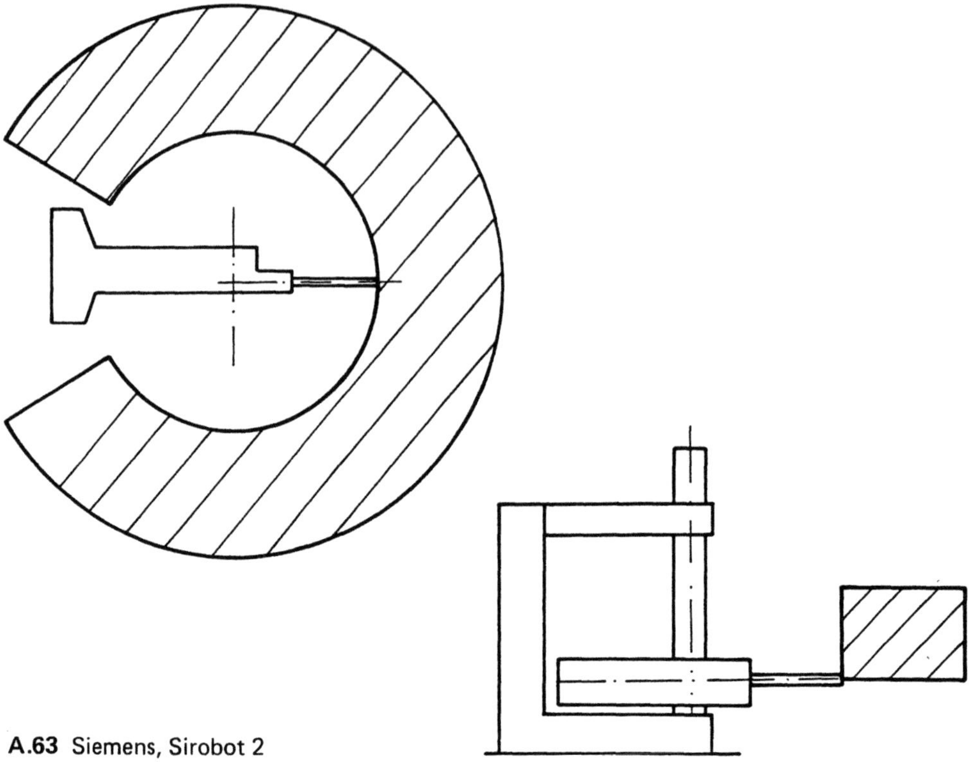

A.63 Siemens, Sirobot 2

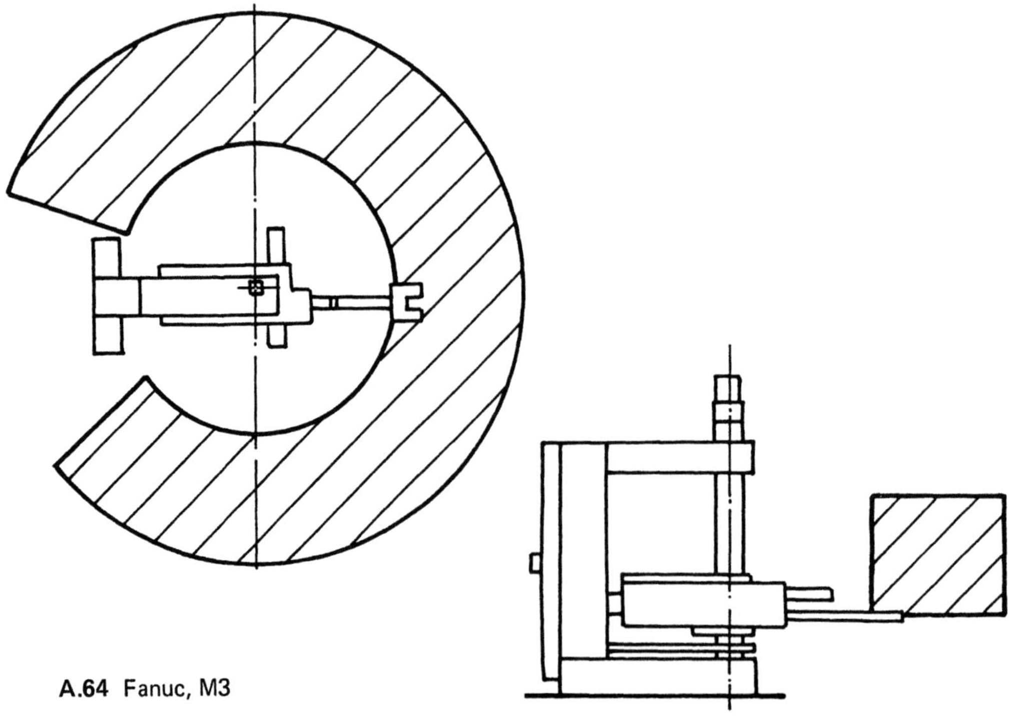

A.64 Fanuc, M3

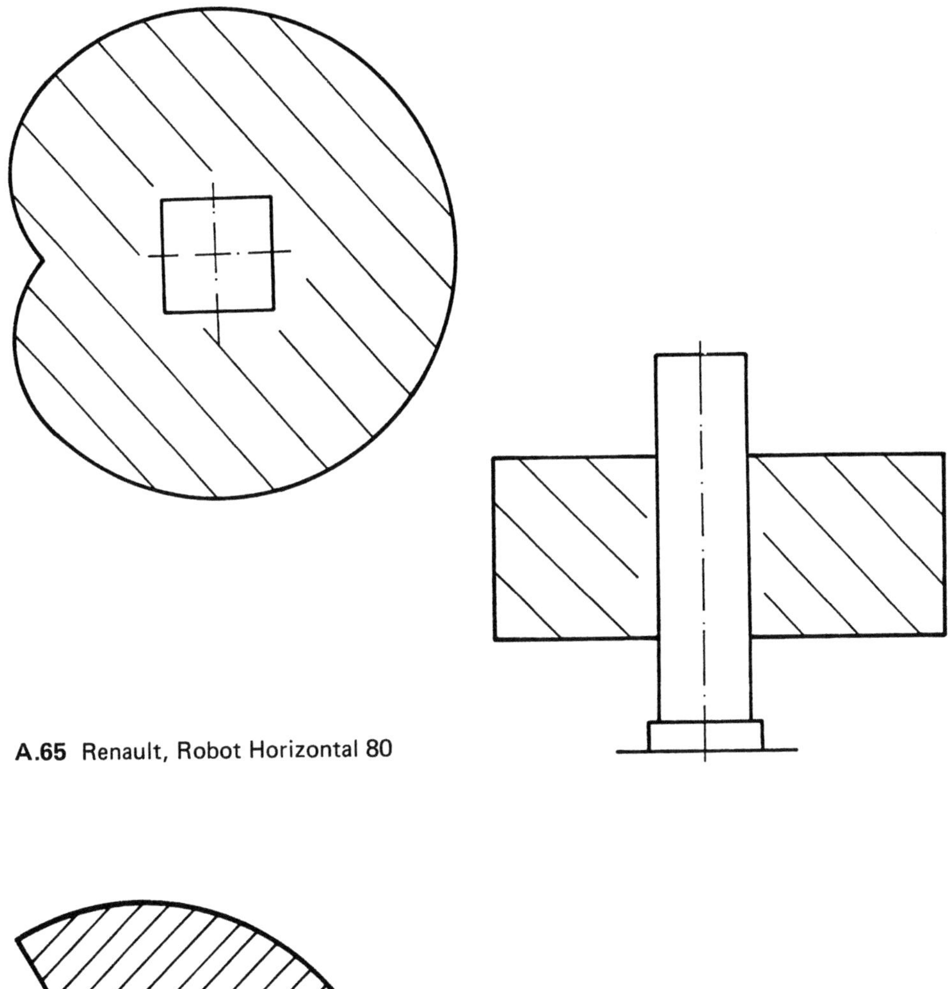

A.65 Renault, Robot Horizontal 80

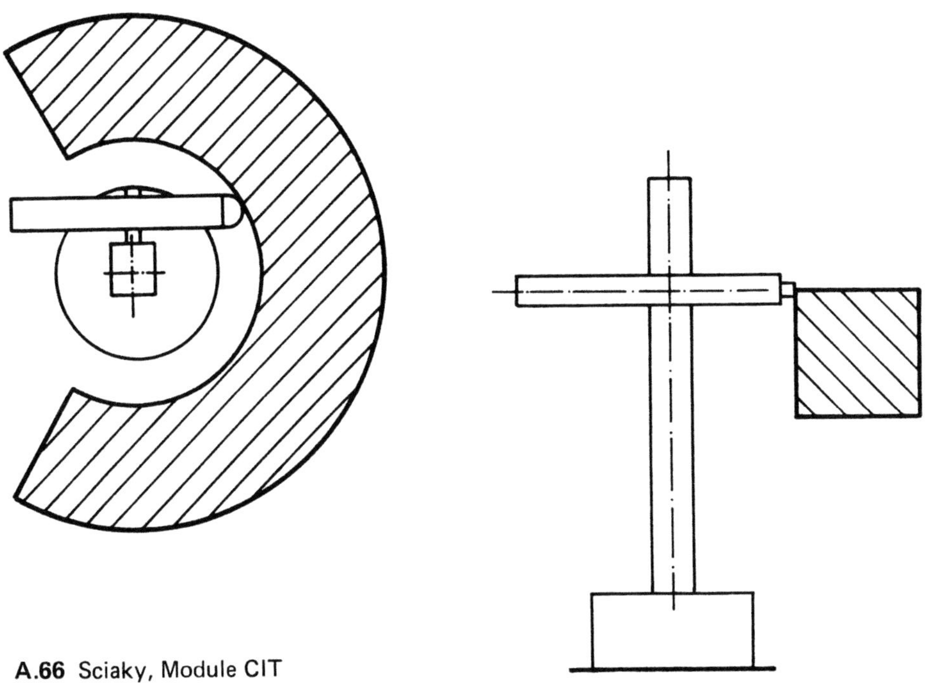

A.66 Sciaky, Module CIT

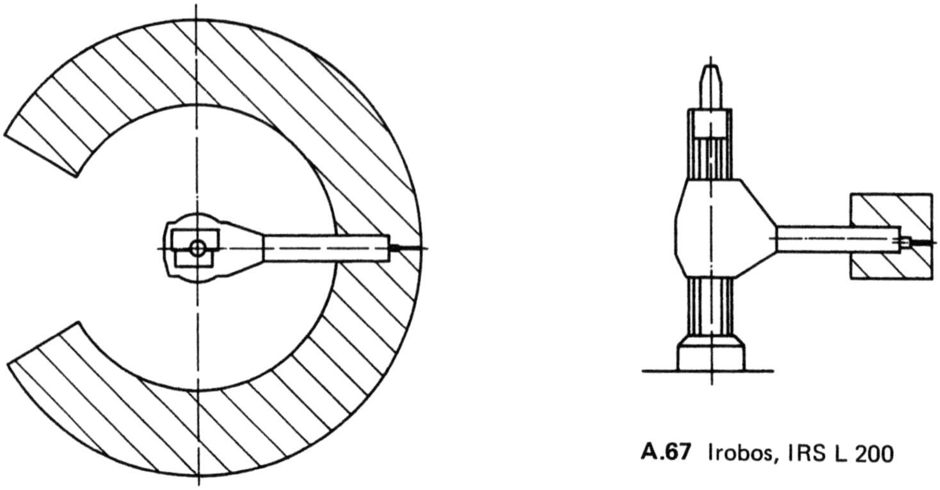

A.67 Irobos, IRS L 200

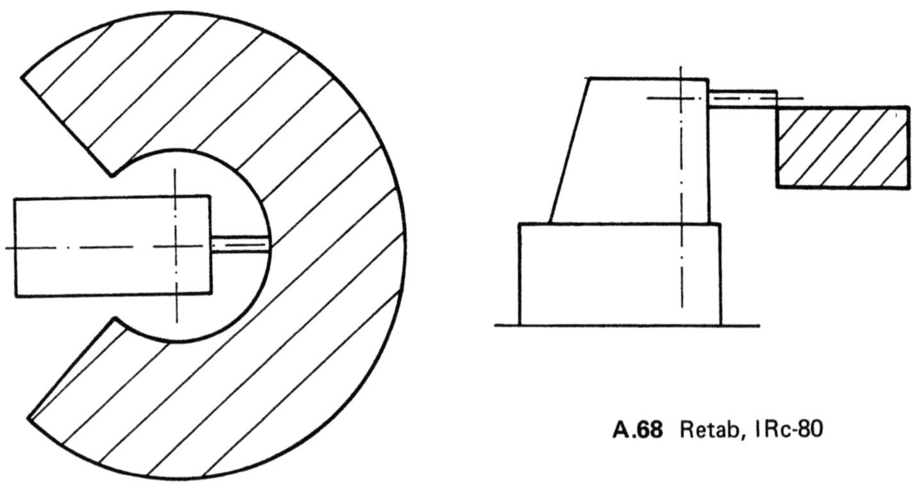

A.68 Retab, IRc-80

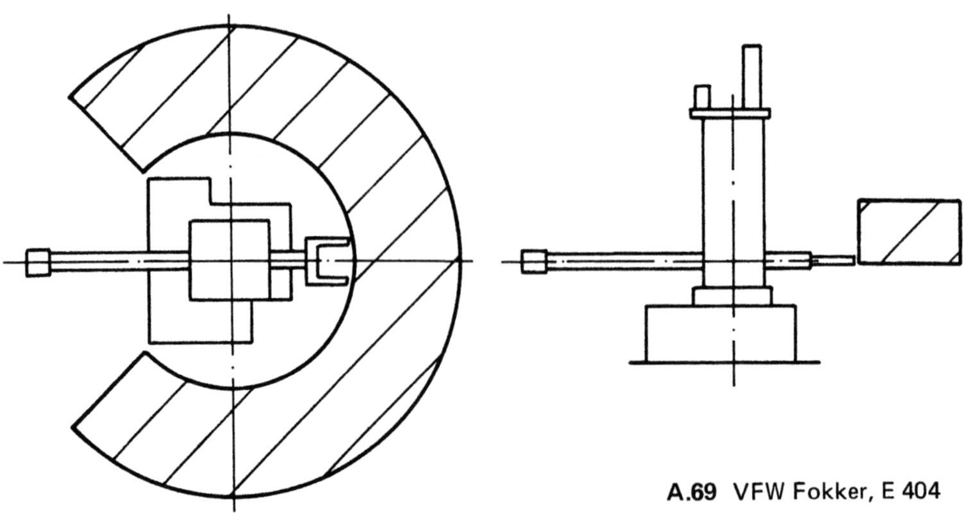

A.69 VFW Fokker, E 404

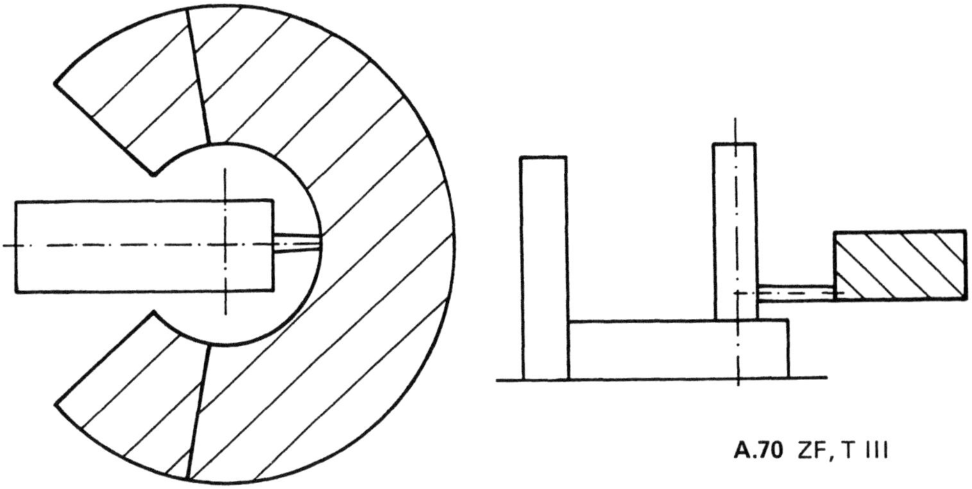

A.70 ZF, T III

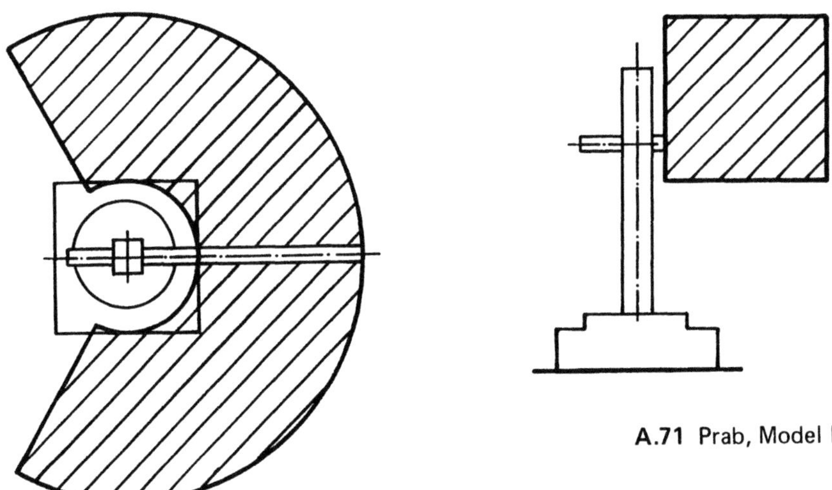

A.71 Prab, Model FC

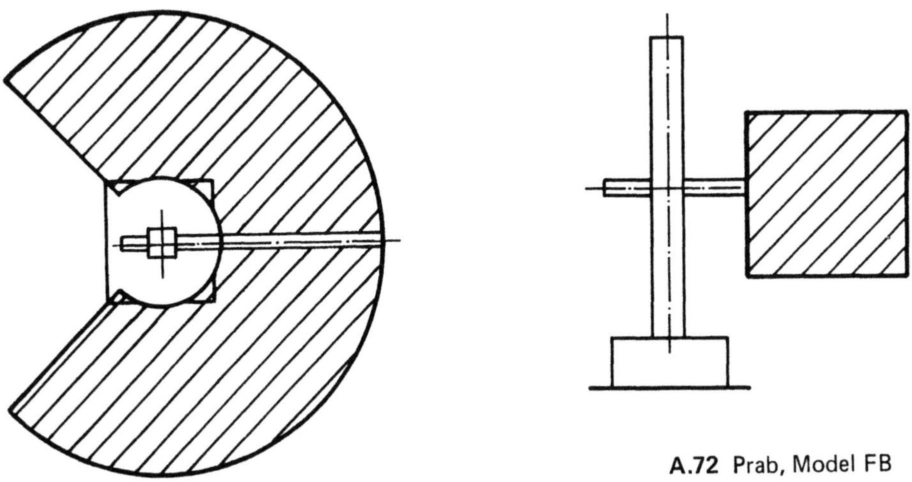

A.72 Prab, Model FB

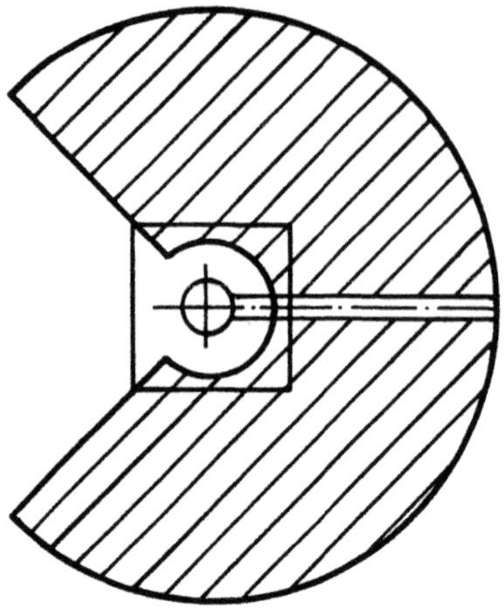
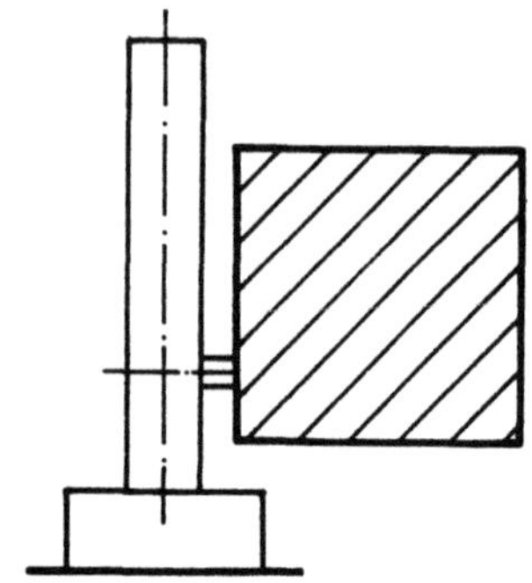

A.73 Prab, Model FA

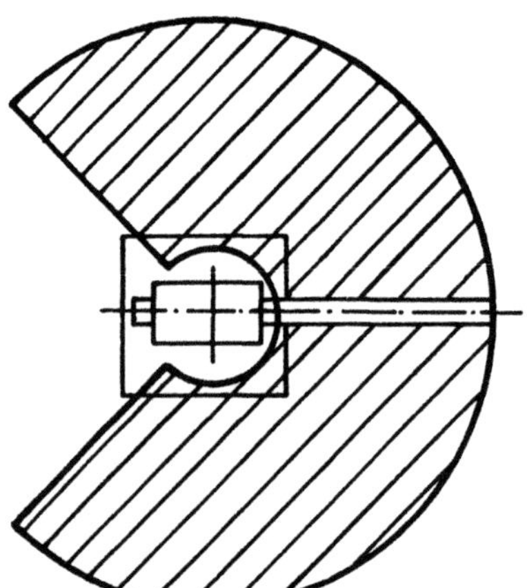
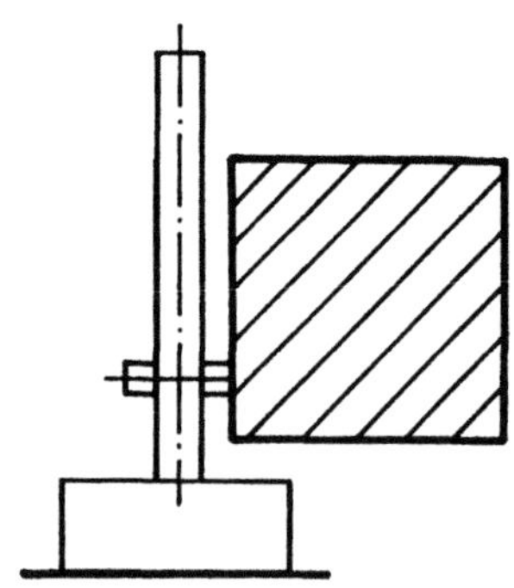

A.74 Prab, Model E

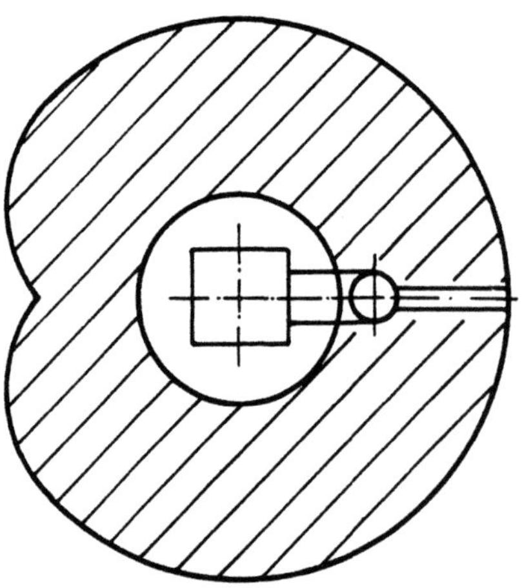
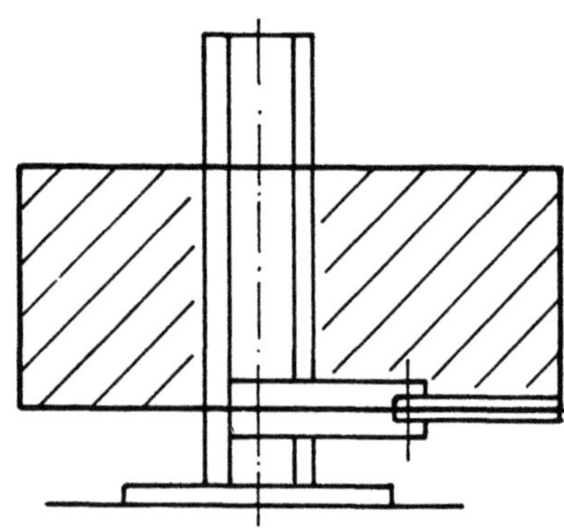

A.75 Acma, Horizon 80

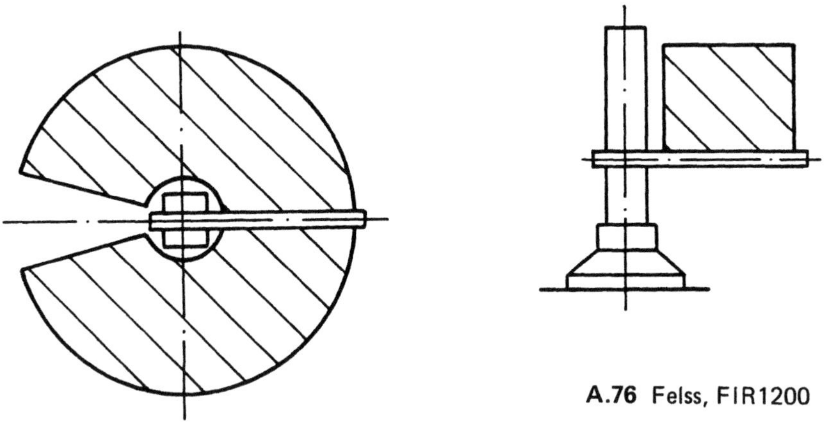

A.76 Felss, FIR1200

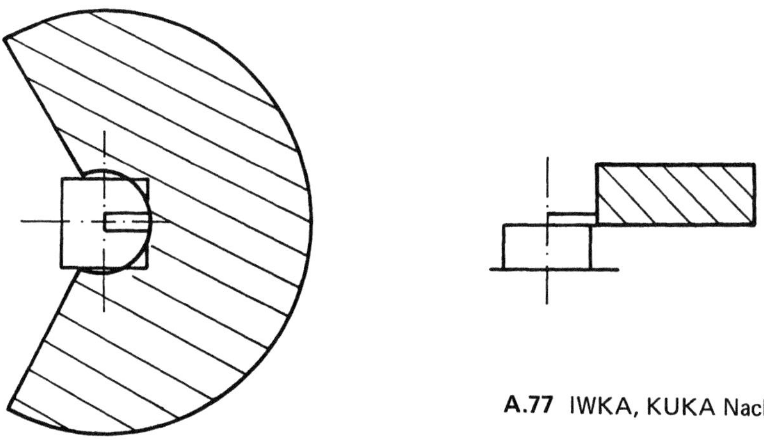

A.77 IWKA, KUKA Nachi 2000

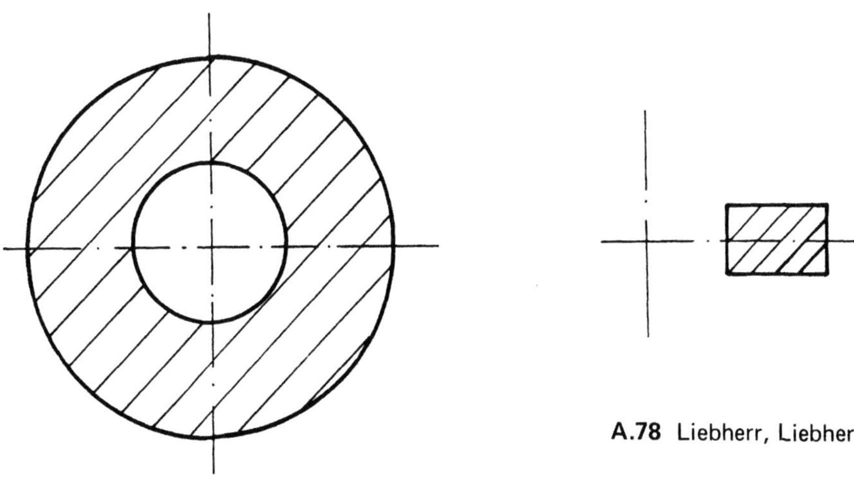

A.78 Liebherr, Liebherr IR

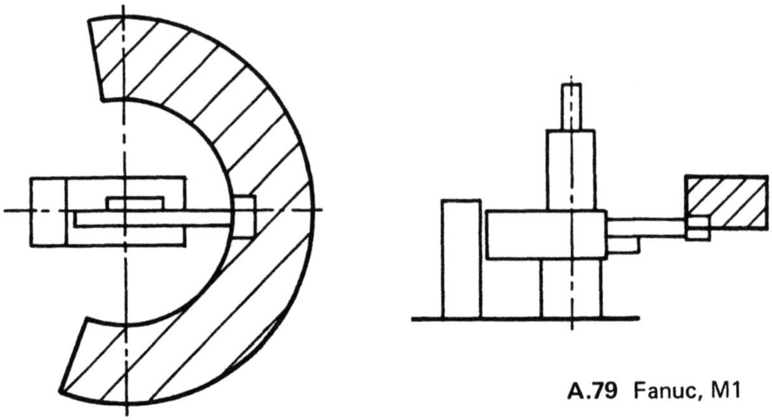

A.79 Fanuc, M1

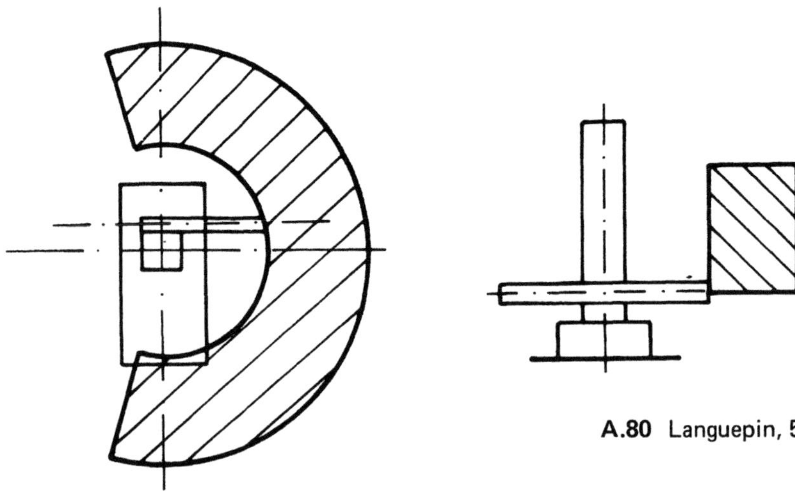

A.80 Languepin, 50PI

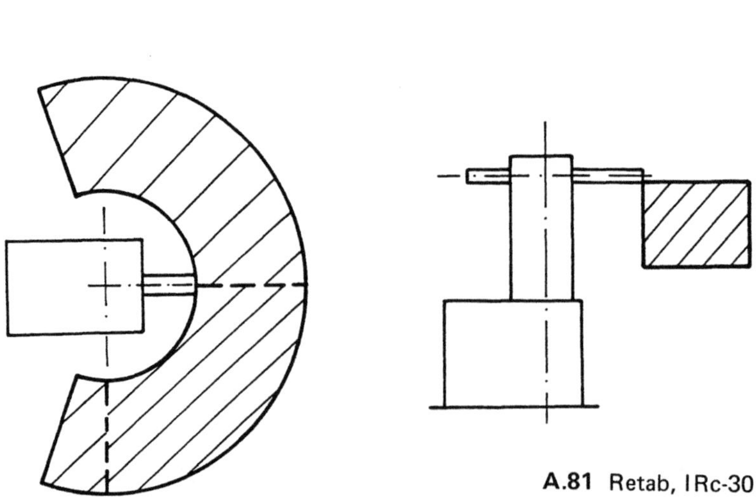

A.81 Retab, IRc-30

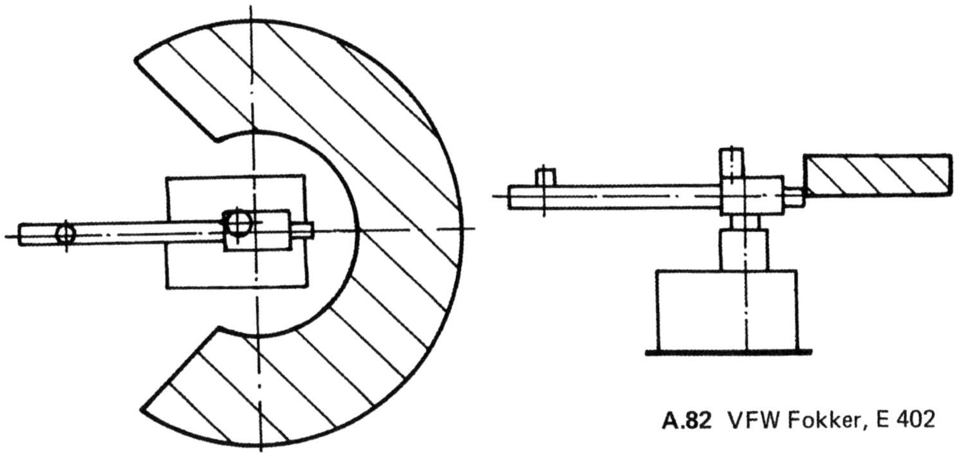

A.82 VFW Fokker, E 402

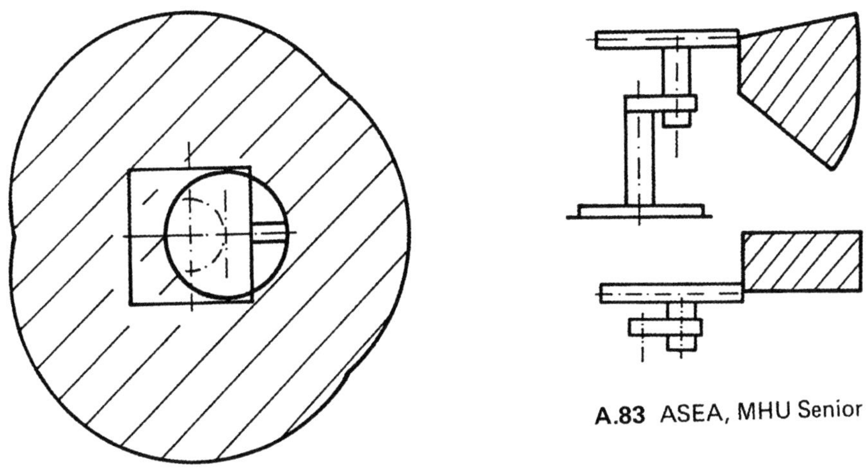

A.83 ASEA, MHU Senior

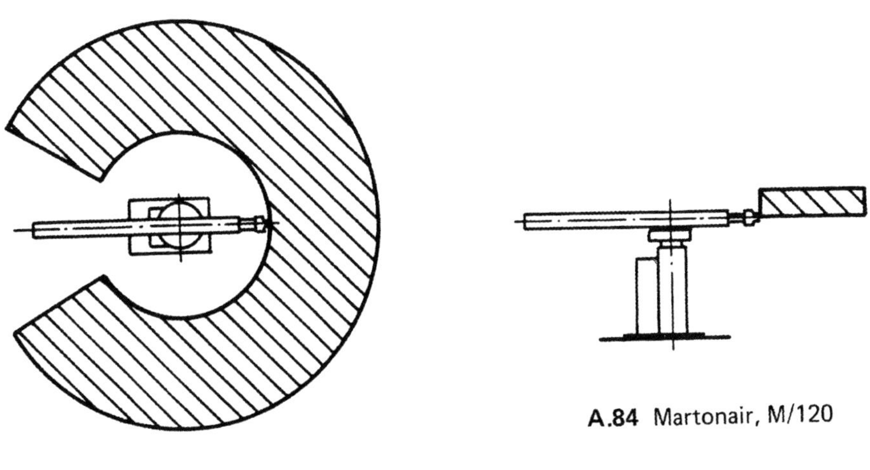

A.84 Martonair, M/120

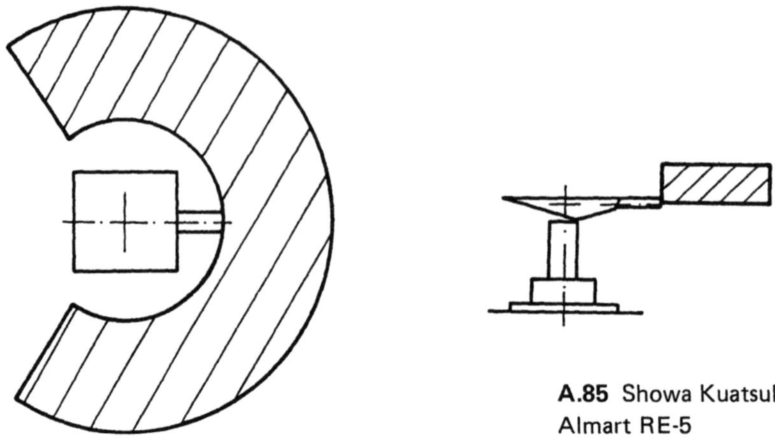

A.85 Showa Kuatsuki, Almart RE-5

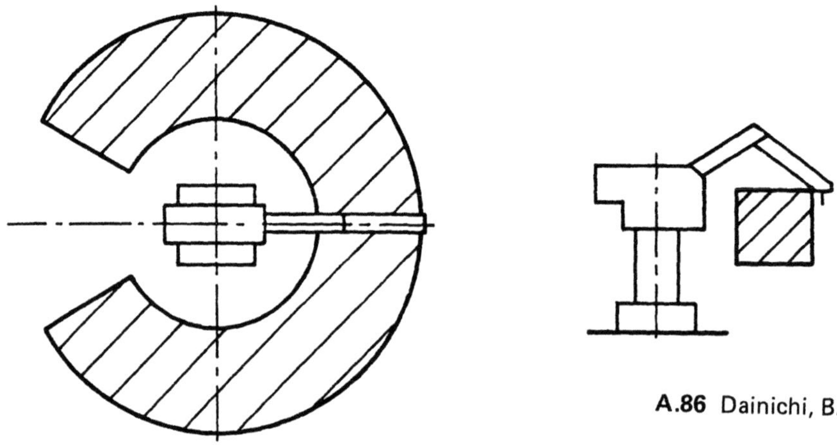

A.86 Dainichi, BA 1440

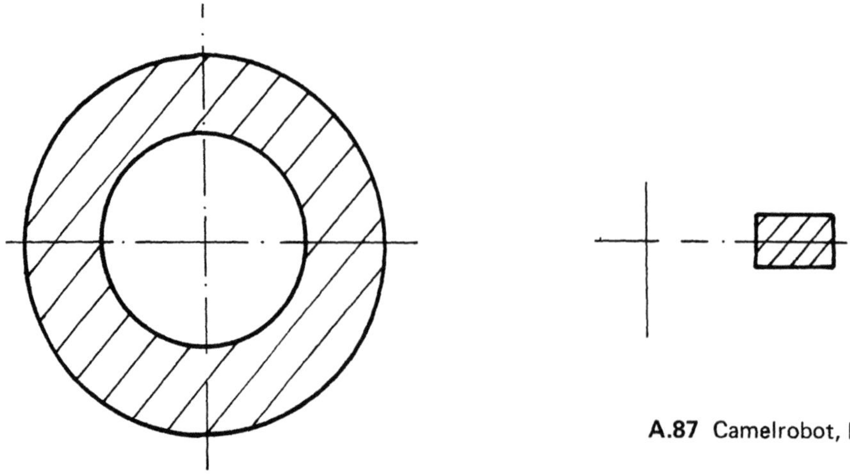

A.87 Camelrobot, PO-1

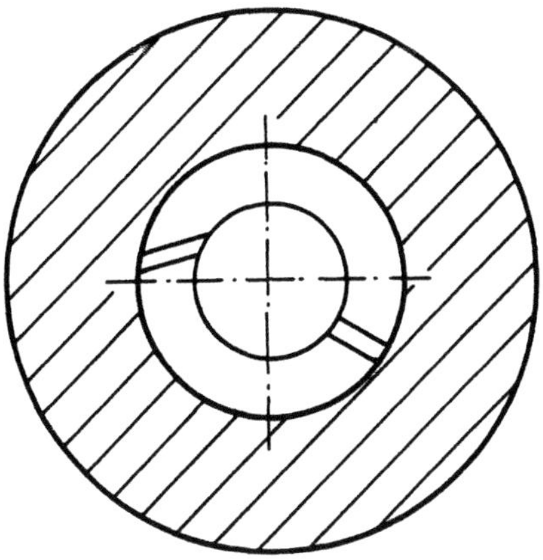
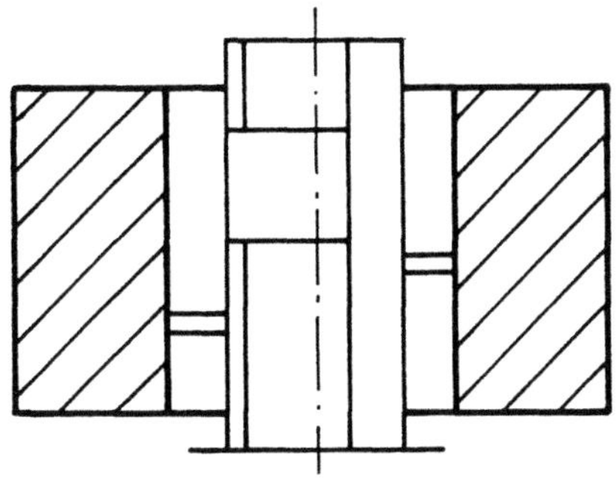

A.88 Bowe, BOR II

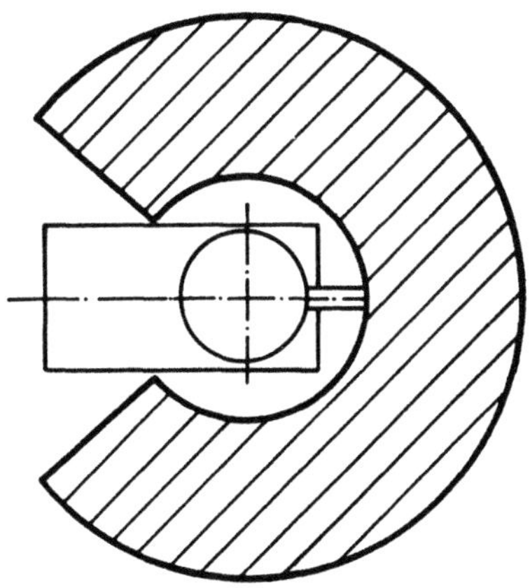
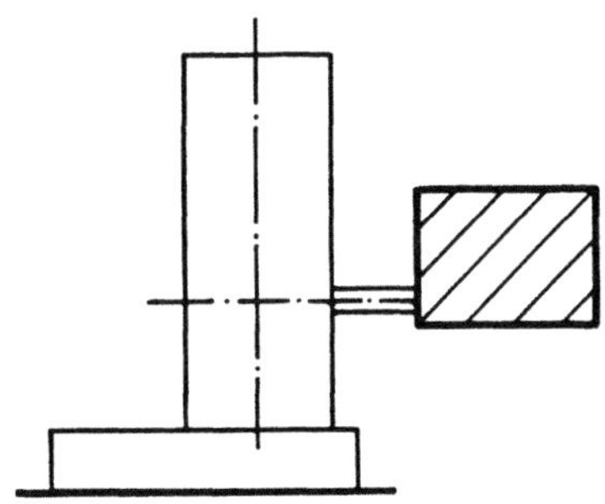

A.89 ZF, T III L

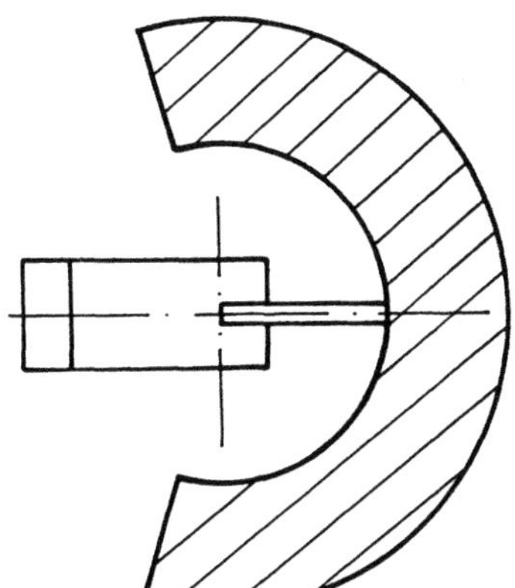
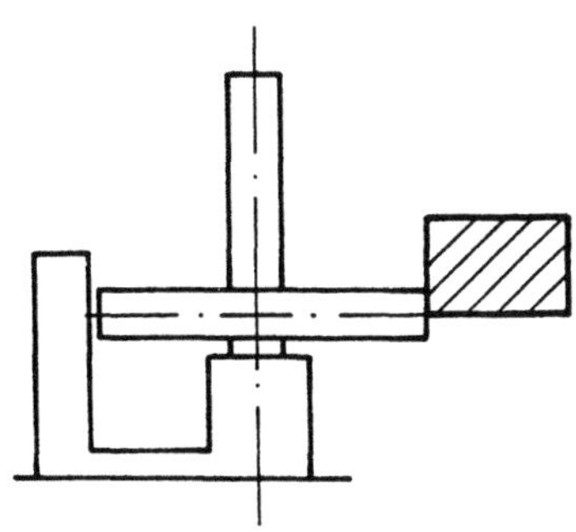

A.90 Siemens, Sirobot 1

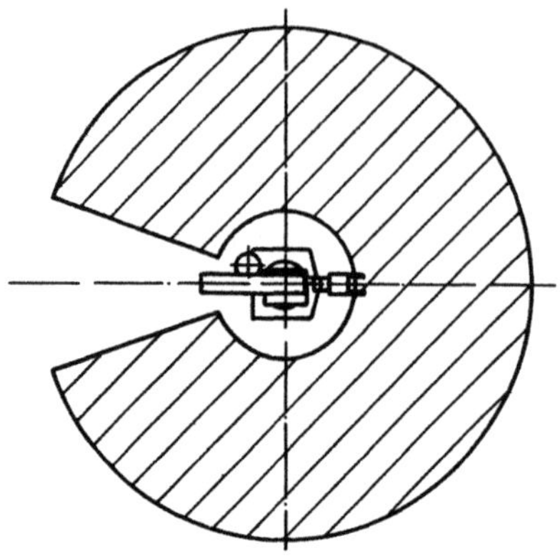
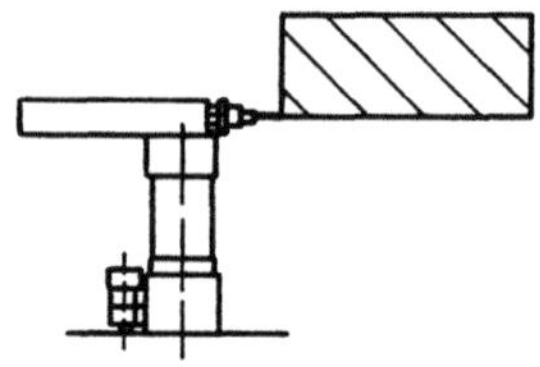

A.91 Felss, Universal

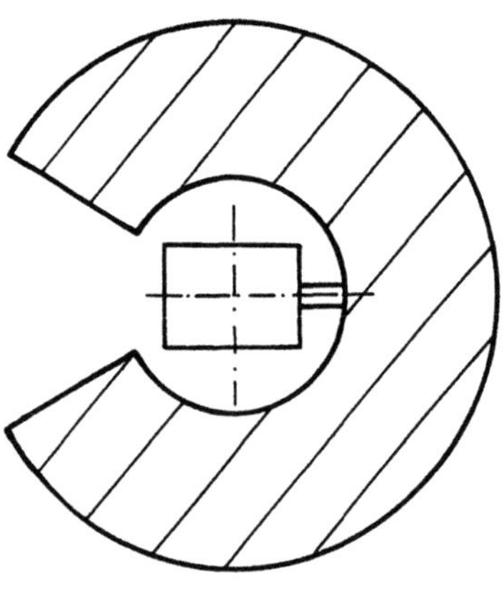
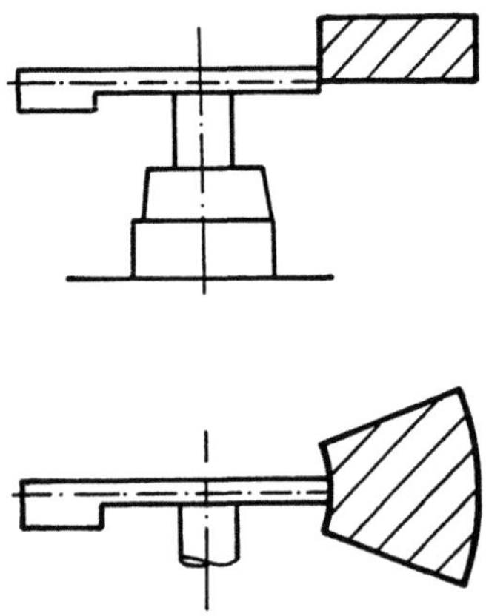

A.92 Siemens, Siemens Industrieroboter

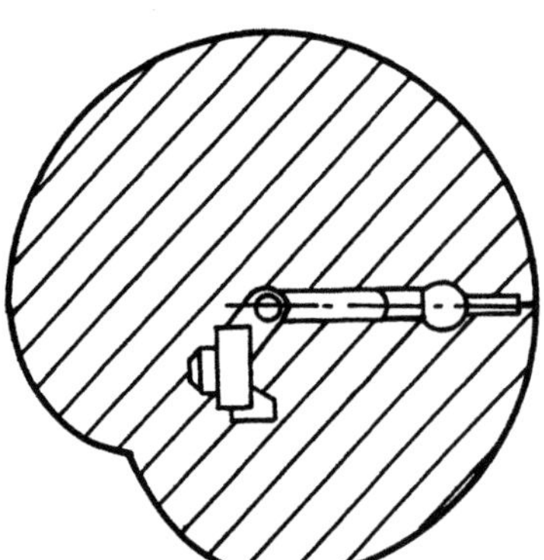
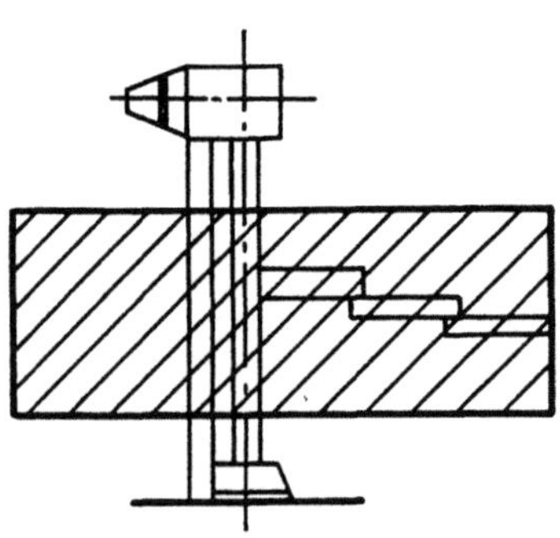

A.93 Reis, Robot 650

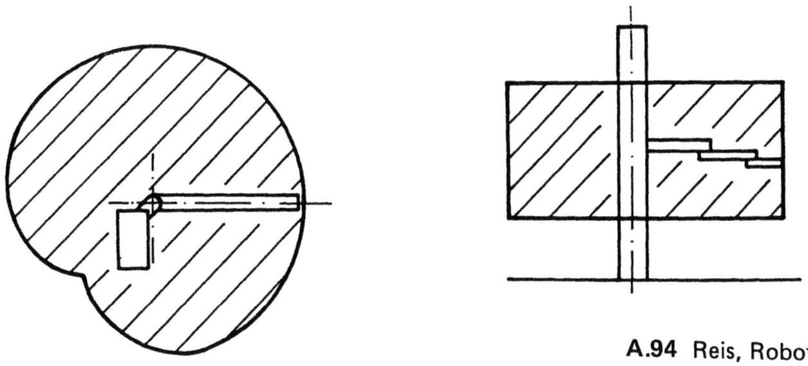

A.94 Reis, Robot 1212

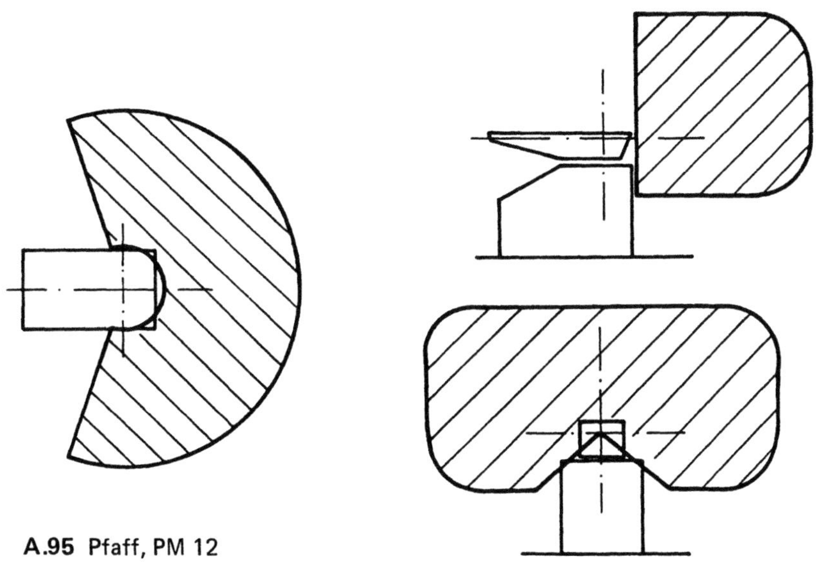

A.95 Pfaff, PM 12

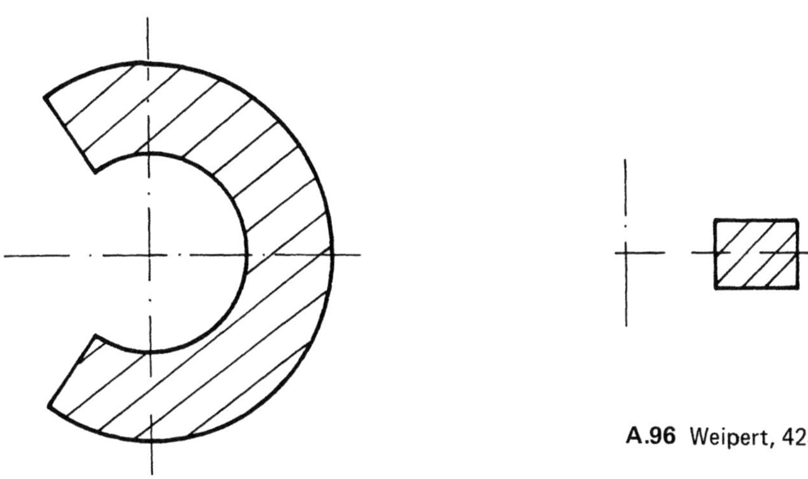

A.96 Weipert, 4234

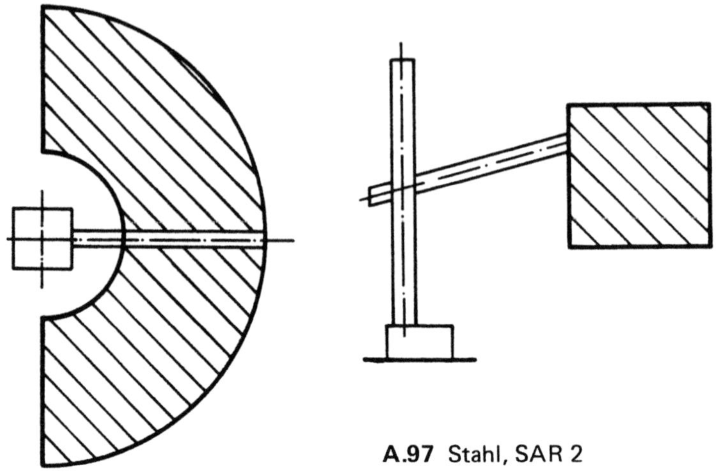

A.97 Stahl, SAR 2

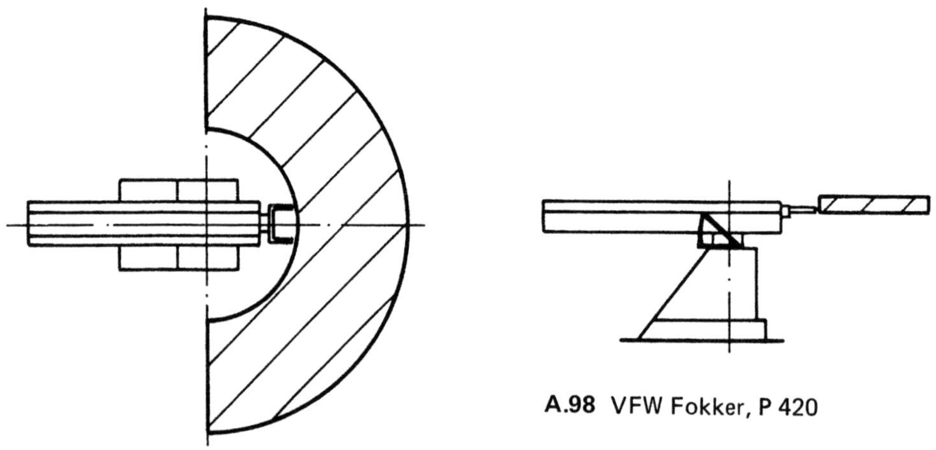

A.98 VFW Fokker, P 420

A.99 ZF, S II

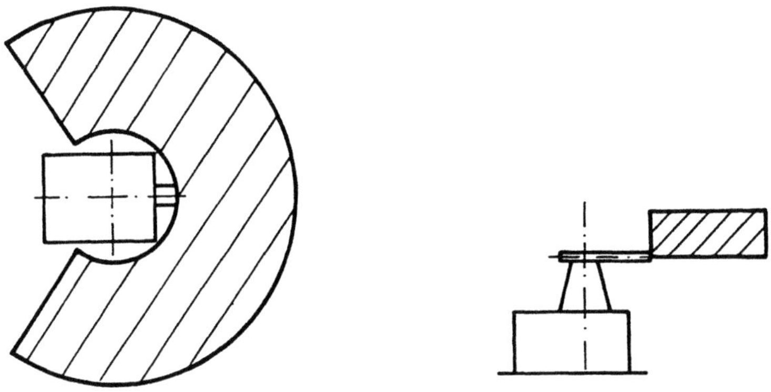

A.100 VFW Fokker (Hoykenkamp Japan), Transferomat E (Almart)

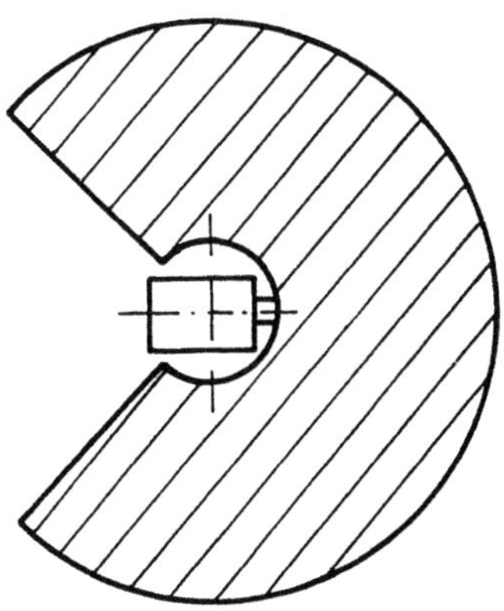

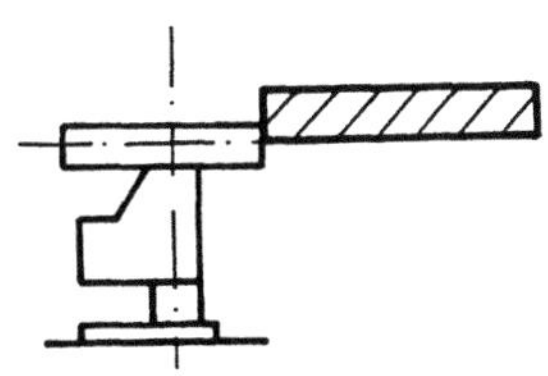

A.101 Kaufeldt, A3

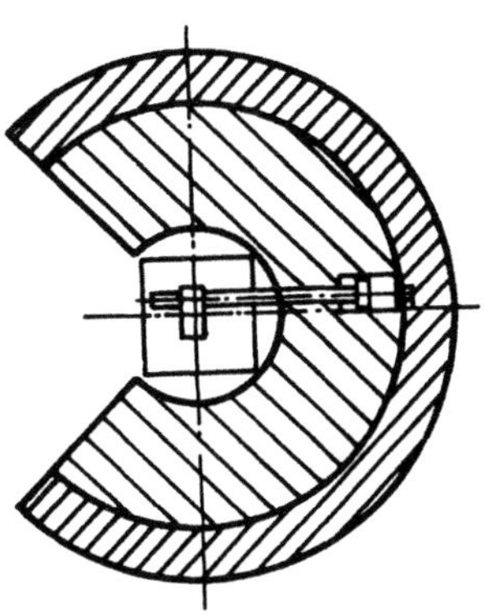

A.102 Wabco, Wabcomat

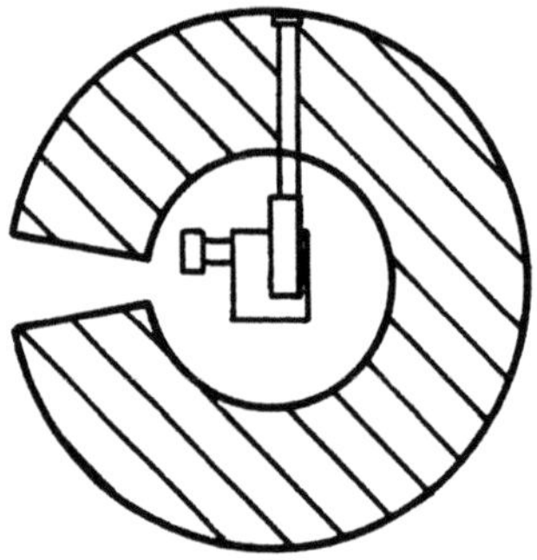
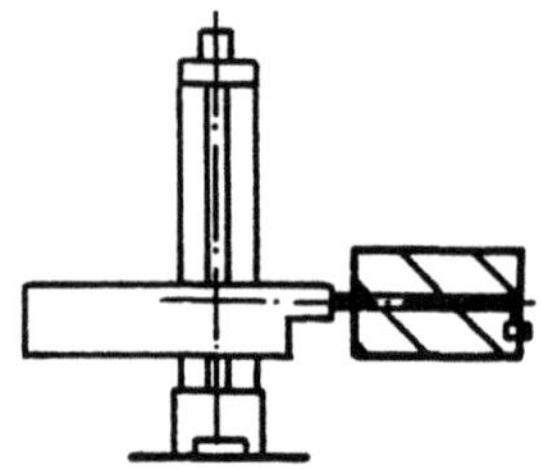

A.103 Fraser, FR 200-3

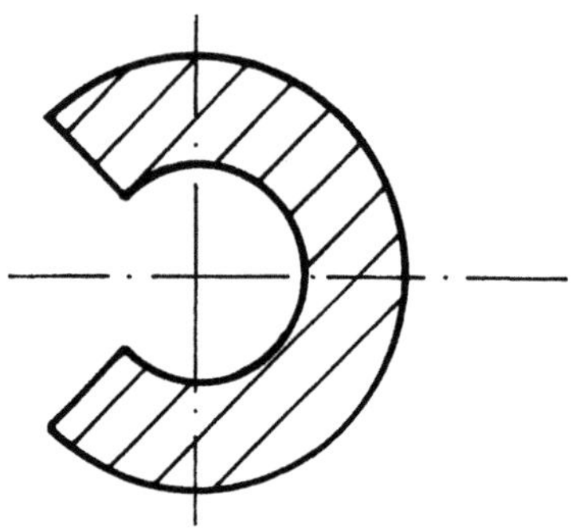
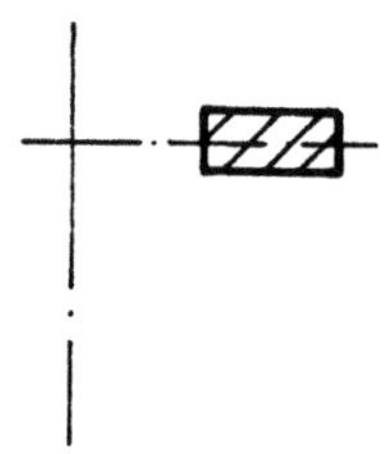

A.104 British United, USM Robot

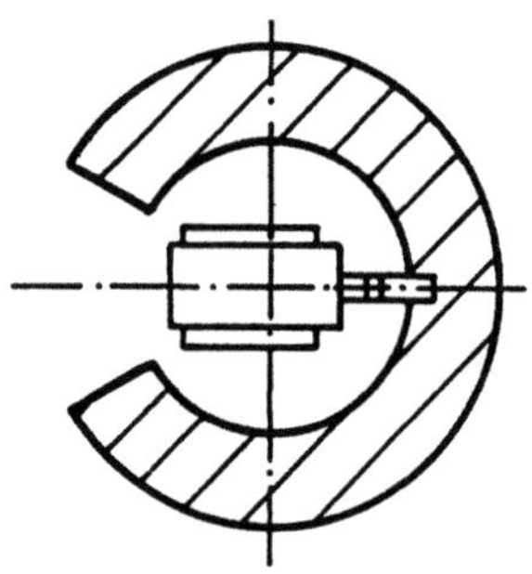
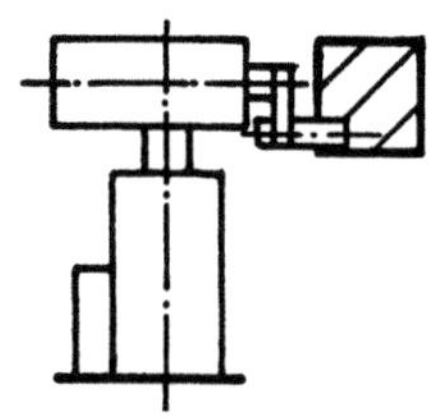

A.105 Fanuc, A1

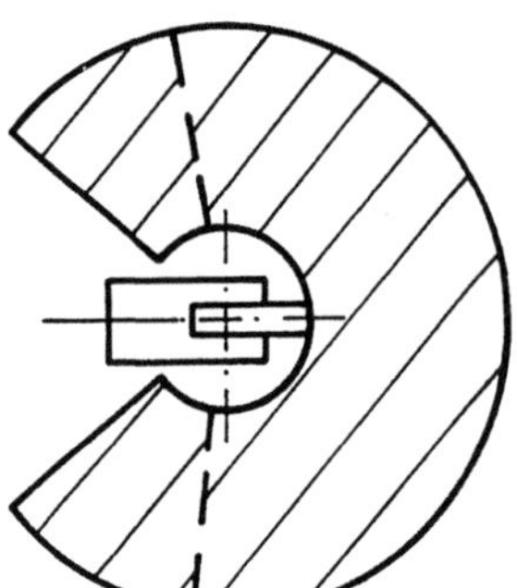
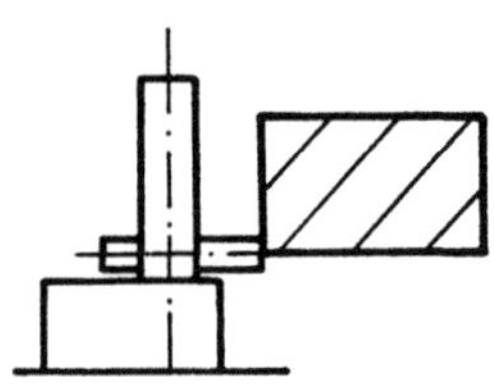

A.106 ZF/Herion Systemtechnik, Ogland, Move-O-Matic

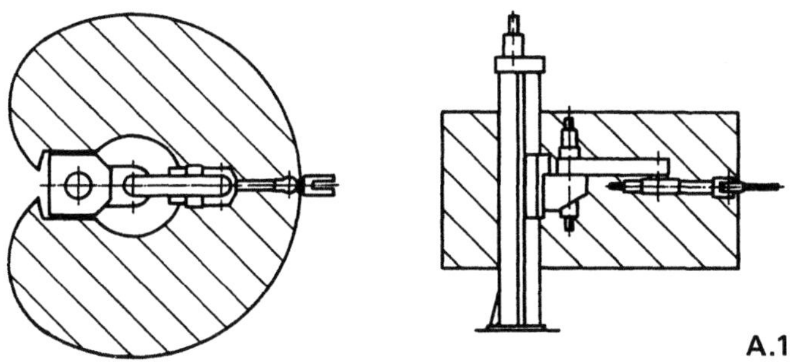

A.107 Reis, RR-H15

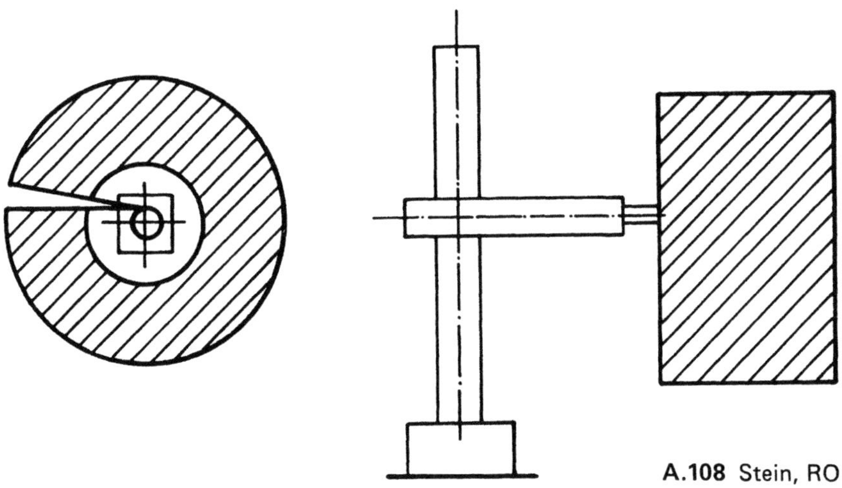

A.108 Stein, RO

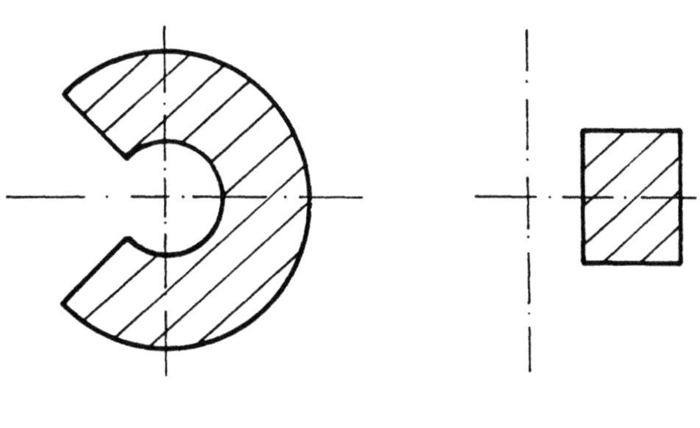

A.109 Hawker Siddley, Versatran 500 P/C

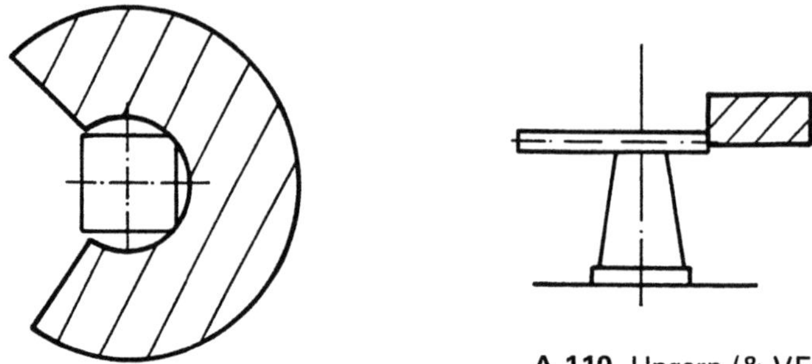

A.110 Ungarn (& VEB Dresden), FER 7.5

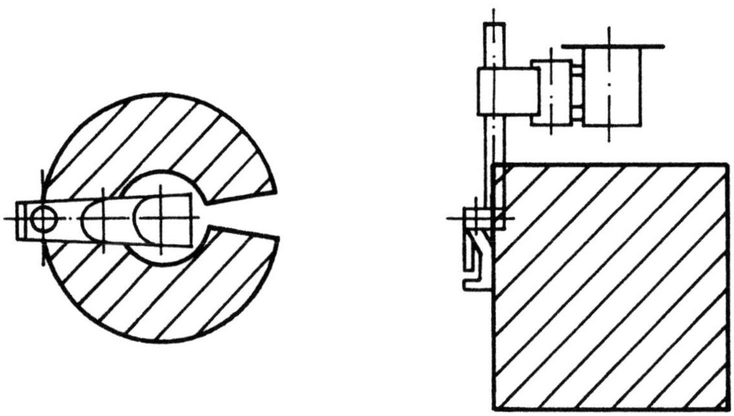

A.111 Nimak, Niko 500

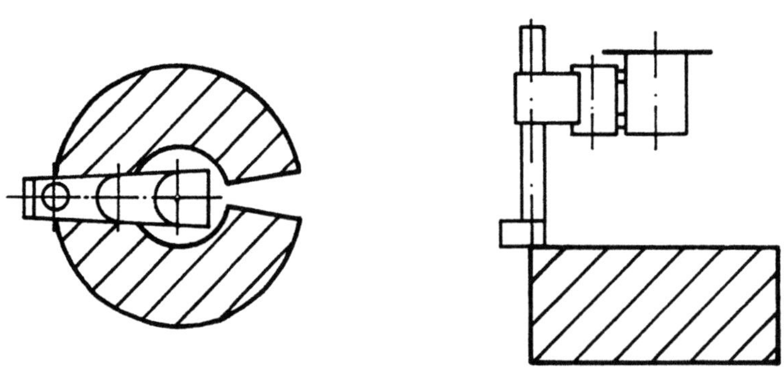

A.112 Nimak, Niko 100

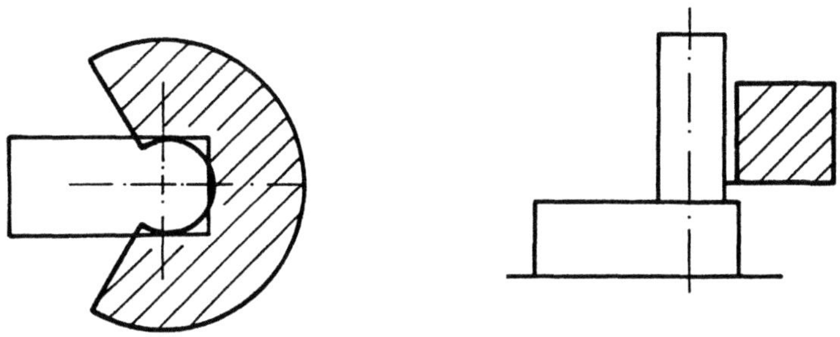

A.113 IWKA, KUKA Nachi 1000

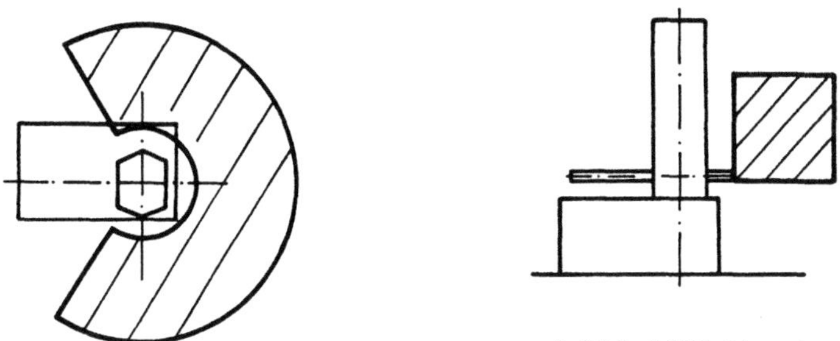

A.114 AMF, Versatran E 302

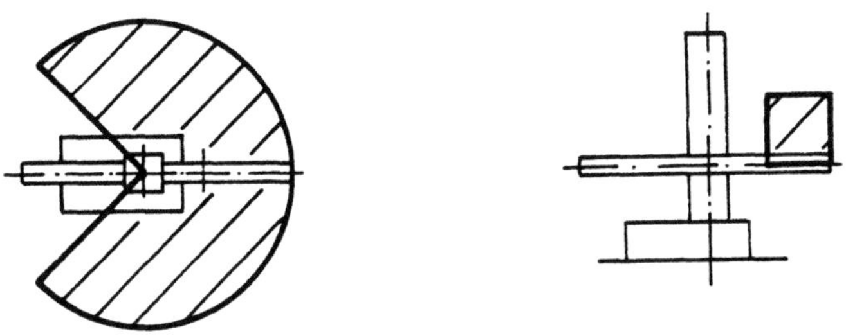

A.115 Acma, TH 8

A.116 GCA, DKP550

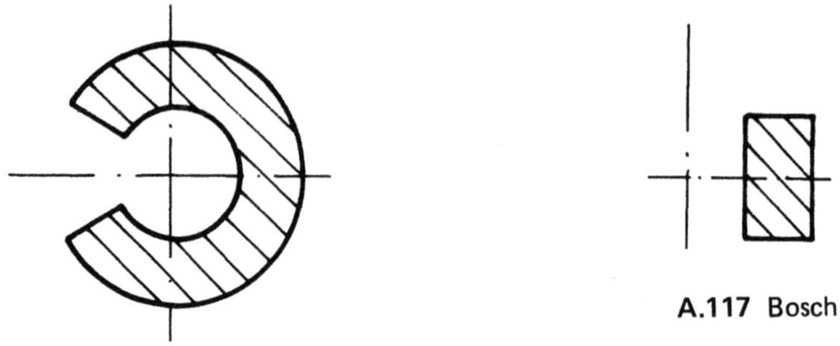

A.117 Bosch, HH-Module Z

A.118 Koenig Automation, Roboka 151 A

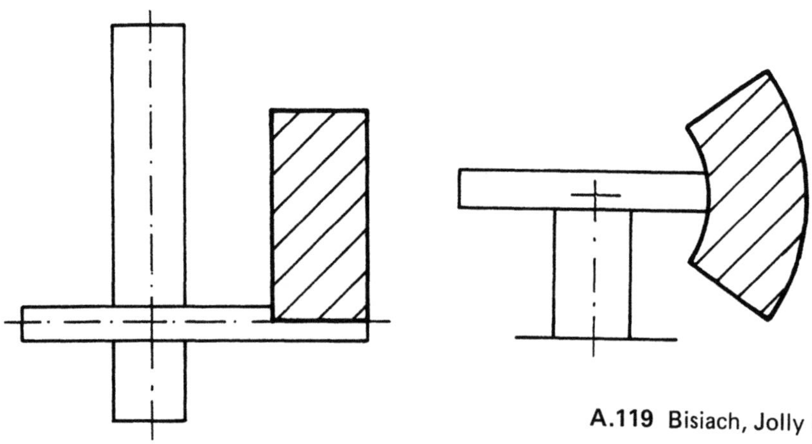

A.119 Bisiach, Jolly 80

A.120 Fanuc, A0

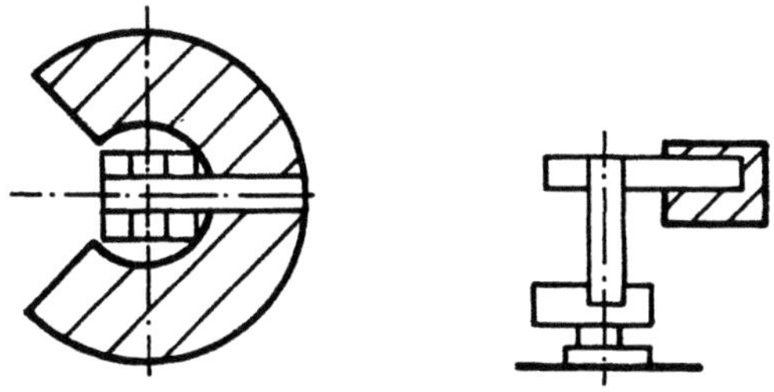

A.121 Dainichi, PT550

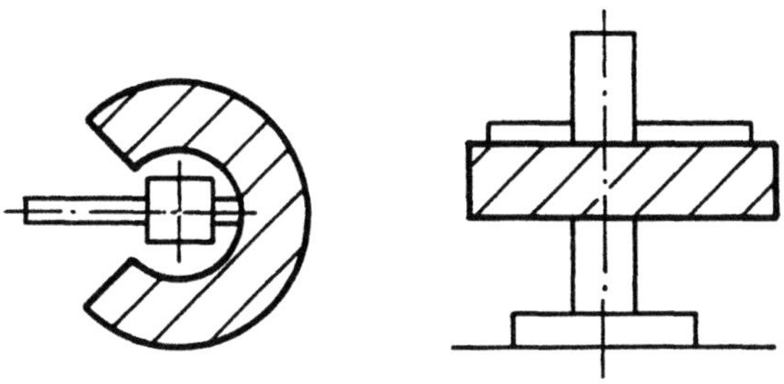

A.122 De-Sta-Co, Destacomat

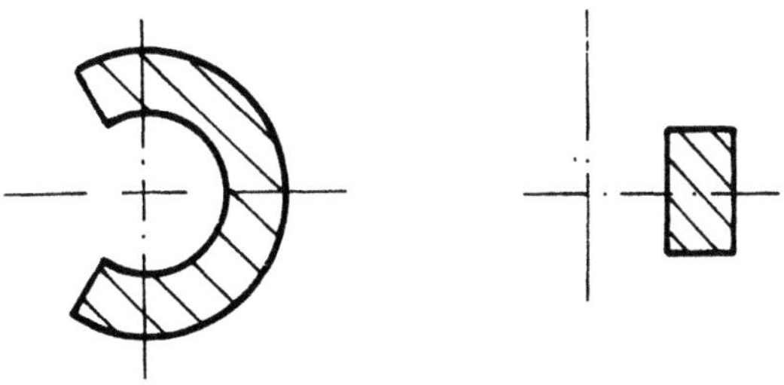

A.123 Norda, PTP 3-256-P

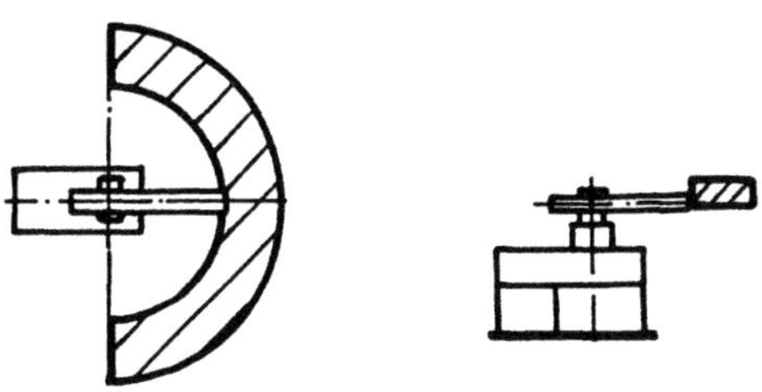

A.124 Felss, FE 30

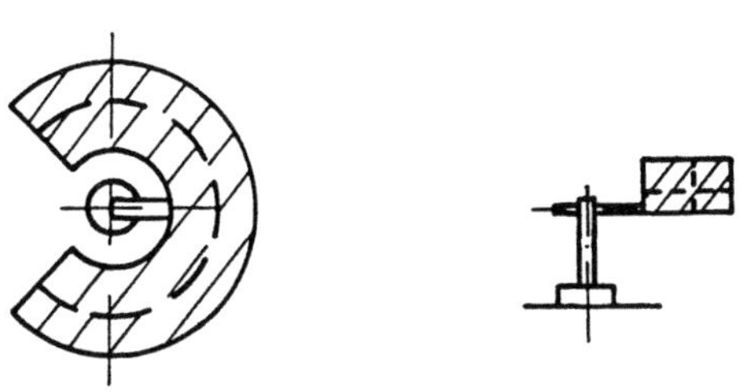

A.125 ZF, Minimater

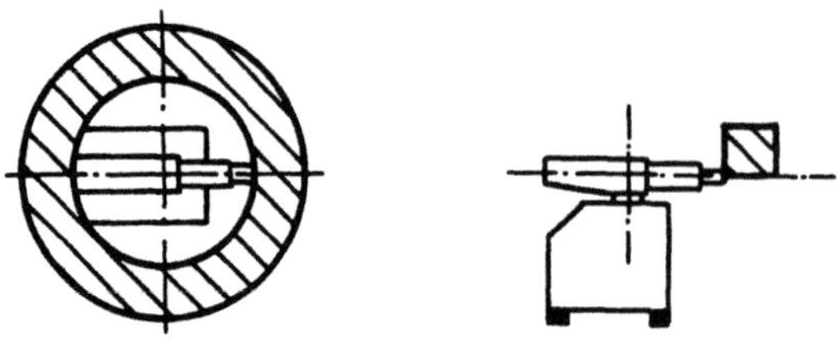

A.126 Fibro, Fibromanta

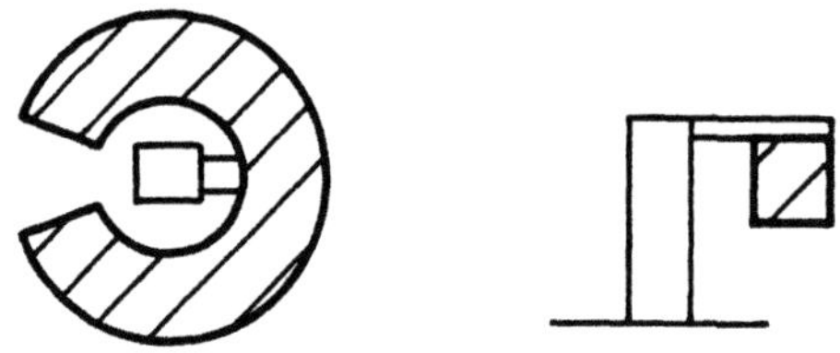

A.127 GW-Elektro, MMS

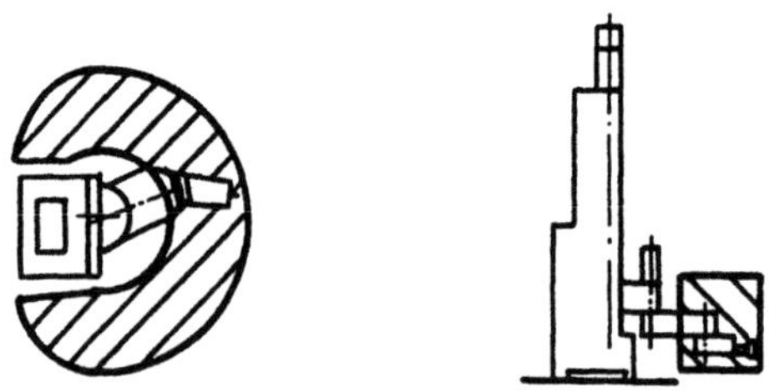

A.128 Fraser, FR 300-3

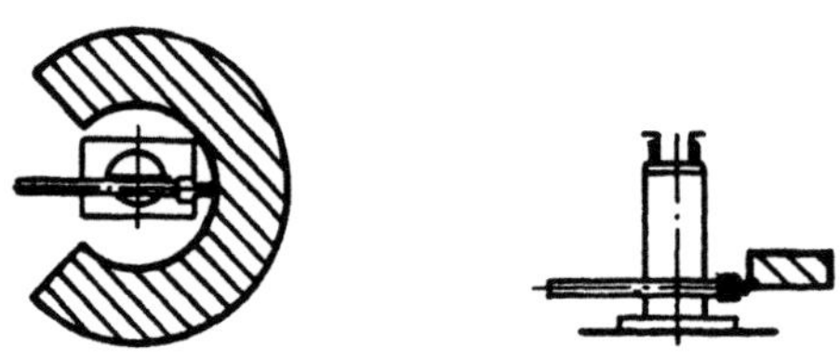

A.129 Martonair, M/35 P (E)

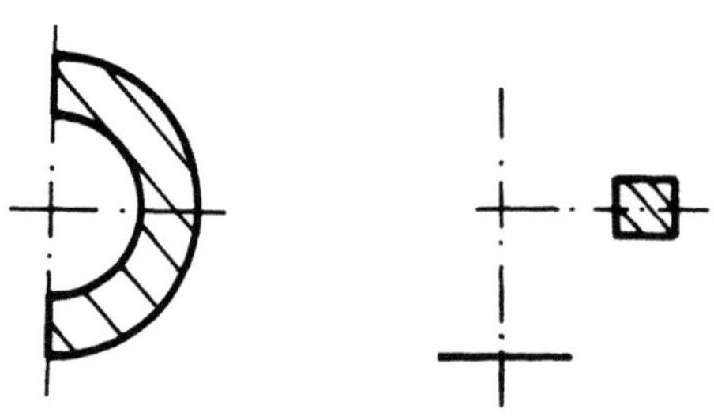

A.130 Prometag, PR-5

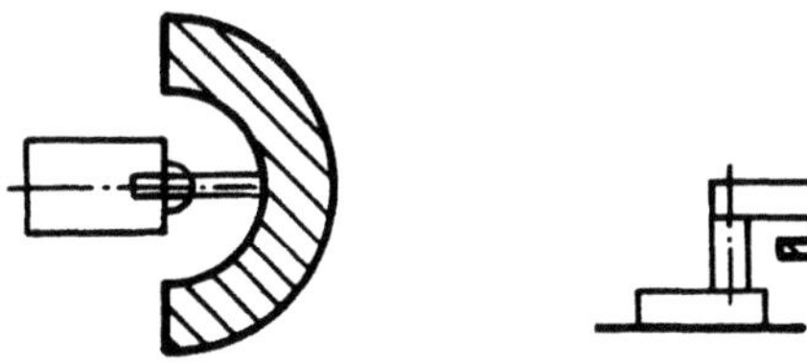

A.131 Prima Prog, Speedy

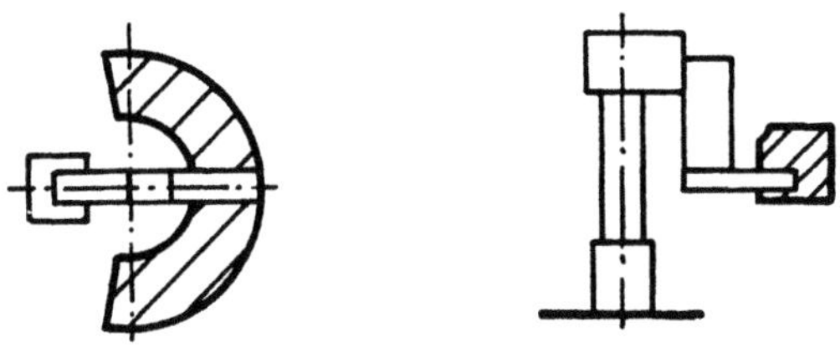

A.132 Dainichi, PT500

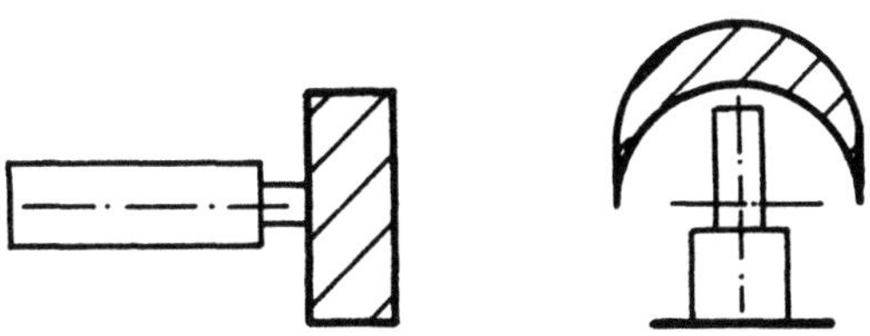

A.133 Ikegai, L-Robo

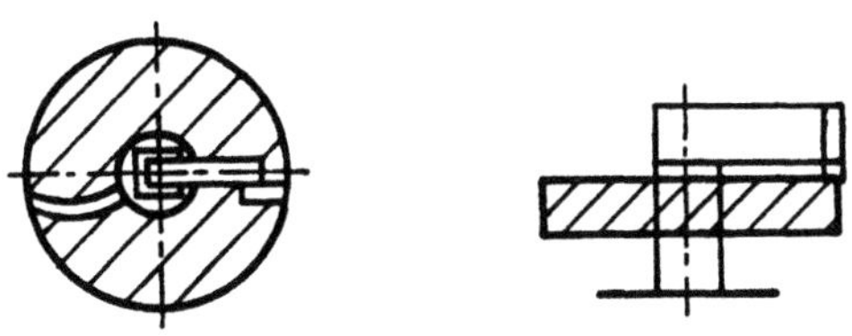

A.134 Mantec, h5

A.135 ASEA, MHU Junior 305

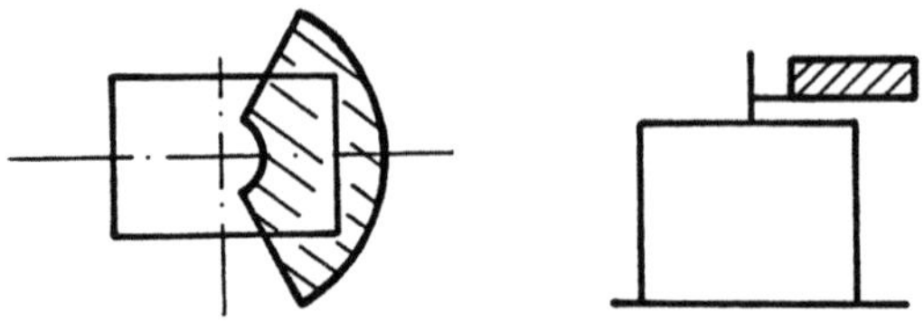

A.136 IWKA, Aida Autohand

A.137 Fraser, FR 400-3

A.138 Schubert, SNC IR 1

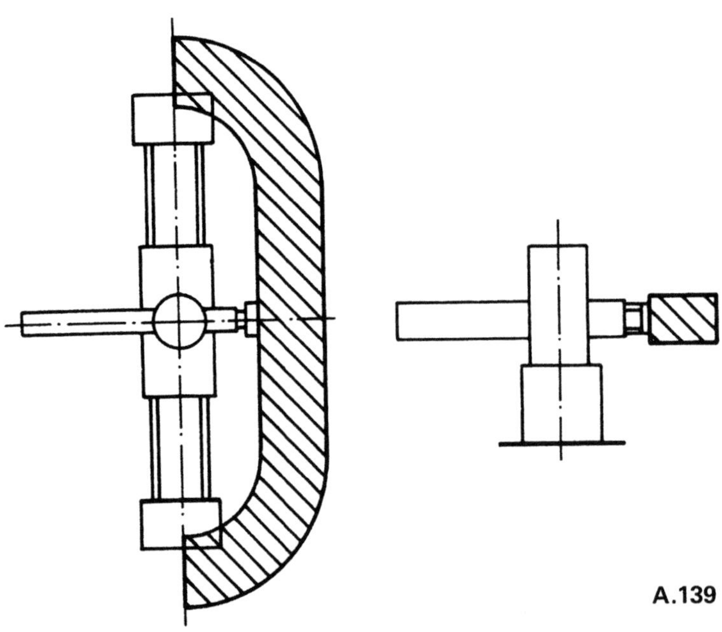

A.139 Camelrobot, HO-1

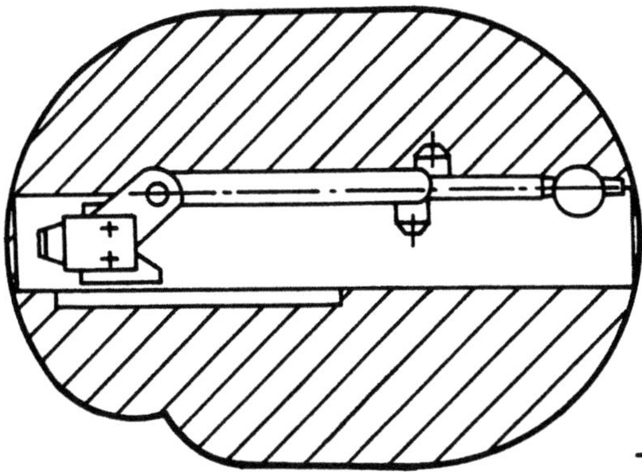

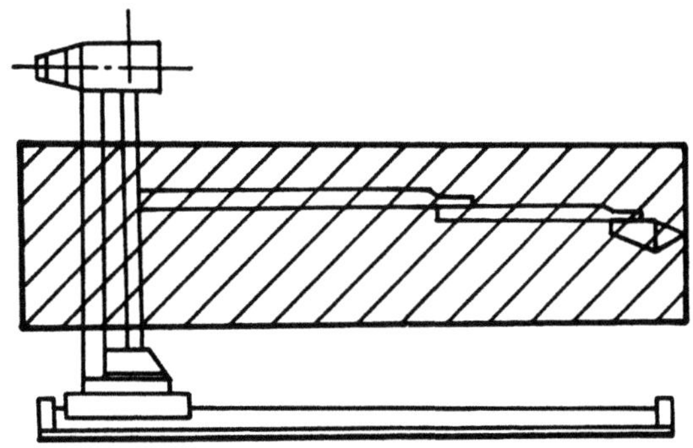

A.140 Reis, RR 625

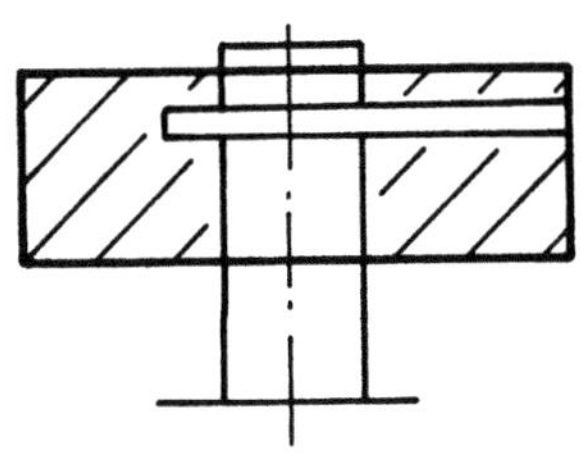

A.141 Bowe, BOR I

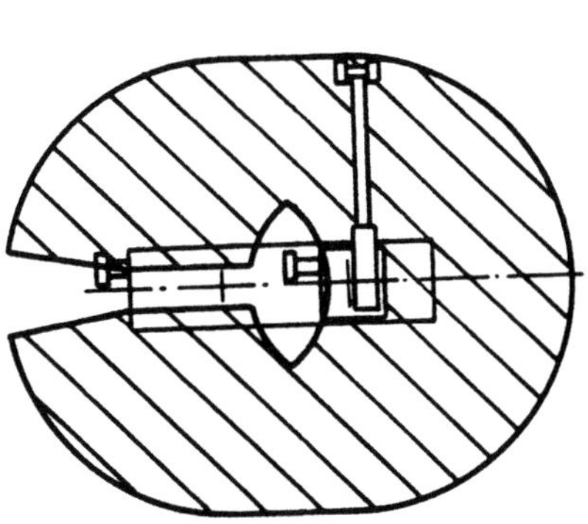

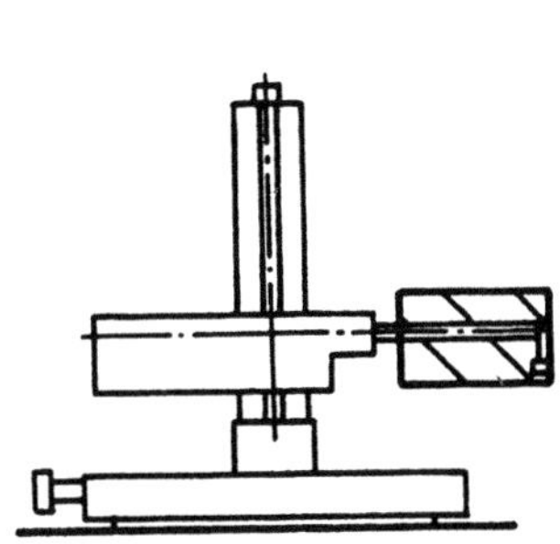

A.142 Fraser, FR 200-4

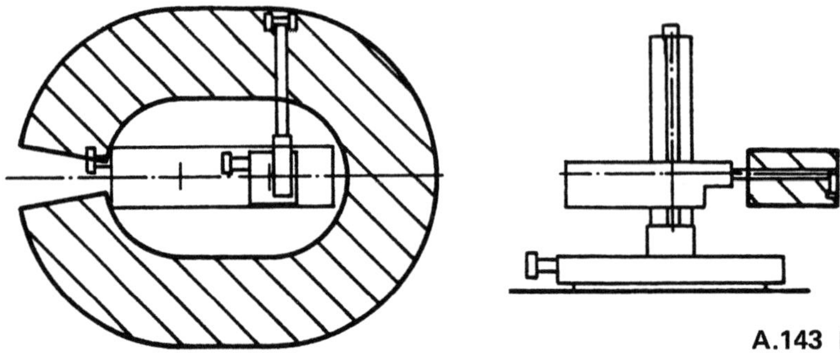

A.143 Fraser, FR 200-4L

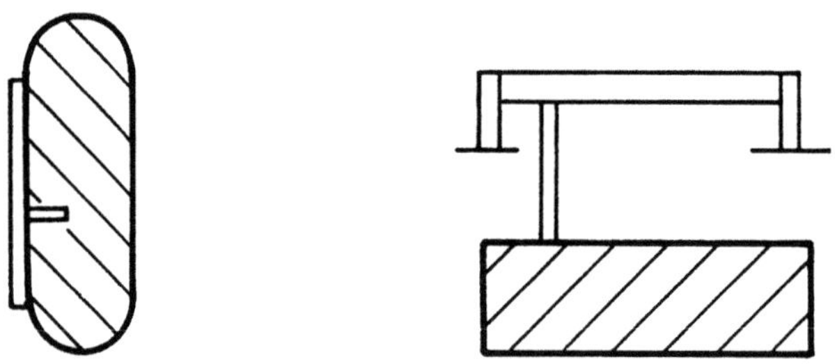

A.144 Bowe, BOR III

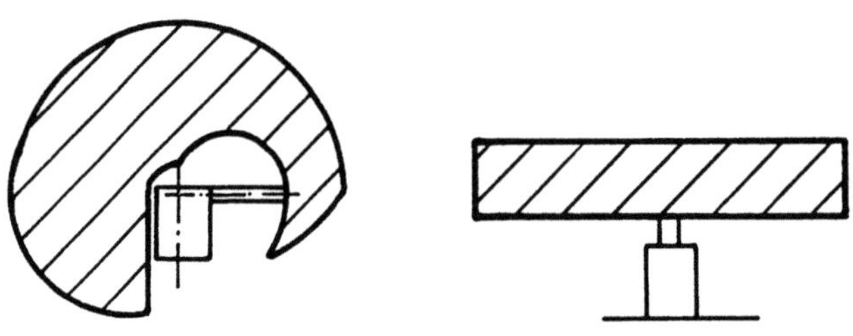

A.145 FWM, Servator 02

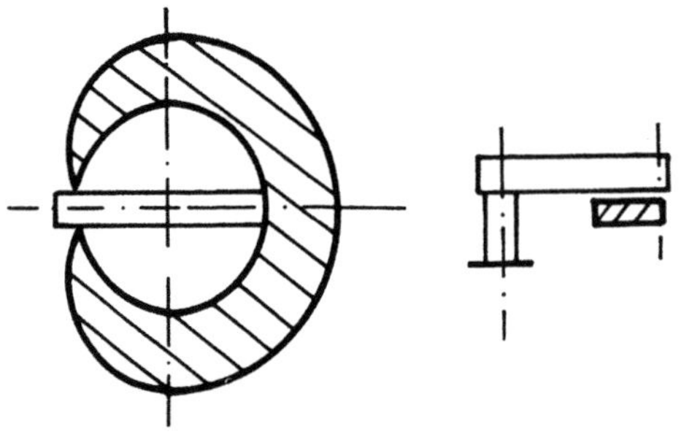

A.146 Bosch, FSR850

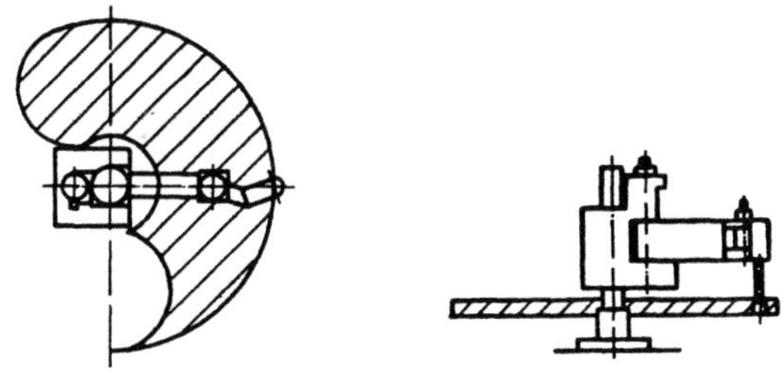

A.147 I B M, 7540

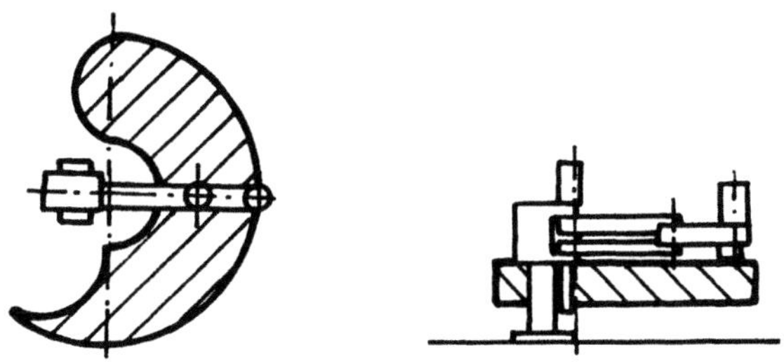

A.148 Hitachi, A 3020

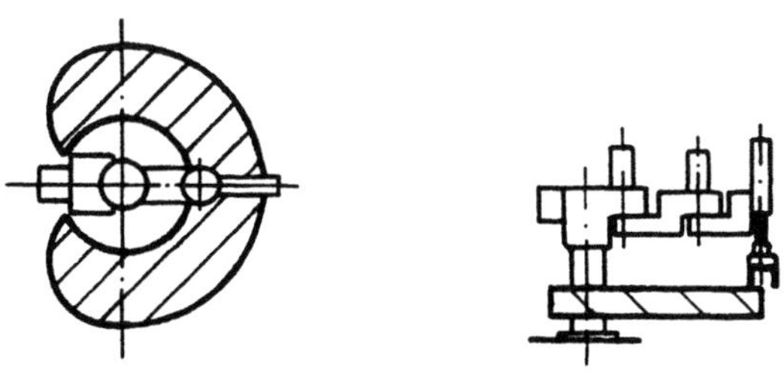

A.149 Felss, FSR850

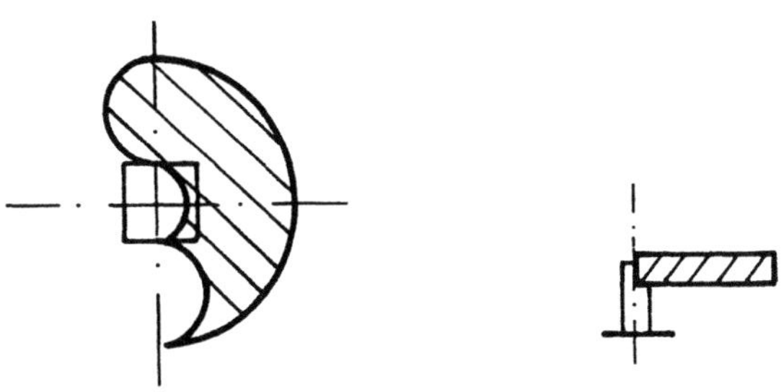

A.150 I B M, 7545

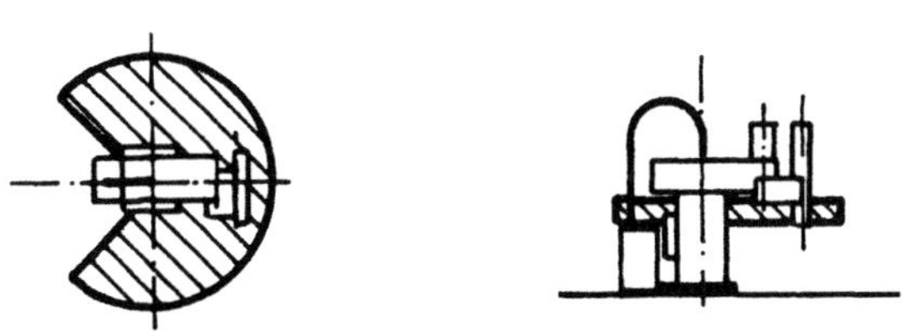

A.151 Hirata, AR300

A.152 Scemi, Assembly

A.153 MKR, Alpha 800

A.154 I B M, 7535-B02

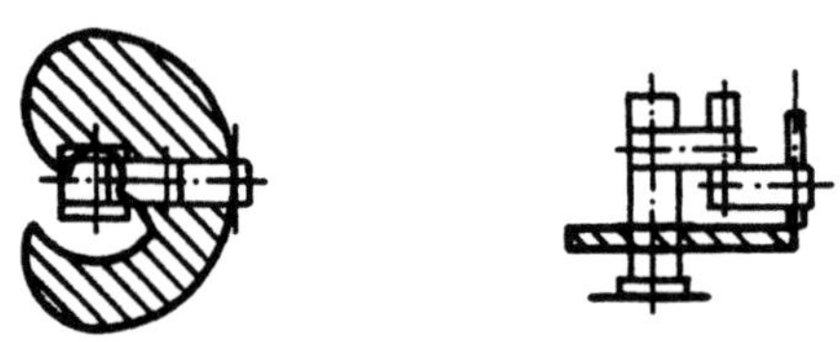

A.155 GCA, DKP300H

A.156 Matsushita, H I

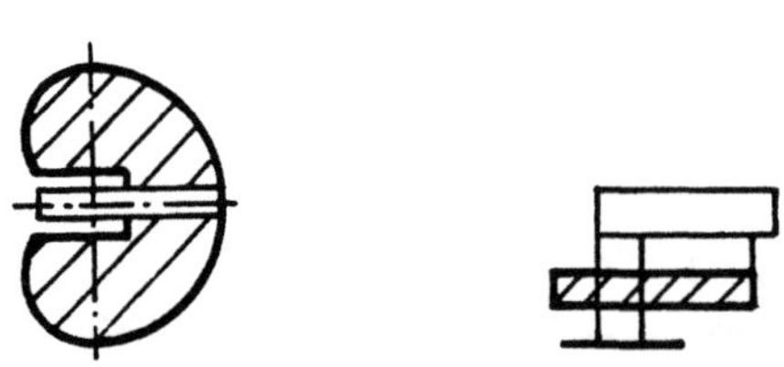

A.157 Dainichi, PT300-H

A.158 Mentool, M100

A.159 Messma-Kel, Moro 300+4

A.160 Hirata, AR-H300

A.161 Matsushita, H II

A.162 GCA, DKP200H

A.163 Dainichi, PT200-H

A.164 Microbot, MR-02

9.2.3 Sphärenförmige Arbeitsräume

A.165–A.222

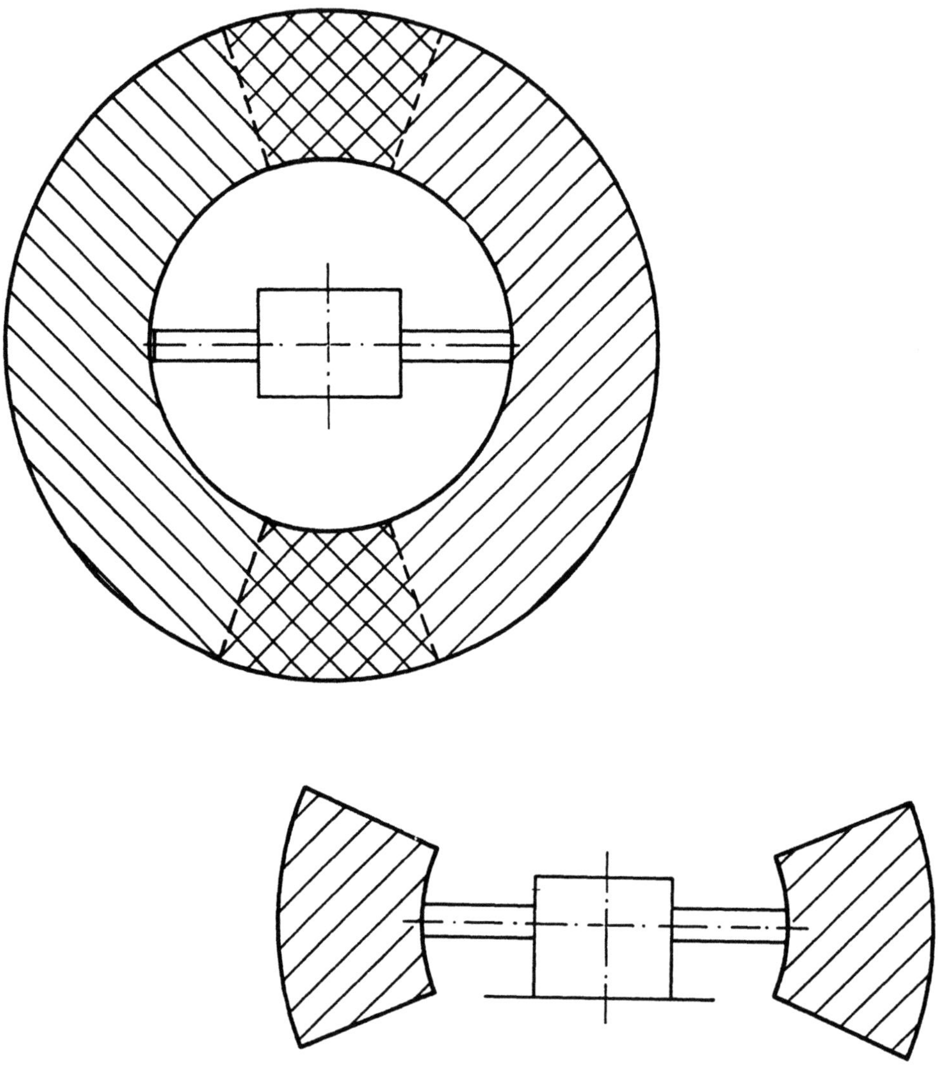

A.165 FAB, High Speed

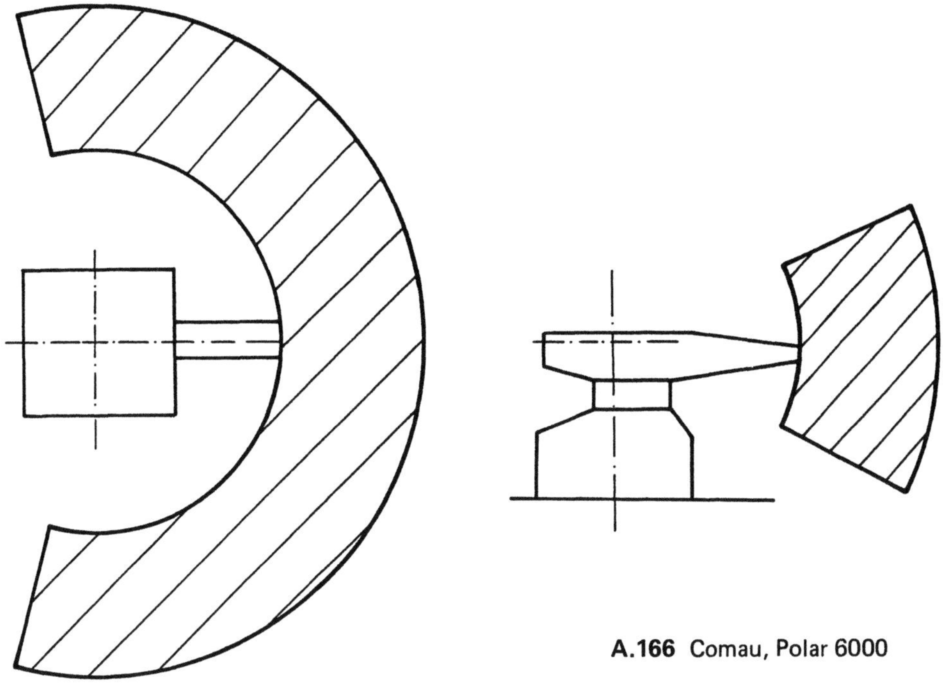

A.166 Comau, Polar 6000

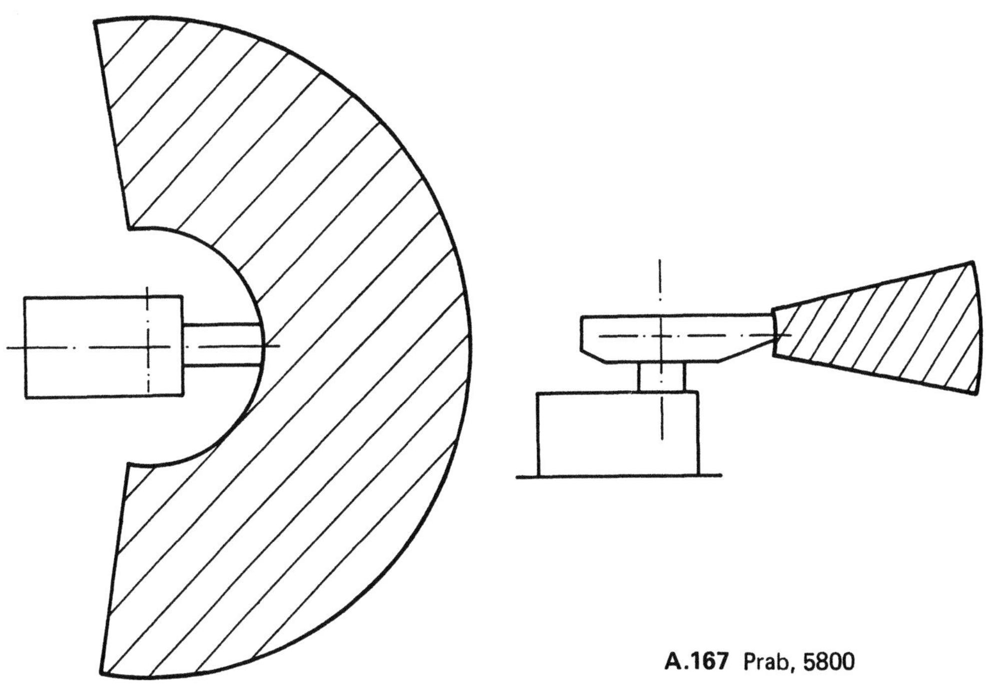

A.167 Prab, 5800

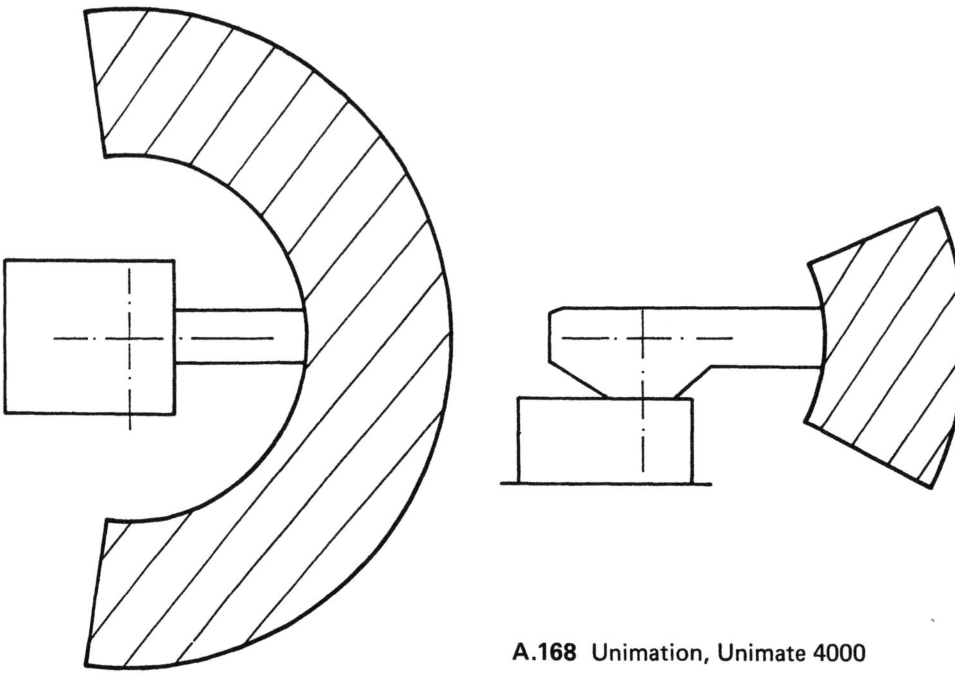

A.168 Unimation, Unimate 4000

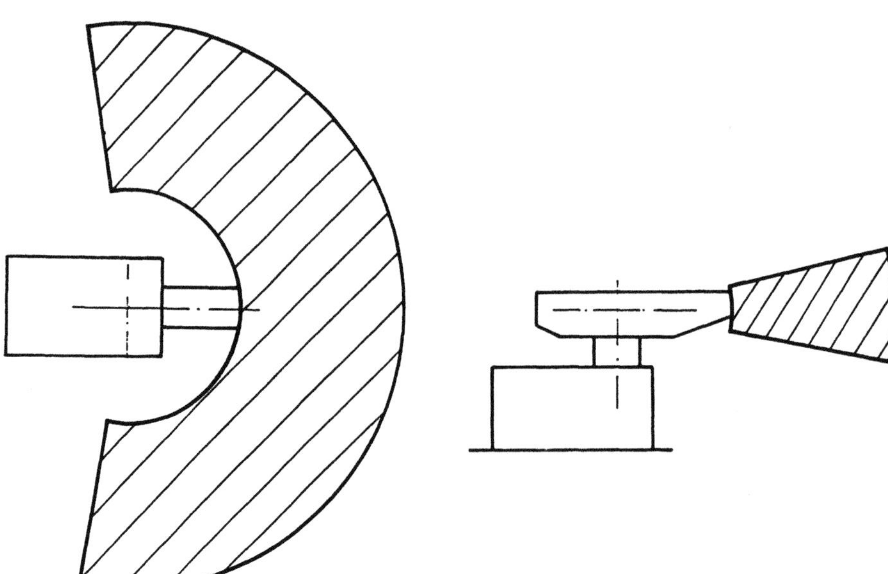

A.169 Prab, 4200

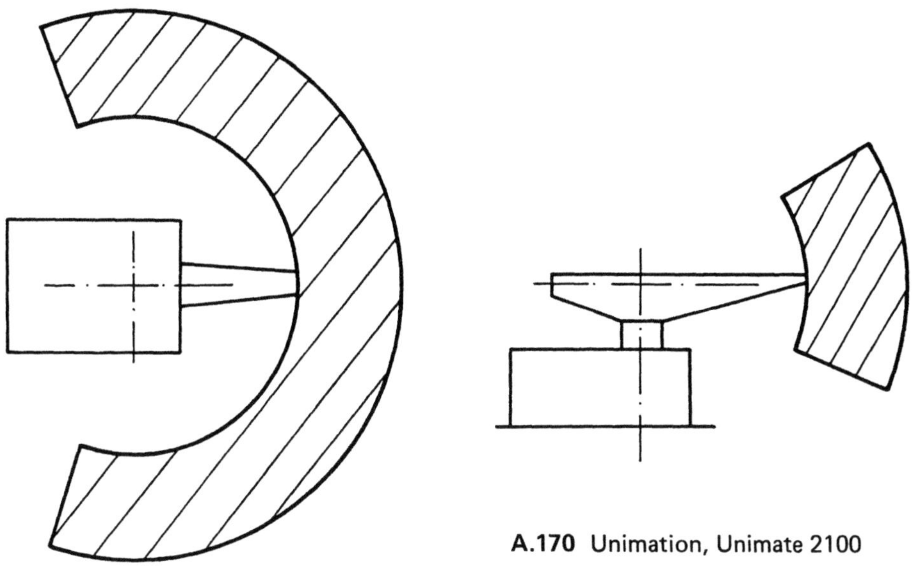

A.170 Unimation, Unimate 2100

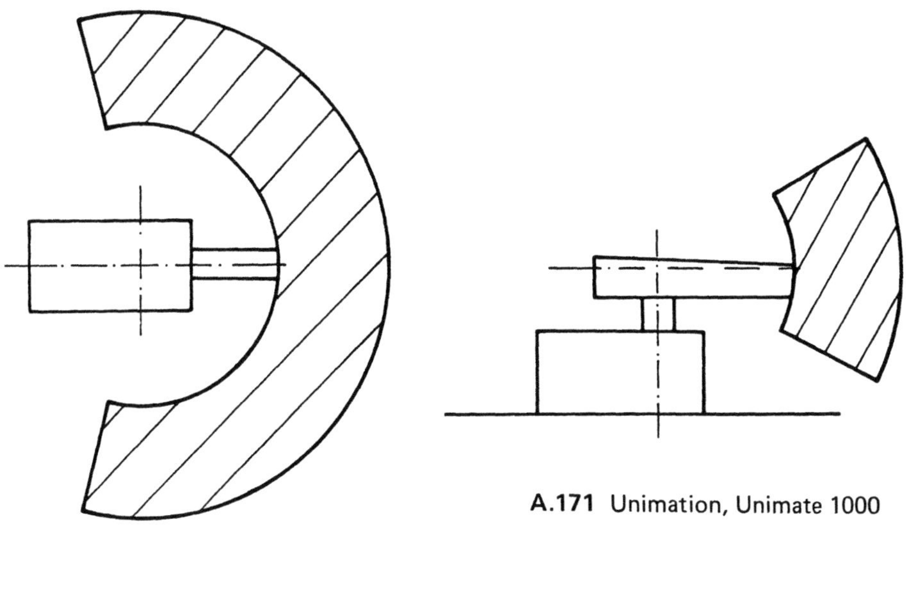

A.171 Unimation, Unimate 1000

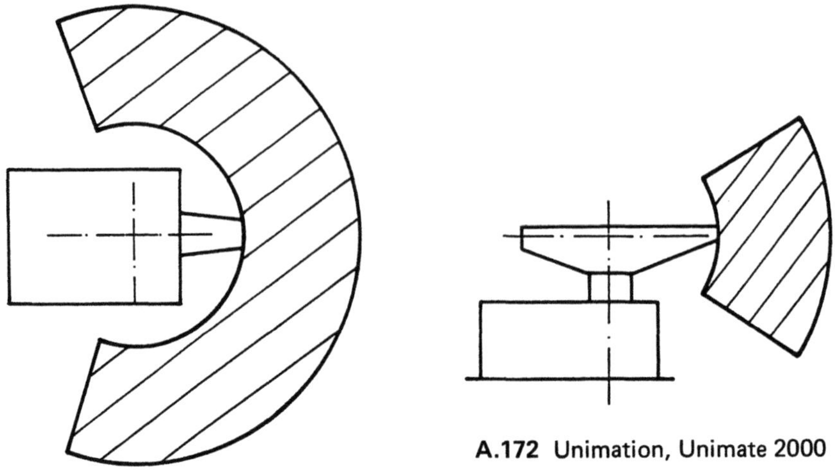

A.172 Unimation, Unimate 2000

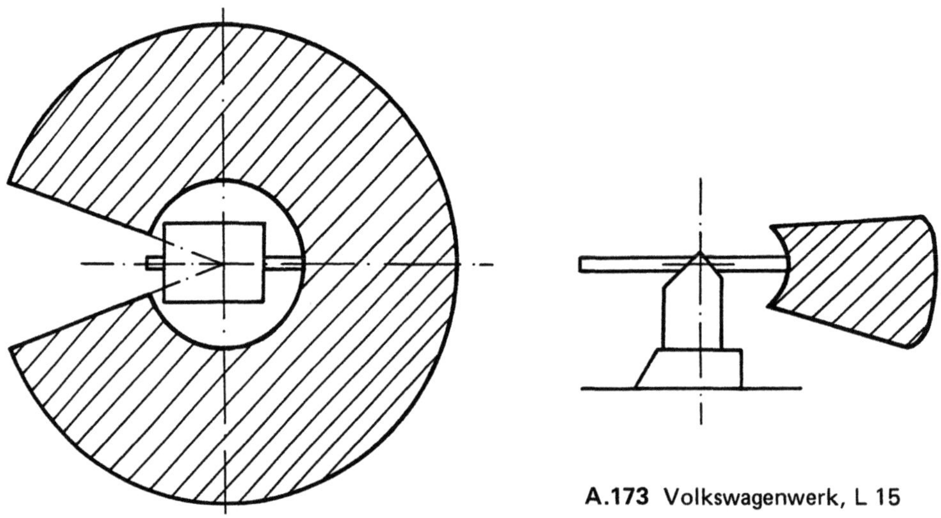

A.173 Volkswagenwerk, L 15

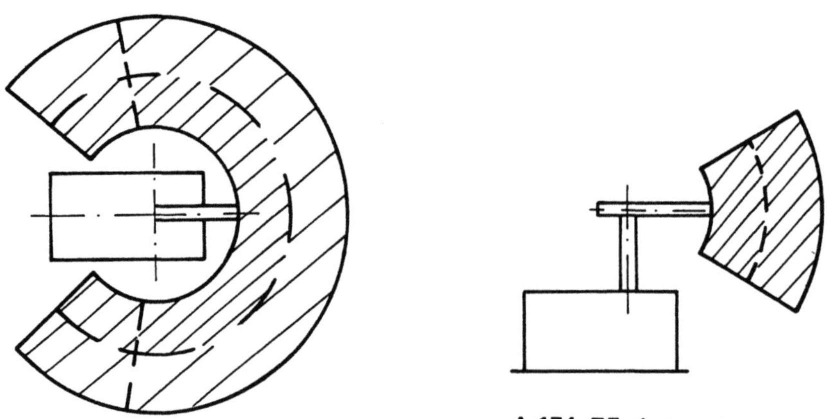

A.174 ZF, Automater

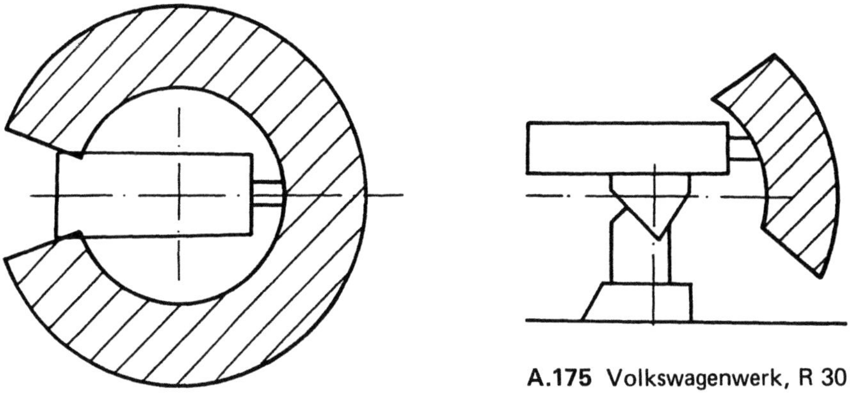

A.175 Volkswagenwerk, R 30

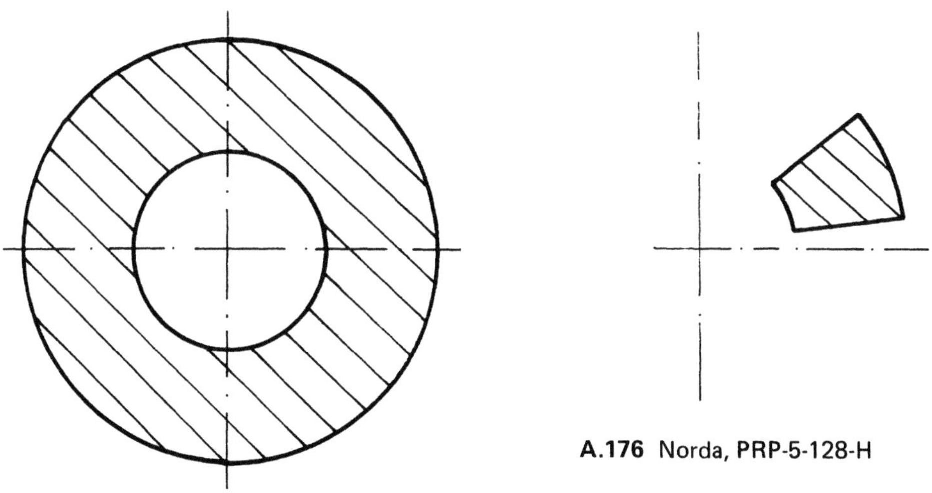

A.176 Norda, PRP-5-128-H

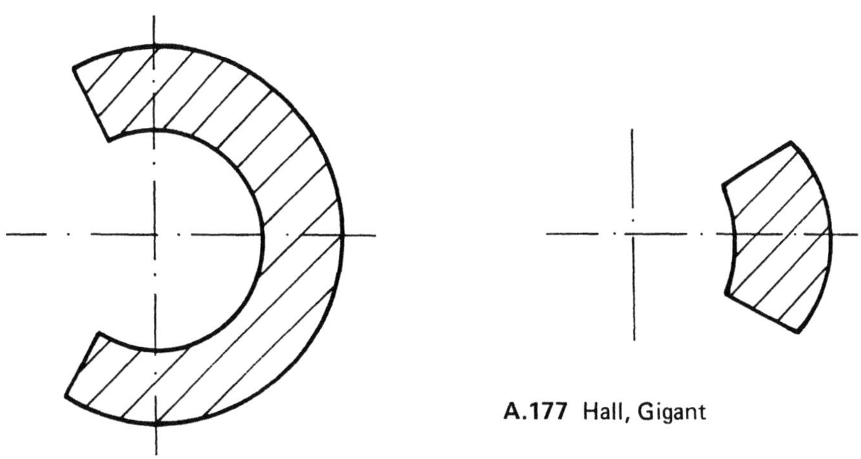

A.177 Hall, Gigant

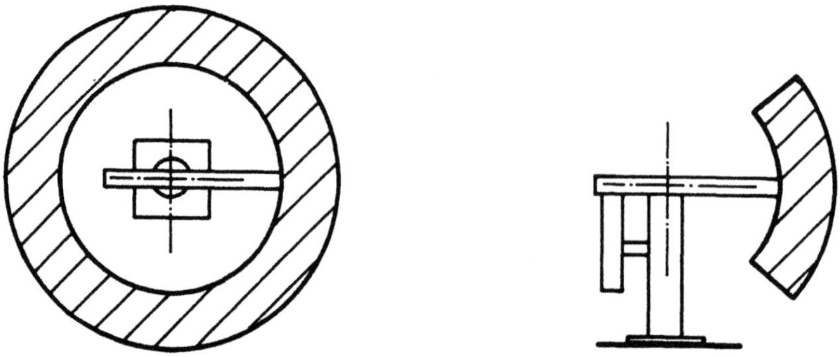

A.178 Iska, Robot-Mod

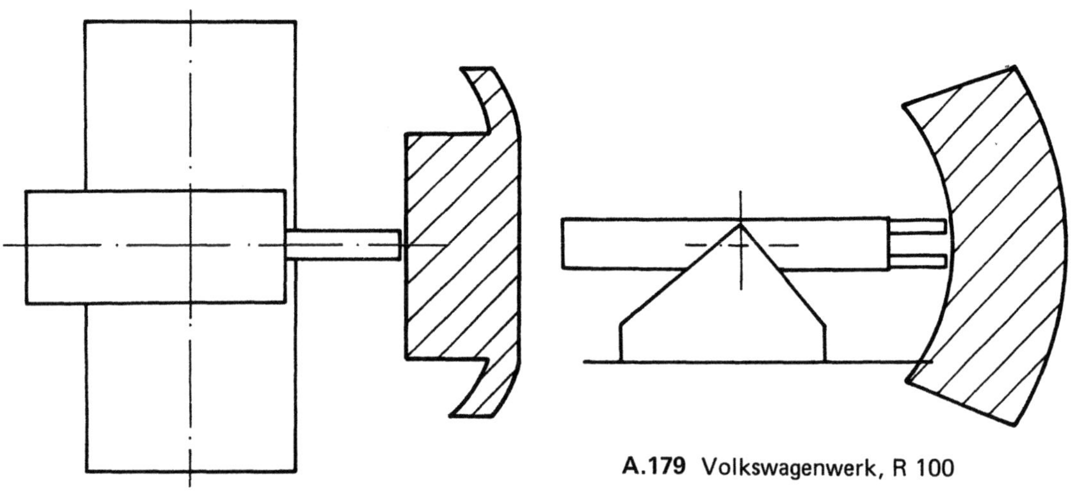

A.179 Volkswagenwerk, R 100

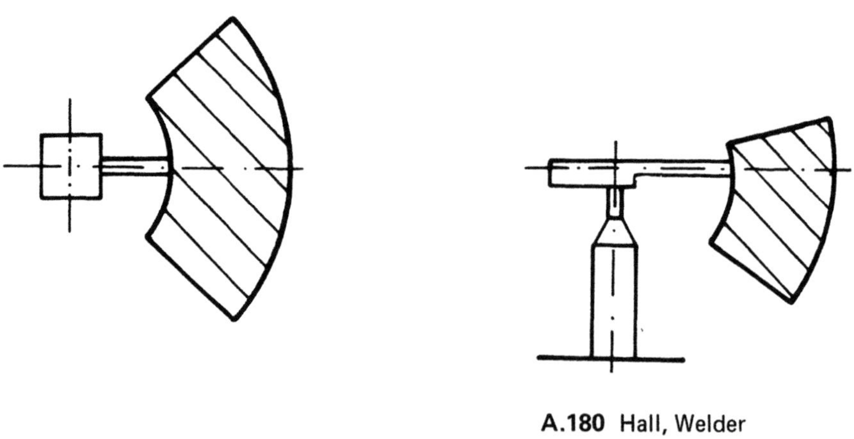

A.180 Hall, Welder

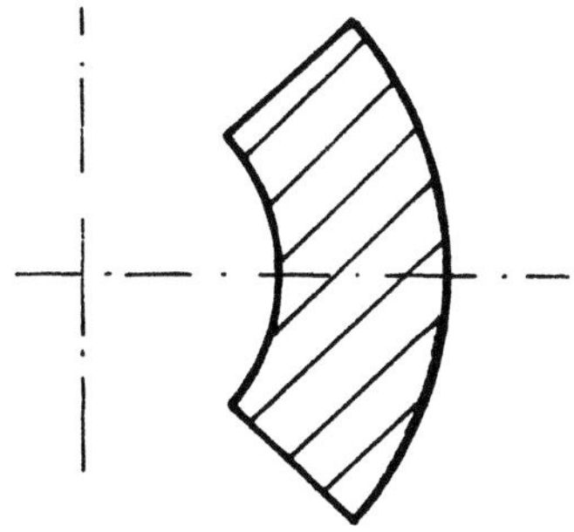
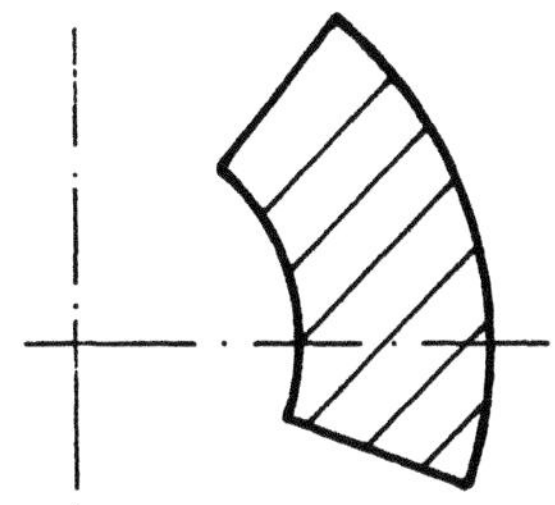

A.181 Binks-Bollows, Ramp

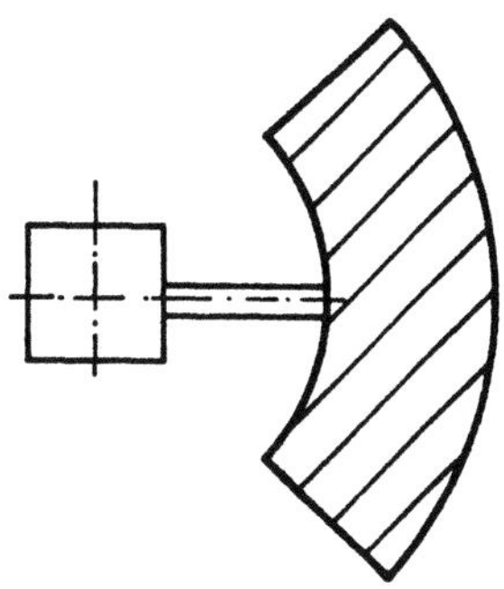
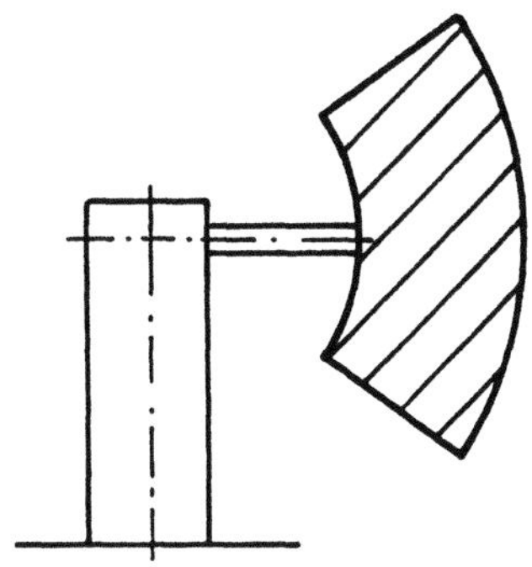

A.182 Hall, Ramp

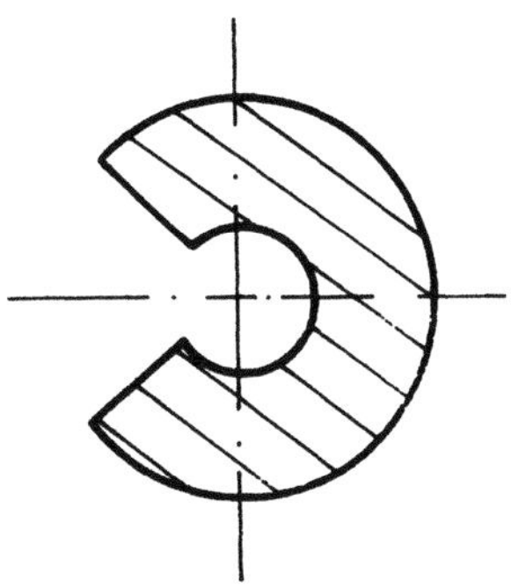
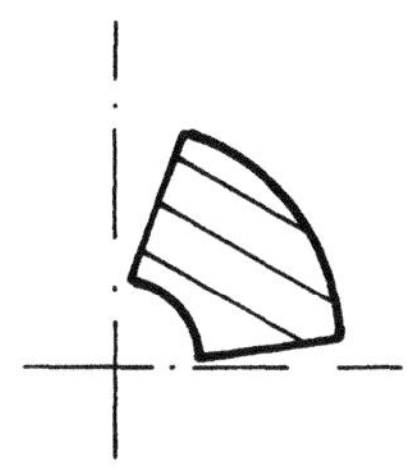

A.183 Ogland, Automater

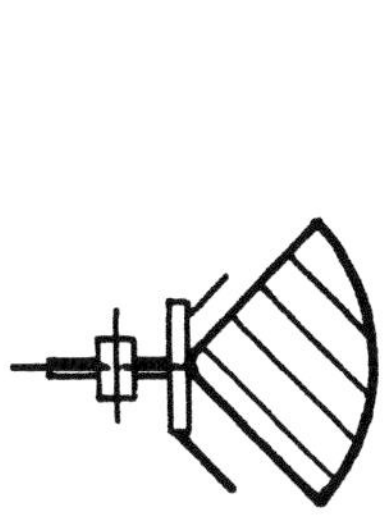
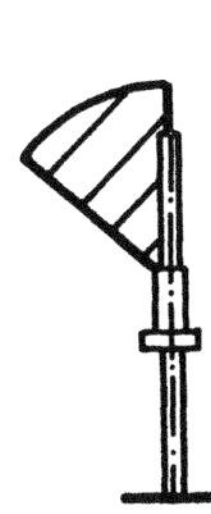

A.184 Unimation, Apprentice

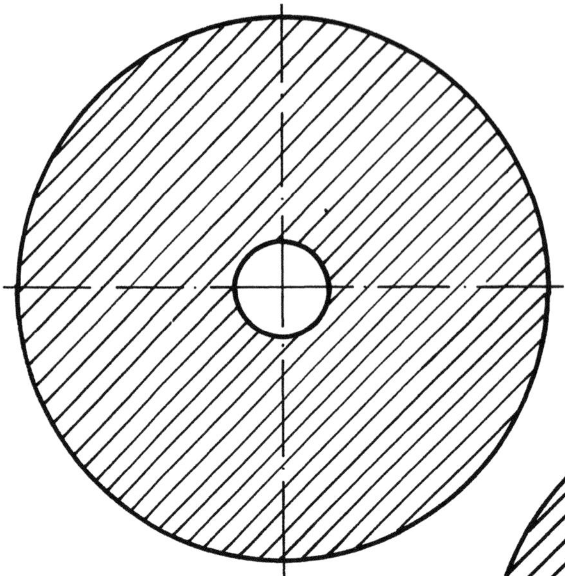

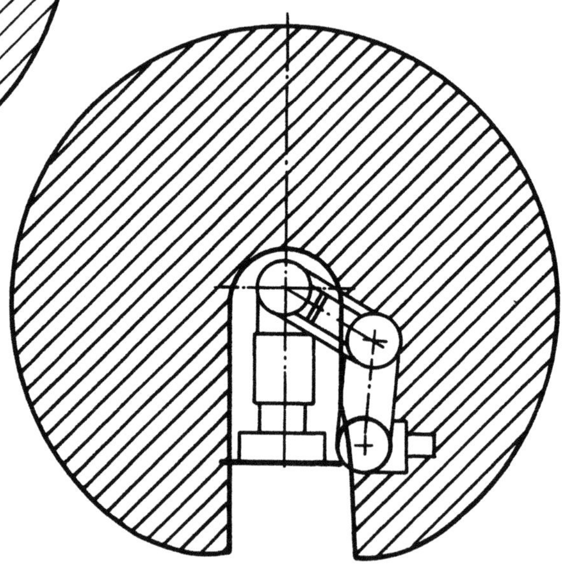

A.185 OEW, D 1000

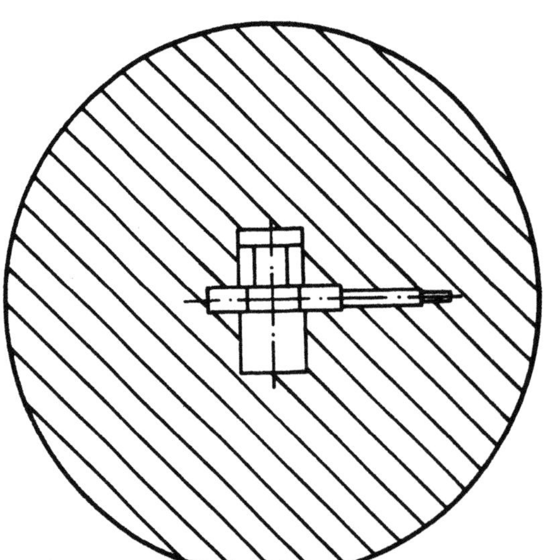

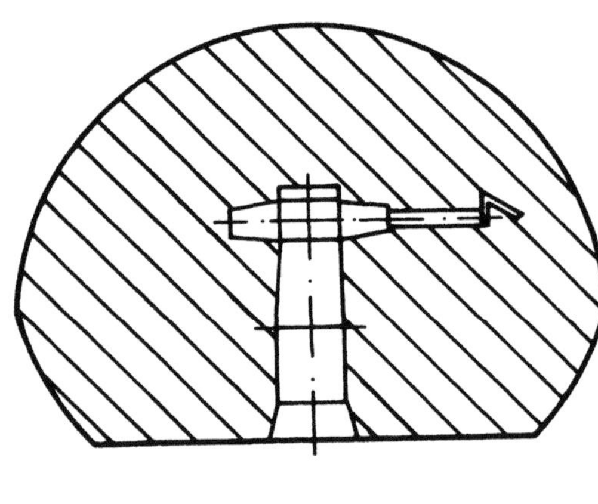

A.186 Cloos, Romat 105/106

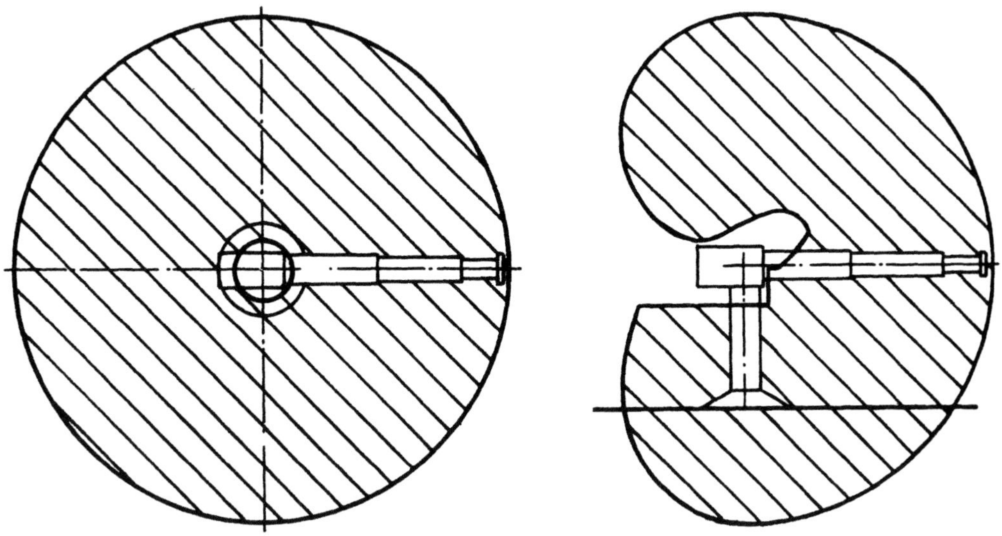

A.187 IRI, M50 Robot

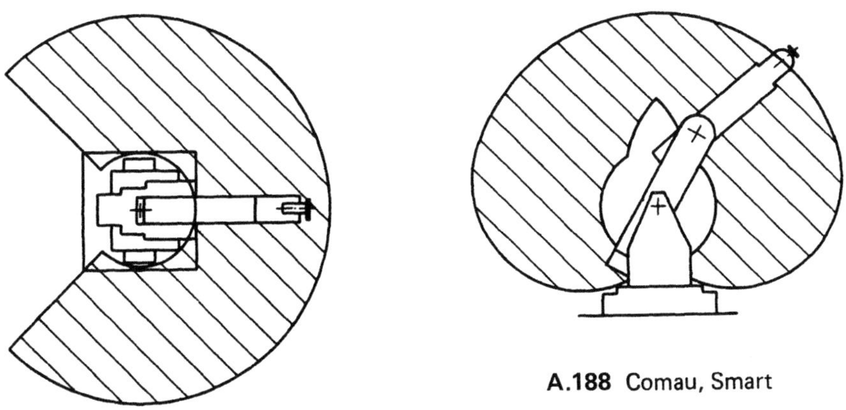

A.188 Comau, Smart

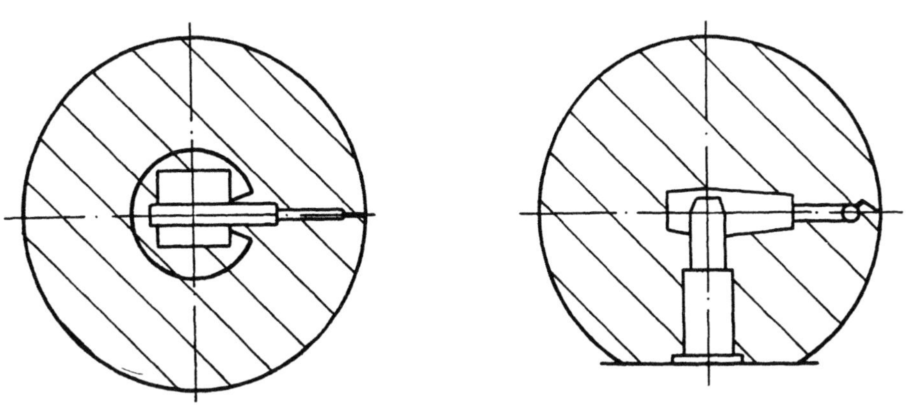

A.189 Cloos, Romat 75/76

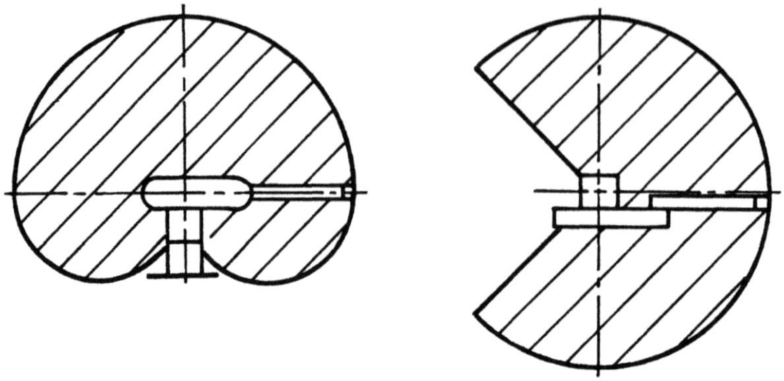

A.190 AID, V 10

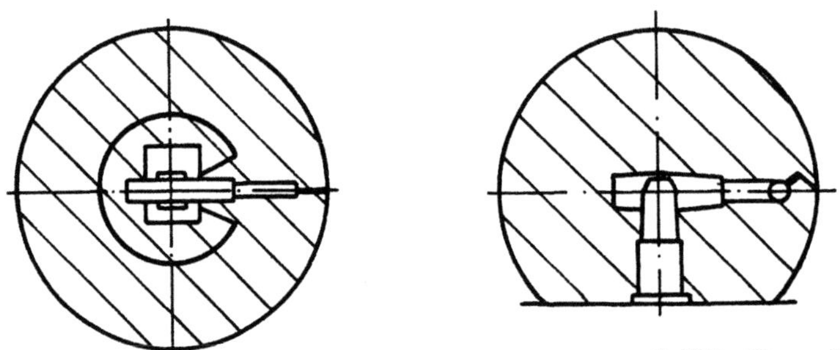

A.191 Cloos, Romat 55/56

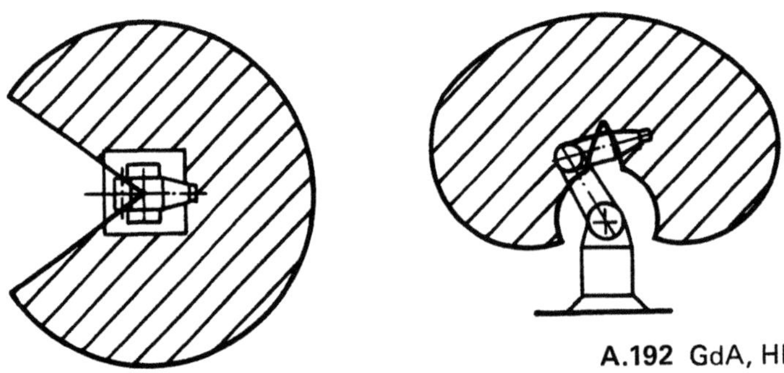

A.192 GdA, HDS 05/06

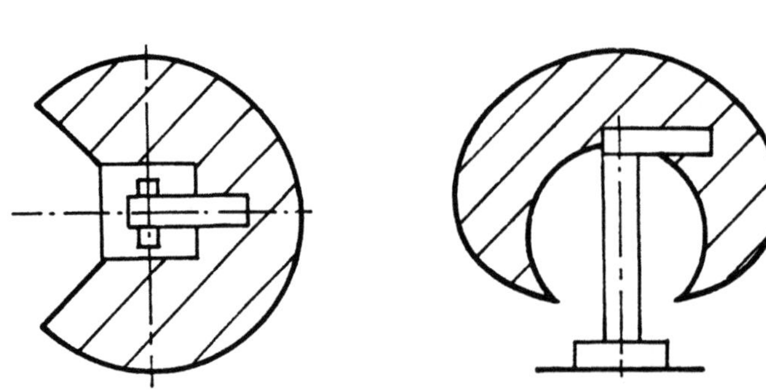

A.193 Dainichi, PT800

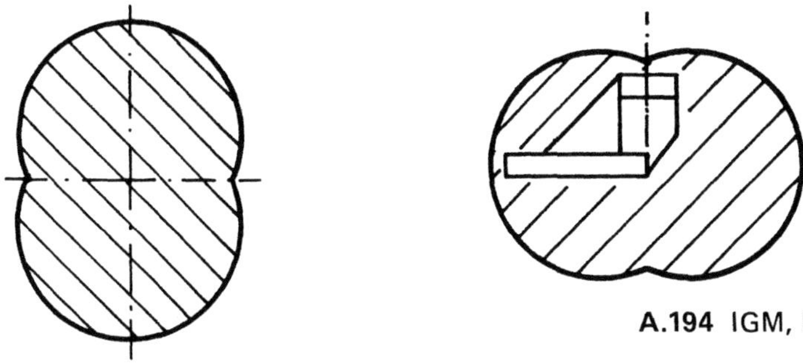

A.194 IGM, Limat 280

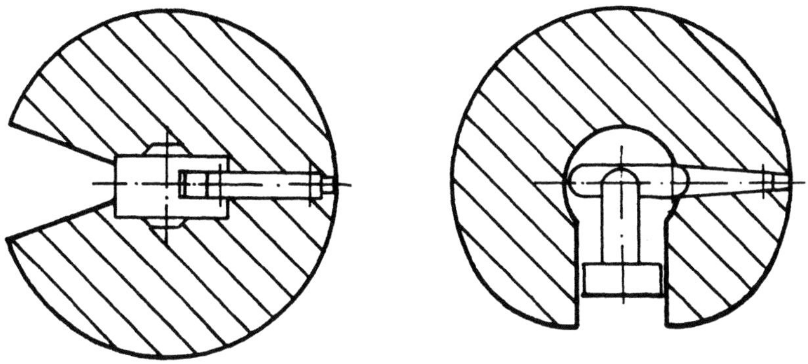

A.195 Nimak, Niko 150

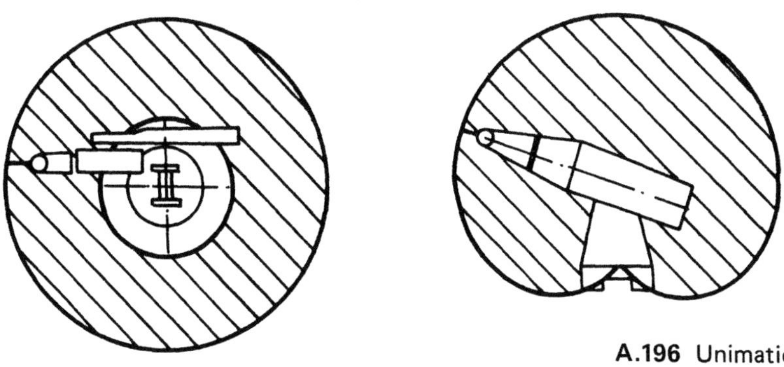

A.196 Unimation, PUMA 762

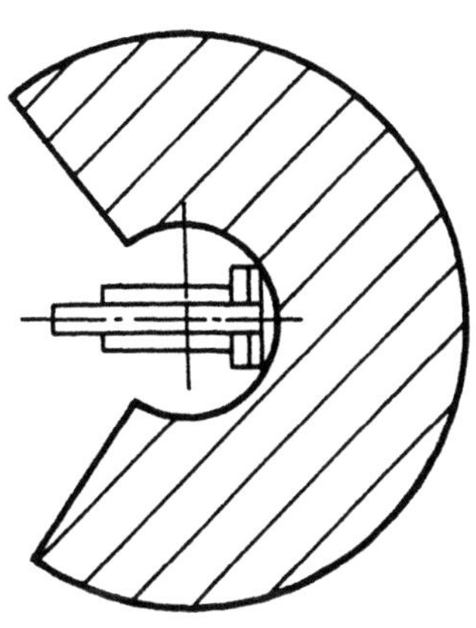
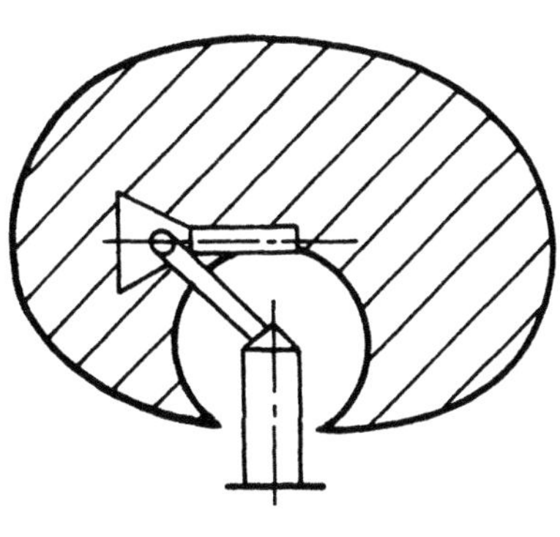

A.197 IWKA, IR 160/60

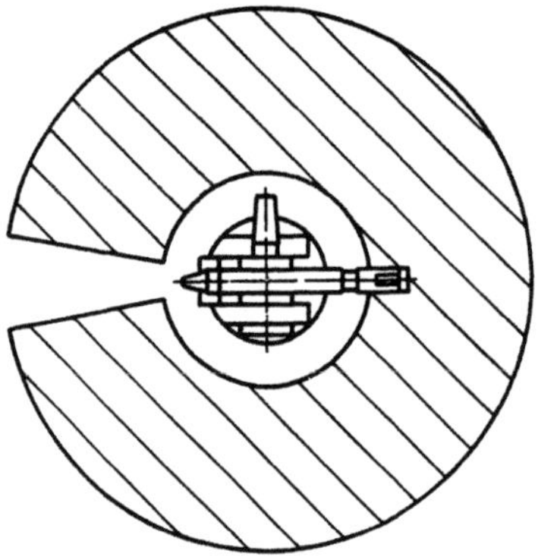

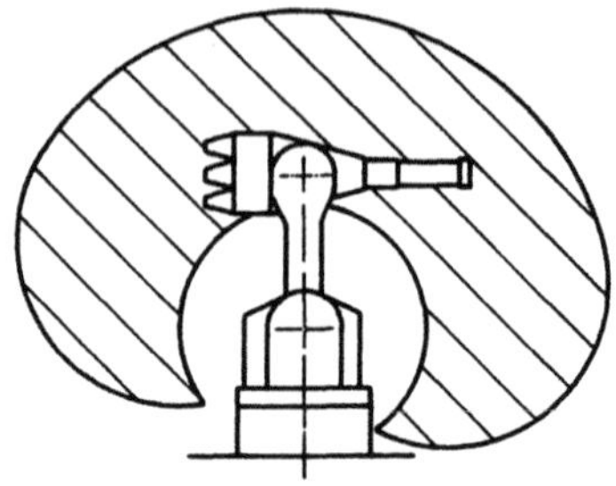

A.198 IWKA, IR 160/15

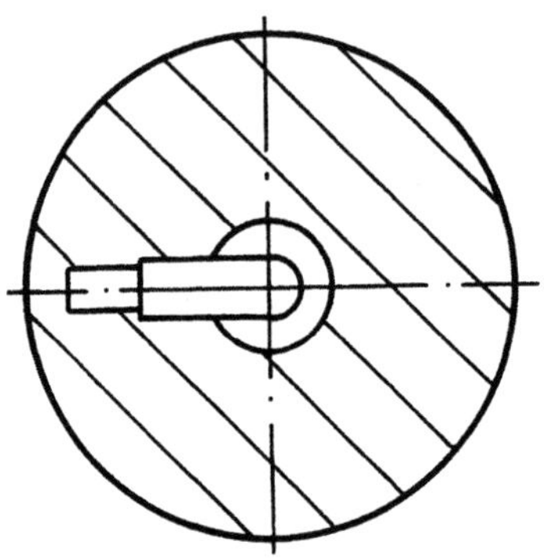

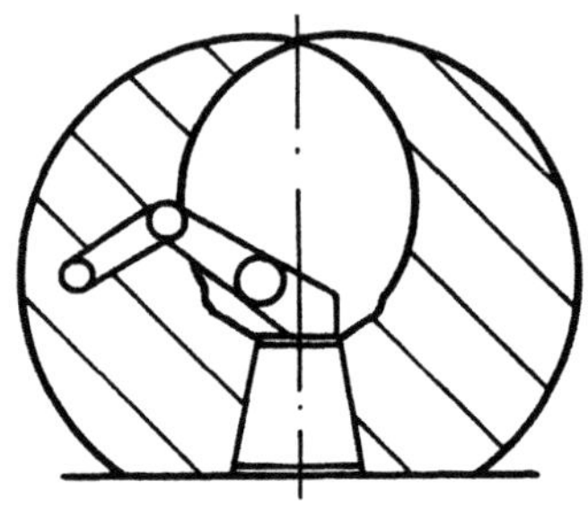

A.199 Ro-Ber, Ro 600

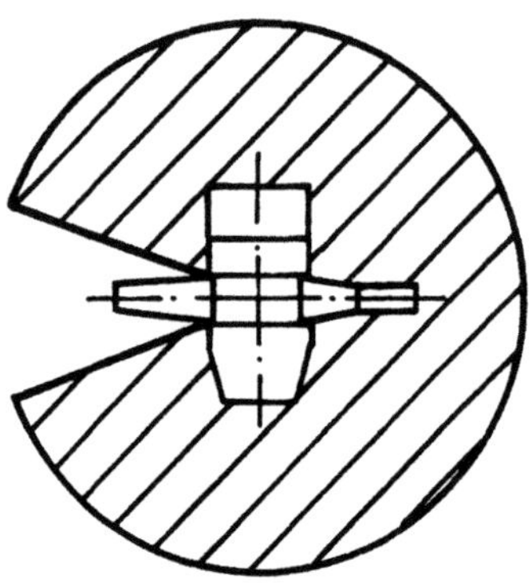

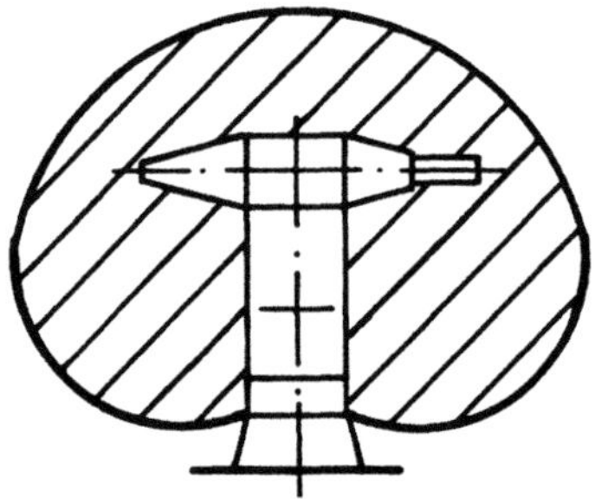

A.200 Jungheinrich, R 105/106

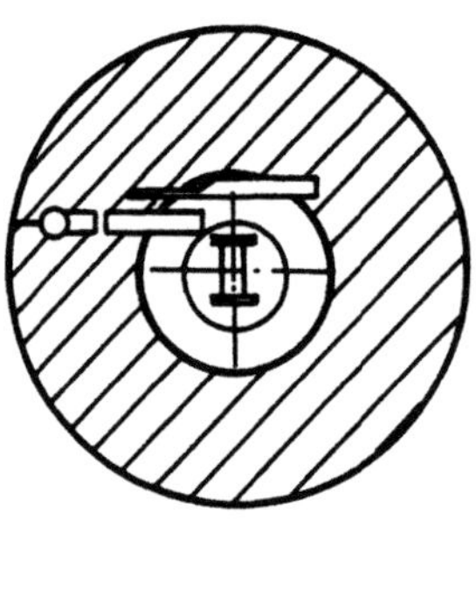

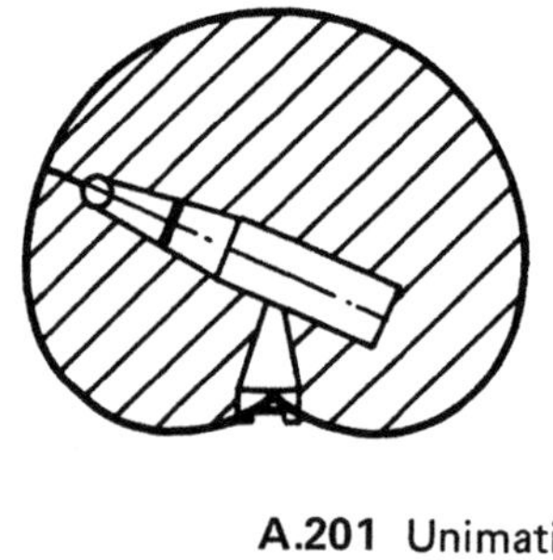

A.201 Unimation, PUMA 761

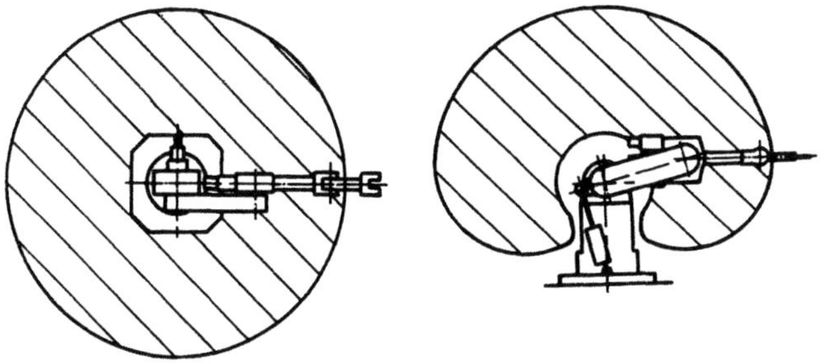

A.202 Reis, RR-V15

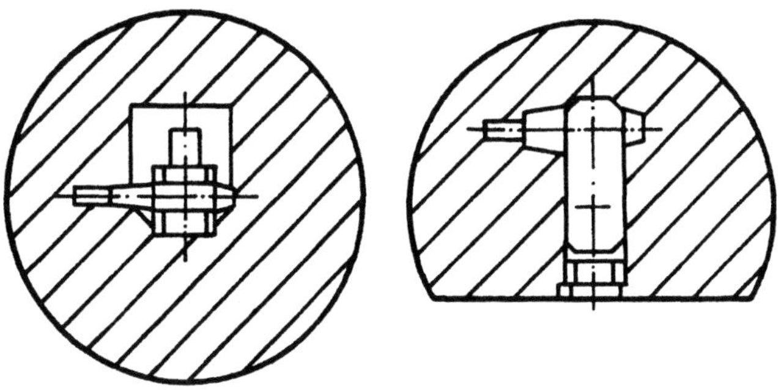

A.203 Jungheinrich, R 85/86

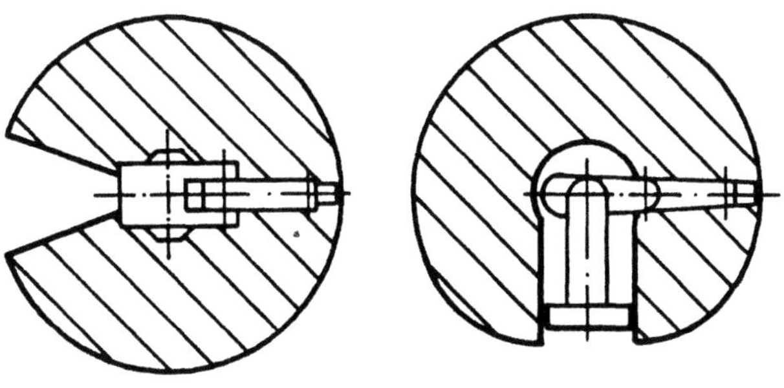

A.204 Nimak, Niko 50

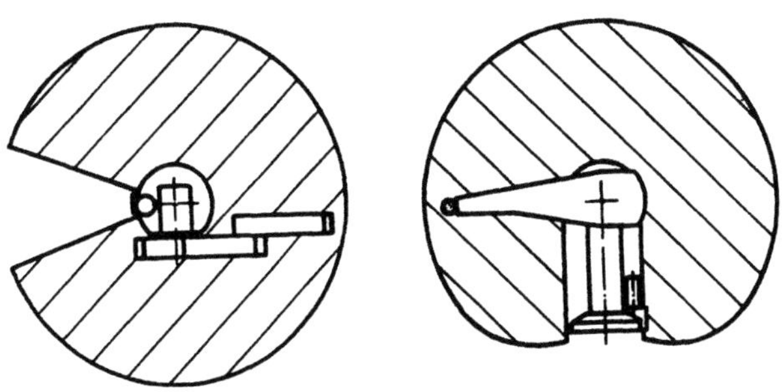

A.205 Unimation, PUMA 550

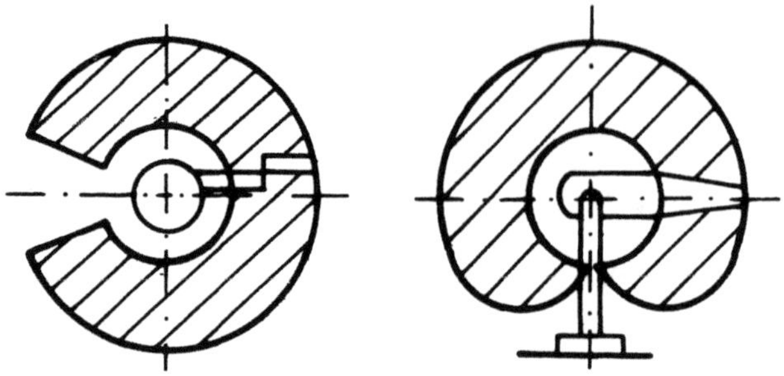

A.206 Unimation, PUMA 760

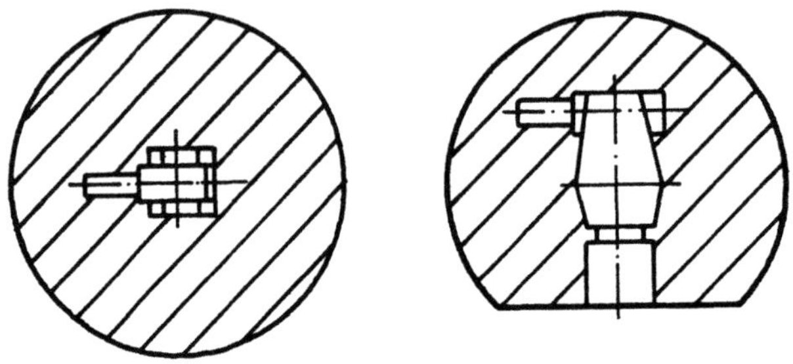

A.207 Jungheinrich, R 55

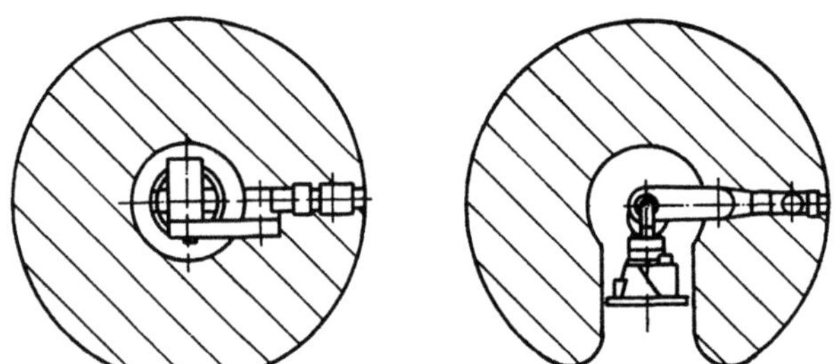

A.208 Mantec, r3

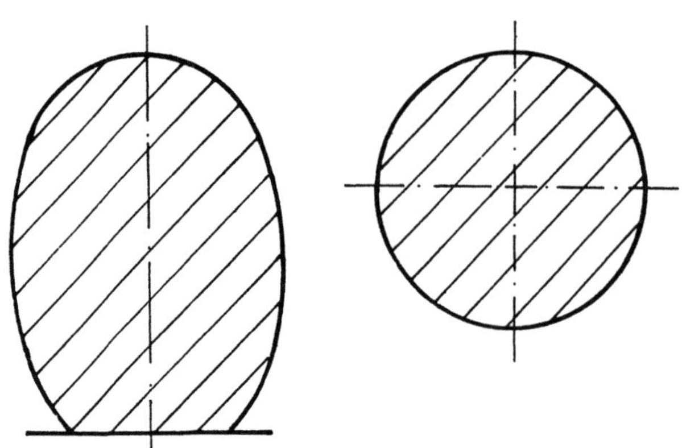

A.209 Jungheinrich, R 70

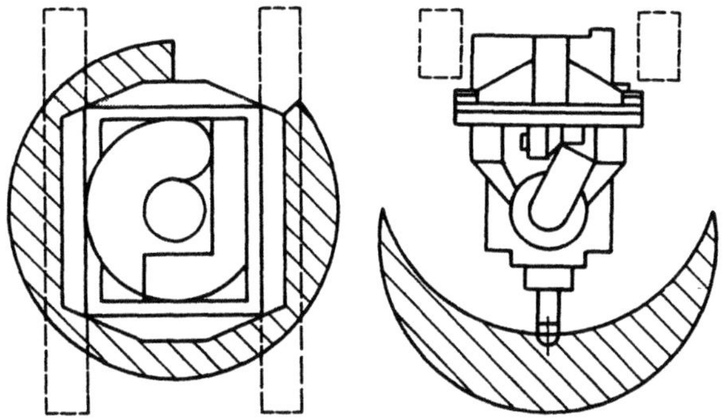

A.210 IWKA, IR 200

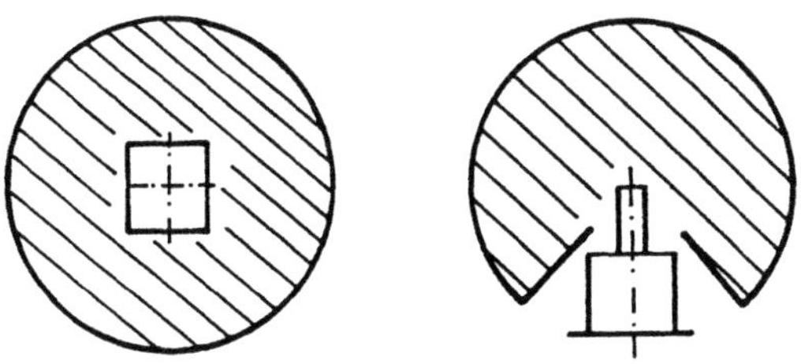

A.211 Unimation, PUMA 500

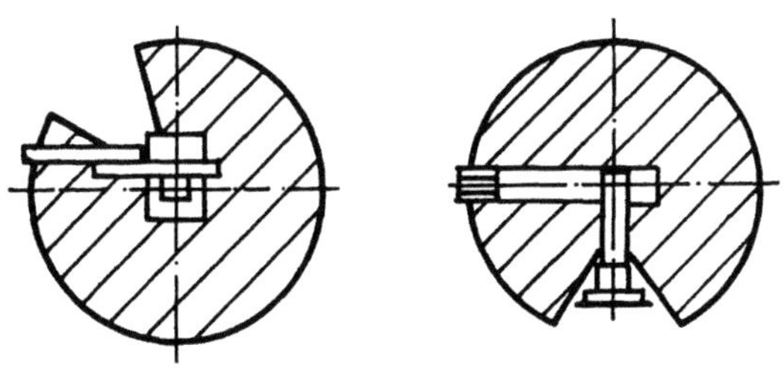

A.212 Unimation, PUMA 250

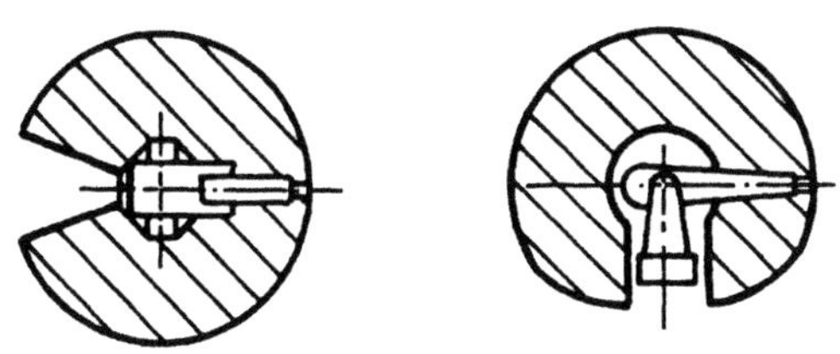

A.213 Nimak, Niko 15

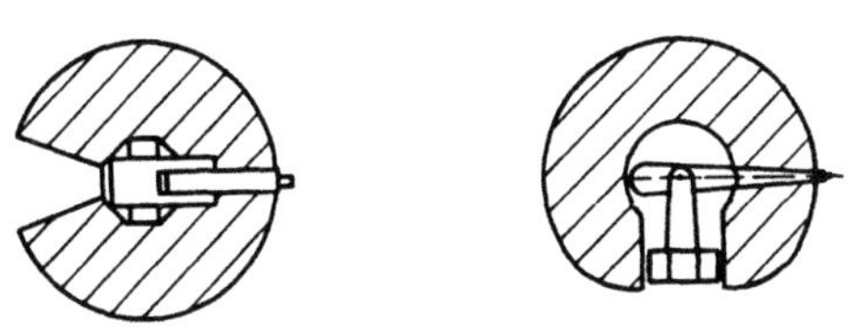

A.214 Nimak, Niko 25

A.215 GCA, DKP300V

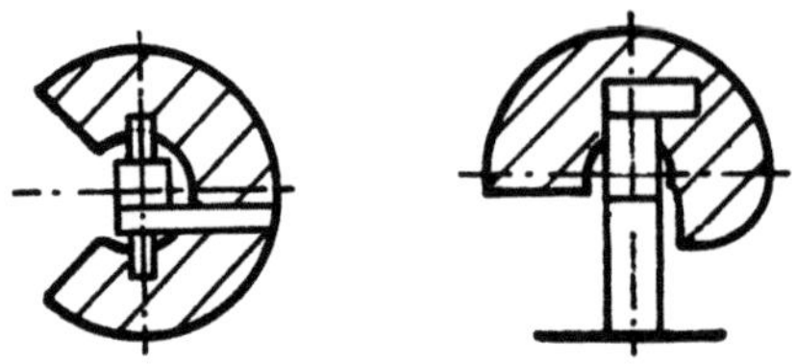

A.216 Dainichi, PT300-V

A.217 Microbot, Alpha

A.218 Intelledex, 605

A.219 GCA, DKP200V

A.220 Dainichi, PT200-V

A.221 American, Reflex

A.222 Microbot, MR-01

9.2.4 Torusförmige Arbeitsräume

A.223–A.293

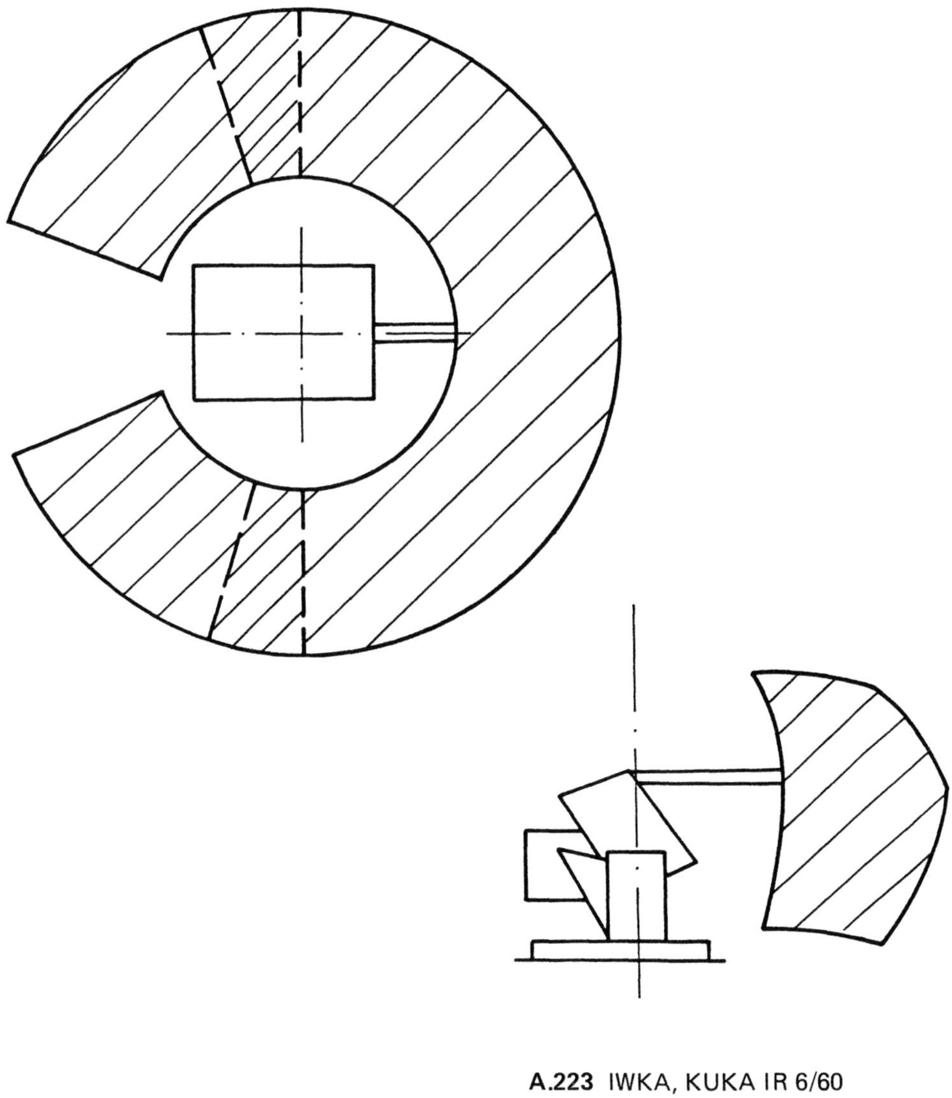

A.223 IWKA, KUKA IR 6/60

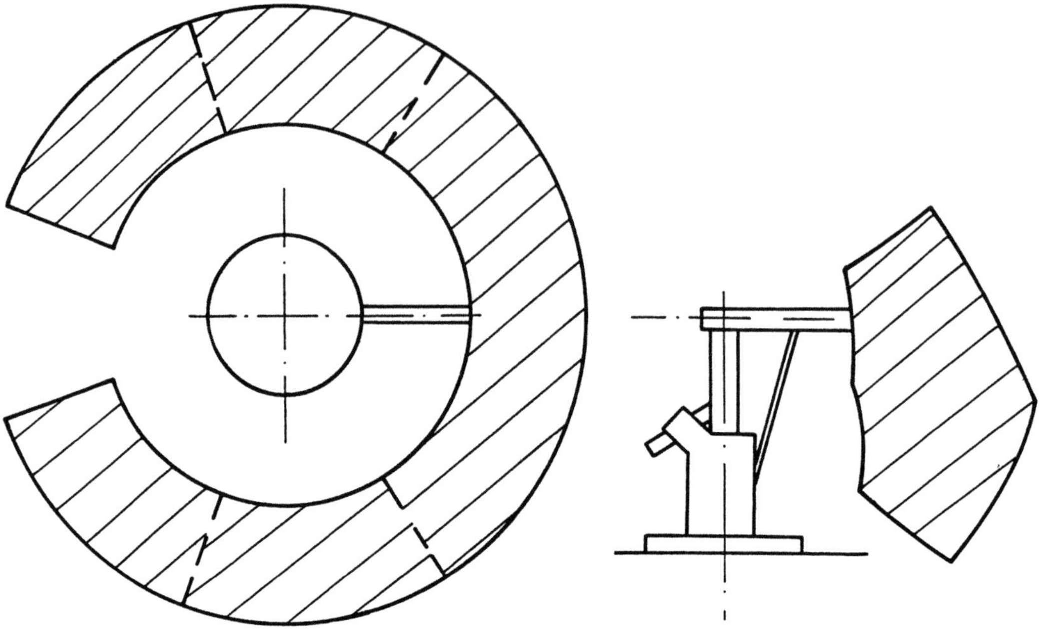

A.224 IWKA, KUKA IR 662/100

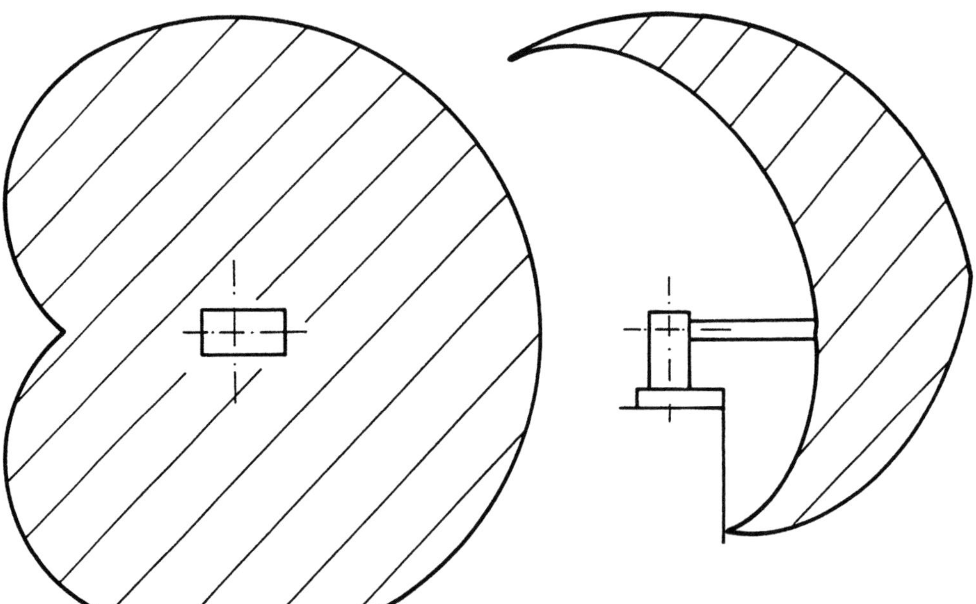

A.225 Renault, Robot de Peinture 6

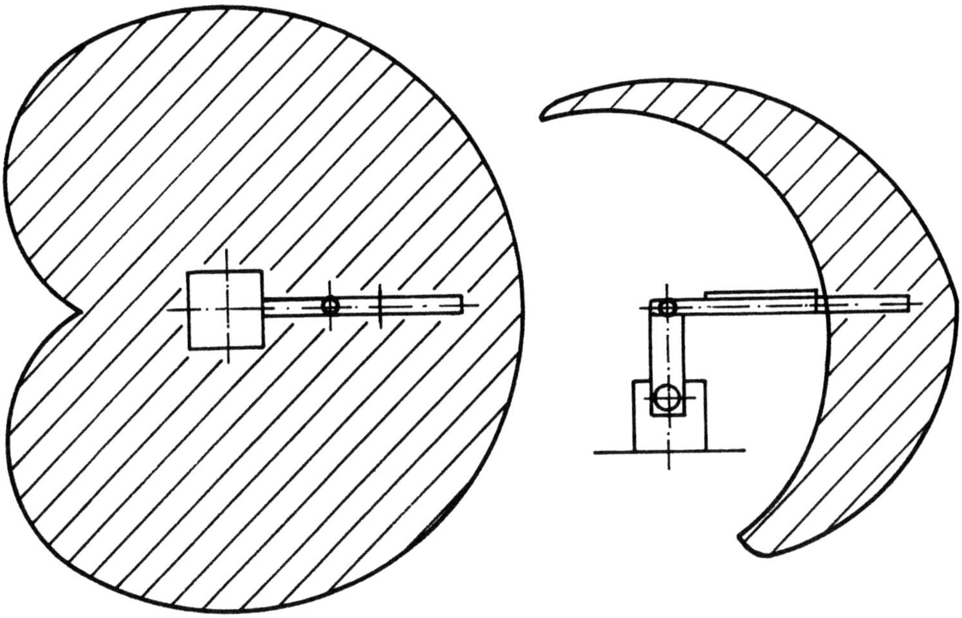

A.226 Acma, Peinture

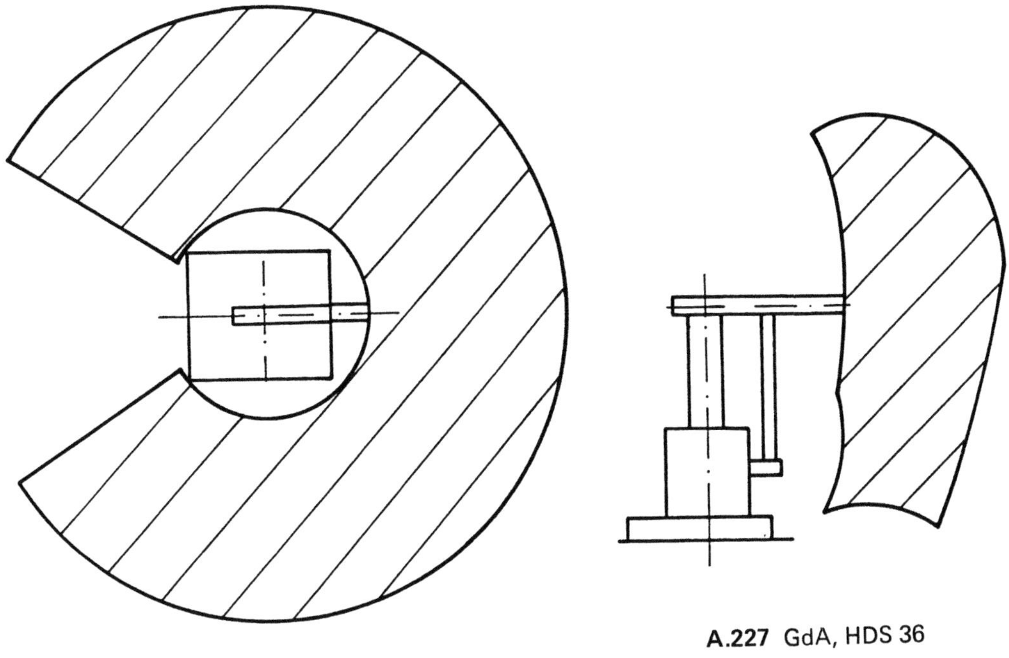

A.227 GdA, HDS 36

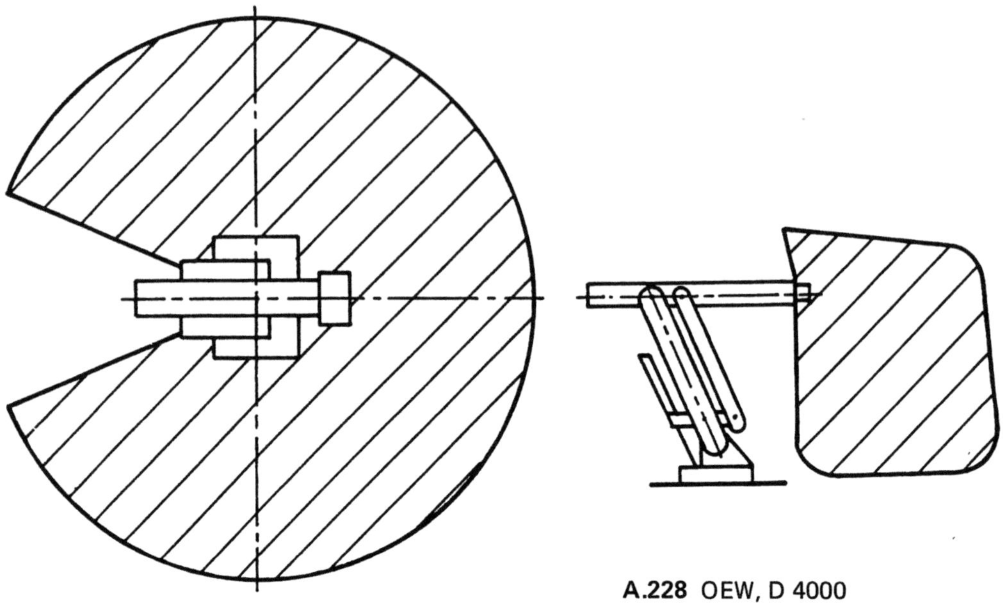

A.228 OEW, D 4000

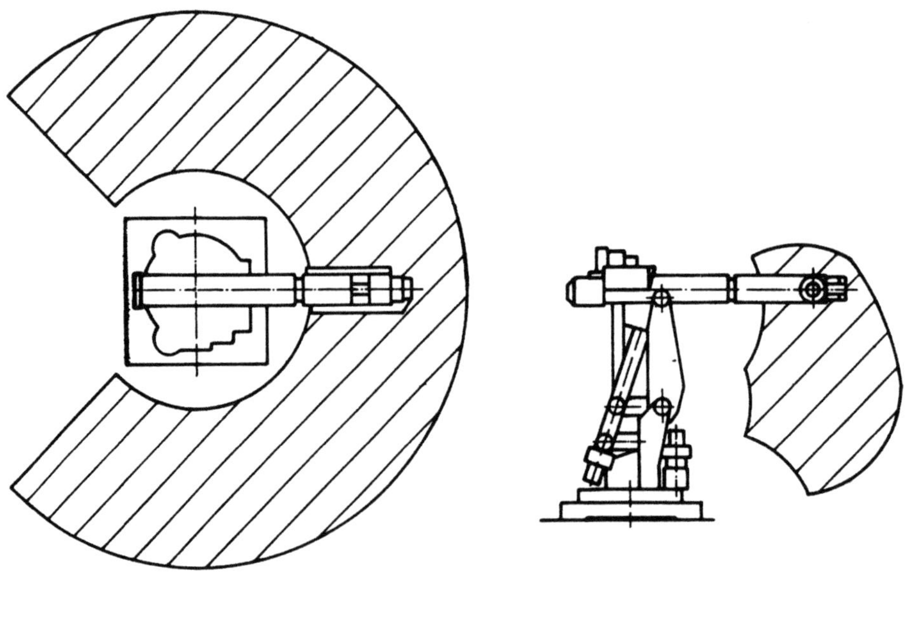

A.229 ASEA, IRb90

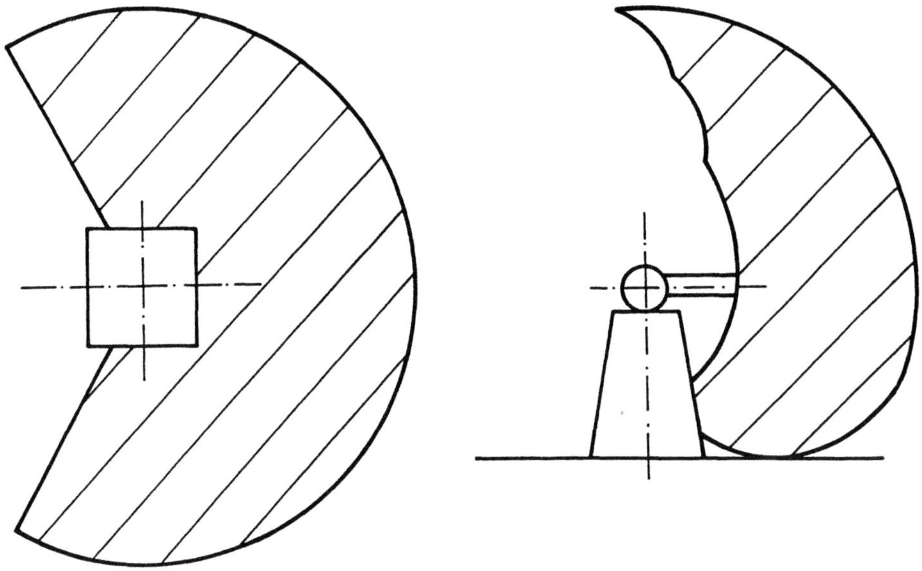

A.230 Cincinnati, T^3

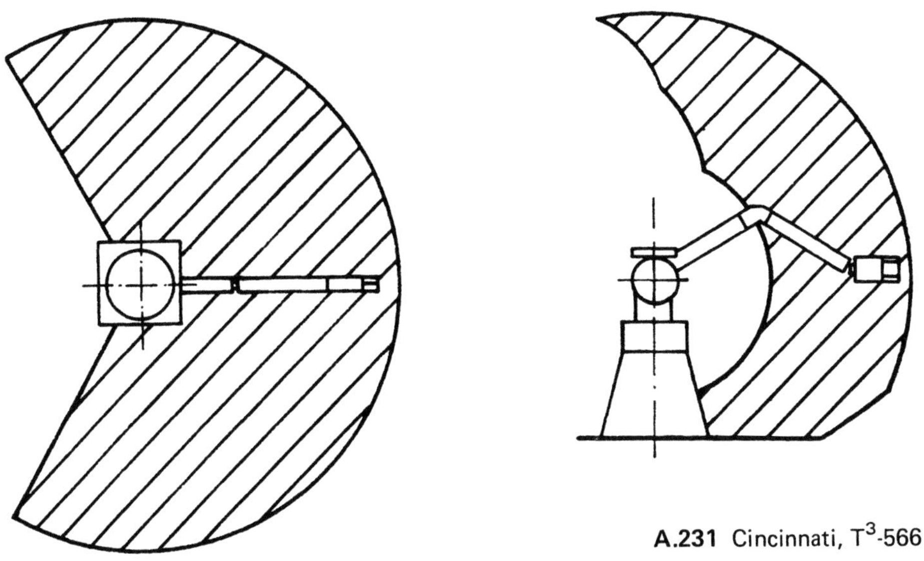

A.231 Cincinnati, T^3-566

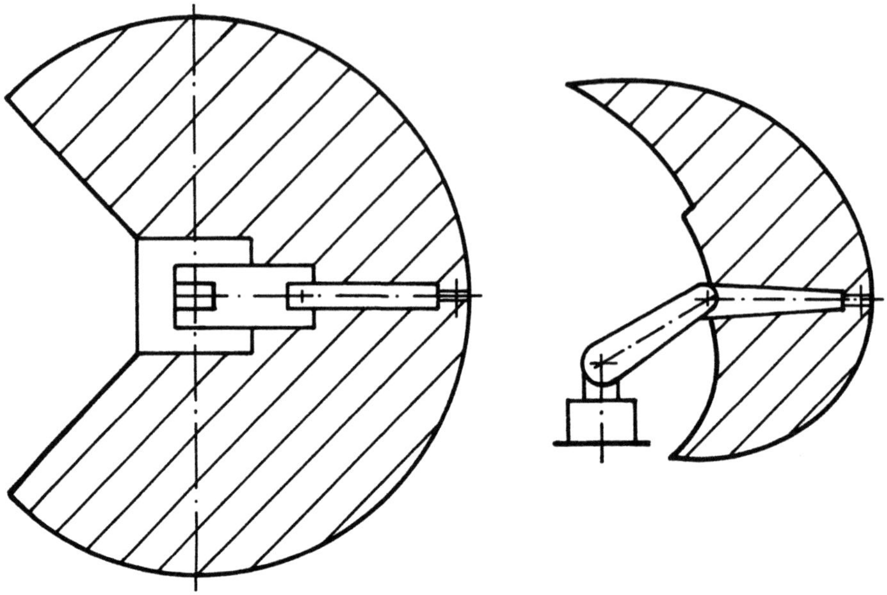

A.232 Cincinnati, T^3-746

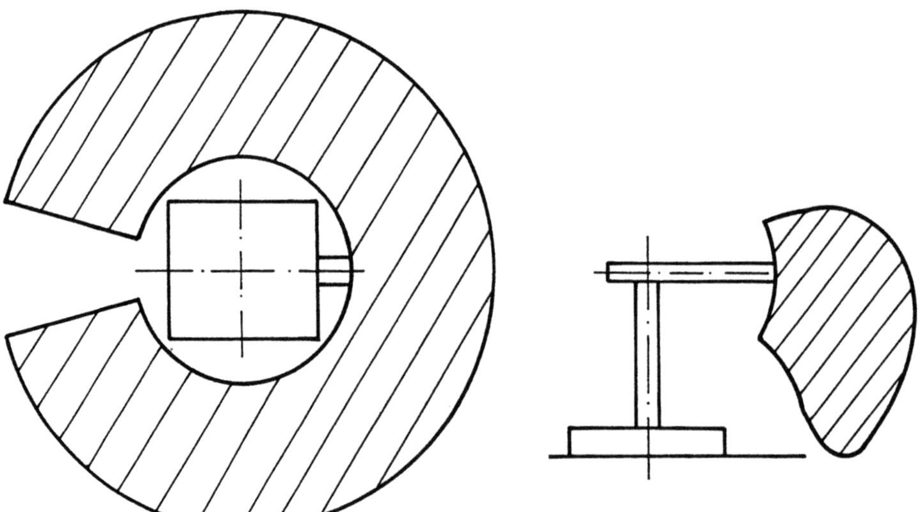

A.233 ASEA, IRb60

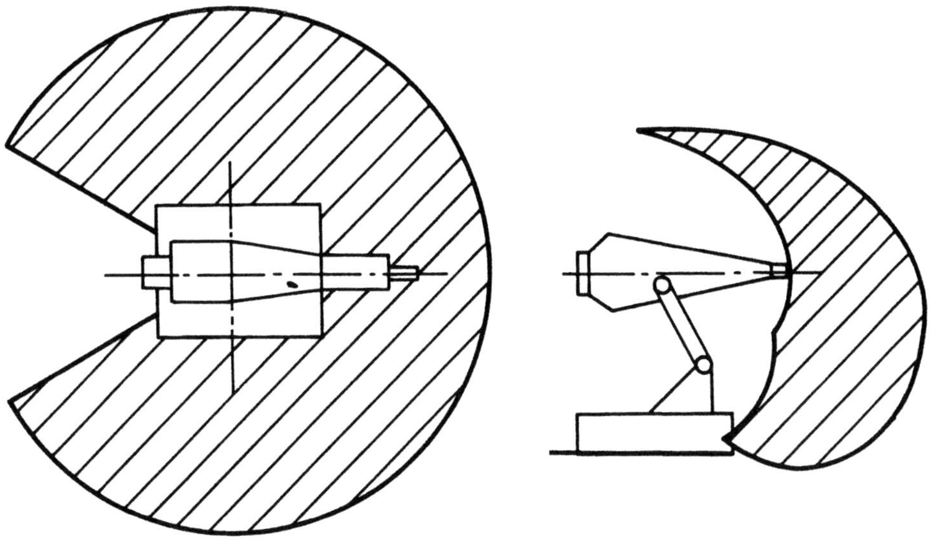

A.234 Volkswagenwerk, G 60

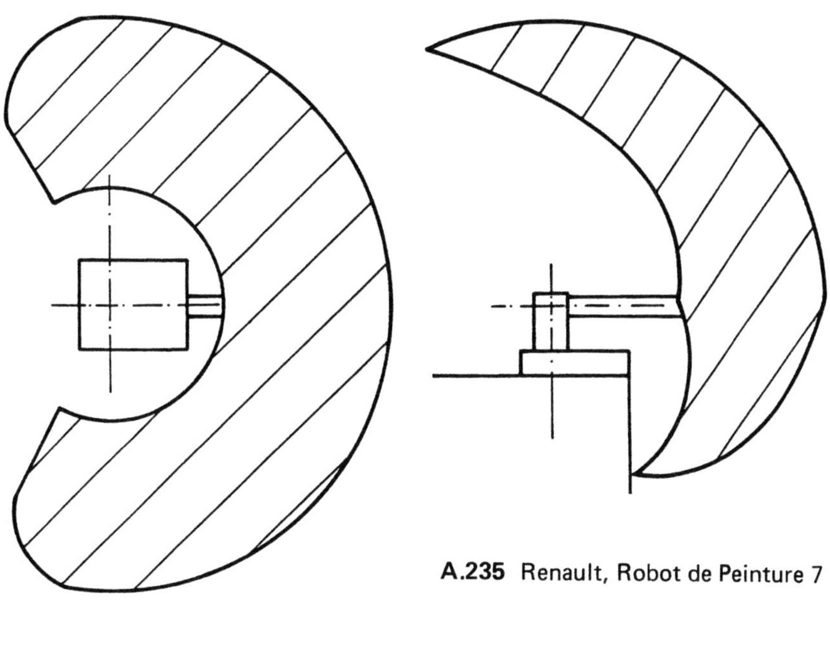

A.235 Renault, Robot de Peinture 7

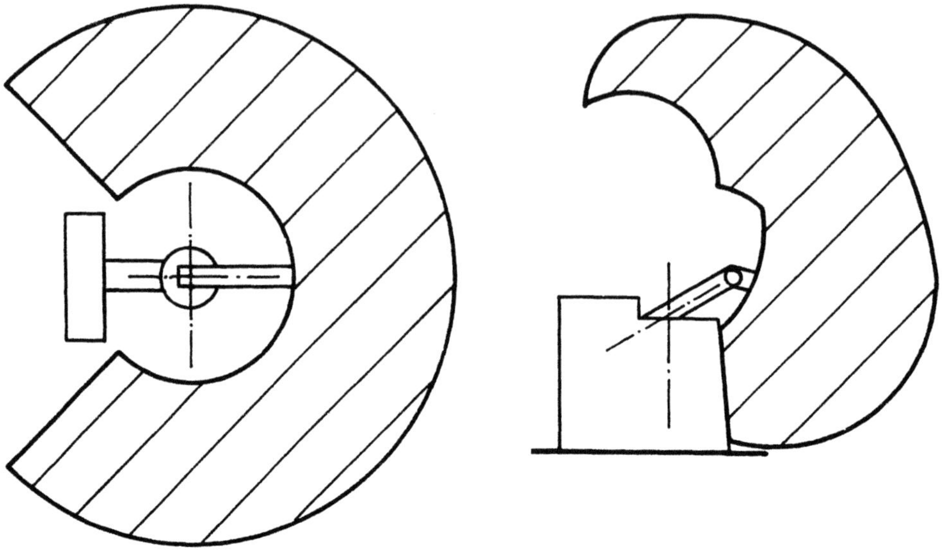

A.236 Jobs, Job OT

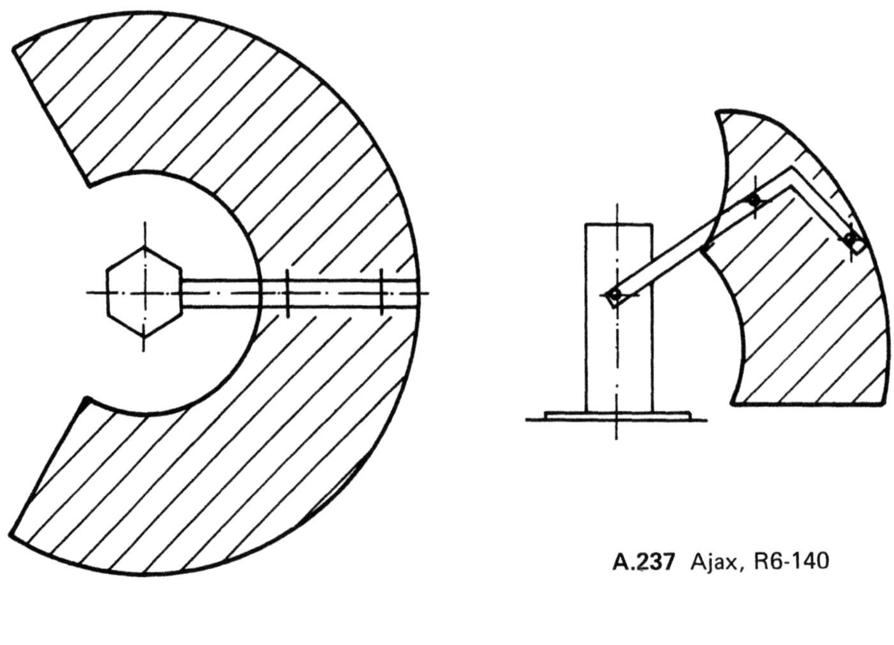

A.237 Ajax, R6-140

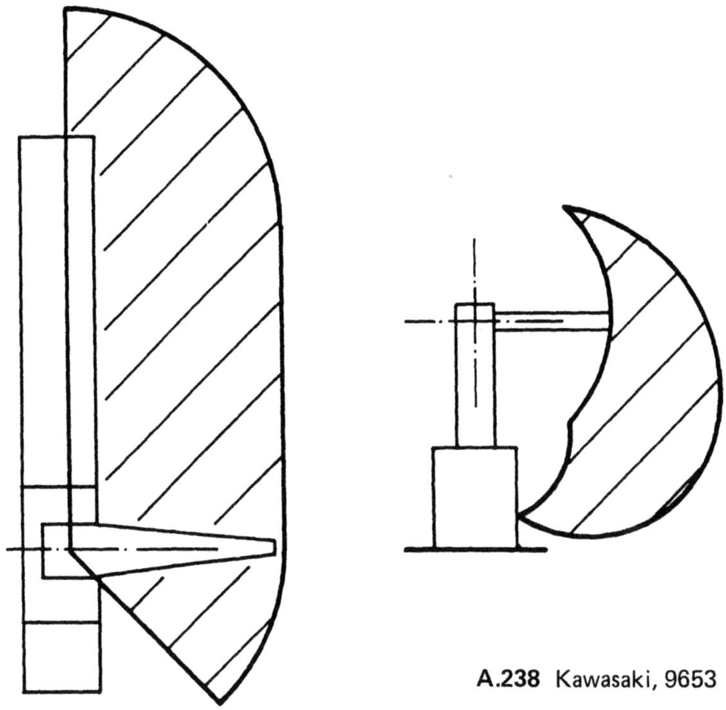

A.238 Kawasaki, 9653

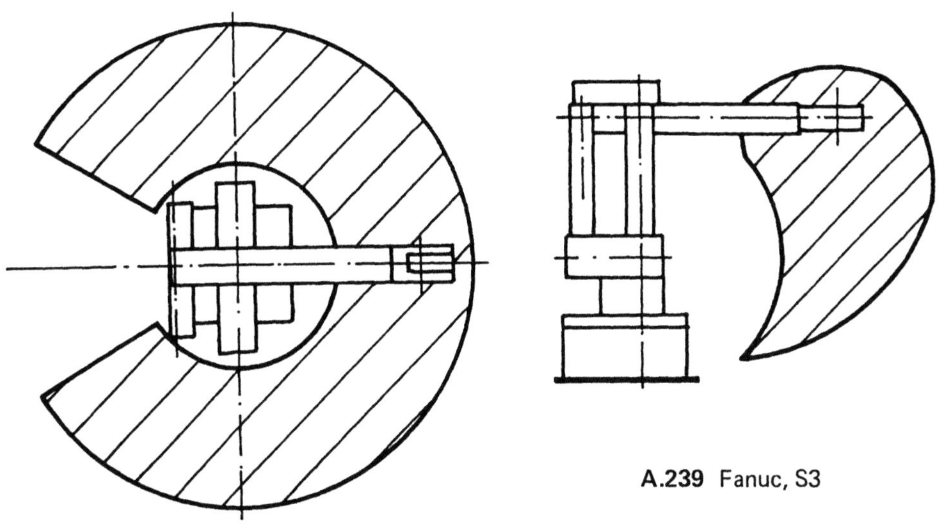

A.239 Fanuc, S3

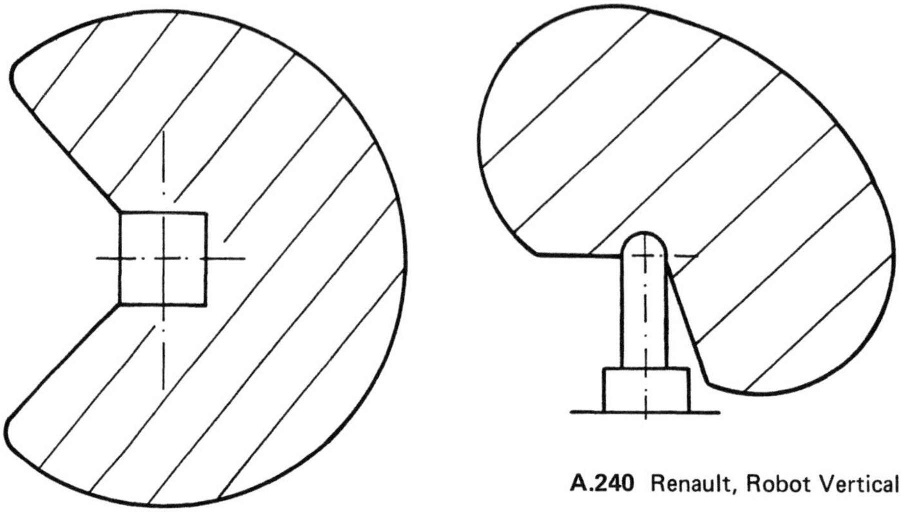

A.240 Renault, Robot Vertical 80

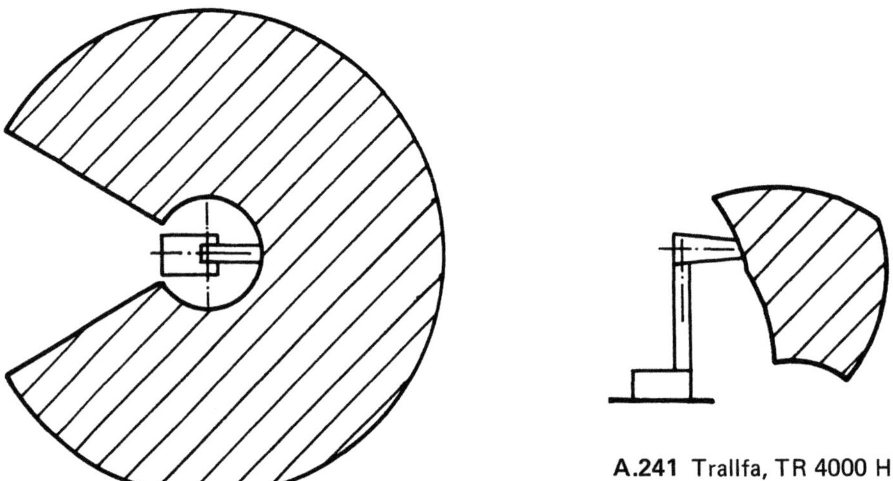

A.241 Trallfa, TR 4000 HH

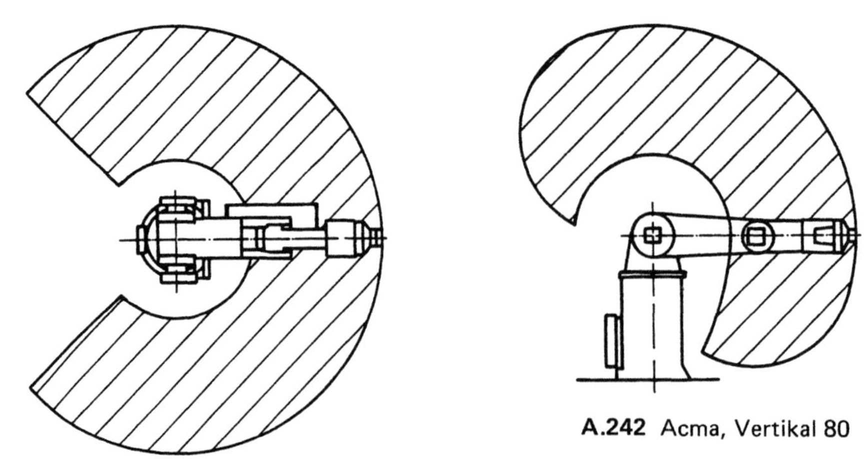

A.242 Acma, Vertikal 80

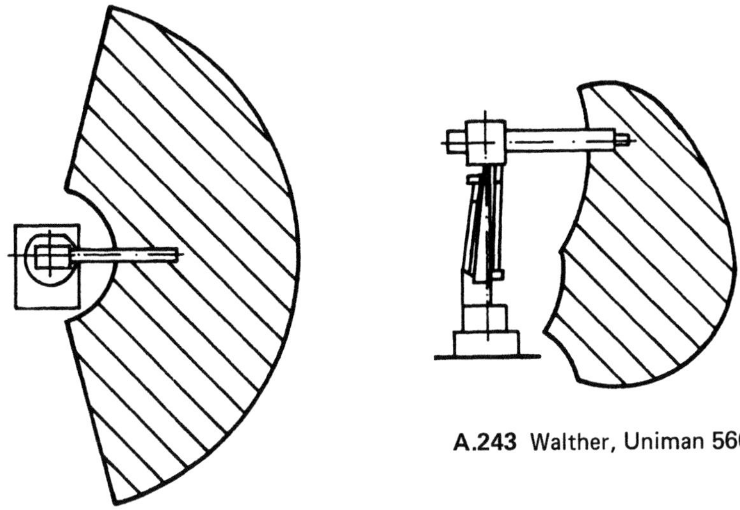

A.243 Walther, Uniman 5601-AF

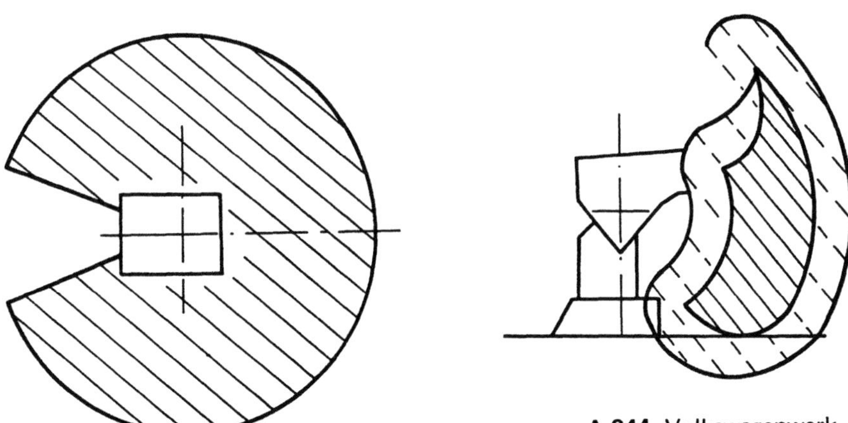

A.244 Volkswagenwerk, K 15

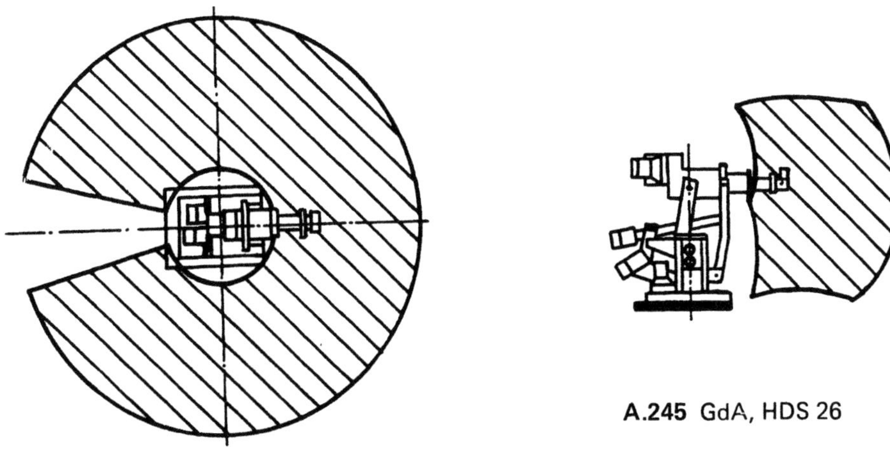

A.245 GdA, HDS 26

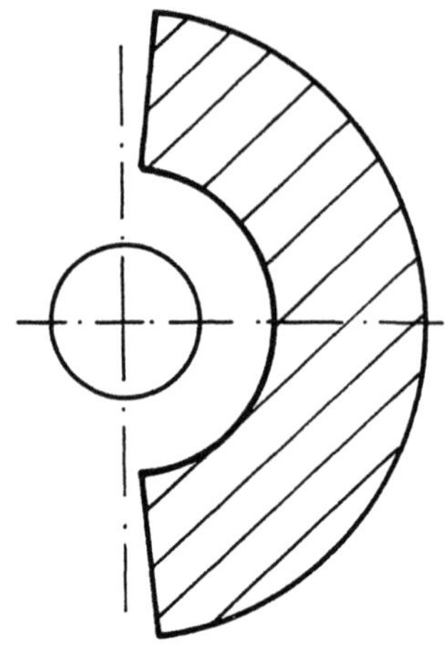
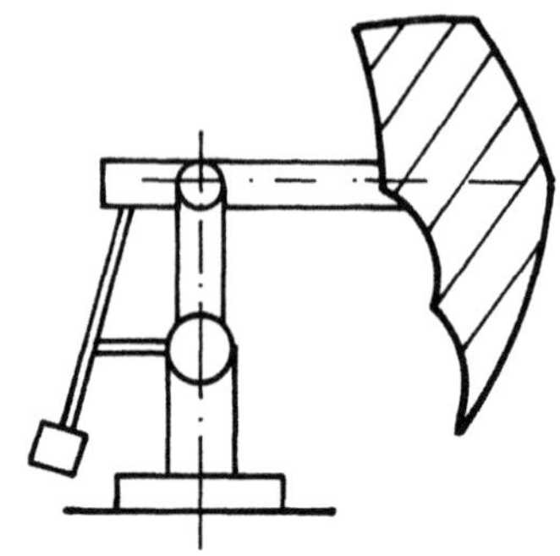

A.246 Zentraler Ing.-Vertrieb, ZIM 69-1

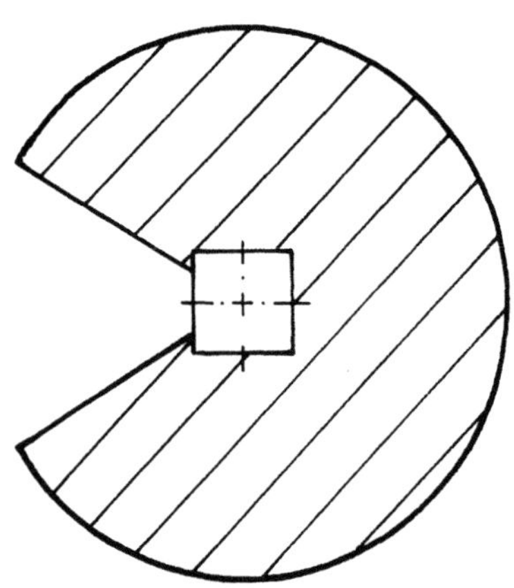
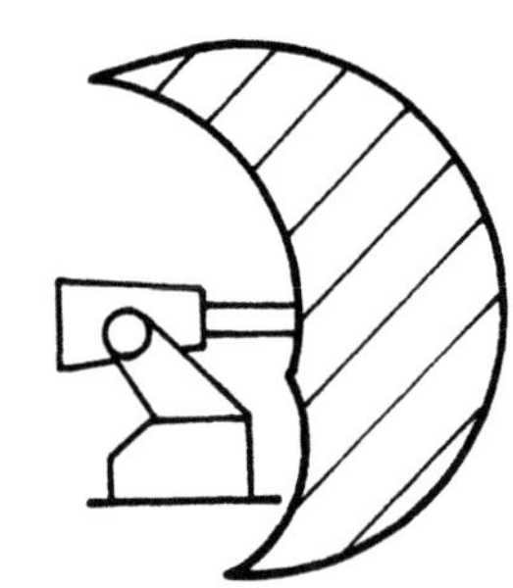

A.247 Volkswagenwerk, G 10

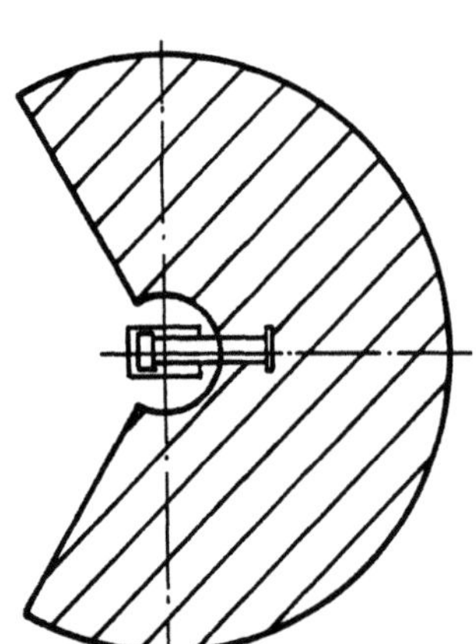
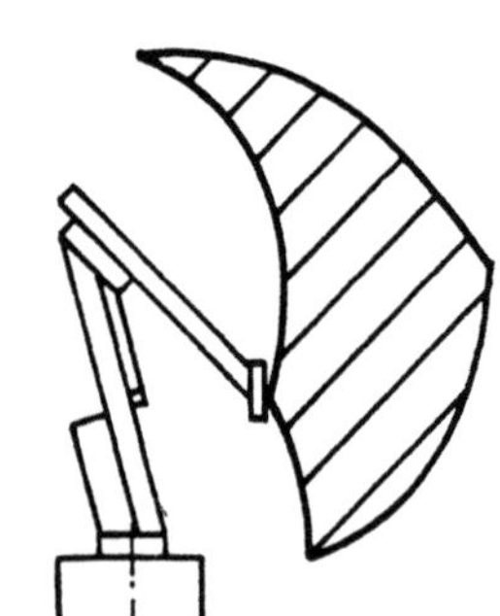

A.248 MTS, 200A

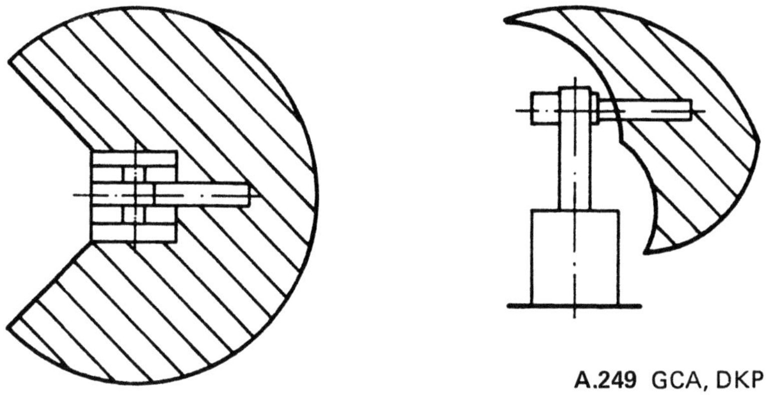

A.249 GCA, DKP1000

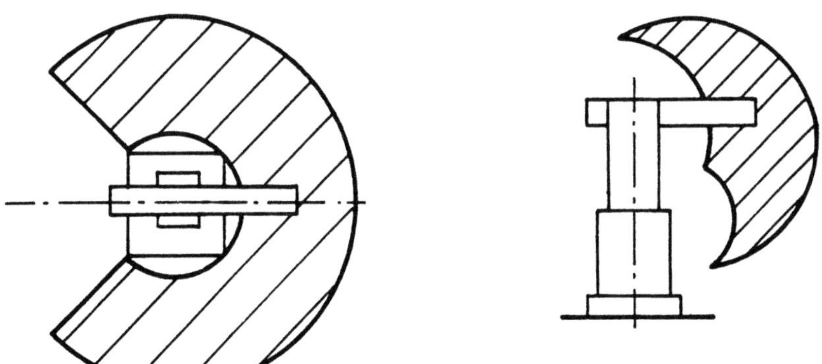

A.250 Dainichi, PT1000

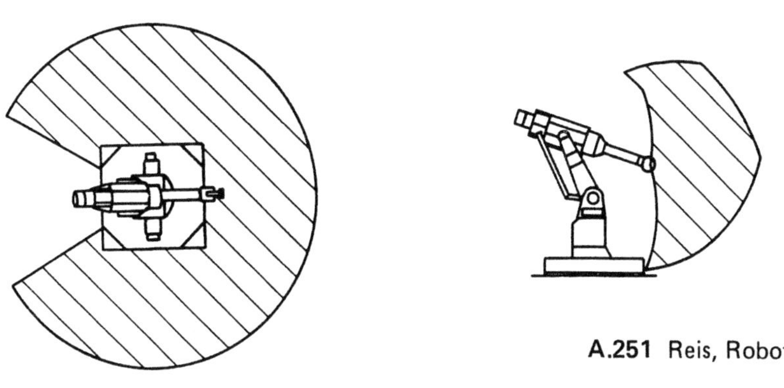

A.251 Reis, Robot 615

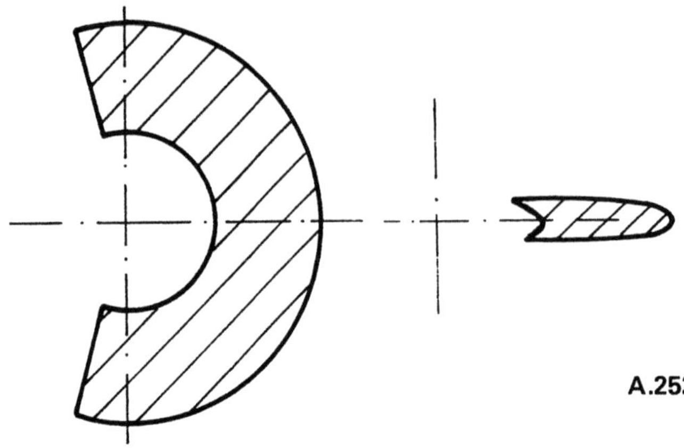

A.252 Hitachi, Process

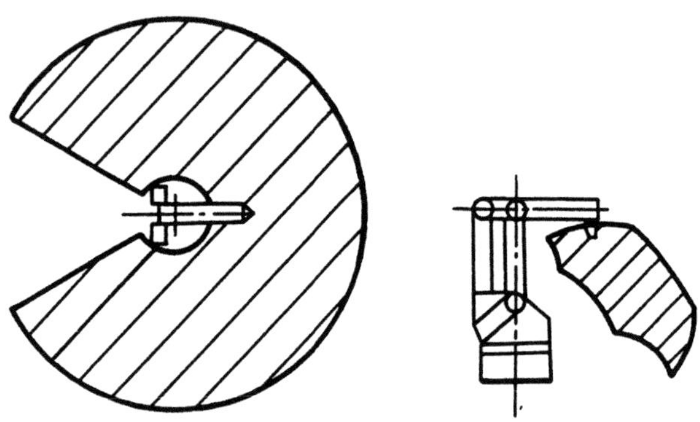

A.253 OTC, Thor-K

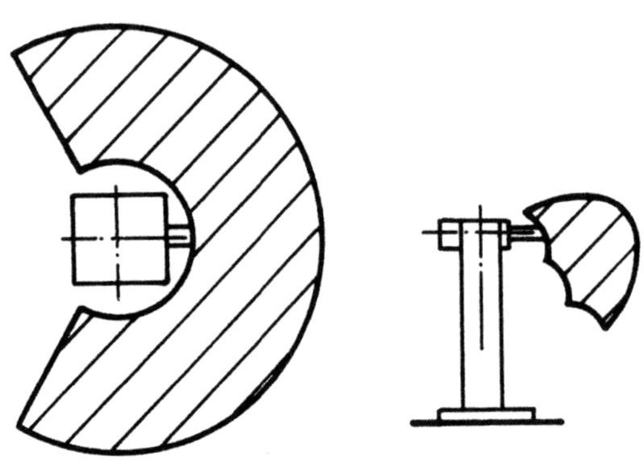

A.254 Yaskawa, Eurobot 10

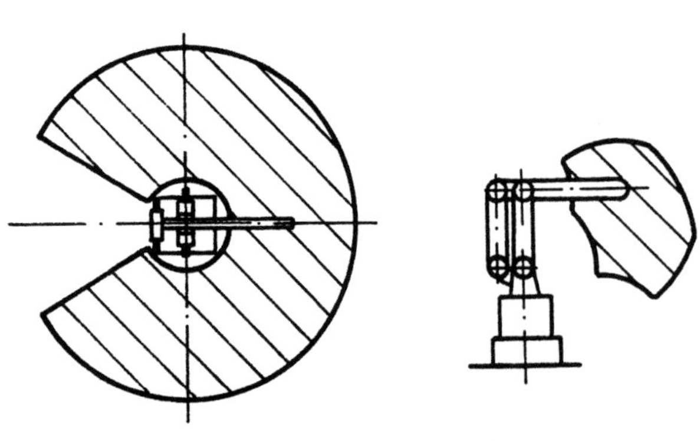

A.255 Automatix, Aid 800

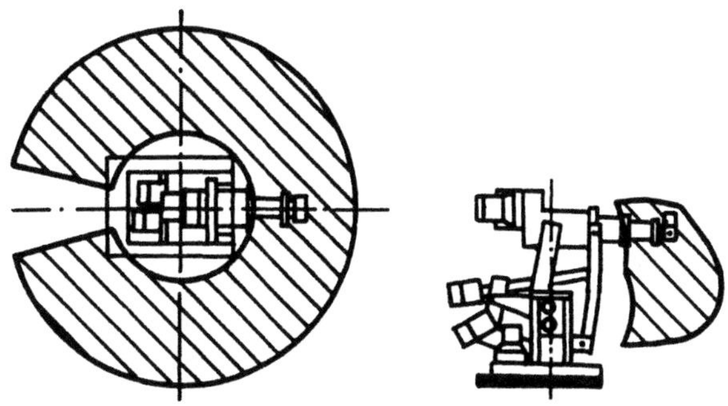

A.256 GdA, HDS 16

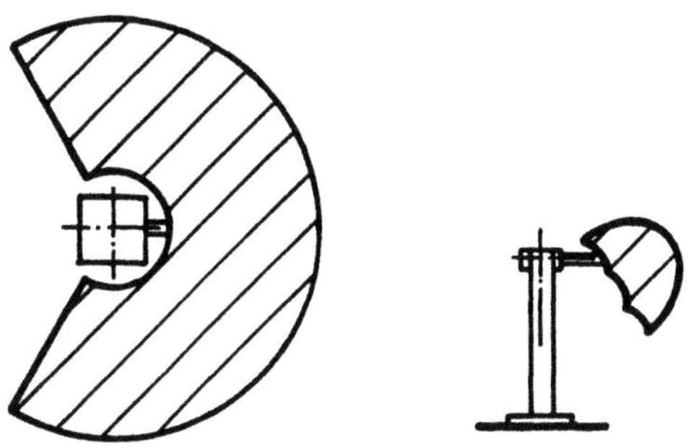

A.257 Yaskawa, Eurobot 3

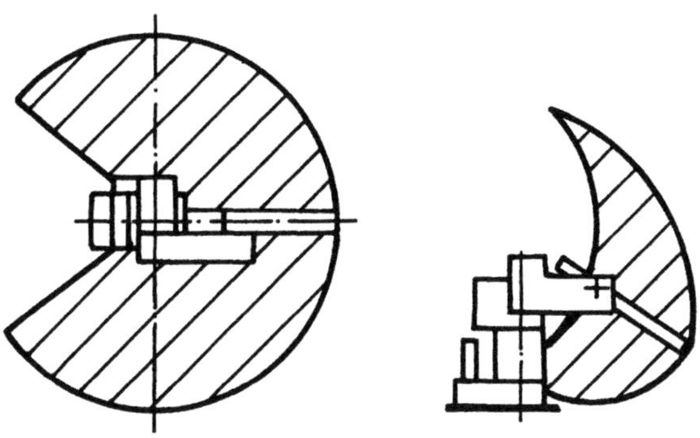

A.258 Cincinnati, T^3-726

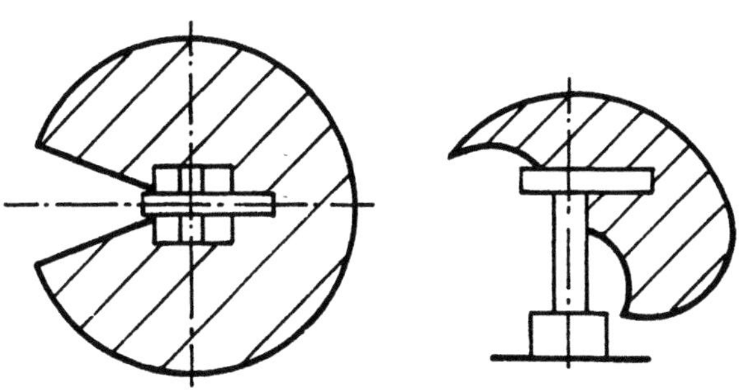

A.259 Dainichi, PT600

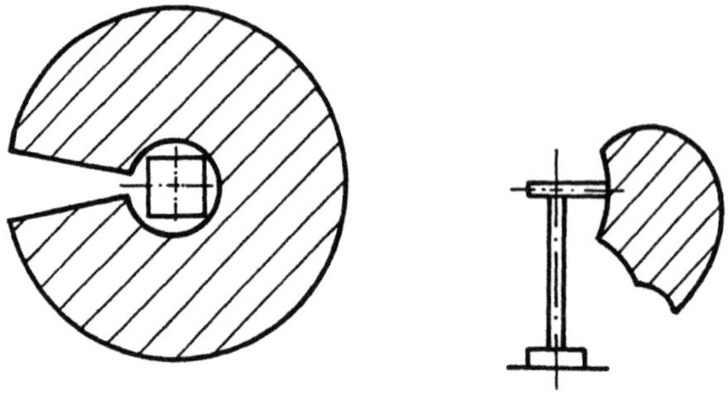

A.260 ASEA, IRb6

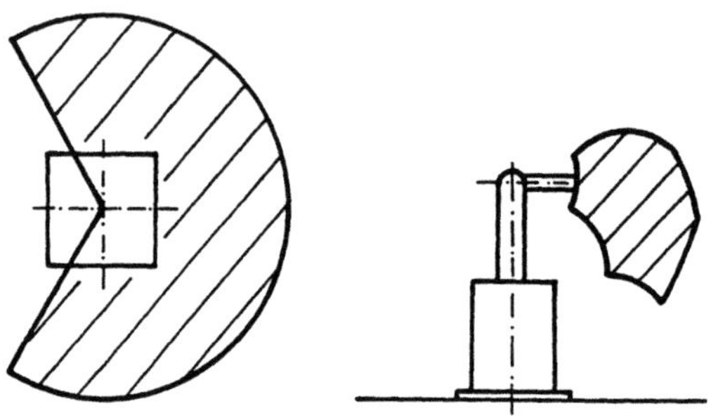

A.261 Motoman L 10

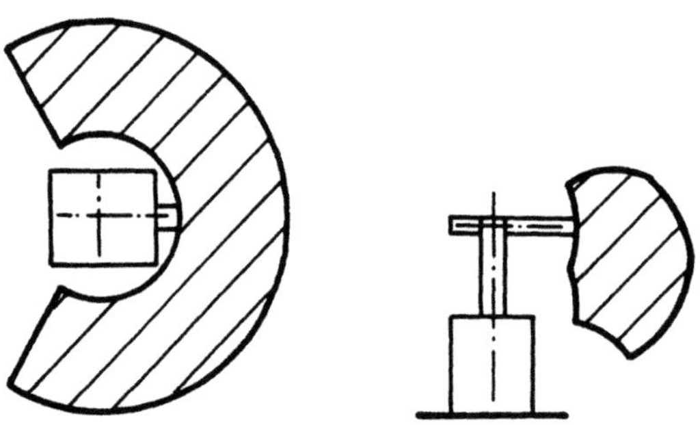

A.262 Savio, Earnest 1

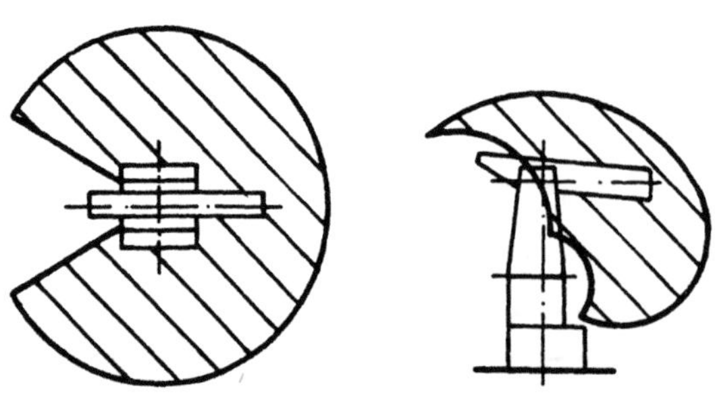

A.263 GCA, DKP600

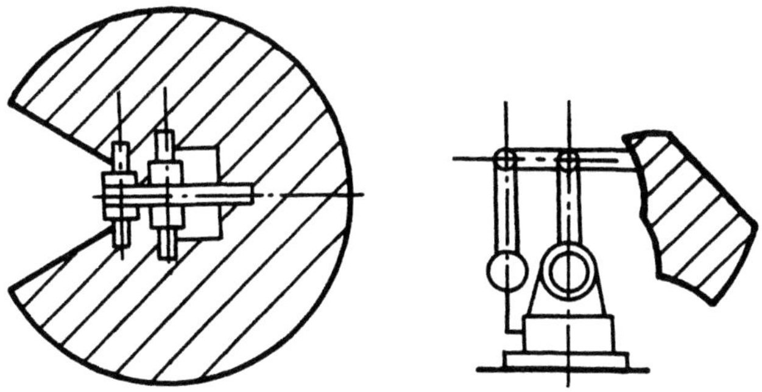

A.264 Hitachi, PW 10 II

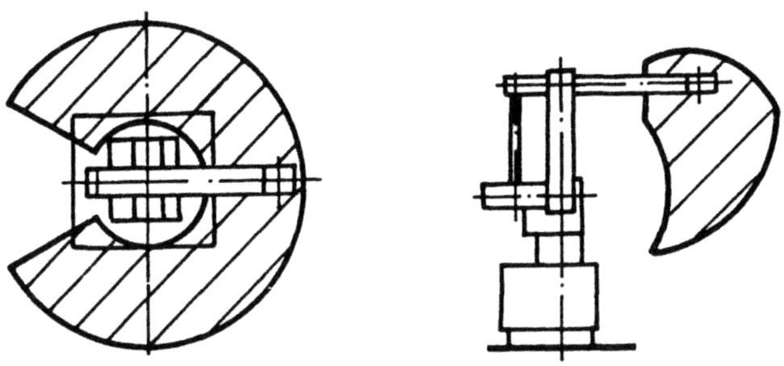

A.265 Fanuc, S1

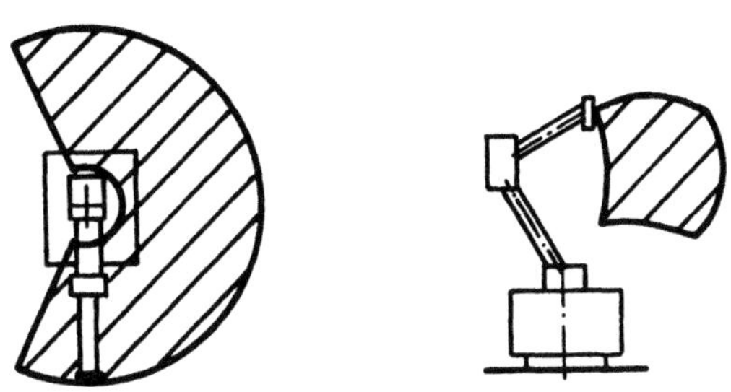

A.266 Pendar, Placemate 10

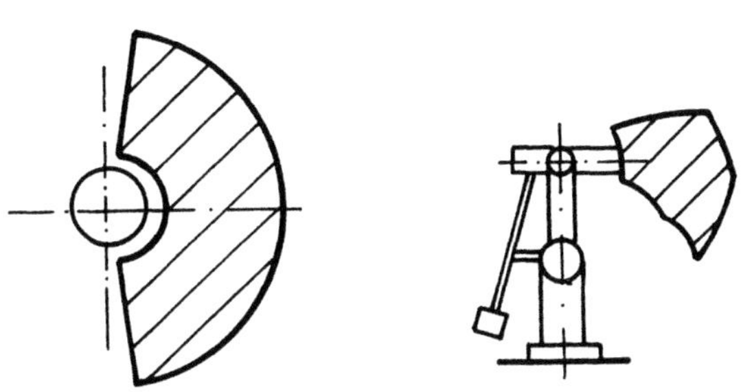

A.267 Zentraler Ing. Vertrieb, ZIM 10

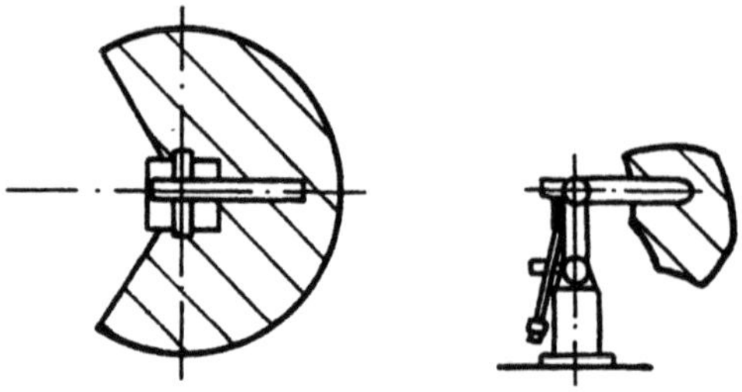

A.268 Machine Intelligence Corporation, Model 3030

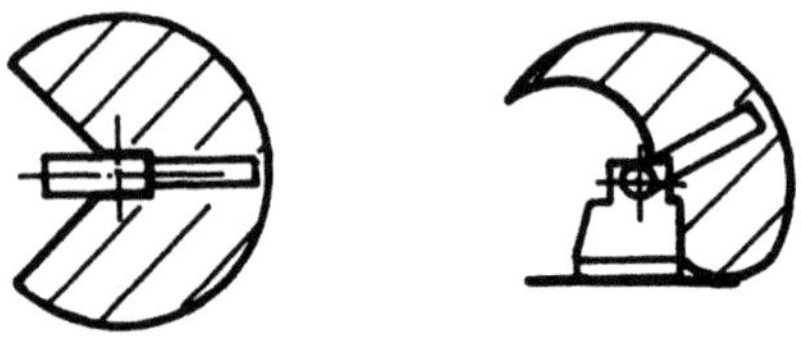

A.269 Matsushita, V I

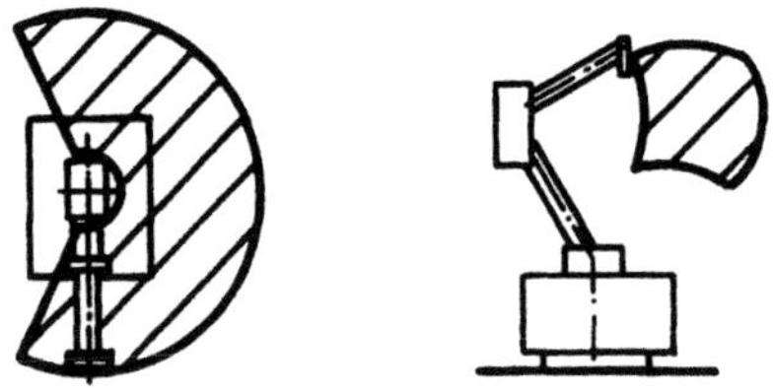

A.270 Pendar, Placemate 5

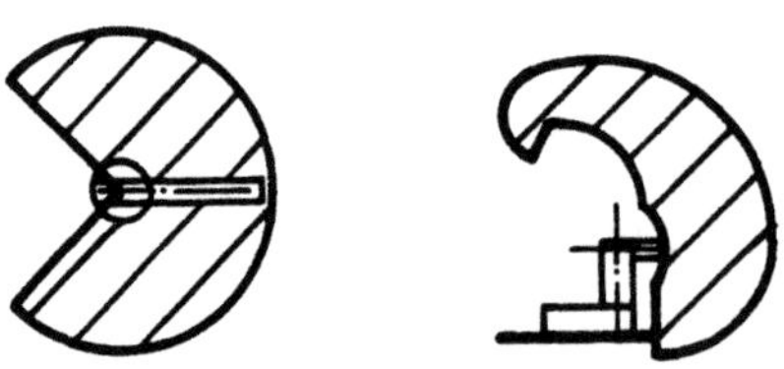

A.271 Scemi, Universal

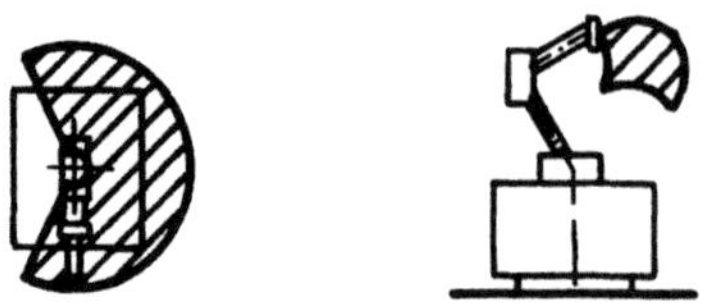

A.272 Pendar, Placemate 2

A.273 Mitsubishi, RM-501

A.274 Securia, Cobra RS 3

A.275 Fanuc, M0

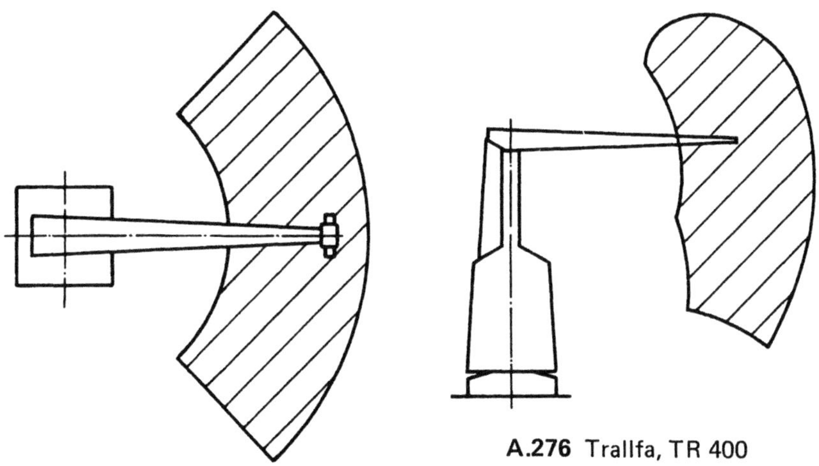

A.276 Trallfa, TR 400

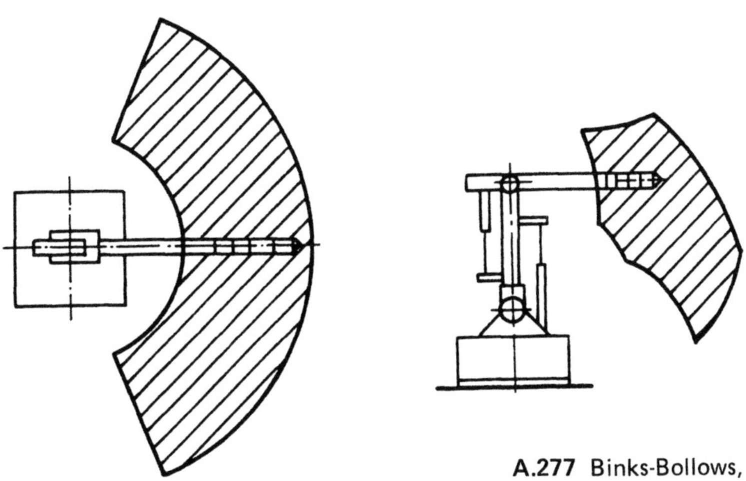

A.277 Binks-Bollows, Model 88-800

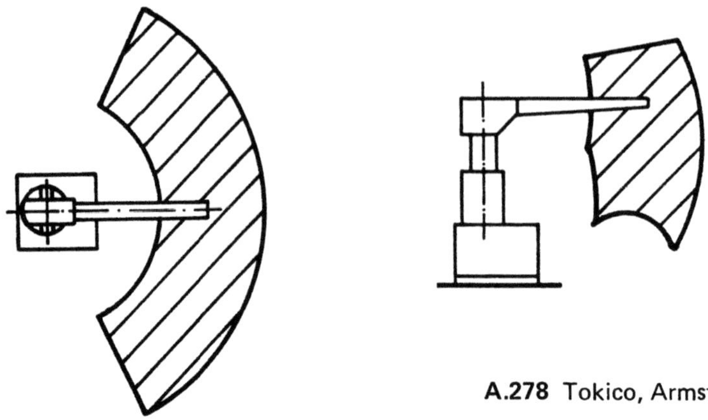

A.278 Tokico, Armstar und 855

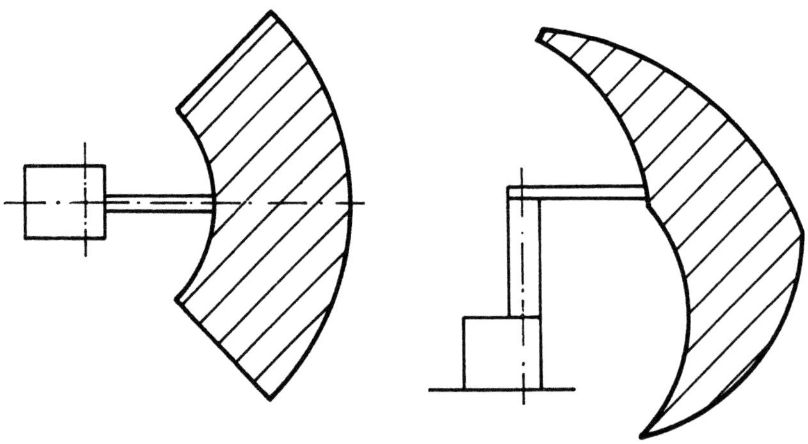

A.279 Atlas Copco, Coat-A-Matic

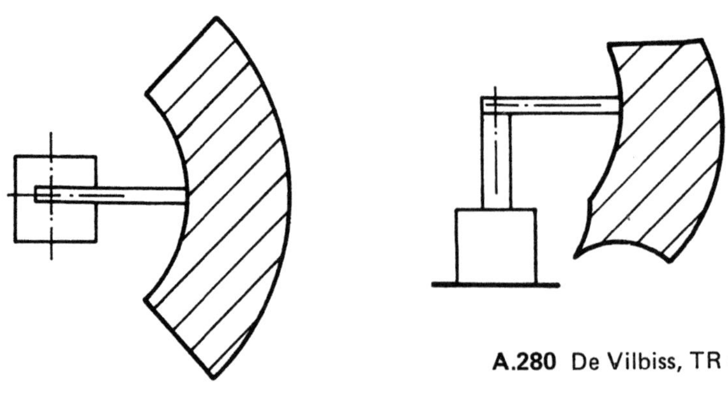

A.280 De Vilbiss, TR 4000

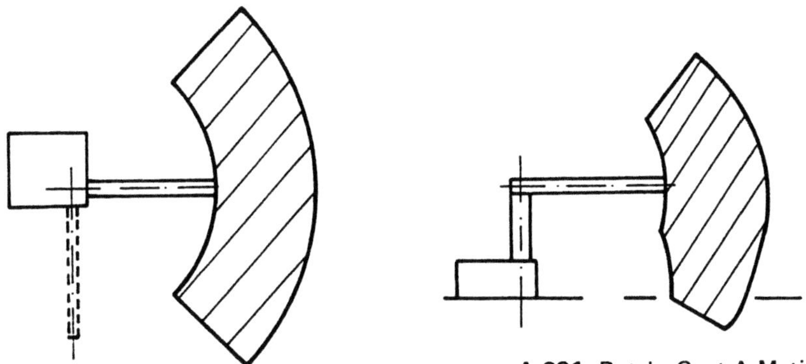

A.281 Retab, Coat-A-Matic

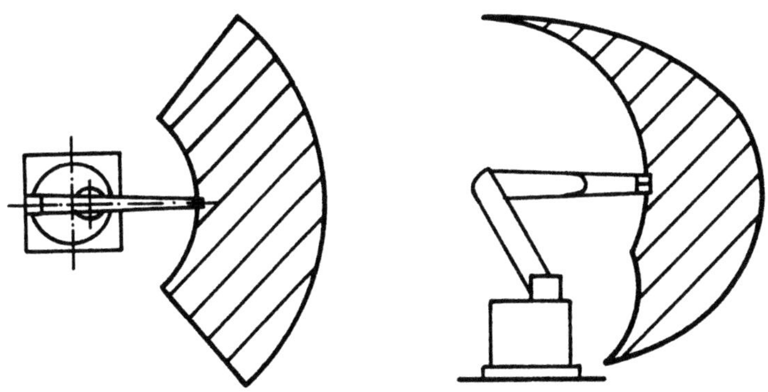

A.282 Nordson, CR (NRS-2)

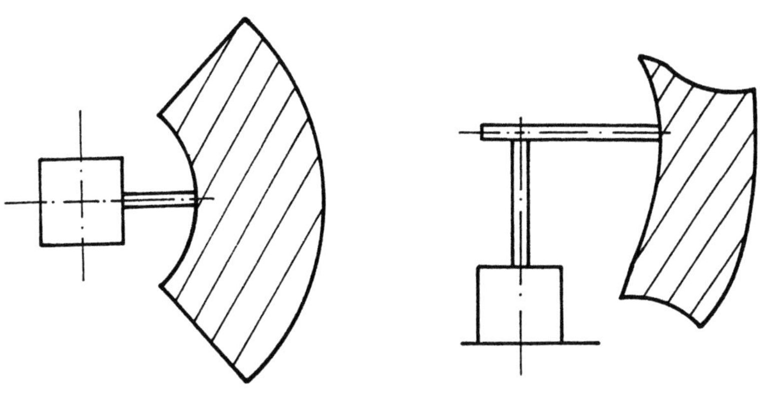

A.283 De Vilbiss, TR 300

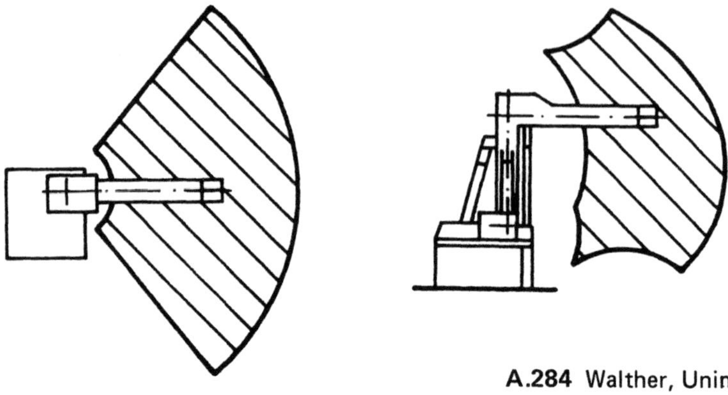

A.284 Walther, Uniman 5600-SP

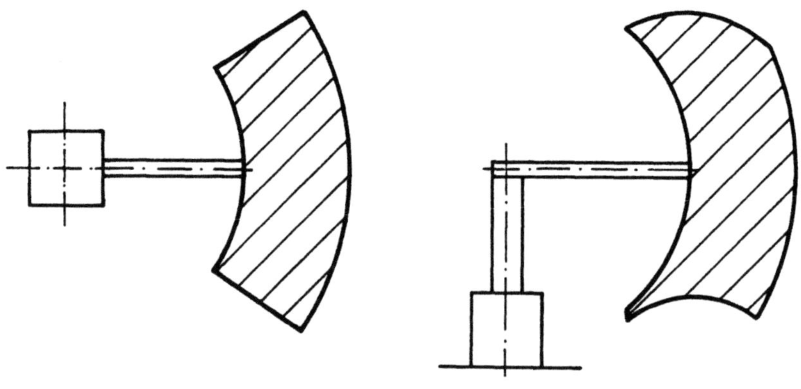

A.285 Aabo, Stundman

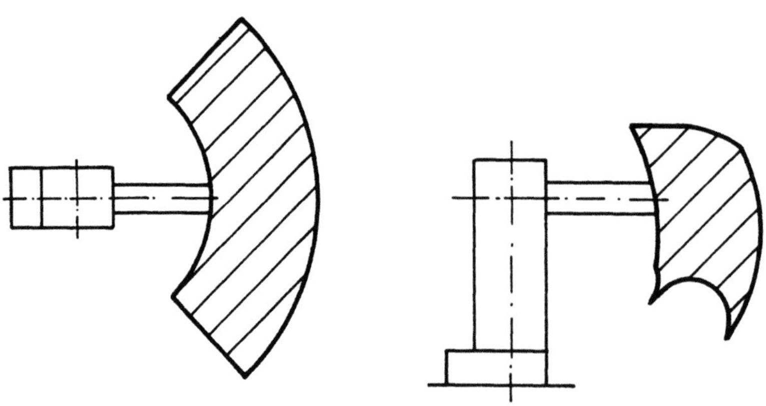

A.286 AKR, KR3000

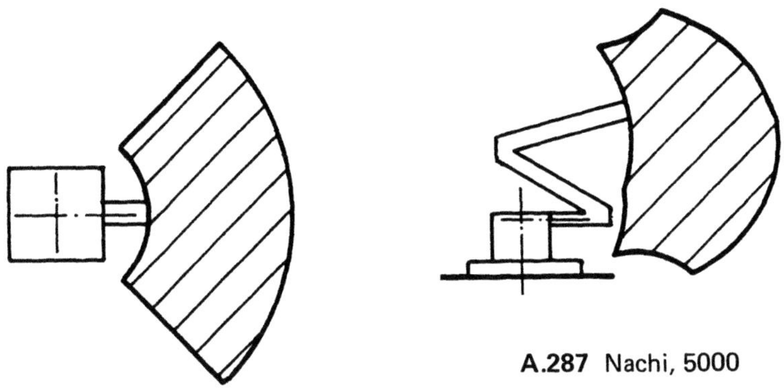

A.287 Nachi, 5000

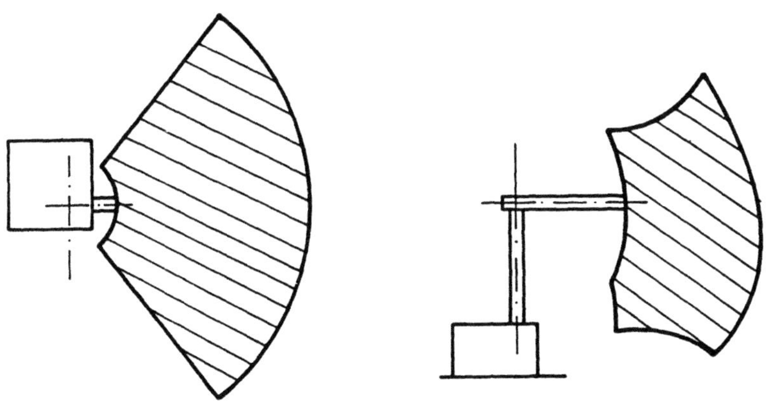

A.288 IWKA, KUKA Nachi 5600

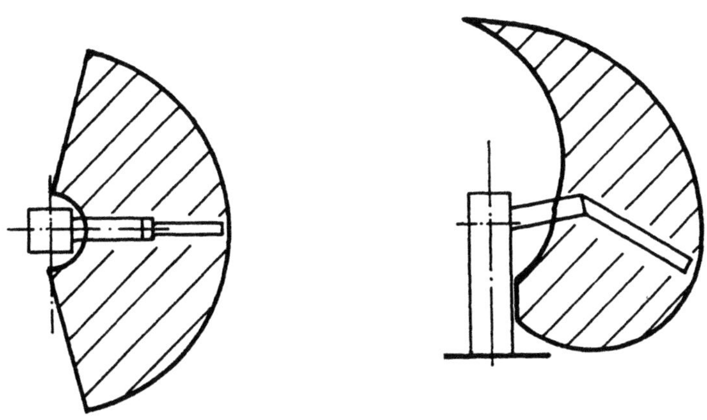

A.289 Hitachi, Spray Pain

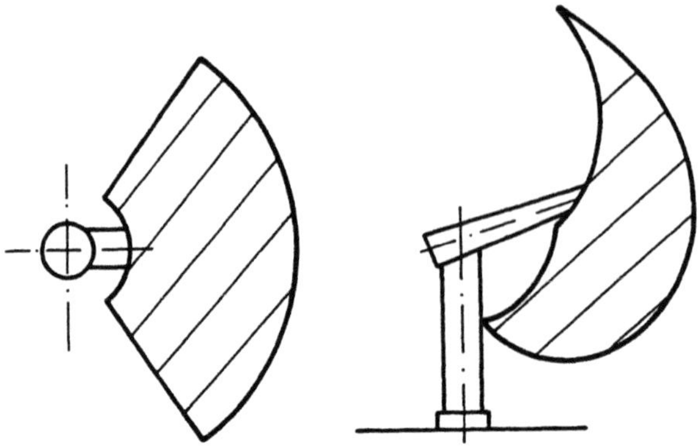

A.290 Hitachi, Robot

A.291 Hall, Comp Arm

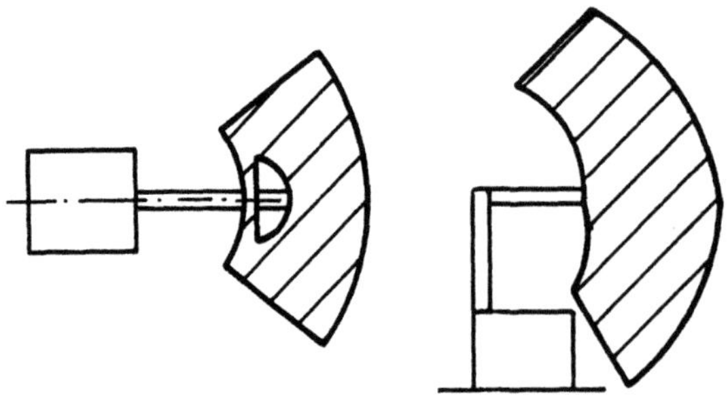

A.292 Gaiotto, Robot 50

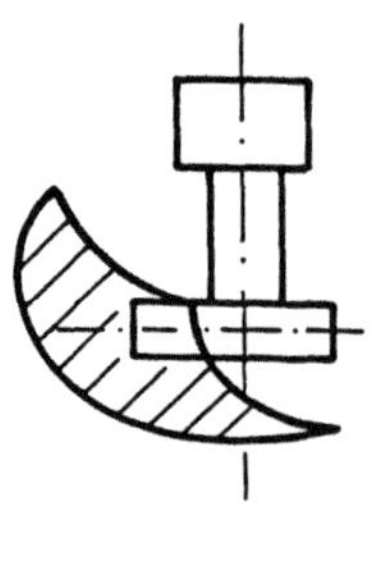

A.293 Unimation, Unimate 6060

9.3 Übersicht über eine Anzahl von Sensoreinrichtungen

Die Anzahl der Sensorsysteme hat sich seit dem ersten Erscheinen des Handbuches noch weiter vermehrt. Das trifft hauptsächlich für optische Erkennungssysteme zu.
Viele der beschriebenen Anlagen sind Pilotprojekte, Versuchsanordnungen von Universitäten oder zumindest Einzelanfertigungen. Auch heute liegen noch keine Erfahrungen aus der fertigungstechnischen Praxis vor, was passiert, wenn diese Anlagen nicht von wissenschaftlichen Ingenieuren im Betrieb unterhalten werden.
Bei den hier dargestellten Anlagen handelt es sich um eine Auswahl, die bei weitem nicht vollzählig ist. Interessenten von Sensorsystemen sei gesagt, daß es heute Sensordatenbanken gibt (Battelle-Institut, Frankfurt).

Entwicklung	Handhabungs-system	Sensor	Rechner, Speicher	Bemerkung
DFVLR, Institut fur Dynamik der Flugsysteme, Wessling. BMW, [3/49]	ASEA-Roboter mit 2 Manipulatorarmen	3-dimensionaler Kraft-Momenten-Sensor	1 Multiplexer 1 Mikrorechner (Intel 8085)	Montage einer Ölpumpe
DEA-Automazione Turin, Italien [3/52]	Handhabungsautomat mit 3 linearen Grundachsen, 2 rotatorische Handachsen (PRAGMA A 3000)	Elastisches Greifergelenk mit integriertem magnetischem Sensor	Rechner, Typ LSI 11, Dec, Mikroprozessor Typ Intel 8080	Montage von Kilometerzahler, Zusammenbau Ölfiltern, Leiterplattenbestückung
Jobs Piacenza, Italien, [3/52]	Jobot 10/Jobot 20 mit 5 Freiheitsgraden und 2 Handachsen	Taktiler Sensor	CNC-Steuerung	für Werkstuck- oder Werkzeughandhabung
Jungheinrich-Hamburg, [3/52]	Stand-by-Industrieroboter, 4/6 Freiheitsgrade R 100	Taktiler Sensor	Mehrprozessorsteuerung MPS 085 16 Programme	Punkt- u. Lichtbogenschweißen, Entgraten, Oberflachenbeschichten, Palettieren, Montage
Reis GmbH, Oberndorf, [3/52]	Industrieroboter ROBOT 1215	Taktiler Sensor	6-Achsen-Steuerung (E-PROM Disketten)	fur Pressenbeschickung und Handhabung an gußmaschinen
Nimak AG, [3/52]	In 6 Achsen frei programmierbarer Roboter Niko 200	Taktiler Sensor	6-Achsen-Mikroprozessor-Punktsteuerung (PTP)	Zur Werkstuck- u. Werkzeughandhabung
IPA, Stuttgart [3/48]	Industrieroboter,	Kraft- u. Momentensensor	Prozeßrechner	Zum Entgraten oder Gußputzen von Werkstücken
Okuma, Nagoya, [3/49]	Beruhrungstaster	Taktiler Sensor		Ermitteln von Werkzeugbruch bei Bohrarbeiten mit kleinem Durchmesser
Otto Wolpert GmbH, Ludwigshafen, [3/41]	Berührungstaster	Kraftsensor mit DMS	Elektronische Überwachung durch 2 Grenzwertdedektoren	Messung der Axialkraft
Camel, Robot, Grenzano, Italien, [3/52]	Handhabungsgerat mit 4/5 Achsen	Taktiler Sensor		Einsatz an Schmiedepressen
IPM,	Industrieroboter	D-Feld-Sensor		Vermessung von Werkstücken aufgrund ihrer Anderung dielektrischer Felder. Entwickelt fur Einsatz im Gluhofen
Burkhardt und Weber, Reutlingen	1 Manipulatorarm, 1 Meßtaster	Taktiler Sensor		Einsatz bei Werkzeughandhabung, Kompensieren von Aufspannfehlern u. Uberwachung der Werkzeugeinstellung bzw. des Werkzeugverschleißes
TU, Berlin/82, [3/52]	ZF-Roboter CXZ-C	Taktiler Sensor	Mikroprozessorsteuerung	Hydraulisch angetriebenes Vier-Achsen-Gerat, fur Montageaufgaben

Entwicklung	Handhabungs-system	Sensor	Rechner, Speicher	Bemerkung
ZIS Halle		Abstandssensor ZIS 10-67		Positionierung des Schweißbrenners zur Fugenverfolgung
ZIS Halle		Variabler Meß- und Führungssensor ZIS 12-02		Messung von Abständen oder Positionierung des Schweißbrenners zur Fugenverfolgung durch Konstanthalten von einstellbaren Abständen, insbesondere zum Kehlnahtschweißen in mehreren Lagen
ZIS Halle		Abstandssensor ZIS 10-79		Positionierung des Schweißbrenners zur Fugenverfolgung durch Konstanthalten eines oder mehrerer Abstände
TU Dresden		Abstandssensor TUD 14-02		Führung des Schweißbrenners in konstantem Abstand zu ferromagnetischem Werkstück
ZIS Halle		Elektrischer Abstandssensor		Führung des Schweißkopfes in einem konstantem Abstand über dem Schmelzbad beim Lichtbogenschweißen, insbesondere beim Auftragsschweißen
ZIS Halle		Kehlnahtsymmetriesensor ZIS 10-65		Brennerpositionierung beim Kehlnahtschweißen mit offenem Lichtbogen
ZIS Halle		optischer Stumpfnahtsensor ZIS 983.1		Führung des Schweißkopfes auf Spaltmitte an Stumpfnähten für magnetische und unmagnetische Werkstoffe, bei Kantenabstand von 1,0 mm bis 20 mm

Entwicklung	Handhabungs-system	Sensor	Rechner, Speicher	Bemerkung
ZIS Halle		Infrarotsensor ZIS 12-05		Erfassung von Wärmefeldern zur Steuerung des Schweißprozesses oder Schweißkopfpositionierung bei Mehrlagenschweißverfahren
VUZ (CSSR) Bratislava		Taktiler Sensor VUZ-APH		Führung des Schweißbrenners entlang der Fuge
E. O. Paton Kiew, (UdSSR)		Elektromechanischer taktiler Sensor		Steuerung der Position der Schweißdüse beim Mehrlagenschweißen von Rundnähten dickwandiger Stumpfschweißverbindungen
E. O. Paton, Kiew, (UdSSR)		Elektromechanischer taktiler Positioniersensor für Werkstückoberflächen		Verwendung im System einer Anfangsadaptation von Industrierobotern
E. O. Paton, Kiew, (UdSSR)		Fernsehsensor für die Position der Kontrastlinie (Spalt im Stoß, Fuge, Abtastlinie)		Automatische Steuerung der Position des Schweißwerkzeuges beim Schweißen von Längs- und Rundnähten, vornehmlich an für die Sichtkontrolle schwer zugänglichen Stellen
ZIS Halle		Sensoreinheit Schutzgasüberwachung ZIS 10-64		Überwachung der Schutzgaszufuhr beim Schweißen
ZIS Halle		Sensoreinheit Lichtbogenüberwachung ZIS 10-63		Signalabgabe beim Brennen des Lichtbogens

Entwicklung	Handhabungs-system	Sensor	Rechner, Speicher	Bemerkung
TH Karlsruhe, [3/52]		Kamerasystem (Objektiv, Fotodioden-matrix, Komparator)	Mikroprozessor Typ TI 990/4	Erkennung und Vermessung von Gegenständen
BBC, Dättwill, Volkswagenwerk, Wolfsburg, [3/52]		Opto-elektronischer Sensor	Mehrprozessor-steuerung	Identifikation von Bolzen für Achsenaufhängung
Bosch, Darmstadt, [3/52]	Handhabungs-system mit 2 Manipulator-armen	Opto-elektronischer Sensor mit 3 Fernsehkameras		Erkennen, Sortieren u. Kontrolle von Werkstücken. Bestimmung der Greifpunkte an Werkstücken
IPA, Stuttgart, [3/52]	Handhabungs-system mit 2 Manipulator-armen, Typ PRAGMA 3000 DEA, Turin	Fernsehkamera, Typ OMS, BBC	Leitrechner	Ordnen von Werkstücken
Cincinatti Milacron Inc. Cincinnati/Ohio USA, [3/52]	6-Achsen Industrieroboter	Infrarot-Sensor	Mikroprozessor mit 32 kB RAM	für Handhabungs-, Beschichtungs- u. Punktschweißaufgaben
Olivetti, Italien [3/52]	Industrieroboter mit 3 Freiheitsgraden	Optischer Sensor		Werkstückerkennungssystem
Olivetti, Italien, [3/52]	Montageroboter, 2 Manipulator-arme mit je 3 Freiheitsgraden, SIGMA	Kraftsensor		Rechnergesteuertes Industrieroboter-Montagesystem
IPA, Stuttgart, [3/52]	SIGMA-Industrieroboter, Wechselflansch mit 6 Freiheitsgraden	Taktiler Sensor	Mikro-computer	Montagesystem
ASEA Lepper GmbH, Oberpfaffenhofen, [3/52]	Manipulatoram	Kraft-Momenten-Sensor	Prozeßrechner Pacer 100 EAI	Entgraten von Werkstücken

Entwicklung	Handhabungs-system	Sensor	Rechner, Speicher	Bemerkung
US-Staat Oregon Vertrieb: Zehntel, München, (83), [3/37]	Intelledex 605 mit 6 Freiheitsgraden	Fernsehkamera kann bis zu 64 Schattierungen erkennen	Mikro-computer, acht Testprogramme	Programmierung erfolgt in Microsoft BASIC für das Testen von Leiterplatten. Gerätekosten 180 TDM (83). 25 Applikationen
Toshiba/83, [3/38]	Toshiba TSR 500 V	CCD-Fernsehkamera	10 Mikro-computer	„Flexibel automatisiertes Produktionssystem" besteht aus 2 Industrierobotern mit Erkennung zur Montage von Elektrogerät
Sony/83, [3/39]	3- bis 5-achsige Manipulatoren nach Scara-Prinzip	visueller Sensor		Montage von Videorecorder
Stenzel + Co., Wiesbaden/84	Arm Base 450	Bildauswertungs-VS-100	PDP 11/23	2d-Erkennung von Teilen mit 2 μm Genauigkeit
Cincinnati Milacron /83, [3/53]	T^3-726	Spracherkennungs-einheit	externer Computer	Buchstaben werden gesprochen und von dem Industrieroboter in Glas gefräst
RWTH Aachen, Ford/84, [3/54]	ASEA IR b100	optisch-elektronisches Sensorsystem		Lagevermessung der Montagebohrung bei Getriebegehäusen
ASEA/83, [3/55]	ASEA IR b6/2	optischer Sensor	Mikro-prozessor	Optocator sucht in 3 Freiheitsgraden Schweißnaht. Nahtsuchen dauert 1,5 s.
Hitachi/83, [3/56]		sechsachsiger Kraft-sensor	4 bis 16-bit Mikrorechner	Steuerungssystem mit hypothetischen Nachfolgedaten steuert Montagevorgänge bei Floppy Discmontage
Siemens/80, [3/57]		128 Einzeldioden	Mikro-prozessor	7000 Bildvergleiche je s.

Entwicklung	Handhabungs-system	Sensor	Rechner, Speicher	Bemerkung
Jungheinrich, Diffracto (Ontario) 80, [3/58]	Jungheinrich R 100	Optischer Sensor	Mikro-prozessor	Linearer Dioden-Array zur Durch-messermessung
DFVLR/81, [3/59]	ASEA IRb6	3d-Kraft-Momenten-fühler		8 Paar Drehmeß-streifen. Ausfüh-rung in 1 bis 100 N und 10 bis 2000 N
IPA, Stuttgart, [3/60]	Puma	modulares taktiles Greifer-Sensor-System MTGS		6-achsige Struktur zum passiven Aus-gleich von Toleranzen
Mitsubishi/81, [3/61]	Nittogerät nach Scara-Prinzip	optischer Schweiß-sensor mit CCD-Kamera	8-bit-Mikro-prozessor	Das Sensorsystem erkennt Positionsab-weichungen von ± 10 mm in zwei Achsen
University of Western Australia/ 81, [3/62]	6-achsiger Schermanipu-lator (ASEA	kapazitives Sensor-system, adaptiv geregelt, Laserdiode, CCD-Kamera	2DEC11/23	In 120 s schneidet der Roboter 90 % der Wolle eines Schafes
ITTP, Karlsruhe/ 82, [3/63]	Puma 600	taktiles Greifersystem mit Infrarotsensoren und Mikrofonen für 6 Achsen	CPU 8080	
KUKA, Ford/ 83, [3/67]	KUKA IR 661	visueller Sensor mit kombinierter Greif- und Schraubvorrichtung		Bei 8 m/min Band-geschwindigkeit werden in 40 s von dem Roboter zwei Räder montiert und verschraubt. Anlage-kosten 2 Mio. DM
Ruhr Universität Bochum/83, [3/66]		optisches Erkennungs-system	Mikro-prozessor	Zusätzlich wird Wär-mestrahlung bei heißen Werkstücken registriert
Masing-Kirkhof/ 81, [3/65]	ASEA IRb6	Ringsensor zum Naht-suchen. Kapazitiver Sensor	Mikro-prozessor	Im Toleranzbe-reich von ± 5 mm erkennt der Sensor in 1,5 s die Naht-lage
GM (Flint)/83, [3/51]		Linear-Array-Kamera im Durchlichtverfahren		Anwesenheit von Federkeil und Ven-til in Zylinderkopf wird kontrolliert. Inspektion von 400 Teilen/h

Entwicklung	Handhabungs-system	Sensor	Rechner, Speicher	Bemerkung
GM (Saginaw)/ 83, [3/51]		Linear-Array-Kamera im Auflichtverfahren am Förderband		10 000 Teile/h werden unterschieden
GM (Saginaw)/ 83, [3/51]	Cincinnati T^3 566	Linear-Array-Kamera im Auflichtverfahren am Förderband		Industrieroboter faßt nach Erkennung beliebige Teile vom Förderband
Hitachi/83, [3/68]	Process Robot A 3020	Fernsehsensor		Teile werden ungeordnet dem Schüttelförderer entnommen
SI Handling/83, [3/68]	Maker 100	Fernsehsensor		Teile werden montiert
ORS/83, [3/68]	Puma 560	optischer Sensor I-bot1 mit taktilem Sensor im Gelenk	CPU 8086	Schraubenerkennung in einer Kiste 2d-Erkennung. Programmsprachen: PASCAL, ASSEMBLY, VAL
Automatix/83, [3/68]	AID 600 Robot	Sensor AI 32	CPU 8000	Erkennung und Handhabung von Teilen auf Förderband. Programmsprache: RAIL
Unimation/83, [3/68]	Unimate 900	Sensor GVS-41	LSI 11/23	Erkennung und Handhabung von Teilen auf einem Förderband
IBM/83, [3/68]	IBM RS 1	optischer Sensor		Erkennung, Handhabung und Bearbeiten von Teilen
Cincinnati/83, [3/68]	Cincinnati T^3-726	Milavision I Vision System		Erkennung und Handhabung von Teilen
Cybotech/83, [3/68]	Vertikal 80	RC-6 Controller		Erkennung und Handhabung bewegter Teile in beliebiger Lage
Machine Intelligence Corp./ 83, [3/68]	Yaskawa Eurobot 10	VS-100 Vision System		Erkennung, Prüfung und Handhabung von Kolben. Beleuchtung: Auflicht, Infrarot, etwa 20 × 100 W
ITI/83, [3/68]	IRI M50	P 256 Vision System		Erkennung und Handhabung von Quadern im Auflichtverfahren, Programmsprache C

Entwicklung	Handhabungs-system	Sensor	Rechner, Speicher	Bemerkung
Westinghouse/83		GVS-41	16-bit-CPU	Optisches Erkennungssystem
Cincinnati/83	T^3-726	VS-100		Optisches Erkennungssystem
IBM/83	IBM RS 1			AML
Machine Intelligence Corp./ 83	Yaskawa	VS-100 Vision System		Beleuchtung durch Infrarotlicht, BASIC
AEG, 84 ASEA Lepper [3/42]	Dürr P 100 ASEA IR b6	Grauwertsensor IBS adaptive Steuerung		Erkennungssystem
TH Karlsruhe, [3/80]	Puma 600	Drehpotentiometer, Ultraschall-, Infrarot- und taktiler Sensor, Kraftmeßdose sowie Inkrementalgeber	Z 80 CPU	Montagegreifer
Renault/85		Polaroidkamera SX-70		Automatische Fokussierung zur Erkennung verschiedener Ebenen von Teileschichten
General Electric/ 85	Motoman	Schweißkopf-Führungssystem Weld Vision		System erkennt Fugen an verzerrten Lichtstreifen
General Motors/ 85	3 Industrieroboter	Consight System		Sechs verschiedene Werkstücke werden auf einem Förderband erkannt (1400 Stück/h)
General Motors/ 85	Schweißroboter	2 Halbleiterkameras		Kamera im Gelenk lokalisiert Merkmale an Schweißstelle
Autoflex/85		Vision III, Plus		Teileerkennung
Oldleft, Holland/ 84	Schweißroboter	Schweißnahtsensor		Laserabtastsystem
England/84	Scara-Roboter	Voicemate		Montageroboter reagiert auf gesprochene Befehle
Siemens/85	Manutec r3	Sirotex Videomat ROS		Optischer Entfernungs- und Kraftmomentsensor
AEG/84 [4/152]		MX-Ades		Akustische Spracherkennung

Literaturverzeichnis

Allgemeine Übersichten

[1/1] *Spur, G./Auer, B. H./Sinning, H.*: Industrieroboter. Carl Hanser Verlag, München, 1979.

[1/2] *Warnecke, H.-J.*: Montage- und Handhabungstechnik – anwendungsorientiert. Fachtagung Montage- und Handhabungstechnik 24. und 25. April 1979. Krausskopf-Verlag, Mainz, 1979.

[1/3] *Auer, B. H./Autorenkolletiv*: Industrieroboter und ihr praktischer Einsatz. Kontakt + Studium Band 36, Lexika-Verlag, Grafenau, 1979.

[1/4] *Schimke, E.-F.*: Planung und Einsatz von Industrierobotern. VDI-Verlag, Düsseldorf, 1978.

[1/5] *Schraft, R. D.*: Systematisches Auswählen und Konzipieren von programmierbaren Handhabungsgeräten. Krausskopf-Verlag, Mainz.

[1/6] *Warnecke, H.-J./Schraft, R. D.*: Industrie-Roboter. Buchreihe Produktionstechnik heute, Band 4, Krausskopf-Verlag, Mainz, 1973.

[1/7] *Burckhardt, C. W./Autorenkollektiv:* Tagungsberichte „Journées de Microtechnique", Lausanne, 1974.

[1/8] *Arbeitsgemeinschaft Handhabungssysteme*: Neue Handhabungssysteme als technische Hilfen für den Arbeitsprozeß. Abschlußberichte Teil 1, 2, 3. Fachinformationszentraum Energie, Physik, Mathematik, Eggenstein-Leopoldshafen, 1979.

[1/9] *Michler, K. W.*: Automatisierung von Werkzeugmaschinen durch Verkettung. Die Maschine 11/76-(399)17.

[1/10] *Köhler, G. W.*: Variable Fahrwerksgeometrie. VDI, Düsseldorf, Nr. 18/4.5.79.

[1/11] *Köhler, G. W.*: Stand der Fernbedienungstechnik. 8. International Symposium, Stuttgart, 1978.

[1/12] *Köhler, G. W./Selig, M.*: Manipulatorfahrzeug-System MF 2 und seine Verwendungsmöglichkeiten, Kerntechnik, 17 (1975), Heft 12, S. 527-532.

[1/13] *Köhler, G. W.*: Ferngelenktes Manipulator-Fahrzeug MF 3. VDI-Zeitschrift 120 (1978) Nr. 22-Nov. (II).

[1/14] *Köhler, G. W./Salaske, M.*: Master-Slave-Manipulator EMSM I. Kerntechnik, 18(1976), Heft 5. S. 212–218.

[1/15] *Gildemeister-Report Nr.* 5 Automatisierte Werkstückhandhabung. Bielefeld.

[1/16] *Gildemeister-Report Nr.* 16 Automatisierte Standardmaschinen. Bielefeld.

[1/17] *Steinbruch, H. K.*: Taschenbuch der Nachrichtenverbreitung. Springer Verlag, Berlin, 1962.

[1/18] *Simon, W.*: Die Numerische Steuerung von Werkzeugmaschinen. Carl Hanser Verlag, München, 1963.

[1/19] *Gräßler, R./Autorenkolletiv*: Lehrbuch der Automatisierungstechnik. Pfalz-Verlag, Basel, 1965.

[1/20] *Bruins, D. H./Dräger, H.-J.*: Werkzeuge und Werkzeugmaschinen fur die spanende Metallbearbeitung. Band 2. Carl Hanser Verlag, München, 1975.

[1/21] *Salje, E.*: Elemente der spanenden Werkzeugmaschinen. Carl Hanser Verlag, München, 1968.

[1/22] *Dolezal, E.*: Vorstoß ins Weltall. Thienemann Verlag, Stuttgart, 1971.

[1/23] Tausendmal Raumfahrt. Bibliographisches Institut, Mannheim, 1977.

[1/24] *Moore, J. Cpt. R. N.*: Jane's Fighting Ships. 79. Jahrgang, Macdonald und Jane's Publishers Ltd., London, 1976.

[1/25] *Pfeifer, H.*: Grundlagen der Fördertechnik. Vieweg Verlag, Braunschweig, 1977.

[1/26] *Konakovsky, R.*: Definition und Berechnung der Sicherheit von Automatisierungssystemen. Vieweg Verlag, Braunschweig, 1977.

[1/27] *NN*: Wälzlager auf den Wegen des technischen Fortschrittes. FAG Kugelfischer Georg Schäfer KGaA. Verlag Oldenbourg, München, 1984.

[1/28] *Köhler, G. W.*: Taschenbuch der Manipulatoren. Verlag Karl Thiemig, München, 1981.

[1/29] *Steffens, H./Spindler, H.*: Industrieroboter. Colloquium Verlag, Berlin, 1983.

[1/30] *Lehmann, W. M.*: Kabel und Rohre in 100 m Tiefe sicher verlegt. VDI-Nachrichten, Nr. 32 (7.8.1981).

[1/31] *Volmer, J.*: Industrieroboter. VEB Verlag Technik, Berlin, 1981.

[1/32] *NN*: Industrieroboter, Job-Killer oder nützlicher Helfer? Eine Handelsblatt-Serie, Handelsblatt 1981.

[1/33] *Warnecke, H. J./Schraft, R. D.*: Industrieroboter-Katalog. Vereinigte Fachverlage, Mainz, 1983.

[1/34] *Warnecke, H. J./Schraft, R. D.*: Industrieroboter-Katalog. Vereinigte Fachverlage, Mainz, 1984.

[1/35] VDI-Richtlinie 2853: Sicherheitstechnische Anforderungen an Handhabungsgeräte und Industrieroboter (Entwurf).

[1/36] VDI-Richtlinie 2860 Blatt 1: Montage- und Handhabungstechnik. Handhabungsfunktionen, Handhabungseinrichtungen, Begriffe, Definitionen, Symbole (Entwurf).

[1/37] *Goetze, H.*: Stand der Industrieroboter-Technik. Technica, Basel 31 (1982) 11, 1013–1017.

[1/38] *Worsley, R.*: What is a Robot? Metalworking Production 127 (1983) 2, 61, 64, 67.

[1/39] *Holland-Letz, K.*: Erfahrungen und Erkenntnisse bei der Einsatzvorbereitung der Handhabe- und Robotertechnik. Elektric 36 (1982) 9, 487.

[1/40] *Warnecke, H. J.*: Flexible Automatisierung: Handhabungstechnik und Industrieroboter. Industrie-Anzeiger 104 (1982) 49, 95–98.

[1/41] *Astrop, A.* Robot applications: A trio of success. Machinery and Production Engineering 140 (1982) 3597, 24–25, 27, 29.

[1/42] *Kettner, H./Cardaun, U.*: Systematisches Auswählen von Greiferkonzepten für die Werkstückhandhabung. Der Maschinenmarkt 89 (1983) 30, 646–648.

[1/43] *Kettner, H./Cardaun, U.*: Methodisches Vorgehen beim systematischen Auswählen von Robotergriefern. Der Maschinenmarkt 89 (1983) 37, 790–793.

[1/44] *Benecke, N.*: Industrieroboter beim Ausführen technologischer Grundoperationen. Metallverarbeitung 36 (1982) 2, 43–46.

[1/45] *Widl, G.*: Roboter-Landschaft in Bewegung. Schweizer Maschinenmarkt 82 (1982) 35, 39–41.

[1/46] *Hütter, M.*: Industrieroboter – eine neue interessante Richtung technischer Entwicklung. Wissenschaftliche Zeitschrift der Technischen Hochschule Karl-Marx-Stadt 24 (1982) 4, 382–388.

[1/47] *Hütter, M.*: Industrieroboter – eine neue interessante Richtung technischer Entwicklung (Teil 1). Wissenschaftliche Zeitschrift der Technischen Hochschule Karl-Marx-Stadt 23 (1980) 2, 203–210.

[1/48] *Ziebart, E.*: Industrieroboter. Ein Überblick über Anwendungsbereiche und Einsatzgrenzen. Werkstattstechnik, 72 (1982) 12, 679–688.

[1/49] *Allan, R.*: Robotics comes into own with improved vision, sense perception, teaching languages. Electronic Design 30 (1982) 9, 87–96, 98, 100.

[1/50] *Ottinger, L. V.*: Questions potential robot users commonly ask. Industrial Engeneering 14 (1982) 8, 28–30, 33.

[1/51] *Knott, K./Getto, R. D.*: A model for evaluating alternative robot systems under uncertainty. International Journal of Production Research 20 (1982) 2, 155–165.

[1/52] *Heinemann, H.*: Grundsatzplanung einer erfolgreichen Roboterinstallation. Der Betriebsleiter 23 (1982) 1/2, 32, 34.

[1/53] *NN*: Industrieroboter im Einsatz. Chip, (1982) 7, 16–20.

[1/54] *Makino, H./Furuya, N.*: SCARA robot and its family. Proc. of the 3rd int. conf. on assembly automation. ifs(conferences) -ipa, Böblingen, 25.–27.5.1982 (1982), 433–444.

[1/55] *Dienst, H.*: Industrieroboter im Arbeitsalltag. Blech, Rohre, Profile 29 (1982) 3, 114–116.

[1/56] *Prono, M.*: Einsatzmöglichkeiten von Industrierobotern: In allen Sätteln gerecht. Industrieanzeiger 105 (1983) 17, 58–59.

[1/57] *Jurewitsch, J.*: Strategie des Einsatzes von Industrierobotern. Schweizer Maschinenmarkt 82 (1982) 7, 30–41.

[1/58] *Ottinger, L. V.*: Engineering a robot system for a new facility. Industrial Engineering 14 (1982) 4, 86–90.

Humanisierung, Soziale Fragen

[2/1] *NN:* Volvo kämpft für gesunde Arbeitsplätze. Esso Oilways Internationale/Reihe XXV. Nr. 4.

[2/2] *Friedrichs, G.*: Soziale und wirtschaftliche Aspekte bei Verwendung von Industrierobotern. 3. International Symposium, Zürich, 1973.

[2/3] *VFW*: Industrieroboter sichern Qualität und humanisieren Arbeitsplätze. Betriebstechnik, Febr. 1977.

[2/4] *Xavier, B.G.*: Das Engineering für den Industrierobotereinsatz. 3. International Symposium, Zürich, 1973.

[2/5] *Bergmann, R.H.*: Social Implication of Automation and Modern Technology. 3. International Symposium, Zürich, 1973.

[2/6] *Warnecke, H.J.*: Betrachtungen zur Automatisierung der Handhabung. 3. International Symposium, Zürich, 1973.

[2/7] *Brödner, P./Schacks, P.*: Entwicklung und Anwendung von Industrierobotern im Rahmen des Forschungsprogrammes „Humanisierung des Arbeitslebens" der Bundesregierung. 8. International Symposium, Stuttgart, 1978.

[2/8] *Nicolaisen, P.:* Probleme der Arbeitssicherheit beim Einsatz von Industrierobotern. Werkstattstechnik, 70 (1980) 15–19.

[2/9] *Schweizer, M.*: Volkszählung ohne Proteste. Produktion, Moderne Industrie, Nr. 2/3 (1984).

[2/10] *NN*: Gutes Klima für die Industrie-Roboter durch Strukturwandel im Automobilbau. dima 1/81–(29) 35.

[2/11] *NN.*: Darf es auch ein bißchen weniger Roboter sein? Atlas Copco.

[2/12] *Bäßler, R./Wolf, E. M.:* Industrieroboter für die Produktion. Werkstattstechnik, 73 (1983) Nr. 7.

[2/13] *Ihringer, L.*: Roboter stillen Arbeitskräftebedarf in Japan. VDI-Nachrichten, Nr. 43 (1984).

[2/14] *Kämpfer*: Roboter-Leasing stärkt japanische Produktion. VDI-Nachrichten, Nr. 3 (1984).

[2/15] Japan-Monitor. Handelsblatt GmbH, Frankfurt 10.3.1983.

[2/16] *NN*: Markpotentiale für Industrieroboter 1980–1990. Buch; (1981), Frankfurt Gewiplan, 1–450.

[2/17] *Goetze, H.*: Auswahl von Industrierobotern – Stand der Handhabungstechnik. REFA-Nachrichten 35 (1982) 5, 245–248, 250.

[2/18] *Goetze, H.*: Stand der Industrieroboter-Technik. Technica, Basel 31 (1982), 11 1013–1017.

[2/19] *Weber, G.*: Roboterboom in den USA. Technische Rundschau, Bern 75 (1983) 5, 4–5.

[2/20] *Schweizer, M.*: Industrieroboter-Anwendung in der Bundesrepublik Deutschland. Werkstattstechnik 72 (1982) 3, 142–144.

[2/21] *Breitenbach, K.-P.:* Flexible Automatisierung mit Industrierobotern. ZwF 77 (1982) 11, 521–524.

[2/22] *Rifkin, S.*: Industrial robots: A survey of foreign and domestic US. US Government Reports (1982) Aug., 1–300.

[2/23] *Brodbeck, B.*: Moderne Produktionstechnik durch den Einsatz von Industrierobotern. Fachberichte Hüttenpraxis Metallweiterverarbeitung (1981) 5/6, 161–172.

[2/24] *NN*: Roboter in der industriellen Fertigung. WF Informationen. Kurzauszüge aus der technisch-wissenschaftlichen Literatur. Werkstoffe und Fertigungstechnik (1982) 5, 17–21.

[2/25] *Gibson, T.*: US-Robotermarkt. Glattes Parkett für Deutsche. Diebold Management Report (1982) 7–8, 16–18.

[2/26] *NN*: Roboter – Erkennen, was Marketing davon hat. Die Absatzwirtschaft (1982) 10, 42–46, 48–49.

[2/27] *Whalbin, C./Wallstroem, A./Weinz, A.*: Swedish industrial robot market-comparison with UK. The Industrial Robot 9 (1982) 4, 234–237.

[2/28] *Hartley, J.*: Emphasis on cheaper robots. The Industrial Robot 10 (1983) 1, 48–54.

[2/29] *NN*: Industrial robots of the world. The Industrial Robot 10 (1983) 1, 64–67.

[2/30] *Schultz, K.-G.*: Prozessautomatisierung heute und morgen. Steuerungen – Leitsysteme – Industrieroboter. Elektronik, Munchen 31 (1982) 13, 105–108.

[2/31] *Kern, O.*: Rechnergestützte Investitionsvorbereitung für hochproduktive Ausrüstungen – dargestellt am Beispiel der Robotertechnik. Fertigungstechnik und Betrieb 32 (1982) 7, 420–423.

[2/32] *Hipp, G.*: Anforderungen an den Leistungs- und Vorbereitungsprozess beim Einsatz von Industrierobotern. Fertigungstechnik und Betrieb 32 (1982) 9, 533–536, 541.

[2/33] *Eversheim, W./König, W./Weck, M.*: Flexibel automatisierte Handhabung in Fertigung und Montage. Industrie Anzeiger 103 (1981) 62, 126–135.

[2/34] *Astrop, A.*: Assessing the value of robots at work. Machinery and Production Engineering 140 (1982) 3610, 26–27.

[2/35] *Kocher, H.*: Mit Robotertechnik Arbeitsplätze aus dem Süden zurückholen? Technische Rundschau, Bern 74 (1982) 35, 5, 7.

[2/36] *Walther, J.*: Automaten montieren wirtschaftlich. VDI Nachrichten 36 (1982) 7, 12.

[2/37] *Queromes, J.G.*: Computer aided design and robotics: A full or promise cooperation. 12th int. symp. on industrial robots, assoc. française de robotique industrielle, Paris, 9.–11.6.1982 (1982) Jun, 185–195.

Industrieroboteranwendung – und Einzelheiten

[3/1] *Weule, H.*: Digitale hydraulische Positionierantriebe für Industrieroboter. 3. International Symposium, Zürich, 1973.

[3/2] *Pietsch, L.*: Pneumatische Positionierantriebe als wesentliche Elemente eines Baukastensystems für Industrieroboter. 3. International Symposium, Zürich, 1973.

[3/3] *Kleinwächter, H./Dröge, K.-H.*: Handgeführter Lastenarm mit Kraftverstärkung und Schwingungsdämpfung. Werkstattstechnik, 66 (1976) 323–327.

[3/4] *Dröge, K.-H.*: Möglichkeiten und Leistungsfähigkeit eines zweiarmigen elektrischen Manipulators, demonstriert am Beispiel Syntelmann. 3. International Symposium, Zürich , 1973.

[3/5] *KLERA*: Beschreibung des Hohlwellen-Harmonic-Drive-Antriebes HHD, Lörrach, 5.7.1979.

[3/6] *KLERA*: Elektrischer Schrittmotor DIWA für extrem kleine Winkelschritte. Lörrach, 20.4.1977.

[3/7] *Kleinwächter, H.* und *J.*: Kraftgesteuerter Industrieroboter zur Humanisierung der Schleifarbeiten von kleinen Gußteilen. Kolloquium über Industrieroboter, Szeged, 26.–28.6.1979.

[3/8] *Richardi, C.*: IDRA-12, Teh new advanced fully Static Memory SEPA Control System for continuous Robots. 8. International Symposium, Stuttgart, 1978.

[3/9] *Francke, H.*: Organisation der Instandhaltung. VDI-Nachrichten, Nr. 1/4.1.1980.

[3/10] *Raab, H.H.*: Analyse und Auswertung von Marktinformationen. Werkstatt und Betrieb, 105 (1972) 10.

[3/11] *Feldmann, K./Schillack, G.*: Flexibles Montagesystem mit Industrierobotern. 8. International Symposium, Stuttgart, 1978.

[3/12] *Truckenbrodt, A.*: Bewegungsverhalten und Regelung elastischer Roboterstrukturen. 8. International Symposium, Stuttgart, 1978.

[3/13] *Drazan, P.J./Jeffery, M.F.*: Some Aspects of an Electro-Pneumatic Industrial Manipulator. 8. International Symposium, Stuttgart, 1978.

[3/14] *Olszweski, M./Ziembicki, M.*: Ein Beitrag zur Klärung des dynamischen Verhaltens von Greifern. 8. International Symposium, Stuttgart, 1978.

[3/15] *Hohn, R.E.*: Computed Path Control for an Industrial Robot. 8. International Symposium, Stuttgart, 1978.

[3/16] *Nerbel, H.-J.*: Programm nach Wunsch. Fluid, Heft 4/74.

[3/17] Automatisierte Handhabung mittlerer Losgrößen. Werkstatt und Betrieb 106 (1973).

[3/18] *Dilling, H.-J./Rauschenbach, Th.*: Automatisierte Handhabung. Werkstatt und Betrieb 106 (1973) 8.

[3/19] *Rooks, B.R.*: Industrielle Robotertechnologie. Die Maschine, 3/77-(99) 25.

[3/20] *Rembold, U.*: Roboter als Hilfsmittel der Fördertechnik. Fördern und Heben, 26 (1976) Nr. 2.

[3/21] *Fritz, H.U.*: Industrial Handling 74. Werkstattstechnik, 64 (1974) 411–415.

[3/22] Zweite Konferenz über Industrieroboter, Tagungsberichte, Werkstattstechnik, 64 (1974) Nr. 9.

[3/23] *Auer, B.H.*: Industrieroboter, ZwF 69 (1974) Heft 1.

[3/24] *Fritz, H.-U./Maser, H.*: Montage- und Handhabungstechnik. Werkstattstechnik, 65 (1975) Nr. 8.

[3/25] *Abele, E./Werner, U.*: Montage- und Handhabungstechnik. Werkstattstechnik, 67 (1977) Nr. 7.

[3/26] *Graf, B./Schmidt, I.*: 3. NC-Robot-Automation. (Messebericht), Werkstattstechnik, 68 (1978) Nr. 9.

[3/27] *Stute, G./Storr, A.*: Internationale Werkzeugmaschinen-Ausstellung 1978 in Chicago. Werkstattstechnik, 69 (1979) 39–40.

[3/28] *Melchior, K.*: Industrieroboter-Ausstellung in Böblingen. Werkstattstechnik, 68 (1978) 491–493.

[3/29] *Melchior, K.*: 8. Internationales Symposium über Industrieroboter. Werkstattstechnik 68 (1978) Nr. 11

[3/30] *Matthiessen, C.*: Industrieroboter in Japan, (Tagungsbericht). Werkstattstechnik 68 (1978) Nr. 4.

[3/31] *Abele, E./Schunter, J.*: Montieren und Handhaben. Werkstattstechnik 69 (1979), Nr. 7.

[3/32] *Engelberger, J.F.*: Neue Entwicklungen der Handhabungs- und Montagetechnik in den USA, ZwF 74 (1979) 6.

[3/33] *Hartwich, G.*: Neuzeitliche Produktionsanlagen in der Automobilindustrie, ZwF 74 (1976) 6.

[3/34] *Brodbeck, B./Erne, H.*: Industrieroboter in den USA. Werkstattstechnik, 69 (1979) 655–658.

[3/35] *Spur, G./Auer, B.H.*: Die Steuerung von Industrierobotern. ZwF 68 (1973) Heft 8.

[3/36] *Köhler, G.W.*: Das „Gehirn" des Industrie-Roboters. VDI-Nachrichten, Nr. 3/19.1.1979.

[3/37] *NN*: Roboter prüft ohne Nebenzeit. Produktion, Landsberg, Nr. 14 (1983).

[3/38] *NN*: Ein Roboter hält das Kabel, der andere lötet. VDI-Nachrichten, Nr. 36 (1983).

[3/39] *NN*: Bei der Massenproduktion. VDI-Nachrichten, Nr. 50 (1983).

[3/40] *NN*: Optoelektronik leitet Industrieroboter. Werkstatt und Betrieb, 117 (1884) 8.

[3/41] *Warnecke, H.-J.*: Taktile Sensoren für programmierbare Handhabungsgeräte. Schriftreihe Forschung und Praxis, IPA Stuttgart.

[3/42] *Schulze/Faber*: Sensoren für Lichtbogenschweißroboter und -automaten. Technisch-wissenschaftliche Abhandlung des Zentralinstituts für Schweißtechnik in der DDR. Nr. 139, Halle/Saale, 1982.

[3/43] *Kuplent, F.*: Handhabungsgeräte, Mustererkennung und Sensorsysteme. Symposium „IR – eine reife Technik?" Nov. 1980.

[3/44] *Warnecke, H.-J.*: Industrieroboter. Krausskopf-Verlag, Mainz 1980.

[3/45] *Ahrens, U.*: Sensoren für Industrieroboter. Fraunhofer Institut für Produktionstechnik und Automatisierung, 1982.

[3/46] *Kraft, R.*: Graubildverarbeitendes Objekterkennungssystem für die industrielle Fertigung. Carl Hanser Verlag, München 1981.

[3/47] *Breitinger, R.*: Lösungskatalog für analoge fluidische Sensoren. Krausskopf-Verlag, Mainz.

[3/48] *NN*: Handhabungssysteme. Entscheidungshilfen und Einsatzerfahrung aus techn. Sicht. VDI-Nachrichten, 1981.

[3/49] Internationales Industrieroboter-Symposium. Tokyo, 1981.

[3/50] Messen und Prüfen / automatik. Hans Holzmann Verlag, Bad Wörishofen.

[3/51] *Borusewitsch, P.*: Vision Systeme in USA, Funktionsweise und Anwendung. Adam Opel AG, Rüsselsheim, 1983.

[3/52] *NN*: Investitiionsentscheidung: Industrieroboter. Gesellschaft für Management und Technologie, München, 1982.

[3/53] Cincinnati Milacron: Auf gesprochenen Befehl. VDI-Nachrichten, Nr. 3 (1983).

[3/54] *Zingel, H.*: Spezialgreifer für Industrieroboter. Schweizer Maschinenmarkt 82 (1982) 9, 70–74.

[3/55] *NN*: Roboter sucht sich seine Schweißnaht, VDI-Nachrichten, Nr. 47 (1983).

[3/56] *Saigusa, Y.*: Software steuert sanfte Roboterhand. VDI-Nachrichten, Nr. 47 (1983).

[3/57] *NN*: Bilddaten von Werkstücken werden reduziert. VDI-Nachrichten, Nr. 23 (1980).

[3/58] *NN*: Roboter im Maschinentakt sichert die Qualität. VDI-Nachrichten, Nr. 45 (1980).

[3/59] *NN*: Fühler gibt dem Roboter den Tastsinn. VDI-Nachrichten, Nr. 25 (1981).

[3/60] *NN*: Das modulare taktile Greifer-Sensor-System. VDI-Nachrichten, Nr. 17 (1981).

[3/61] *Abele, E.*: Sensoren erfassen Bauteiltoleranzen. VDI-Nachrichten, Nr. 46 (1981).

[3/62] *NN*: Industrieroboter schaffen Arbeitsplätze. VDI-Nachrichten, Nr. 29. (1981).

[3/63] *Dillmann, R.*: Sensoren steuern Zweifingergreifer für Montageroboter. VDI-Nachrichten, Nr. 38 (1982).

[3/64] *Krötz, R.*: Welche Möglichkeiten stecken im Roboter? Technische Rundschau, Bern 74 (1982) 4, 26–27.

[3/65] *Masing-Kirkhof*: Ein Ringsensor steuert den Schweißroboter. VDI-Nachrichten, Nr. 52 (1981).

[3/66] DFGB: Ein Roboter sieht heiß. VDI-Nachrichten, Nr. 26 (1983).

[3/67] *NN*: Sensor sucht Rad und Schraube. Produktion, Moderne Industrie, Nr. 11 (1983).

[3/68] *Raab, H.H.*: Der Roboter ließ bitten ... (Bericht der Chicago Messe 83). KEM.

[3/69] *NN*: Damit Robbi sauber bleibt ... Produktion, Moderne Industrie, Nr. 2/3 (1984).

[3/70] *NN*: Scheibenläufer bewegt Industrieroboter. Technica 5/1981.

[3/71] *Thierolf, A.*: Servoantriebe und Entwicklungstrends in der Antriebstechnik. Technica 20/1981.

[3/72] *Basedow, G.*: Schrittmotoren für den Maschinenbau. Industrieanzeiger, Nr. 87 v. 28.10.1981.

[3/73] *Basedow, G.*: Eigenschaften elektrischer Schrittmotoren. Technica 6/1981.

[3/74] *Wyss, W.*: Kollektorlose Regelmotoren mit Scheibenläufer, Werkstatt und Betrieb, 114 (1981) 2.

[3/75] *Schneider, K.*: Vergleich eines herkömmlichen Vorschubantriebes mit einem Vorschubantrieb mit Mikroprozessoreinsatz. Diplomarbeit Fachhochschule Wiesbaden, 1980.

[3/76] *Ahrens, U.*: Sensoren für Industrieroboter. Werkstattstechnik, 73 (1983) Nr. 11.

[3/77] *NN*: Industrial Handling – ein Renner. fluid, März 1982.

[3/78] *NN*: Wälzlagertechnik. FAG Kugelfischer Georg Schäfer KGaA, Schweinfurt, 1983–2/1984–1.

[3/79] *Wurst, K.-H./Klecker, J.*: Gelenkantriebe für Industrieroboter. Werkstattstechnik, 74 (1984) 717–720.

[3/80] *Raab, H. H.*: Industrial Handling 1984. Arbeitsvorbereitung 21 (1984) 3.

[3/81] *Siemens, K.-J.*: Automatisches Wechseln der Greifer an Industrierobotern. Maschinenmarkt, Würzburg 90 (1984) 17.

[3/82] *Füglein, E.*: Haftpaletten als vielseitig anwendbare Werkstückträger. Werkstattstechnik 70 (1980) 651–655.

[3/83] *Schiele, G./Schmidt, I.*: Handhabung in einem flexiblen, verketteten Fertigungssystem für Rotationsteile. VDI-Z 122 (1980) 8.

[3/84] *Siemens, K.-J.*: Flexible Halteeinrichtungen für Werkstücke. VDI-Z 122 (1980) 19.

[3/85] *Siemens, K.-J.*: Universelle Greifer, Industrie-Anzeiger 102. Jg. Nr. 72 v. 5.9.80.

[3/86] *Kämpfer*: Universalgreifer vereinfacht die Montage. VDI-Nachrichten Nr. 11/18.4.1983.

[3/87] *Saigusa, Y.*: Rückblick auf ein erfolgreiches Jahr. VDI-Nachrichten Nr. 5/1.2.1985.

[3/88] *Singer, R*: Konstruktion diverser Industrieroboterantriebe und Greifeinrichtungen. Studienarbeit, Fachhochschule Wiesbaden 1985.

[3/89] *NN*: Industrieroboter, (Werkzeuge, Methoden und Systeme für die Industrie). Atlas Copco Tools GmbH, Essen 1984.

[3/90] *Raab, H.H.*: Handhabungsgeräte, Industrieroboter zur Werkstückhandhabung. Arbeitsvorbereitung 21 (1984) 1.

[3/91] *Raab, H.H.*: Automatisierte Handhabung bei begrenzter Flexibilität. Feinwerk- und Meßtechnik 92 (1984) 4.

[3/92] *Koch, E.*: Industrieroboter-Antriebe. Diplom-Arbeit Fachhochschule Wiesbaden, 1984.

[3/93] *Raab, H.H.*: Antriebe an Handhabungsautomaten. Arbeitsvorbereitung. AV 22 (1985) 1.

[3/94] *Altenwerth, F./Heinz, K./Schraft, R. D.*: Arbeitssysteme mit integrierten Handhabungssystemen. Schriftreihe „Humanisierung des Arbeitslebens". VDI-Verlag, Düsseldorf 1984.

[3/95] *NN*: Einsatzmöglichkeiten von flexibel automatisierten Montagesystemen in der industriellen Produktion. Schriftreihe „Humanisierung des Arbeitslebens". VDI-Nachrichten, 1984.

[3/96] *NN*: Handhabungssysteme – Neue Einsatzbereiche und die sozialen Wirkungen, VDI-Verlag, Düsseldorf, 1984.

[3/97] *NN*: Glasaugen machen noch keine Intelligenz. Roboter. 4/84.

[3/98] *Ziebart, E.*: Industrieroboter (Ein Überblick über Anwendungsbereiche und Einsatzgrenzen). Werkstattstechnik, 72 (1982) 679–688.

[3/99] *Elbracht, D./Pfeiffer, G.*: Induktiv geführte Industrieroboter. Werkstattstechnik, 72 (1982) 689–692.

[3/100] *Wurst, K.-H.*: Oberflächenschleifen mit Hilfe von Industrierobotern. Werkstattstechnik, 72 (1982) 693–696.

[3/101] *Bartels, M.*: Mechanisierungspotential voll ausgeschöpft. VDI-Nachrichten, 1983 Nr. 31.

[3/102] *Kämpfer*: Der Roboter lebt für die Arbeit. VDI-Nachrichten, 1983 Nr. 51.

[3/103] *Dittmann, B./Wülknitz, M.*: Einsatz der ZIM-Industrieroboter zum Schutzgasschweißen. Schweißtechnik, Berlin 33 (1983) 7.

[3/104] VDI-Richtlinie 2861 Blatt 1: Montage- und Handhabungstechnik. Kenngrößen für Handhabungsgeräte, Achsbezeichnungen. (Entwurf).

[3/105] VDI-Richtlinie 2861 Blatt 2: Montage- und Handhabungstechnik. Kenngrößen für Handhabungseinrichtungen, Einsatzspezifische Kenngrößen. (Entwurf).

[3/106] *Goss, L./Banatao, D./Bagula, M.*: On-chip EEPROM makes microcomputer easy to reprogramm. Electronic Design 31 (1983) 5, 123–128.

[3/107] *Barth, W./Gerstenberg, H./Hercht, J./Reichel, F.*: Robotersteuerung IRS 600. Teil 2 und Schluß: Software. Radio, Fernsehen, Elektronik 31 (1982), 632–634.

[3/108] *Markov, M. D./Zamanov, V. B./Nenchev, D. N.*: Trajectory modelling and teaching of robots under cartesian path control. International Journal of Production Research 21 (1983) 2, 173–182.

[3/109] *Gini, G./Gini, M.*: The integration of manipulation and vision for assembly and quality control. International Journal of Production Research 21 (1983) 2, 279–292.

[3/110] *Kempf, K.G.*: Robot command languages and artificial intelligence. Technical Paper. Society of Manufacturing Engineers 82–215, (1982), 1–22.

[3/111] *Reis, W.*: Schnellprogrammierbare Roboter für geringe Losgrößen. Maschinen. Anlagen, Verfahren (1982) 6, 25–26, 28.

[3/112] *NN*: CAM-I proposes standards in robot software. The Industrial Robot 9 (1982), 4 252–243.

[3/113] *Mitchell, I./Whitehead, D.H./Pugh, A.*: A multi-processor system for sensory robotic assembly. Sensor Review 3 (1983) 2, 94–96.

[3/114] *Kimura, F./Sata, T.*: Programming robot and machine tools based on products and enviroment models. Manufacturing Systems 12 (1983) 1, 46–55.

[3/115] *Koren, Y./Ulsoy, A.G.*: Control of DC servo-motor driven robots. Technical Paper. Society of Manufacturing Engineers 82–228, (1982), 1–12.

[3/116] *Warnecke, H.-J./Abele, E./Sturz, W.*: Fettling of castings with industrial robots by means of adaptive controls. Manufacturing Systems 11 (1982) 4, 263–272.

[3/117] *Edamatsu, K./Komuro, A./Nitta, Y.*: Application of random pattern recognition technique to quantitative evaluation of automatic visual inspection algorithms. Industrial application of machine vision, conf. record, 1982 workshop, may 3–5, 1982, research triangle park, USA (1982), 139–143.

[3/118] *Marquina, N.*: Industrial computer vision. Conference record, the national telesystems conf., ntc '82 systems for the eighties, Galveston, USA, November 7–10, 1982 (1982), D1.3–D1.3.4.

[3/119] *Chakravarty, I./Freeman, H.*: Characteristic views as a basis for three-dimensional object recognition. Proc. of spie, robot vision, Arlington, USA, May 6–7, 1982 336 (1982), 37–45.

[3/120] *Foith, J.P./Eisenbart, C./Enderle, E./Geisselmann, H./Ringhauser, H./Zimmermann, G.*: S.A.M.-Sensorsystem for automation and measurement. Proc. of the 4th british robot ass. annual conf., Brighton, 18.–21.5.1981 (1981) 111–120.

[3/121] *Wolter, K./Winkler, G.*: Mikrorechnergesteuerte Einrichtung zur Erkennung von zweidimensionalen Objekten. Feingeratetechnik 31 (1982) 1, 8–13.

[3/122] *Schweizer, M.*: Taktile Sensoren zum automatischen Montieren. Mechanism and Machine Theory 18 (1983) 1, 85–90.

[3/123] *Muehlemann, P.R.*: Roboter und Sensoren prägen das Bild. Technische Rundschau, Bern 74 (1982) 14, 4–5, 7.

[3/124] *Astrop, A.*: UK firm enters the robot arena. Machinery and Production Engineering 140 (1982) 3602, 45.

[3/125] *NN*: Robot boosts piece part trasfer rates. Machinery and Production Engineering 140 (1982), 3603, 15.

[3/126] *Astrop, A.*: Robots measure up to inspection. Machinery and Production Engineering 140 (1982) 3604, 32–33.

[3/127] *NN*: Handhabungsgeräte erschließen Leistungsreserven beim Werkstückwechsel. Der Maschinenmarkt 88 (1982) 33, 649–650.

[3/128] *Babic, H.G.*: Meßeinrichtungen zum Prüfen der Werkstückmasse an Bearbeitungszentren. Der Maschinenmarkt 88 (1982) 68, 1374–1377.

[3/129] *Redmond, B.*: Face the challenge. Materials Handling News (1982) 296, 32–33, 35, 37.

[3/130] *Steinhilper, R./Schuler, J./Klug, H.*: Selbstfahrender Industrieroboter zur Automatisierung vielfältiger Aufgaben in der Teilefertigung. VDI-Z 125 (1983) 8, 271–275.

[3/131] *Blattmann, R./Dietler, U.*: Lagerroboter ohne Hände. Materialfluß – Zeitschrift für Transport, Lager, Verpackung 13 (1982) 3, 37, 38, 40–41.

[3/132] *Bandry, G./Foley, M.*: An automated system for heavy-duty truck axle gear support case machining. Technical Paper. Society of Manufacturing Engineers 82–206 (1982), 1–12.

[3/133] *Hanenberg, J.G. v.d./Vredenbregt, J.*: Ein Versuchs-Montageroboter. Elektrotechnische Zeitschrift, ETZ 103 (1982) 20, 1146–1151.

[3/134] *NN*: A robotic wire harnessing system. Assembly Automation 3 (1983) 1, 44–48.

[3/135] *Bancon, G./Huber, B.*: Depression and dual grippers with their possible applications. 12th int. symp. on industrial robots, assoc. française de robotique industrielle, Paris, 9–11.6.1982 (1982) Jun, 321–329.

[3/136] *Lipkin, H./Duffy, J.*: Analysis of industrial robots via the theory of screws. 12th int. symp. on industrial robots, assoc. française de robotique industrielle, Paris, 9.–11.6.1982 (1982) Jun, 359–370.

[3/137] *Cutkosky, M.R./Wright, P.K.*: Position sensing wrists for industrial manipulators. 12th int. symp. on industrial robots, assoc. française de robotique industrielle, Paris, 9.–11.6.1982 (1982) Jun, 427–438.

[3/138] *Redford, A.H./Lo, E.K./Killeen, P.*: Design for robotic assembly. Proc. of the 3rd int. conf. on assembly automation. ifs (conferences) – ipa, Böblingen, 25.–27.5.1982 (1982) Mai, 263–269.

[3/139] *Sakata, T.*: An experimental bin-picking robot system. Proc. of the 3rd int. conf. on assembly automation. ifs (conferences) – ipa, Böblingen, 25.–27.5.1982 (1982) Mai, 615–629.

[3/140] *Sugimoto, K./Duffy, J.*: Analysis of five-degree-of-freedom robot arms. ASME-Papers 82-DET-8, (1982) S. 1–5.

[3/141] *Baum, E.*: Einsatz elektronisch kommutierter Gleichstrommotoren fur Industrieroboter. Fertigungstechnik und Betrieb 32 (1982) 7, S. 406–408.

[3/142] *Warnecke, H.-J./Schraft, R.D./Schmidt-Streiter, U.*: Computer-aided planning of industrial robot application in workpiece-handling. Proc. of the 11th int. symp. on industrial robots. Japan Ind. Robot Ass., Tokyo, 7.–9.10.1981, (1981), S. 349/359.

[3/143] *Quinlan, J.C.*: Robots wrists and grippers. Tooling and Production 48 (1983), 10, 85–88.

[3/144] *Rembold, U./Blume, Ch./Dillmann, R./Moertel, G.*: Technische Anforderungen an zukünftige Montageroboter. Teil 1: Analyse von Montagevorgängen und montagegerechtes Konstruieren. VDI-Z 123 (1981), 763–772.

[3/145] *Abele, E./Sturz, W.*: Sensors for the adaptive control of fettling tasks with industrial robots. Proc. of the 2nd int. conf. on robot vision and sensory controls, ipa germany and ifs (conf.) Uk, Stuttgart, d, 2.–4.11.1982 392 (1982) 133–145.

[3/146] *Spur, G./Duelen, G.*: Optimierung von Robotersteuerungen. CIRP Annals 31 (1982) 1, 387–390.

[3/147] *Brussel, H. van/Simons, J./Deschutter, J./Peters, J.*: An intelligent force controlled robot. CIRP Annals 31 (1982) 1, 391–396.

[3/148] *Keppeler, M./Ruoff, W.*: Interpolationsverfahren für Industrieroboter. Industrie Anzeiger 104 (1982) 97, 22–23.

[3/149] *Elbracht, D./Pfeiffer, G.*: Induktiv geführte Industrieroboter. Werkstattstechnik, 72 (1982) 12, 689–692.

[3/150] *Gupta, P.*: Multiprocessing improves robotic accuracy and control. Computer Design 21 (1982) 11, 169–170, 172, 174, 176.

[3/151] *Luh, J.Y.S./Lin, C.S.*: Scheduling of parallel computation for a computer-controlled mechanical manipulator. IEEE Transactions on Systems, Man and Cybernetics SMC-12 (1982) 2, 214–234.

[3/152] *Kretch, S.J.*: CAD/CAM for robotics. Technical Paper. Society of Manufacturing Engineers 82–135 (1982), 1–7.

[3/153] *Hesse, S./Mehling, R.*: Probleme der Werkstückspeicherung beim Einsatz von Industrierobotern. Maschinenbautechnik 31 (1982) 11, 493–499.

Industrieroboterantwendung

[4/1] *H.D.*: Montage- und Handhabungstechnik auf der Hannover-Messe. VDI-Nachrichten, 6.4.79.

[4/2] *Schraft, R.D./Haaf, D.*: Möglichkeiten der automatischen Montage in der Kleinserienfertigung. 8. International Symposium, Stuttgart, 1978.

[4/3] *von Muldau, H.H.*: Sicherheit am Arbeitsplatz Industrie-Roboter. 8. International Symposium, Stuttgart, 1978.

[4/4] *Peyr, F.*: Standardinterface für den Signalverkehr zwischen Industrieroboter und seiner Peripherie? 8. International Symposium, Stuttgart, 1978.

[4/5] *Rzeznik, J./Wisniewski, A.*: Einsatz der numerisch gesteuerten Roboter im integrierten Produktionssystem. 8. International Symposium, Stuttgart, 1978.

[4/6] *Morecki, A./Busko, Z.A.*: Industrial Robot with Step-Motors. 8. International Symposium, Stuttgart, 1978.

[4/7] *Felten, K.*: Automatische Werkstückhandhabung an NC-Drehmaschinen. Planung + Produktion Nr. 2/1976.

[4/8] *Felten, K.*: Entwicklung einer numerisch gesteuerten NC-Drehfertigungszelle. Göppingen, 1977.

[4/9] *Schekulin, K.*: Werkstückhandhabung an Werkzeugmaschinen mit industrierobotern. Werkstattstechnik. 65 (1975) 683–686.

[4/10] *Felten, K.*: Werkstückhandhabung in Drehfertigungssystemen nach drei Arten. Maschinenmarkt, Würzburg, 84 (1978) 85.

[4/11] *Looman, J.*: Bausteine der Handhabungstechnik für flexible verkettete Fertigungseinrichtungen. 8. International Symposium, Stuttgart, 1978.

[4/12] *Spur, G./Auer, B.H.*: Industrieroboter zum Beschicken von numerisch gesteuerten Werkzeugmaschinen. ZwF 69 (1974) Heft 1.

[4/13] *Sautter, G.*: Industrie-Roboter – der Weg zur Mehrmaschinenbedienung. Industrie-Elektrik + Elektronik, 24 (1979) Nr. 13/14.

[4/14] *Felten, K.*: Industrieroboter an Drehmaschinen. ZwF 69 (1974) Heft 1.

[4/15] *Felten, K.*: Felxible Fertigungssysteme, Industrie-Elektrik + Elektronik, 22 (1977) Nr. 21.

[4/16] *Spur, G./Furgac, I.*: Entwicklung einer flexiblen Fertigungszelle mit integriertem Handhabungsgerät. 8. International Symposium, Stuttgart, 1978.

[4/17] *Felten, K.*: Steuerung und Programmierung eines Industrieroboters an einer numerisch gesteuerten Drehmaschine. Werkstattstechnik 67 (1977) 389–392.

[4/18] *Feldmann, K./Iglberger, H./Pröls, R./Weißfloch, L.*: Einsatz des Siemens-Industrieroboters zur Maschinenbeschickung. 8. International Symposium, Stuttgart, 1978.

[4/19] *Weisser, W.*: Handhabungsgeräte an Werkzeugmaschinen. VDI-Nachrichten, 14.10.77.

[4/20] *A.H.*: Automatische Werkstückhandhabung. VDI-Nachrichten, Nr. 15, 13.4.79.

[4/21] *Kosyrjew, J.S.*: Industrierobotereinsatz in komplizierten Fertigungssystemen. 8. International Symposium, Stuttgart, 1978.

[4/22] *Vettin, G.*: Automatisierung hebt Produktivitäten in Japan. VDI-Nachrichten, Nr. 39/28.9.79.

[4/23] *Maser, H.*: Komplettlösungen bei der Handhabung. VDI-Nachrichten, Nr. 19/11.5.79.

[4/24] *Raab, H.H.*: Einfluß der Spindelsteifigkeit auf die Werkstückgenauigkeit. Fachberichte Hüttenpraxis Metallweiterverarbeitung. 14. Jahrg.

[4/25] *Sautter, G.*: Werkzeugmaschinen mit einem Industrie-Roboter beladen und entladen. Maschinenmarkt 85 (1979) 65.

[4/26] *Raab, H.H.*: Instandhaltung von numerisch gesteuerten Werkzeugmaschinen. Werkstattstechnik, 63 (1973) 7–10.

[4/27] *Pfenning, H.*: Industrieroboter in der Glasindustrie. Werkstattstechnik 69 (1979) 141–143.

[4/28] *Reis, E.*: Industrieroboter in der Glasindustrie. 3. International Symposium, Zürich, 1973.

[4/29] *Kaltenbach, P.*: Einsatz von Industrierobotern in der Farbbildröhrenfertigung. 8. International Symposium, Stuttgart, 1978.

[4/30] *J.F.*: Programmierbarer Schweißmanipulator. VDI-Nachrichten, Nr. 14/6.4.79.

[4/31] *Müller, S./Haas, R.*: Einsatz von Industrie-Robotern zum Lichtbogenschweißen. IWKA, Zweigniederlassung Keller + Knappich Augsburg.

[4/32] *Gengenbach, O.*: Industrieroboter in Widerstandsschweißanlagen und Lackieranlagen des Karosseriebaues. 3. International Symposium, Zürich, 1973.

[4/33] *Rippl, P.*: Elektronik vereinfacht das Schweißen. VDI-Nachrichten, Nr. 18/4.5.79.

[4/34] *Beckman, L.*: Deburring with an Industrial Robot. 8. International Symposium, Stuttgart, 1978.

[4/35] *P.N.*: Anwendungsorientierte Handhabungstechnik. VDI-Nachrichten, Nr. 20/18.5.79.

[4/36] *Weißgerber, F.*: Fünf Jahre Industrieroboter-Einsatz bei Volkswagen. 8. International Symposium, Stuttgart, 1978.

[4/37] *W.R.*: Der Industrieroboter klappt seine Arme zusammen. VDI-Nachrichten, Nr. 25/22.6.79.

[4/38] *Grünert, B.*: Mikroprozessorsteuerung für Industrieroboter. Industrieanzeiger, 100.

[4/39] *Appleton, E./Heginbotham, W.B./Kohno, M.*: Design Study and Feasibility Trial for a Robot Blacksmith. 8. International Symposium, Stuttgart, 1978.

[4/40] *Munson, G.*: Integrated Machining Systems using Industrial Robots. 8. International Symposium, Stuttgart, 1978.

[4/41] *Greim, H.-R.*: Fabrikanlagen-Kolloquium '79, (Tagungsberichte). Werkstattstechnik, 69 (1979) Nr. 7.

[4/42] *Knoll, R.*: Erfahrungen mit dem Einsatz von Industrie-Robotern an Pressen. 3. International Symposium, Zürich, 1973.

[4/43] *Lindblom, T.H.*: Unimate as a Forging Hammer Operator. 3. International Symposium, Zürich, 1973.

[4/44] *Brunhuber, E.*: Druckguß aus angeliefertem Flüssigaluminium. Gießerei-Praxis, Heft 13–14 1977.

[4/45] *Taguchi, N./Akiniva, K./Nakata, Y.*: Application of Industrial Robots for injection Molding. 3. International Symposium, Zürich, 1973.

[4/46] *Ebert, F.*: Die Bewegung dem Lackierer nachgeahmt. VDI-Nachrichten, Nr. 25/22.6.79.

[4/47] Spritzroboter erfolgreich im Einsatz. Die Maschine, 11/79–448 72.

[4/48] *Walter, H.G.*: Einsatz eines Industrieroboters zum Lackieren. 3. International Symposium, Zürich, 1973.

[4/49] *Ando, S./Autorenkollektiv*: Computer controlled Industrial Robot for Painting. 8. International Symposium, Stuttgart, 1978.

[4/50] *Müller, S.*: Schweißen mit Industrierobotern. Handhabungstechnik. Fachinformation von KUKA Augsburg, 1.79 – Nr. 7.

[4/51] *Erazim, K.*: Moderne Industrieroboter in der Fertigung. Technica, 9 (1976).

[4/52] *Pickel, N.*: Die Transferik im Dienste der Verformungstechnik. Ingenieur Digest, Heft 3. März 1973. 12. Jhg.

[4/53] *Haaf, D./Becker, G.*: Ein NC-Montagesystem im industriellen Einsatz. Montage- und Handhabungstechnik, 1979.

[4/54] *Fichtner, J.*: Positive Erfahrungen mit Robotern beim Punktschweißen in der Automobilindustrie. Die Maschine 9/1976-(296)23.

[4/55] Industrieroboter zielen auf Spezialisierung. Die Maschine, 5/79-(180) 31.

[4/56] Flexibel automatisieren mit Industrierobotern, (Fallbeispiel: Druckgießerei). Maschinen, Anlagen, Verfahren, 5–1976, S. 25/26.

[4/57] *Brodbeck, B./Schiele, G.*: Industrieroboter auf dem Prüfstand. Technische Rundschau, Nr. 3, 22.1.1980.

[4/58] *Seger, B.*: Control for Industrial Robots. 2. Conference on Industrial Robotos Technology, University of Birmingham, 1974.

[4/59] *Raab, H.H.*: Einflüsse auf die Genauigkeit von NC-Drehmaschinen. Werkstattstechnik, 64 (1974) 208–211.

[4/60] *Lind, H./Waiblinger, P.*: Werkstückhandhabungssystem für NC-Drehmaschinen. Technische Rundschau, Nr. 21, Jg. 1978 Seite 27–29.

[4/61] *A.H.*: Handhabung beim thermischen Entgraten. VDI-Nachrichten, 21/25.5.1979.

[4/62] *Rippl, P.*: Elektronik vereinfacht das Schweißen. VDI-Nachrichten, Nr. 18/4.5.1979.

[4/63] *Köhler, G.W.*: Kennzeichen eines Industrieroboters. VDI-Nachrichten, 2.6.1978.

[4/64] *Köhler, G.W.*: Aus der Praxis der Industrieroboter. VDI-Nachrichten, Nr. 2/12.1.1979.

[4/65] *Raab, H.H.*: Schwingungen an Drehmaschinen. Werkstatt und Betrieb, 101 (1968), Heft 11.

[4/66] *Unimation*: User's Guide to V A L (A Robot Programming and Control System). Unimation, Inc. Shelter Rock Lane, Danbury, Conn. 06810 USA, 3 rd Printing, 25.5.1978.

[4/67] *Hoogers, P.*: Der Industrieroboter als Spritzlackierer. 3. International Symposium, Zürich, 1973.

[4/68] VW-Industrieroboter auf der Startlinie. Betriebstechnik, Juni 1977.

[4/69] Mit Roboter und Rechner. Betriebstechnik, Januar 1979.

[4/70] *Seger, B.*: Industrial Robots applied for Palletizing of Unbacked Refractory Bricks. 3. International Symposium, Zürich, 1973.

[4/71] *Vettin, G.*: Flexible Handhabung beim Drehen. VDI-Nachrichten, Nr. 50/14.12.79.

[4/72] *Säfbeck, A.*: Industrieroboter – eine Hilfe für den Menschen, Erfahrungen aus der skandinavischen Industrie. 3. International Symposium, Zürich, 1973.

[4/73] *Keck, K.H.*: Programmierbare Handhabungsautomaten („Industrie-Roboter") mit praktischen Anwendungsbeispielen aus der Fertigung. 3. International Symposium, Zürich, 1973.

[4/74] *Ryott, J.P./Germyik, K.*: MHU Industrial Robots in Production Systems. 8. International Symposium, Stuttgart, 1978.

[4/75] *Favareto, M.M.*: Polar 6000 – A new General Purpose Robot perticulary suited for Spot – Welding Applications. 8. International Symposium, Stuttgart, 1978.

[4/76] *Wallace, J.J.*: An Overview of US Manufactured Robots and Application. 8. International Symposium, Stuttgart, 1978.

[4/77] *Elek, I.*: Entwicklung und Anwendung des pneumatischen Industrieroboters Typ FER 7,5 in Ungarn. 8. International Symposium, Stuttgart, 1978.

[4/78] *Müller, S.*: Schutzgasschweißen mit Handhabungsgeraten und Anregungen aus der Praxis. Verbindungstechnik, Heft 3. März 1978. 10. Jhg.

[4/79] *Müller, S.*: Fast ein Jahrzehnt Industrieroboter-Einsatzerfahrungen. IWKA AG. Zweigniederlassung Keller + Knappich, Augsburg.

[4/80] *Müller, S.*: Einsatz von Industrierobotern zum Punktschweißen Einsatz von Industrierobotern zum Schutzgasschweißen. Der Praktiker, Heft 8 + 9/1977.

[4/81] *Hörl, A.*: Neue Systeme zum integrierten Handhaben-, Transportieren-, Speichern-, Bearbeiten. ZwF Heft 9/1977.

[4/82] *Fetscher, R.*: Einsatz eines Industrie-Roboters in der Getriebefertigung. Werkstatt und Betrieb 110 (1977) 9.

[4/83] *Rembold, U.*: Variable Handhabungsgeräte: Angebot und Entwicklungsstand. Maschinenmarkt, 83 (1977) 59.

[4/84] *Panin, W.*: Rechnergesteuerte Fertigungssysteme. ZwF 74 (1979) 6.

[4/85] *Rooks, B.W.*: The Fettling of Castings – A Job for Industrial Robots? 8. International Symposium, Stuttgart, 1978.

[4/86] *NN*: Roboter fuhrt das Werkstuck unter dem Laserstrahl. VDI-Nachrichten 1984 Nr. 26.

[4/87] *Kämpfer*: Roboter schneidet mit dem Wasserstrahl. VDI-Nachrichten 1982 Nr. 11.

[4/88] *Hopf, M.*: Flexible Fertigungssysteme, Handhaben, Industrieroboter, Montieren. (Plasmaschneiden mit Industrieroboter). IPA 4.24. Fraunhoferinstitut für Produktionstechnik und Automatisierung, Stuttgart, 1985.

[4/89] *Kunzmann, M.*: Verfahreinrichtungen erlauben Ortsbeweglichkeit von Industrierobotern. Maschinenmarkt, Würzburg 90 (1984) 99.

[4/90] *Abele, E.*: Die Roboter lernen laufen. VDI-Nachrichten, 1981 Nr. 49.

[4/91] *NN*: Fahrbarer Industrieroboter lädt um. Werkstatt und Betrieb, 117 (1984) 8.

[4/92] *NN*: Selbstfahrender Industrieroboter entwickelt. Werkstattstechnik, 74 (1984) Nr. 3.

[4/93] *Schmidt, E.*: Forschung für die Fabrik. VDI-Nachrichten, 1985 Nr. 11.

[4/94] *Kämpfer*: Fertigung paßt sich dem Roboter an. VDI-Nachrichten 1981 Nr. 9.

[4/95] *Schiele, G.*: Roboter in der Lackiertechnik unterscheiden sich in der Programmierung. Maschinenmarkt, 86 (1980) 100.

[4/96] *NN*: Flexible Schraubenmontage. Arbeitsvorbereitung, 22 (1985) Nr. 3.

[4/97] *NN*: Der Nagler mit der langen Nase. Produktion, Moderne Industrie, 1983 Nr. 40.

[4/98] *Trapp, W.W.*: Handhabungssystem sortiert Dichtungen. VDI-Nachrichten 1984 Nr. 42.

[4/99] *Fryatt, A.*: Roboter testen Karosserien auf Dichtigkeit. VDI-Nachrichten 1984 Nr. 26.

[4/100] *Bernutz, H.*: Roboter schweißen Batterien. VDI-Nachrichten 1984 Nr. 22.

[4/101] *NN*: Zuverlässigkeitstest. VDI-Nachrichten 1980, Nr. 16.

[4/102] *NN*: In der Fertigungszelle für die Blechbearbeitung. VDI-Nachrichten 1981, Nr. 45.

[4/103] *Kämpfer*: Roboter übernehmen die Arbeit. VDI-Nachrichten 1981, Nr. 26.

[4/104] *Schmidt-Streier, U.*: Chancen und Hemmnisse für künftige Robotereinsätze. Produktion, Moderne Industrie, 1983 Nr. 39.

[4/105] *NN*: Der Griff in die Kiste ist nicht unser Ziel. Produktion Moderne Industrie, 1983, Nr. 46.

[4/106] *Maser, H.*: Roboter montiert Farbbandkassette in 6 s. VDI-Nachrichten 1980, Nr. 17.

[4/107] *Abele, E.*: In den Fabriken von Japan. VDI-Nachrichten, 1982, Nr. 1.

[4/108] *Pehrs, J.*: Flexibles Bestücken, Löten und Prüfen von Leiterplatten durch Industrieroboter-Einsatz. Feinwerk & Meßtechnik 93 (1985) 4.

[4/109] *NN*: Gehirnchirurgie mit dem Computer. VDI-Nachrichten, 1984, Nr. 40.

[4/110] *NN*: Materialprüfung bei Verbundlaminaten für den Flugzeugbau. technika 5/1983.

[4/111] *NN*: Sandstrahlen mit Industrie-Roboter. Produktion, Moderne Industrie 1983, Nr. 13.

[4/112] *NN*: Doppelgreifer kann vorn loslassen und hinten zupacken. Produktion, Moderne Industrie, 1983, Nr. 45.

[4/113] *Melchior, K./Schraft, R.D./Schweizer, M.*: Roboter im amerikanischen Flugzeugbau. VDI-Nachrichten, 1981, Nr. 11.

[4/114] *NN*: Industrieroboter schaffen sich Arbeitsplätze. VDI-Nachrichten 1981 Nr. 29.

[4/115] *NN*: Die Linke weiß stets, was die Rechte tut. Produktion, Moderne Industrie, 1984, Nr. 31/32.

[4/116] *NN*: Der Industrieroboter im Glas-Laden. Produktion, Moderne Industrie, 1982, Nr. 48.

[4/117] *Graf, B./Schiele, G.*: Roboter in der Lackiertechnik. I-Lack 48. Jahrgang, 4/1980.

[4/118] *NN*: Automatische Maßkontrolle, Karosserievermessung mit Industrierobotern. KEM, Mai 1985.

[4/119] *NN*: Ein Roboter sortiert die Pakete. VDI-Nachrichten 1982, Nr. 21.

[4/120] *NN*: Kommissionieren mit dem Roboter. Flexible Automation 4/84.

[4/121] *Reitmeyer, D.*: Roboter übernehmen das Kommissionieren. VDI-Nachrichten. 1984, Nr. 47.

[4/122] *NN*: Uhrenfabrik schockt Roboter-Branche. Produktion, Moderne Industrie. 1984, Nr. 42.

[4/123] *NN*: Fur die automatische Montage. VDI-Nachrichten, 1982, Nr. 7.

[4/124] *Kämpfer*: Handhabungsmodule montieren flexibel. VDI-Nachrichten 1981, Nr. 15.

[4/125] *Haaf, D.*: Roboter mit Montagestationen verkettet. VDI-Nachrichten 1981, Nr. 4.

[4/126] *NN*: 14 Roboterarme montieren Zylinderköpfe. VDI-Nachrichten 1983, Nr. 21.

[4/127] *Schmidt, I.*: Prozeßrechner steuert den Montageroboter. VDI-Nachrichten 1981, Nr. 12.

[4/128] *Drews, P./Frassek, B./Nießen, K.*: Mikrocomputergesteuerte Schweißprozeßüberwachung. DVS-Bericht Band 73, Düsseldorf 1982.

[4/129] *Brümmer, F.*: Schweißnahtverfolgung und Schweißprozeßregelung mit optischen Sensoren. DVS-Bericht, Band 73, Düsseldorf 1982.

[4/130] *Stein, H. U.*: Lichtbogengesteuerte Brennerführung zum Schweißen mit Vorrichtungen und Industrierobotern. DVS-Bericht Band 73 Düsseldorf 1982.

[4/131] *Eichhorn, F./Platz, J./Spies, B.*: Gegenwärtiger Entwicklungsstand der Schweißkopfführung beim Lichtbogenschweißen sowie der Strahlnachführung beim Elektronenstrahlschweißen. DVS-Bericht, Band 73, Düsseldorf, 1982.

[4/132] *Drews, P./Starke, G.*: Ein Steuerungskonzept zum automatischen Lichtbogenschweißen. DVS-Bericht, Band 73, Düsseldorf 1982.

[4/133] *Malle, K.*: Industrieroboter für den Automobilbau. Werkstattstechnik, 73 (1983) 345–348.

[4/134] *NN*: Der Griff in die Kiste ist nicht unser Ziel. Produktion Moderne Industrie, 1983, Nr. 46.

[4/135] *Dreyer, A./Baumgart, D.J.*: Intensivstation für Qualität. Fordmagazin, Köln, 1981, Nr. 1.

[4/136] *Weber, M.*: Roboter – Zukünftige Helfer in der Produktion. Opel-Post, Rüsselsheim, 1981, Nr. 10.

[4/137] *Schlaich, G.*: Pilotanlagen zur Kabelbaum-Komplettanlage. VDI-Nachrichten, 1985, Nr. 32.

[4/138] *Walther, J.*: Industrieroboter montiert den Kabelbaum. VDI-Nachrichten, 1985, Nr. 32.

[4/139] *Freyer, W.*: Ablaufstudie einer vollautomatischen Abstapelung einer Transferpresse. Arbeitsvorbereitung, 21 (1984) Nr. 6.

[4/140] *Becker, G.*: Planung eines Industrieroboterarbeitsplatzes nach humanitären Gesichtspunkten. Arbeitsvorbereitung, 21 (1984) Nr. 4.

[4/141] *Stapel, A.G.*: Industrieroboter brauchen integrierte Lösungen. Arbeitsvorbereitung, 21 (1984) Nr. 4.

[4/142] *NN*: Sprachsimulation. Arbeitsvorbereitung. 21 (1984) Nr. 6.

[4/143] *Raab, H. H.*: Schon für 350 TDM die Zukunft kaufen. Betrieb und Ausrüstung Br. 3/82.

[4/144] *Reuter, S./Dückert, J.*: Planung eines Industrieroboters für die Bedienung einer Meßstation. ZwF 79 (1984) 7.

[4/145] *Weber, M.*: Schweißen von PKW-Hinterachsen mit Hilfe von Industrierobotern. Werkstatt und Betrieb 117 (1984) 7.

[4/146] *Drews, P./Weisweiler, T./Winkler, R.*: Berührungsloses Nahtabtasten beim Schutzgasschweißen. Maschinenmarkt, Würzburg 86 (1980) 73.

[4/147] *Kohnhäuser, E.*: Lichtbogenschweißen mit Schweißrobotern. Werkstattstechnik. 74 (1984) 289–292.

[4/148] *Raab, H.H.*: Möglichkeiten der automatisierten Kfz-Teilemontage. Arbeitsvorbereitung 22 (1985) 4.

[4/149] *Janjua, M.S.*: Selection of a manufacturing process for robots. The Industrial Robot 9 (1982) 2, 97–101.

[4/150] *Rathwell, W.A.*: Robotics as applied to flexible process systems. Robots in the automotive industry. int. conf. of the british robot ass., Birmingham, 20.–22.4.1982 (1982) Apr., 197–204.

[4/151] *Ahrens, U./Friedrich, W./Deliev. S.*: Sensor application in the loading and unloading of pallets with industrial robots. Proc. of the 2nd int. conf. on robot vision and sensory controls, ipa germany and ifs (conf.) Uk, Stuttgart, d, 2.–4.11.1982 392 (1982) S. 177–188.

[4/152] *Brunk, W.*: Geometric control by industrial robots. Proc. of the 2nd int. conf. on robot vision and sensory controls, ipa germany and ifs (conf.) Uk, Stuttgart, d, 2.–4.11.1982 (1982), 223–231.

[4/153] *Hewkin, P.F./Fuchs, H.J.*: New features of the OMS vision system. Proc. of the 2nd int. conf. on robot vision and sensory controls, ipa germany and ifs (conf.) Uk Stuttgart, 2.–4.11.1982 392 (1982), 271–284.

[4/154] *Janglova, D.*: Reduction and selection of features for a classification utilizing the GMDH. Advances in CAD/CAM. proc. of the 5th ifip/ifac conf. prolamat 82, Leningrad, 16.–18.5.1982 (1983), 445–451.

[4/155] *Jablonowski, J.*: Robots: Looking over the specifications. American Machinist 126 (1982) 5, 163–178.

[4/156] *Syrbe, M.*: Industrieroboter: Prototyp universeller und intelligenter Maschinen. Angewandte Informatik 24 (1982) 2, 126–133.

[4/157] *Warnecke, H.-J.*: Sensorische Aufgaben in der Fertigung. Umsch. in Wiss. u. Techn., 81 (1982) 5, 139–143.

[4/158] *Schmigalle, H./Rodeck, W.*: Rechnergestützte Dimensionierung robotbestückter Fertigungszellen. Feingerätetechnik 31 (1982) 1, 23–24.

[4/159] *Roeling, S./Bauer, F.*: Industrierobotertechnik – ein Schritt zur automatisierten Produktion. Fertigungstechnik und Betrieb 32 (1982) 7, 396–397.

[4/160] *Hoerl, A.*: Industrierobotereinsatz in Fertigungssystemen. Fertigungstechnik und Betrieb 32 (1982) 12, 736–739.

[4/161] *NN*: Einsatzmöglichkeiten des Industrieroboters IR2/SII zur Beschickung von Werkzeugmaschinen und analoge Einsatzfälle. Fertigungstechnik und Betrieb 32 (1982) 12, 740–741.

[4/162] *Mittag, G.*: Anschlußbedingungen für den innerbetrieblichen TUL-Prozeß beim Einsatz von Industrierobotern. Hebezeuge und Fördermittel 22 (1982) 4, 101–103.

[4/163] *NN*: Industrieroboter für Handhabungs- und Verkettungsaufgaben. Industrie Anzeiger 104 (1982) 70, 36–37.

[4/164] *Gremm, F.*: Industrie-Roboter realisieren fördertechnische Gesamtlösungen. Industrie-Anzeiger 104 (1982) 70, 38–39.

[4/165] *Scheibner, H./Kühlfluck, E./Schellenberger, D./Schubert, H./Bohmann, W.v./Lenski, G./Pepst, W.*: Werkstückhandhabung mit Industrierobotern: Sinnvoll auch bei Klein- und Mittelserien. Industrie Anzeiger 104 (1982) 92, 38–42.

[4/166] *Harbey, R.E.*: How the machining cell makes flexibility go. Iron Age 226 (1983) 6, 57, 59–61.

[4/167] *Kelley, R./Birk, J./Dessimoz, J./Martins, H./Tella, R.*: Forging: Feasible robotic techniques. 12th int. symp. on industrial robots, assoc., française de robotique industrielle, Paris, 9.–11.6.1982 (1982) Jun, 59–68.

[4/168] *Danel, F.*: A specially design robot for press-brake operation. 12th int. symp. on industrial robots, assoc. française de robotique industrielle, Paris, 9.–11.6.1982 (1982) Jun, 241–247.

[4/169] *Christ, R.*: Entwicklung eines Bildsensorsystems für hochwarme Werkstücke und seine Verkettung mit einem Industrieroboter. Schriftenreihe Inst. für Automatisierungstechnik, Ruhr-Universität, Bochum (1982) 1, 1–141.

[4/170] *Scheibner, H./Oehme, D.*: Einsatzvorbereitungen von Industrierobotern für die Werkstückbeschickung an Werkzeugmaschinen. Fertigungstechnik und Betrieb 32 (1982) 7, 394–395.

[4/171] *Halang, W./Berlitz, M./Schmidt, W./Hentschel, D.*: Rechnergestützte Untersuchung zu Einsatzmöglichkeiten von Beschickungsrobotern an automatisierten Werkzeugmaschinen. Fertigungstechnik und Betrieb 32 (1982) 9, 540–541.

[4/172] *Duchon, P.*: Arbeitssicherheit beim Schleifen mit Industrierobotern und Manipulatoren. Gießereitechnik 28 (1982) 11, 337–338.

[4/173] *Meyer/Nolkemper, H.*: Handhabungsgeräte an Gesenkschmiedemaschinen. Industrie Anzeiger 104 (1982) 72, 86, 88 (Schmiedetech. Mitt., Nr. 5).

[4/174] *Kudrin, N. A./Mazaev, V. I./Surov, V. S./Vinogradoy, E. S./Cirikov, A. F.:* Titel russisch (Automatisierung des Wärmens von Werkstücken in durch Roboter bedienten Gesenkschmiedeanlagen). Kuznecnostampovocnoe Proizvodstvo 24 (1982) 5, 27–28.

[4/175] *Sisulin, A. P./Kogan, M. S./Agafonov, Ju T.:* Titel russisch (Anwendung von Industrierobotern bei der Automatisierung der Gesenkschmiedeverfahren). Kuznecnostampovocnoe Proizvodstvo 24 (1982) 8, 37–39.

[4/176] *Scherer, M.*: Andromat: Meulage de profils hydrauliques. Machine Outil (1983) 872, 39–40.

[4/177] *Astrop, A.*: Robot-served EDM manufacturing cell. Machinery and Production Engineering 140 (1982) 3614, 31–32.

[4/178] *Koch, P./Kröher, J./Schröbel, J.*: Automatisierung und Hubzahlerhöhung der Handhabeprozesse an Umformmaschinen zur Herstellung von Blechformteilen. Maschinenbautechnik 31 (1982) 11, 487–492.

[4/179] *NN*: Warmumformen mit Robotern zum Gesenkschmieden automatisiert den Arbeitsablauf. Der Maschinenmarkt 88 (1982) 36, 721–722.

[4/180] *Redmond, B.*: Gentle giant's hot work. Materials Handling News (1983) 300, 30.

[4/181] *Santos, P.C. de*: New technology in the metallurgical industry. Metallurgia and Metal Forming 50 (1983) 1, 19–22.

[4/182] *Brambauer, F./Voegt, W.*: Automatisierter Pressenkomplex PEDH 160 – electronic – mit Industrieroboter MTRT 3/4. Umformtechnik 16 (1982) 1, 22–26.

[4/183] *NN*: Die Roboter verschwinden in der automatischen Fabrik. VDI-Nachrichten,1984, Nr. 52.

Industrieroboterprogrammierung

[5/1] *Salmon, M.*: SIGLA – The Olivetti Sigma Robot Programming Language. 8. International Symposium, Stuttgart, 1978.

[5/2] *Gini, G.* and *M.*: Using a Task Discription Language for Assembly. The Generation of World Models. 8. International Symposium, Stuttgart, 1978.

[5/3] *Groothuizen, J.C.*: Zwei-achsige Industrieroboter für schwere Lasten. 8. International Symposium, Stuttgart, 1978.

[5/4] *KUKA-Fachinformation*: Industrieroboter werden jetzt auch den Betriebsräten sympathisch. Produktion, Nr. 37/1979.

[5/5] *KUKA-Fachinformation*: Flexible Automation sichert den Zukunftserfolg. Produktion, Nr. 16/1979.

[5/6] *KUKA-Fachinformation*: Ein Paukenschlag im Robotergeschäft. Betriebstechnik, März 1979.

[5/7] *Raab, H.H.*: Schnittstelle für den Austausch von CAD/CAM-Daten im Automobilbau. Arbeitsvorbereitung, 22 (1985) Nr. 4.

[5/8] *NN*: Unbequeme Standardschnittstellen. Roboter 4/84.

[5/9] *Blume, C/Jakob, W.*: Programmiersprachen für Industrieroboter. Vogel Verlag, Würzburg, 1983.

[5/10] *Desoyer, K./Kopacek, P./Troch, I.*: Industrieroboter und Handhabungsgeräte. Oldenbourg Verlag, München, 1985.

[5/11] *NN*: Programmieranleitung: CLOOS, Industrierobotersysteme der Reihe Romat 55/56–75/76–105/106 und MPS 085. Haiger, D3/V5–6.84.

[5/12] *NN*: Technische Beschreibung: CLOOS, Industrierobotersysteme der Reihe Romat 55/56–75/76–105/106. Haiger, D RTB–8/83.

[5/13] VDI-Richtlinie 2863 Blatt 1: IRADATA, Allgemeiner Aufbau und Satztypen. (Programmierung numerisch gesteuerter Handhabungseinrichtungen) Entwurf.

[5/14] VDI-Richtlinie 2864: Montage- und Handhabungstechnik. Adressen von Koordinaten und Funktionen bei der Programmierung numerisch gesteuerter Handhabungssysteme.

[5/15] *Bison, P./Lorenzin, G/Pagello, E.*: The formal definition of VML and a proposed portable implementation. Proc. of the 11th int. symp. on industrial robots. japan ind. robot ass., Tokyo, 7.–9.10.1981 (1981), 585–594.

[5/16] *Ringstroem, L.-E.*: Application-oriented standard robot packages. 12th int. symp. on industrial robots, assoc. française de robotique industrielle, Paris, 9.–11.6.1982 (1982) Jun, 259–270.

[5/17] *Ambler, A.P./Popplestone, R.J./Kempf, K.G.*: An experiment in the offline programming of robots. 12th int. symp. on industrial robots, assoc. française de robotique industrielle, Paris, 9.–11.6.1982 (1982) Jun, 491–504.

[5/18] *Albus, J.S./Barbare, A.J./Fitzgerald, M.L.*: Programming a hierarchical robot control system. 12th int. symp. on industrial robots, assoc. française de robotique industrielle, Paris, 9.–11.6.1982 (1982) Jun, 505–517.

[5/19] *Evrard, F./Farreny, H./Prade, H.*: A natural language interpreter for task-oriented dialogues with a robot. Advances in CAD/CAM proc. of the 5th ifip/ifac conf. prolamat 82, Leningrad, 16.–18.5.1982 (1983), 463–472.

[5/20] *Blume, C./Jakob, W.*: Was leisten Programmiersprachen für Industrieroboter? Elektronik, München 31 (1982) 6, 65–70.

[5/21] *Wankoswki, T.*: Textuelle Programmierung von Industrierobotern. Feingerätetechnik 31 (1982) 8, 349–352.

[5/22] *Geiler, J./Schmidt, W.*: Interpolationsverfahren für im direkten teach-in programmierte Industrieroboter. Feingerätetechnik 31 (1982) 8, 352–355.

[5/23] *Ruck, J./Rettelbusch, L.*: Betriebssysteme für Industrierobotersteuerungen. Feingerätetechnik 31 (1982) 8, 356–358.

[5/24] *Semrad, H.*: Vorbetrachtungen zur Programmierung von Industrierobotern aus der Sicht des Anwenders. Fertigungstechnik und Betrieb 32 (1982) 11. 670–674.

[5/25] *Brussel, H. v./Engel, G./Eversheim, W./Feldmann, K./Fröhlich, G./Hoerl, A./Hoffmann, H./ Mueller, W./Tradt, H. R./Umbach, R.*: Flexible automatisierte Handhabung in Fertigung und Montage, Industrieanzeiger, 103 (1982) 62, 126–135.

[5/26] *Coburn, J. D./Emrich, K. B.*: Controlling robots with PC's. Machine Design 54 (1982) 4, 56–60.

[5/27] *Singer, A./Rony, P.*: Controlling robots with personal computers. Machine Design 54 (1982) 22, 78–82.

[5/28] *Schraft, R. D.*: Programmierbare Montagelinien mit Industrierobotern verbessern Fertigungsmethoden. Maschinenmarkt 88 (1982) 25, 434–437.

[5/29] *Harzer, R./Raue, M./Roemhild, K.*: Entwicklung eines Teach-in-Moduls für Schweißroboter. Messen, Steuern, Regeln 25 (1982) 10, 564–568.

[5/30] *Blume, C.*: Enger Kontakt zwischen Informatik und Roboter. Höhere Programmiersysteme stehen in USA kurz vor breitem industriellem Einsatz. VDI-Nachrichten, 36 (1982) 37, 4.

Einsatzplanung

[6/1] *Breitinger, R./Brodbeck, B.*: Entwurf eines Prüfprogrammes für Industrieroboter. ZwF, 66 (1976) 159–163.

[6/2] *Wauer, G.*: Formschlüssiges Greifen durch Industrierobotergreifer mit einstellbarer Backengeometrie. 8. International Symposium, Stuttgart, 1978.

[6/3] *Rovetta, A./Casarico, G.*: On the Prehension of a Robot Mechanical Hand: Theoretical Analysis and Experimental Tasts. 8. International Symposium, Stuttgart, 1978.

[6/4] *Wauer, G./Greller, P.*: Schnelles Anpassen von Greifern an unregelmäßige Werkstücke mit Abformbacken. Fördern und Heben. 26 (1976) Nr. 13, Fachteil mht.

[6/5] *Karlson, P.-I.*: Electronic Digital Point-to-Point and Continuous Path Control for Industrial Robots. 3. International Symposium, Zürich, 1973.

[6/6] *Gevatter, H.J.*: Elektrische Servosysteme für Industrieroboter. 3. International Symposium, Zürich, 1973.

[6/7] *Burckhardt, C. W.*: Überblick über Steuerungen für Industrieroboter. 3. International Symposium, Zürich, 1973.

[6/8] *Hermann, G.*: Anforderungen an Industrieroboter in der Fertigung. 3. International Symposium, Zürich, 1973.

[6/9] *Schraft, R. D.*: Der Aufbau von Industrierobotern – eine Untersuchung des weltweiten Angebotes. 3. International Symposium, Zürich, 1973.

[6/10] *Hasegawa, Y.*: Analysis and Application of Industrial Robot Characteristics. 3. International Symposium, Zürich, 1973.

[6/11] *Schmalenbach, E.*: Antriebstechnik, Steuerungstechnik und spezielle Anwendungsmöglichkeiten von elektropneumatischen Industrierobotern. 8. International Symposium, Stuttgart, 1978.

[6/12] *Freund, E./Früchtenicht, H.-W./Hoyer, H./Syrbe, M.*: Realisierungskonzeption für einen fortgeschrittenen Industrieroboter mit direkter, digitaler Regelung und Steuerung. 8. International Symposium, Stuttgart, 1978.

[6/13] *Stute, G./Wörn, H.*: Mehrprozessorsteuersystem für Industrieroboter. 8: International Symposium, Stuttgart, 1978.

[6/14] *Weck, M./Engel, G./D'Souza, C.*: Eine Methode zur Planung und Auslegung modularer Handhabungssysteme. 8. International Symposium, Stuttgart, 1978.

[6/15] *Brodbeck, B./Schiele, G.*: Messungen und Analysen geometrischer Größen an Industrierobotern. 8. International Symposium, Stuttgart, 1978.

[6/16] *Schmipke, E.-F.*: Planung und Einsatz von Industrie-Robotern. VDI-Nachrichten, Nr. 43/27.10.78.

[6/17] *Schmidt-Streier, U./Weiß, K.*: Rechnergestützte Einsatzplanung von Industrierobotern und peripheren Einrichtungen in der Werkstückhandhabung. 8. International Symposium, Stuttgart, 1978.

[6/18] *Pfenning, H.*: Auswahl von Industrierobotern. Werkstattstechnik. 69 (1979) 786–788.

[6/19] *Warnecke, H.J./Schmidt-Streier, U.*: Industrie-Roboter – Für welche Arbeitsplätze sind sie vertretbar? Management Zeitschrift 49 (1980) Nr. 6.

[6/20] *Graf, B.*: Zehn Regeln für die Einsatzplanung (Weg zum wirtschaftlichen Industrierobotereinsatz). KEM 1985 April.

[6/21] *Pfenning, H.*: Fertigungsplanung für den Einsatz von Industrierobotern. Werkstatt und Betrieb 117 (1984) 7.

[6/22] *Warnecke, H.J./Schraft, R. D /Schmidt-Streier, U.*: Systematic, Computer-Aided Planning of Industrial Robot Application. Annals of the CIRP Vol. 29/1/1980.

[6/23] *NN*: Eine alternative Check-List. Roboter 3/83.

[6/24] *Furgac, I.*: Auftragsbezogene Auslegung von Robotersystemen. Carl Hanser Verlag, München, 1984.

Wirtschaftlichkeit

[7/1] *Felten, K.*: Lohnt sich die Anschaffung eines Industrieroboters zur Werkstückhandhabung an Drehmaschinen? Ingenieur Digest, 13 (1974) Heft 1.

[7/2] *Häuschen, H.*: Der Baukasten-Industrie-Roboter im praktischen Einsatz. 3. International Symposium, Zürich, 1973.

[7/3] *Schmidt, H.-K.*: Über die betriebswirtschaftliche Situation vor und nach der Automatisierung. GDM, Düsseldorf.

[7/4] *Hanify, D. W.*: The Application of Economic Risk Analysis to Industrial Robots. 3. International Symposium, Zürich, 1973.

[7/5] *Ciborra, C./Romano, P.*: Economic Evaluation of Industrial Robots a Proposal. 8. International Symposium, Stuttgart, 1978.

[7/6] *Schieche, F.*: Wirtschaftlichkeit von freiprogrammierbaren Manipulationen im Vergleich zur menschlichen Arbeitskraft. Ingenieurarbeit, Fachhochschule Wiesbaden, Jan. 1979.

[7/7] *Heinze, B.*: Wirtschaftlichkeitsuntersuchungen bei Fallstudien mit freiprogrammierbaren Manipulatoren mittels EDVA. Ingenieurarbeit, Fachhochschule Wiesbaden, Juni 1979.

[7/8] *Warnecke/Bullinger/Hichert*: Kostenrechnung für Ingenieure. Hanser Verlag, München/Wien, 1978.

[7/9] *Selg, H./Carlsson, J.*: Entwicklungstendenzen bei NC-Werkzeugmaschinen und Industrierobotern in Schweden. Werkstattstechnik 71 (1981) 303–305.

[7/10] *Reis, W.*: Schnellprogrammierbare Industrieroboter fur geringe Losgrößen in der Schweißtechnik. DVS-Bericht Band 73, Düsseldorf, 1982.

[7/11] *NN*: Sechs Dollar sind der Stundenlohn eines Roboters. VDI-Nachrichten, Nr. 46 1981.

[7/12] *NN*: Wie rechnet sich ein Roboter? Produktion. Moderne Industrie, Nr. 38, 1982.

Sensoren

[8/1] *Karg, R.*: Ein flexibler opto-elektronischer Sensor. 8. International Symposium on Industrial Robots, Stuttgart, 1978.

[8/2] *Spur, G./Kraft, H.-R./Sinning, H.*: Rechnergeführte Objekterkennung mit optischen Bildsensoren. 8. International Symposium on Industrial Robots, Stuttgart, 1978.

[8/3] *Köhler, G. W.*: Industrie-Roboter mit Werkstück-Erkennungssystemen – ein Überblick. Technica, 25 (1979).

[8/4] *Warnecke, H.J./Schweizer, M.*: Taktile Sensoren für programmierbare Handhabungsgeräte. Werkstattstechnik, 69 (1979).

[8/5] *Schweizer, M./Abele, E.*: Sensorgesteuerte Industrieroboter für Bearbeitungsaufgaben. 8. International Symposium on Industrial Robots, Stuttgart, 1978.

[8/6] *Foith, J. P.*: Lageerkennung von beliebig orientierten Werkstücken aus der Form ihrer Silhouetten. Institut für Informationsverarbeitung in Technik und Biologie (IITB), Fraunhofer-Gesellschaft, Karlsruhe 1979.

[8/7] *Catros, J. Y./Dore, A./Espiau, B./Parent, M./Yclon, J. Y.*: Automatic Grasping using Infrared Sensors. 8. International Symposium, Stuttgart, 1978.

[8/8] *Kammenos, P.*: Performances of Polar Coding for Visual Localisation of Plannar Objects. 8. International Symposium on Industrial Robots, Stuttgart, 1978.

[8/9] *Geißelmann, H.*: Fernseh-Sensor und seine Verkettung mit einem Industrieroboter. Institut für Informationsverarbeitung in Technik und Biologie (IITB), Fraunhofer-Gesellschaft, Karlsruhe, 1979.

[8/10] *Stratemeier, U.*: Optoelektronische Lageerkennung von Werkstücken mit geringen Merkmalsunterschieden. Robert Bosch GmbH, Stuttgart, 1978.

[8/11] *Garelle, E. G. R.*: Force Feedback Control. 8. International Symposium, Stuttgart, 1978.

[8/12] *Umetani, Y.*: Principle of a Piezo-Electric Micro Manipulator with Tactile Sensiblity. 8. International Symposium on Industrial Robots, Stuttgart, 1978.

[8/13] *Pugh, A./Heginbotham, W. B./Waddon, K.*: Versatile Parts Feeding Package incorporating Sensory Feedback. 8. International Symposium, Stuttgart, 1978.

[8/14] *Rembold, U.*: Handhabungsgeräte als variable Fertigungseinheiten mit Mustererkennungssystemen. Maschinenmarkt, Würzburg, 83 (1977).

[8/15] *Popplestone, R.J./Ambler, A.P./Bellos, I./Shneier, M.*: Formation of Body Models and their Use in Robotics. 8. International Symposium, Stuttgart, 1978.

[8/16] *Koskinen, K./Niemi, A.*: Object Recognition and Handling in an Industrial Robot System with Vision. 8. International Symposium, Stuttgart, 1978.

[8/17] *Bretschi, J.*: Sensoren zum Automatisieren der Fertigung. Werkstattstechnik, 67 (1977) 393–396, 1977.

[8/18] *Ahrens, U./Knappmann, R.-J.*: Sensible Roboter im rauhen Betrieb. VDI-Nachrichten, Nr. 5 1.2.1980.

[8/19] *Biguerau, C./Espiau, B./Borrelly, J.J./Laurgeau, C.*: Recognition and Sorting of Mechanical Pieces. 8. International Symposium, Stuttgart, 1978.

[8/20] *Dessimoz, J.-D.*: Visual Identification and Location in a Multi-Object Enviroment by Contour Tracking and Curvature Description. 8. International Symposium, Stuttgart, 1978.

[8/21] *Van Brussel, H./Simons, J.*: Automatic Assembly by Active Force Feedbeck Accomodation. 8. International Symposium, Stuttgart, 1978.

[8/22] *Hirt, D./Isenberg, G./Krovinovic, Z.*: Entwicklung eines adaptiven Greifsystems. Fördern und Heben, 26 (1976) Nr. 13 Fachteil mht, 1976.

[8/23] *Ahrens, U./Knappmann, R.-J.*: Industrieroboter erkennen die Welt nach Mustern. VDI-Nachrichten, Nr. 4 (25.1.1980).

[8/24] *Bruchmann, K.*: Sensoren erkennen Strukturen. VDI-Nachrichten, Nr. 4 (25.1.1980).

[8/25] *Lee, M.H.*: Research into Flexible Task Performance in Manipulator Systems. 8. International Symposium, Stuttgart, 1978.

[8/26] *Ahrens, U./Knappmann, R.-J.*: Industrieroboter erhalten Sinnesorgane. VDI-Nachrichten, Nr. 2 (11.1.80).

[8/27] *Ahrens, U./Knappmann, R.-J.*: Die Roboter greifen mit Gefühl. VDI-Nachrichten, Nr. 3 (18.1.80).

[8/28] *Ueda, M./Iwata, K.*: Adaptive Grasping of an Industrial Robot. 3. International Symposium, Zürich, 1973.

[8/29] *König, M.*: Sensiblisierte Roboter. VDI-Nachrichten, (28.5.76), 1976.

[8/30] *Feldmann, K.*: Flexible Montagesysteme mit Industrie-Robotern. VDI-Nachrichten, Nr. 4 (26.1.79).

[8/31] *Freedy, A./Hull, F./Weltman, G.*: Autonomous Search and Manipulation through Multi-Function Learning. 3. International Symposium, Zürich, 1973.

[8/32] *Schlimm, N.*: Industrie-Roboter suchen Greifer. VDI-Nachrichten, (9.3.1979).

[8/33] *H.M.*: Industrieroboter lernen „sehen". VDI-Nachrichten, Nr. 15 (13.4.79).

[8/34] *Köhler, G.*: Konkurrenz der Industrie-Roboter. Teil 1 + 2, VDI-Nachrichten, Nr. 29 (21.7.78).

[8/35] *von Muldau, H.H.*: Optische Orientierungsgeräte für automatische Systeme zur Erkennung in Industrie-Robotern. 3. International Symposium, Zürich, 1973.

[8/36] *J.K.*: Entwicklungstendenzen in der Mikroelektronik. Technica, 25/1979.

[8/37] *Tsuboi, Y./Autorenkollektiv*: A Minicomputer Controlled Industrial Robot with Optical Sensor in Gripper. 3. International Symposium, Zürich, 1973.

[8/38] *H.W.*: Werkstückerkennung freiprogrammierbar. VDI-Nachrichten, (28.5.76).

[8/39] *Warnecke, H.J./Brodbeck, B./Schraft, R.D.*: Automatisierung eines Bohrarbeitsplatzes mit Industrieroboter. Werkstattstechnik, 69 (1979) 781–785.

Herstellerverzeichnis

Diese alphabetische Liste von Industrieroboter-Hersteller- und -Zulieferfirmen erhebt keinen Anspruch auf Vollständigkeit. Sie stellt eine Ergänzung dar zu den Angaben, die in Text und Anhang gemacht worden sind.

Aabo Andersen APS, Hejrevaenget 7, Thuro, 75 Svenborg, Dänemark
Acma Cribier, 3A15 Rue Denis-Papin, 95250 Beauchamp, Frankreich
Adec Robot AG, Gießenstraße 15, CH-8952 Schlieren
Afag AG für automatische Fertigungstechnik, Fiechtenstraße 32, CH-4950 Huttwil
Aid HK Roboter Technik GmbH, Daimlerstraße 8, 6720 Speyer
Ajax Machine Tool Co. Ltd., 855 Ringwood Road, Bournemouth BH11 8NE, Großbritannien
AKR AK Robotec, Postfach, 6957 Dietzenbach
American Robot Co., 354 Hookstown Road, Clinton, Pa 15026, USA
AMF Versatran, 1025 North Royal Street, Alexandria, Virginia 22314, USA
Armco, 5000 Köln 90
ASEA Lepper GmbH, Grüner Weg, 6360 Friedberg 1
Atlas Copco Tool GmbH, Lahnbeckestraße 2, 4300 Essen 1
Automation W + R GmbH, Aiblingerstraße 5, 8000 München 19
Automatix, 1000 Technology Drive, Billerica, Ma 01821, USA
Automelec S.A., Rue des Poudrieres 137, CH-2006 Neuchâtel

Carl Baasel, Lasertechnik, 8000 München 2
Bachofen-AG, Ackerstraße 42, CH-8610 Uster
Barth & Pohl, 5800 Hagen 8
Battenfeld Maschinenfabrik, 5882 Meinerzhagen
BBC Brown, Boverie und Cie, Neustadter Straße 62, 6800 Mannheim 31
Binks-Bullow Ltd., Pelsall Road, Brownhills, Walsall WS8 &HW, Großbritannien
Binks (Deutschland), 4330 Mülheim/Ruhr 13
Biomatik, 7800 Freiburg
Bisiach Carru S.P.A., Corso Lombardia 21, 10078 Venaria Reale, Italien
Bleichert, 6960 Osterburken
Bosch, Industrieausrüstung GmbH, Kruppstraße 1, 7000 Stuttgart 30
Bowe KG, Güterbahnhofstraße, 3413 Moringen
British United Shoe Co. Ltd., Box 88, Belgrave Road, Leicester, Großbritannien
Broetje Automation, August-Broetje-Straße 17, 2902 Rastede 1

Camel Robot S.R.L., Via S. Guiseppe 10, 121040 Gerenzano, Italien
Canonica Co. AG, Brühlstraße 28, 5313 Klingnau
Cincinnati Milacron GmbH, Odenwaldring 26, 6050 Offenbach
Cloos Schweißtechnik GmbH, Postfach 121, 6342 Haiger
Colortronic Maschinenbau, 4018 Langenfeld
Comau S.P.A., Via Rivalta 30, 10095 Grugliasco, Italien
Commercy Schweißtechnik, 6000 Frankfurt 56
Cyclop International, 5000 Köln 50

Dainichikiko Co. Ltd., Kosai-Cho, Nakokoma-Gum Yamanashi, Japan 400-04
Vertrieb: Stiefelmayer KG., Eberhard-Bauer-Straße 32, 7300 Esslingen
DEA S.P.A., Corso Torino 70, 10024 Moncalieri Torino, Italien
DEA Vertriebs, 6000 Frankfurt 90
Degussa, 6450 Hanau 1
Destaco, Neue Mainzer Landstraße 14–16, 6000 Frankfurt 1
Deutsche Fata, 6200 Wiedbaden
Deuzer Maschinenfabrik, 5902 Netphen-Deuz
DeVillbis GmbH, Justus-von-Liebig-Straße 31, 6057 Dietzenbach
Distribel Robotechnic, Rue Godin 33, B-4850 Ensival, Belgien
Dopag Dosiertechnik + Pneumatik AG, Franz-Rottmeyer-Weg 1, CH-6300 Zug
Duerr Werk Gehomat, Robert-Bosch-Straße 8, 7141 Murr
Duplomatic Hydraulik, 6054 Rodgau 3

Electronic 2000, Stahlgruberring 12, 8000 München 82
Ermo Erwin Morlock Automations GmbH, Becker-Göring-Straße 1, 7516 Karlsbad-Ittersbach
Ewab AG, Fördertechnik, Gibraltarstraße 11, CH-6003 Luzern

FAB Bilsing GmbH, Am Eckenbach 23, 5952 Attendorn
Fairchild Camera & Instr., Daimer Straße 15, 8046 Garching-Hochbrück
Fanuc, 5-1 Ashigaoka 3-Chome, J-Tokyo 191, Japan
Manutec GmbH, Gründlacher Straße 248, 8510 Fürth
Feinmechanische Werke Mainz, 6500 Mainz 1
Feldpausch-Montagetechnik GmbH & Co. KG, Am Wendelpfad 11, 5880 Lüdenscheid
Felss GmbH, Stein 2, 7535 Königsbach
FGaB, Gneisenaustraße 85, 1000 Berlin 61
Fibro GmbH Werk II, Postfach 1120, 6954 Hassmersheim
Anton Fischer-Montagetechnik, Friedhofstraße 13, 7209 Denkingen
FN Robotics, 6072 Dreieich
Fördertechnik AG, Birmannsgasse 12, CH-4003 Basel
Föhrenbach AG, Tannwiesenstraße 3, CH-8570 Weinfelden
Fraser FWM, 37900 Mound Road, Sterling Heights, Michigan 48077, USA
E. Furter AG, Industriering 3, CH-8134 Adliswil

Gaiotto Impianti, Statale Milano-Crema KM.27, 26010 Vaiano Cremasco, Italien
GCA Corp., One Energy Center, Naperville, Illinois 60566, USA
GdA, Lützelsteiner Straße 1, 8000 München 45
General Electric Deutschland, Praunheimer Landstraße 50
Gesellschaft fur physikalische Technik, Emslandstraße 59, 2820 Bremen 71
Glama Maschinenbau, 4390 Gladbeck
GW-Elektronik, Rosenheimer Straße 145, 8000 München 80

Hahn & Kolb, 7000 Stuttgart 1
Hall Automation Ltd., Boughton Road, Rugby, Warwickshire, CV21 1UB, Großbritannien
Hasemann Handhabungstechnik, 2000 Hamburg
Hasenclever GmbH, Witzelstraße 55, 4000 Düsseldorf 1
Hasler-Signal AG, Engelhaldenstraße 18, CH-3001 Bern
Hauser Elektronik GmbH, Robert-Bosch-Straße 14, 7600 Offenburg
Hawker Siddley Ltd., Feldstraße 70, 4000 Düsseldorf 30
Heath-Zenith, 6072 Dreieich
Heimann, Weber Köppel 6, 6200 Wiesbaden
Heyligenstaedt, 6300 Gießen 1

Hirata, 5-4 Myotaiji-Machi, Kumamoto 850, Japan
Vertrieb: CNC-Technik Vertriebs GmbH, Rheingaustraße 38, 6200 Wiesbaden 1
Hitachi Europe GmbH, Jägerhofstraße 32, 4000 Düsseldorf 30
Vertrieb: Zeppelin-Metallwerke GmbH, Zeppelinstraße 1–5, 8046 Garching
Josef Hofmann, 8633 Rödental
Hommel Handel, 5000 Köln 71
Honeywell-Visitronic Div., P.O. Box 5227, USA-Denver

IBM Deutschland GmbH, Hahnstraße 68, 6000 Frankfurt 71
IGM GmbH, Straße 2a, A-2351 Neudorf, Österreich
Ikegai Europe GmbH, Strahlenberger Weg 8, 6000 Frankfurt 70
Image Computer Systems, Ambachtenlaan 21, B-3030 Heverlee, Belgien
Intelledex Inc., 33840 Eastgate Circle, Corbalis, Oregon 97 333, USA
Vertrieb: Zehntel GmbH, Paul-Gerhard-Allee, 8000 München 60
Intermodern, Siemensacker 26–28, 5308 Bornheim
Inwas Ing.-Büro, 4810 Witten
IRI, Carlsbad/California 92008, USA
Irobos, Tiroler Straße 85, 8962 Pfronten
Iska, Postfach 47, 7735 Dauchingen
Ism, Equiptments Industriels de Montagne SA, Route de Neuchatel, CH-1032 Romanel s/Lausanne

Jacob AG, Im Seefeld, 8265 Mammern
Jobs S.P.A., Via Vittorio Veneto 61, 29100 Piacenza, Italien
Jungheinrich, Friedrich-Ebert-Damm 184, 2000 Hamburg 70
Erwin Junker, 7611 Nordrach

Kallfass-Automation GmbH & Co., Siemensstraße 8, 7440 Nürtingen
Wolfgang Katz, 7735 Dauchingen
Kaufeld AB, Haegertsenbox 42 139, 12612 Stockholm, Schweden
Kawasaki Heavy Industries Ltd., Kyoritsu Building, Minato-Ku, Tokyo, Japan
Klotz, 8871 Kötz 1
KMT Produktions- und Montagetechnik GmbH, August-Reitz-Straße 12, 7730 VS-Schwenningen
Dr.-Ing. Koenig AG, Verbindungstechnik, Lagerstraße 10, CH-8953 Dietikon
Alfred Kohler Ing. AG, Loosstraße 7, CH-8803 Rüschlikon
Kontron Bildanalyse, Breslauer Straße 2, 8057 Eching
Kremlin Lackiersysteme, 6057 Dietzenbach
Krupp Industrietechnik GmbH, Franz-Schubert-Straße 1–3, 4100 Duisburg
Küffner-Technologie, 8500 Nürnberg
KUKA (IWKA Keller & Knappich), Blücherstraße 144, 8900 Augsburg 43

Lamberton Robotics, 26 Gartshire Road, Strathclyde ML52 DL, Großbritannien
Lanco AG Montagetechnik, Gurzelenstraße 12, CH-4512 Bellach
Languepin, 9, Rue Proudhon, 93210 Laplaine-St. Denise, Frankreich
Lecureux SA, Fabrique d'instruments de precision, Rue de l'Union 13, CH-2502 Bienne
Lagris AG, Renferstraße 9, CH-2504 Biel
Lehbrink, 4811 Örlinghausen-Helpup
LGZ Landis & Gyr Zug AG, Gubelstraße 22, CH-6301 Zug
Liebherr Verzahnungstechnik GmbH, Kaufbeurer Straße 141, 8960 Kempten

Machine Intelligence Europe, Vreedlandseweg 42A, NL-1216 Hilversum
Manutec GmbH, Gründlacher Straße 248, 8510 Fürth
Martonair Druckluftsteueranlagen GmbH, Bruckstraße 93, 4234 Alpen
Masing-Kirkhof, 6057 Dietzenbach 2

Matsushita Ltd., 3-2, Minamisemba, Minami-Ku, Osaka 542, Japan
Vertrieb: National Panasonic, Wirnsbergring 15, 2000 Hamburg 52

Erwin Mattern, Maschinenbau GmbH & Co., Daimlerstraße 4, 7057 Leutenbach 3

Maurer AG, 4632 Trimbach, Schweiz

Mentool, Am Weidengrund 8, 8038 Grobenzell

Menziken Automation/Maschinenfabrik AG Menziken, CH-5737 Menziken

Messma-Kelch-Robot GmbH, Heinkelstraße 37, 7060 Schorndorf

Meto-Fer AG, Solothurnstraße 186, CH-2540 Grenchen

Microbot Inc., 453-H Ravendale DR., California 94043, USA
Vertrieb: SMS, Höfchensweg 85, 5100 Aachen

Mig-O-Mat, 6305 Busek,

Mikron Haesler SA, 17, route du Vignoble, CH-2017 Boudry

Mitsubishi Ltd., 1-1 Daikou-Cho, Higashi-Ku, Nagoya, Japan

Mitsubishi Europe GmbH, Brandenburger Straße 40, 4030 Ratingen 1

MK-Automations, 7100 Heilbronn

MKR Ingenieurbüro, Bördenstraße 17, 4770 Soest

Monson-Montageautomaten, Dipl.-Ing. Hammerle & Co., Grotzemühlestraße, CH-8840 Einsiedeln

Montech AG, Gewerbestraße 12, 4552 Derendingen

MTS, Systems Corp. Box 24012, Minneapolis, Minnesota 55424, USA

Max Müller Brinker, 3000 Hannover 1

Nachi Fujikoshi Co., 3-5 Shiba Hamamatu-Cho, Tokyo, Japan
Vertrieb: Walther Spritztechnik, Kärntner Straße 18–30, 5600 Wuppertal

National Panasomic, 2000 Hamburg 54
Vertrieb: Gebr. Netzsch, 8672 Selb

Nimak, Werkstraße, 5248 Wissen

Norda S.P.A., Const., Mecconiche

Nordson GmbH, Heinrich-Hertz-Straße 42, 4006 Erkrath 1

Novatex, 6451 Mainhausen

Oerlikon, 6719 Eisenberg

OEW Ottensener Eisenwerke, Steinwerder, 2000 Hamburg 11

Oglaend A.S., Postfach 115, N-4300 Sandes, Norwegen

Olivetti NC-Systeme GmbH, Am Hirschhügel 7, 6057 Dietzenbach

OTC Osaka Transformer Co., 2-1-11 Tagawa, Yodogawa-Ku, Osaka 532, Japan
Vertrieb: Deutzer Maschinenfabrik GmbH, Postfach 3165, 5902 Netphen 3

Oxytechnik, 6236 Eschborn 1

Pendar Robotics, Ebbw Vale, Gwent NP3 5SD, Großbritannien

Pfaff Industriemaschinen GmbH, Königstraße 154, 6750 Kaiserslautern

Pfiffner, Postfach, Zürich, Schweiz

Prab (FN Robotic), Postfach, 6072 Dreieich

Pittler Maschinenfabrik, 6070 Langen

Precima, 6000 Frankfurt 1

Preh, 8740 Bad Neustadt

Premag GmbH, Industriestraße, 6222 Geisenheim

Prima Progetti S.P.A., Str. Carignano 48/2, 10024 Moncalieri, Italien

Ransburg, 6056 Heusenstamm

Reis GmbH & Co., Im Weidig 1–4, 8753 Obernburg

Renault Regie Nationale des Usines, Centre Parly 2, 87150 Le Chesnay, Frankreich

Retab AB, Vasavägen 78, 18121 Lidingo, Schweden

Rhein Nadel Automation GmbH, Reichsweg 19–42, 5100 Aachen

Rober Industrieroboter GmbH, Ackerstraße 71–76, 1000 Berlin 65

Robitron AG, Wiesengasse, CH-8222 Beringen
Robot-Nat AG, Industriestraße 656, CH-5314 Kleindöttingen
A. K. Robotechni, 6057 Dietzenbach 2
Robotechnik GmbH, Boschstraße 12, 8039 Puchheim
Römheld GmbH, Friedrichshütte, 6312 Laubach
Horst D. Roth, Frauenschuhstraße 19, 8950 Kaufbeuren

SAG, 4050 Mönchengladbach
Samsomatic GmbH & Co. KG, Weismüllerstraße 3, 6000 Frankfurt 1
Savio, S.s. Selice 94, 40026 Imola (Bo), Italien
Scemi BBC, 38300 Bourgoin-Jallieu, Frankreich
Vertrieb: Robotechnik GmbH, Boschstraße 12, 8039 Puchheim
Schäfer Industrial Handling and Robot System, Alex-Moser-Straße 45, CH-2503 Biel
Schrader Bellows, 5620 Velbert 1
Schubert GmbH, Industriegebiet Südost, 7180 Crailsheim
Sciaky S.A., 119 Quai Jules Quesde, 94100 Vitry-Sur-Seine, Frankreich
Sciaky GmbH, Steinmetzstraße 2, 6200 Wiesbaden
Scientific Micro Systems, 5100 Aachen
Securia, Schleichermacherstraße 8, 6100 Darmstadt
SE-Spezielelektronik, 3062 Bückeburg
Siemens, Rheinbrückenstraße 50, 7500 Karlsruhe 21
Siemens AG, Ruppert-Mayer-Straße 44, 8000 München 70
Siemens, Schuhstraße 60, 8520 Erlangen
Signum Computer, Tegernseer Landstraße 135, 8000 München 90
Solems, 3, Rue Leon Blum, F-91120 Palaiseau
Stahl Aufzüge GmbH & Co. KG, Kienhorststraße 52–56, 1000 Berlin 51
Stein OHG, Elkan-Naumburg-Straße 35, 8830 Treuchtlingen
Steinel GmbH & Co., Rathausstraße 1, 7730 Villingen
Steinle, 8900 Augsburg
Stenzel & Co., Rheingaustraße 38, 6200 Wiesbaden
C. Stiefelmayer, 7300 Esslingen
Otto Suhner AG, Industriestraße Lupfig, CH-5200 Brugg

Technik-Urban, 7532 Niefern 1
Transfer Technik, 8904 Friedberg
Hermann Traub, 7313 Reichenbach/Fils
Tokico Ltd., Hitachi Kamak Building, 1-1-14 Uchikanda, Tokyo, Japan
Vertrieb: Kopperschmidt Spritztechnik, Gütersloher Straße 259, 4800 Bielefeld 14
Trallfa GmbH, Frankfurter Straße 168–176, 6078 Neu Isenburg

Unima Maschinenbau GmbH, Justus-von-Liebig-Straße, 6603 Sulzbach
Unimation Inc., Industriestraße 17, 6056 Heusenstamm
Adolf Unverzagt, 7000 Stuttgart 50

VFW Industrieroboter, Hunefeldstraße 1–5, 2800 Bremen 1
Voest Alpine AG, Postfach 2, 4020 Linz, Österreich
Volkswagenwerk AG, 3180 Wolfsburg 1
Vertrieb: Expert Maschinenbau GmbH, Seehofstraße 56–58, 6143 Lorch

Wabco Westinghouse Steuerungstechnik GmbH & Co., Gartenstraße 1, 3212 Gronau
Walther GmbH & Co. KG, Bahnstraße 43–51, 5600 Wuppertal
WBF-Elektronik, 7031 Weil im Schönbuch 2
Weber Schraubautomaten GmbH & Co. KG, Aurikelstraße 11–15, 8190 Wolfratshausen
Werner + Kolb GmbH, Fritz-Werner-Straße, 1000 Berlin 48

Westinghouse Electric Co., 400 Media, Pittsburg, PA 15205, USA
Windhoff AG, Hovestraße 10, 4440 Rheine
Winkhaus Zuführsysteme GmbH, Von-Siemens-Straße 10a, 4404 Telgte
W + M GmbH, Daimlerring 2, 6200 Wiesbaden

Yaskawa Electric Mfg. C. Ltd., Ohtemachi, Chiyoda-Ku, Tokyo, Japan
Messer Griesheim GmbH, Carl-von-Linde-Straße 25, 8044 Unterschleißheim

Zentraler Ingenieurvertrieb, VEB Pankow, 1000 Berlin, DDR
Zeppelin-Metallwerke, 8046 Garching
ZF Friedrichhafen AG, Löwentaler Straße 100, 7990 Friedrichshafen 1
Zollern, 7480 Sigmaringen

Sachwortverzeichnis

Das Wort Industrieroboter wurde nicht registriert, ebensowenig wie die Umschreibungen dafür in Form von Handhabungsgerät, Handhabungsautomat, Bewegungsautomat usw. Ebenfalls nicht im Register erfaßt sind der gesamte Anhang, das Literatur- und Firmenverzeichnis. Üblicherweise wurde Software in der Form von Programmpaketen in Versalien geschrieben.

A

E

F

G

H

I

J

K

N

O

P

Q

R

S

T

U

V

W

Z

GPSR Compliance

The European Union's (EU) General Product Safety Regulation (GPSR) is a set of rules that requires consumer products to be safe and our obligations to ensure this.

If you have any concerns about our products, you can contact us on ProductSafety@springernature.com

In case Publisher is established outside the EU, the EU authorized representative is:

Springer Nature Customer Service Center GmbH
Europaplatz 3
69115 Heidelberg, Germany

Batch number: 10584556

Printed by Printforce, the Netherlands